当归研究

主编　李应东

科学出版社
北　京

内 容 简 介

本书集成了“十二五”科技支撑计划课题“当归规范化种植基地优化升级及系列产品综合开发研究（2011BAI05B02）”诸多研究成果，着眼于当归大品种开发领域，从当归资源、规范化种植、药效物质基础、质量评价到新产品标准提升及产业化开发等多方面着手，紧紧围绕当归在种植、加工、贮藏、新产品开发、质量标准和地方品种保护过程中产生的诸多问题，将当归不同种植环境与药效物质基础、与药效有关的质量响应机制进行研究，完善水肥调控、精准施肥及以病虫害监测防治为核心的规范化种植基地升级，建立优势药材的产地加工质量标准，将基于大宗药材为平台的区域GAP产业联盟等多方面的研究成果进行集合。

本书可作为有效提高当归产量和品质，提高当归规范化生产技术水平的重要参考资料，同时对提升当归产业升级具有重要的推动作用，可供广大中药材生产、管理及研究人员参考和借鉴。

图书在版编目（CIP）数据

当归研究 / 李应东主编．—北京：科学出版社，2021.1

ISBN 978-7-03-066887-5

Ⅰ．①当…　Ⅱ．①李…　Ⅲ．①当归－栽培技术②当归－研究　Ⅳ．①S567.23②R282.71

中国版本图书馆CIP数据核字（2020）第223771号

责任编辑：刘　亚 / 责任校对：王晓茜

责任印制：肖　兴 / 封面设计：黄华斌

科学出版社 出版

北京东黄城根北街16号

邮政编码:100717

http://www.sciencep.com

三河市春园印刷有限公司 印刷

科学出版社发行　各地新华书店经销

*

2021年1月第　一　版　开本：787×1092　1/16

2021年1月第一次印刷　印张：30 1/2

字数：707 000

定价：298.00元

（如有印装质量问题，我社负责调换）

编委会

主　编　李应东

副主编　晋　玲　蔺海明　陈　娟　吴国泰　朱田田　赵信科

编　者（以姓氏拼音为序）

安方玉　甘肃中医药大学
常　娟　甘肃省人民医院
陈　娟　兰州大学
封士兰　兰州大学
郭增祥　甘肃岷县当归研究院
纪　瑛　甘肃农业职业技术学院
蒋虎刚　甘肃中医药大学
晋　玲　甘肃中医药大学
靳子明　甘肃中医药大学附属医院
李　亮　甘肃省礼县第一人民医院
李　芸　甘肃中医药大学
李继平　甘肃农业科学院植物保护研究所
李应东　甘肃中医药大学
蔺海明　甘肃农业大学
刘　凯　甘肃中医药大学
刘佛珍　岷县中药材生产技术指导站
刘效瑞　定西市农业科学研究院
刘永琦　甘肃中医药大学
卢有媛　宁夏医科大学
骆亚丽　甘肃中医药大学
马承旭　兰州大学第一医院
马建苹　兰州理工大学
马晓辉　甘肃中医药大学
马占川　甘肃省漳县农业技术推广站
漆琚涛　甘肃省漳县农业技术推广站
任　远　甘肃中医药大学
宋秉生　兰州大得利生物化学制药（厂）有限公司
孙　裕　兰州佛慈制药股份有限公司
王　艳　甘肃中医药大学
王富胜　定西市农业科学研究院
王亚丽　甘肃中医药大学
魏舒畅　甘肃中医药大学
吴国泰　甘肃中医药大学
邢喜平　甘肃中医药大学附属医院
杨玉华　天大药业（珠海）有限公司中医药研究院
张　倩　兰州佛慈制药股份有限公司
张延红　甘肃中医药大学
赵信科　甘肃中医药大学附属医院
朱田田　甘肃中医药大学

序　一

《当归研究》是李应东教授推出的又一部当归科学研究力作。当归是甘肃省道地药材中最被世人瞩目的一个，受到药界的普遍关注。深入研究当归全产业链开发的理论与技术，不仅对中医药学的发展起到推动作用，而且对地方经济建设、药农脱贫致富有着深远的意义，功在当下，利在千秋。

《当归研究》是在完成国家“十二五”科技支撑计划课题“当归规范化种植基地优化升级及系列产品综合开发研究”的基础上，进一步总结凝练出的研究成果，涵盖当归种质资源及可持续利用研究、当归规范化种植技术升级研究、当归药效物质基础研究、当归质量评价研究、当归相关产品的开发和当归国际化研究等。内容丰富、观点新颖、注重技术、追求实效。可以说给研究当归、关注当归、种植当归和使用当归的“当归人”提供了具有一定价值的参考资料。

《当归研究》的研究人员阵容强大，专业面广，有来自高等院校、科研单位的教授、研究员，也有来自基层和药企的专业技术人员，不同领域、不同学术团队的专业技术人员参与，必然会在相互交融的过程中碰撞出新的学术火花，共同推动当归研究向更深层次发展，提升优化当归规范化生产水平，加快当归系列产品综合开发进程。

纵观相关研究，组织如此庞大的学术团队，调动如此众多的专家学者，对一种中药材进行全方位、交叉性、立体式的研究极为鲜见，彰显了新时代科研“舰队”的精神风貌，体现了组织者胸怀开阔、眼界高远的思想境界。毋庸置疑，《当归研究》付梓成书，将是对参与研究、精心撰文的诸多人员的最大慰藉，也是对当归全产业快速发展的有力支撑，将在推动中医药事业发展中发挥更大作用。

再次受邀为当归专著作序，倍感荣幸！祝愿李应东教授引领的当归研究团队将“当归成果”种植在祖国的大地上。

谨此，让我们共同祝贺该书的面世！

中国工程院院士
中国中医科学院院长

2020 年 6 月

序　二

当归始载于《神农本草经》，列中品，距今有1700多年的药用历史，是中医临床常用的传统中药，在临床中被视为妇科要药和血家圣药，素有“十方九归”之说，也是中医药文化的典型代表。

李应东教授长期从事当归研究与产品开发，有力地推动了甘肃道地药材当归的应用性基础研究和产业化发展，取得了丰硕的成果，为区域特色经济发展做出了重要贡献。为了及时总结整理当归系列研究成果，促进其推广应用和产业化转型，服务于地方经济和西北地区富民增收。李应东教授团队汇集了一批包括国家“十五”“十一五”“十二五”科技支撑计划项目及国家自然科学基金等国家项目，以及甘肃省地方科技与产业重大重点项目等当归研究系列成果，编撰而成《当归研究》专著。

该专著是继《甘肃道地药材当归研究》之后的又一力作，内容涵盖当归种质资源搜集整理、新品种培育、规范化种植、当归药效物质基础、质量标准、新产品研发及当归国际化应用等。内容丰富，既有当归文化内涵的考证，又有当归科学研究的辨析和总结，为当归传统中医药文化的研究与产业高质量发展提供了重要的学术参考，对当归产区全面实现小康社会、发展壮大区域经济、推动当归产业走向国际市场具有重要的科学价值。

作为一位长期从事并关注当归科学研究和产业发展的科技工作者，我深刻体会到应用现代先进的方法技术手段阐释和发现传统中医药理论的科学意义和应用价值。相信该专著的出版将对推动甘肃道地药材当归事业及产业的可持续发展，传承创新祖国传统医药学精髓具有深远的战略意义，必将得到从事当归研究和热爱传统中医药文化的广大读者的青睐！

值此《当归研究》专著出版之际，欣然为之作序。

段金廒

2020年6月于金陵

自　序

自2000年开始承担“九五”国家科技攻关专题“甘肃道地药材当归、大黄规范化种植研究”起，当归研究便成了我科研生涯中“浓墨重彩”的一笔！

其后主持完成的“十五”国家重大科技专项“20种中药提取物质量标准研究——当归提取物质量标准研究”、“十一五”科技支撑计划课题“当归、黄芪、大黄可持续利用共性关键技术研究”、“十二五”科技支撑计划课题“当归规范化种植基地优化升级及系列产品综合开发研究”等项目，使我同甘肃中药领域的许多优秀专家，如甘肃农业大学的蔺海明教授，兰州大学药学院的封士兰教授，原兰州佛慈制药股份有限公司的孙裕、杨玉华高级工程师，以及甘肃中医药大学的晋玲、王亚丽、任远教授等一起合作多年，培养了一支致力于当归研究的青年团队，并在这一研究领域取得了丰硕的成果。

2011年我和团队编著的第一部当归专著《甘肃道地药材当归研究》顺利出版，当归专著出版也是我“甘肃情结”“当归情结”的一次集中表现。该书一经面世，受到同行的广泛认可。在诸多朋友们的鼓励与支持下，我和团队再接再厉，在圆满完成了国家“十二五”科技支撑计划课题之后，我们把自己近几年来团队专注于当归的研究成果凝聚于本书中，以供广大中药材生产、管理及研究人员参考。

本书从当归种质资源及可持续利用、规范化种植技术升级、药效物质基础、质量评价、相关产品的开发及国际化研究等六个方面进行编著，针对当归产业化从源头到利用的全产业链，围绕规范化种植和系列产品开发全面展开，理论紧密结合实践，系统地展示了当归研究的一系列新成果。相信本书的出版将为当归研究的进一步深入做出一定的贡献，也希望通过本书将甘肃省的当归产业推向新的高度。

当归研究的路程还十分漫长，还有诸多问题有待深入探究。本书难免有疏漏和不足之处，敬请各位专家和学者指正。

感谢国家“十二五”科技支撑计划课题（2011BAI05B02），国家自然科学基金面上项目（81873132、31070352），国家自然科学基金地区项目（81760798、81360615、81860786），甘肃省中医药防治重大疾病科研项目（ZGKZD-2018-2），甘肃省高校科研成果转化培育项目（2016D-11），国家中医药循证能力建设项目（2019XZZX-XXG002）对本书的资助。

最后在本书出版之际，还要特别感谢尊敬的黄璐琦院士和段金廒教授为本书作序，感谢我和晋玲教授的研究生在书稿整理、课题研究方面所做的工作，感谢我的妻子焦页红女士多年对我科研工作的支持与理解，特别要感谢国家科学技术部、国家自然科学基金委员会、甘肃省科技厅、甘肃中医药大学及科学出版社为本书的出版所给予的帮助与支持。

李应东

2020年4月16日于兰州

目 录

第一章 当归种质资源及可持续利用研究

第一节 当归及近缘植物资源学研究

伞形科（Umbelliferae）当归属（*Angelica* L.）植物为两年生或多年生草本，其果实结构、叶形态及根的构造具有极高的多态性，目前全世界已发现约 90 种，主要分布于亚洲，我国有 45 种，分布于南北各省，主产于东北、西北和西南地区，其中我国特有的为 32 种 2 变种，但是有些物种仅能从少数几个标本中得知，在野外极为罕见，因此《中国植物志》中收载我国分布有 26 种 5 变种 1 变型的记载更为合理。其中，当归 *A. sinensis*（Oliv.）Diels.、独活 *A. pubescens* Maxim. f. *biserrata* Shan et Yuan.、白芷 *A. dahurica*（Fisch. ex Hoffm.）Benth. et Hook. 为《中国药典》收载物种。此外，当归属 14 个种 1 个变种作为民族药使用。

由于复杂而有争议的分类史，当归属物种间的鉴别非常困难，致使当归药材在市场上经常被滥用或替代，如当归和独活互相混用，或以欧当归（*Levisticum officinale* W. D. J. Koch）代替二者使用；再者，青海当归（*A. nitida* H. Wolff）和朝鲜当归（*A. gigas* Nakai）常作为当归的民间代用品，狭叶当归（*A. anomala* Ave-Lall.）和紫茎独活（*A.porphyrocaulis* Nakai & Kitagawa）常作为独活的代用品，拐芹（*A. polymorpha* Maxim.）常作为白芷的代用品。因此，系统地整理总结当归及其近缘植物的资源学有助于掌握其植物特征，了解其资源分布概况，进而鉴别其原植物，确保药材的准确合理使用。

一、当归属植物资源特征

（一）植物形态特征

当归属植物为两年生或多年生草本，通常有粗大的圆锥状直根；茎直立，圆筒形，常中空，无毛或有毛；叶三出式羽状分裂或羽状多裂，裂片宽或狭，有锯齿、牙齿或浅齿，少数为全缘；叶柄膨大呈管状或囊状的叶鞘。复伞形花序，顶生和侧生；总苞片和小总苞片多数至少数，全缘，稀缺少；伞辐多数至少数；花白色带绿色，稀为淡红色或深紫色；萼齿通常不明显；花瓣卵形至倒卵形，顶端渐狭，内凹片成小舌片，背面无毛，少数有毛；花柱基扁圆锥状至垫状，花柱短至细长，开展或弯曲。果实卵形至长圆形，光滑或有柔毛，背棱及中棱线形、肋状，稍隆起，侧棱宽阔或狭翅状，成熟时两个分生果互相分开；分生果横剖面半月形，每棱槽中有油管一至数个，合生面有油管二至数个。胚乳腹面平直或稍凹入；心皮柄 2 裂至基部。

（二）分类检索表

全球当归属植物约 90 种，大部分产于北温带和新西兰。我国有 26 种 5 变种 1 变型，分布于南北各地，主产于东北、西北和西南地区（表 1-1）。本属种有很多药用植物，常用中药有当归、白芷、独活。

表 1-1 当归属（*Angelica* L.）植物检索表

检索项	种
1a 叶鞘具短柔毛或短刺	
2a 叶轴密被短柔毛	东川当归 *A. duclousii*
2b 叶轴无毛	
3a 叶无毛	
4a 苞片 5-9，合生面无油管	阿坝当归 *A. apaensis*
4b 苞片 1 或缺，合生面具油管 2	狭叶当归 *A. anomala*
3b 叶片沿叶脉有糙硬毛或细刚毛	
5a 叶鞘有微刺，果实椭圆形至狭椭圆形，合生面具油管 4	金山当归 *A. valida*
5b 叶鞘有短柔毛，果实近圆形至椭圆形，合生面具油管 2	四川当归 *A. setchuenensis*
1b 叶鞘无毛（重齿当归偶微有短柔毛）	
6a 叶轴及小叶柄膝状弯曲	
7a 子房有柔毛或短硬毛	
8a 小苞片缺	曲柄当归 *A. fargesii*
8b 小苞片多数，线形	毛珠当归 *A. genuflexa*
7b 子房无毛	
9a 小苞片边缘白色膜质，果实狭长圆形，长 6～7mm，宽 3～3.5mm	天目山当归 *A. tianmuensis*
9b 小苞片无白色膜质边缘，果实长圆状椭圆形，长 6～7mm，宽 3～5mm	拐芹 *A.polymorpha*
6b 叶轴及小叶柄不膝状弯曲	
10a 基生叶和下部茎生叶 1～4 回羽状	
11a 伞辐 7～20	
12a 叶先端钝	青海当归 *A. nitida*
12b 叶先端锐尖至长尖	
13a 小苞片披针形，先端具长芒	城口当归 *A. dielsii*
13b 小苞片小，锥形	峨眉当归 *A. omeiensis*
11b 伞辐 20～50	
14a 叶 2～4 回羽状	
15a 小叶边缘具缘毛，先端长尾状渐尖	长序当归 *A. longipes*
15b 小叶边缘无缘毛，先端锐尖	
16a 花瓣白色，萼齿不明显	林当归 *A. sylvestris*
16b 花瓣微绿色，萼齿明显，三角状卵形	带岭当归 *A.dailingensis*
14b 叶 1～2 回羽状	
17a 羽状叶	
18a 花梗 10～25mm	长柄当归 *A.longipedicellata*
18b 花梗 4～7mm	太鲁阁当归 *A. tarokoensis*
17b 叶 2 回羽状	
19a 小叶无毛	松潘当归 *A.songpanensis*
19b 小叶沿叶脉有短柔毛	
20a 苞片和小苞片边缘具缘毛，伞辐密被短柔毛	管鞘当归 *A. pseudoselinum*
20b 苞片和小苞片边缘无缘毛，伞辐近无毛	玉山当归 *A. morrisonicola*
10b 基生叶和下部茎生叶 1～3 回三出或 1～3 回三出羽状	

续表

21a 叶 1-3 回三出
22a 叶先端锐尖，每棱槽具油管 2-3，合生面具油管 4 …… 秦岭当归 *A. tsinlingensis*
22b 叶先端钝圆或锐尖，每棱槽具油管 1，合生面具油管 2 …… 三小叶当归 *A. ternate*
21b 叶 1-3 回三出羽状
23a 花瓣背面多毛，子房有糙硬毛 …… 滨当归 *A. hirsutiflora*
23b 花瓣及子房均无毛（我国台湾独活子房有短柔毛）
24a 萼齿明显，三角状卵形至锥形
25a 叶三回三出羽状，果实具次棱 2，略突出 …… 隆萼当归 *A. oncosepala*
25b 叶 1-2 回三出羽状，果实无次棱
26a 小苞片羽状 …… 羽苞当归 *A. pinnatiloba*
26b 小苞片不是羽状
27a 小叶下延至叶柄，正面有短硬毛 …… 紫花前胡 *A. decursiva*
27b 小叶不下延，无毛 …… 康定当归 *A. kangdingensis*
24b 萼齿不明显
28a 苞片及小苞片边缘具缘毛
29a 茎无毛
30a 果实狭长圆形，长 5 ～ 9mm，宽 2.5 ～ 4mm，合生面具油管 3-6 …… 长尾当归 *A. longicaudata*
30b 果实近圆形，长 4 ～ 6mm，宽 3 ～ 5mm，合生面具油管 2 …… 疏叶当归 *A. laxifoliata*
29b 茎有短柔毛或短硬毛
31a 小叶边缘有细锯齿及缘毛，伞辐 40-60 …… 茂汶当归 *A. maowenensis*
31b 小叶边缘有不规则锯齿，伞辐 10-25 …… 重齿当归 *A. biserrata*
28b 苞片及小苞片边缘无缘毛
32a 小叶基部下延，叶轴有明显的翅
33a 苞片缺，花瓣白色 …… 长鞘当归 *A. cartilaginomarginata*
33b 苞片 2，花瓣深紫色 …… 朝鲜当归 *A. gigas*
32b 小叶基部不下延（白芷微下延），叶轴无翅
34a 茎及叶无毛
35a 苞片缺，果实狭长圆形 …… 东当归 *A. acutiloba*
35b 苞片发育，果实椭圆形至近圆形
36a 伞辐 17-30，不等长，果实长 5 ～ 7mm …… 牡丹叶当归 *A.paeoniifolia*
36b 伞辐 10-20，近等长，果实长 7 ～ 12mm
37a 羽片 3 小叶，果实背棱翅等长 …… 灰叶当归 *A. glauca*
37b 羽叶不是 3 小叶，果实背棱翅不等长 …… 多茎当归 *A. multicaulis*
34b 茎及叶通常有毛
38a 叶轴、花序梗、伞辐及花梗密被短硬毛 …… 黑水当归 *A. amurensis*
38b 叶轴、花序梗、伞辐及花梗部分有毛或无毛
39a 叶 1-2 回三出羽状，小苞片全缘或 2-3 浅裂 …… 巴郎山当归 *A. balangshanensis*
39b 叶 2-3 回三出羽状，小苞片全缘
40a 小叶长 2 ～ 3.5cm，宽 0.8 ～ 2.5cm
41a 小苞片被短柔毛，果实侧棱狭翅形，翅比果实窄 …… 福参 *A. morii*
41b 小苞片无毛，果实侧棱宽翅形，翅比果实宽 …… 当归 *A. sinensis*
40b 小叶长 5 ～ 15cm，宽 2 ～ 10cm
42a 小苞片缺，花瓣深紫红色 …… 大叶当归 *A. megaphylla*
42b 小苞片多数，花瓣通常白色
43a 小叶边缘有不明显的细锯齿，小苞片顶端具长芒 …… 丽江当归 *A. linkiangensis*
43b 小叶边缘有粗锯齿，小苞片顶端不具芒
44a 小叶边缘具缘毛，伞辐 16-18 …… 湖北当归 *A.cincta*
44b 小叶边缘无缘毛，伞辐 18-40 …… 白芷 *A. dahurica*

二、当归种质资源研究

当归 [*Angelica sinensis*（Oliv.）Diels] 为伞形科多年生草本植物，其干燥根（*Radix Angelicae Sinensis*）为常用中药，始载于《神农本草经》，已有 2000 多年的用药历史，具有补血活血、调经止痛之功，以“妇科人参”著称。除药用外，在亚洲、欧洲和美国，当归还被作为保健食品、化妆品和膳食补充剂使用。其野生资源濒危，至今已栽培 1000 多年。市场流通的当归药材全部来自于栽培，产于甘肃、云南、四川、湖北等省。其中，甘肃岷县为道地产区，以“岷归”闻名世界，2002 年和 2005 年先后通过了国家质量监督检验检疫总局“岷归”原产地标记认证地和国家工商行政管理总局商标局核准注册“岷县当归”证明商标。

从古至今，多种植物被充当为当归原植物，涉及 2 科 8 属的 13 种植物。其中，伞形科涉及 7 属 11 种植物，分别为当归属当归 *A.sinensis*（Oliv.）Diels.、朝鲜当归 *A. gigas* Nakai、重齿毛当归 *A. Pubeseens Maximf.biserrata Shan et* Yuan、东当归 *A. acutilobum Sieb et* Zuee，前胡属紫花前胡 *Pencedaum decursivum*（Miq.）Maxim.，鸭儿芹属鸭儿芹 *Cryptotaenia japonica* Hassk.，欧当归属欧当归 *Levistiecum officinale* Koch，藁本属藁本 *Ligustieum acutilobum Siebet*Zuce 和野当归 *L. glauleseens*，变豆菜属山芹菜 *Sanieula chinensis* Bunge，山芹属隔山香 *Osterieum citriodorum*（*Hanee*）*Shan et Yuan—Angelica citriodora* Hanee.，五加科楤木属杜当归 *Aralia cordata* Thunb 和东北土当归 *A. Continenialis* Kitag。据研究统计，国内曾以“当归”“土当归”“野当归”之名作当归正品使用的“同名异物”品近 40 种，其中与当归同科属（伞形科）的有石防风、隔山香、白云花等 20 多种，与当归不同科属的有菊三七、羊蹄、驴蹄草等 10 余种。现今民间常出现以欧当归（*Levisticum officinale* Koch）、东当归 [*A.acutiloba*（Sieb.et Zucc.）Kitagawa]、朝鲜当归（*A. gigas Nakai*）和阿坝当归（*A. apaensis* R. H. Shan & C. Q. Yuan）代替当归入药的情况。且因青海当归（*A.nitida*）、金山当归（*A.valida*）、大叶当归（*A.megaphylla*）等具有类似当归的疗效，在民间常被作为当归的代用品使用，致使当归种质混杂现象严重。

（一）植物形态特征

当归为多年生草本，高 40 ～ 100cm（图 1-1）。根圆柱形，具分枝，主根粗短，肥大肉质，表面黄棕色，有特异香气。茎绿白色或带紫红色，有明显的纵槽纹，光滑无毛。基生叶和茎下部叶卵形，长 8 ～ 18cm，宽 15 ～ 20cm，三出式 2 ～ 3 回羽状全裂，裂片卵形或卵状披针形，长 1 ～ 2cm，宽 5 ～ 15cm，2 ～ 3 浅裂，边缘有尖齿；叶柄长 3 ～ 11cm，基部膨大呈管状的薄膜质鞘，紫色或绿色；叶脉及边缘被稀疏的乳头状白色细毛；茎上部叶简化成羽状分裂和囊状的鞘（图 1-2）。复伞形花序顶生，花序梗长 4 ～ 7cm，密被细柔毛，伞梗 10 ～ 19 枝，长短不等，基部有 2 枚条形总苞片或缺；每一小伞形花序有花 12 ～ 36 朵，小总苞片 2 ～ 4 枚，条形；花白色，萼齿 5，卵形，瓣 5，长卵形，先端狭尖，略向内折；雄蕊 5，花丝内弯；子房下位，花柱短，基部圆锥形。双悬果椭圆形至卵形，长 4 ～ 6mm，宽 3 ～ 4mm，成熟后紫色；分果瓣具 5 棱，背棱线形，隆起，侧棱展成宽翅，与果体等宽或略宽，每个棱槽中具油管 1 条，接合生面具油管 2 条。花期 6 ～ 7 月，果期 7 ～ 9 月。

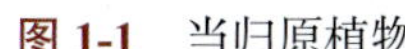
图 1-1　当归原植物

图 1-2　当归叶柄鞘

（二）生物学研究

当归为高山植物，主产于我国东北、西北和西南地区，生长在高寒阴湿山区，海拔为 1700 ～ 3000m。其生长的气候条件以温度、光照和湿度为主，三者互相联系、互相制约。当归生长的环境年平均气温为 3.3 ～ 12.8℃，年平均日照为 1380 ～ 2650h，平均相对湿度为 65% ～ 80%。栽培当归的生育周期为三年两冬，要求土层深厚、肥沃、疏松。成药生长期为 190 ～ 200 天，适宜的年积温为 1692 ～ 3900℃。一年生幼苗忌阳光直射，二年生植株须充足的阳光照射。

（三）野生种质资源分布

目前当归野生资源已非常稀少，野生种质资源仅限于甘肃、四川、西藏、陕西、云南等地部分高寒地区和人迹罕至的高山丛林中。孙红梅通过实地调查报道，当归野生资源群落分布不均匀，在岷县仅见到两处，一处面积仅为 $5m^2$ 左右，共 10 多株，且生长不良；另一处相距二三千米，在 $50m^2$ 左右的范围内零星分布。张尚智等报道，野生当归在我国的分布状况为甘肃省 29 个分布点，分别在漳县、舟曲、文县、岷县、宕昌、迭部；西藏自治区 6 个分布点，分别在林芝和工布江达；四川省 7 个分布点，分别在灌县、峨边、川东、阿坝、峨眉山、九寨沟和平武县；陕西省 1 个分布点，在眉县；云南省 2 个分布点，分别在维西和横断山脉，见表 1-2。赵锐明等在第四次全国中药资源普查中对甘肃省岷县野生当归的分布和蕴藏量调查后报道，岷县境内只有马烨和马沿林牧区发现野生当归，呈现分布区域狭小，分布面积不足 $18.0m^2$，药材储藏量约为 1094.9kg，并有衰退的趋势。本书研究团队多年来一直致力于甘肃省道地药材当归的资源利用、保护和品质评价工作，其间发现当归的道地产区岷县部分农民通过采集野生当归种子育苗、移栽，以避免当归种质退化，并在甘肃省岷县、漳县、宕昌、迭部等地发现野生当归分布。野生当归及其生境见图 1-3。

表 1-2　文献记载野生当归在我国的分布信息

分布省份（自治区）（分布点数）	分布县（分布点数）	生境
甘肃（29）	漳县（7）	人迹罕至的高山丛林
	舟曲（5）	人迹罕至的高山丛林
	文县（2）	高楼山
	岷县（6）	海拔 2400 ～ 2700m 的灌木林下
	宕昌（5）	海拔 2400 ～ 2700m 的灌木林下、花儿坡
	迭部（4）	腊子口、山仙洞人迹罕至的高山灌木丛、马山、岷山
西藏（6）	林芝（5）	海拔 2900 ～ 3300m 的林下及灌丛中
	工布江达（错高湖）（1）	海拔 2900 ～ 3300m 的林下及灌丛中
四川（7）	灌县（1）	麻窝场
	峨边（1）	黄木场
	川东（1）	大宁场
	阿坝（1）	海拔 1700 ～ 3000m 的高寒山区
	峨眉山（1）	海拔 2400 ～ 2700m 的灌木林下
	九寨沟（1）	海拔 2400 ～ 2700m 的灌木林下
	平武县（1）	海拔 2400 ～ 2700m 的灌木林下
陕西（1）	眉县（1）	海拔 2400 ～ 2700m 的灌木林下
云南（2）	维西（1）	海拔 2400 ～ 2700m 的林下及灌丛中
	横断山脉（1）	海拔 2400 ～ 2700m 的林下及灌丛中

图 1-3　野生当归及其生境

（四）栽培种质资源分布

当归属低温长日照植物，喜冷凉湿润气候，怕干旱、高温，适宜生长在海拔1700～3000m、土质疏松肥沃、无积水的高寒阴湿山区，低海拔区种植因气温过高而不易越夏。据文献记载，民国年间已有 25 个县种植当归，1989 年甘肃省有 21 个县（区）种植（或试种）当归，至 2011 年达到 45 个。商品当归主产于甘肃省岷县、宕昌、渭源、漳县、武都、文县、卓尼、临潭等地称为“秦归”“西归”或“岷归”；主产于云南省维西、德钦、中甸、兰坪等地的称为“云归”；主产于四川省南坪、平武、宝兴等地的称为“川归”；此外，陕西省陇县、平利县，湖北省恩施等地亦有一定规模的栽培种植。2008 年全国当归栽培面积约 45 万亩（1 亩≈ 666.7m^2），至 2018 年全国当归种植面积已达约 50 万亩，主要分布在甘肃省，占总种植面积的 65% 左右。此外，云南、四川、湖北、陕西、宁夏、青海、贵州、山西等地也有分布，其中青海省种植面积占比约为 24%，云南省种植面积占比约为 10%。甘肃省为当归的道地产区，种植历史悠久，种植地区集中，总产量约占全国产量的 90% 以上，且质量上乘，其中岷县 2018 年当归种植面积约 16 万亩，漳县、互助县、临夏州当归种植面积也在不断扩大，2018 年分别为 5.5 万亩、5 万亩和 4.2 万亩。

1. 甘肃省当归资源分布

甘肃省为当归道地产区，早在 1800 年前，宕昌、岷县一带就已人工种植当归，如今已形成大栽培规模。甘肃省当归产地主要为岷县、宕昌、漳县及渭源南部的半山区。该地区西靠青藏高原东麓，东接西秦岭，南至岷山，北邻黄土高原，海拔为 2200～2400m，气候冷凉阴湿，土壤肥沃，所产当归产量高，质量佳。此外，卓尼、临潭、礼县、陇西、舟曲、陇南及文县等地均有当归种植传统。近年来，随着市场需求的增加，当归价格上涨，种植面积扩大，和政、康乐、西和、临夏及武山等地区发展形成新的当归产区。

2. 云南省当归产区分布

云南省当归种植始于 1910 年，为鹤庆、剑川从甘肃引种。维西、德钦、香格里拉、兰坪及鹤庆为云南省当归传统产区。其中，鹤庆马厂当归栽培历史悠久，产品质量佳，为云南省当归道地产区，所产当归被称为“马厂当归”。近年来，由于当归价格上涨及当地政府的大力扶持，曲靖和昭通等地发展成为新的当归产区，新产区种苗来自于丽江及岷县。目前，曲靖沾益区为云南省当归种植面积最大的区，其周边的炎方乡、白水镇、菱角乡等地也有较大种植面积。

3. 四川省当归产区分布

四川省当归种植始于 20 世纪 60 年代，源于宝兴和甘孜地区从甘肃省岷县引种，现有少量种植，多为自己留种。九寨沟、平武、松潘及北川与甘肃省南部当归产区接壤，种苗主要购于甘肃省岷县，且当地政府有相应的补贴措施，种植规模较大。阿坝州茂县、小金、理县、青川及江油地区也有一定的当归种植规模。

4. 湖北省当归产区分布

湖北省当归栽培历史有 1270 余年，恩施州红土乡石窑村所产当归于 1956 年 12 月由中国药材公司湖北省公司定名为“窑归”，在 20 世纪中叶尚有一定出口规模，1963 年因计划经济的影响退出市场，生产停滞了数十年。恩施、利川、建始、巴东、神农架林区、鹤峰等地也有小面积当归种植。此外，咸丰、竹溪等地也有零星分布的当归资源。

5. 陕西省当归产区分布

陕西省当归产区主要分布在平利、太白、留坝、汉滨和南郑。20 世纪 90 年代，陇县、镇坪县等地因抽薹率高少有种植。

6. 西藏自治区当归产区分布

西藏自治区野生当归资源为全国之最，林芝地区（林芝、工布江达）所产当归一般为野生。此外，米林县、朗县、昌都地区（八宿县）、那曲地区（定日县）、日喀则地区（聂拉木县）、山南地区（加查县）、波密等地均有当归分布。

7. 青海省当归产区分布

青海省当归种源主要来自于甘肃省，分布于湟中县、民和县、乐都县、化隆回族自治县、互助土族自治县、大通县、班玛县、达日县、久治县、平安县、同仁县等地。

8. 贵州省当归产区分布

贵州省当归产地是由近年云南省曲靖等地当归生产带动所发展形成的，分布于雷山、遵义、习水、威宁及黄平等地。

（五）生态适宜种植区预测

“诸药所生，皆有境界”，揭示了药材产地适宜性与品质的关系。中药生态适宜性分布区是研究资源所在地自然条件的空间分布规律后，按该规律对其适宜生长的区域进行划分。基于第三次全国中药资源普查调查，《中国中药区划》一书中记载，根据历史栽培习惯及生态、经济条件等综合因素，当归适宜在云南省丽江、兰坪、中甸、剑川、巍山等县，四川省汉源、宝兴、理县、平武、南坪，甘肃省临潭、卓尼、武都、漳县、渭源、宕昌、岷县、康乐、临洮、榆中、武山、陇西等县发展。

随着科学技术的发展及多学科的交叉融合，基于 GIS 具有强大空间分析功能、海量数据管理能力及最大熵模型（Maxent）、自然正交函数（EOF）、模糊物元模型等已被用于当归生态适宜性区域分布及适宜种植区域的预测。

基于当归道地产区岷县及近道地产区宕昌、漳县、武都的气候生态资料及土壤环境资料，采用 EOF 法分析当归生产区域气候生态条件认为，当归属于气候生态和土壤环境主导型道地药材，年平均气温、4 ～ 10 月 ≥ 0℃积温及 4 ～ 10 月降水量三个因素能够反映栽培地的主要气候生态特征，土壤矿质元素钾、磷、镁、锌和有机质为影响当归栽培的主要环境因子。最适宜当归栽培的主要气候生态因子为年平均气温 5.5 ～ 6.5℃，4 ～ 10 月 ≥ 0℃积温 2400 ～ 2600℃，4 ～ 10 月降水量 530 ～ 590mm。最适宜当归栽培的土壤环境因子为有机质 2.0% ～ 3.0%，全钾 2.0% ～ 2.5%，全磷 0.1% ～ 0.2%，速效钾 150 ～ 250mg/kg，速效磷 30 ～ 90mg/kg，镁 8000 ～ 10 000mg/kg，锌 300 ～ 1000mg/kg。综合气候生态及土壤环境条件认为，海拔 2200 ～ 2400m 的岷县及其毗邻区域为当归的道地栽培区域。

采用中药材产地适宜性分析地理信息系统（TCMGIS）分析当归全国生态适宜性地区，研究结果认为当归主要生长区域的生态因子范围为 ≥ 10℃积温 0 ～ 4509.5℃；年平均气温 7.1 ～ 20.1℃；1 月平均气温 –14.7 ～ 6.4℃；1 月最低气温 –22.3℃；7 月平均气温 8.8 ～ 22.3℃；7 月最高气温 26.7℃；年平均相对湿度 51.1% ～ 81.9%；年平均日照时数 1376 ～ 2871h，年平均降水量 321 ～ 1232mm；土壤类型主要为棕壤、暗棕壤、黑土、黑钙土。依据主要生长区域的生态因子值，利用加权欧式距离法计算当归 90% ～ 100% 的生态相似度的区域分布。结合当归生物学特性、自然条件、社会经济条件、药材主产地栽培及采收加工技术认为当归的引种栽培区域以四川省、西藏自治区、甘肃省、青海省及云南省一带为宜。

基于生态因子与阿魏酸含量的模糊物元模型结合 ArcGIS 软件预测当归生境分布区。预测结果显示，在我国西部 10 省、自治区，当归的适生区主要集中在甘肃省东南部、四川省北部、云南省西北部及西藏自治区东南部的高海拔区域。其中，高适宜生境区包括甘肃省临潭、康乐、陇西、漳县、渭源、岷县、临洮等地，云南省德钦、鹤庆、鲁甸、丽江等地，四川省平武、宝兴地区，陕西省陇县、眉县、佛坪地区，宁夏回族自治区固原，以及西藏自治区林芝、米林、工布江达等地区；中适宜生境区包括甘肃省卓尼、礼县、舟曲、文县、宕昌等地区，四川省九寨沟、汉源，云南省沾益、兰坪、中甸，湖北省神农架、恩施、剑川、建始等，陕西省镇坪地区，西藏自治区波密、墨脱，以及青海省民和、化隆、乐都、湟中地区；低适宜生境区包括重庆市酉阳土家族苗族自治县及黔江部分地区，贵州省赫章、威宁地区。

严辉等基于我国当归各主产地实地调查采样及质量分析的基础，应用 ArcGIS 空间分析技术，采用最大熵模型预测我国当归适宜性分布区，结果显示：我国当归适宜度较高的分布区集中在甘肃省南部、云南省西北部、四川省北部及西南部的相关县州。此外，新疆、陕西、湖北、贵州、西藏等省、自治区部分区域也有较适宜分布区。最佳适宜区的生态因子特征为海拔 2200 ～ 2600m；土壤为黑土或黑垆土；5 月降水量 80 ～ 90mm；最暖月最高温在 21.5 ～ 23.0℃。

三、当归近缘植物种质资源及分布研究

当归属多种植物民间常作药用，包括常用中药当归、白芷和独活等，另外，有些种类可以食用和作饲料。在我国及东亚其他国家，当归的来源并不统一，有一些植物也以“当归”为名作为药材或食品使用。目前，当归主流药材以药典正品当归 *Angelica sinensis*（Oliv.）Diels 为主，日本的药用当归实际上是东当归 *A. acutiloba*（Sieb. et Zucc.）Kitag.。朝鲜当归 *A.gigas* Nakai 和阿坝当归（法落海）*A. apaensis* R. H. Shan & C. Q. Yuan 在民间也作为当归用。此外，欧当归 *Levisticum officinale* Koch. 等常作为当归混伪品使用。作为当归药材使用或混用的近缘植物基原及分布见表 1-3。

表 1-3　当归近缘植物基原植物及分布

药材	来源	别名	产地	备注
东当归	伞形科当归属植物东当归 *A. acutiloba*（Sieb. et Zucc.）Kitag.	延边当归、日本当归、大和当归	原产于日本，在我国产于台湾，吉林省延边朝鲜族自治州延吉、珲春、和龙等地，甘肃省岷县、渭源县，四川省彭县	东当归为《日本药局方》法定当归
朝鲜当归	伞形科当归属植物朝鲜当归 *A.gigas* Nakai	大独活、野当归、真当归等	主产地为韩国江原道的束草、春川及庆北（庆尚北道）、奉化郡等地及日本，在我国产于东北各省，以及甘肃省漳县、渭源县	在朝鲜、韩国及我国东北地区作当归
阿坝当归	伞形科当归属植物阿坝当归 *A. apaensis* R. H. Shan & C. Q. Yuan	法落海、骚独活、烧香干、红法落海、臭法落海、法罗海、红独活、小独活、阿坝当归	四川省阿坝州的黑水县、阿坝、北川、汶川、茂县、理县、小金县等川西北地区，云南省东川、巧家等滇东北地区	近年来，在云南省昆明市的东川区开展了法落海的引种驯化研究与开发，在法者乡建立了种植基地 20 公顷（1 公顷 =10 000m^2）
欧当归	伞形科欧当归属植物欧当归 *L. officinale* Koch.	—	原产于亚洲西部、欧洲及北美各国，我国于 1957 年从欧洲引种，产于河北、山东、河南、内蒙古、辽宁、陕西、山西、江苏等省、自治区	欧洲一些国家收载于药典，我国民间以代当归用

四、当归与其近缘植物鉴别研究

当归药材常见的混伪品有伞形科植物重齿毛当归 *Angelica biserrata*（Shan et Yuan）Yuan et Shan（*Angelica pubescens* Maxim. f. biserrata Shan et Yuan）、欧当归 *Levisticum officinale* Koch. 及东当归 *Angelica acutiloba*（Sieb. et Zucc.）Kitagawa 的干燥根。袁庆军等基于 DNA 条形码研究当归及其近缘种，ITS 序列系统进化分析结果显示，欧当归和当归为

姐妹分类群，欧当归应该归属于当归属，且可以通过 ITS 序列鉴别当归、阿坝当归和欧当归。通过药材的生药学研究表明，当归混伪品与当归药材性状的差异主要表现为当归、重齿毛当归、东当归及欧当归均略呈圆柱形；欧当归主根粗长，当归、重齿毛当归及东当归主根粗短；当归有浓郁香气，重齿毛当归香气特异，欧当归气微香，东当归气芳香；重齿毛当归和欧当归有麻舌感。饮片性状欧当归和东当归未见报道，白术为不规则薄片，切面粗糙不平；当归和重齿毛当归均为类圆形或长条形薄片，切面皮部厚，其中当归切面呈淡黄棕色，重齿毛当归切面呈灰白色。东当归的粉末特征未见报道，当归、欧当归为纺锤形薄壁细胞，重齿毛当归为圆形或长方形薄壁细胞。此外，欧当归粉末淀粉粒众多，当归混伪品性状及显微鉴别结果见表 1-4。

表 1-4　当归及其混伪品性状及显微鉴别

	当归	重齿毛当归	欧当归	东当归
药材性状	根略呈圆柱形，表面呈黄棕色或棕色，有明显纵皱纹及横长皮孔。主根粗短，根头部略膨大或不膨大，具环纹，顶端钝圆，有紫色或黄绿色的茎及叶鞘残基。下部有支根 3～5 条或更多，多扭曲。质较柔韧，折断面呈黄白色或淡黄棕色，皮部厚，有棕色油点，形成层呈黄棕色环状，木部色较淡，有棕色放射状纹理。有浓郁香气，味甘、辛、微苦	主根粗短，略呈圆柱形，下部 2～3 个分枝或较多。根头部膨大，有横皱纹，顶端有茎、叶的残痕或凹陷，表面呈灰褐色或棕褐色，具深纵皱纹，有隆起的横长皮孔样突起及稍突起的细根痕。质较硬，受潮则变软，断面皮部呈灰白色，可见多数散在的棕色油点，形成层环棕色，木质部呈灰黄色至黄棕色。香气特异，味苦辛、微麻舌	根表面呈灰棕色或灰黄色，有纵皱纹及横长环纹，栓皮易剥下。主根粗且长，类圆形。根头部膨大，常数个小根头绞合成一体，其中一根头长而粗壮，侧根及支根 4～10 余条，略弯曲，有众多小皮孔状细根断痕。质柔韧，折断面平坦。气微香，味微甜而麻舌	根略呈圆柱形，表面呈土黄色、黄白色或淡黄棕色。全体有细纵皱纹及横向突起的皮孔状瘢痕或支根痕。主根粗短，根头部膨大，有细环纹，顶端中央凹陷或微凹陷，有淡黄色或黄白色的叶柄及茎基痕。质干而硬，折断面整齐，皮部类白色，木部呈黄白色，形成层环呈淡黄棕色。气芳香，味甜而后稍苦
饮片性状	多为类圆形或长条形薄片。表面呈黄棕色至棕褐色。切面皮部厚，呈淡黄棕色，有裂隙及多数棕色点状分泌腔，形成层环浅棕色，木部色稍浅，具放射状纹理。质柔韧，油润。气香浓郁，味甘、辛、微苦	多为类圆形或长条形薄片。表面呈灰褐色至棕褐色，有的可见纵皱纹及须根痕。切面皮部厚，呈灰白色，散生多数棕色麻点状的油室，形成层环明显，木部呈灰黄色至黄棕色，隐约可见放射状纹理。香气特异，味苦、辛、微麻舌	—	—
粉末特征	粉末呈淡黄棕色。纺锤形韧皮薄壁细胞，单个细胞呈长纺锤形，1～2 个薄分隔，壁上常有斜格状纹理；油室及其碎片时可见，内有挥发油油滴。梯纹及网纹导管直径 13～80μm，亦有具缘纹孔及螺纹导管	粉末呈淡黄色至淡棕色，薄壁细胞类圆形或长方形，大小不一，壁薄，细胞间隙明显；木栓细胞表面观呈多角形或长多角形，壁稍厚，略呈波状弯曲；油管多破碎，内含多数黄绿色或淡黄棕色分泌物及油滴；导管多为网纹导管；淀粉类较多，细小，单粒、复粒均有	粉末呈淡灰色。淀粉类众多，单粒类圆形、椭圆形或肾形，直径 2.5～15μm，脐点飞鸟形或裂隙形；导管多为网纹，直径 15～110μm；木栓细胞呈黄棕色，纺锤形；表面观类方形、多角形或长方形。纺锤形薄壁细胞稍厚，有 1～2 个薄分隔，壁上有斜格状纹理；纤维壁较厚，直径 10～20μm	—

第二节　当归遗传多样性和遗传结构研究

当归 [*Angelica sinensis*（Oliv.）Diels] 为伞形科多年生草本植物，生长在海拔 1700～3000m 的高寒阴湿山区，其干燥根（*Radix Angelicae Sinensis*）为常用中药，始载于《神农本草经》，已有 2000 多年的用药历史。当归具有补血活血、调经止痛之功，以“妇科人参”著称。此外，它已被广泛用于治疗贫血、便秘、心血管疾病和肝纤维化，且它的药用价值已被众多临床试验、临床前研究和传统或现代研究证实。同时，在亚洲、欧洲和美国，当归还被当作保健食品、化妆品和膳食补充剂使用。随着其药用价值的开发，当归市场需求量逐年上升。然而，由于过度采挖，野生当归已濒临灭绝，栽培当归成为市场流通的唯一来源。据文献报道，2008 年全国当归栽培面积约 3 万公顷，2014 年当归全国种植面积已达约 4.33 万公顷，预计产量为 12.8 万吨。

当归野生资源濒危，栽培始于 1000 多年前。目前市场流通当归药材主要来自于栽培，产于甘肃省、云南省、四川省和湖北省，并且当归在各地栽培的品种单一，无明显分化。甘肃省岷县为当归道地产区，以“岷归”闻名世界，其生产历史在汉代和三国时期就已见文字记载。但是至今，当归的栽培都没有规范的种子市场，大都是农户自留或从其他农户、药材市场购买。栽培不仅可以满足人们现在和将来对当归的需求，而且可以缓解野生资源压力。然而，大规模的栽培生产对当归的资源保护可能会带来负面影响，例如，奠基者效应和有目的的人工选择可能导致遗传背景狭窄，出现类似农作物驯化过程中的遗传瓶颈。同时，在现代条件下，高度发达的交通和较为方便的药材贸易市场使得不同产地当归种子的交流变得更加容易，种子从原产地流入其他环境可能导致其远交衰退，衰退的基因流可能会从栽培居群流入附近的野生居群，从而引起野生居群对原始环境的适应性下降。

群体遗传学通过数学和统计学的原理和方法，研究生物群体中的基因频率和基因型频率的变化，以及引起该变化的环境选择效应、遗传突变、遗传漂变和迁移等因素与遗传结构的关系，并有效阐明物种遗传多样性的水平及进化历史，揭示各种自然和人为因素对居群遗传结构的影响和造成的不良后果，从而提出合理利用和有效保护的措施。随着药用植物的开发利用和科学技术的发展，分子标记技术（如 RFLP、RAPD、AFLP、SSR、ISSR 等）已被广泛用于药用植物遗传学研究。

当归野生资源濒危，栽培品种单一，导致栽培品种的遗传基础狭窄，容易降低该品种对环境变化的适应能力，引发病虫害的传播等。基于分子标记技术研究其遗传多样性可以为保护和利用野生种质，培育优良栽培品种提供指导。

一、基于 SSR 分子标记的当归遗传多样性和遗传结构研究

（一）SSR 引物开发

微卫星分子标记又称 SSR 分子标记，是指由 2～6 个核苷酸为重复单元组成的长达几十个核苷酸的简单串联重复序列，其存在于大多数真核生物的基因组中，具有分布广泛、多等位基因、多态性高、信息量大、共显性、重复性好等特点，成为应用最广泛的分子标

记之一。不同于其他分子标记（如 RAPD、AFLP、ISSR 等），SSR 分子标记需要特异的 PCR 引物。因此，要应用 SSR 分子标记，必须首先获得微卫星序列以设计微卫星引物。由于微卫星引物在近缘物种间具有通用性，可以使用其他物种开发出来的 SSR 引物用于目标物种的 PCR 扩增，从中筛选具有多态性的引物，但是此方法具有一定的限制性。因此，对于当归这种没有多态性 SSR 位点报道的物种，有必要对其直接开发 SSR 位点。课题组采用罗氏 454 测序获得当归微卫星 DNA 序列，结合测序数据分析进行 SSR 引物设计，并对获得的引物进行 PCR 扩增，检测其多态性，最终获得当归具有多态性的 SSR 引物。

1. SSR 引物开发结果分析

罗氏 454 焦磷酸测序读取平均碱基对长度为 434bp、平均质量评分为 30 的序列长度为 233 457 bp。NGS 共检测到微卫星位点 3305 个，其中 2272 个位点适合于引物设计，占总位点数的 69%。在这 2272 个微卫星位点中，数量最多的为二碱基重复位点，占总位点的 74.9%；其次为三碱基重复位点，占总位点的 18.5%；四碱基重复位点占总位点的 1.4%；五碱基重复位点占总位点的 0.4%；六碱基重复位点占总位点的 0.3%。同科的胡萝卜含有 17% 的二碱基重复位点、42% 的三碱基重复位点和 24% 的四碱基重复位点。与同科的胡萝卜相比，当归具有较高比例的二碱基重复位点和较低的三碱基、四碱基重复位点。100 个微卫星位点用于 SSR 扩增检测，18 个位点能够成功进行 PCR 扩增并与期望的长度相匹配。因此，筛选出的 18 个位点用于进一步的当归多态性检测，18 个位点信息见表 1-5。

表 1-5　开发的 18 个当归 SSR 位点信息

位点	引物序列（5′- 3′）	重复序列	长度范围（bp）	退火温度（℃）	GenBank 编号
C15	F：TAGTACAAGCATATGCCCCTGC R：GGAAGCTGGCCAAATGTGTTTC	（TG）6ac（AG）6...（GA）13	42 ～ 315	55	KR232341
C17	F：TGTAGTACAAGCATATGCCCCC R：GAAGCCTGGCCAAATGTGTTTC	（TG）6ac（AG）6...（GA）13	40 ～ 314	55	KR232342
C19	F：AGCTCCTGCGAATACTATCAGC R：CCCTAATGCAACCCCATTTCAA	（TA）7...（TG）7	93 ～ 302	54	KR232343
C22	F：TGACGTAGAGTAGCAAAATAGCA R：TCACAAAGCTTTCATCGTGTCA	（TAA）5...（TA）6	7 ～ 226	56	KR232344
C25	F：CTTTGTAAGCCCAGTAGTATGCT R：CTTCGTGCCAACATCGGATAAC	（TA）6...（TA）7	4 ～ 269	54	KR232345
C31	F：GTTTTGTGTGTAGGTTGTGCGT R：GCTCTTCCATGAATTGGGTTCG	（AT）11（AG）14	5 ～ 148	58	KR232346
C32	F：AGCTCTTCTTCTTGAACGTCGT R：CACTCAATCACTTACCTCCCCC	（TG）9（AG）15	46 ～ 299	55	KR232347
C34	F：AGTAGAGGAGAAATGATACAAAGCA R：CAACTTCGATCATTGTTCGCCA	（AT）12（GT）10	128 ～ 332	53	KR232348
C03	F：TGCAACAACAATATCAAATAAGGCC R：AGCCAAACAGCTCCTTAAAGAGA	（ATAA）5（TAAA）9	10 ～ 249	53	KR232349

续表

位点	引物序列（5′- 3′）	重复序列	长度范围（bp）	退火温度（℃）	GenBank 编号
C07	F：GCTCGGAATATTAGCAACTCGG R：CTTCAAATTTACCCCTGGCTCG	（TA）6...（TA）8	331 ～ 555	55	KR232350
C019	F：CATTAACGGAGCACTGCAGAAC R：ATGCCAAGTAGCTCCAATCACT	（TAT）7...（TA）6	104 ～ 292	54	KR232351
C020	F：AGATAGATTTTTAGCTGGCCTTTTT R：AAGAACCCAGCTAAGTCTCCTC	（GA）7...（AG）9	47 ～ 178	53	KR232352
C022	F：ACTGGAGATCGTTTATAGAGAGCG R：CCCAAAACTAGGGGTTACGAGA	（AG）6...（AT）6	39 ～ 208	55	KR232353
C023	F：TTAAATTGGCGACTGCAATGCT R：CCGCCTTTCTCACCTCTTTACT	（GA）8...（GT）7	108 ～ 264	53	KR232354
C024	F：CAAGTCCAAGTCTTACCGACCA R：ACCCGTCGTCAAATATCTTTCTCT	（TA）9...（AT）7	135 ～ 386	54	KR232355
C027	F：AGTTAGCAATCTCCTTCGCCAA R：CCGCCAGACCTGTATGACTAAA	（TC）6...（AT）9	351 ～ 537	54	KR232356
C028	F：AGTGTGTGCCGAAACAATTGAA R：AATAACTTCGCTCGTGGTCACT	（AG）7...（AG）6	222 ～ 501	52	KR232357
P9	F：TGTAACGAGAGCGATACTGATGA R：ATGTAGTAACCTTTCCGCGGTT	（AG）20	67 ～ 205	53	KR232358

注：F 为正向引物，R 为反向引物。

2. SSR 引物位点多态性检测结果分析

18 个微卫星位点的特征见表 1-6。每个居群的平均等位基因数（*Na*）在 1.2（位点 C25 和 C023）到 5.5（位点 P9）。在所有位点间，每个居群的平均观察杂合度（*Ho*）和期望杂合度（*He*）变化很大，观察杂合度（*Ho*）从 0.000（位点 C25、C022 和 C023）到 0.983（位点 C07）；期望杂合度（*He*）从 0.066（位点 C024）到 0.661（位点 P9）。在所有 6 个居群中，位点 C25、C023、C024 和 C028 的遗传多样性仅为 1 ～ 3。

表 1-6　开发的当归 18 个 SSR 位点在当归 6 个居群 120 个个体检测的遗传多样性

位点	YNZY				GSZX				GSMX			
	Na	*Ho*	*He*	F_{IS}	*Na*	*Ho*	*He*	F_{IS}	*Na*	*Ho*	*He*	F_{IS}
C15	2	0.050	0.501	0.898*	2	0.150	0.358	0.570	2	0.300	0.328	0.063
C17	2	0.050	0.501	0.898*	2	0.150	0.358	0.570	2	0.250	0.296	0.134
C19	2	0.200	0.508	0.596*	2	0.300	0.385	0.200	2	0.450	0.358	–0.290
C22	2	0.000	0.262	1.000*	2	0.150	0.409	0.624*	2	0.200	0.492	0.583*
C25	2	0.000	0.097	1.000*	1	–	–	–	1	–	–	–
C31	4	0.100	0.506	0.798*	3	0.500	0.601	0.147	3	0.400	0.631	0.350
C32	4	0.050	0.737	0.930*	2	0.000	0.467	1.000*	2	0.000	0.097	1.000*
C34	2	0.250	0.512	0.499	5	0.250	0.645	0.602*	2	0.150	0.501	0.693*
C03	2	0.050	0.224	0.771*	2	0.100	0.492	0.792*	2	0.150	0.142	–0.081
C07	3	1.000	0.513	–1.000*	2	1.000	0.513	–1.000*	2	1.000	0.513	–1.000*
C019	2	0.150	0.553	0.722*	3	0.100	0.349	0.706*	3	0.200	0.190	–0.081

续表

位点	YNZY				GSZX				GSMX			
	Na	*Ho*	*He*	F_{IS}	*Na*	*Ho*	*He*	F_{IS}	*Na*	*Ho*	*He*	F_{IS}
C020	2	0.100	0.262	0.608*	2	0.050	0.142	0.640	1	–	–	–
C022	2	0.000	0.097	1.000*	1	–	–	–	1	–	–	–
C023	1	–	–	–	2	0.000	0.097	1.000*	1	–	–	–
C024	1	–	–	–	2	0.050	0.050	–0.026	1	–	–	–
C027	2	0.100	0.328	0.688*	3	0.400	0.528	0.223	2	0.150	0.296	0.481
C028	1	–	–	–	2	0.200	0.385	0.467	2	0.450	0.481	0.040
P9	4	0.200	0.559	0.633*	5	0.450	0.713	0.353	7	0.350	0.731	0.509*
C15	3	0.100	0.337	0.699*	3	0.050	0.383	0.866*	3	0.100	0.145	0.292
C17	3	0.100	0.337	0.699*	3	0.050	0.383	0.866*	3	0.100	0.145	0.292
C19	2	0.100	0.185	0.444	2	0.150	0.450	0.658*	2	0.400	0.431	0.048
C22	2	0.250	0.481	0.467	2	0.200	0.328	0.375	2	0.300	0.385	0.200
C25	1	–	–	–	1	–	–	–	1	–	–	–
C31	4	0.400	0.622	0.340	4	0.500	0.535	0.041	5	0.400	0.522	0.214
C32	2	0.000	0.431	1.000*	3	0.000	0.549	1.000*	3	0.000	0.528	1.000*
C34	3	0.150	0.478	0.678*	5	0.200	0.683	0.700*	5	0.200	0.612	0.665*
C03	2	0.200	0.385	0.467	2	0.200	0.262	0.216	2	0.300	0.385	0.200
C07	2	0.950	0.512	–0.905*	2	0.950	0.512	–0.905*	2	1.000	0.513	–1.000*
C019	3	0.200	0.349	0.412	3	0.250	0.312	0.177	3	0.150	0.368	0.582
C020	2	0.200	0.385	0.467	3	0.250	0.344	0.254	3	0.200	0.272	0.245
C022	2	0.000	0.097	1.000*	1	–	–	–	1	–	–	–
C023	1	–	–	–	1	–	–	–	1	–	–	–
C024	1	–	–	–	2	0.050	0.050	–0.026	2	0.000	0.097	1.000*
C027	5	0.300	0.599	0.486	3	0.250	0.422	0.392	3	0.150	0.232	0.337
C028	3	0.250	0.396	0.353	2	0.250	0.409	0.373	2	0.250	0.409	0.373
P9	6	0.350	0.686	0.477	5	0.350	0.586	0.387	6	0.350	0.690	0.480

注：*Na* 为等位基因数，*Ho* 为观察杂合度，*He* 为期望杂合度，F_{IS} 为固定指数，* 为显著偏离哈迪 - 温伯格平衡（$P < 0.01$）。

（二）遗传多样性和遗传结构分析

课题组基于开发的 SSR 引物，采集 4 个省共 63 个居群的当归叶片，包括 6 个野生当归居群（迭部县 1 个居群，岷县 5 个居群）和 57 个栽培当归居群（甘肃省 10 个县共 50 个居群，湖北省 1 个县共 2 个居群，云南省 3 个县共 4 个居群和四川省的 1 个居群），每个居群的个体数为 9 ～ 31 个，共 1177 个个体研究当归的遗传结构和遗传多样性。

1. 当归 SSR 位点筛选

研究中利用高通量测序开发的 18 对具有多态性的当归 SSR 引物对 6 个野生居群中扩增的 STR 分型结果进行位点中性检验，检验结果显示：18 个位点中 10 个位点为中性位点，筛选结果如图 1-4，筛选出的 10 个位点为表 1-5 中的 C25、C32、C34、C03、C019、C023、C024、C027、C028 和 P9。

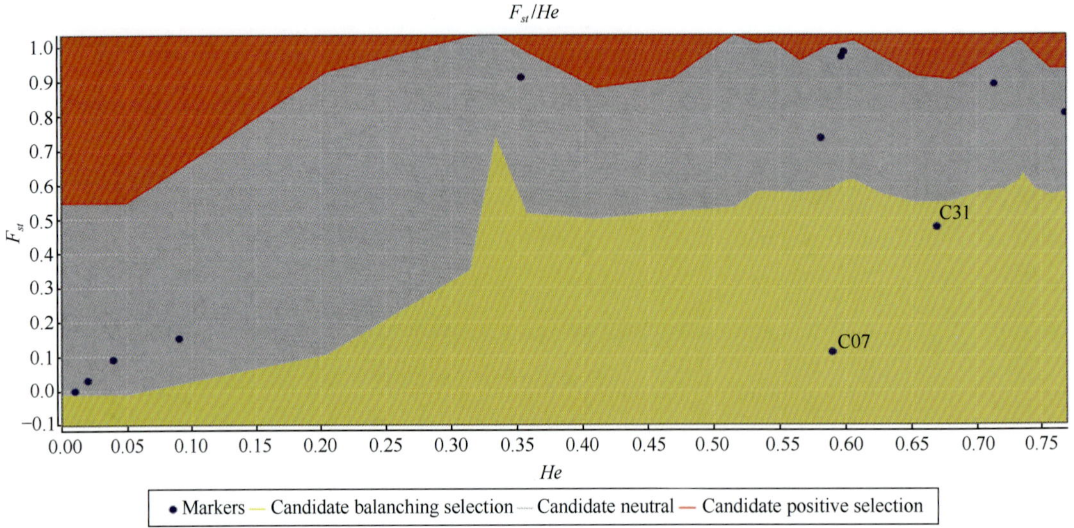

图 1-4 当归多态性引物中性位点检测图

2. 当归总体遗传多样性水平

10 对多态性引物用于 63 个居群 1177 个个体的检测，共检测到 72 个等位基因，每个位点的等位基因数目从 4（C25）到 15（P9），平均每个位点的等位基因数为 7.2 个。总体遗传多样性水平即期望杂合度为 0.311，遗传多样性水平最低的位点是 C023 为 0.086，遗传多样性水平最高的位点是 C34 为 0.644（表 1-7）。10 个位点在部分居群中哈迪 - 温伯格平衡。几乎所有居群都存在杂合度缺失现象（观察杂合度小于期望杂合度）。

表 1-7　当归 63 个居群 10 个 SSR 位点遗传多样性参数

位点	*A*	*Na*	*Ne*	*Ho*	*He*	F_{IS}	G_{st}
C25	4	1.270	1.033	0.006	0.123	0.805	0.793
C32	6	2.333	1.621	0.023	0.513	0.932	0.347
C34	11	3.063	2.080	0.205	0.644	0.590	0.236
C03	7	2.048	1.480	0.163	0.354	0.456	0.166
C024	6	1.651	1.158	0.083	0.259	0.186	0.629
C019	5	2.492	1.432	0.162	0.408	0.417	0.321
C028	6	2.048	1.485	0.173	0.447	0.443	0.330
C027	7	2.651	1.630	0.201	0.458	0.452	0.209
C023	5	1.111	1.011	0.001	0.086	0.916	0.896
P9	15	4.683	2.727	0.314	0.722	0.471	0.173
Mean	7.2	1.893	0.133	0.530	0.311	0.530	0.311

注：*A* 为等位基因数，*Na* 为平均等位基因数，*Ne* 为平均有效等位基因数，*Ho* 为观察杂合度，*He* 为期望杂合度，F_{IS} 为固定指数，G_{st} 为基因分化系数。

3. 野生当归遗传多样性及遗传结构

10 对引物用于 6 个野生居群共 96 个个体 PCR 扩增，共检测到 28 个等位基因，野生居群的整体遗传多样性（*He*）为 0.33，等位基因数（*A*）和等位基因丰富度（*Ar*）均为 2.5，私有等位基因丰富度（*Ap*）为 0.50。每个居群的所有位点的等位基因数介于 1.00（MX5W）到 1.60（MX2W）；观察杂合度（*Ho*）从 0.00（MX5W）到 0.04（MX1W）；期望杂合度（*He*）从 0.00（MX5W）到 0.17（MX1W）；标准化等位基因丰富度和私有等位基因丰富度分别从 1.00（MX5W）到 1.47（MX1W）和 0.00（除 DBW 外的其他 5 个居群）到 0.11（DBW）；Shannon's Information index（*I*）从 0.00 到 0.25，其中 MX5W 的 *I* 最低为 0，MX1W 的 *I* 最高为 0.25（表 1-8）。野生居群的基因流（*Nm*）为 0.0543。

表 1-8　当归野生居群遗传多样性参数

居群 / 组	*A*	*Ar*	*Ap*	*Ho*	*He*	*I*	F_{IS}
GSW	**2.50**	**2.50**	**0.50**	**0.01**	**0.33**	**0.52**	**0.96***
DBW	1.50	1.36	0.11	0.01	0.06	0.12	0.91*
MX1W	1.50	1.47	0.00	0.04	0.17	0.25	0.78*
MX2W	1.60	1.36	0.00	0.01	0.05	0.11	0.80*
MX3W	1.10	1.10	0.00	0.01	0.04	0.06	0.86*
MX4W	1.10	1.10	0.00	0.00	0.02	0.04	1.00
MX5W	1.00	1.00	0.00	0.00	0.00	0.00	—

注：*A* 为等位基因数，*Ar* 为标准化等位基因丰富度，*Ap* 为私有等位基因丰富度，*Ho* 为观察杂合度，*He* 为期望杂合度，F_{IS} 为固定指数，$^*P < 0.05$。

用 STRUCTURE2.3 软件的 admixture-model 模型计算，依据微卫星的贝叶斯聚类分析，*K*=2 时 ΔK 值最大，*K*=4 时 ΔK 值次之（图 1-5）。*K*=2 时所有居群分为两组，即迭部的野生居群（DBW）和岷县的 2 个野生居群（MX2W、MX5W）表现为相同的基因型，聚为第一组（蓝色），岷县的另外 3 个野生居群（MX1W、MX3W 和 MX4W）表现为相同的基因型，聚为第二组（紫色），见图 1-6（上）；*K*=4 时所有居群分为四组，即迭部的野生居群（DBW）基因型表现相同，聚为第一组（蓝色），岷县 1 个野生居群的部分个体和两个野生居群（MX1W、MX3W 和 MX4W）表现为相同的基因型，聚为第二组（紫色），岷县的另外 2 个野生居群（MX2W 和 MX5W）表现为相同的基因型，聚为第三组（黄色），岷县的 1 个野生居群（MX1W）的部分个体表现为相同的基因型，聚为第四组（紫绿色），见图 1-6（下）。当归野生居群遗传距离和遗传一致度显示，MX2W 和 MX5W 的遗传距离最近

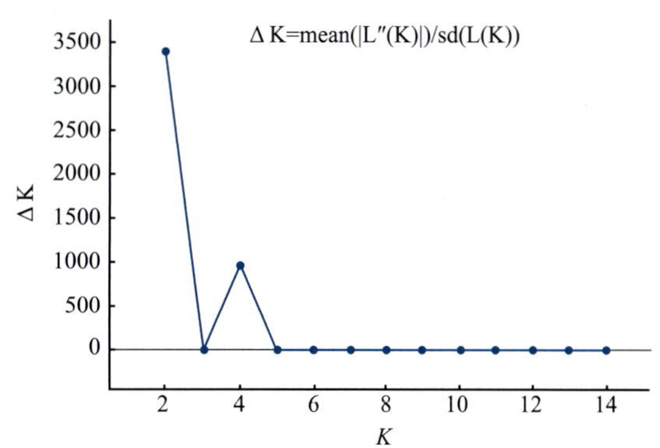

图 1-5　当归野生居群 STRUCTURE 分析 *K* 值与 ΔK 值关系

（0.0013），遗传一致度最高（0.9987）；MX3W 和 MX4W 遗传距离次之（0.0088），遗传一致度次高（0.9912）；DBW 居群与 MX2W 和 MX5W 的遗传距离（分别为 0.2359、0.2337）较近，且遗传一致度（分别为 0.7899、0.7916）较高；MX1W 与 MX3W 和 MX4W 的遗传距离（分别为 0.1679、0.1881）较近，且遗传一致度（分别为 0.8454 和 0.8285）较高。遗传分化系数 F_{ST} 值显示，除了 MX2W 和 MX5W、MX3W 和 MX4W 的野生当归居群，其他各居群之间均发生了较高水平的遗传分化，遗传分化系数从 0.023 35 到 0.984 56。

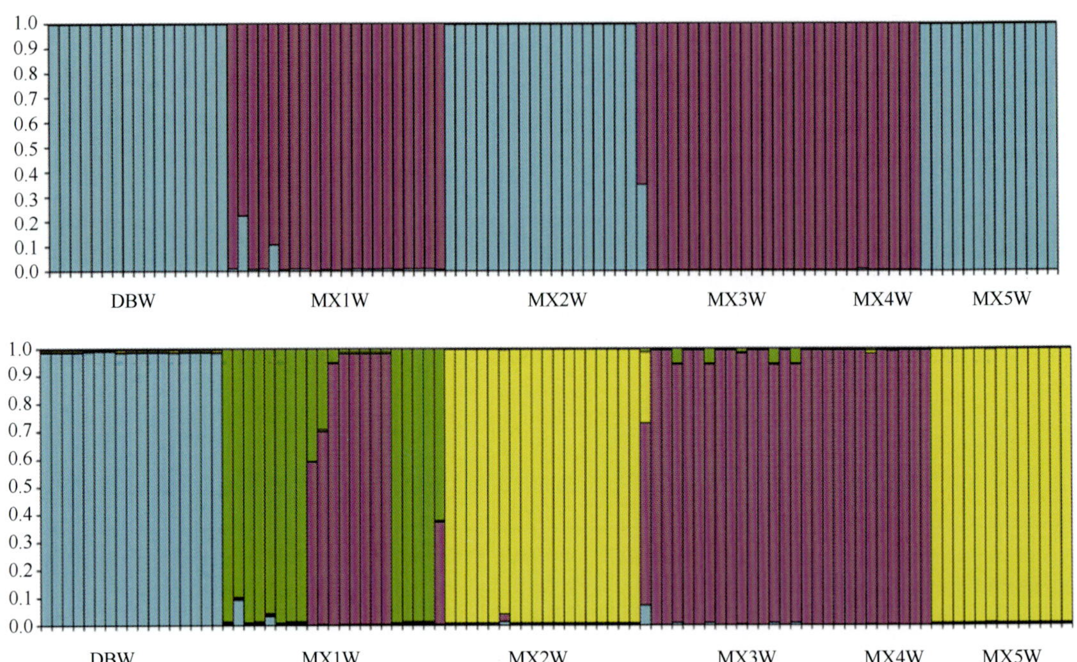

图 1-6 当归野生居群 STRUCTURE 聚类分析，K=2（上）、K=4（下）

AMOVA 分析结果显示，当归野生居群之间的遗传多样性 81.57% 存在于各居群之间，15.10% 存在于居群内，仅有 3.33% 存在于个体间（表 1-9）。F_{IS}、F_{IT} 和 F_{ST} 分别为 0.819 56、0.966 75 和 0.815 72。

表 1-9 当归野生居群遗传结构分子方差分析结果

变异	自由度	总方差	方差分量	百分比
居群间	5	245.456	1.53317 Va	81.57
居群内	90	56.721	0.28387 Vb	15.10
个体间	96	6.000	0.06250 Vc	3.33

野生居群个体间成对遗传距离的 PCOA 分析结果显示，前三轴涵盖了总变异的 85.46%，将所有野生居群分为三组，DBW 一组，MX5W 和部分 MX2W 一组，MX1W、MX3W、MX4W 和部分 MX2W 一组（图 1-7）。野生居群间成对遗传距离的 PCOA 分析结果显示，前三轴涵盖了总变异的 99.60%，将所有野生居群分为四组，DBW 一组，MX2W 和 MX5W 一组，MX1W 一组，MX4W 和 MX3W 一组（图 1-8）。遗传距离与地

理距离的相关性分析（Mental test）结果显示，野生居群的遗传距离和地理距离极显著相关（相关系数 r=0.786，$P < 0.01$，图 1-9）。

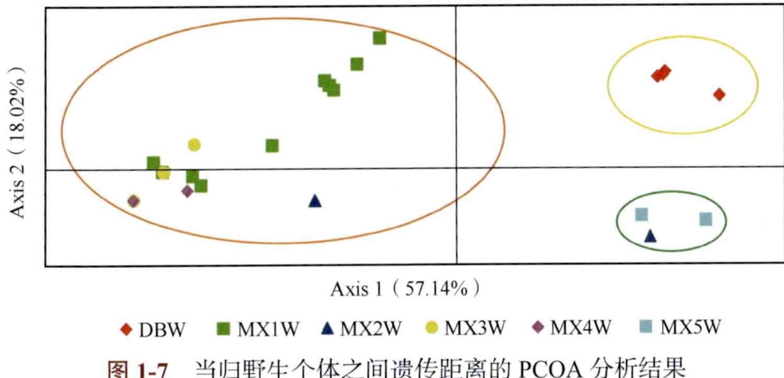

图 1-7　当归野生个体之间遗传距离的 PCOA 分析结果

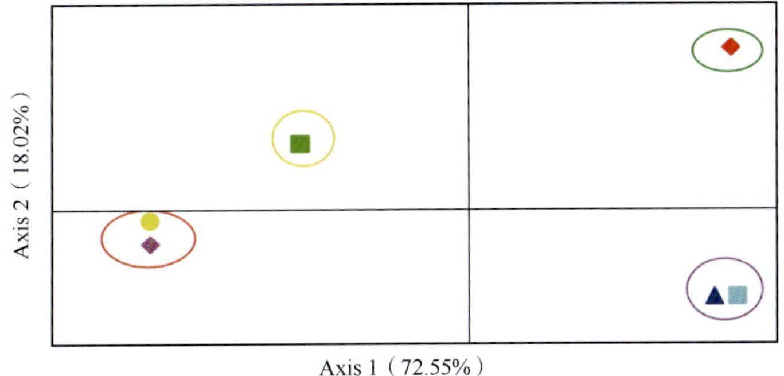

图 1-8　当归野生居群之间遗传距离的 PCOA 分析结果

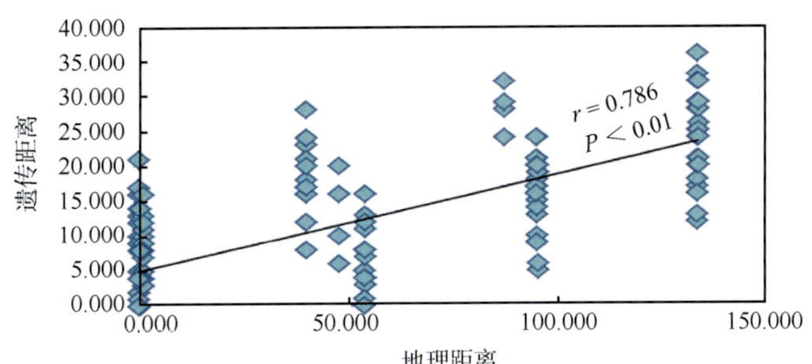

图 1-9　当归野生居群遗传距离与地理距离的相关性分析结果

4. 栽培当归遗传多样性及遗传结构

10 对引物用于 57 个当归栽培居群共 1081 个个体 PCR 扩增，共检测到 70 个等位基因，当归栽培居群的整体遗传多样性（*He*）为 0.40，等位基因丰富度（*Ar*）和私有等位基因丰富度（*Ap*）均为 6.3。每个居群的所有位点的等位基因数（*A*）介于 1.10（ES2C）到 3.00（HZ4C、TC1C 和 WY1C）；观察杂合度（*Ho*）从 0.00（ES1C 和 MXC）到 0.28（ZX2C）；期望杂合度（*He*）从 0.01（ES2C）到 0.41（HZ3C）；标准化等位基因丰富度和私有等位基因丰富度分别从 1.04（ES2C）到 2.52（TC1C）和 0.00（包括和政的 3 个居群、康乐的 4 个居群、岷县的 9 个居群、宕昌的 1 个居群、渭源的 4 个居群、漳县的 6 个居群、武山的 1 个居群、临潭的 3 个居群、卓尼的 6 个居群、恩施的 2 个居群、鹤庆的 1 个居群和沾益的 1 个居群）到 0.38（MXC）；Shannon's Information index（*I*）从 0.01 到 0.65，其中 ES2C 的 *I* 最低为 0.01，HZ3C 的 *I* 最高为 0.65（表 1-10）。栽培居群的基因流（*Nm*）为 0.158 04。

表 1-10　57 个当归居群遗传多样性参数

居群 / 组	*A*	*Ar*	*Ap*	*Ho*	*He*	*I*	F_{IS}
GSHBC	**5.70**	**4.17**	**0.71**	**0.16**	**0.33**	**0.61**	**0.53***
HZ1C	2.40	2.15	0.00	0.17	0.32	0.52	0.49*
HZ2C	2.70	2.29	0.00	0.15	0.32	0.55	0.55*
HZ3C	2.70	2.39	0.04	0.26	0.41	0.65	0.38*
HZ4C	3.00	2.41	0.00	0.26	0.35	0.59	0.27*
KL1C	2.50	2.19	0.00	0.17	0.30	0.51	0.44*
KL2C	2.30	2.14	0.00	0.17	0.30	0.49	0.42*
KL3C	2.40	2.14	0.01	0.11	0.27	0.46	0.61*
KL4C	2.10	1.95	0.00	0.19	0.32	0.49	0.41*
KL5C	2.50	2.25	0.00	0.20	0.36	0.58	0.46*
MX1C	2.50	2.26	0.00	0.18	0.35	0.57	0.50*
MX2C	2.30	2.12	0.00	0.13	0.29	0.48	0.56*
MX3C	2.90	2.50	0.02	0.15	0.37	0.64	0.61*
MX4C	2.70	2.38	0.00	0.14	0.34	0.58	0.58*
MX5C	2.40	2.15	0.00	0.13	0.27	0.48	0.53*
MX6C	2.30	2.02	0.06	0.15	0.24	0.42	0.41*
MX7C	2.70	2.37	0.00	0.19	0.32	0.56	0.42*
MX8C	2.00	1.83	0.00	0.14	0.26	0.41	0.48*
MX9C	2.70	2.29	0.00	0.17	0.34	0.57	0.49*
MX10C	2.80	2.32	0.00	0.10	0.31	0.54	0.68*
MX11C	2.20	2.04	0.00	0.13	0.26	0.44	0.50*
TC1C	3.00	2.52	0.00	0.14	0.37	0.64	0.63*
TC2C	2.40	2.17	0.06	0.09	0.27	0.48	0.68*
WY1C	3.00	2.28	0.01	0.17	0.33	0.57	0.49*
WY2C	2.30	2.18	0.03	0.18	0.35	0.55	0.50*
WY3C	2.50	2.30	0.00	0.20	0.36	0.59	0.45*
WY4C	2.60	2.34	0.00	0.22	0.34	0.57	0.38*
WY5C	2.60	2.31	0.00	0.16	0.33	0.56	0.53*

续表

居群 / 组	A	Ar	Ap	Ho	He	I	F_{IS}
WY6C	2.50	2.26	0.00	0.11	0.31	0.53	0.66*
ZX1C	2.70	2.30	0.05	0.15	0.29	0.52	0.50*
ZX2C	2.60	2.24	0.01	0.28	0.38	0.61	0.28*
ZX3C	2.60	2.33	0.00	0.26	0.37	0.60	0.30*
ZX4C	2.30	2.15	0.00	0.17	0.34	0.55	0.52*
ZX5C	2.40	2.16	0.08	0.12	0.31	0.52	0.64*
ZX6C	2.90	2.49	0.02	0.13	0.34	0.61	0.64*
ZX7C	2.20	1.97	0.00	0.12	0.22	0.39	0.49*
ZX8C	2.70	2.31	0.00	0.16	0.37	0.61	0.59*
ZX9C	2.50	2.25	0.00	0.09	0.36	0.59	0.76*
ZX10C	2.40	2.07	0.00	0.16	0.28	0.46	0.43*
WSC	2.60	2.29	0.00	0.13	0.31	0.53	0.58*
LT1C	2.70	2.42	0.00	0.20	0.39	0.64	0.49*
LT2C	2.00	1.88	0.00	0.15	0.30	0.46	0.52*
LT3C	2.70	2.34	0.00	0.15	0.33	0.57	0.57*
LT4C	2.50	2.07	0.00	0.14	0.29	0.47	0.51*
ZN1C	2.70	2.31	0.00	0.22	0.31	0.54	0.29*
ZN2C	2.60	2.15	0.00	0.15	0.33	0.53	0.54*
ZN3C	2.30	2.16	0.00	0.20	0.30	0.51	0.37*
ZN4C	2.30	2.12	0.00	0.12	0.29	0.49	0.59*
ZN5C	2.70	2.25	0.00	0.16	0.33	0.55	0.53*
ZN6C	2.80	2.32	0.00	0.14	0.33	0.57	0.59*
ES1C	1.30	1.20	0.00	0.00	0.03	0.06	1.00*
ES2C	1.10	1.04	0.00	0.01	0.01	0.01	0.00
SCYNC	**4.20**	**4.15**	**0.96**	**0.08**	**0.41**	**0.77**	**0.81***
ZQC	1.90	1.71	0.04	0.05	0.19	0.31	0.76*
HQC	2.20	2.05	0.00	0.14	0.28	0.47	0.50*
JCC	2.60	2.23	0.10	0.08	0.30	0.51	0.74*
ZY1C	2.30	2.19	0.01	0.09	0.35	0.56	0.75*
ZY2C	2.20	2.07	0.00	0.08	0.30	0.50	0.74*
MXC	1.50	1.48	0.38	0.00	0.14	0.22	1.00*
Overall	7.20	6.3	6.3	0.14	0.40	0.79	0.51*

注：A 为等位基因数，Ar 为标准化等位基因丰富度，Ap 为私有等位基因丰富度，Ho 为观察杂合度，He 为期望杂合度，F_{IS} 为固定指数，$^*P < 0.05$。

STRUCTURE2.3 混合模型计算结果显示，最大的 ΔK 值出现在 *K*=2（图 1-10 左），因 *K*=2 时 ΔK 值远远大于其他 *K* 的 ΔK 值，故先忽略 *K*=2 的 ΔK 值寻找 ΔK 值的次高值，显示 *K*=13 时 ΔK 值出现次高值（图 1-10 右），因 *K*=13 时居群基因呈现完全的混杂现象，故只分析 *K*=2 时栽培居群的聚类。*K*=2 时所有的当归栽培居群分为两组，甘肃省当归栽培居群（除舟曲 ZQC 1 个居群外）和湖北省当归栽培居群（ES1C 和 ES2C）均表现为蓝色基因型居多，橙色基因型较少，聚为第一组；甘肃省舟曲当归栽培居群、云南省栽培居群（HQC、JCC、ZY1C 和 ZY2C）和四川省栽培居群（MXC）以橙色基因型居多，蓝色基因型较少，聚为第二组（图 1-11）。栽培居群之间的遗传距离和遗传一致度显示，同一县的不同栽培居群之间的遗传距离很小。分析不同地区栽培居群之间的遗传距离和遗传一致度，结果显示所有栽培居群与四川省栽培居群（MXC）的遗传距离（0.4899 ～ 0.8407）最大，遗传一致度（0.4314 ～ 0.6127）最低；甘肃省舟曲（ZQC）次之，遗传距离介于 0.2174 ～ 0.2517，遗传一致度介于 0.6127 ～ 0.8046；甘肃省不同县栽培居群（除舟曲外）之间的遗传距离很小，遗传一致度很高，遗传距离为 0.0006 ～ 0.0169，遗传一致度为 0.9832 ～ 0.9994；云南省不同县栽培居群之间的遗传距离为 0.0110 ～ 0.0230，遗传一致度为 0.9773 ～ 0.9891。栽培居群之间的遗传分化系数显示，同一县当归栽培居群之间的遗传分化水平很低。分析不同地区栽培居群之间的遗传分化，结果显示甘肃省大部分地区的当归栽培居群之间和云

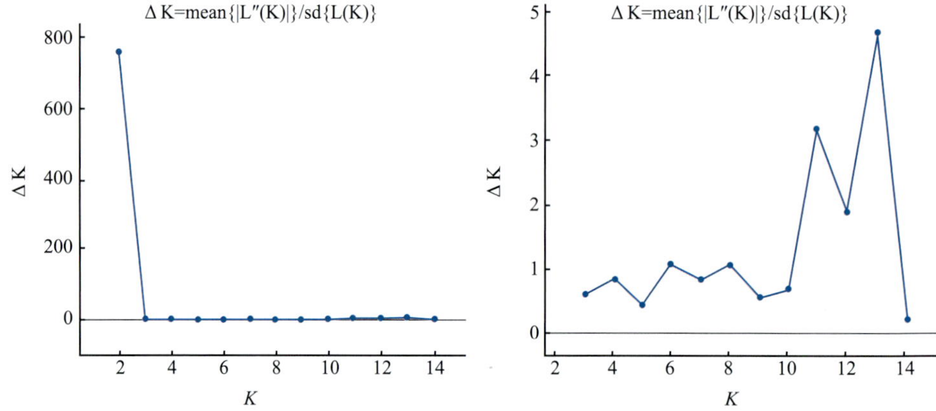

图 1-10 当归栽培居群 STRUCTURE 分析 *K* 值与 ΔK 值关系

（左：*K*=1 ～ 15，右：*K*=2 ～ 15）

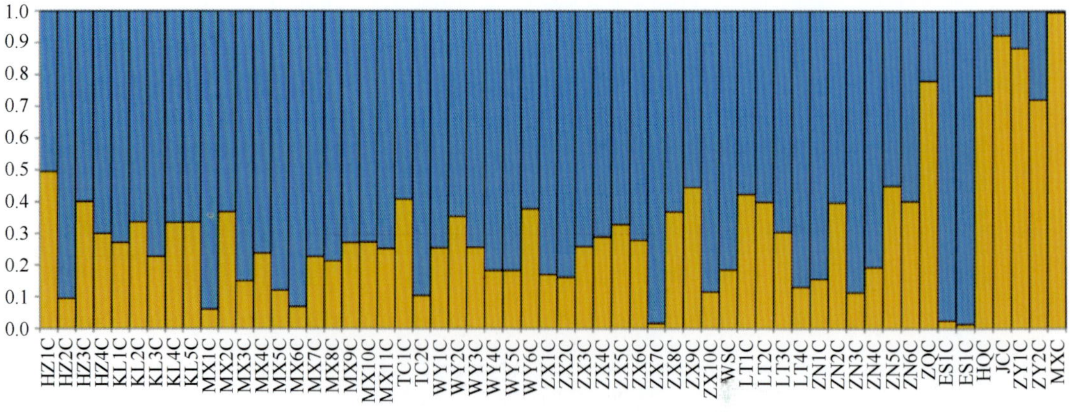

图 1-11 当归栽培居群 STRUCTURE 聚类分析（*K*=2）

南省的当归栽培居群之间遗传分化相对较低，遗传分化系数从 0.0002 到 0.9188。据资料显示，云南省栽培当归是 20 世纪 60 年代自甘肃省引种的，且现在仍然栽种甘肃省的种苗，因此云南省栽培当归与甘肃省栽培当归遗传分化较低。

AMOVA 分析结果显示，当归栽培居群之间的遗传多样性仅有 9.11% 存在于各居群之间，而居群内和个体间的遗传多样性差异分别占 47.55% 和 43.34%（表 1-11）。F_{IS}、F_{IT} 和 F_{ST} 分别为 0.523 17、0.566 61 和 0.091 10。

表 1-11 当归栽培居群遗传结构分子方差分析结果

变异	自由度	总方差	方差分量	百分比
居群间	56	460.390	0.154 78	9.11
居群内	1024	2408.630	0.807 91	47.55
个体间	1081	796.000	0.736 36	43.34

所有当归栽培居群个体间成对遗传距离的 PCOA 分析结果显示，前三轴涵盖了总变异的 58.05%，栽培居群间没有产生分组（图 1-12）。所有当归栽培居群的居群间成对遗传距离的 PCOA 分析结果显示，前三轴涵盖了总变异的 75.70%，将所有栽培居群分为五组，分别为四川省栽培一组（MXC）、甘肃省舟曲栽培一组（ZQC）、湖北省栽培一组（ES1C、ES2C）、云南省栽培一组（ZY1C、ZY2C、JCC、HQC）和甘肃省除舟曲县外的其余各县栽培居群（图 1-13）。遗传距离与地理距离的相关性分析（Mental test）结果显示，当归栽培居群的遗传距离和地理距离无显著相关关系（相关系数 r=-0.014，P =0.340，图 1-14）。

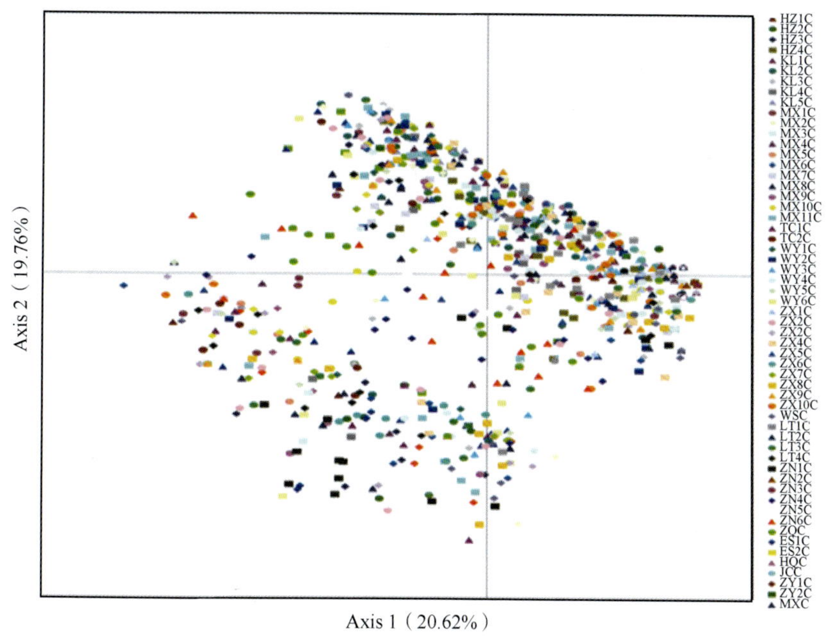

图 1-12 当归栽培个体之间遗传距离的 PCOA 分析结果

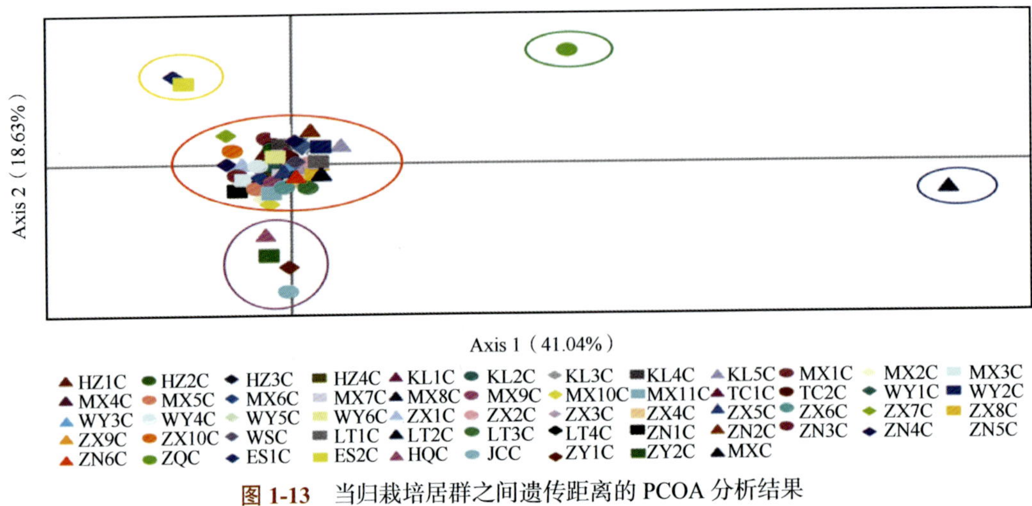

图 1-13　当归栽培居群之间遗传距离的 PCOA 分析结果

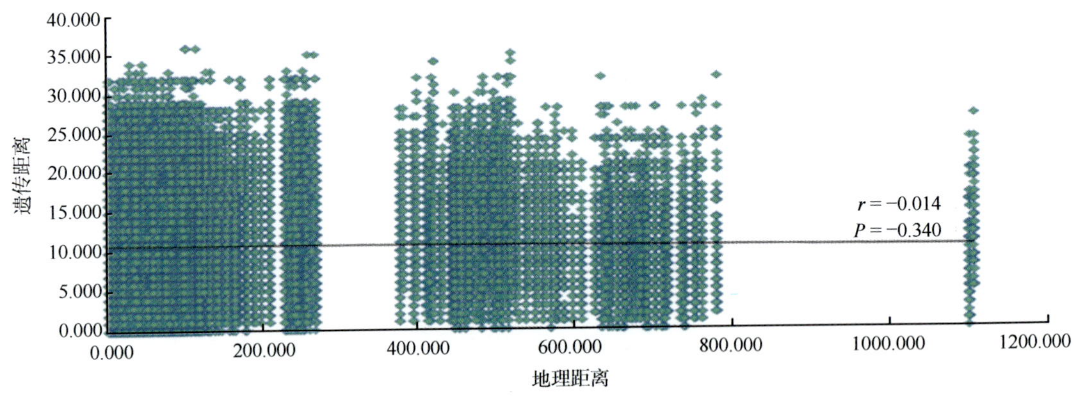

图 1-14　当归栽培居群遗传距离与地理距离的相关性分析结果

5. 当归野生居群和栽培居群遗传结构分析

用 STRUCTURE2.3 的混合模型分析所有当归野生居群和栽培居群的 STR 分型数据，贝叶斯聚类分析显示，K=2 时 ΔK 值最高为 1035.80，K=3 时 ΔK 值次之为 3.47，见图 1-15。根据 ΔK 值，将所有居群分为第一分组和第二分组，即 2 组和 3 组。K=2 时当归的所有居群被分为两组，即野生居群表现为相同的基因型，分为第一组（图 1-16 绿色）；栽培居群（除四川 MXC 外）表现为相同的基因型，聚为第二组（图 1-16 红色）；四川 MXC 由第一组和第二组几乎各 50% 的基因型组成。K=3 时野生居群的分组并未发生变化，仍然聚为一组（图 1-17 绿色）；栽培居群的分组发生了变化，被分为两组，以红色居多蓝色较少的为一组，蓝色居多红色较少的为另外一组（图 1-17）。遗传结构显示所有当归居群主要分为三组，当归野生居群聚为第一组 GSW（图 1-16 绿色为主）；甘肃省内（除舟曲外）的栽培居群（HZ1C、HZ2C、HZ3C、HZ4C、KL1C、KL2C、KL3C、KL4C、KL5C、MX1C、MX2C、MX3C、MX4C、MX5C、MX6C、MX7C、MX8C、MX9C、MX10C、MX11C、TC1C、TC2C、WY1C、WY2C、WY3C、WY4C、WY5C、WY6C、ZX1C、

ZX2C、ZX3C、ZX4C、ZX5C、ZX6C、ZX7C、ZX8C、ZX9C、ZX10C、WSC、LT1C、LT2C、LT3C、LT4C、ZN1C、ZN2C、ZN3C、ZN4C、ZN5C 和 ZN6C）和湖北省栽培居群（ES1C 和 ES2C）聚为第二组 GSHBC（图 1-17 红色比例较多）；甘肃省舟曲的栽培居群（ZQC）、云南省的栽培居群（HQC、JCC、ZY1C 和 ZY2C）和四川省的栽培居群（MXC）聚为第三组 SCYNC（图 1-17 蓝色比例较多）。分析三组之间的遗传距离和遗传一致度显

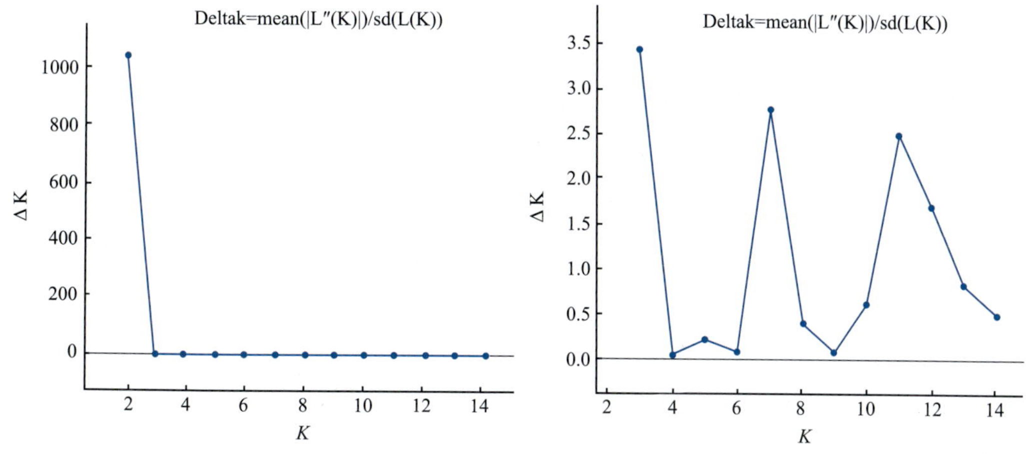

图 1-15　当归野生和栽培居群 STRUCTURE 分析 *K* 值与 ΔK 值的关系

（左：*K*=1 ～ 15，右：*K*=2 ～ 15）

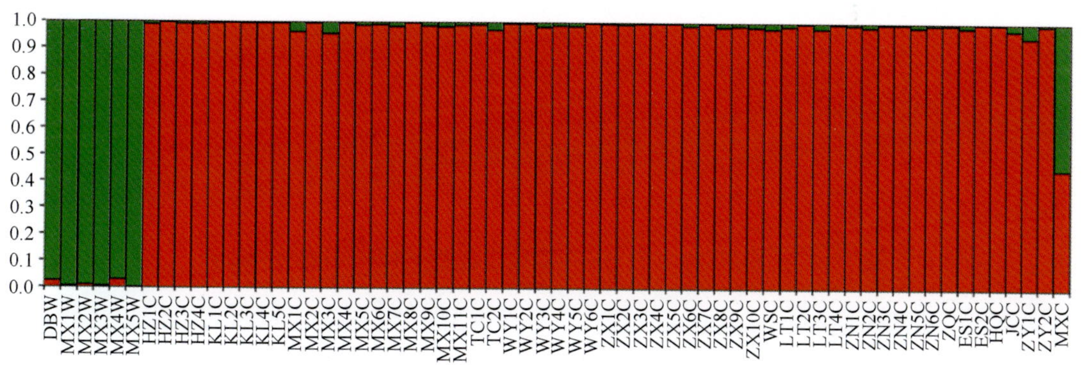

图 1-16　当归野生和栽培居群 STRUCTURE 聚类分析（*K*=2）

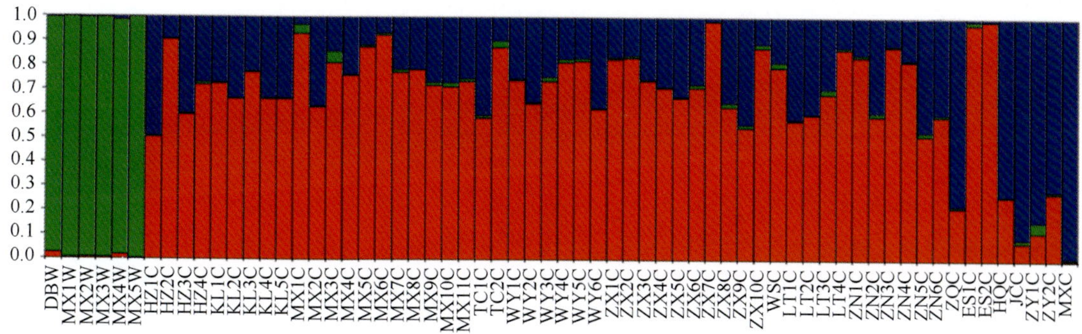

图 1-17　当归野生和栽培居群 STRUCTURE 聚类分析（*K*=3）

示，第一组与第二、三组的遗传距离（0.9945、0.9808）很大，遗传一致度较低（0.3699、0.3750），第二组和第三组的遗传距离较近（0.0501），遗传一致度很高（0.9511）（表1-12）。三组的基因分化系数 GSW 为 0.814、GSHBC 为 0.039、SCYNC 为 0.371。三组间的遗传分化两两比较 F_{ST} 值显示栽培居群之间（GSHBC 和 SCYNC）遗传分化水平较低，野生居群与栽培居群间发生了较高水平的分化，遗传分化值从 0.086 61 到 0.564 58（表 1-13）。

表 1-12　当归栽培居群和野生居群三个分组之间的遗传距离和遗传一致度

分组	GSW	GSHBC	SCYNC
GSW	0	0.3699	0.3750
GSHBC	0.9945	0	0.9511
SCYNC	0.9808	0.0501	0

表 1-13　当归栽培和野生居群三个分组之间遗传分化系数 F_{ST} 及其显著性检验结果

分组	GSW	GSHBC	SCYNC
GSW	0		
GSHBC	0.564 58*	0	
SCYNC	0.518 67*	0.086 61*	0

注：*$P < 0.05$，有显著差异。

MOVA 分析所有当归居群和个体间的遗传变异显示最大的变异（39.66%）存在于不同组间（F_{CT}=0.400，$P < 0.01$），组内的不同居群间的变异只有 8.19%（F_{SC}=0.136，$P < 0.01$），居群内个体间的变异和个体内的变异分别占 27.59%（F_{IS}=0.529，$P < 0.01$）和 24.55%（F_{IT}=0.754，$P < 0.01$），见表 1-14。

表 1-14　当归所有居群及三个分组居群遗传结构分子方差分析结果

变异来源	自由度	总方差	方差分量	百分比
组间	2	798.77	1.100 89	39.66
居群内	60	643.194	0.227 38	8.19
个体间	1114	2465.351	0.7658 3	27.59
个体内	1177	802	0.681 39	24.55
	F_{CT}=0.400	F_{SC}=0.136	F_{IS}=0.529	F_{IT}=0.754

所有个体间成对遗传距离的 PCOA 分析结果显示，前三个主成分涵盖了总变异的63.31%，将所有个体区分为两个部分，一部分为野生样本，另一部分为栽培样本（图 1-18）。所有居群间成对遗传距离的 PCOA 分析结果显示，前三轴涵盖了总变异的 78.08%，将所有居群分为三部分，即第一部分野生居群，第二部分四川省栽培居群（SCMXC），第三部分其他栽培居群（包括甘肃省、云南省和湖北省的栽培居群）（图 1-19）。

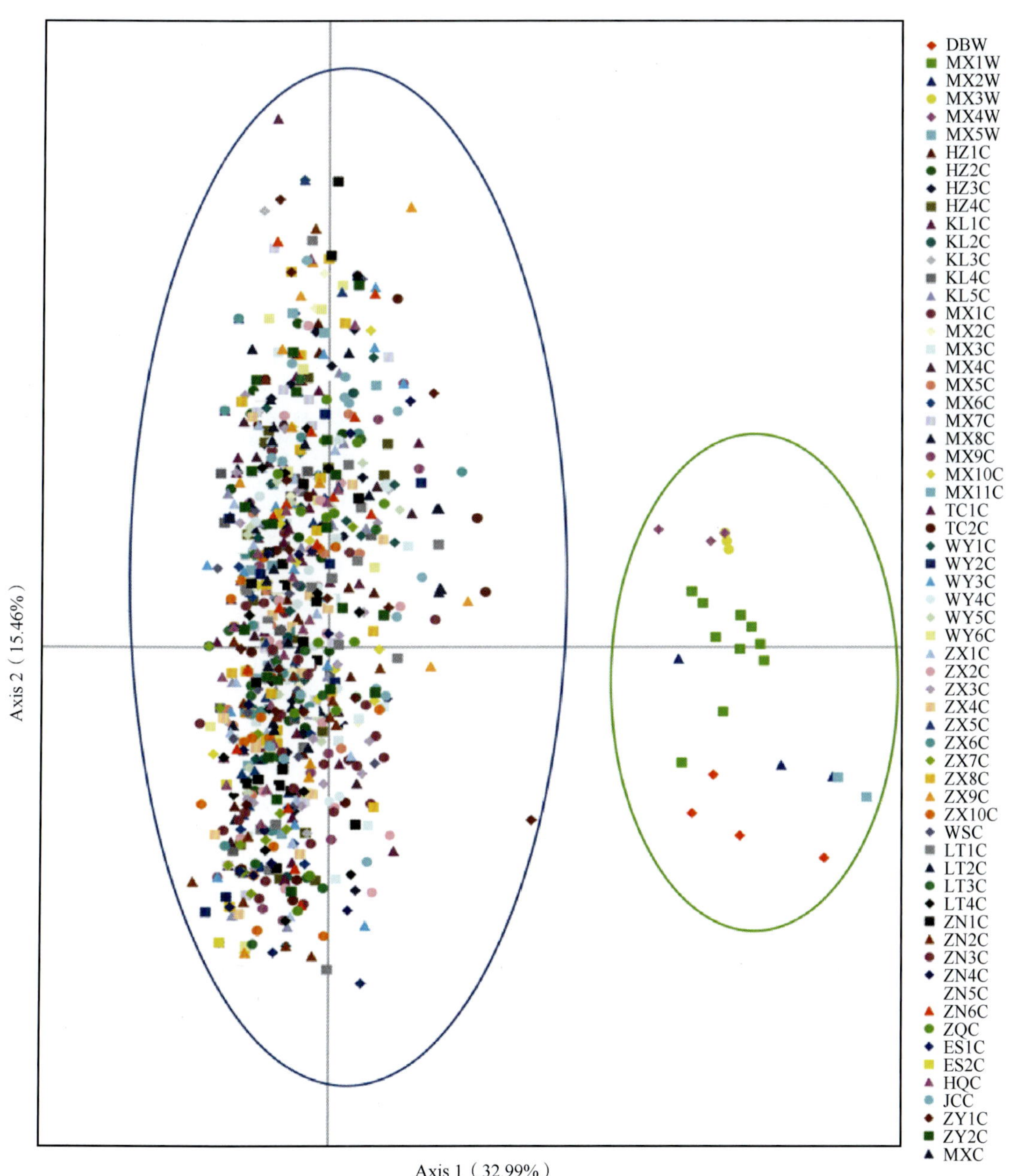

图 1-18　当归野生和栽培个体之间遗传距离的 PCOA 分析结果

二、基于 ISSR 分子标记的当归遗传多样性研究

（一）ISSR-PCR 反应体系建立及引物筛选

课题组从 100 条 ISSR 随机引物（根据 British Columbia 大学公布的序列设计）中筛选

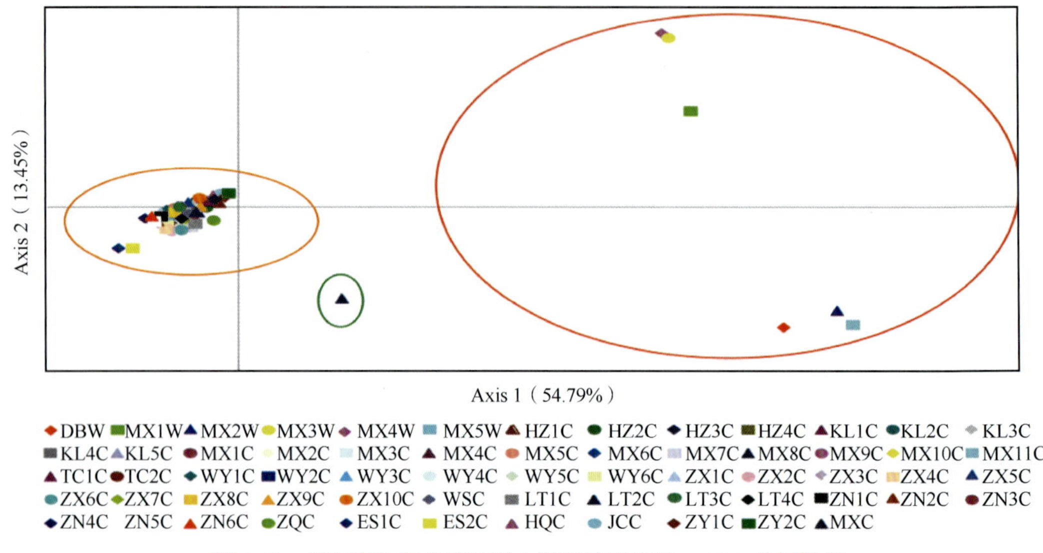

图 1-19 当归野生和栽培居群之间遗传距离的 PCOA 分析结果

出 8 条，并确定了每条引物的最佳退火温度。根据 L16（45）正交试验 PCR 产物电泳结果（图 1-20），第 1 ～ 4，6，8 ～ 16 号处理均能扩增出条带，但不同处理条带的数目和清晰度不一致。以特异谱带多态性高、背景干扰低、主带清晰、副带明显为原则，确定第 11 号处理为当归 ISSR-PCR 的最适反应体系，最佳反应体系（20μl）：Mg^{2+}（10×PCR Buffer）1.5mmol/L，TaqDNA 聚合酶 0.6U，dNTPs 0.375mmol/L，ISSR 引物 0.3μmol/L，模板 DNA 42ng。

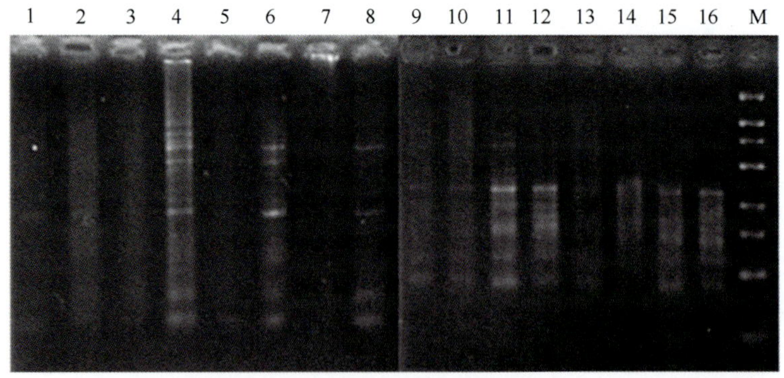

图 1-20 ISSR-PCR 正交设计电泳图

进一步应用单因素试验法对 Mg^{2+} 浓度（图 1-21A）、TaqDNA 聚合酶用量（图 1-21B）、dNTPs 浓度（图 1-21C）、模板 DNA 用量（图 1-21D）、引物浓度（图 1-21E）进行筛选，并应用优化后的体系，从 70 个 ISSR 随机引物中筛选出扩增条带清晰且条带数多的 8 条，并确定了每条引物的最佳退火温度（表 1-15），图 1-21F 为引物 835 最佳退火温度扩增结果。

表 1-15　筛选出的引物及扩增条带数

引物编号	引物序列（5′ to 3′）	*Tm* 值（℃）	实际退火温度（℃）	总带数	多态性带数	多态性带百分率（%）
UBC-835	（AG）$_8$YC	54.0 ～ 56.0	54.0	9	1	11.11
UBC-855	（AC）$_8$YT	52.0 ～ 54.0	52.0	8	1	12.50
UBC-857	（AC）$_8$YG	54.0 ～ 56.0	54.0	6	2	33.33
UBC-868	（GAA）$_6$	48.0	48.0	4	0	0.00
UBC-873	（GACA）$_4$	48.0 ～ 54.0	48.0	4	1	25.00
UBC-876	（GAT A）$_2$（GAC A）$_2$	44.0	44.0	5	1	20.00
UBC-880	（GGA GA）$_3$	48.0	48.0	5	0	0.00
UBC-881	GGGT（GGGGT）$_2$G	54.0	54.0	5	0	0.00
总计				46	6	13.04

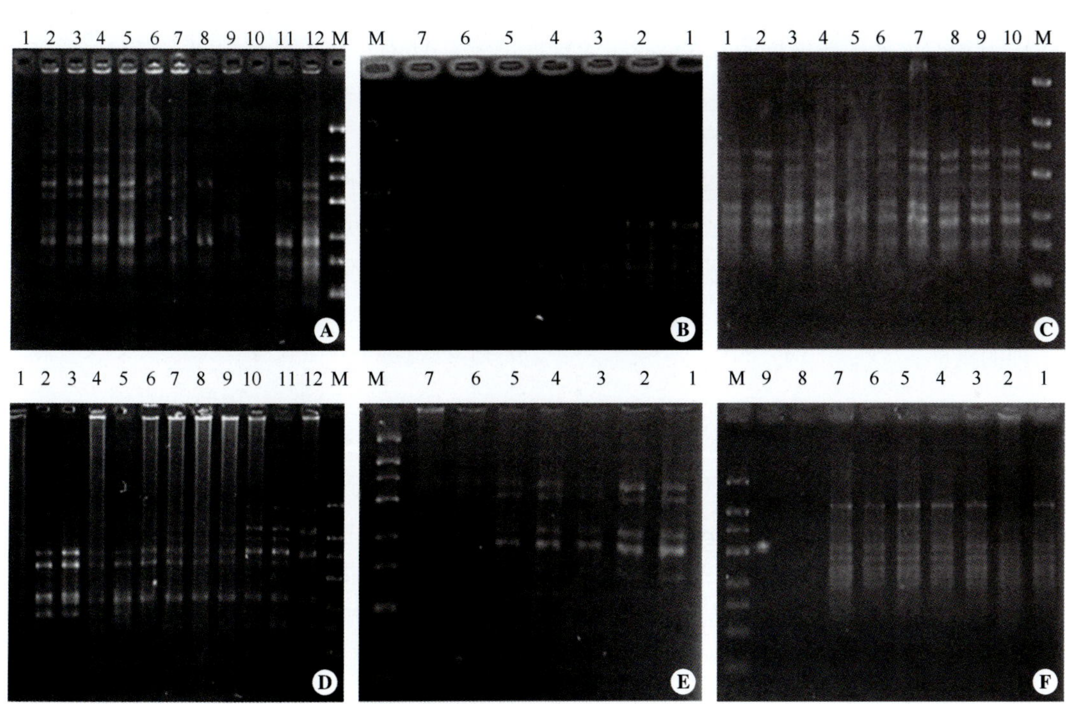

图 1-21　ISSR-PCR 反应体系优化扩增结果

8 条 ISSR 随机引物对 6 个不同品种（系）的当归样本共扩增出 46 条带，其中多态性带为 6 条，多态性带百分率为 13.04%，8 条引物产生的多态性条带见表 1-15，利用 NTSYS 软件根据 Nei's 遗传距离构建甘肃省不同品种（系）当归的 UPGMA 聚类图，见图 1-22。

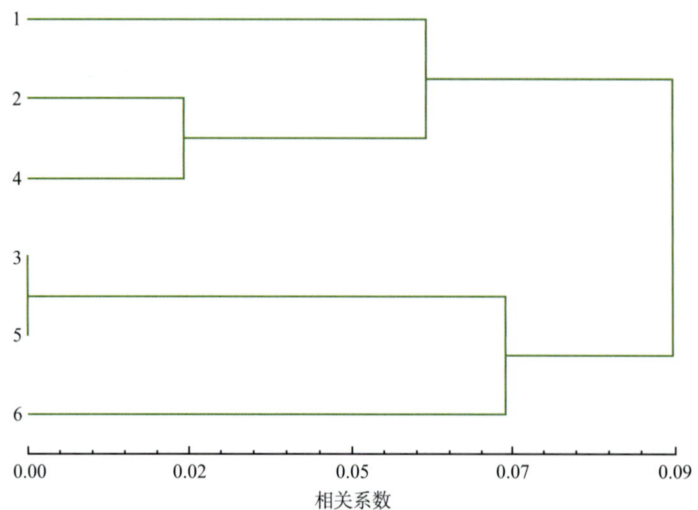

图 1-22 以 Nei's 遗传距离构建的不同品种（系）当归 UPGMA 聚类图

基于 Popgen 1.32 统计结果显示：6 个当归品种（系）的多态位点百分率为 13.04%，Nei's 基因多样性指数为 0.0580，Shannon 多样性指数为 0.0827。以上结果表明，不同品种（系）的当归遗传多样性较低，推测其原因可能是研究所用当归品系选育较早且种植规模较大，经过多年人工栽培使其种质发生退化，进而导致遗传多样性下降。因此，在当归育种过程中扩大选育品种（系）的种类和数量可以有效防止其遗传多样性下降，减缓种质退化的速度。

基于 Nei's 遗传距离构建不同当归品种（系）的 UPGMA 聚类图显示，6 个当归栽培品种（系）间的遗传距离均偏小，仅个别品种（系）的遗传分化较显著，表明当归品种（系）的遗传基础较窄。因此，在育种过程中应该丰富亲本的选择，以提高育种效率和获得优良品种的概率。

（二）甘肃省栽培当归遗传多样性研究

利用 8 条 ISSR 随机引物对 41 个居群的 804 个个体进行 PCR 扩增，遗传多样性参数统计结果见表 1-16。结果显示：共检测到 154 个位点，其中多态性位点 119 个，多态性比率为 77.27%，I 平均值为 0.3374，H 平均值为 0.2229，各指数均显示出甘肃省栽培当归在物种水平上具有较高的遗传多样性。当归不同居群内的 PPB 在 4.55% ～ 29.87%，H 为 0.0191 ～ 0.1209，I 为 0.0277 ～ 0.1745，H 和 I 的大小与各居群 PPB 的高低趋势基本一致。此外，由于居群间的 PPB、H 和 I 均高于各居群内的值，说明当归居群内的遗传多样性水平明显低于居群间。

表 1-16 栽培当归 41 个居群遗传信息参数

居群代码	样本个数	总位点数	多态性标记位点数	PPB（%）	H^*	I^*
1	20	154	46	29.87	0.1201	0.1745
2	16	154	33	21.43	0.0788	0.1158
3	20	154	39	25.32	0.1007	0.1464

续表

居群代码	样本个数	总位点数	多态性标记位点数	PPB（%）	H^*	I^*
4	20	154	24	20.13	0.0800	0.1176
5	20	154	40	25.97	0.1092	0.1567
6	20	154	33	21.43	0.0796	0.1175
7	20	154	25	16.23	0.0709	0.1019
8	16	154	13	21.43	0.0809	0.1181
9	20	154	29	18.83	0.0567	0.0878
10	20	154	7	4.55	0.0209	0.0296
11	20	154	19	12.34	0.0465	0.0688
12	20	154	36	23.38	0.0956	0.1391
13	20	154	25	16.23	0.0669	0.0975
14	20	154	46	29.87	0.1196	0.1732
15	20	154	24	15.58	0.0629	0.0911
16	20	154	14	9.09	0.0346	0.0511
17	20	154	29	18.83	0.0792	0.1149
18	20	154	25	16.23	0.0666	0.0963
19	20	154	41	26.62	0.0886	0.1328
20	20	154	27	17.53	0.0707	0.1029
21	20	154	35	22.73	0.0717	0.1078
22	20	154	37	24.03	0.0899	0.1326
23	20	154	43	27.92	0.1209	0.1735
24	20	154	38	24.68	0.1030	0.1490
25	20	154	43	27.92	0.1098	0.1614
26	20	154	41	26.62	0.1101	0.1597
27	20	154	38	24.68	0.1028	0.1483
28	20	154	27	17.53	0.0680	0.0999
29	20	154	27	17.53	0.0652	0.0970
30	20	154	26	16.88	0.0665	0.0965
31	20	154	19	12.34	0.0417	0.0628
32	20	154	24	15.58	0.0617	0.0905
33	20	154	27	17.53	0.0685	0.1005
34	20	154	7	4.55	0.0191	0.0277
35	20	154	17	11.04	0.0445	0.0643
36	20	154	13	8.44	0.0337	0.0493
37	20	154	10	6.49	0.0243	0.0359
38	16	154	18	11.69	0.0338	0.0527
39	16	154	9	5.84	0.0244	0.0355
40	20	154	22	14.29	0.0521	0.0775
41	20	154	17	11.04	0.0483	0.0692
总计	804	154	119	77.27	0.2229	0.3374

栽培当归遗传结构分析显示，各居群的 *Ht* 为 0.2229，*Hs* 为 0.0705，*Gst* 为 0.6839，表明 68.39% 的变异存在于居群间，31.61% 的变异存在于居群内；*Nm* 为 0.2311，表明不同产区栽培当归间基本无基因交流；41 个不同产区的当归栽培群体之间遗传距离的变异

范围是 0.0429 ~ 0.3278，其中遗传距离最小的为临潭县石门乡当归居群和临潭县三岔乡当归居群，遗传距离最大的为渭源县庆坪乡当归居群和卓尼县纳浪乡当归居群。

此外，基于 Nei's 遗传距离构建甘肃省不同产区栽培当归群体的 UPGMA 聚类图（图 1-23），结果显示，在遗传距离 0.22 处，产于漳县、岷县、临潭县、渭源县多数乡镇、卓尼县部分地区、和政县、宕昌县境内的栽培当归聚为一类，产于康乐县巴松乡、景古镇，卓尼县羊沙乡、洮砚乡，渭源祁家庙乡（北坡），武山县沿安乡的栽培当归聚为一类；在遗传距离 0.20 处，产于渭源县麻家集乡、庆坪乡、锹峪乡、祁家庙乡（南坡），漳县金钟乡、草滩乡、四足乡、殖虎桥乡、石川乡、大草滩乡，岷县维新乡、禾驮乡、闾井镇的栽培当归聚为一类，产于岷县麻子川乡、蒲麻乡、马坞乡、锁龙乡、寺沟乡、茶埠乡、秦许乡、申都乡、西寨镇，临潭县长川乡、羊永乡、石门乡、三岔乡，临洮县康家集乡，卓尼县藏巴哇乡、纳浪乡，和政县松鸣乡、三合乡，宕昌县哈达铺镇、庞家乡、阿坞乡的栽培当归聚为一类。

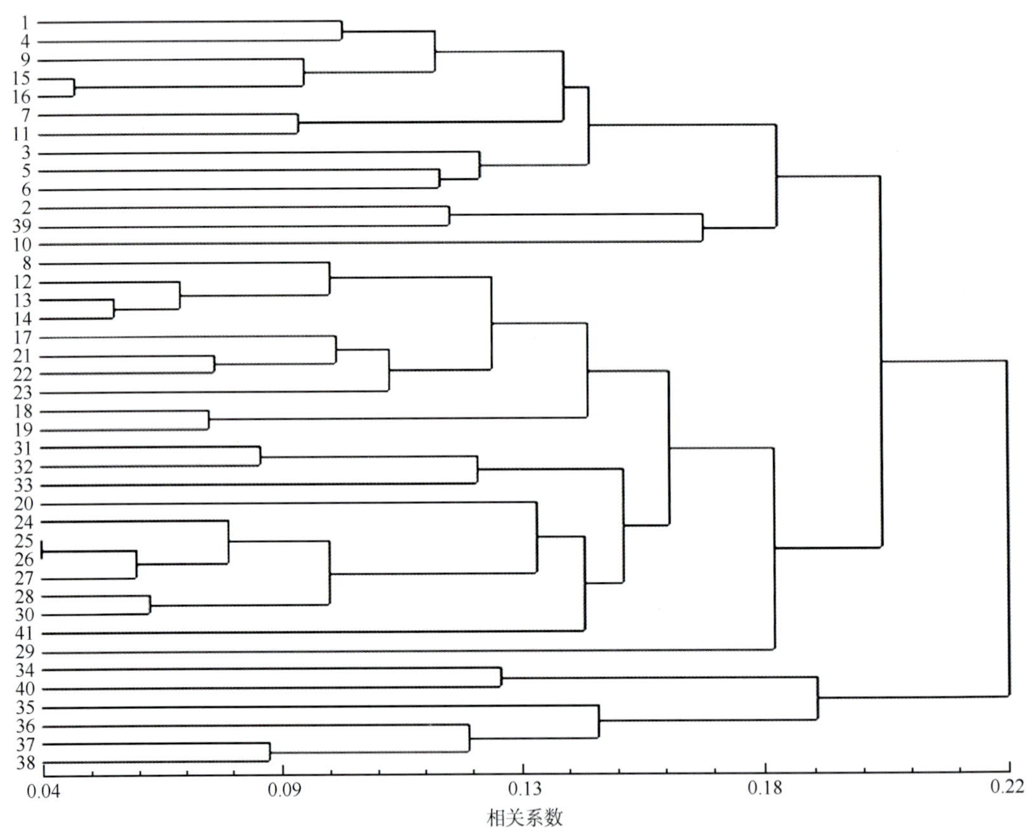

图 1-23 栽培当归 41 个居群的 UPGMA 聚类图

1 号为渭源县麻家集乡，2 号为渭源县庆坪乡，3 号为渭源县锹峪乡，4 号为漳县金钟乡，5 号为漳县草滩乡，6 号为漳县四足乡，7 号为漳县殖虎桥乡，8 号为渭源县上湾乡，9 号为漳县石川乡，10 号为岷县维新乡，11 号为漳县大草滩乡，12 号为岷县麻子川乡，13 号为岷县蒲麻乡，14 号为岷县马坞乡，15 号为岷县禾驮乡，16 号为岷县闾井镇，17 号为岷县锁龙乡，18 号为岷县寺沟乡，19 号为岷县茶埠乡，20 号为岷县秦许乡，21 号为岷县申都乡，22 号为岷县西寨镇，23 号为临潭县长川乡，24 号为临潭县羊永乡，25 号为临潭县石门乡，26 号为临潭县三岔乡，27 号为临洮县康家集乡，28 号为卓尼县藏巴哇乡，29 号为卓尼县纳浪乡，30 号为和政县松鸣乡，31 号为和政县三合乡，32 号为宕昌县哈达铺镇，33 号为宕昌县庞家乡，34 号为康乐县巴松乡，35 号为康乐县景古镇，36 号为卓尼县羊沙乡，37 号为卓尼县洮砚乡，38 号为渭源祁家庙乡（北坡），39 号为渭源祁家庙乡（南坡），40 号为武山县延安乡，41 号为宕昌县阿坞乡

（三）野生与栽培当归遗传多样性比较

利用 8 条 ISSR 引物对 7 个野生居群和 48 个栽培居群的 1038 个样本进行扩增和电泳检测，检测结果见表 1-17。结果显示，55 个当归居群共检测到 154 个位点，其中多态性位点 152 个，居群 PPB 为 98.07%，*I* 平均值为 0.4728，*H* 平均值为 0.3123，各指数均显示出当归在物种水平上具有较高的遗传多样性，这与课题组前期研究结果一致。55 个当归居群的 PPB 在 4.55% ～ 62.99%，*H* 范围为 0.0191 ～ 0.1676，*I* 范围为 0.0277 ～ 0.2602，无论野生还是栽培当归，其各居群内的 PPB、*H* 和 *I* 均低于居群间，说明当归居群内遗传多样性水平明显低于居群间。

表 1-17　野生与栽培当归居群遗传信息参数

编号	居群类型	样本个数	总位点数	多态性标记位点数	PPB（%）	*H*	*I*
42	栽培	12	154	61	39.61	0.1095	0.1703
43	栽培	20	154	76	49.35	0.1157	0.1873
44	栽培	19	154	71	46.10	0.1166	0.1857
45	栽培	20	154	75	48.70	0.1036	0.1727
46	栽培	19	154	62	40.26	0.1113	0.1735
47	栽培	17	154	68	44.16	0.0937	0.1539
48	栽培	20	154	73	47.40	0.1224	0.1921
49	野生	17	154	74	48.05	0.1676	0.2518
50	野生	13	154	74	48.05	0.1271	0.2017
51	野生	18	154	75	48.70	0.1671	0.2507
52	野生	9	154	78	50.65	0.1593	0.2432
53	野生	21	154	97	62.99	0.1641	0.2602
54	野生	11	154	65	42.21	0.1242	0.1915
55	野生	18	154	76	49.35	0.1624	0.2440
总计		1038	154	152	98.07	0.3123	0.4728

利用 SPSS 19.0 对野生当归群体和栽培当归群体的遗传多样性指标进行独立样本 *t* 检验（表 1-18），结果显示野生当归群体的遗传多样性指标 PPB、*H*、*I* 分别为 83.77%、0.2217、0.3444，都低于栽培当归群体的 96.10%、0.2828、0.4343，野生当归群体和栽培当归群体的遗传多样性存在极显著差异（$P < 0.001$），表明在全基因组水平上栽培当归具有比野生当归高的遗传变异。

表 1-18　野生当归群体与栽培当归群体遗传多样性比较

当归群体	居群数	样本数	PPB（%）	*H*	*I*
野生当归群体	7	107	83.77	0.2217	0.3444
栽培当归群体	48	931	96.10	0.2828	0.4343
P			＜ 0.001	＜ 0.001	＜ 0.001

通过 Popgen 软件分析得到野生当归居群和栽培当归居群的 *Ht*、*Hs*、*Gst*、*Nm* 分别为 0.2185、0.1531、0.2991、1.1718 和 0.2862、0.0763、0.7334、0.1817，结果说明野生当归居群有 29.91% 的变异存在于居群间，70.09% 的变异存在于居群内，居群间的遗传分化程度低，遗传变异主要存在于居群内，居群间有一定的基因交流；栽培当归居群有 73.34% 的变异存在于居群间，26.66% 的变异存在于居群内，居群间的遗传分化程度较高，遗传变异主要存在于居群间，居群间基本无基因交流。对野生当归和栽培当归两个群体进行分子方差分析（AMOVA），以检测野生居群和栽培居群各群体内、群体间遗传变异情况。由表 1-19 可知，所有野生当归和栽培当归居群总的遗传变异来自于居群间，变异百分比为 54.30%（FSC = 0.645 29，$P < 0.01$），野生居群和栽培居群组间变异百分比为 15.85%（FCT = 0.158 47，$P < 0.01$），居群内变异百分比为 29.85%（FST = 0.701 50，$P < 0.01$）。

表 1-19　当归群体分子变异分析结果

遗传变异来源	自由度	平方和	方差分量	变异百分比（%）
野生居群和栽培居群两大组群间	1	64.157	0.256	15.85
组群内居群间	53	903.397	0.876	54.30
居群内	983	473.346	0.482	29.85
总计	1037	1440.899	1.613	100.00

为了进一步分析当归野生与栽培居群间的亲缘关系，利用 NTSYS 软件构建 55 个当归居群的 Nei's 遗传距离 UPGMA 聚类图（图 1-24）。结果显示，在遗传距离 0.55 处，全部甘肃省栽培的当归居群聚为一类，云南省、四川省、湖北省栽培的当归居群和野生当归居群聚为一类；在遗传距离 0.19 处，云南省、四川省、湖北省全部的栽培当归居群聚为一类，全部野生当归居群聚为一类。

遗传距离与地理距离的相关性分析（Mental test）结果显示，野生当归居群（$R = 0.065$，$P < 0.01$，图 1-25A）和栽培当归居群（$R = 0.384$，$P < 0.01$，图 1-25B）的遗传距离和地理距离均存在显著相关，但野生当归居群的相关系数小于栽培当归居群。

遗传多样性和遗传结构表明当归的遗传多样性很低，野生与栽培居群之间产生了显著的遗传分化，从遗传分化系数及遗传距离推测当归三个分组的遗传关系，甘肃省的野生当归与四川省、云南省和甘肃省舟曲的遗传关系较甘肃省除舟曲外的栽培居群和湖北省栽培居群近。目前的研究结果只能通过有效居群的大小推测当归各居群的进化时间，并不能找到当归栽培的最初起源。SSR 和 ISSR 分子标记只能通过等位基因反映遗传多样性和遗传结构，没有溯祖理论的支持无法推测其原始祖先，要想进一步研究当归的栽培起源需要通过叶绿体 DNA 测序。但是由于前期研究表明用普通的 cDNA 片段研究当归的遗传多样性和遗传结构序列间没有差异，这与 cDNA 的进化速度较快，而当归的遗传多样性较低有关，要想进一步研究当归的栽培起源需要通过当归全基因组测序，寻找特异的 cDNA 片段进行下一步研究。

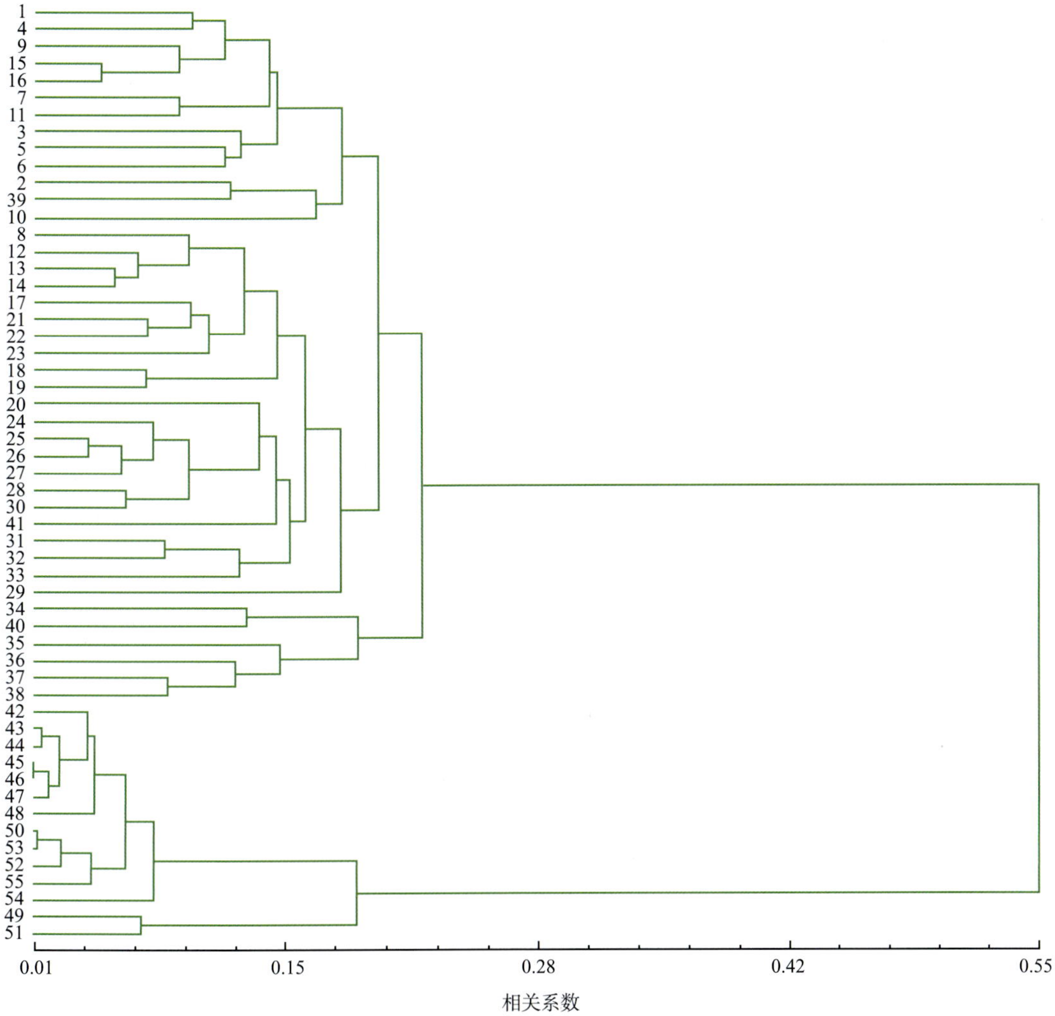

图 1-24　55 个当归居群的 UPGMA 聚类图

1～41 号样地名见图 1-23，42 号为四川省茂县，43、44 号均为湖北省恩施市红土乡，45、47 号均为云南省沾益区，46 号为云南省剑川县，48 号为云南省鹤庆县，49、50 号均为甘肃省岷县寺沟乡，51、52、53 号均为甘肃省岷县马坞乡，54、55 号均为甘肃省迭部县

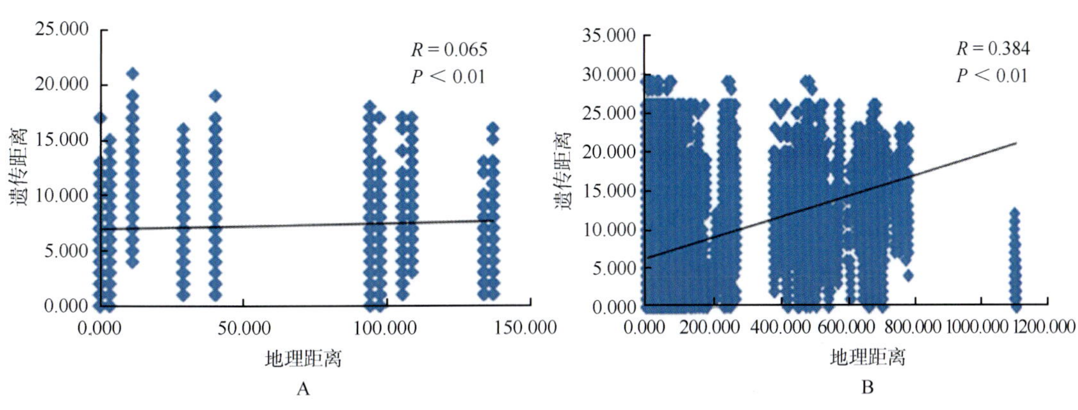

图 1-25　当归遗传距离与地理距离 Mental test 分析

第三节　当归新品种选育研究

当归为著名常用中药材，在定西市南部的高寒阴湿区，尤其是岷县、渭源、漳县等地栽培历史悠久，素以“岷归”享有盛名。近年来，由于定西市委、市政府对区域产业结构进行科学调整，将中药材作为重点支柱产业发展，使当归种植面积进一步扩大。2015 年定西市当归种植面积达 2 万公顷，占全省当归种植面积的 90%，占全国当归种植面积的 80%，总产量 6.3 万吨以上。我国当归产量的 80% 及国际市场当归销量的 90% 产于定西市南部地区。当归主产区的经济收入达到农民人均纯收入的 30% 以上。因此，生产当归不仅是定西市发展经济的一项高效农业，亦是国家出口创汇的优势产业。国家实施中药现代化、国际化、标准化发展战略与产业开发项目对定西市当归产业的再发展和区域经济的腾飞有着极大的促进作用。但是，由于当归生产中种苗良莠混杂，良种较为缺乏，已成为建立当归标准化种植基地的瓶颈，品种问题已严重制约当归产业的持续发展。生产实践表明，选育新品种是促进当归优质高效生产的有效途径。

新品种选育可采用系统选育法、重离子辐照技术等。重离子辐照技术选育作物新品种是一种新型的育种方法。我国核能重离子诱变育种的研究始于 20 世纪 80 年代，大部分采用超低能区浅层离子注入（离子束能量介于 30 ～ 140keV）进行诱变。利用串列加速器或大型重离子加速器的离子束进行诱变育种分为低能区深层离子注入和中能区离子贯穿。至 20 世纪 80 年代末、90 年代初，我国核能重离子诱变育种已取得了显著效果。自 1990 年起，甘肃省定西市农业科学研究院联合甘肃省其他科研院所及高校开始选育当归新品种。然而，由于当归花器较小，进行常规人工杂交育种存在许多实际困难，加之当归又是多年生作物，完成一个正常的生命周期约需 3 年时间，采用重离子辐照育种技术可以克服常规人工杂交中的诸多难点，加快育种进程，提高选育成功率。因此，应用重离子辐照技术选育当归新品种具有实际意义。课题组于 1993 年开始，基于中国科学院近代物理研究所兰州重离子加速器国家重点实验室提供的不同能区的重离子束开展了当归诱变育种研究工作。

一、岷归 1 号（GD90-01）

（一）育种方式

岷归 1 号是采用系统选育法从岷县栽培绿茎、紫茎及紫绿茎当归选育获得，其染色体基数 X=11。

（二）植物特征

幼苗期株高 15 ～ 20cm，茎半直立，叶片及叶柄淡绿色，主根淡黄白色、圆锥形；成药期株高 30 ～ 40cm，叶片深绿色，叶柄淡紫色，为典型的 2 或 3 回奇数羽状复叶，根长 40cm，平均鲜根重约 80.9g；开花结籽期株高约 120cm，茎秆紫色，花顶生、白色，种子淡白色、长卵形。

（三）品系特性

岷归 1 号质量符合《中国药典》标准，总灰分为 5.0%，酸不溶性灰分为 0.6%，浸出物为 58.8%。特级及一级品出成率分别为 24.1% 和 29.3%，比对照组高 2.5% 和 4.2%，且其根发病率和病情指数比对照组分别降低了 0.7% 和 0.4%，同时，提前抽薹率降低了 1.3%。在渭源、岷县、漳县、陇西等地示范推广时鲜当归产量较对照组增产 17.2%。

（四）栽培要点

育苗地宜选择在海拔 2400 ～ 2600m、年降水量约 600mm、土层深厚、土壤肥沃、通气透水性好的阴坡或半阴坡。6 月上旬至下旬育苗，苗龄 100 ～ 120 天，密度 3500 ～ 4000 粒 / 平方米。幼苗怕强光直射，采用秸秆覆盖遮光。采用密植稀定栽培技术合理密植。成药期施腐熟优质有机肥及化肥。结籽期种株返青前追施磷酸二铵。抽薹期适时摘心打顶。果皮淡紫色、果穗稍下垂时采种。

（五）适宜种植区域

在海拔 2000 ～ 2600m、年降水量为 500 ～ 500mm 的岷县、渭源、漳县、陇西、陇南、临夏、甘南等二阴及高寒阴湿区适宜种植岷归 1 号。岷归 1 号大田种植见图 1-26。

图 1-26 岷归 1 号大田种植

二、岷归 2 号（GD90-02）

（一）育种方式

岷归 2 号是采用系统选育法从岷县栽培绿茎当归选育获得，其染色体基数 X=11。

（二）植物特征

幼苗期株高 15 ～ 20cm，茎半直立，叶片及叶柄淡绿色，主根淡黄白色、圆锥形；成药期株高 30 ～ 40cm，叶片深绿色，叶柄及叶脉均为绿色，为典型的 2 或 3 回奇数羽状复叶；根长 40cm，平均鲜根重约 78.5g；开花结籽期株高约 140cm，茎秆、叶柄、叶脉均为绿色，花顶生、白色，种子淡白色、长卵形。岷归 2 号植物特征见图 1-27。

图 1-27 岷归 2 号

A. 植株；B. 花；C. 种子

（三）品系特性

岷归 2 号质量综合指标显著优于 2005 年版《中国药典》规定标准。其总灰分为 3.9%，酸不溶性灰分为 0.3%，浸出物为 68.6%，阿魏酸含量为 0.148%。与对照组相比，特级及一级品出成率分别提高了 2.7% 和 3.7%，且麻口病发病率及病情指数分别降低了 1.3% 和 0.7%，提前抽薹率降低了 3.7%。2003 ～ 2005 年示范种植时鲜当归增产 10.4% ～ 14.0%。

（四）栽培要点及适宜种植区域

岷归 2 号栽培要点及适宜种植区域与岷归 1 号相同。

三、岷归 3 号（DGA2000-02）

（一）育种方式

岷归 3 号是采用 55Mev/u^{40}Ar^{17+} 离子对“岷归 1 号”种子进行辐照处理，经多年大田选育后获得。

（二）植物特征

生育期约为 785 天。幼苗期半直立，叶片绿色，3 回奇数羽状复叶，叶柄紫绿色，株型半张开，株高 26cm，主根长 8.5 ～ 16.7cm，芦头直径 0.2 ～ 0.5cm，根系黄白色。成药期株高 37.5cm，根长 23 ～ 31cm，芦头直径 2 ～ 7cm，平均鲜根重约 86g。结籽期株高 105cm，主茎紫色，花淡紫色，花序复伞形，双悬果，种子淡白色。岷归 3 号植株见图 1-28。

图 1-28　岷归 3 号

（三）品系特性

参照 2005 年版《中国药典》中规定方法测定，岷归 3 号总灰分为 4.2%，酸不溶性灰分为 0.4%，均符合相关规定；浸出物为 61.4%，阿魏酸含量为 0.148%，较规定指标分别提高了 4.4% 和 2.96 倍。与对照组相比，特级及一级品出成率分别提高了 8.2% 和 10.4%，且麻口病发病率及病情指数分别降低了 3.3% 和 0.7%，提前抽薹率降低了 5.9%。其产量较对照组提高了 19.8% ～ 24.6%。此外，岷归 3 号叶片较岷归 1 号宽短，植株较矮壮，根质量较高，耐寒性较强，耐旱性弱，耐湿性较强，耐盐碱性弱，抗干热风能力较弱，安全性较优。

（四）栽培要点及适宜种植区域

岷归 3 号栽培要点及适宜种植区域与岷归 1 号相同。

四、岷归 4 号（DGA2000-03）

（一）育种方式

岷归 4 号是利用不同能区 55 Mev/u 40 Ar 中能离子束，辐照剂量为 2.5Gy，对岷归 1 号种子进行辐照处理，后按作物诱变育种程序选育获得。

（二）植物特征

全生育期约 790 天，可分为三个生命周期：第一年为幼苗期，第二年为成药期，第三年为留种结籽期。幼苗半直立，3 回奇数羽状复叶，叶柄淡紫色，株高 21cm，主根长 12.1cm，芦头直径 6.9mm，根系黄白色。成药期株高 32cm，主根长 26cm，茎粗 ≥ 0.5cm，芦头直径 3.6cm，鲜根重约 95g。结籽期主茎高约 72cm，具有 4 ～ 7 节；茎秆紫色，花白色，未开放的花苞为淡紫色，总花梗长 35cm，叶柄长 7.6cm，种果千粒重 1.895g。

（三）品系特性

参照 2005 年版《中国药典》中规定方法测定，岷归 4 号性状和显微结构均符合规定，总灰分为 4.1%，酸不溶性灰分为 0.4%，浸出物为 59.0%，阿魏酸含量为 0.127%，质量优于 2005 年版《中国药典》规定标准。岷归 4 号产量较岷归 1 号增产 30.8%。根据当归分级标准测定，岷归 4 号中特等归和一等归分别为 34.1% 和 35.5%，较岷归 1 号提高了 16.2%。在 3 年轮作土壤条件下，岷归 4 号麻口病平均田间病株率为 15%，病情指数为 5%，与岷归 1 号比，分别降低了 30% 和 13.3%，表现出良好的田间抗病性，且其提前抽薹率平均为 15%，比岷归 1 号降低了 6.2%。岷归 4 号耐寒、耐湿性较强，耐旱性较弱，适宜在海拔 2000 ～ 2600m、年降水量 550 ～ 650mm 的二阴及高寒阴湿区种植。

（四）栽培要点

岷归 4 号栽培要点同岷归 1 号。岷归 4 号示范田见图 1-29。

图 1-29 岷归 4 号示范田

五、岷归 5 号（DGA2005-02）

（一）育种方式

采用系统选择法，选择大叶型当归单株结籽，进行结籽期选择和苗期选择，鉴定获得新品系。

（二）植物特征

全生育期约 800 天，可分为三个生命周期：第一年为幼苗期，第二年为成药期，第三年为留种结籽期。幼苗半直立，叶绿色，3 回奇数羽状复叶，叶柄淡紫色，株型半张开，株高 23.2cm，主根长 13.4cm，侧根数 2.4 条 / 株，芦头直径 7.2cm，根系淡黄白色。成药期平均冠幅 59cm，株高 36cm，主根长 35.2cm，芦头直径 3.7cm。结籽期茎高 81cm，具 5 ～ 8 节，主茎深紫色，花白色，未开放的花苞淡紫色，总花梗长 36.5cm，叶柄长 12.9cm。种子休眠期不明显。岷归 5 号植株见图 1-30。

图 1-30　岷归 5 号

（三）品系特性

参照 2010 年版《中国药典》规定方法测定，岷归 5 号性状和显微结构均符合规定。总灰分为 4.6%，酸不溶性灰分为 0.6%，浸出物为 60.4%，阿魏酸含量为 0.125%。根据《当归》（张广学，农业出版社，1989）一书中分级标准测定，岷归 5 号特等归平均为 35.7%，一等归平均为 31.4%，与岷归 1 号相比，分别提高了 11.6% 和 2.1%。此外，岷归 5 号麻口病平均田间病株率为 27.86%，病情指数为 9.29%，与岷归 1 号相比，分别降低了 17.14% 和 9.04%。其提前抽薹率平均为 13.9%，与岷归 1 号比，降低了 5.2%。

（四）栽培要点

育苗地宜选择在海拔 2350 ～ 2600m、年降水量 600mm 左右的阴坡或半阴坡。轮作周期大于 3 年，前茬以油菜和豆类作物为好。幼苗要求土壤湿润，采用秸秆覆盖遮光，土壤 pH 7.2 ～ 8.5，通气透水性能好的轻壤土为宜。育苗时间 5 月下旬至 6 月中旬，苗龄 110 ～ 130 天。岷归 5 号育苗田见图 1-31。

成药期选好土壤，前作收获后及时深耕 30cm 左右，春季移栽前结合施基肥再深耕一次。肥料全部作为基肥移栽前一次性施入。合理密植，采用双苗移栽单苗定植技术。积极采用轮作倒茬灭虫防病技术。10 月下旬采挖为宜。

抽薹期适时摘心打顶，促进侧枝生长发育，以获得生长整齐的种子。果皮淡紫色，果穗稍下垂时采收种子。

图 1-31 岷归 5 号育苗田

（五）适宜种植条件

岷归 5 号种植条件要求：海拔 2000 ～ 2600m，年平均气温 4.8 ～ 6.8℃，年降水量为 500 ～ 600mm，日照百分比 50% 左右，土壤 pH 为 8 左右的中壤土或砂壤土为宜。

六、岷归 6 号（DGA2000-01）

（一）育种方式

应用中国科学院近代物理研究所兰州重离子加速器国家重点实验室提供的不同能区 55 Mev/u $^{40}Ar^{17+}$ 中能离子束，对岷归 1 号种子进行辐照处理，然后按诱变育种程序，选育出适宜在当归主产区栽培，性状稳定，特征显著，抗逆性强，抗病虫性广，提前抽薹率低，丰产性好，且质量符合《中国药典》标准的当归新品种。产量指标：选育出的当归新品系产量较对照品种岷归 1 号提高 10% 以上；提前抽薹率：提前抽薹率低于 25%；质量指标：总灰分低于 7.0%，酸不溶性灰分低于 2.0%，70% 乙醇浸出物大于 45.0%，阿魏酸含量大于 0.050%。

（二）植物特征

岷归 6 号从播种到种子成熟需要跨 3 年，越两冬，全生育期约 775 天，可分为三个生命周期：第一年为苗期，第二年为成药期，第三年为留种结籽期。第一年幼苗期主根较发达，形成典型的肉质性直根系，淡黄白色，圆锥形，主根长 11.9cm，径粗 6.0mm。主茎淡紫色，有明显的纵直槽纹，直立，基生。主茎由主芽发育而成，茎上有节，茎节叶鞘中的侧芽发育为侧枝。叶在个体发育过程中表现出较大变异。种子萌发后，伸出两片约 2cm 长的披针形子叶，随后生出初生叶，第一片初生叶为三出全裂的单叶，每一裂片有 3 ～ 5 个深裂或浅裂，有长柄。第二片初生叶过渡为三出羽状复叶，每一小叶各有 3 ～ 5 个羽状浅裂或深裂，叶柄较第一初生叶长近 1 倍。第三片真叶以后均为典型的 2 或 3 回奇数羽状复叶，叶柄长 3.6cm，叶柄中具孔隙，基半部明显鞘状膨大，叶片继续增大，长成叶片，开展度 10 ～ 26cm，小叶三对，卵形，长 2 ～ 3cm，有 2 或 3 个浅裂，边缘有缺刻状或钝锯齿，表面光滑，背面脉上及边缘疏生短柔毛。第二年成药期，根长 23 ～ 35cm，芦头径粗 2.1cm。第三年由营养生长转入生殖生长，进入抽薹和开花结籽期，逐渐使根系变得坚硬而瘦小，失去肉质性和药用价值。主茎高 85cm 左右，具 4 ～ 7 节，各节均有萌生侧枝，形成一个多茎秆多分枝的个体。叶柄长 7.5cm，小叶片宽 25mm、长 37mm。花顶生，为复伞形花序，总花梗长 5 ～ 26cm，上着生伞梗 6 ～ 27 枝，长 1 ～ 7.5cm，伞辐 8 ～ 35cm，基部有 2 枚线状总苞；小伞形花序各有小总苞片 3 ～ 5 枚，狭线形，长 0.4 ～ 1.3cm，小花 9 ～ 33 朵，小花梗长 0.5 ～ 2.5cm，密被细柔毛。花白色，未开放的花苞呈淡紫色，为两性花，子房下位，二室，花柱 2 个、短，基部圆锥形，花具花托，花萼 5 裂，花瓣长卵形，先端狭长，略内折，无毛，雄蕊 5 枚，花丝向内弯，花期在 6 ～ 8 月。果为双悬果，由二分果构成，扁平广卵形，长 6 ～ 8mm，宽 3 ～ 6mm，顶部向内凹陷，基部心脏形。各分果有纵向果棱 5 条，3 条位于背部，2 条位于腹部，向两侧发育成宽而薄的淡棕色翅。棱槽间各有油管 1 条，结合面有油管 2 条。各分果内有种子 1 枚，长纺锤形。果期在 8 ～ 9 月，从幼果到种子成熟历时 50 ～ 60 天。种子淡白色，长卵形，长 6 ～ 8mm，宽 3 ～ 6mm。种子内有胚乳、胚腔和胚，成熟的种子可明显区分出子叶、胚芽、胚根和胚茎。种果千粒重 1.592 ～ 1.733g，种子发芽率 84.5%。岷归 6 号植株见图 1-32。

图 1-32　岷归 6 号

（三）品系特性

1. 产量

岷归 6 号 2000 年品系鉴定产量统计结果见表 1-20，折合平均亩产鲜当归 586.7kg，较对照（岷归 1 号，下同）亩增产 46.7kg，增产率 8.6%。2003 年岷归 6 号品系比较产量统计结果见表 1-21，折合平均亩产鲜当归 1053.4kg，较对照亩增产 231.1kg，增产率 28.0%，增产达极显著水平。2013 ～ 2015 年，在岷县秦许乡、漳县殪虎桥乡和大草滩乡、渭源县清源镇和会川镇五个点开展岷归 6 号多点试验，产量结果见表 1-22，岷归 6 号折合平均亩产鲜当归 688.7kg，较对照增产 21.4%，增产效应均达显著水平。

表 1-20 2000 年岷归 6 号品系鉴定产量统计

品系	产量（kg/10m²）			平均产量（kg/10m²）	折合亩产（kg）	位次	增（减）产率（%）
	Ⅰ	Ⅱ	Ⅲ				
DGA2000-01	8.9	9.1	8.4	8.8	586.7	5	8.6
DGA2000-02	9.9	9.6	9.7	9.7	646.7	2	19.8
DGA2000-03	9.3	8.8	9.2	9.1	606.7	4	12.4
DG90-02	9.7	9.4	10.3	9.8	653.4	1	21.0
DG90-03	9.6	9.0	9.8	9.5	633.4	3	17.3
CK	8.0	8.2	8.0	8.1	540.0	6	

注：CK 为未辐照处理的岷归 1 号。

表 1-21 2003 年岷归 6 号品系比较产量统计

品系	产量（kg/10m²）			平均产量（kg/15m²）	折合亩产（kg）	位次	增（减）产率（%）
	Ⅰ	Ⅱ	Ⅲ				
DGA2000-01	21.5	23.9	25.8	23.7	1053.4	1	28.0
DG90-02	20.7	23.6	24.0	22.8	1013.4	2	23.2
CK	18.4	18.0	19.1	18.5	822.3	4	

注：CK 为未辐照处理的岷归 1 号。

表 1-22 2013 ～ 2015 年岷归 6 号多点试验产量结果统计

试验点	产量（千克/亩）	位次	增产率（%）	显著水平
漳县大草滩乡	732.5	1	25.0	极显著
岷县秦许乡	684.1	3	20.9	显著
渭源县会川镇	722.0	2	25.2	极显著
渭源县清源镇	633.7	5	17.7	显著
漳县殪虎桥乡	667.1	4	18.2	显著
平均值	688.7		21.4	

注：增产率为岷归 6 号产量与岷归 1 号比较值。

2. 成药品级

根据《当归》一书中的分级标准，特等当归（干品）：每 500g10 支以内，自然归渣不超过 10%；一等当归：每 500g15 支以内，自然归渣不超过 10% 的标准进行分级。品系鉴定中岷归 6 号特级、一级品出成率分别为 23.6% 和 32.2%，较对照分别提高了 3.4% 和 2.3%；品系比较试验中岷归 6 号特级、一级品出成率分别为 30.1% 和 35.5%，较对照分别提高了 10% 和 11%。

3. 质量特征

岷归 6 号经甘肃省定西市药品检验所参照 2010 年版《中国药典》第一部规定方法测定其质量：总灰分为 5.1%，酸不溶性灰分为 0.8%，浸出物为 68.4%，挥发油为 0.7%，阿魏酸为 0.078%，品质符合 2010 年版《中国药典》标准。

4. 抗病性

岷归 6 号品系鉴定试验中麻口病平均发病率为 7.1%，病情指数为 3.4%，较对照分别降低了 1.1% 和 0.4%。品系比较试验中麻口病平均发病率为 5.2%，病情指数为 1.8%，较对照分别降低了 1.8% 和 0.4%。甘肃省农科院植保所对自然诱发的当归麻口病鉴定结果显示，岷归 6 号田间病株率为 26.32%，病情指数为 12.28%，对照品种岷归 1 号的病株率和病情指数分别为 45.00% 和 25.00%。岷归 6 号麻口病抗病力较当地栽培品种岷归 1 号有明显提高。

5. 抽薹率

提前抽薹在当归生产中可造成严重减产。研究资料表明，当归提前抽薹率的高低与品种特性有直接关系。岷归 6 号品系鉴定试验中提前抽薹率平均为 20.1%，较对照降低了 5.9%。品系比较试验中提前抽薹率平均为 24.9%，较对照降低了 1.1%。

（四）栽培技术

1. 育苗

岷归 6 号以种子育苗繁殖为主。幼苗喜凉爽湿润气候，怕高温干旱，忌水涝。种子吸水膨胀后，一般在地温 10 ～ 12℃即可发芽，以 20°C 发芽最快，7 ～ 10 天出苗。幼苗要求土壤湿润，最怕强光直射，采用秸秆覆盖遮光；要求育苗地土壤疏松，腐殖质含量高，肥力状况好，pH 为 8 左右，通气透水性能佳的轻土壤为宜。

育苗地宜选择海拔 2400 ～ 2600m，年降水量 600mm 以上的气候条件，地形为阴坡或半阴坡，轮作周期要求 3 年以上，前茬油菜或禾谷类作物为好。4 月上旬，将育苗地的杂物、杂草全部清除，然后深耕 30cm 左右，播前将熏肥和适量磷酸二铵（8 ～ 10 千克 / 亩）及硫酸钾（4 ～ 6 千克 / 亩）均匀施入土壤，再浅耕耙耱一次。要求采用高畦育苗，畦高 20cm，宽 1 ～ 1.2m，畦间距 25cm，畦向与坡向一致，畦面略呈“弓”形，畦长可依地形而定。

6 月上旬至 6 月下旬，将无检疫性病虫害，无霉变，无虫蛀，具当归特异香气，发芽率 60% 以上的优良种子均匀撒于畦面，撒种时沿畦面均匀、顺风向撒种，撒种密度 3500 ～ 4000 粒 / 平方米，盖上细肥土，覆土厚度 0.2 ～ 0.3cm，然后畦面覆盖 1 ～ 3cm 厚作物秸秆，进行遮阴保湿。幼苗出土 4 ～ 5 天后及时挑虚盖草并拔除杂草；当苗高长到 3cm 左右时将盖草再次挑虚，直到立秋当归苗长出盖草后，可将盖草选阴天全部揭去；及时拔除苗床杂草，种苗过密时需进行合理间苗，同时要求防治病虫和鼠类危害，促进幼苗健壮生长发育。

9 月下旬至 10 月上旬起苗。起苗时种苗上留叶柄 1cm 左右，约 50 株扎一把，扎把时必须在苗间加入适量细土，晾苗 7 天左右，当种苗含水量稳定在 60% ～ 65% 时即可贮苗。贮苗时需彻底拣除烂苗、病苗，选择地势高、干燥的冷房贮苗。贮苗时，先在地面上铺一层厚度 10cm 的消毒土（土壤含水量要求 10% 左右，每 100kg 生土中均匀拌入 25% 多菌灵粉剂 50g），然后把扎好把的当归苗头朝外摆放一层，摆好后覆盖一层 5cm 厚的消毒土，填满孔隙并稍压实，如此摆苗 5 ～ 7 层，最后在顶部和周围覆土 30cm，形成一个高约 80cm 的贮苗堆。贮苗期间要加强管理，防止热苗和鼠害，确保种苗质量。

2. 移栽

岷归 6 号根系发达，入土较深，喜肥沃土壤，怕田间积水受涝。宜选择土层深厚，结构良好，排灌便利，富含腐殖质的黑垆土为宜。前茬以麦类作物为好，轮作周期要求 3 年以上。前作收获后及时深耕 30cm 左右，灭茬晒垡，秋后浅耕，打耱保墒。移栽前结合施基肥再深耕一次，增加活土层，并达到地面平整土壤疏松。要求亩施腐熟优质有机肥 5000kg 以上，配施化肥纯 N16 ～ 17kg、$P_2O_5$7 ～ 8kg、K_2O 3 ～ 4kg。施肥方法：有机肥和磷钾化肥全部用作基肥，采用深施、集中施的方法一次施入。氮素化肥 2/3 作基肥，1/3 作追肥，分期合理追施。

采用当归垄作栽培技术，起垄高度约 15cm，垄距 33cm，在垄上挖穴，穴距 25 ～ 30cm，每穴定植 2 株，后期选留 1 株生长健壮的单株，为节工省时，亦可采用单垄双行栽培法，以利排灌。3 月中旬至 4 月上旬选取根形健壮、均匀（苗径 2 ～ 3mm）的优质种苗进行移栽，行距 40cm，株距 25cm，覆土厚度 2 ～ 3cm。待早薹盛期过后进行定苗，亩保苗 6000 株左右为宜。

岷归 6 号成药期需中耕除草 3 次。第一次约在 5 月中旬浅锄；第二次约在 6 月中旬深锄；第三次约在 7 月中下旬浅锄、细锄；后期出现杂草应及时拔出。6 月中下旬进入早薹盛期，要及时拔除早薹，以免浪费水肥，影响正常生长。视田间生长状况应合理追肥。一般追肥分两次进行，第一次于地上部茎叶生长盛期（7 月上旬），亩施尿素 5kg；第二次于根迅速增重期（8 月上旬），亩施尿素 5kg，配施磷酸二氢钾 2kg。追肥时肥料距植株 8cm 左右，撒施肥料，然后覆土即可。

病虫害防治以农业措施为主，积极采用轮作倒茬灭虫防病技术，推广施用高效低毒低残留且无公害的农药。

3. 采收

10 月下旬，当叶片开始变黄时即可采挖。采挖前三天，割去地上茎叶，留下 3cm 左右短茬，便于采挖时识别，采挖时要避免断根或漏挖。采挖的鲜当归要及时晾晒，合理初加工，提高产值。

4. 留种

岷归 6 号成药期的第二年，选择具有显著品系性状的植株留于田间自然越冬，挖出杂株和生长不良的植株。留种田要加强管理，防止人畜践踏和鼠类危害，保证制种田安全越冬。制种田于翌年植株返青前，亩追施磷酸二铵 10kg，3 月下旬返青后，要及时中耕除草，促进种株健壮生长，再次去杂去劣，保证良种纯度。采种母株在抽薹期要适时摘心打顶，促进侧枝生长发育，以获得生长整齐、质量较高的种子。

适时采种是保证当归种子质量，降低早薹率的有效措施之一。当果皮淡紫色，果穗稍下垂时采收为宜。采种时从果穗下 30cm 左右处剪下，每 8 枝扎一把，及时挂上标签，防止混杂。将扎好的种穗悬挂于无烟无污染且通风透气的室内充分干燥，当种子含水量降到 10% 左右时，进行脱粒，脱粒时要防止机械损伤种子，影响出苗。脱粒的种子要除净杂质，妥善存贮，确保种子质量。

（五）适宜栽培条件及种植区域

岷归 6 号喜高寒阴湿气候，要求海拔 2000 ～ 2500m。当海拔低于 2000m 时，早薹率增高，药材质量降低；当海拔高于 2500m 时，热量不足，产量亦严重降低，经济效益下降。要求年平均气温 4.8 ～ 6.8℃，年降水量 500 ～ 650mm，≥ 10℃的积温 1600 ～ 2250℃，日照百分率 50% 左右的气候条件；要求土壤土层深厚，结构良好，土壤肥力较高，腐殖质含量丰富，pH 为 8 左右的中壤土或砂壤土为宜。

岷归 6 号适宜在海拔 2200 ～ 2600m，年降水量 550 ～ 650mm 的定西、陇南、临夏、甘南等市（州）的高寒阴湿区、二阴区及同类生态区推广种植。

第四节 当归组织培养与细胞悬浮培养研究

当归是伞形科植物当归 [*Angelica sinensis*（Oliv.）Diels] 的干燥根，是我国常用名贵中药材之一，具有抗缺氧、调节机体免疫、抗癌、护肤美容、补血活血、抑菌、抗动脉硬化等作用。当归主产于甘肃东南部，是甘肃的特色道地药材，全国有 90% 以上的当归产自甘肃。虽然当归人工栽培已久，但是长期以来，生产中存在早期抽薹和病虫害等不利因素，严重影响其优质高产，同时当归采用生荒地育苗，对天然植被的破坏也很严重。目前，有关当归的组织培养研究虽已有报道，但仍存在愈伤诱导率和胚状体分化率低或培养方法复杂等问题。此外，研究中几乎都采用 2，4-D 诱导获得胚性愈伤组织，目前的研究发现 2，4-D 对人体有毒害作用，应避免使用。本研究首次采用 IBA 诱导获得当归胚性愈伤组织，诱导率高和胚状体分化量多，再生植株表型正常。因此，采用该技术体系可有效地保证用药的安全性。本研究探讨了当归愈伤组织的诱导、增殖和胚状体分化条件，旨在建立良好的当归胚状体再生体系，为当归工厂化育苗奠定基础。

植物细胞悬浮培养技术可以在生物反应器中进行大规模培养，并通过控制环境条件得到超过整株植物产量的代谢产物。在一个限定的生产系统中连续、均匀生产，不受病虫害、地理和季节等各种环境因素的影响，大大节省了人力、物力，同时可以规避病虫害和抽薹难题。该技术也有利于细胞筛选、生物转化，合成新的有效成分，有利于研究植物的代谢途径，还可以利用某些基因工程手段探索与创造新的合成路线，得到价值更高的产品。本研究建立了良好的当归细胞悬浮培养体系，同时结合细胞生长曲线、药效合成动态及不同无机盐浓度和培养条件等对细胞生物量和阿魏酸含量的影响进行了较全面的研究，旨在为当归细胞大规模悬浮培养提供理论和技术支撑。

一、当归组织培养及试管苗遗传稳定性分析

（一）当归组织培养

1. 当归种子无菌发芽

当归种子对灭菌剂较敏感，灭菌时间较短（表 1-23）。随着 $HgCl_2$ 灭菌时间的延长，种子受到的毒害增大，0.1%$HgCl_2$ 灭菌 15min，污染率为 0，发芽率也为 0。因此，当归种子无菌发芽需 2 种或 3 种灭菌剂配合使用，否则很难达到理想的灭菌效果。适宜的种子灭菌方法是将种子先用流水冲洗 30min 后，置于滤纸上吸干水分，然后先用 70% 乙醇漂洗 10s，再用 0.1%$HgCl_2$ 灭菌 5min，最后用无菌水冲洗 3 遍，或者先用 70% 乙醇漂洗 10s，再用 0.1%$HgCl_2$ 灭菌 3min，接着用 2%NaClO 灭菌 8min，最后用无菌滤纸吸干种子表面的水分，接种备用。当归种子接种后 2 周才开始发芽，4 周后长成高约 4cm，形态正常的小苗，这与普通培养皿发芽相比，开始发芽的时间推迟了 1 周。

表 1-23　不同灭菌组合对当归种子无菌发芽的影响

处理	75% 乙醇（s）	0.1%$HgCl_2$（min）	2%NaClO（min）	污染率（%）	发芽率（%）
1	2	3	5	11.1^c	66.7^b
2	10	3	8	11.8^c	75^a
3	10	5	0	10.6^c	76.8^a
4	10	6	5	13.3^b	33.3^c
5	0	10	0	25^a	0^d
6	0	15	0	0^d	0^d

注：同列内相同字母表示邓肯氏新复极差检验在 P=0.05 水平上差异不显著。

2. 愈伤组织的初代培养

IBA 浓度太低，外植体无反应。3mg/L NAA 无法诱导外植体产生愈伤和根。1/2MS+IBA 2mg/L 或 IBA 3mg/L 和 MS+IBA 2mg/L+KT 0.2mg/L 培养基均可诱导产生愈伤组织，是适宜的愈伤诱导培养基，愈伤呈土黄色，质地绵软。较高的 IBA 浓度适宜于愈伤和根的诱导，愈伤量少且呈现土黄色。胚轴诱导后产生愈伤和不定根，是较好的外植体，子叶诱导效果普遍不好（表 1-24）。

表 1-24　不同培养基和外植体类型诱导愈伤和发根的情况

培养基类型	外植体类型	愈伤诱导率(%)	愈伤量	愈伤颜色	愈伤状态
1/2MS+IBA 3mg/L	子叶	0	–	–	–
	胚轴	82	+	土黄色	绵软
1/2MS+IBA 2mg/L	子叶	2.5	+	土黄色	绵软
	胚轴	100	+	土黄色	绵软

续表

培养基类型	外植体类型	愈伤诱导率(%)	愈伤量	愈伤颜色	愈伤状态
1/2MS+IBA 1mg/L	子叶	0	–	–	–
	胚轴	52	–	–	–
1/2MS+NAA 3mg/L	子叶	0	–	–	–
	胚轴	28	–	–	–
MS+IBA 2mg/L+KT 0.2mg/L	子叶	0	–	–	–
	胚轴	100	+	土黄色	绵软

注：愈伤组织量用“+”表示，“+”越多表示量越多；“–”表示无增殖或分化。MS 表示基本培养基；IBA 表示吲哚丁酸；KT 表示激动素；NAA 表示萘乙酸。

3. 当归愈伤组织的继代培养与胚状体分化

以胚轴为外植体，先在 b 培养基上诱导产生愈伤组织，然后转入 a 培养基中继代 2 次（即 b-a-a），产生了一定量的黄白色颗粒状愈伤组织，同时在其表面分化出较多胚状体，并再生植株。在 b-a-a-a 的继代流程中，产生了大量白色颗粒状愈伤组织和胚状体（表 1-25、表 1-26）。多数胚状体开始萌发生长，胚根伸长，抽出 2 ～ 3 片绿色真叶，再生试管苗形态和种子发芽小苗相同。经过多次 6 ～ 7 次继代后，愈伤组织颜色由淡黄绿色逐渐转变为淡黄褐色，愈伤增殖速度仍非常快，但胚状体的分化量降低。研究表明，采取向培养基中添加高浓度的蔗糖和 IBA，不利于愈伤组织的增殖和胚状体的诱导分化。当加入不同浓度的 IBA 时，0.5mg/L 和 1.0mg/L 的 IBA 有利于当归愈伤组织增殖，但胚状体的分化量仍很少；1/2MS+IBA 2mg/L +KT 0.2mg/L 培养基中愈伤量大，但胚状体的分化量仍较少，有待进一步提高。

表 1-25 当归愈伤组织 2 次继代后的生长和分化情况

继代程序	愈伤量	颜色	状态	胚状体量
b-a-a	++	黄白色	疏松颗粒	+++
a-a-a	++	白色透明	绵软	+
b-b-b	++	白色透明	绵软	–

注：“+”代表愈伤量和胚状体的数量，“+”越多，表示胚状体的数量越多。

表 1-26 当归愈伤组织 3 次继代后的生长和分化情况

继代程序	愈伤量	颜色	状态	胚状体量
b-a-a-a	++++	黄白色	疏松颗粒	++++
a-a-a-a	++	黄白色	疏松颗粒	+++
b-b-b-b	++	土黄色	疏松颗粒	+（仅见芽端）

（二）当归 ISSR-PCR 反应体系的建立及试管苗的遗传稳定性分析

从表型来看，通过胚状体途径再生的当归幼苗与种子发芽幼苗无明显差异。进一步对试管苗进行分子水平的遗传检测发现，当归试管苗的遗传稳定性高，可作为种苗在生产上使用。

1. 当归发芽小苗（亲本）和试管苗基因组 DNA 提取

本研究所提取的亲本和 9 个样品基因组 DNA 电泳条带较亮而且清晰，各泳道点样孔比较干净，DNA 条带无拖尾，表明该方法所提取的 DNA 纯度较好（图 1-33），可作为 ISSR-PCR 反应体系的模板。将其置于 –20℃冰箱保存备用。

2. ISSR-PCR 最佳反应体系筛选

PCR 扩增后的电泳结果（图 1-34）显示，7 号体系（10×PCR Buffer 2.5μl；$MgCl_2$ 0.90μl；dNTPS1.20μl；引物 1.0μl；Taq DNA 聚合酶 0.60μl；模板 DNA 为 1.70μl）扩增条带多、清晰且无拖尾现象，故以此作为最佳反应体系。

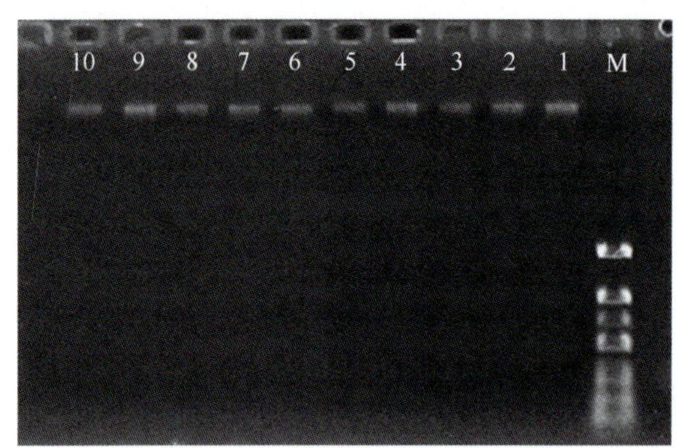

图 1-33 当归试管苗基因组 DNA 纯度检测结果

1 亲本；2 ~ 10 试管苗；M DL2000marker

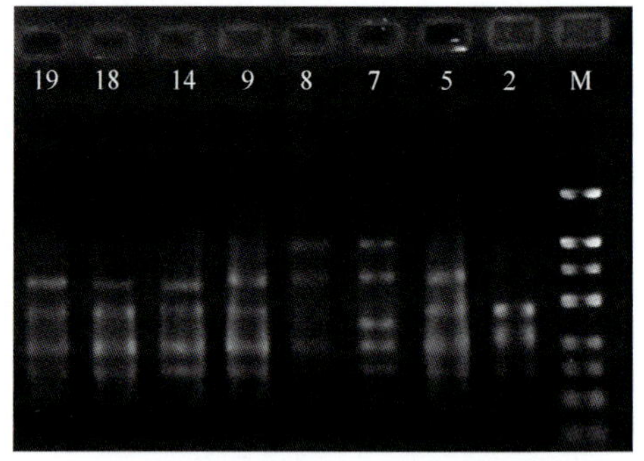

图 1-34 ISSR-PCR 正交试验电泳结果

3. 引物筛选

在建立了最佳的 ISSR-PCR 反应体系的基础上，进行引物筛选。从 18 条引物中筛选出 6 条多态性良好的引物，即引物 834、836、845、848、855、857，并确定了其最佳的退火温度（表 1-27、图 1-35）。其扩增条带数分别为 4、5、3、7、6、5 条，可以用来作当归试管苗的遗传稳定性分析。

表 1-27 筛选出的 6 个 ISSR 引物序列及其适宜退火温度

引物	引物序列（5′→3′）	*Tm**（℃）	适宜退火温度（℃）
834	ACACACACACACACAGYT	54	54.7
836	ACACACACACACACAGYA	54	54.7
845	CTCTCTCTCTCTCTCTRC	54	51.8
848	CACACACACACACACARG	54	53.3
855	ACACACACACACACACYT	54	53.3
857	ACACACACACACACACYG	54	54.7

注：* 理论退火温度 *Tm*=4℃（G+C）+2℃（A+T）。

4. 试管苗遗传稳定性分析

本试验用 6 条 ISSR 引物共扩增出 302 条可辨认的带，被检测的 9 株当归试管苗中，只有 857 引物中的试管苗 2 和 3 中各有一条变异带，其他的均和亲本一致（图 1-36）。即只有 0.662% 的当归试管苗 DNA 条带发生了变异，保持了较高的遗传稳定性。

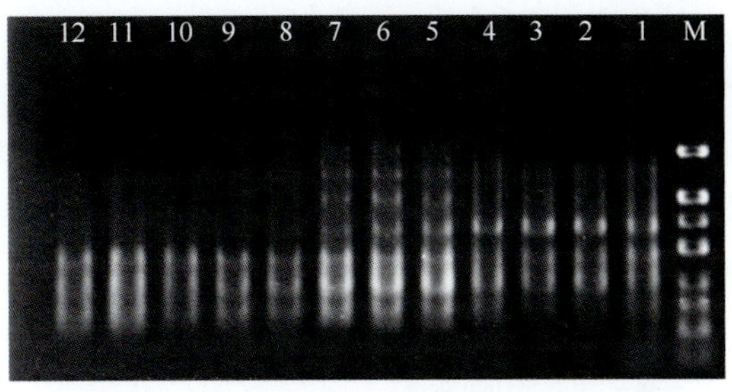

图 1-35　退火温度对引物 848 的扩增影响

1 亲本；2 ～ 12 试管苗

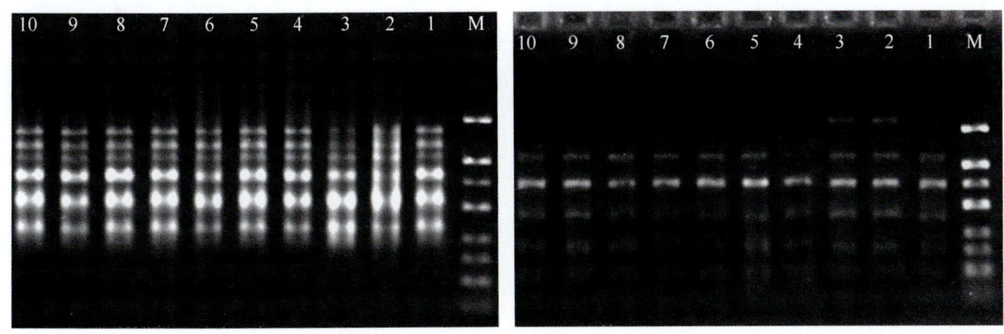

图 1-36　引物 855 和 857 的扩增结果

1 亲本；2 ～ 10 试管苗

当归试管苗 ISSR-PCR 反应的最佳体系（25μl）：dNTPs 1.20μl、Mg^{2+} 0.9μl、引物 1.0μl、模板 DNA 1.7μl、Taq 酶 0.6μl、10×Buffer 2.5μl、ddH_2O 17.1μl，建立的 ISSR-PCR 技术体系可用于当归种质资源鉴定，当归试管苗具有很高的遗传稳定性，当归试管苗的 DNA 条带变异率为 0.662%，可作为种苗在生产中使用。

二、当归细胞悬浮培养

（一）当归细胞悬浮培养体系的建立与细胞生长曲线

（1）称取当归疏松颗粒状愈伤组织约 2g，接种至 25ml 液体 1/2MS（无机盐减半）+2.0mg/L IBA+30g/L 蔗糖培养基中，在摇床上进行培养，接种后在每分钟 100rpm 的摇床，（25±2）℃的黑暗条件下培养，培养 1 个月，此后每 10 天继代一次，直至细胞开始旺盛地分裂增殖，然后用 5ml 的移液枪从培养液上部吸取 5ml 液体培养物，转至 20ml 新的培养基中，如此再继代 3 ～ 4 次即建立了良好的细胞悬浮培养体系。

（2）细胞生长曲线与阿魏酸合成动态：上述建立的细胞悬浮物，从刚接种开始取材，每隔 4 天取一次样，进行干鲜重、pH、电导率、阿魏酸含量的测定。材料在培养基中生长 25 天后用尼龙滤网过滤出细胞，用滤纸吸干细胞表面水分，称量鲜重，转至 38℃烘箱中干燥至恒重，称量干重后留样。过滤后的培养液测定 pH 和电导率。

当归悬浮细胞的鲜重和干重随着培养时间的增加逐渐增加，到 16 天时达到最大生长量，此后，随着培养时间的增加，生长量基本保持不变。电导率变化趋势大致与当归悬浮细胞鲜重增加趋势相反。电导率变化可反映当归悬浮细胞生长量的变化（图 1-37）。当归生长过程中阿魏酸含量先下降后上升再下降的趋势，在 16 天时达到最大含量（0.04036mg/g）（图 1-38）。当归的生物量和阿魏酸含量同时达到最大，因此可以在 16 天采收培养物。

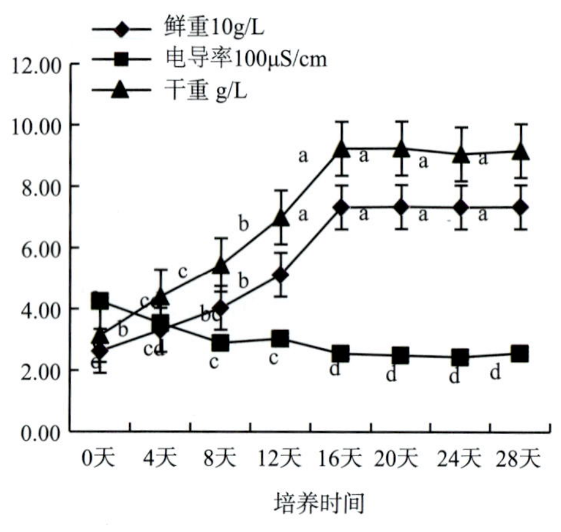

图 1-37 当归细胞生长与电导率变化曲线

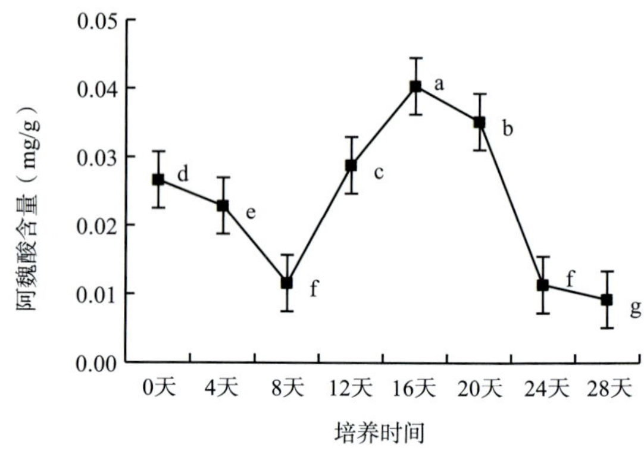

图 1-38 当归细胞生长过程中的阿魏酸含量变化曲线

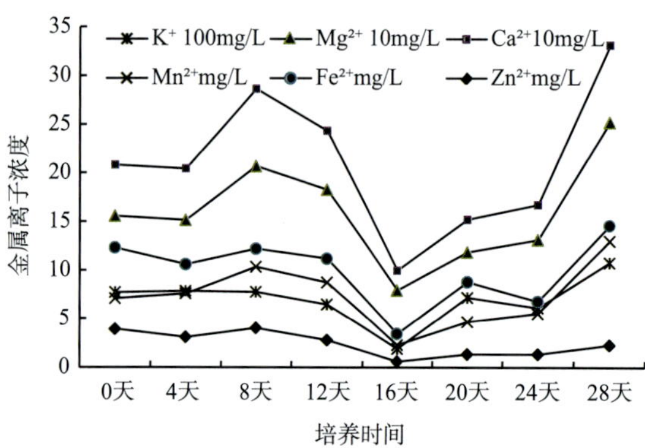

图 1-39 细胞生长过程中培养液中 6 种金属离子的含量变化动态

（3）细胞生长过程中培养液中 6 种金属离子的含量测定：通过测定培养液中的 6 种金属离子的含量发现，在当归悬浮细胞生长过程中对 K^+、Ca^{2+}、Mg^{2+}、Fe^{2+}、Zn^{2+} 和 Mn^{2+} 的吸收是同步的，均随着当归悬浮细胞生长量的增加培养液中的含量降低，均在细胞生长量最大时培养液中以上金属离子含量降到最低（即 16 天时）。此后，以上各离子在培养液中的含量呈上升趋势，其原因尚未知（图 1-39）。

（二）无机营养元素对细胞悬浮培养的影响

1. 大量元素对细胞悬浮培养的影响

将鲜重 600mg 的悬浮细胞接种在 1/2MS（无机盐减半）+2.0mg/L IBA+30g/L 蔗糖，pH 5.8 的培养基上，100ml 三角瓶装 20ml 培养基，不同处理中 $CaCl_2$、$MgSO_4$ 和 KH_2PO_4 在培养基中的含量分别为 1/2MS 的 0.5、1.0（对照）、1.5、2.0、2.5 和 3.0 倍；氨态氮和硝态氮处理中 NH_4^+/NO_3^-（mM/mM）比率为 0.00/30.00、2.58/27.42、5.16/24.84、7.74/22.26 和 10.31/19.69。培养 25 天后进行干鲜重、pH、电导率、阿魏酸含量的测定。

不同 $CaCl_2$ 浓度对当归悬浮细胞的增长影响显著（表 1-28）。其中 2.5 倍 $CaCl_2$ 浓度时鲜重显著高于正常 1/2MS（即 1.0 倍 $CaCl_2$ 浓度），但其与 1.5 倍 $CaCl_2$ 浓度时的鲜重不存在显著差异。1.5 倍 $CaCl_2$ 浓度时干重显著高于正常对照，但其与 2.5 倍 $CaCl_2$ 浓度时的干重不存在显著差异。电导率随着 $CaCl_2$ 浓度倍数的升高而增大，其可能原因是 Ca^{2+} 和 Cl^- 浓度的增加所致。阿魏酸含量在 2.0 倍 $CaCl_2$ 浓度时最高，为 0.071 76mg/g，2.5 倍 $CaCl_2$ 浓度时次之。综合考虑细胞生长量和阿魏酸含量，2.5 倍 $CaCl_2$ 浓度既有利于当归悬浮细胞的生长又有较高的阿魏酸含量，为最佳 $CaCl_2$ 浓度。

表 1-28　不同 $CaCl_2$ 浓度对当归悬浮细胞的影响

浓度（倍数）	鲜重（g/L）	干重（g/L）	pH	电导率（μS/cm）	阿魏酸含量（mg/g）
0.5	106.6367 ± 1.9428^{bc}	10.7533 ± 0.1017^{b}	6.30 ± 0.00^{b}	245.00 ± 8.50^{e}	$0.043\ 86\pm0.000\ 34^{e}$
1.0	107.7017 ± 1.0363^{bc}	10.3183 ± 0.3330^{b}	6.30 ± 0.06^{b}	283.33 ± 10.90^{d}	$0.052\ 51\pm0.000\ 29^{d}$
1.5	112.6950 ± 5.6450^{ab}	11.7350 ± 0.2696^{a}	6.33 ± 0.03^{b}	299.67 ± 6.49^{cd}	$0.043\ 11\pm0.000\ 23^{f}$
2.0	98.4900 ± 4.2092^{c}	10.8250 ± 0.5162^{b}	6.37 ± 0.03^{ab}	324.33 ± 9.26^{bc}	$0.071\ 76\pm0.000\ 10^{a}$
2.5	120.3033 ± 1.2240^{a}	11.1267 ± 0.1140^{ab}	6.47 ± 0.03^{a}	337.67 ± 8.69^{b}	$0.070\ 51\pm0.000\ 19^{b}$
3.0	105.9917 ± 3.1208^{bc}	10.3933 ± 0.1651^{b}	6.47 ± 0.03^{a}	385.33 ± 2.33^{a}	$0.053\ 83\pm0.000\ 01^{c}$

注：同列内相同字母表示邓肯氏新复极差检验在 P=0.05 水平上差异不显著。

不同 $MgSO_4$ 浓度对当归悬浮细胞的生长、培养液 pH 和电导率均产生显著影响（表 1-29）。2.0 倍 $MgSO_4$ 浓度对当归悬浮细胞干鲜重影响显著，但与对照（即 1.0 倍 $MgSO_4$ 浓度）无显著差异。电导率随 $MgSO_4$ 浓度的升高而增大，其可能原因是 Mg^{2+} 和 SO_4^{2-} 浓度相对增大所致。阿魏酸含量在不同浓度处理时存在显著差异，0.5 倍 $MgSO_4$ 浓度时阿魏酸含量最高为 0.067 92mg/g，2.0 倍 $MgSO_4$ 浓度时次之，2.5 倍 $MgSO_4$ 浓度时最低为 0.040 61mg/g。综合考虑当归悬浮细胞生长量和细胞中阿魏酸含量，0.5 倍 $MgSO_4$ 浓度为最佳浓度。

表 1-29　不同 $MgSO_4$ 浓度对当归悬浮细胞生长的影响

浓度（倍数）	鲜重（g/L）	干重（g/L）	pH	电导率（μS/cm）	阿魏酸含量（mg/g）
0.5	155.1950 ± 2.0605^{bc}	12.8950 ± 0.3690^{a}	6.70 ± 0.10^{ab}	202.50 ± 8.81^{c}	$0.067\ 92\pm0.000\ 25^{a}$
1.0	162.9200 ± 2.6868^{ab}	12.7750 ± 00568^{a}	6.93 ± 0.09^{a}	204.33 ± 6.89^{c}	$0.058\ 29\pm0.000\ 08^{c}$
1.5	155.1233 ± 3.4163^{bc}	11.5000 ± 0.4225^{b}	6.53 ± 0.03^{b}	220.33 ± 6.44^{bc}	$0.051\ 68\pm0.00\ 030^{d}$
2.0	176.2500 ± 5.3628^{a}	13.1217 ± 0.1994^{a}	6.70 ± 0.10^{ab}	217.33 ± 2.91^{bc}	$0.060\ 26\pm0.00\ 020^{b}$
2.5	149.6383 ± 3.4114^{c}	11.1317 ± 0.0504^{b}	6.57 ± 0.03^{b}	260.33 ± 26.12^{a}	$0.040\ 61\pm0.00\ 020^{f}$
3.0	154.2467 ± 1.5747^{bc}	12.3450 ± 0.2483^{a}	6.67 ± 0.09^{b}	244.00 ± 2.89^{ab}	$0.050\ 32\pm0.00\ 036^{e}$

注：同列内相同字母表示邓肯氏新复极差检验在 P=0.05 水平上差异不显著。

当 KH_2PO_4 浓度高于对照时，随 KH_2PO_4 浓度的升高，当归悬浮细胞生长量无显著差异。随着 KH_2PO_4 浓度的升高，培养后的培养液 pH 呈升高趋势，电导率则相反，呈减小趋势，电导率没有因 K^+ 和 $H_2PO_4^-$ 浓度的增大而增大，进而推断随着当归悬浮细胞生长量的增加，其对 KH_2PO_4 的吸收增多，在一定程度上，电导率的变化反映了细胞生长量的变化。不同

浓度 KH_2PO_4 培养的当归悬浮细胞阿魏酸含量测定结果显示：1.0 倍 KH_2PO_4 浓度培养的当归悬浮细胞阿魏酸含量最高为 0.122 48mg/g，2.0 倍 KH_2PO_4 浓度次之，0.5 倍 KH_2PO_4 浓度最低为 0.089 41mg/g（表 1-30）。综合考虑当归悬浮细胞生长量和细胞中阿魏酸含量，1.0 倍 KH_2PO_4 浓度进行当归悬浮细胞培养较为理想。

表 1-30　不同 KH_2PO_4 浓度对当归悬浮细胞生长的影响

浓度（倍数）	鲜重（g/L）	干重（g/L）	pH	电导率（μS/cm）	阿魏酸含量(mg/g)
0.5	106.8025±3.4124^{b}	10.3700±0.3313^{b}	6.20±0.00^{c}	249.50±10.99^{a}	0.089 41±0.000 12^{c}
1.0	114.2700±2.9632^{ab}	11.1013±0.2917^{ab}	6.40±0.00^{b}	194.25±11.51^{b}	0.122 48±0.000 08^{a}
2.0	117.7313±2.2792^{a}	11.4563±0.2039^{a}	6.73±0.03^{a}	154.33±11.18^{c}	0.065 21±0.000 02^{d}
3.0	119.1450±1.9827^{a}	11.5675±0.1925^{a}	6.70±0.04^{a}	181.35±3.49^{bc}	0.093 01±0.000 15^{b}

注：同列内相同字母表示邓肯氏新复极差检验在 P=0.05 水平上差异不显著。

不同比例的氨态氮和硝态氮组成对当归悬浮细胞的生长和培养液的电导率影响显著，对培养液 pH 影响不显著。低浓度氨态氮细胞生长相对较慢，随着氨态氮在氮源中比例的增加，当归悬浮细胞生长呈增长趋势，但当氨态氮在氮源中的比例增大到正常 1/2MS，即 NH_4^+/NO_3^-（mM/mM）为 10.31/19.69 时当归悬浮细胞生长量又降低。当 NH_4^+/NO_3^-（mM/mM）为 7.74/22.26 时干鲜重均达到最大值，NH_4^+/NO_3^-（mM/mM）为 7.74/22.26 和 0.00/30.00 时当归悬浮细胞鲜重存在显著差异，但干重不存在显著差异。随着氨态氮在氮源中比例的增大，培养液的电导率呈降低趋势。当归悬浮细胞中阿魏酸的含量在 NH_4^+/NO_3^-（mM/mM）为 0.00/30.00 时最高，为 0.228 74mg/g，NH_4^+/NO_3^-（mM/mM）为 5.16/24.84 时次之，NH_4^+/NO_3^-（mM/mM）为 10.31/19.69（对照）时最低，为 0.116 81mg/g（表 1-31）。综合考虑当归悬浮细胞的生长量和细胞中阿魏酸含量，培养当归悬浮细胞时最佳 NH_4^+/NO_3^-（mM/mM）比例为 0.00/30.00。

表 1-31　不同形态的氮源比例对当归悬浮细胞生长的影响

NH_4^+/NO_3^-（mM/mM）	鲜重（g/L）	干重（g/L）	pH	电导率（μS/cm）	阿魏酸含量（mg/g）
0.00/30.00	130.0750±4.4391^{d}	13.0138±0.3985^{ab}	6.90±0.07	378.25±26.51^{a}	0.228 74±0.000 40^{a}
2.58/27.42	143.74008±4.9951^{cd}	12.3238±0.2638^{bc}	7.00±0.06	319.25±36.27^{a}	0.200 57±0.000 15^{c}
5.16/24.84	155.3638±5.6634^{bc}	12.2925±0.3018^{bc}	6.98±0.09	182.43±19.62^{b}	0.207 16±0.000 13^{b}
7.74/22.26	208.3688±6.1757^{a}	13.3663±0.2133^{a}	6.93±0.05	131.43±5.08^{b}	0.158 50±0.000 12^{e}
10.31/19.69	166.0225±8.0266^{b}	11.9900±0.2736^{c}	6.95±0.06	130.35±10.20^{b}	0.116 81±0.000 16^{f}

2. 不同微量元素对悬浮细胞生长的影响

不同 Cu^{2+} 浓度间当归悬浮细胞鲜重的增加和培养后培养液 pH、电导率不存在显著差异，但其干重和阿魏酸含量存在显著差异。0.5 倍、1.5 倍、2.0 倍和 2.5 倍 Cu^{2+} 浓度间干重不存在显著性差异，均相对较高，3.0 倍 Cu^{2+} 浓度细胞中阿魏酸含量最高，为

0.064 38mg/g，1.5 倍 Cu^{2+} 浓度次之，为 0.061 46mg/g（表 1-32）。因此，综合考虑当归悬浮细胞生长量、细胞中阿魏酸含量和 Cu^{2+} 用量，选择 1.5 倍 Cu^{2+} 浓度进行当归悬浮细胞培养较佳。

表 1-32　不同 Cu^{2+} 浓度处理对细胞悬浮培养的影响

浓度（倍数）	鲜重（g/L）	干重（g/L）	pH	电导率（μS/cm）	阿魏酸含量（mg/g）
0.5	113.1950±6.2050	10.6150±0.3950^{abc}	6.55±0.05	231.60±4.46	0.043 62±0.000 05^{e}
1.0	119.1600±5.0250	9.9350±0.4150^{c}	6.53±0.02	246.00±3.83	0.039 53±0.000 18^{f}
1.5	115.1000±2.2950	10.8950±0.2800^{abc}	6.49±0.05	252.40±6.35	0.061 46±0.000 27^{b}
2.0	122.2000±3.5000	11.0400±0.3250^{ab}	6.68±0.08	236.00±6.96	0.054 22±0.000 04^{d}
2.5	118.4650±0.2515	11.4900±0.3650^{a}	6.61±0.04	241.40±3.23	0.059 36±0.000 25^{c}
3.0	103.2000±2.1100	10.0100±0.2050b^{c}	6.61±0.03	247.25±5.54	0.064 38±0.000 07^{a}

不同 Zn^{2+} 浓度间当归悬浮细胞的鲜重、干重、培养后培养液 pH、电导率和细胞中阿魏酸含量均存在显著性差异。1.0 倍 Zn^{2+} 浓度时，当归悬浮细胞的鲜重和干重均最高，0.5 倍 Zn^{2+} 浓度时当归悬浮细胞的鲜重和干重与 1.0 倍时不存在显著性差异。悬浮细胞中阿魏酸含量 2.5 倍 Zn^{2+} 浓度时最高，为 0.056 66mg/g，0.5 倍 Zn^{2+} 浓度时次之（表 1-33）。综合考虑当归悬浮细胞增长量和细胞中阿魏酸含量，选 0.5 倍 Zn^{2+} 浓度进行当归悬浮细胞培养最佳。

表 1-33　不同 Zn^{2+} 浓度对当归悬浮细胞的影响

浓度（倍数）	鲜重（g/L）	干重（g/L）	pH	电导率（μS/cm）	阿魏酸含量（mg/g）
0.5	119.1400±1.1950^{ab}	10.7250±0.20050^{ab}	6.14±0.02^{c}	204.90±7.97^{d}	0.052 84±0.000 03^{b}
1.0	125.2950±2.8900^{a}	11.5750±0.2100^{a}	6.21±0.01^{b}	209.10±5.35^{cd}	0.037 82±0.000 12^{e}
1.5	116.4250±6.6050^{ab}	10.1950±0.5850^{bc}	6.23±0.03^{b}	228.50±12.06^{bc}	0.046 71±0.000 17^{d}
2.0	99.3250±4.3950^{c}	10.5300±0.5250^{abc}	6.23±0.02^{b}	236.75±4.33^{ab}	0.033 14±0.000 16^{f}
2.5	111.2600±1.2000^{bc}	9.4350±0.2250^{c}	6.31±0.02^{a}	253.75±5.94^{a}	0.056 66±0.000 04^{a}
3.0	109.7650±5.8200^{bc}	9.8000±0.6200^{bc}	6.37±0.01^{a}	240.50±7.33^{ab}	0.049 25±0.000 04^{c}

注：同列内相同字母表示邓肯氏新复极差检验在 P=0.05 水平上差异不显著。

不同 Mn^{2+} 浓度处理间当归悬浮细胞的鲜重和培养后培养液 pH 不存在显著性差异，悬浮细胞的干重、培养后培养液的电导率和细胞中阿魏酸含量存在显著性差异。0.5 倍和 3.0 倍 Mn^{2+} 浓度时悬浮细胞的干重均较高，悬浮细胞中阿魏酸含量在 0.5 倍 Mn^{2+} 浓度时最高，为 0.089 02mg/g（表 1-34）。因此，选 0.5 倍 Mn^{2+} 浓度进行当归悬浮细胞培养最好。

表 1-34　不同 Mn^{2+} 浓度对当归悬浮细胞的影响

浓度（倍数）	鲜重（g/L）	干重（g/L）	pH	电导率（μS/cm）	阿魏酸含量（mg/g）
0.5	89.7150±4.6200	12.3050±0.5950^{a}	6.09±0.04	267.80±4.63^{b}	0.089 02±0.000 14^{a}
1.0	87.2700±2.7000	11.5900±0.4250^{ab}	6.08±0.03	286.80±3.92^{a}	0.073 83±0.000 13^{c}

续表

浓度（倍数）	鲜重（g/L）	干重（g/L）	pH	电导率（μS/cm）	阿魏酸含量（mg/g）
1.5	82.8000±2.3050	11.2850±0.2850[abc]	6.05±0.01	291.00±2.95[a]	0.076 95±0.000 37[b]
2.0	83.5000±1.9900	10.4900±0.3850[c]	6.07±0.03	279.33±7.53[ab]	0.013 25±0.000 05[f]
2.5	86.8300±2.0550	10.5150±0.2350b[c]	6.02±0.01	285.80±4.71[a]	0.048 05±0.000 28[d]
3.0	94.3400±2.6700	12.1950±0.4100[a]	6.15±0.01	286.00±2.51[a]	0.041 78±0.000 22[e]

注：同列内相同字母表示邓肯氏新复极差检验在 P=0.05 水平上差异不显著。

3. 基本培养基、接种量、蔗糖含量、pH 和培养条件对细胞生长和药效含量的影响

不同基本培养基类型间当归悬浮细胞的干鲜重和培养后培养液 pH、电导率存在显著差异。在 1/2MS 培养基中干重和鲜重均最高，MS、1/2B_5 和 B_5 间鲜重不存在显著差异，MS 与 B_5 和 1/2B_5 间干重不存在显著差异。各处理组间 pH 存在显著差异，其可能与当归悬浮细胞生长量和次生代谢产物合成有关（表 1-35）。在 MS 培养基中电导率最高，B_5 培养基次之，1/2MS 和 1/2B_5 均较低，是因为 MS 和 B_5 培养基中各离子浓度远高于 1/2MS 和 1/2B_5 中的离子浓度。因此，只有在同一基本培养基中电导率变化与当归悬浮细胞生长量相反时，可用电导率来反映当归悬浮细胞生长量的结论才可成立。当归悬浮细胞中阿魏酸含量在 1/2B_5 培养基中最高，并明显高于其他三组，B_5 培养基细胞中阿魏酸含量显著高于 MS 培养基，且同类型培养基低浓度显著高于高浓度。据此推测，B_5 培养基中阿魏酸含量明显高于其他各组的原因可能是 B_5 培养基中存在某种有利于阿魏酸合成的因素。考虑到当归悬浮细胞生长量和阿魏酸含量，1/2B_5 培养基最佳。

表 1-35　不同基本培养基类型对当归悬浮细胞的影响

基本培养基	鲜重（g/L）	干重（g/L）	pH	电导率（μS/cm）	阿魏酸含量（mg/g）
1/2MS	173.975±11.6611[a]	12.0500±0.8480[a]	5.70±0.00[c]	215.33±7.31[c]	0.016 99±0.000 03[c]
MS	81.0900±2.7257[b]	8.1567±0.3175b[c]	5.37±0.03[d]	484.33±15.07[a]	0.009 25±0.000 07[d]
1/2B_5	95.7050±17.2576[b]	10.2717±1.0671[ab]	5.93±0.03[b]	192.33±13.98[c]	0.032 11±0.000 15[a]
B_5	59.2117±8.0092[b]	7.7783±0.6129[c]	6.03±0.03[a]	354.00±16.50[b]	0.027 51±0.000 11[b]

注：同列内相同字母表示邓肯氏新复极差检验在 P=0.05 水平上差异不显著。

不同初始 pH 对当归悬浮细胞的鲜重、干重、培养后 pH 和电导率有显著影响。当培养前 pH 为 5.00 和 6.80 时当归悬浮细胞鲜重和干重积累最多，两者间不存在显著差异。培养后 pH 间存在显著差异，但其与生长量无明显关系，可能与后期次生代谢产物的合成有关。培养当归悬浮细胞后培养液的电导率在培养前 pH 为 5.40 时最高，但 pH 为 5.40 时当归悬浮细胞的生长量最少，与前期所得结论：当归悬浮细胞生长量和电导率变化相反一致，因此电导率可反映当归悬浮细胞生长量的变化。当归悬浮细胞中阿魏酸含量的变化在培养前 pH 为 5.00 时最高，为 0.113 98mg/g，培养前 pH 为 5.40 时次之，为 0.098 88mg/g。从当归悬浮细胞中阿魏酸含量变化趋势看，较酸性环境有利于阿魏酸的积累。综合考虑当归悬浮细胞生长量和悬浮细胞中阿魏酸含量（表 1-36），培养前 pH 为 5.00 时最佳，培养

前 pH 为 5.40 时次之。因此，较酸性或偏中性条件有利于当归悬浮细胞的生长。

表 1-36　不同初始 pH 对当归悬浮细胞的影响

初始 pH	鲜重（g/L）	干重（g/L）	pH	电导率（μS/cm）	阿魏酸含量（mg/g）
5.00	84.5867±6.1265[a]	11.9383±0.6328[a]	5.93±0.03[c]	245.00±5.51[b]	0.113 98±0.000 18[a]
5.40	67.4667±2.9891[c]	9.8950±0.2323[b]	5.93±0.03[c]	301.67±11.62[a]	0.098 88±0.000 35[b]
5.80	70.6167±1.8909[bc]	10.4300±0.2075[b]	6.00±0.00[bc]	245.33±6.17[b]	0.066 78±0.000 27[c]
6.20	74.3183±3.2275[abc]	10.3517±0.7051[b]	6.67±0.03[a]	240.67±13.78[b]	0.054 68±0.000 15[e]
6.80	81.0983±2.4552[ab]	12.0000±0.3516[a]	6.07±0.03[b]	232.00±2.52[b]	0.063 43±0.000 20[d]

注：同列内相同字母表示邓肯氏新复极差检验在 P=0.05 水平上差异不显著。

不同初始接种量间当归悬浮细胞鲜干重的增长率和培养后培养液的电导率存在显著差异，培养后培养液的 pH 不存在显著差异。随着初始接种量的增大，干鲜重的增长率显著降低，当初始接种量鲜重（g/L）/ 干重（g/L）为 5.4950/1.0225 时鲜重和干重增长率均最高，分别为 8.8138 和 6.7433。其原因是，初始接种量少时培养液中营养元素充分，有利于当归悬浮细胞的生长，初始接种量越多，培养液中的营养元素供应越不足，导致当归悬浮细胞生长率缓慢。电导率变化与鲜重和干重变化趋势相反，与前面所得结论一致，可用电导率的变化反映细胞生长量。不同接种量培养后当归悬浮细胞中阿魏酸含量存在显著差异，当初始接种量鲜重（g/L）/ 干重（g/L）为 10.3925/1.5675 时细胞中阿魏酸含量最高，为 0.086 15mg/g，当初始接种量鲜重（g/L）/ 干重（g/L）为 32.8675/4.5475 时次之，当初始接种量鲜重（g/L）/ 干重（g/L）为 5.4950/1.0225 时最低，为 0.035 28mg/g（表 1-37）。综合考虑细胞生长速度和细胞中阿魏酸含量，初始接种量鲜重（g/L）/ 干重（g/L）为 10.3925/1.5675 最佳。

表 1-37　不同初始接种量对当归悬浮细胞的影响

鲜重（g/L）/ 干重（g/L）	pH	电导率（μS/cm）	鲜重增长率（%）	干重增长率（%）	阿魏酸含量（mg/g）
5.4950/1.0225	5.83±0.03	284.00±3.06[a]	8.8138±0.2019[a]	6.7433±0.4307[a]	0.035 28±0.000 22[f]
10.3925/1.5675	5.87±0.06	266.33±3.71[ab]	6.0106±0.2942[b]	5.2313±0.4070[b]	0.086 15±0.000 07[a]
14.8275/2.1350	5.80±0.06	238.67±7.84[d]	5.4168±0.1402[b]	4.6721±0.1517[b]	0.059 17±0.000 12[e]
26.2000/3.4100	5.90±0.00	261.00±9.24[bc]	2.8723±0.0622[c]	2.7077±0.0775[c]	0.066 58±0.000 15[d]
32.8675/4.5475	5.87±0.03	218.00±5.20[e]	3.0501±0.0790[c]	2.5549±0.0644[c]	0.083 46±0.000 60[b]
36.2325/5.0075	5.77±0.06	243.33±6.94[cd]	2.7962±0.3936[c]	2.5588±0.3720[c]	0.077 70±0.000 14[c]

注：同列内相同字母表示邓肯氏新复极差检验在 P=0.05 水平上差异不显著。

光照和黑暗处理间当归悬浮细胞的干鲜重和培养后培养液的 pH、电导率不存在显著差异，但当归悬浮细胞中阿魏酸含量存在显著差异，光照培养时细胞中阿魏酸含量显著高于黑暗培养（表 1-38）。由此可说明，光照对当归悬浮细胞的生长不会产生明显影响，但是对当归悬浮细胞中阿魏酸的合成有影响。考虑当归悬浮细胞生长量和当归悬浮细胞中阿魏酸含量，光照培养较佳。

表 1-38　光照、黑暗处理对当归悬浮细胞的影响

处理	鲜重（g/L）	干重（g/L）	pH	电导率（μS/cm）	阿魏酸含量（mg/g）
光照	72.1100±4.6323	10.8500±0.3538	6.37±0.03	190.53±0.34	0.04367±0.000 35[a]
黑暗	66.2183±1.5633	10.0717±0.2757	6.30±0.00	186.53±3.31	0.03249±0.000 05[b]

注：同列内相同字母表示邓肯氏新复极差检验在 P=0.05 水平上差异不显著。

不同蔗糖浓度间当归悬浮细胞的干鲜重和培养后培养液的 pH、电导率和阿魏酸含量均存在显著性差异。随着蔗糖浓度的升高，当归悬浮细胞的干重呈现先上升后下降的趋势，在 3% 时鲜重达最高值，为 145.4433g/L，1%、5% 和 6% 浓度间不存在显著差异，其含量均相对较低。当归悬浮细胞的干重随着蔗糖浓度的升高逐渐升高，在 4% 时达到最高值，为 14.1017g/L，5% 和 6% 浓度与 4% 时不存在显著差异，说明蔗糖浓度高于 4% 时对当归悬浮细胞的干重影响不显著。干鲜比率的差异可能是由于高浓度蔗糖使培养液中的渗透压高于细胞内渗透压，从而使细胞失水或吸收水分量降低所致。电导率变化趋势与鲜重变化相反，细胞中阿魏酸含量在 3% 蔗糖浓度时最高，为 0.157 02mg/g（表 1-39）。考虑细胞生长量、蔗糖用量和细胞中阿魏酸含量，选择 3% 的蔗糖浓度进行当归悬浮细胞培养较佳。

表 1-39　不同蔗糖浓度对当归悬浮细胞的影响

蔗糖浓度	鲜重（g/L）	干重（g/L）	pH	电导率（μS/cm）	阿魏酸含量（mg/g）
1%	75.6100±4.0722[c]	6.6150±0.0.2223[d]	6.53±0.03[a]	355.67±4.41[a]	0.059 47±0.000 09[d]
2%	126.6067±9.0357[b]	9.0300±0.4859[c]	6.20±0.06[b]	207.90±8.15[c]	0.123 61±0.000 42[b]
3%	145.4433±2.9298[a]	11.8233±0.0789[b]	6.10±0.00[c]	166.60±8.88[d]	0.157 02±0.000 69[a]
4%	119.4200±5.7790[b]	14.1017±0.5283[a]	5.87±0.03[e]	204.77±6.27[c]	0.095 58±0.000 20[c]
5%	89.3020±7.4471[c]	13.3767±0.0726[a]	5.90±0.00[e]	253.67±3.28[b]	0.051 24±0.000 20[e]
6%	82.5433±4.5017[c]	13.7883±0.1672[a]	6.00±0.00[d]	244.00±10.54[b]	0.027 53±0.000 10[f]

注：同列内相同字母表示邓肯氏新复极差检验在 P=0.05 水平上差异不显著。

在当归悬浮细胞生长 16 天达到最大生长量时加入不同浓度的酸水解酪蛋白，各处理间干鲜重和培养液的 pH、电导率和阿魏酸含量均存在显著差异。16 天时加入 2000mg/L 的酸水解酪蛋白细胞培养效果最佳，干鲜重和阿魏酸含量均最大（表 1-40）。不加酸水解酪蛋白的对照处理干鲜重均最低。

表 1-40　16 天时加入不同浓度酸水解酪蛋白对当归悬浮细胞的影响

酸水解酪蛋白浓度（mg/L）	鲜重（g/L）	干重（g/L）	pH	电导率（μS/cm）	阿魏酸含量（mg/g）
0	53.6250±8.3723[d]	8.9183±1.2452[c]	6.03±0.12[a]	249.00±13.00[d]	0.124 61±0.000 54[b]
2000	84.6250±5.4205[a]	12.4583±0.7306[a]	5.90±0.15[a]	313.33±6.12[c]	0.126 75±0.000 85[a]
3000	60.100±2.5287[cd]	9.7583±0.5334[bc]	4.93±0.22[b]	389.67±18.82[b]	0.074 63±0.000 54[de]
4500	63.0083±4.6055[bcd]	10.3650±0.6193[abc]	5.10±0.20[b]	426.67±21.70[ab]	0.068 98±0.000 24[e]
4400	74.7733±6.3159[abc]	10.9383±0.6098[abc]	5.60±0.32[ab]	439.00±6.93[a]	0.084 11±0.000 33[cd]
5200	77.5150±2.7057[ab]	11.8633±0.0928[ab]	5.53±0.24[ab]	414.33±11.89[ab]	0.085 20±0.000 16[c]

注：同列内相同字母表示邓肯氏新复极差检验在 P=0.05 水平上差异不显著。

开始培养时培养液中加不同浓度的酸水解酪蛋白对细胞干鲜重、电导率和阿魏酸含量有显著影响。当酸水解酪蛋白浓度为 4500mg/L 时，当归悬浮细胞生长量达最高值，鲜重为 115.5283g/L，阿魏酸含量为 0.162 45mg/g，显著高于不加酸水解酪蛋白的处理（表 1-41）。考虑当归悬浮细胞的生长量和阿魏酸含量，在配制培养基时加入 4500mg/L 的酸水解酪蛋白有利于当归悬浮细胞的生长和阿魏酸的合成。

表 1-41 不同浓度酸水解酪蛋白对当归悬浮细胞的影响

CH 浓度（mg/L）	鲜重（g/L）	干重（g/L）	pH	电导率（μS/cm）	阿魏酸含量（mg/g）
0	59.5350±2.1276[c]	9.0700±0.2444[c]	6.47±0.07	216.57±15.68[d]	0.147 94±0.000 12[b]
500	75.0633±3.3436[b]	11.0600±0.3558[b]	6.50±0.00	199.83±7.17[d]	0.105 54±0.000 75[c]
1000	80.6183±3.3525[b]	11.2483±0.5313[b]	6.50±0.00	227.67±4.98[d]	0.037 95±0.000 17[f]
2000	79.5717±9.2700[b]	11.3450±0.7492[b]	6.57±0.03	305.33±12.17[c]	0.047 75±0.000 34[e]
3000	84.5800±2.6531[b]	11.8950±0.4269[b]	6.53±0.03	335.33±7.69[b]	0.065 12±0.000 18[d]
4500	115.5283±3.8296[a]	13.6700±0.3944[a]	6.67±0.09	377.00±6.03[a]	0.162 45±0.000 76[a]

注：同列内相同字母表示邓肯氏新复极差检验在 P=0.05 水平上差异不显著。

当归组织培养时胚轴和胚根是适宜的外植体，子叶诱导效果普遍不好。MS+IBA 2mg/L+KT 0.2mg/L 是适宜的愈伤诱导培养基，初期愈伤增殖和胚状体分化培养基可采用 1/2MS+IBA 2mg/L+3% 蔗糖，后期可采用 1/2MS+IBA 2mg/L+KT 0.2mg/L。该研究成果可为当归工厂化育苗和转基因育种提供技术支撑。当归试管苗形态与种子发芽小苗无明显差异，通过进一步分子水平的检测发现，当归试管苗遗传稳定性很高，可作为种苗在生产上使用。

细胞悬浮培养技术体系对于当归工厂化大规模生产、诱变育种、转基因育种及良种繁育都有十分重要的价值。本研究建立了良好的当归细胞悬浮培养技术体系，而且较系统地研究了当归细胞的生长曲线和药效成分合成代谢曲线，确定了当归细胞的适宜采收期为悬浮培养 16 天，此时细胞的生长量和阿魏酸含量同时达到最大。电导率的变化在一定程度上可反映当归悬浮细胞生长量的变化。在当归悬浮细胞生长过程中对 K^+、Ca^{2+}、Mg^{2+}、Fe^{2+}、Zn^{2+} 和 Mn^{2+} 的吸收是同步的，均在细胞生长量最大时培养液中含量降到最低（即 16 天时），此后，以上各离子在培养液中的含量呈上升趋势，其原因可能是随着培养时间的延长，细胞逐渐老化，向培养液中释放金属离子。

深入研究了大量元素和微量元素及培养条件、诱导子和补料处理对细胞生长和药效成分含量的影响，探明了影响细胞生长的主要元素及其适宜用量，以及适宜的培养条件和诱导子及补料处理。即大量元素的用量分别以 550mg/L $CaCl_2$、370mg/L $MgSO_4$、85mg/L KH_2PO_4、NH^{4+}/NO_3^-（mM/mM）比例为 0.00/30.00 时，既有利于当归悬浮细胞的生长，又有较高的阿魏酸含量。微量元素用量以 0.018 75mg/L Cu^{2+}、2.15mg/L Zn^{2+}、5.625mg/L Mn^{2+} 浓度进行当归悬浮细胞培养最佳。考虑当归悬浮细胞生长量和当归悬浮细胞中阿魏酸含量，光照培养、培养基 pH 为 5.00、初始接种量鲜重（g/L）/ 干重（g/L）为 10.3925/1.5675、3% 蔗糖浓度有利于细胞生长量和次生代谢产物合成。诱导子处理以在培养基中加入 4500mg/L 的酸水解酪蛋白有利于当归悬浮细胞的生长和阿魏酸的合成。目前建立的细胞悬浮培养体系细胞鲜重最高达 130.0750g/L，干重达 13.0138g/L，阿魏酸含量达 0.228 74mg/g。该研究结果可为当归细胞大规模悬浮培养提供良好的技术支撑。

第二章 当归规范化种植技术升级研究

当归是甘肃省道地药材之一，主要分布在岷山山脉周边的岷县、漳县、宕昌、卓尼和渭源等地，由于岷县产的当归质量上乘、驰名中外，为当归之上品，素有“岷归”之称，民间也有“中华当归甲天下，岷县当归甲中华”之说。据考证，岷县栽培当归的历史长达千年之久，经过长期的栽培驯化，使得现今种植的当归已完全成为栽培种，野生当归很难寻觅。在当归人工栽培生产中，长期以来一直存在施肥单一和过量施肥的问题，肥料利用率较低。传统肥料用量大、成本高、肥效低已是中药材生产中面临的普遍问题。缓释肥作为一种环保型的高新技术产品，具有提高化肥利用率、减少化肥使用量和施肥次数、节省劳动力、减少对环境污染和提高农产品品质等优点。积极研发中药材缓释长效肥料是肥料科学的重大命题，对未来中药材产业发展将产生巨大而深远的影响。

为使栽培当归商品性提高，长期以来以个头大为当归的栽培目标，并受商业标准的影响，将“十支归”，即十支当归的重量达 1 市斤（1 市斤 =500g）作为衡量优质当归的标准。在这种理念的影响下，栽培当归形成了“三段式”的栽培模式，即第一年为育苗期，形成秧苗后采挖假植过冬；第二年为成药期，将秧苗按一定的密度移栽生产药材；第三年为结籽期，将未采挖的植株培育结籽。然而这种三段式的栽培模式在生产上存在一些不足，直接影响当归的生产。主要的问题一是种植时间长达三个年头，即四百七十余天；二是在第二年抽薹率较高，一般在 30% ～ 50%，个别的甚至达到 70% ～ 80%，给药农造成严重的经济损失。当归直播栽培技术简便易行、省工节劳，可有效缩短种植季节，且能有效降低当归抽薹率，提高了当归单位面积产量，是具有发展前景的栽培技术之一。

第一节 当归精准施肥技术及水肥耦合效应研究

传统施肥因土壤肥力在地块不同区域差异较大，在平均施肥的情况下，土壤肥力低而其他生产性状好的区域往往施肥量不足，某种养分含量高而生产性状不好的区域则导致过量施肥。精准施肥是根据作物生长的土壤性状，分析作物的需肥规律，调节肥料的投入（包括施肥量、比例和时期），充分利用土壤生产力，以最少的肥料投入达到较高的收入，从而提高肥料利用率，改善农田环境，增加农业种植效益。开展当归精准施肥研究，探讨施肥与产量的关系，对指导当归优质高产、高效、改善品质、无公害化的施肥技术具有重要意义。

水分和肥料是作物生长发育的两大重要因素，也是较容易控制的两大因素，但与其他粮食作物相比，对药用作物需水量的探究，目前研究较少，尚缺少相关资料。

一、肥料对当归的作用

当归是喜肥植物。在营养生长期间，高肥是促进根系发育、获得高产的重要因素。在光、温、水良好的条件下，增施肥料有显著的增产效果。

氮、磷、钾是当归生长的三要素，需量较多，在获得高产方面各自起着不同的作用。

氮是组成细胞原生质（蛋白质）的主要成分，是构成当归营养体的重要物质，特别是在加速叶片发育、扩大同化面积、提高光合效率和积累营养物质等方面起着重要作用，为当归的高产奠定了物质基础；磷是核酸的重要组成成分，能促进体内糖分和蛋白质的正常代谢，在当归营养生长期间，可加速根部发育，有助于形成庞大的根系；钾与氮、磷不同，它不参与重要有机物质的组成，但可促进碳水化合物的形成和转移，在当归营养生长期间，可促使叶中的碳水化合物向根部运输和储存，加速根系肉质化，促进根系充分发育。这是当归高产的重要前提。

氮、磷、钾的作用是同等重要的。给当归施肥，应以完全肥料为主，多施诸如各种粪肥、油渣、腐殖质等有机肥。由于当归各生育期的生长特点不同，还应各有侧重。如营养生长前期（叶生长期），应适当增施氮肥（如人粪尿、碳铵等），加速叶的生长，以利形成更大的同化面积，到营养生长后期（根生长期），应适当增施磷、钾肥，促进根系的迅速发育，有利于高产。姚玉璧等研究得出最适宜道地当归栽培的主要土壤环境因子指标为：有机质 2.0% ～ 3.0%、全钾 2.0% ～ 2.5%、全磷 0.1% ～ 0.2%、速效钾 150 ～ 250mg/kg、速效磷 30 ～ 90mg/kg、镁 8000 ～ 10000mg/kg、锌 300 ～ 1000mg/kg。

吴占景等研究结果表明，当归阿魏酸含量、单株鲜重与土壤全氮、速效钾、有机质含量均呈正相关，与土壤速效磷含量呈负相关。土壤主要肥力因子中对当归阿魏酸含量直接影响最大的是速效钾，最小的是有机质，间接影响最大的是速效磷；土壤主要肥力因子对当归单株鲜重直接影响最大的是全氮，最小的是速效磷，间接影响最大的是全氮。土壤肥力因子对当归品质及产量影响较大的是速效钾、全氮，其次是速效磷、有机质。生产中为提高当归品质及产量应优先选择钾肥和氮肥。

土壤肥力指标与当归单株鲜重指标间的相关分析表明，当归单株平均鲜重与土壤全氮、速效钾和有机质含量呈正相关，与土壤速效磷含量呈负相关，其中土壤全氮、速效钾含量对当归单株鲜重直接影响和间接影响最大，说明土壤全氮、速效钾含量对当归产量有较大影响。随着土壤中全氮、速效钾含量的增加，当归的单株鲜重也随之增加。因此，要明显提高当归产量，应增施氮肥与钾肥，特别是钾肥，钾肥既能增加当归产量又能提高当归品质。

土壤肥力主要因子对当归单株鲜重的影响作用大小和作用方式也不同。土壤肥力因子与当归单株鲜重的通径系数分析表明，土壤肥力主要因子对当归单株鲜重的直接影响顺序为全氮＞速效钾＞有机质＞速效磷。其中土壤全氮、速效磷、速效钾含量对当归单株鲜重的直接影响为正效应，土壤有机质含量对当归单株鲜重的直接影响为负效应。土壤肥力主要因子通过影响其他因子对当归单株鲜重的间接影响顺序为全氮＞速效钾＞有机质＞速效磷。其中土壤全氮和速效钾含量对当归单株鲜重的间接影响为正效应，土壤速效磷和有机质含量对当归单株鲜重的间接影响为负效应。

土壤有机质含量增加对提高当归产量也有重要作用。因为土壤有机质可以解决当归生长后期土壤肥力不足的问题，在当归的全生育期能均衡供给物质生产所需的营养，使其根部在中后期的快速增长具有充足的养分供给。

土壤肥力指标与当归品质指标间的相关分析表明，当归阿魏酸含量与土壤全氮、速效钾、有机质含量呈正相关，与土壤速效磷含量呈负相关。其中与土壤速效钾含量呈极显著正相关，说明当归阿魏酸含量与土壤速效钾含量关系密切。土壤肥力主要因子对当归品质的影响作用大小和作用方式也不同。土壤肥力因子与当归阿魏酸含量的通径系数分析表明，土壤肥力主要因子对当归阿魏酸含量的直接影响顺序为速效钾＞全氮＞速效磷＞有机质。其中土壤速效钾含量对当归阿魏酸含量的直接影响为正效应，土壤全氮、速效磷和有机质对当归阿魏酸含量的直接影响为负效应。土壤肥力主要因子通过影响其他因子对当归阿魏酸含量的间接影响顺序为速效磷＞全氮＞速效钾＞有机质。其中土壤速效磷和速效钾含量对当归阿魏酸含量的间接影响为正效应，土壤全氮和有机质含量对当归阿魏酸含量的间接影响为负效应，并且土壤速效磷含量对当归阿魏酸含量的间接影响大于直接影响。

土壤速效钾与当归阿魏酸含量呈极显著正相关，且直接影响最大，而土壤速效磷对当归阿魏酸含量的间接影响最大，说明土壤速效钾、速效磷含量都是影响当归阿魏酸含量的主要因子。随着土壤中速效钾含量的增加当归阿魏酸含量增加，若速效磷含量较少，会影响阿魏酸含量的增加，因为土壤缺磷会导致当归根系生长不良，根侧芽减少或不分侧芽，植株矮小。但土壤中速效磷含量过度增加又会降低当归阿魏酸含量。

二、当归施肥现状及存在的问题

我国化肥施用的突出问题是结构不合理和利用率低，据大量试验资料统计，对于平均单产 6500kg/hm^2 的谷物，其一个季度产量从土壤中带走氮为 100.5 ～ 169.5kg，磷为 9.5 ～ 75.0kg，钾为 20.0 ～ 175.5kg，氮磷钾比例为 1 ： 0.45 ： 1，我国许多省区都存在氮磷化肥施用过量，而钾肥施用不足的问题。1995 年我国氮磷钾实际施用比例为 1 ： 0.43 ： 0.17，由于农田复种指数和作物产量的大幅度提高，有机肥施用量下降，化学钾肥投入不足，我国缺钾土壤面积日益扩大。据国外文献报道，氮肥平均利用率可达 50% ～ 60%，当季利用率磷一般为 10% ～ 30%，钾为 20% ～ 60%。据我国有关学者的研究，我国氮磷钾平均利用率分别为 35.0%、19.5% 和 47.5%。由此可见，我国氮素化肥利用率低于世界平均水平，不仅浪费了资源，而且增加了农业生产成本。当季未利用的氮肥大部分随径流冲失或气态逸失，钾肥被土壤吸附或淋失，磷肥则大多被土壤固定，肥料利用不完全造成资源浪费和农业生产成本增加，同时导致农田环境污染。实施精准施肥，将会大大节省化肥用量，减少农业投入，增加农民的经济收入，减少肥料对环境的污染。

近年来，随着全球气候持续变暖，道地产区当归种植区域不断由水肥条件较好的川台地上移到干旱和半干旱的山坡地。由于山坡地土壤有机质含量较低、有机肥源缺乏、腐熟程度较低等问题普遍存在，药农为保证当归产量不得不大量施用化肥，造成土壤盐碱化、酸化、结构变差，致使归田环境不断恶化、地力下降，当归产量和品质不稳。施用腐熟度较差的农家肥，易引起当归根茎腐烂、根部病害多发、地下害虫猖獗，进而加大了农药投入量，严重影响了当归药材的质量及用药安全。为了提高当归的产量和品质，刘学周、马占川、徐继振等和赵杨景等对当归施肥进行了相关研究，但主要限于氮、磷配合施用及部分微量元素应用效果等方面。涉及当归缓释专用肥的研究较少，而专用肥的研究是当归药材优质农业生产管理（GAP）的重要方面，它能使当归生产达到高产、优质、高效、施肥简化的目的，从整体上提高当归的产量和品质。本研究通过当归专用肥配方筛选及肥效验证，旨在为甘肃省名优药材当归 GAP 种植技术体系的建立和指导农民科学施肥提供技术支撑。

三、缓释长效肥在农业上的应用

传统肥料用量大、成本高、肥效低、污染重已是农业生产中面临的普遍问题。缓释肥作为一种环保型的高新技术产品，具有提高化肥利用率、减少化肥使用量和施肥次数、节省劳动力、减少对环境的污染和提高农产品品质等优点，积极研发缓释长效肥料是肥料科学的重大命题，对未来农业发展将产生巨大而深远的影响。

天然生态材料坡缕石是一种稀缺的非金属矿产资源，为含水镁质硅酸盐，富含碘、硒、锌等 12 种植物必需的微量元素。由于其具有层、链、纤维状晶体结构和纳米级孔穴通道的微观构造，除有良好的吸附性、悬浮性、缓释性、分散性和离子交换性外，还具有较强的吸水性和保水性。全世界已探明的坡缕石储量约 14 亿吨，中国储量约 13.6 亿吨，甘肃省远景储量达 11 亿吨，约占世界总储量的 79%。若能将这一可贵资源有效地应用到农业生产，其意义和价值将无可估量。已有研究表明，在传统肥料中添加一定量的坡缕石，对小麦、玉米、马铃薯等农作物和叶茎类蔬菜均有不同程度的增产作用。单施坡缕石可使胡麻、油葵和油菜等油料作物增产 41.0% ～ 47.9%。圆茄、番茄、黄瓜、草莓等施用坡缕土石材料后品质有显著提高。坡缕石可作为生态基质肥料的辅助剂，既可直接作为肥料，也可以用作肥料的缓释剂。坡缕石不仅具有节水和改良土壤的作用，还具有使肥料缓释的作用，可以用来配制缓释肥料，以提高肥料利用率和作物产量，解决作物生长后期的缺肥问题，提高化肥利用率。但对坡缕石长效缓释肥在农业上的应用研究仍显不足，成果报道较少，为数不多的报道主要集中在农作物和蔬菜作物上，而在药用植物种植中的应用研究更少。

课题组筛选出三种以坡缕石为辅助剂的长效缓释肥作为当归专用肥，分别是坡缕石与腐殖质配合的肥料——银荣峰有机肥（30% 坡缕石＋ 40% 有机质＋ N2.2%，P_2O_5 0.6%，K_2O 0.5%）、坡缕石与鸡粪配合的肥料——欣庆新型矿物有机肥（30% 坡缕石＋ 6.4% 有机质＋ N4.8%，P_2O_5 2.2%，K_2O 1.2%）、坡缕石与化肥配合的肥料——矿物复混肥（30% 坡缕石＋ N16% ＋ $P_2O_5$14%），三种长效缓释肥均对当归产量和品质有显著增加效应，产量较对照增加 9% ～ 27%，挥发油含量较对照高出 0.1 ～ 0.5 个百分点。

四、缓释长效肥对当归生长的影响

课题组 2012 ～ 2014 年的研究结果表明，银荣峰有机肥、欣庆新型矿物有机肥和矿物复混肥对当归植株生长均有促进效应。当归根长、根粗、根鲜重和干重均随施肥量的增加而增加，银荣峰有机肥和欣庆新型矿物有机肥施肥量达到 6000kg/hm^2 时根长和根粗均达到最大，以后随着施肥量的增加有所降低；且根长、根粗、根鲜重和干重分别较对照增加 5%、7%、12.8% ～ 19%、13% ～ 21%。矿物复混肥以施肥量 1500kg/hm^2 时各生长指标最大，根粗、根长、根鲜重和干重分别较对照增加 8.3%、5%、24.8%、26.5%（表 2-1 ～表 2-7）。

表 2-1 缓释长效肥对当归根长生长动态的影响（cm）（2012 年）

肥料	施肥水平（kg/hm^2）	5 月 29 日	6 月 29 日	7 月 29 日	8 月 29 日	9 月 29 日	10 月 29 日
银荣峰有机肥	0（CK）	8.10	8.28	17.72	24.63	24.96	25.20
	2000	8.67	8.69	21.05	24.40	25.03	25.01
	4000	8.21	8.29	19.63	25.10	25.22	27.33
	6000	8.15	8.54	20.86	25.30	25.87	27.64
欣庆新型矿物有机肥	0（CK）	8.21	8.30	17.78	24.20	25.00	25.23
	2000	8.08	8.53	17.96	24.10	26.13	26.42
	4000	8.96	8.56	20.71	24.73	26.20	27.79
	6000	8.20	8.63	21.39	26.27	27.69	28.09
矿物复混肥	0（CK）	8.15	8.31	17.79	24.47	24.86	25.03
	2000	8.55	8.58	20.11	21.47	24.51	24.92
	4000	8.47	8.71	20.59	21.57	21.93	24.31
	6000	8.47	8.10	17.83	20.23	24.69	25.18

表 2-2 缓释长效肥对当归根长生长动态的影响（cm）（2013 年）

肥料	施肥水平（kg/hm^2）	5 月 29 日	6 月 29 日	7 月 29 日	8 月 29 日	9 月 29 日
银荣峰有机肥	0（CK）	5.75	12.08	17.83	23.82	25.59
	3000	5.94	12.26	20.95	25.48	25.17
	6000	7.69	12.41	21.13	25.53	26.52
	9000	6.75	12.50	21.26	25.86	26.79
欣庆新型矿物有机肥	3000	6.42	12.33	18.80	24.18	25.70
	4500	6.67	12.44	19.04	23.90	25.82
	6000	7.32	12.63	21.50	26.05	26.80
	7500	7.11	12.27	19.08	24.08	25.42
矿物复混肥	600	6.83	12.03	19.12	24.25	25.28
	900	7.45	13.44	19.51	24.22	26.06
	1200	7.94	13.61	19.93	24.28	26.06
	1500	8.37	15.07	21.58	26.38	26.87

表 2-3　缓释长效肥对当归根粗生长动态的影响（cm）（2012 年）

肥料	施肥水平（kg/hm²）	5 月 29 日	6 月 29 日	7 月 29 日	8 月 29 日	9 月 29 日	10 月 29 日
银荣峰有机肥	0（CK）	0.44	0.81	1.55	1.79	2.43	2.42
	2000	0.45	0.81	1.61	2.02	2.44	2.47
	4000	0.45	1.00	1.77	2.28	2.56	2.56
	6000	0.47	0.99	1.78	2.38	2.71	2.71
欣庆新型矿物有机肥	0（CK）	0.45	0.79	1.53	1.78	2.42	2.43
	2000	0.44	0.99	1.57	1.93	2.53	2.58
	4000	0.49	0.91	1.78	2.36	2.74	2.74
	6000	0.53	0.97	1.81	2.47	2.75	2.79
矿物复混肥	0（CK）	0.45	0.82	1.51	1.80	2.43	2.43
	2000	0.51	0.97	1.63	1.86	2.27	2.46
	4000	0.45	0.79	1.62	1.80	2.18	2.46
	6000	0.49	0.67	1.45	1.60	2.13	2.23

表 2-4　缓释长效肥对当归根粗生长动态的影响（cm）（2013 年）

肥料	施肥水平（kg/hm²）	5 月 29 日	6 月 29 日	7 月 29 日	8 月 29 日	9 月 29 日
银荣峰有机肥	0（CK）	0.43	0.78	1.21	1.82	2.29
	3000	0.46	0.84	1.41	2.00	2.31
	6000	0.47	0.86	1.61	1.93	2.32
	9000	0.45	0.88	1.69	2.18	2.46
欣庆新型矿物有机肥	3000	0.37	0.84	1.40	1.87	2.29
	4500	0.45	0.85	1.42	1.88	2.38
	6000	0.39	0.89	1.70	2.20	2.47
	7500	0.52	0.86	1.43	1.92	2.30
矿物复混肥	600	0.39	0.81	1.30	1.83	2.36
	900	0.41	0.88	1.47	1.87	2.39
	1200	0.40	0.88	1.56	1.90	2.41
	1500	0.39	1.08	1.71	2.23	2.48

表 2-5　缓释长效肥对当归根鲜重生长动态的影响（g）（2012 年）

肥料	施肥水平（kg/hm²）	5 月 29 日	6 月 29 日	7 月 29 日	8 月 29 日	9 月 29 日	10 月 29 日
银荣峰有机肥	0（CK）	0.48	2.02	16.67	41.69	51.42	52.75
	2000	0.53	2.14	17.06	43.34	50.44	53.24
	4000	0.59	2.79	20.67	47.81	57.26	71.60
	6000	0.60	2.63	23.82	49.08	57.60	72.07
欣庆新型矿物有机肥	0（CK）	0.51	2.08	16.39	41.69	50.51	52.75
	2000	0.48	2.16	16.66	40.40	55.53	57.74
	4000	0.56	2.47	18.75	40.66	58.03	72.09
	6000	0.66	2.46	17.64	44.78	60.30	93.38

续表

肥料	施肥水平（kg/hm²）	5月29日	6月29日	7月29日	8月29日	9月29日	10月29日
矿物复混肥	0（CK）	0.49	2.09	16.89	41.95	51.86	52.97
	2000	0.54	2.47	18.29	27.60	40.24	49.34
	4000	0.47	1.55	19.94	34.21	40.19	56.44
	6000	0.62	1.01	12.55	16.11	34.43	51.01

表 2-6　缓释长效肥对当归根鲜重生长动态的影响（g）（2013 年）

肥料	施肥水平（kg/hm²）	5月29日	6月29日	7月29日	8月29日	9月29日
银荣峰有机肥	0（CK）	0.29	1.78	13.05	29.92	58.83
	3000	0.39	1.89	15.88	37.03	58.84
	6000	0.40	1.90	17.32	38.87	60.03
	9000	0.43	2.20	18.59	46.75	66.35
欣庆新型矿物有机肥	3000	0.31	1.87	16.87	30.64	58.99
	4500	0.40	1.90	17.91	32.98	61.62
	6000	0.45	2.29	18.84	47.29	70.03
	7500	0.42	2.00	17.86	32.29	61.61
矿物复混肥	600	0.31	1.81	16.78	31.16	61.86
	900	0.38	2.25	17.27	33.15	63.98
	1200	0.36	2.28	18.21	36.16	64.42
	1500	0.36	3.93	19.34	48.69	73.40

表 2-7　缓释长效肥对当归根干重生长动态的影响（g）（2013 年）

肥料	施肥水平（kg/hm²）	5月29日	6月29日	7月29日	8月29日	9月29日
银荣峰有机肥	0（CK）	0.07	0.52	3.31	9.57	18.86
	3000	0.11	0.59	3.58	12.12	19.00
	6000	0.11	0.60	4.25	12.97	19.08
	9000	0.10	0.64	4.62	14.41	21.31
欣庆新型矿物有机肥	3000	0.06	0.55	3.67	10.50	19.02
	4500	0.10	0.58	3.67	10.42	19.76
	6000	0.10	0.66	4.86	15.11	22.81
	7500	0.11	0.62	3.93	10.78	19.72
矿物复混肥	600	0.08	0.59	3.68	10.04	19.85
	900	0.09	0.65	3.95	10.16	20.06
	1200	0.07	0.66	4.76	13.60	20.93
	1500	0.09	1.06	4.95	15.39	23.85

2014 年课题组进行了欣庆新型矿物有机肥、矿物复混肥、银荣峰有机肥三种肥料对当归生长影响的放大示范试验，试验结果显示，三种缓释长效肥对当归植株农艺性状根

粗、根长、根鲜重、干重等均有促进效应（表 2-8）。其中矿物复混肥的促进效应最明显，单根鲜重、单根干重、主身根重和支侧根重较对照增加幅度均大于 93%，根粗较对照增加 12.1%，主身根长较对照增加 23.4%，增加幅度大大高于其他两种肥料。而银荣峰有机肥次之，单根鲜重、单根干重、主身根重和支侧根重较对照增加幅度均大于 40%，欣庆新型矿物有机肥增幅较低，但也在 30% 以上。

表 2-8 不同缓释长效肥对当归农艺性状的影响（2014 年）

处理	单根鲜重（g）	较对照增加（%）	单根干重（g）	较对照增加（%）	主身根重（g）	较对照增加（%）	支侧根重（g）	较对照增加（%）	根粗（cm）	较对照增加（%）	根长（cm）	较对照增加（%）	主身根长（cm）	较对照增加（%）
对照（CK）	48.6	–	17.50	–	8.1	–	9.4	–	2.8	–	25.1	–	5.1	–
欣庆新型矿物有机肥	66.2	36.2	26.05	48.9	10.9	35.2	15.1	60.4	2.8	1.1	24.6	–1.4	5.7	10.3
矿物复混肥	95.9	97.5	33.85	93.4	15.6	93.6	18.2	93.1	3.2	12.1	25.4	1.9	6.3	23.4
银荣峰有机肥	77.4	59.4	24.90	42.3	11.4	40.9	13.5	43.0	2.8	0.07	25.5	2.3	5.9	1.5

当归根的干鲜比随着生育进程逐渐增加，到生育后期能达到 0.32 左右。三种肥料对根干鲜比增加效应不明显。从试验数据分析矿物复混肥和欣庆新型矿物有机肥的干鲜比较高，说明这两种缓释肥有利于根干物质积累。例如，矿物复混肥施肥量 1500kg/hm^2 和欣庆新型矿物有机肥施肥量 6000kg/hm^2 的根干鲜比均高于对照 0.5 个百分点，而银荣峰有机肥施肥量 9000kg/hm^2 和对照持平（表 2-9）。

表 2-9 缓释长效肥对当归根干鲜比增长动态的影响

肥料	施肥水平（kg/hm^2）	5 月 29 日	6 月 29 日	7 月 29 日	8 月 29 日	9 月 29 日
对照（CK）	0	0.241	0.292	0.254	0.320	0.321
银荣峰有机肥	3000	0.282	0.312	0.225	0.327	0.323
	6000	0.275	0.316	0.245	0.334	0.318
	9000	0.233	0.291	0.249	0.308	0.321
欣庆新型矿物有机肥	3000	0.194	0.294	0.218	0.343	0.322
	4500	0.250	0.305	0.205	0.316	0.321
	6000	0.222	0.288	0.258	0.320	0.326
	7500	0.262	0.310	0.220	0.334	0.320
矿物复混肥	600	0.258	0.326	0.219	0.322	0.321
	900	0.237	0.289	0.229	0.306	0.314
	1200	0.194	0.289	0.261	0.376	0.325
	1500	0.250	0.270	0.256	0.316	0.325

矿物复混肥、银荣峰有机肥对当归根的鲜干比均有增加效应，两种肥料根的鲜干比均较对照高，分别达2.83和3.11，欣庆新型矿物有机肥当归根的鲜干比略低于对照（表2-10）。三种肥料对当归根组成的影响表现出一定的差异，矿物复混肥当归主身根重占根重百分比和主身根长占根长百分比均高于对照，而支侧根重占根重百分比则较对照低，说明矿物复混肥对主身根的促进效应大于对支侧根的促进效应，其对根干重的效应主要是由于增加主身根长和主身根重引起的。欣庆新型矿物有机肥和银荣峰有机肥当归支侧根重占根重百分比均高于对照，而主身根重占根重百分比低于对照，说明这两种肥有利于当归支侧根的生长。

表 2-10　不同缓释长效肥对当归根组成的影响（2014年）

处理	根鲜干比	主身根重占根重百分比（%）	支侧根重占根重百分比（%）	主身根长占根长百分比（%）
对照（CK）	2.77	46.11	53.94	20.55
欣庆新型矿物有机肥	2.54	41.88	58.12	23.00
矿物复混肥	2.83	46.14	53.86	24.88
银荣峰有机肥	3.11	45.66	54.38	23.19

邱黛玉等研究表明，施用高效有机肥可以改善土壤结构、平衡营养比例、促进光合作用、利于干物质积累，进而使当归的平均单根干重增加，能够提高根干鲜比。其试验数据显示，施用化肥的根重干鲜比为0.3，而施用高效有机肥的根重干鲜比为0.42，较施用化肥的高40%。这对于当归的有机化栽培、无公害化生产具有十分重要的意义。

冯守疆等研究表明，施用当归专用肥能更好地改善当归根部形态性状和产量因素，表现出一定的增产潜力（表2-11）。施当归专用肥处理，在不同地力条件下，当归根部形态特征均优于常规施肥处理，其中当归平均干芦头径、干主身径、干根长分别较常规施肥处理增加0.36cm、0.40cm、3.8cm，干根重较常规施肥处理增加5.24g。合理施肥有助于增大当归的芦头径和主身径，随着施肥量的增加鲜芦头径有增大的趋势，但施肥达到一定量时对当归鲜芦头径的影响变小，在干归芦头径、鲜归主身径及干归主身径方面也表现出相同的趋势。施肥量的大小对当归干根长影响不明显。

表 2-11　不同处理不同地块当归根的主要形态特征

处理	编号	干芦头径（cm）	干主身径（cm）	干根长（cm）	干根重（g）
施当归专用肥	1	2.48	1.73	22.0	36.2
	2	2.43	1.53	24.0	36.58
	3	2.42	1.42	25.0	32.46
	4	2.33	1.43	25.0	31.57
	5	2.15	1.35	23.0	28.86
	平均	2.36^{aA}	1.49^{aA}	23.8^{aA}	33.13^{aA}
常规施肥	1	2.23	1.23	21.0	31.18
	2	2.12	1.15	20.0	26.60
	3	1.79	0.98	19.0	26.36
	4	1.82	0.95	17.0	28.89
	5	2.05	1.15	23.0	26.42
	平均	2.00^{bAB}	1.09^{bB}	20.0^{aA}	27.89^{bAB}

注：数据后不同字母表示差异有统计意义（$P < 0.05$）。

资料来源：冯守疆，龚成文，赵欣楠，等.2013. 当归专用肥对当归产品及品质的影响[J]. 甘肃农业科技，（12）：34-36.

邱黛玉等的研究也得出类似的结果，施用高效有机肥能显著增大当归的芦头径、主身径和单根重。施用化肥的当归鲜、干芦头径分别为 3.32cm、2.40cm，施用高效有机肥的当归鲜、干芦头径分别为 3.67cm、2.57cm，分别较施用化肥处理增大 10.54% 和 7.08%。施用化肥的当归鲜、干主身径分别为 3.25cm、2.12cm，施用高效有机肥的当归鲜、干主身径分别为 3.50cm、2.26cm，分别较化肥处理提高 7.69%、6.60%。施用化肥的当归平均单根鲜重为 117.65g，施用高效有机肥的为 99.57g，较施用化肥的处理降低了 15.37%；而单根干重施用高效有机肥的为 38.82g，较施用化肥的 33.46g 高 16.02%（表 2-12）。当归根部后期生长速度较快，若中期不加施追肥，常会导致后期生长肥力不足，而有机肥具有长效、缓释、较强调节土壤结构和矿质元素的能力，解决了当归生长后期土壤肥力不足的问题，有利于当归后期的生长。由于当地的土壤质地限制，以及根部快速增粗对伸长生长的抑制，高效有机肥的优势并不能在根长上体现出来。具有较大的根直径，是获得高产的基础，也是评价当归商品品质的首要因素。因此，施用新型高效有机肥能增加一等归的出成率，并有助于提高当归的商品品质。

表 2-12　不同施肥处理下当归根部形态特征及根重

处理	芦头径（cm）		主身径（cm）		根长	单根重（g）		
	鲜	干	鲜	干		鲜	干	干/鲜
高效有机肥	3.67	2.57	3.50	2.26	30.27	99.57	38.82	0.42
化肥	3.32	2.40	3.25	2.12	30.47	117.65	33.46	0.30
有机肥较化肥 ±（%）	10.54	7.08	7.69	6.60	–0.65	-15.37	16.02	40.00

资料来源：邱黛玉，蔺海明，张延红，等．2005. 高效有机肥对当归增产效应的研究 [J]. 甘肃农业大学学报，40（1）：48-52.

王引权等的研究结果表明，施用堆肥能有效地维持当归较高的光合速率、蒸腾速率（表 2-13）。当归叶盛期净光合速率和蒸腾速率以 T6（每公顷施堆肥 4500kg）处理为最高，净光合速率达 5.81μmol CO_2/（m^2/s），显著高于 T1（不施肥的对照）29.69%，说明单施堆肥能维持较高的光合速率；蒸腾速率达 3.89mmol H_2O/（m^2/s），说明单施堆肥能维持较高的光合功能。蒸腾作用的强弱是表明植物水分代谢的一个重要生理指标，一般情况下，光合速率高，蒸腾速率也较高，因为光合产物的生成需要水分及通过水分运载的矿质营养成分的不断供应。

表 2-13　不同施肥处理对当归生长期叶片光合速率的影响

处理（kg/hm^2）	净光合速率 /μmolCO_2/（m^2/s）	蒸腾速率 /mmolH_2O/（m^2/s）
T1（不施肥）	4.48	3.30
T2（单施化肥，N90，$P_2O_5$90，KO60）	4.57	3.40
T3（堆肥 1350，N86，$P_2O_5$84，KO52）	5.00	3.21
T4（堆肥 2250，N83，$P_2O_5$81，KO47）	4.65	3.60
T5（堆肥 3150，N82，$P_2O_5$77，KO42）	5.19	3.82
T6（堆肥 4500）	5.81	3.89

资料来源：王引权，Frank Schuchardt，安培坤，等．2012. 中药渣堆肥与化肥配合施用对当归产量与品质的影响 [J]. 甘肃中医学院学报，29（5）：51-56.

五、缓释长效肥对当归早期抽薹的影响

在影响当归早期抽薹的诸多因素中施肥是十分重要的因素之一。徐继振等用灰色关联度分析法探讨了栽培于甘肃省当归主产区的主要环境因子和栽培因子对当归早期抽薹的影响。通过定量分析后得出，当归早期抽薹率与诸因子之间的关联度大小依次为海拔＞年降水量＞密度＞有机肥＞磷＞氮，化肥施用量可导致当归早期抽薹率明显上升。

何兰等报道，当归苗体内可溶性糖含量高，抽薹率就高。在当归第一年生长的末期（即育苗期的末期），追施适量的氮肥可以降低当归种苗的含糖量，从而降低抽薹率。这是因为氮肥被当归植株吸收后，可将体内的糖分消耗一些。但应注意的是氮肥切不可施得过早，施得过早会使植株生长旺盛，叶面积增加，光合作用增强，导致种苗的含糖量升高，反而促进抽薹（表 2-14）。因此，减少当归苗体内的含糖量是控制抽薹率的措施之一。

表 2-14　育苗期追施氮肥对抽薹率的影响

施肥时间	总含糖量（%）	抽薹率（%）
8 月	6.20	40.6
9 月	4.84	25.4
对照不施肥	6.20	40.0

资料来源：王引权，Frank Schuchardt，安培坤，等 . 2012. 中药渣堆肥与化肥配合施用对当归产量与品质的影响 [J]. 甘肃中医学院学报，29（5）：51-56.

第二年移植期间（成药期）施磷肥、钾肥和氮肥及用量的多少对提前抽薹率的影响很明显。甘肃省定西市的试验表明：施 N、K_2O、P_2O_5 的当归提前抽薹率分别比不施化肥的当归高，并且除磷肥外，化肥的用量越大，提前抽薹率就越高（表 2-15）。这是因为早期施氮肥后，氮源可使植株生长旺盛，叶面积增加，光合作用增强，激发了生殖生长；而钾可以促进茎秆健壮生长，加快体内木质化进程，促进植株的生殖生长，从而使当归提前抽薹。但这并不是说不施氮、钾为好，植物的生长中氮、钾、磷肥均不可缺少。关键是要根据栽植地的肥力情况、生长情况，摸索出不同化肥的适宜用量和相互施用的比例。徐继振等在“当归地膜覆盖栽培高产高效施肥模型研究”中提出，在甘肃省定西地区地膜覆盖栽培当归的最佳施肥组合为施 N 257.9 ～ 367.8kg/hm^2，P_2O_5 153.5 ～ 211.1kg/hm^2，K_2O 59.5 ～ 100.7kg/hm^2；三者的比例为 N ： P_20_5 ： K_2O ＝ 1 ： 0.53 ： 0.27。该施肥组合鲜当归产量高于 9000kg/hm^2。马占川等的研究也得出类似结果，在当归生产中合理配比施用氮、磷、钾肥的量，不仅能提高单产，还能降低当归早期抽薹率。

表 2-15　化肥种类和用量对成药期当归提前抽薹率的影响（%）

化肥种类	用量（g/m^2）	试点一			试点二			试点三			整体平均抽薹率
		岷县	渭源	平均	岷县	渭源	平均	岷县	渭源	平均	
N	33.3	12.5	43.0	27.8	13.5	40.4	27.0	12.8	28.1	28.1	27.5
N	28.1	12.4	35.7	24.1	12.7	41.8	27.3	11.6	25.7	25.7	25.7

续表

化肥种类	用量(g/m²)	试点一			试点二			试点三			整体平均抽薹率
		岷县	渭源	平均	岷县	渭源	平均	岷县	渭源	平均	
K_2O	8.0	11.8	35.2	23.5	8.4	37.0	22.7	8.2	22.4	22.4	22.9
P_2O_5	13.6	8.6	30.4	19.5	3.3	34.4	23.9	10.2	19.1	19.1	20.8
K_2O	6.7	7.5	32.3	19.9	5.6	31.3	18.5	6.7	19.8	19.8	19.4
P_2O_5	16.6	11.4	27.4	19.4	6.8	24.6	15.7	8.4	17.5	17.5	17.5
对照	—	11.2	26.8	19.0	8.9	24.7	16.7	6.7	16.6	16.6	17.4

资料来源：何兰 . 2004. 当归、大黄、黄芪 [M]. 北京：科学技术文献出版社 .

蔺海明等的研究结果表明，在当归成药期施银荣峰有机肥、欣庆新型矿物有机肥和矿物复混肥对当归早期抽薹率有降低效应（表 2-16）。施肥量 4500kg/hm² 欣庆新型矿物有机肥和施肥量 900kg/hm² 矿物复混肥的当归抽薹率比不施肥的对照低 22.1 个百分点。

表 2-16　当归缓释长效专用肥对当归早期抽薹率的影响

肥料	施肥水平（kg/hm²）	抽薹率（%）	较对照 ± 百分点
银荣峰有机肥	0（CK）	24	—
	3000	8.4	−15.6
	6000	15.4	−8.6
	9000	14.3	−9.7
欣庆新型矿物有机肥	3000	2	−22.0
	4500	1.9	−22.1
	6000	17	−7.0
	7500	5.7	−18.3
矿物复混肥	600	2	−22.0
	900	1.9	−22.1
	1200	4.1	−20.0
	1500	6.3	−17.7

王引权等的研究表明，不同施肥处理对当归早期抽薹率有不同程度的影响，单施化肥的抽薹率最高，可达 23.6%，而降低化肥比例，配以不同比例的药渣堆肥均对当归早期抽薹率有一定的抑制作用。单施药渣堆肥，施肥量为 4500/hm² 的平均抽薹率最低，为 10.6%，显著低于单施化肥的抽薹率。

六、施肥对当归麻口病的影响

麻口病是影响当归产量和商品品质的主要病害之一，其症状是当归根表皮呈黄褐色纵裂，毛根增多并畸化，严重的归根表皮干烂，呈糠腐状。影响当归麻口病发病率的因素有种植密度、土壤状况、植株抗病性、传播途径等。邱黛玉等的研究表明，施用化肥当归麻口病发病率高于不施肥的对照，施用化肥发病率为 28.27%，较不施肥对照的 26.82% 增加 1.45%，而施用高效有机肥能够降低当归麻口病的发病率，发病率为 17.80%，比不施肥对照降低 9.02%（表 2-17）。其原因一方面是高效有机肥肥效缓释，弥补了不施肥和施化肥后期肥量不足的缺陷，使植株生长健壮，抗性增强；另一方面是因为加入了有机质和有益活性菌，既改善了土壤结构，减少了病原菌传播的途径，又能有效抑制土壤中病原微生物的活性，减少了病害的发生。马占川等的研究结果表明氮磷配合施用利于当归麻口病发病率降低。

表 2-17　不同施肥处理下当归麻口病发病率（%）

处理	重复			平均
	Ⅰ	Ⅱ	Ⅲ	
不施肥（CK）	27.80	32.5	20.15	26.82
化肥	30.71	25.48	28.62	28.27
较 CK±%	7.91	–7.02	8.47	1.45
高效有机肥	21.35	19.14	12.91	17.80
较 CK±%	–6.45	–13.36	–7.24	–9.02

资料来源：邱黛玉，蔺海明，张延红，等. 2005. 高效有机肥对当归增产效应的研究 [J]. 甘肃农业大学学报，40（1）：48-52.

七、缓释长效肥对当归产量的影响

2012 ～ 2014 年的研究结果表明，银荣峰有机肥、欣庆新型矿物有机肥和矿物复混肥均有提高当归产量的效应。试验结果显示（表 2-18 ～表 2-20），银荣峰有机肥和欣庆新型矿物有机肥的施肥量超过 3000kg/hm^2 时，当归产量随着施肥量的增加而上升。2013 年的试验结果显示，矿物复混肥施肥量为 600 ～ 1500kg/hm^2 时，当归产量随施肥量的增加而增加，产量最高的施肥量是 1500kg/hm^2，较对照增产 24.8%。2 年的试验证明，矿物复混肥适宜的施肥量为 600 ～ 2000kg/hm^2，施肥量超过 2000kg/hm^2 表现为减产（表 2-18）。

表 2-18　不同缓释长效肥对当归产量的影响（2012 年）

肥料	施肥水平（kg/hm^2）	小区产量（kg）	折合单产（kg/hm^2）	较对照增加（%）
银荣峰有机肥	0（CK）	14.5	7250	—
	2000	14.6	7300	0.6
	4000	15.9	7950	9.7
	6000	16.8	8400	15.9
欣庆新型矿物有机肥	2000	14.5	7250	0.0
	4000	17.2	8600	18.6
	6000	18.4	9200	26.7
矿物复混肥	2000	10.5	5250	–27.6
	4000	5.6	2800	–61.4
	6000	5.6	2800	–61.4

表 2-19　不同缓释长效肥对当归产量的影响（2013 年）

肥料	施肥水平（kg/hm²）	产量（kg/hm²）	较对照增加（%）
银荣峰有机肥	0（CK）	5942.4	—
	3000	5943.4	0.0
	6000	6063.6	2.0
	9000	6702.0	12.8
欣庆新型矿物有机肥	3000	5958.6	0.0
	4500	6224.2	4.7
	6000	7073.7	19.0
	7500	6223.2	4.7
矿物复混肥	600	6248.5	5.2
	900	6462.6	8.8
	1200	6507.1	9.5
	1500	7414.1	24.8

2014 年三种缓释长效肥的放大示范试验结果显示，欣庆新型矿物有机肥、矿物复混肥、银荣峰有机肥三种肥料均对当归产量有增加效应，分别较对照增产 11.74%、44.68%、16.47%，其中矿物复混肥增产幅度最大（表 2-20）。

表 2-20　不同缓释长效肥对当归产量的影响（2014 年）

处理	产量（kg/hm²）	较对照增加（%）
对照（CK）	8625.0	—
欣庆新型矿物有机肥	9637.5	11.74
矿物复混肥	12478.5	44.68
银荣峰有机肥	10046.0	16.47

冯守疆等的研究也证明，当归专用肥能显著提高当归产量（表 2-21）。施当归专用肥处理的当归平均折合产量为 2395.38kg/hm²，较常规施肥处理增产 396.92kg/hm²，增产率为 19.86%。

表 2-21　不同处理的当归产量

处理	试验田编号	取样点产量（kg/2.6m²）						折合产量（kg/hm²）
		Ⅰ	Ⅱ	Ⅲ	Ⅳ	Ⅴ	平均	
当归专用肥	1	0.67	0.71	0.74	0.64	0.68	0.69	2646.15
	2	0.66	0.60	0.68	0.62	0.62	0.64	2446.15
	3	0.67	0.68	0.63	0.65	0.61	0.65	2492.31
	4	0.58	0.69	0.54	0.51	0.61	0.59	2253.85
	5	0.48	0.50	0.55	0.61	0.64	0.56	2138.46
	平均						0.62	2395.38[aA]

续表

处理	试验田编号	取样点产量（kg/2.6m²）						折合产量（kg/hm²）
		Ⅰ	Ⅱ	Ⅲ	Ⅳ	Ⅴ	平均	
常规施肥	1	0.55	0.58	0.61	0.51	0.59	0.57	2184.62
	2	0.52	0.57	0.48	0.52	0.59	0.54	2061.54
	3	0.50	0.56	0.58	0.53	0.56	0.55	2100.00
	4	0.43	0.42	0.48	0.52	0.45	0.46	1769.23
	5	0.50	0.48	0.43	0.52	0.52	0.49	1876.92
	平均						0.52	1998.46^{bB}

注：数据后不同字母表示差异有统计学意义（$P<0.05$）。

资料来源：冯守疆，龚成文，赵欣楠，等 . 2013. 当归专用肥对当归产品及品质的影响 [J]. 甘肃农业科技，（12）：34-36.

邱黛玉等的研究也得出类似的结果，化肥处理鲜归产量为 8070.07kg/hm²，比对照增产 1686.02kg/hm²；施高效有机肥的产量达到了 9371.99kg/hm²，比对照增产 2987.94kg/hm²，增产幅度达 46.80%，显著优于化肥处理。新型高效有机肥施用后可活化土壤中的各种养分，长效均衡地供给作物生长所需的氮、磷、钾及有机养分，在实现无公害种植目标的同时获得高产，符合国家药材标准化生产质量管理规范（GAP），认为在一定程度上新型高效有机肥可替代或部分替代化学肥料。

八、缓释长效肥对当归品质的影响

当归根中挥发油、阿魏酸及醇溶性浸出物含量的高低是衡量当归药材品质的重要指标，也是 2010 年版《中国药典》中规定的定量指标，药典中规定当归根中的挥发油≥ 0.4%，阿魏酸≥ 0.050%，醇溶性浸出物≥ 45%。缓释长效肥对当归的品质指标的效应表现比较复杂，总体表现为施用银荣峰有机肥、欣庆新型矿物有机肥和矿物复混肥不同施肥量的当归根中挥发油、阿魏酸和醇溶性浸出物含量均达到《中国药典》（2010 年版）标准，但是对有效成分含量的增减效应规律性不是很强。蔺海明等 2012 年的试验结果显示，三种缓释长效肥均有提高挥发油含量的效应，较对照提高 0.1 ～ 0.5 个百分点，其中银荣峰有机肥、欣庆新型矿物有机肥随施肥量增加挥发油含量有增加的趋势，中等施肥水平（4000kg/hm²）银荣峰有机肥的当归根挥发油含量最高，较对照提高 0.5 个百分点，而随矿物复混肥施肥量增加挥发油含量有降低趋势。三种缓释长效肥对阿魏酸的含量有负效应，除了中等施肥水平（4000kg/hm²）银荣峰有机肥的当归根阿魏酸含量较对照略有增加外，其余处理均低于对照（表 2-22）。

表 2-22 不同肥料施肥水平对当归有效成分的影响（2012 年）

肥料	施肥水平（kg/hm²）	挥发油含量（%）	较对照 ± 百分点	阿魏酸含量（%）	较对照 ± 百分点
银荣峰有机肥	0（CK）	0.6	—	0.120	—
	2000	0.7	0.1	0.087	−0.033
	4000	1.1	0.5	0.125	0.005
	6000	0.7	0.1	0.083	−0.037

续表

肥料	施肥水平（kg/hm²）	挥发油含量（%）	较对照 ± 百分点	阿魏酸含量（%）	较对照 ± 百分点
欣庆新型矿物有机肥	2000	0.6	0	0.105	–0.015
	4000	0.7	0.1	0.101	–0.019
	6000	0.8	0.2	0.106	–0.014
矿物复混肥	2000	0.9	0.3	0.083	–0.037
	4000	0.9	0.3	0.110	–0.010
	6000	0.6	0	0.116	–0.004

施用银荣峰有机肥、欣庆新型矿物有机肥和矿物复混肥对当归根醇溶性浸出物含量均有正效应。2013 年的试验结果显示，施用不同种类缓释长效肥当归根醇溶性浸出物含量高于对照 0.6 ～ 12.3 个百分点，但是不同肥料随施肥量的增加浸出物含量变化趋势不一致。银荣峰有机肥和欣庆新型矿物有机肥随施肥量增加浸出物含量呈增加趋势，但银荣峰有机肥在施肥水平 9000kg/hm^2 时有下降；矿物复混肥则随施肥量增加浸出物含量呈降低趋势，但在 1500kg/hm^2 时稍又增加。三种缓释长效专用肥对挥发油和阿魏酸含量均呈负效应，不同施肥量的挥发油和阿魏酸含量均低于对照（表 2-23）。

表 2-23 不同肥料和施肥水平对当归根质量的影响（2013 年）

肥料	施肥水平（kg/hm²）	浸出物含量（%）	较对照 ± 百分点	挥发油含量（%）	较对照 ± 百分点	阿魏酸含量（%）	较对照 ± 百分点
银荣峰有机肥	0（CK）	54.8	—	1.2	—	0.125	—
	3000	55.4	0.6	1.0	–0.2	0.100	–0.025
	6000	56.5	1.7	0.9	–0.3	0.106	–0.019
	9000	51.2	–3.6	0.8	–0.4	0.100	–0.025
欣庆新型矿物有机肥	3000	52.2	–2.6	0.9	–0.3	0.134	0.009
	4500	54.4	–0.4	0.8	–0.4	0.096	–0.029
	6000	54.0	–0.8	0.8	–0.4	0.080	–0.045
	7500	56.4	1.6	0.6	–0.6	0.093	–0.032
矿物复混肥	600	67.1	12.3	0.6	–0.6	0.112	–0.013
	900	53.9	–0.9	0.5	–0.7	0.119	–0.006
	1200	53.9	–0.9	0.5	–0.7	0.115	–0.01
	1500	54.8	0	0.4	–0.8	0.107	–0.018
药典标准（2010 年版）		45.0		0.4		0.050	

但是冯守疆等的研究结果表明（表 2-24），施当归专用肥有提高当归阿魏酸含量、挥发油含量、75% 乙醇浸出物含量的效应。施当归专用肥的处理其阿魏酸含量、挥发油含量、75% 乙醇浸出物含量分别较常规施肥处理增加 0.013%、0.090%、1.410%。

表 2-24　不同处理对当归药效成分的影响

处理	阿魏酸含量（%）	挥发油含量（%）	75% 乙醇浸出物含量（%）
施当归专用肥	0.121	0.490	62.120
常规施肥	0.108	0.400	60.710

资料来源：冯守疆，2013. 当归专用肥对当归产量及品质的影响，甘肃农业科技，（12）：34-36.

王引权等的研究也证明，单施药渣堆肥和单施化肥均能提高当归根中阿魏酸和藁本内酯的含量。与对照比较，阿魏酸含量分别提高 57.69% 和 84.62%，而藁本内酯含量分别提高 61.78% 和 75.39%。

九、当归需水量规律

植物制造 1g 干物质所消耗的水量（g）称为蒸腾系数（或需水量）。一般可根据蒸腾系数的大小来估计作物对水分的需要量，即以作物的生物产量乘以蒸腾系数作为理论最低需水量。作物不同蒸腾系数也有差异，玉米为 368，小麦为 513，马铃薯为 300 ～ 600，胡萝卜为 250 ～ 500，当归的蒸腾系数尚未见报道。根据当归和马铃薯都是地下部分膨大，地上部叶面积都较大，和胡萝卜一样都是伞形科植物，地上部分相似，以胡萝卜和马铃薯的蒸腾系数综合平衡确定当归的蒸腾系数为 425。当归在成药期的理论最低需水量估计则为当归不同时期生物产量乘以蒸腾系数的累加值（表 2-25），当归单株成药期总需水量为 34 442.1g。按照目前生产上常用密度 10 万株 /hm^2 折合当归产量 1866kg/hm^2，总需水量为 3444.2m^3/hm^2。

当归不同生育时期的需水量表现不同，出苗至 6 月份为幼苗期，在此期间当归植株生长量小，植株小，需水量少，仅占全成药期总需水量的 3.5% 左右。进入 7 月份地上部分快速生长，当归需水量逐渐增加，7 月份需水量占总需水量的 12.9%。8 月份地上部分生长量达到高峰，再加上此时地下根也开始进入体积增大期，当归需水量也大幅度增加，8 月份吸水量占总需水量的 26.8%。9 月份当归根体积和干重迅速增加，全株干重达全成药期最大值，需水量也最大，占总需水量的 33.8%。到 10 月份地上部逐渐枯萎，蒸腾量减少，需水量减少，占总需水量的 23%。

表 2-25　当归不同时期的需水量

生育进程	5 月	6 月	7 月	8 月	9 月	10 月	总需水量
生物量（g/ 株）	0.33	2.48	10.48	21.68	27.41	18.66	
需水量（g/ 株）	140.3	1054.0	4454.0	9214.0	11 649.3	7930.5	34 442.1
占总需水量百分数（%）	0.4	3.1	12.9	26.8	33.8	23.0	
折合单位面积需水量（m^3/hm^2）	14.0	105.4	445.4	921.4	1164.9	793.0	3444.2

十、当归产量的水肥耦合效应研究

水分和肥料对当归的生长起着非常关键的作用，水分不足可影响当归对养分的吸收而降低产量，养分不足可造成当归发育不良，限制当归对水分的充分吸收利用而降低产量。甘肃省当归种植区岷县、漳县等地均无灌溉条件，依靠自然降雨生产。因此，当归水肥耦合效应仅在无灌水条件下研究自然降雨与肥料的耦合效应。即在降雨量一定的情况下，当归的产量主要受施肥量的多少制约。

蔺海明等的研究结果表明，水分与缓释长效肥之间存在耦合效应，不同肥料和施肥水平的增产效应是水分和肥料共同作用的结果。当归在不同时期水分生产率是以该时期根干物质积累量除以该时期降雨量计算得出的（表 2-26）。施用银荣峰有机肥、欣庆新型矿物有机肥和矿物复混肥的当归水分生产率在整个成药期呈“双峰”变化趋势，8 月份水分生产率达第一个高峰，10 月份达第二个高峰。不施肥的对照水分生产率呈“单峰”趋势变化，5～8 月逐渐提高，8 月份最高，9～10 月逐渐降低。而同一时期缓释长效肥料的水分生产率均高于对照，其中欣庆新型矿物有机肥施肥水平 6030kg/hm^2 时，8 月份当归水分生产率较对照高 0.07 个百分点，10 月份较对照高 0.27 个百分点。

表 2-26　不同肥料和施肥水平对当归根积累干物质和水分生产率动态的影响

肥料	施肥水平（kg/hm^2）	5月		6月		7月		8月		9月		10月	
		干物质积累量（g/株）	水分生产率（g/mm）	干物质积累量（g/株）	水分生产率（g/mm）	干物质积累量（g/株）	水分生产率（g/mm）	干物质积累量（g/株）	水分生产率（g/mm）	干物质积累量（g/株）	水分生产率（g/mm）	干物质积累量（g/株）	水分生产率（g/mm）
对照	0	0.12	0.002	0.39	0.007	3.66	0.045	9.17	0.088	3.11	0.049	0.43	0.011
银荣峰有机肥	2010	0.13	0.002	0.40	0.007	4.27	0.053	9.60	0.092	2.27	0.036	0.90	0.024
	4020	0.15	0.002	0.55	0.009	4.47	0.055	10.13	0.097	3.02	0.048	4.59	0.122
	6030	0.15	0.002	0.51	0.009	5.96	0.074	9.75	0.093	2.73	0.043	4.63	0.123
欣庆新型矿物有机肥	2010	0.12	0.002	0.42	0.007	3.63	0.045	8.76	0.084	4.84	0.077	0.71	0.019
	4020	0.14	0.002	0.48	0.008	4.69	0.058	8.32	0.080	5.56	0.088	4.50	0.120
	6030	0.17	0.002	0.45	0.008	3.80	0.047	9.92	0.095	4.97	0.079	10.59	0.282
矿物复混肥	2010	0.14	0.002	0.48	0.008	4.57	0.057	4.26	0.041	4.04	0.064	2.91	0.078
	4020	0.12	0.001	0.27	0.005	4.60	0.057	5.96	0.057	1.91	0.030	5.20	0.139
	6030	0.16	0.002	0.10	0.002	3.14	0.039	2.02	0.019	5.86	0.093	5.31	0.141
降雨量（mm）		79.1		58.1		80.9		104.4		63		37.5	

在降雨量一定的情况下，随着缓释长效肥施肥量的增加，当归的产量先增加后减少，当归水分利用效率也受肥料效应呈先增加后减少的趋势。课题组研究结果表明，当归水分利用效率随缓释肥施肥量的增加呈增加趋势。其中以矿物复混肥 1500kg/hm^2 水分利用效率最高，达 1469.6g/kg，较对照提高 24.8%；欣庆新型矿物有机肥 6000kg/hm^2 水分利用效率次之，为 1402.1g/kg，较对照提高 19.0%；银荣峰有机肥 9000kg/hm^2 水分利用效率第三，

为 1328.4g/kg，较对照提高 12.8%（表 2-27）。

表 2-27　不同肥料和施肥水平对当归水分利用效率的影响

肥料	施肥水平（kg/hm²）	产量（kg/hm²）	水分利用效率（g/kg）	较对照增加（%）
对照（CK）	0	5942.4	1177.9	–
银荣峰有机肥	3000	5943.4	1178.1	0.0
	6000	6063.6	1201.9	2.0
	9000	6702.0	1328.4	12.8
欣庆新型矿物有机肥	3000	5958.6	1181.1	0.3
	4500	6224.2	1233.7	4.7
	6000	7073.7	1402.1	19.0
	7500	6223.2	1233.5	4.7
矿物复混肥	600	6248.5	1238.5	5.2
	900	6462.6	1281.0	8.8
	1200	6507.1	1289.8	9.5
	1500	7414.1	1469.6	24.8

第二节　当归直播栽培技术研究

传统的当归生产时间越两冬跨三年，长达三个年头。栽培上可分为育苗阶段、成药阶段和种子生产阶段。第一阶段是在夏至前后（6 月中下旬）到寒露（10 月中下旬）的育苗阶段，10 月下旬起苗贮藏；第二阶段是在第二年清明前后（4 月上旬左右）移栽，至霜降（10 月下旬）采挖的成药阶段；第三阶段是在收获成药时选择生长健壮的植株不挖根，留在田间做母根即种子田，待第三年开春植株返青后，抽薹、开花、结子，10 月份种子成熟后采收种子。如果是以收当归药材为目的，则完成前两个阶段即可，当归生产周期长达 470 ～ 490 天，并且生产中普遍存在当归第二年提早抽薹现象，当归一旦抽薹地下根就会木质化，形如柴根而丧失药用价值，这种现象称为当归“早期抽薹”。早期抽薹后拔出抽薹植株会造成田间缺苗断垄，为了保苗，移栽时往往以成倍的苗栽于田间，但拔去抽薹后田间植株疏密不匀，当归个体也大小不匀，致使种植成本增加，产量和品质降低。甘肃省当归主产区正常年份一般抽薹率在 10% ～ 30%，严重时可达 80% 以上，有时还会出现全部抽薹现象。当归早期抽薹给药农造成严重的经济损失，严重制约当归产业的健康发展。目前生产上通过控制当归育苗环境，诸如海拔高度、生荒地、阴坡地等，控制育苗时间及种苗的大小，选择适当种子等措施来降低早期抽薹率，但是这些措施都带有盲目性和不确定性，当归抽薹问题至今没有得到很好的解决，仍是困扰当归优质高效栽培的突出问题，尚无杜绝当归早期抽薹的有效办法。

课题组于 2012 ～ 2014 年在漳县进行了当归直播栽培研究，研究适用于当归直播栽培的覆盖方式、播种密度、海拔高度和播期，为直播当归高产栽培、缩短当归栽培周期和从根本上解决“早期抽薹”问题提供了技术支撑和理论依据。研究表明，当归直播栽培技术省去了传统当归栽培的育苗环节，简便易行，省工节劳，而且节省育苗储苗用地

25%；缩短了当归生产周期，秋季直播生长期 400 ～ 410 天，较传统生产缩短 80 ～ 100 天，春季直播生长期 180 ～ 190 天，较传统生产缩短 300 ～ 310 天；且能有效降低当归抽薹率，秋季直播和春季直播的抽薹率为 0，从根本上解决了当归“早期抽薹”问题；提高了当归单位面积产量，直播当归在个头上虽然达不到传统育苗移栽当归那么大，但是直播当归主身根相对较长，分叉数和侧根数普遍较少，最多的平均也仅有 7.6 个，且多呈根毛状，且通过降低海拔高度、增大种植密度、适期早播、采用麦草覆盖等技术均可提高产量，每公顷留苗密度 45 万～ 75 万株，海拔高度降到 1500 ～ 2000m，可以获得较高的产量。以 1 年生当归根为药材采收目标，每公顷可产当归鲜根 6690 ～ 138 41kg，传统方法栽植密度较稀，每公顷栽植密度 7 万～ 10 万株，每公顷可产当归鲜根 6000 ～ 120 00kg，直播当归较传统方法生产当归增产 11.5% ～ 15.3%；直播当归根有效成分均达到《中国药典》标准，并且浸出物和挥发油含量较传统方法生产的当归高，直播当归根浸出物含量高达 64.7%（药典标准≥ 45.0，传统方法栽培当归为 52.2%），挥发油含量达 1.2%（药典标准≥ 0.4%，传统方法栽培当归为 0.9%），阿魏酸含量达 0.123%（药典标准≥ 0.050%，传统方法栽培当归为 0.134%）。其中浸出物含量高出药典标准 19.7 个百分点，高出传统方法栽培当归 12.5 个百分点；挥发油含量高出药典标准 0.8 个百分点，高出传统方法栽培当归 0.3 个百分点；阿魏酸含量高出药典标准 0.073 个百分点。

一、选择适宜的种植立地条件

立地选择是直播当归栽培的关键环节，当归属于高山植物，喜冷凉湿润气候，再加上传统当归栽培区为了降低当归早期抽薹率，一般在 2600 ～ 3000m 的高海拔地区进行育苗和移栽。而直播当归栽培不存在早期抽薹的问题，适当降低海拔高度有利于提高当归产量。课题组于 2012 ～ 2013 年在漳县新寺（海拔 1500m）、武当（海拔 2000m）、大草滩（海拔 2500m）三个不同海拔区域进行了直播当归栽培研究。研究表明，以 2000m 海拔下直播当归株高、单株叶片数、根长、根粗、归身长、侧根数、地上部鲜重和根鲜重等农艺性状最好，其次是 1500m 海拔高度，2500m 海拔高度的最差。因此，当归直播栽培区海拔范围可以降低到 1500 ～ 2000m。这样既能保证当归生长良好，获得较高的产量，又能避免当归早期抽薹。

种植当归的土壤质地、结构、酸碱度、腐殖质含量、肥力状况等都对当归产量和品质有直接影响。因此，当归直播栽培应该选择土层深厚、保肥保水、排水良好、富含有机质及微量元素、中性或微酸性、结构良好的砂质壤土。直播当归栽培地不宜选在过于干旱的地方，一般要求年降雨量在 500mm 以上。当归也不宜连作，要求轮作周期 3 年以上，前茬作物以小麦、胡麻、油菜、玉米为宜。

1. 海拔高度对直播当归农艺性状的影响

蔺海明等的研究结果表明（图 2-1 ～图 2-4），在播期相同的条件下，直播当归的根长、根粗、侧根数、株高、叶片数均随海拔降低呈增加趋势。以 2000m 海拔下直播当归根最长、最粗，侧根数最多，株高最高，叶片数最多，平均根长、根粗、侧根数分别达到了

23.68cm、16.90mm 和 4.94 个，株高、叶片数分别为 23.68cm 和 2.77 个；其次是 1500m 海拔，平均根长、根粗、侧根数分别达到了 22.28cm、15.49mm 和 3.79 个，株高、叶片数分别为 22.28cm 和 2.27 个；而高海拔 2500m，根长、根粗、侧根数仅为 12.63cm、8.54mm 和 1.59 个，株高、叶片数分别为 18.95cm 和 1.82 个。

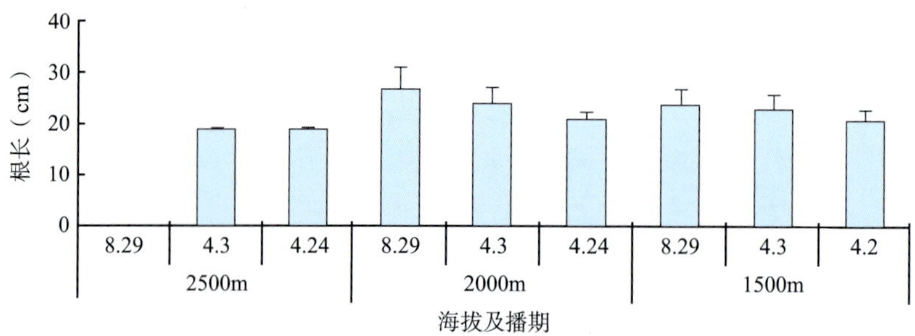

图 2-1　海拔及播期对直播当归根长的影响

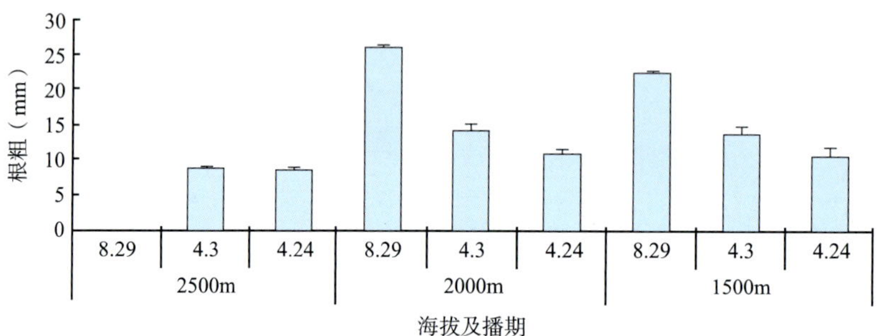

图 2-2　海拔及播期对直播当归根粗的影响

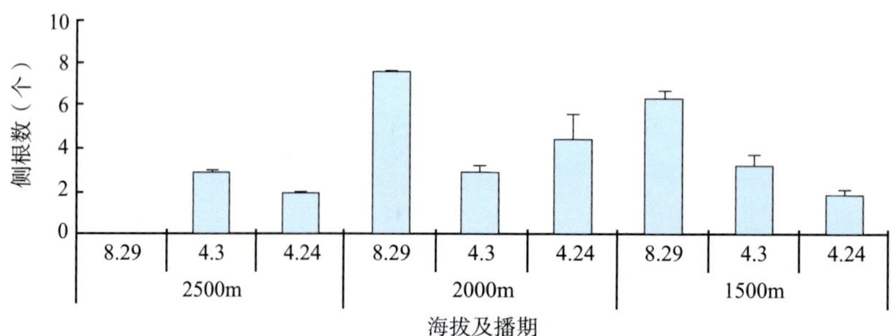

图 2-3　海拔及播期对直播当归侧根数的影响

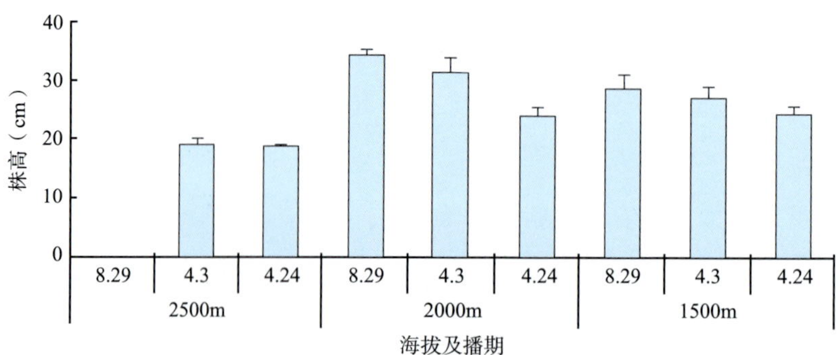

图 2-4　海拔及播期对直播当归株高的影响

直播当归的根鲜重、根干重、地上部鲜重和地上部干重均随海拔降低呈增加趋势。以2000m海拔高度下物质积累量最多，1500m次之，高海拔2500m最小。播期8月29日秋直播当归，在2000m海拔高度下根鲜、干重分别达到40.76g和13.96g，地上部鲜、干重分别达到17.22g和3.57g；1500m海拔根鲜、干重分别达到26.28g和7.45g，地上部鲜、干重分别达到8.92g和1.33g；2500m海拔高度下当归不能越冬，全部冻死（表2-28）。

表2-28　不同海拔和播期对直播当归单株干鲜重的影响

处理		根		地上部	
海拔高度（m）	播种期（月/日）	鲜重（g）	干重（g）	鲜重（g）	干重（g）
2500	8/29	–	–	–	–
	4/3	8.23±2.36^{de}	1.88±1.32^{d}	2.84±1.34^{c}	0.37±0.09^{d}
	4/24	6.14±3.02^{e}	1.77±1.28^{d}	2.16±1.23^{c}	0.36±0.12^{d}
2000	8/29	40.76±11.49^{a}	13.96±7.11^{a}	17.22±11.95^{a}	3.57±0.47^{a}
	4/3	17.49±9.63^{c}	5.75±3.44^{c}	4.40±3.33^{c}	0.98±0.25^{bc}
	4/24	8.94±4.85^{de}	3.00±1.61^{d}	2.38±1.87^{c}	0.68±0.04^{cd}
1500	8/29	26.28±4.32^{b}	7.45±3.97^{b}	8.92±9.61^{b}	1.33±0.22^{b}
	4/3	11.46±4.74^{d}	3.65±1.73^{d}	2.94±1.56^{c}	0.75±0.09^{cd}
	4/24	8.16±3.35^{de}	1.98±1.09^{d}	1.27±1.05^{c}	0.45±0.11^{d}

注：同一列数据后不同字母表示差异有统计意义（$P<0.05$）。

2. 海拔高度对直播当归产量的影响

直播当归在秋季8月29日播种，2500m海拔下当归几乎无法越冬，越冬率极低，而在相对较低海拔1500m和2000m越冬率较高，随海拔高度降低越冬率也相应提高（表2-29），第二年的抽薹率均为0。因此，2500m海拔区域冬季寒冷，8月29日播种当归越冬率极低而无法形成产量。2000m海拔下直播当归的产量最高，达138 40.95kg/hm^2，较传统方法生产的当归增产15.3%，而1500m海拔下产量略低，基本和传统方法生产的当归产量持平（表2-30）。这是因为1500m较低海拔下在当归生长季节气温也相对较高，当归的地上部生长过快，反而抑制当归地下部根的生长。因此，直播当归栽培可以适当降低海拔，但也不宜在较低海拔区种植。

表2-29　不同海拔高度下8月29日直播当归越冬率

	海拔2500m	海拔2000m	海拔1500m
越冬率	4.8%	49.9%	73.6%
抽薹率	–	0	0

表2-30　海拔对直播当归产量的影响

处理		小区鲜产（kg/21m^2）				折合鲜产（kg/hm^2）	较移栽当归产量（120 00kg/hm^2）增加（%）
海拔高度（m）	播种期（月/日）	Ⅰ	Ⅱ	Ⅲ	平均值		
2500	8/29	–	–	–	–	–	–
2000	8/29	28.72	28.96	29.48	19.05	138 40.95^{aA}	15.3
1500	8/29	23.53	24.63	26.31	24.82	118 25.33^{bB}	–1.4

注：数据后不同字母表示差异有统计学意义（$P<0.05$）。

3. 海拔高度对直播当归品质的影响

按照当归药材的品级规格《76种药材商品规格标准划分》标准，直播当归个体较传统方法生产的当归小，在商品品级上具有相对劣势。2000m海拔下直播当归品级一、二、三、四等级商品比例分别达到了11.1%、31.1%、34.5%和23.3%，以二等和三等商品为主，符合生产实际；1500m海拔下直播当归商品规格较次，各个等级商品比例分别达到了3.3%、11.1%、23.4%和62.2%，以三、四等商品为主（表2-31）。但是，直播当归主身根长相对较长，分叉数和侧根数普遍较少，最多的平均也仅有7.6个，且多呈根毛状。

表2-31　不同海拔下各等级直播当归支数及比例

处理		一等		二等		三等		四等及以下	
海拔高度（m）	播种期（月/日）	支数	比例（%）	支数	比例（%）	支数	比例（%）	支数	比例（%）
2500	8/29	–	–	–	–	–	–	–	–
2000	8/29	10	11.1	28	31.1	31	34.5	21	23.3
1500	8/29	3	3.3	10	11.1	21	23.4	56	62.2

直播当归的浸出物、挥发油和阿魏酸含量均达到了药典标准（表2-32），其含量随海拔升高而增加。以2000m海拔下直播当归有效成分最高，浸出物含量达到了64.7%，高出传统方法生产当归12.5个百分点，高出药典标准19.7个百分点；挥发油含量达1.2%，高于传统方法生产当归0.3个百分点，高出药典标准0.8个百分点；阿魏酸含量达0.123%，较传统方法生产当归略低，而高出药典标准0.073个百分点。1500m海拔下浸出物含量为55.4%，高出传统方法生产当归3.2个百分点，高出药典标准10.4个百分点；挥发油含量达1.0%，高于传统方法生产当归0.1个百分点，高出药典标准0.6个百分点；阿魏酸含量达0.113%，较传统方法生产当归略低，而高出药典标准0.063个百分点。

表2-32　不同处理下直播当归有效成分含量

处理		浸出物（%）	挥发油（%）	阿魏酸（%）
海拔高度（m）	播种期（月/日）			
2500	8/29	–	–	–
2000	8/29	64.7	1.2	0.123
1500	8/29	55.4	1.0	0.113
传统方法生产当归		52.2	0.9	0.134
药典标准（≥）		45.0	0.4	0.050

二、选择适宜的播种期

适宜的播种期也是决定直播当归植株生长的重要条件。当归直播栽培的重要目的是能有效降低当归抽薹率和提高当归单位面积产量。因此，选择适宜的播种期尤为重要。当归的播种期可分为秋直播、春直播。

1. 秋直播

秋直播的关键是秋季播种时间，如果播种太早，第二年同样存在早期抽薹的问题；播种太迟，当归苗在冬季前生长量小，积累的养分较少，冬季容易冻死，越冬率低。秋直播的具体时间一般以“立秋”时分为准，再结合播种地段的海拔高度适当提前或缓后。在海拔不超过 1700m 的地段，直播时间应在 8 月上旬，随海拔升高，直播可相应提早，但应以 7 月下旬为限。课题组于 2012 年在漳县大草滩（海拔 2500m）、武当（海拔 2000m）、新寺（海拔 1500m）三个不同海拔区域进行了秋直播当归栽培试验研究，8 月 29 日播种的当归于次年地上部返青后进行了越冬，在海拔高度 2500m 处的大草滩乡当归越冬率小于 10%，在海拔高度 2000m 和 1500m 处的越冬率分别达到了 49.9% 和 73.6%。8 月 29 日播种的当归第二年均无早期抽薹的植株。

秋季直播的当归由于生长期较长，生长量较大，当归株高、单株叶片数、根长、根粗、侧根数、地上部鲜重和根鲜重均较春季直播的高，产量也较高（表 2-33、表 2-34）。8 月 29 日秋直播当归单根干重可达 13.96g，较春季 4 月 3 日播种的高 143%，较 4 月 24 日播种的高 365%；产量达 13 840.9kg/hm^2，较传统方法生产的当归高 15.3%。

表 2-33　播期对直播当归根生长指标的影响

海拔（m）	播期（月/日）	株高（cm）	叶片数（个/株）	根长（cm）	根粗（cm）	归身长（cm）	侧根数（个/株）	地上部鲜重（g/株）	根鲜重（g/株）	根干重（g/株）	地上部干重（g/株）	根干鲜比
2000	8/29	34.47	3.73	26.38	2.59	5.66	7.57	17.22	40.76	13.96	3.57	0.34
	4/3	28.39	2.43	23.87	1.41	10.44	2.87	4.40	17.49	5.75	0.98	0.33
	4/24	24.30	2.13	20.79	1.07	5.76	4.40	2.38	8.94	3.00	0.68	0.34

表 2-34　播期对直播当归产量的影响

海拔（m）	播期（月/日）	小区产量（kg/21m^2）	折合产量（kg/hm^2）	较移栽产量（120 00kg/hm^2）增加（%）
2000	8/29	58.0	13 840.9[a]	15.3%
	4/3	21.9	7871.9[b]	–34.4%
	4/24	8.4	4022.4[c]	–66.5%

注：数据后不同字母表示差异有统计学意义（$P < 0.05$）。

2. 春直播

春直播是在当年早春播种，冬季前收药，生长期只有 180 ～ 190 天。由于它是当年种，当年收，不经过冬季，无法满足春化阶段对低温的要求，所以不会早期抽薹，因此这是控制当归早期抽薹的有效措施。但是由于春直播生长期太短，不容易获得高产，特别是在高海拔区产量较低。虽然春直播当归的单根重略低于育苗移栽，但适当降低海拔，增加群体密度，仍然可以获得较高的产量。因而，在条件合适的地区可以考虑采用这种栽培方式。

蔺海明等的研究结果表明，在同一海拔下，春季 4 月 3 日和 4 月 24 日两个播种期当归生长指标比较，随着春季播种期推迟，出苗也迟，生长期较短，导致整个植株生长量减少，直播当归株高、根长、根粗、归身长、侧根数、地上部鲜重和根鲜重均表现出降低的趋势，产量也随之降低（表 2-35、表 2-36）。因此，当归春季直播应强调要适时早播，而同一播种期下适当降低种植区域的海拔，有利于提高当归的根产量和品质。春季播种期一般在 3 月下旬至 4 月上旬，此时土壤表层化冻，表层土壤温度达到并稳定在 5℃以上。

表 2-35　不同播期对直播当归根生长指标的影响

海拔（m）	播期（月/日）	株高（cm）	叶片数（个/株）	根长（cm）	根粗（cm）	归身长（cm）	侧根数（个/株）	地上部鲜重（g/株）	根鲜重（g/株）	根干重（g/株）	地上部干重(g/株)	根干鲜比
2500	4/3	19.06	1.80	18.84	0.87	11.52	2.87	2.84	8.23	1.88	0.37	0.23
	4/24	18.54	1.83	19.06	0.84	9.15	1.90	2.16	6.14	1.77	0.36	0.29
2000	4/3	28.39	2.43	23.87	1.41	10.44	2.87	4.40	17.49	5.75	0.98	0.33
	4/24	24.30	2.13	20.79	1.07	5.76	1.40	2.38	8.94	3.00	0.68	0.34
1500	4/3	27.13	1.83	22.82	1.35	6.85	3.17	2.94	11.46	3.66	0.75	0.32
	4/24	23.85	2.00	20.47	1.04	4.21	1.87	1.27	6.16	1.98	0.45	0.32

表 2-36　不同播期对直播当归产量的影响

海拔（m）	播期（月/日）	小区产量（$kg/21m^2$）	折合产量（kg/hm^2）	较移栽产量（12 000kg/hm^2）增加（%）
2500	4/3	11.1	3705.0^{de}	–69%
	4/24	5.8	2761.5^{e}	–77%
2000	4/3	21.9	7871.9^{c}	–34.4%
	4/24	8.4	4022.4^{de}	–66.5%
1500	4/3	14.4	5158.8^{d}	–57%
	4/24	5.8	2770.1^{e}	–76.9%

注：同一列数据后不同字母表示差异有统计学意义（$P < 0.05$）。

由于直播栽培当归不存在早期抽薹问题，所以宜选择老熟饱满的火药籽作种，这种种子营养充足，生活力强，下种后出苗快，出苗齐，生长旺盛。邱黛玉等的研究表明，相同密度条件下正常头穗地上部生长速率最快，火药籽次之，正常二穗最慢（表 2-37）。当归主根以正常头穗（20cm×20cm）处理最长，为 24.5cm，略优于其余处理。根粗也以正常头穗（20cm×20cm）处理最大，为 18.8mm，经新复极差（LSR）测验，与正常头穗（10cm×20cm）、正常头穗（15cm×20cm）和火药籽（20cm×20cm）间无显著性差异，与其他处理间差异显著（表 2-38）。

表 2-37　不同种子类型对直播当归株高和叶片数的影响

处理	日期（月/日）							
	6/15		7/15		8/15		9/15	
	株高（cm）	叶片数（个/株）	株高（cm）	叶片数（个/株）	株高（cm）	叶片数（个/株）	株高（cm）	叶片数（个/株）
正常头穗（10cm×20cm）	6.2 ± 0.4^{b}	3.0 ± 0.0^{a}	20.0 ± 0.5^{c}	3.3 ± 0.6^{a}	26.0 ± 1.4^{b}	5.0 ± 0.0^{a}	36.3 ± 3.2^{bc}	3.7 ± 0.6^{a}

续表

处理	日期（月/日）							
	6/15		7/15		8/15		9/15	
	株高（cm）	叶片数（个/株）	株高（cm）	叶片数（个/株）	株高（cm）	叶片数（个/株）	株高（cm）	叶片数（个/株）
正常头穗（15cm×20cm）	6.4 ± 0.3^{b}	3.3 ± 0.4^{a}	20.1 ± 1.2^{c}	3.3 ± 0.4^{a}	26.6 ± 1.3^{b}	5.0 ± 0.6^{a}	36.4 ± 1.1^{bc}	3.7 ± 0.6
正常头穗（20cm×20cm）	7.9 ± 0.5^{a}	3.3 ± 0.5^{a}	25.5 ± 0.4^{a}	3.7 ± 0.5^{a}	30.5 ± 2.8^{a}	5.3 ± 0.0^{a}	45.2 ± 1.1^{a}	4.0 ± 0.0^{a}
正常二穗（10cm×20cm）	4.3 ± 0.8^{d}	2.7 ± 0.6^{a}	14.7 ± 0.5^{c}	2.9 ± 0.2^{a}	20.9 ± 1.4^{c}	4.7 ± 0.6^{a}	31.3 ± 2.3^{d}	3.7 ± 0.3^{a}
正常二穗（15cm×20cm）	4.6 ± 0.6^{cd}	2.7 ± 0.6^{a}	16.9 ± 0.5^{d}	3.0 ± 0.0^{a}	23.2 ± 0.5^{bc}	4.7 ± 0.4^{a}	33.6 ± 0.9^{cd}	3.7 ± 0.0^{a}
正常二穗（20cm×20cm）	6.0 ± 0.4^{b}	2.7 ± 0.3^{a}	19.9 ± 0.7^{c}	3.0 ± 0.0^{a}	25.8 ± 2.5^{b}	4.7 ± 0.5^{a}	35.2 ± 1.8^{c}	3.7 ± 0.9^{a}
火药籽（10cm×20cm）	5.5 ± 0.8^{bc}	3.3 ± 0.6^{a}	17.6 ± 1.2^{d}	3.0 ± 0.3^{a}	23.5 ± 2.4^{bc}	5.0 ± 0.3^{a}	33.9 ± 1.3^{cd}	3.3 ± 0.6^{a}
火药籽（15cm×20cm）	5.9 ± 0.6^{b}	3.3 ± 0.4^{a}	19.0 ± 0.6^{c}	3.3 ± 0.6^{a}	24.8 ± 1.5^{bc}	5.0 ± 0.6^{a}	34.0 ± 1.0^{cd}	3.3 ± 0.9^{a}
火药籽（20cm×20cm）	6.5 ± 0.8^{b}	3.3 ± 0.6^{a}	21.9 ± 0.5^{b}	3.3 ± 0.6^{a}	27.4 ± 4.5^{ab}	5.3 ± 0.4^{a}	39.3 ± 2.6^{b}	3.7 ± 0.6^{a}

注：同一列数据后不同字母表示差异有统计学意义（$P<0.05$）。

表 2-38 不同种子类型对直播当归根部特性的影响

处理	主根长（cm）	根粗（mm）	侧根数（个/株）
正常头穗（10cm×20cm）	23.8 ± 2.0^{a}	17.8 ± 1.7^{abAB}	4.7 ± 0.3^{d}
正常头穗（15cm×20cm）	23.9 ± 1.2^{a}	17.8 ± 0.2^{abAB}	6.2 ± 0.4^{bc}
正常头穗（20cm×20cm）	24.5 ± 0.9^{a}	18.8 ± 0.2^{aA}	6.2 ± 0.8^{bc}
正常二穗（10cm×20cm）	22.6 ± 2.4^{a}	16.1 ± 0.7^{cB}	5.0 ± 0.1^{d}
正常二穗（15cm×20cm）	22.7 ± 1.0^{a}	16.8 ± 0.7^{bcAB}	6.3 ± 0.1^{bc}
正常二穗（20cm×20cm）	23.4 ± 2.2^{a}	17.2 ± 0.5^{bcAB}	6.6 ± 0.2^{b}
火药籽（10cm×20cm）	22.7 ± 1.0^{a}	16.9 ± 0.6^{bcAB}	5.7 ± 0.2^{c}
火药籽（15cm×20cm）	23.0 ± 2.4^{a}	17.0 ± 0.8^{bcAB}	6.3 ± 0.3^{bc}
火药籽（20cm×20cm）	24.4 ± 1.6^{a}	18.0 ± 1.0^{abAB}	7.9 ± 0.1^{a}

注：不同大写字母、小写字母分别表示在 P=0.01、P=0.05 水平上差异显著。

直播当归单根鲜重、干重和产量以正常头穗处理最高，其中产量最高为正常头穗（10cm×20cm）处理，为 5888.7kg/hm^2，其次是火药籽（10cm×20cm）处理，为 4958.9kg/hm^2，而产量最少为正常二穗（20cm×20cm）处理，仅有 1974.8kg/hm^2（表 2-39）。

表 2-39 不同种子类型对直播当归产量的影响

处理	单根鲜重（g）	单根干重（g）	折干率（%）	收获株数（万株·hm^2）	产量（kg/hm^2）
正常头穗（10cm×20cm）	26.4±1.4[bc]	7.7±0.3[ab]	29.1±0.7	76.67	5888.7[aA]
正常头穗（15cm×20cm）	26.5±1.6[bc]	7.9±0.8[a]	29.8±2.0	43.33	3426.6[cC]
正常头穗（20cm×20cm）	29.4±1.3[a]	8.3±0.2[a]	28.3±1.7	36.67	3038.2[cdCD]
正常二穗（10cm×20cm）	21.6±0.4[d]	6.6±0.3[c]	30.3±1.0	7.3.33	4813.7[bB]
正常二穗（15cm×20cm）	24.3±0.7[c]	6.7±0.3[bc]	27.6±1.8	42.00	2809.0[deCD]
正常二穗（20cm×20cm）	26.2±0.5[bc]	7.4±0.5[abc]	28.2±1.6	26.67	1974.8[fE]
火药籽（10cm×20cm）	26.1±3.9[bc]	7.3±0.7[abc]	28.8±5.9	67.33	4958.9[bB]
火药籽（15cm×20cm）	26.1±0.6[bc]	7.4±0.6[abc]	28.3±2.7	45.33	3344.8[cC]
火药籽（20cm×20cm）	27.8±0.5[bc]	8.2±0.6[a]	29.5±2.0	30.00	2457.4[eDE]

注：不同大写字母、小写字母分别表示在 P=0.01、P=0.05 水平上差异显著。

3. 播期对直播当归药材品质的影响

蔺海明的研究结果表明，8 月 29 日秋直播当归品级较好，以二等和三等商品为主，而春季直播的四等商品占比较大，因此直播当归生产的药材更适合企业加工（表 2-40）。

表 2-40 不同播期下各等级直播当归支数及比例

处理		一等		二等		三等		四等及以下	
海拔高度（m）	播种期（月/日）	支数	比例（%）	支数	比例（%）	支数	比例（%）	支数	比例（%）
2000	8/29	10	11.1	28	31.1	31	34.5	21	23.3
	4/3	0	0.0	6	6.7	8	8.9	76	84.4
	4/24	0	0.0	0	0.0	0	0.0	90	100.0

直播当归的浸出物含量随播期无明显变化规律，挥发油和阿魏酸含量均随播种期推迟而呈降低趋势，以秋季直播当归的含量最高，春季直播的较低（表 2-41）。

表 2-41 播期对直播当归有效成分含量的影响

处理		浸出物（%）	挥发油（%）	阿魏酸（%）
海拔高度（m）	播种期（月/日）			
2000	8/29	64.7	1.2	0.123
	4/3	63.7	0.9	0.104
	4/24	67.4	0.6	0.087

三、增加种植密度

直播栽培的当归生长周期短，秋季直播生长期为 400 ～ 410 天，较传统生产缩短 80 ～ 100 天；春季直播生长期为 180 ～ 190 天，较传统生产缩短 300 ～ 310 天，植株地上部较移栽当归小，个体占空间小，适合密植，而且直播栽培的当归单根重也低于移栽当归。因此，合理密植是直播栽培当归获得高产的一个关键技术环节。蔺海明等的研究结果表明，直播栽培的三个密度分别为45.0万株/hm^2（行距×株距为25cm×9cm）、57.0万株/hm^2（行距×株距为25cm×7cm）和79.5万株/hm^2（行距×株距为25cm×5cm），当归根产量随栽培密度先降低后增加，密度达到79.5万株/hm^2时当归产量最高，达5602.80kg/hm^2（表2-42）。但是，当归根粗及单根重等个体生长指标均随密度增加呈下降趋势，因此密度增加以后虽然总产量增加了，但是由于个体农艺性状变差而降低了其商品性（表2-43），因此直播栽培需要合理密植，才能在保证良好的个体发育的基础上获得高产。研究结果表明，当归直播栽培密度降为45.0万株/hm^2时，产量达5589.46kg/hm^2，略低于密度为79.5万株/hm^2的产量，但是密度降低后当归个体性状表现较好。因此，认为直播栽培当归合理的密度为45万株/hm^2。这个密度大大超过移栽当归的密度，而生产中移栽当归的密度一般为6万～7.5万株/hm^2。

表2-42　不同密度对直播当归产量的影响

密度（万株/hm^2）	小区产量（kg/30m^2）			均值（kg/30m^2）	折合产量（kg/hm^2）
	Ⅰ	Ⅱ	Ⅲ		
45.0	15.89	16.32	18.06	16.76	5589.46^a
57.0	13.90	12.40	14.20	13.50	4502.25^b
79.5	17.83	16.24	16.33	16.80	5602.80^a

注：数据后不同字母表示差异有统计学意义（$P<0.05$）。

表2-43　不同密度对直播当归根部性状的影响

密度（万株/hm^2）	根粗（cm）	根长（cm）	单根鲜重（g）	单根干重（g）	根干鲜比
79.5	1.16^b	18.3^b	8.96^b	2.54^{bc}	0.29
57.0	1.18^b	18.5^b	9.00^b	3.72^{ab}	0.42
45.0	1.31^a	20.3^a	14.70^a	4.73^a	0.32

注：数据后不同字母表示差异有统计学意义（$P<0.05$）。

邱黛玉等的研究也得出类似结论：随密度的递增，直播当归株高表现出下降的趋势，10cm×20cm密度处理株高显著高于15cm×20cm和20cm×20cm密度处理。产量随密度增大呈增加趋势，10cm×20cm密度处理产量极显著高于15cm×20cm密度处理，15cm×20cm密度处理产量又极显著高于20cm×20cm密度处理。

四、采用播后覆盖麦草的覆盖方式

直播当归播后采用麦草覆盖是直播栽培当归的重要环节。覆草的作用主要是保持土壤湿润，以利于出苗；另一作用是为给当归幼苗遮阴，防止太阳直射灼伤幼苗。直播当归主要采用条播技术，按照行距 25cm 开浅沟，沟深 3cm，沟底整平，将种子均匀撒入沟内，覆盖细肥土 0.5cm，以不见种子为度。播种后均匀覆盖 3cm 厚麦草，用草量 7500kg/hm^2。蔺海明等的研究结果表明，覆盖方式采用覆盖柴胡秆、覆盖麦草、覆盖地膜三种方式比较，覆盖麦草的直播当归株高、单株叶数、地上部鲜重、地上部干重、根粗、根长、根鲜重、根干重显著高于其他两种覆盖方式（表 2-44、表 2-45）。覆盖麦草方式下不同密度直播当归根鲜产量均较高（表 2-46），每公顷产量超过 5550kg，其中覆盖麦草方式下密度 45.0 万株 /hm^2 的产量最高，达 6690kg/hm^2，较最低的沟播覆膜密度 45.0 万株 /hm^2 处理高 148%。和生产中移栽当归一般产量（6000kg/hm^2）比较，其产量较移栽当归产量增加 46kg/666.7m^2，增幅达 11.5%。

表 2-44 覆盖方式和密度对直播当归植株地上部农艺性状的影响

覆盖方式	密度（万株 /hm^2）	株高（cm）	单株叶数	地上部鲜重（g/ 株）	地上部干重（g/ 株）
覆盖柴胡秆	79.5	21.23^{d}	1.7^{e}	2.7^{c}	0.677^{cd}
	57.0	23.59^{cd}	2.2^{bcd}	4.0^{b}	1.031^{bc}
	45.0	23.75^{cd}	2.5^{abc}	3.8^{b}	1.122^{b}
覆盖麦草	79.5	28.25^{bc}	2.0^{de}	4.6^{b}	1.129^{b}
	57.0	30.29^{ab}	2.6^{ab}	7.7^{a}	1.660^{a}
	45.0	32.96^{a}	2.7^{a}	7.9^{a}	1.675^{a}
覆盖地膜	79.5	23.58^{cd}	1.8^{de}	4.3^{b}	0.548^{d}
	57.0	23.14^{cd}	2.1^{cde}	4.3^{b}	0.545^{d}
	45.0	23.85^{cd}	2.2^{bcd}	4.5^{b}	0.593^{d}
标准误 SE		±0.80	±0.08	±0.34	±0.0895

注：同列中不同字母表示差异显著（$P \leqslant 0.05$）。

表 2-45 覆盖方式和密度对直播当归根部性状的影响

覆盖方式	密度（万 /hm^2）	根粗（cm）	根长（cm）	单根鲜重（g）	单根干重（g）	根干鲜比
覆盖柴胡秆	79.5	0.99^{c}	18.2^{b}	5.88^{c}	1.73^{c}	0.29
	57.0	0.94^{c}	19.6^{ab}	5.89^{c}	2.64^{bc}	0.45
	45.0	1.14^{b}	19.1^{ab}	8.26^{b}	2.75^{b}	0.33
覆盖麦草	79.5	1.16^{b}	18.3^{b}	8.96^{b}	2.54^{bc}	0.29
	57.0	1.18^{b}	18.5^{b}	9.00^{b}	3.72^{ab}	0.42
	45.0	1.31^{a}	20.3^{a}	14.70^{a}	4.73^{a}	0.32
覆盖地膜	79.5	0.99^{c}	14.9^{c}	7.00^{bc}	2.10^{c}	0.30
	57.0	1.00^{c}	15.7^{c}	7.15^{bc}	2.37^{bc}	0.33
	45.0	0.99^{c}	15.2^{c}	7.46^{bc}	2.57^{bc}	0.34
标准误 SE		±0.025	±0.388	±0.514	±0.174	

注：同列中不同字母表示差异显著（$P \leqslant 0.05$）。

表 2-46 覆盖方式和密度对直播当归根鲜产量的影响

覆盖方式	密度（万株/hm²）	鲜产量（kg/hm²）
覆盖柴胡秆	79.5	3405
	57.0	2805
	45.0	3150
覆盖麦草	79.5	6060
	57.0	5640
	45.0	6690
覆盖地膜	79.5	3135
	57.0	2940
	45.0	2700

五、采用黑色地膜覆盖穴播栽培方式

直播当归黑色地膜覆盖穴播栽培是当归直播栽培的一种新方式。采用黑色地膜覆盖穴播栽培可以实现当归精量化直播，减少种子播种量，节约种子；可以减少出苗后的间苗工作量，节约成本。蔺海明等的研究结果表明，直播当归采用黑色地膜覆盖穴播栽培方式，其单位面积的总产量可以达 1107 千克 / 亩，较移栽当归产量 831.9 千克 / 亩高 33.1%。当归鲜产量以密度 2.7 万穴 / 亩可达 1145 千克 / 亩，较密度 3.3 万穴 / 亩高 13.5%。因此认为直播当归地膜覆盖穴播栽培的合理密度是 2.7 万穴 / 亩。

1. 直播当归地膜覆盖穴播栽培不同密度对当归农艺性状的影响

直播当归地膜覆盖穴播栽培两种不同密度比较，每亩 2.7 万穴密度的当归根鲜重、根干重、主身根重、支侧根重、根粗、根长和主身根长均较密度每亩 3.3 万穴的高，其中单根鲜重高 29.3%，单根干重高 23.7%，根粗多 13.9%（表 2-47）。

表 2-47 直播当归地膜覆盖穴播栽培不同密度对当归农艺性状的影响

处理（万穴/亩）	单根鲜重（g）	单根干重（g）	主身根重（g）	支侧根重（g）	根粗（cm）	根长（cm）	主身根长（cm）
3.3	46.44	13.08	7.32	5.76	2.08	28.33	12.07
2.7	60.06	16.18	7.73	8.45	2.37	30.22	14.27

2. 直播当归地膜覆盖穴播栽培不同密度对当归根组成的影响

直播当归地膜覆盖穴播栽培两种不同密度比较，每亩 3.3 万穴密度的当归根鲜干比较低，主身根重占根重百分比较大，支侧根重占根重百分比较低；每亩 2.7 万穴密度的当归支侧根重占根重百分比较高，主身根重占根重百分比较小，但是主身根长占根长百分比却较大，说明密度降低有利于支侧根的发生和生长（表 2-48）。

表 2-48　直播当归地膜覆盖穴播栽培不同密度对当归根组成的影响

处理（万穴/亩）	根鲜干比	主身根重占根重百分比（%）	支侧根重占根重百分比（%）	主身根长占根长百分比（%）
3.3	3.55	55.96	44.04	42.61
2.7	3.71	47.78	52.22	47.22

3. 直播当归地膜覆盖穴播栽培不同密度对当归产量的影响

直播当归地膜覆盖穴播栽培两种不同密度比较，当归鲜产量以密度 2.7 万穴 / 亩可达 1145 千克 / 亩，较密度 3.3 万穴 / 亩高 6.8%（表 2-49）。

表 2-49　直播当归地膜覆盖穴播栽培不同密度对当归产量的影响

处理（万穴/亩）	鲜产量（千克/亩）	增产（%）
3.3	1072	–
2.7	1145	6.8

4. 直播当归地膜覆盖穴播栽培与移栽当归根农艺性状的比较

直播当归地膜覆盖穴播栽培与移栽当归比较，移栽当归根鲜重、根干重、主身根重、支侧根重、根粗均较直播当归的高，但是直播当归根长和主身根长均比移栽当归的长，特别是主身根长较移栽当归的长 128.6%（表 2-50）。

表 2-50　直播当归地膜覆盖穴播栽培与移栽当归根农艺性状的比较

处理	单根鲜重（g）	单根干重（g）	主身根重（g）	支侧根重（g）	根粗（cm）	根长（cm）	主身根长（cm）
直播	53.25	14.63	7.53	7.11	2.23	29.28	13.17
移栽	72.00	25.58	11.49	14.09	2.91	25.14	5.76

5. 直播当归地膜覆盖穴播栽培与移栽当归根组成的比较

移栽当归根鲜干比较直播当归的低，直播当归的主身根重占根重百分比较移栽当归的高，支侧根重占根重百分比较低，主身根长占根长百分比较高（表 2-51）。

表 2-51　直播当归地膜覆盖穴播栽培与移栽当归根组成的比较

处理	根鲜干比	主身根重占根重百分比（%）	支侧根重占根重百分比（%）	主身根长占根长百分比（%）
直播	3.63	51.87	48.13	44.91
移栽	2.81	44.95	55.07	22.91

6. 直播当归地膜覆盖穴播栽培与移栽当归产量的比较

直播当归采取高密度栽培，平均每亩 3 万株，而移栽当归的密度一般是 5000 ～ 6000 株 / 亩，虽然移栽当归单根重高于直播当归，但是由于直播当归的密度是移栽当归的 5 ～ 6 倍，因此，单位面积的总产量以直播当归的高，可以达 1107.5 千克 / 亩，较移栽当归产量 831.9 千克 / 亩高 33.1%（表 2-52）。

表 2-52　直播当归地膜覆盖穴播栽培与移栽当归产量的比较

处理	密度（株/亩）	鲜产量（千克/亩）	增产（%）
直播	30 000	1107.5	33.1%
移栽	5333	831.9	–

第三节　当归提质增产种植技术体系研究

如何获得当归优质高产，这是广大药农普遍关心的问题，也是当归产业开发中需要认真研究解决的重点课题之一。近年来，甘肃省农业和中医药科研院校及当归主产区的岷县、漳县、宕昌和渭源等地农业技术部门，先后开展了一系列当归丰产栽培技术的试验研究和示范与推广工作，为该区域依托自然资源优势，大力发展当归产业，提高药农收入水平积累了宝贵的第一手资料。

本节第一部分，重点介绍了当归规范化种植基地对环境条件的要求，包括对气候条件、大气环境、土壤环境和水质的要求等；第二部分介绍了当归优良品种选用，包括目前当归生产中选用的优良品种介绍和优质种苗的培育；第三部分着重讲解了当归移栽技术，包括土壤选择、精细整地、配方施肥、地膜覆盖、移栽种苗、田间管理和适时收获等内容，比较全面系统地介绍了当归生产区域较为先进的栽培技术和最新的科研成果。

一、当归规范化种植基地对环境条件的要求

和其他农作物一样，当归的生长发育需要一定的自然地理环境条件，包括对气候、土壤、大气和水质的特殊要求。这是建设当归标准化生产基地，培育壮大中药材产业，进一步增加农民收入，促进地方经济又好又快发展过程中，首先必须要考虑的问题。

1. 当归对气候条件的要求

根据当归对生态环境的要求和多年的生产实践，甘肃省当归的适宜产区在北纬34°02′-34°50′，东经103°37′-104°52′，包括岷县的城关、清水、十里、城郊、西寨、梅川、小寨、中寨、西江、堡子、维新、岷山、蒲麻、申都、闾井和麻子川等乡镇，漳县的金钟、大草滩、殪虎桥、四族、石川、草滩和东泉等乡镇，以及卓尼、迭部、宕昌等县与岷县毗邻的部分乡镇，还有渭源县的部分乡镇。其他如四川省南坪、云南省丽江、湖北省建始、陕西省等地也有少量当归栽培。

当归提前抽薹率随着海拔高度的增加呈减小的趋势。在海拔1894～2613m时，海拔越高，当归的提前抽薹率就越低。海拔2197m以下，平均抽薹率高于40%；在海拔2201～2613m时，抽薹率为30%～40%；海拔高于2671m的地区平均抽薹率在24%以下（表2-53），但是海拔2600m以上的光照和温度不利于当归产量的提高，故不能盲目扩大种植范围。也有研究认为，海拔高度对当归的成活率和早期抽薹率影响不大，只是低山区较高山区产量增加8.2%～46.9%。当归的挥发油含量随着海拔升高而增加，尤其是主

要成分丁烯基苯酞和藁本内酯的含量增加更为明显。

表 2-53　不同海拔高度下当归提前抽薹率规律

海拔（m）	抽薹率（%）	海拔（m）	抽薹率（%）
1894	41.75	2398	34.38
1997	47.51	2460	36.51
1999	42.19	2506	31.75
2054	48.98	2566	32.00
2106	42.66	2610	30.30
2197	43.64	2613	30.51
2201	38.30	2671	24.00
2148	39.21	2728	21.15
2299	37.14	2876	18.37
2344	32.09	2934	16.00

野生当归适宜在海拔 1800 ～ 3000m 的高寒地区生长，怕暑期高温干旱，喜凉爽湿润、雨量充沛、空气湿度较大的自然环境，适宜在高寒阴湿区栽培。育苗地海拔范围 2500 ～ 2800m，大田移栽地海拔范围 2200 ～ 2800m。

甘肃省洮岷山区是当归的原产地和主产区之一，包括岷县、漳县、宕昌、渭源、武都、文县和卓尼等地。这一区域海拔 2100 ～ 2500m，≥ 0℃积温 2400 ～ 2800℃，年降水量 530 ～ 630mm，无霜期 145 ～ 170 天。该区域当归栽培历史悠久，所产当归因主根肥大而长，支根少而粗壮，内外质地油润，气味芳香，挥发油及阿魏酸等有效成分含量高，深受国内外客商的青睐，在市场上有明显的竞争优势，是当地群众的主要经济来源。岷县还被中国特产之乡推荐暨宣传活动组委授予“中国当归之乡”的称号。由此可见，当归非常适宜海拔高、气温低、降雨量充沛、日照时间长、无霜期短的高寒阴湿气候环境。

当归对光周期反应较为敏感，属长日照作物，日照时间一般在 12h 以上。在长日照条件下植株生长良好、发育较快，但易出现早期抽薹现象。因此，在短日照环境下不会开花或开花延迟。生产上为了降低早期抽薹率，可在育苗期确定适宜的播种期，用草覆盖遮阳，或选择阴坡地带种植。

短日照虽然可以促进当归肉质根的形成与发育，但在生产上，并不是要求在植株生长初期就需要短日照，而是需要有较长时间的光照和较高的温度，以促进营养生长，扩大同化面积，然后才能转入到后期较短时间日照条件下，促进肉质根的形成与发育。如果生长初期就遇到短日照环境，虽然能较早形成肉质根，但由于没有足够的同化面积，药用器官的经济产量没有保障。

2. 大气环境

当归规范化生产基地对大气质量的基本要求是，一般远离城镇及污染区，大气质量较好且相对稳定，并符合国家环境质量二级标准，即执行 GB3095-1996 标准的二级，见表 2-54。

表 2-54　国家环境质量二级标准（GB3095-1996 二级标准）

项目	标准			单位
	年平均	日平均	1h 平均	
总悬浮颗粒物	0.20	030	0.5	mg/m^3
可吸入颗粒物	0.10	0.15	0.15	（标准状态）
二氧化硫	0.06	0.15	0.12	
氮氧化物	0.05	0.10	10.00	
二氧化碳	0.04	0.08	0.16	
一氧化碳		4.00		
臭氧				
铅	1.00	1.50（季平均）		μg/m^3
苯并芘		0.01		（标准状态）
氟化物	2.0（植物生长季平均）	3.0（月平均）		μg/（dm^2・d）

注：表中数字指各项污染物不允许超过的浓度限制。总悬浮颗粒物（TSP）：指悬浮在空气中，空气动力学当量直径 ≤ 100mm 的颗粒物；氮氧化物（以 NO_2 计）：指空气中以一氧化氮和二氧化氮形式存在的氮的氧化物；苯并芘：指存在于可吸入颗粒物的苯并芘；铅（pb）：指存在于总悬浮颗粒物中的铅及其化合物；氟化物（以 F 计）：指以气态及颗粒态形式存在的无机氟化物。年平均：指任何一年的日平均浓度的算术均值；季平均：指任何一季的日平均浓度的算术均值；月平均：指任何一月的日平均浓度的算术均值；日平均：指任何一日的平均浓度；1h 平均：指任何 1h 的平均浓度；植物生长季平均：指任何一个植物生长季月平均浓度的算术均值。标准状态：指温度为 273K，压力为 101・325kPa 时的状态。

在甘肃省当归产区（岷县、渭源、漳县）检测大气质量，采样分析项目为 NO_2、TSP、SO_2 三项，采样频次为每天 0：00、3：00、6：00、9：00、12：00、15：00、18：00、21：00 共 8 个时段，NO_2 和 SO_2 每个时段采样 30min，粉尘每个时段采样 1h，连续采样 3 天。监测结果为，当归产地大气环境质量优于 GB3095-82《大气环境质量标准》一级标准（表 2-55）。

表 2-55　当归产地大气环境质量监测记录表（日平均）（单位：mg/m^3）

采样地点	采样时间	NO_2	SO_2	TSP	国家一级标准
岷县	2002-07-25	0.010	0.007	0.003	NO_2 ≤ 0.05
	2002-07-26	0.008	0.009	0.007	SO_2 ≤ 0.05
	2002-07-27	0.009	0.008	0.002	TSP ≤ 0.15
	3 日平均	0.009	0.008	0.004	
渭源	2002-07-21	0.003	0.001	0.002	
	2002-07-22	0.007	0.000	0.000	
	2002-07-23	0.002	0.003	0.001	
	3 日平均	0.004	0.001	0.001	
漳县	2002-07-22	0.013	0.003	0.003	
	2002-07-23	0.008	0.007	0.002	
	2002-07-24	0.005	0.003	0.008	
	3 日平均	0.009	0.004	0.004	

3. 土壤环境

由于土壤污染物不像水和大气中的污染物能直接进入人体，而是需经过作物吸收，通过食物链才能进入人体，标准很难统一。其他相关标准或其他国家制订的一些相关标准可供参考。当归产地土壤环境质量检测参照国家环保局（环境检测方法）执行，根据国家标准 GB15618-1995《土壤环境质量标准》规定进行分析，见表 2-56。

表 2-56　国家土壤环境质量二级标准（单位：mg/kg）

项目	镉	汞	砷	铜	铅	铬	锌	镍	六六六	DDT	pH
标准	≤ 0.3	≤ 0.5	≤ 80	≤ 100	≤ 300	≤ 200	≤ 250	≤ 50	≤ 0.50	≤ 0.50	≤ 6.5 ~ 7.0

当归育苗地土壤以分布于海拔 2500m 以上的黑土、黑钙土、高山草甸土为宜，要求排水良好，土质疏松，有机质含量 30g/kg 以上，全氮量 0.5 ～ 230g/kg，全磷 1.2 ～ 2.2g/kg，全钾 15 ～ 21g/kg，速效磷 5 ～ 20mg/kg，速效钾 100 ～ 240mg/kg，pH 5 ～ 7。

当归移栽地土壤以分布于海拔 2000 ～ 2800m 地带的黑土、黑麻土、河谷灌淤土为好，要求排水良好，土质疏松，有机质含量 15g/kg 以上，全氮量 1 ～ 2.8g/kg，全磷 1 ～ 1.6g/kg，全钾 15 ～ 22g/kg，速效磷 4 ～ 15mg/kg，速效钾 100 ～ 200mg/kg，pH 6.5 ～ 8。

4. 水质要求

当归规范化生产基地对水源质量的基本要求是，水资源丰富，水质质量相对稳定。如用江河湖水作为灌溉水源，则要求基地上方水源的各个支流处无工业污水排放，水质应符合农田灌溉水质量标准，即 GB5084-92《农田灌溉水质标准》，见表 2-57。

目前，当归育苗完全依靠天然降水，移栽后大田生产也主要依靠天然降水。只有洮河上游有小面积灌溉。

表 2-57　农田灌溉水质标准（单位：mg/L）

序号	项目	标准值（≤）		
		水作	旱作	蔬菜
1	生物需氧量（BOD_5）（mg/L）	80	100	80
2	化学需氧量（CODcr）（mg/L）	200	300	150
3	悬浮物（mg/L）	150	200	10
4	阴离子表面活性剂（LAS）（mg/L）	6	8	5
5	凯氏氮（mg/L）	12	30	30
6	总磷（以 P 计）（mg/L）	5	10	10
7	水温（℃）	–	35	–
8	pH	–	5.5 ～ 8.5	–
9	全盐量（mg/L）	1000（非盐碱土）、2000（盐碱土）		
10	氯化物（mg/L）	–	250	–
11	硫化物（mg/L）	–	1	–

续表

序号	项目	标准值（≤）		
		水作	旱作	蔬菜
12	总汞（mg/L）	0.001	–	–
13	总镉（mg/L）	0.005	–	–
14	总砷（mg/L）	0.05	0.1	0.05
15	铬（六价）（mg/L）	–	0.1	–
16	总铅（mg/L）	–	0.1	–
17	总铜（mg/L）	–	1	–
18	总锌（mg/L）	–	2	–
19	总硒（mg/L）	–	0.02	–
20	氟化物（mg/L）	2（高）、3（一般）		
21	氰化物（mg/L）	–	0.5	–
22	石油类（mg/L）	5	10	1
23	挥发酚（mg/L）	–	1	–
24	苯（mg/L）	–	2.5	–
25	三氯乙醛（mg/L）	1	0.5	0.5
26	丙烯醛（mg/L）	–	0.5	–
27	硼（mg/L）	1（对硼敏感作物） 2（对硼耐受性较强作物） 3（对硼耐受性强作物）		
28	粪大肠菌群数（个/升）	10 000	–	–
29	蛔虫卵数（个/升）	2	–	–

二、当归良种选用

优良品种是当归优质高产的基础。在相同的生产条件下，优良品种表现出抗逆力强、产量高、品质好、稳产性好的特点，一般较传统品种增产 10% 以上。

（一）用于生产的优良品种

在甘肃省当归主产区，目前生产上重点选用的当归品种是岷归 1 号、岷归 2 号两个品种，约占当归总种植面积的 90% 以上，另有岷归 3 号正在推广示范。

1. 岷归 1 号

幼苗期株高 15 ～ 20cm，茎半直立，叶色、叶柄淡绿；主根淡黄白色，圆柱形，百苗重 70g 左右。成药期株高 30 ～ 40cm，叶色深绿色，叶柄紫色，为典型的 2 或 3 回奇数羽状复叶，根长 40cm，平均鲜根重 80.9g。开花结籽期株高 120cm 左右，茎秆紫色，花顶生，白色，种子淡白色，长卵形，种果千粒重 1.9g。

（1）产量表现：2001 ～ 2003 年，在岷县十里、渭源会川、漳县大草滩、陇西碧岩、岷县中药材科技示范园的区试中，岷归 1 号平均亩产鲜当归 767.9kg，较对照增产 19.4%，居参试材料第一位。

（2）质量分析：总灰分 5.0%，酸不溶性灰分 0.6%，浸出物 58.8%，质量符合《中国药典》标准。特级、一级品出成率分别为 24.1% 和 29.3%，较对照分别提高 2.5 和 4.2 个百分点。

（3）抗性表现：根病平均发病率 6%，病情指数 2.4%，较对照分别降低 0.7 和 0.4 个百分点；提前抽薹率平均 19%，较对照降低 1.3 个百分点。

（4）适宜区域：适宜在定西市岷县、渭源县、漳县、陇西县及陇南市、临夏州、甘南州等地海拔 2000 ～ 2500m，年降水量 500 ～ 600mm 的二阴及高寒阴湿区种植推广。

2. 岷归 2 号

幼苗期株高 15 ～ 20cm，茎半直立，叶色、叶柄淡绿；主根淡黄白色，圆锥形，百苗重 65g。成药期株高 30 ～ 40cm，叶色绿色，叶柄绿色，为典型的 2 或 3 回奇数羽状复叶，根长 40cm，平均鲜根重 78.5g。开花结籽期株高 140cm 左右，茎秆绿色，花顶生，白色，种子淡黄白色，长卵形，种果千粒重 1.9g。

（1）产量表现：2003 ～ 2005 年，在岷县寺沟乡、渭源县会川镇、漳县殪虎桥乡、陇西县碧岩乡、岷县十里中药材科技示范园区五点区试中，岷归 2 号平均亩产鲜当归 808.2kg，较对照增产 12.2%，居参试材料第一位。

（2）质量分析：总灰分 3.9%，酸不溶性灰分 0.3%，浸出物 68.6%，阿魏酸 0.148%，质量综合指标显著优于《中国药典》规定标准。特级、一级品出成率分别为 23.2% 和 29.7%，较对照分别提高 2.7 和 3.7 个百分点。

（3）抗性表现：麻口病平均发病率 4.4%，病情指数 1.8%，较对照分别降低 1.3 和 0.7 个百分点；提早抽薹率平均 14.8%，较对照低 3.7 个百分点。根病平均发病率 6%，病情指数 2.4%，较对照分别降低 0.7 和 0.4 个百分点；提前抽薹率平均 19%，较对照降低 1.3 个百分点。

（4）适宜区域：适宜在定西市岷县、渭源县、漳县、陇西县及陇南市、临夏州、甘南州等地海拔 2000 ～ 2500m，年降水量 500 ～ 600mm 的二阴及高寒阴湿区种植推广。

3. 岷归 3 号

成药期株高 25 ～ 35cm，主茎淡紫色，叶绿色，为典型的 2 或 3 回奇数羽状复叶，叶边缘有缺刻状或钝锯齿，根长 23 ～ 31cm，芦头径粗 2 ～ 7cm。开花结籽期株高 108cm 左右，花顶生，白色，未开放的花苞呈淡紫色，果为爽悬果，由二分果构成，分果内有种子一枚，种子白色，千粒重 1.97g。

（1）产量表现：2005 ～ 2007 年，在岷县西郊中药技园区和秦许乡、渭源县清源镇和会川镇、漳县殪虎桥乡等五个点进行多点试验，岷归 3 号平均亩产鲜当归 708.1kg，较对照增产 15.0%，特等归出成率 25.1%，一等归出成率 29.4%。

（2）质量分析：总灰分 4.2%，酸不溶性灰分 0.4%，浸出物 61.4%，阿魏酸 0.148%，质量符合《中国药典》规定标准。

（3）抗性表现：麻口病平均发病率 6.1%，病情指数 1.8%，提前抽薹率平均为 15%。

（4）适宜区域：适宜在定西市岷县、渭源县、漳县、陇西县及陇南市、临夏州、甘南州等地海拔 2000 ～ 2600m，年降水量 500 ～ 600mm 的二阴及高寒阴湿区种植推广。

（二）优质种苗的培育

1. 育苗地选择

当归育苗地应选择在海拔 2300 ～ 2800m，年降水量在 600mm 左右的阴坡或半阴坡，要求土层深厚，土壤肥沃，通气透水性好。幼苗怕强光直射，一般采用树枝或秸秆覆盖遮光。海拔过高，气候冷凉，苗长不起来；海拔太低，温度高，苗也长不好。在地势上，宜选择保水不积水的低洼地和小盆地，以生荒地最佳。在土质上，宜选择富含腐殖质的黑土、黑油土为好。育苗地需在前一年整好，使土壤充分熟化。如果来不及隔年整地，也可在育苗当年 5 月上中旬整地。实践证明，生荒地开垦后烧山灰（熏土），所育当归苗质量最好。烧山灰的方法是将草皮连同下面的一层土（约 30cm 厚）挖起，摊开晒干。在平整好的地面上，将带土的草皮堆码成下面直径 3m、上面直径 2m、高约 1.5m 的圆台状，中间留约 0.5m^3 的空隙。背风面的草皮墙下部留一个 40cm×40cm 的火门。将准备好的干柴放入火门并点燃，连续添柴烧 3 ～ 4 小时。一边烧火，一边用干草皮压住冒烟的部位，直至没有冒烟的地方为止。用草皮封住火门，再在顶部覆盖 20cm 厚的干土。待草皮垛燃烧 5 ～ 7 天，山灰（熏土）就烧好了。好的山灰（熏土）呈灰黄色或红褐色。一般育苗地亩施山灰（熏土）1000 ～ 1500kg。均匀撒施于地面后耕翻耙耱，剔除石块及根茬等，将育苗地整理成宽 80 ～ 100cm、高 15 ～ 20cm 的畦，长度随地而定。

2. 种子的准备

当归种子有两年生植株所产和三年生植株所产之分。生产上应选择三年生植株所产的种子育苗，不用两年生植株所产的种子（称火药籽）。因为当归第二年是成药期，主要是茎叶和根的快速生长，处于营养生长阶段，一般不会抽薹，但也有部分当归植株受种苗自身因素或环境条件的影响而提前抽薹开花结籽，根部木质化，缺乏油性，失去药用价值，导致当归减产，农民经济收入大幅度下降。正常年份，当归提前抽薹率一般在 10% ～ 30%，严重时可达 80% 以上。如果用提前抽薹株所产种子育苗，由于遗传因素的影响，所育种苗移栽后提前抽薹率高达 50% 以上，将会造成当归成药期缺苗断垄严重，造成不应有的损失。而用三年生植株所产种子育苗，只要严格掌握适宜的育苗时间，控制好苗龄和种苗大小，所育种苗移栽后提前抽薹率就比较低，只要采取密植稀定（移栽时增加密度，抽薹过后按适宜密度间苗定苗）的栽培措施，就能确保当归苗全苗壮。据漳县农技站 1998 ～ 2001 年分别在漳县草滩乡金门村和殪虎桥乡龙架月村试验，采用三年生种子育苗移栽，当归提前抽薹率在 8.9% ～ 26.3%，亩产干当归 178.5 ～ 216.2kg；用两年生种子育苗移栽，当归提前抽薹率高达 38.6% ～ 74.9%，亩产干当归 54.2 ～ 116.1kg。

用头穗种子、老熟或蜡熟种子、提前抽薹植株所结的种子、直立果穗上的种子所育的种苗，移栽后易提前抽薹；用侧枝种子和乳熟种子育苗，移栽后不易提前抽薹。一般多在当归生产田里选无病虫害、植株生长良好的田块作为留种田，留种当归不采挖，在地里自然越冬，翌年早春出苗后，除草松土并追肥 1 次，亩追施尿素 10 ~ 15kg，以促进植株生长发育。6 ~ 7 月开花，8 月中旬果实成熟。当种子由红转为粉白色时即可分批采收。如采收过晚，种子过熟呈枯黄色，育苗后移栽也容易提前抽薹。采收时，将果序割下，扎成把挂阴凉处晾干后脱粒，除去杂质，放阴凉处保存；也可在播种前再脱粒。

3. 育苗时间

当归育苗的播种时间，因育苗地海拔高度不同而异。一般在高海拔冷凉地区播种期宜早，在海拔较低地区播种期可适当推迟，但无论播种期迟早，都必须以控制苗龄长短和种苗大小为依据。在甘肃省漳县、岷县当归主产区，当归育苗的播种时间在 6 月上中旬；在云南省当归育苗的播种时间多在 6 月中下旬。一般亩用种量 10 ~ 12kg，在土壤较为干旱的年份，田间出苗率低，要适当加大播种量；在土壤墒情好，出苗率高的情况下，可适当降低播种量。实践表明，将当归苗龄控制在 90 ~ 110 天，百苗重 40 ~ 70g，种苗直径 3 ~ 5mm，移栽后当归提前抽薹率比较低。据试验，当归种苗根直径越大，早抽薹发生越早，抽薹率增加的快速增长期越早；而根直径越小的种苗早抽薹发生越迟，虽然抽薹率增加持续时间较长，但抽薹率远远低于根直径较大的种苗。

4. 播种方法

当归的播种方法有撒播和条播两种。

撒播，就是在整好的田畦上用竹把扫帚或带叶树枝平扫一遍，目的是将石块、坷垃等杂物剔除，使畦面平整，再用手将露白后拌灰的种子均匀地撒在畦面上；因当归种子很轻，容易被风刮走，所以，在撒种子时应尽量将手放低，并且顺着风向撒。然后，用铁筛或竹筛将细湿土筛在种子上，覆土厚度为 3 ~ 5mm，以不见浮籽为宜。最后用扫把轻轻拍打，使种子紧贴土壤，稍加镇压后，盖上带叶的桦树枝或麦草等覆盖物，以减少土壤水分蒸发和防止太阳光直射幼苗。

条播，就是在准备好的畦面上，按 15 ~ 20cm 的行距，开深度为 3 ~ 5cm 的横沟，将沟底整平后，均匀撒入畦种子，再在上面覆盖细肥土，以不见种子为度。整平畦面，盖上带叶树枝或禾本科秸秆（3cm 厚）保湿、遮光。一般来说，条播的边行效应强，育的大苗多，抽薹率较高，所以多选用撒播。当归苗育好后，在育苗地四周开挖一道深 40 ~ 50cm、宽 30 ~ 50cm 的排水沟。

5. 育苗地管理

当归苗高 3cm 时，结合间苗进行第一次除草。此时杂草根系较浅，可直接用手连根彻底拔除，不会伤苗；7 月中旬结合第二次间苗进行第二次除草，这时当归幼苗主根尚未扎入深层土壤，宜浅锄细锄，注意不能将苗子埋在土下，对幼苗生长稠密的地块要间苗，最小苗间距约 3cm，平均苗间距 6cm，保苗密度 300 株 / 米^2；8 月初，当归苗高 4 ~ 6cm 时，进行第三次中耕除草，这次除草可适当加深，以利促进根部发育；第四次中耕除草在苗高

20 ～ 25cm 时进行，可深中耕，植株封行后不再进行中耕除草。一般认为，当归提前抽薹是通过了 0 ～ 5℃的低温春化过程，而通过春化阶段需要足够的糖分，如果糖分不足，即使在适宜的温度条件下，也不会通过春化阶段，移栽当年也不会抽薹。如果留苗过稀，种苗长得过大，积累的糖分过多，抽薹率就高。所以，在当归育苗过程中，严格控制种苗的含糖量，是降低提前抽薹率的有效途径。而当归苗含氮量高时，含糖量相对降低，抽薹率就低。因此，除选择群山环抱，阳光照射时间短，阴凉湿润，土壤肥沃疏松的地块育苗外，适当加大密度，追施氮肥，可使植株生长茂密，相互郁闭，叶色浅，光合作用积累的糖分少，从土壤中吸收的氮素较多，从而控制当归通过春化的物质基础，也就控制了抽薹率。

6. 起苗

10 月中上旬，当气温降至 5℃左右时，当归幼苗停止生长，地上叶片枯黄，应及早起苗。起苗时用三齿铁叉或铁锹，将苗床上幼苗挖虚挖起，用手抓住叶片，轻轻抖掉泥土，去掉叶片后留 1cm 左右的叶柄。严格剔除病、残、伤、烂苗，按 50% 带土量，扎成 70 ～ 80 株的小把，放至阴凉干燥处，待叶柄萎缩后贮藏。

7. 冬季贮藏

10 月下旬，当归种苗含水量在 65% ～ 70% 时，要及时贮藏。贮藏的温度要严格控制在 –7 ～ 10℃。贮藏前要仔细挑选种苗，将病苗和带伤苗剔除。垫土和覆盖用土含水量在 10% 左右。要对垫土和覆盖用土进行消毒，其方法是备用生土在阳光下暴晒 1 天，再按每 100kg 生土拌 25% 多菌灵粉剂 25g 灭菌。贮藏期间防水、防晒、防鼠，尽可能降低苗堆温度。在甘肃省当归主产区，冬季贮藏种苗的方法主要有堆藏和窖藏。

（1）堆藏：又称干藏。选择一地势高燥、通风良好、阴凉干净的房间或墙角等地方，先在地面铺一层厚约 5cm 的生干土，然后上面摆一层扎成小把的当归苗，苗头向外，根朝内，用消毒土填满空隙，压实，上面盖一层厚 1 ～ 2cm 的消毒土或半干细土；如此摆苗盖土 5 ～ 7 层，最后在苗堆周围覆土 20cm，形成一个高约 80cm 的梯形苗土堆。用此法贮藏，种苗抗旱能力强。

（2）窖藏：选择干燥阴凉、无鼠洞、不渗水处，挖好深宽 1m，长约 2m 的坑，窖内底部铺一层厚约 5cm 的新土，在土上摆放一层扎成小把的当归苗，苗上盖厚约 3cm 经过消毒的半干的生黄土，依次摆放 5 ～ 7 层，然后在上面堆土高出地面，以防止积水。窖四周要开好排水沟，以利排水。用此法贮苗，种苗抗寒能力较差。

三、当归移栽技术

1. 土壤选择

当归是喜肥作物，要获得优质高产，必须选择中性、微酸性或微碱性的肥沃、疏松、土层深厚、腐殖质含量高的砂壤土或黑垆土等，以利于当归肉质根的生长。当归不宜连作，可与麦类、豆类、马铃薯、油菜和胡麻等作物轮作，轮作周期必须在三年以上。

2. 精细整地

前茬作物收获后，秋季及时耕翻耙耱 2 ～ 3 遍，剔除石块和残枝落叶等；春季当归移栽前，结合施用有机肥和化肥，再耕翻一次，打碎坷垃，使土壤耕作层达到细、平、绵、墒的要求，以利于覆膜移栽。

3. 配方施肥

根据当归的生长发育特点，实行科学配方施肥是当归优质高产的基础。1993 ～ 1994 年漳县农技站在草滩乡金门村进行当归配方施肥试验，该地海拔 2360m，年降雨量 550mm，无霜期 120 ～ 140 天，≥ 0℃的积温 2309℃，≥ 10℃的积温 1523℃，热量较差，雨量充足，春季回暖迟，秋季降温快。试验地前茬油菜，试验前土壤有机质含量 1.88%，全氮 0.105%，全磷 0.075%，全钾 2.045%，碱解氮 140mg/kg，速效磷 4.7mg/kg，速效钾 69mg/kg，土壤 pH 7.25。

试验采用随机区组设计，设 N0P0、N1P1、N1P2、N1P3、N2P1、N2P2、N2P3、N3P1、N3P2、N3P3 共 10 个处理，其中 N1、N2、N3 分别代表施纯氮 45kg/hm^2、150kg/hm^2、225kg/hm^2，P1、P2、P3 分别施 $P_2O_5$45kg/hm^2、105kg/hm^2、150kg/hm^2。三次重复，共 30 个小区，小区面积 10m^2，2 行区，行距 50cm，株距 25cm。施肥时，氮肥（尿素）2/3 作基肥，1/3 作追肥于叶丛期中耕时施入，磷肥（过磷酸钙）作基肥栽植时一次施入。栽植时开沟施肥，覆土后，再按株距 25cm 挖窝移栽当归苗。生育期间中耕除草 3 次。重点调查分析经济产量、优等当归出成率、麻口率和田间抽薹率，试验结果见表 2-58。

表 2-58 氮磷配施对当归产量、品质及经济效益的影响（1993 ～ 1994 年）

处理	经济产量（kg/hm^2）	产值（千元 /hm^2）	优等当归出成率（%）	麻口率（%）	田间抽薹率（%）
CK	3217.4	28.97	34.5	22.7	22.5
N0P0	2877.5	25.90	28.9	43.0	34.5
N1P1	3717.8	34.00	37.6	29.8	29.3
N1P2	4635.8	41.72	54.4	19.0	20.5
N1P3	5020.0	45.18	69.6	11.4	14.3
N2P1	4988.7	44.90	81.2	17.5	12.0
N2P2	5471.2	49.24	94.9	2.2	10.7
N2P3	6128.0	55.15	97.3	4.6	8.1
N3P1	4077.3	36.70	85.4	11.9	12.5
N3P2	5477.8	49.30	90.3	14.8	10.4
N3P3	4810.0	43.29	81.1	17.1	14.9

注：优等当归出成率指特等、一等、二等当归所占的比例。

试验结果显示，在低、中供氮水平下，随供磷水平的提高，当归产量表现出增大的趋势，但在高氮条件下，产量则没有增加，这可能是氮肥施用量过高所致。可见，在一定范围内增施磷肥有利于当归根系的生长，提高当归的产量。当归产量随供氮水平的提高也逐渐增加，但当超过一定量时，又呈下降趋势，如低氮、中氮各处理平均分别比不施肥处理增产 37.4% 和 59.0%，其中以 N2P3 处理产量增加最为明显。这也反映出磷肥施用量是制约当归产量进一步提高的主要限制因子之一。据取样化验，当归产区土壤有效磷含量普遍偏低，90% 的土样速效磷含量低于 5mg/kg，这不仅影响当归产量的进一步提高，也影响其品质。土壤缺磷表现为当归根系生长不良，根侧芽减少或不分侧芽，植株矮小。因此增施磷肥及氮磷配施是促进当归产量提高的有效措施。栽种当归的经济效益不仅受当归根重的影响，而且也与当归质量的好坏密切相关。出口当归除要求无病虫伤斑外，还要求达到特等、一等标准（即一等当归身干重每 500g12 ～ 16 支，特等归每 500g10 支以下）。药材等级之间的价格相差有时竟达 2 ～ 10 倍。研究发现，随氮、磷水平的提高，优等（特等、一等）当归出成率显著提高，当在每公顷施纯氮 150kg 时，磷肥施用量在 105kg 以上时，优质当归出成率均在 94% 以上。可见，在一定范围内，氮磷配施能显著提高净芦头干重，有利于优质当归出成率的提高。

当归主产于高寒阴湿的冷凉山区，产地土层深厚，土壤持水量大，这为当归的生长创造了有利的条件，但也是土壤微生物滋生的场所，加之当归根系富含营养，当归田连作严重，致使当归根区微生物十分活跃，麻口病非常严重，使商品价值显著降低。张广学等的研究认为，麻口病是当归根际土壤食物网成员间相互作用的结果，致病菌为燕麦镰刀菌等 6 种真菌，致病菌通过地下害虫和人为机械创伤形成的伤口侵染形成麻口病症状，使商品价值显著降低。在一定供氮水平的基础上，增施磷肥不但可增加产量，对麻口病的蔓延也有很好的抑制作用。试验发现，氮磷配比各处理均较对照（不施肥）麻口率下降，尤以在中氮水平下更为明显。其可能原因是供磷提高了植株生长势，增强了对病原菌的抵抗能力。

移栽当年当归提前抽薹是制约当归生长的重要障碍之一。据调查，正常年份当归提前抽薹率在 10% ～ 30%，严重的高达 80% 以上，提前抽薹率的增加使田间缺苗断垄现象十分普遍。从该试验可以看出，当归提前抽薹率在低肥水平下要高于高肥水平，且低氮水平要高于高氮水平。可见，一定量的氮磷进行配比后，对当归提前抽薹率也有一定的控制作用。

在施用一定量氮肥的基础上，增施磷肥可提高当归根产量，提高优质当归出成率。氮磷配比对当归麻口病有较好的抑制作用，对控制提前抽薹也有一定的作用。

研究认为，当归产区缺磷是限制当归产量的重要因子之一，最佳的当归施肥方案是每公顷施纯氮 150kg 左右，施纯 $P_2O_5$100 ～ 150kg，N ∶ P 以 1 ∶ 0.7 ～ 1 时增产效果最为明显。最佳的施肥方式以磷肥作基肥一次施入，氮肥 2/3 作基肥，1/3 在叶生长盛期追施。

为了探索不同化肥对当归生长发育及提前抽薹率的影响，2001 ～ 2002 年漳县农技站在金钟镇大石门村进行了当归施用不同化肥的试验研究。探索在黑色地膜覆盖栽培条件下，施用纯氮和纯磷量相同的磷酸二铵、过磷酸钙 + 硝酸铵、过磷酸钙 + 尿素及单施纯氮量相同的硝酸铵、尿素对当归产量性状和提前抽薹率的影响，结果见表 2-59、表 2-60。

表 2-59 当归施用化肥试验设计（单位：kg/ 小区）

商品化肥施用量	折合纯量	
	N	P_2O_5
磷二铵 0.675	0.12	0.31

续表

商品化肥施用量	折合纯量	
	N	P_2O_5
硝酸铵 0.357+ 磷肥 2.587	0.12	0.31
硝酸铵 0.357	0.12	—
尿素 0.264	0.12	—
尿素 0.264+ 磷肥 2.587	0.12	0.31
CK（空白）	—	—

注：磷二铵含 N18%、P_2O_5 46%，硝酸铵含 N34%，尿素含 N46%，磷肥含 $P_2O_5$12%。

表 2-60　当归施用化肥试验提前抽薹率统计（%）

处理内容	Ⅰ	Ⅱ	Ⅲ	平均
磷二铵	3.40	4.57	8.44	5.42
硝酸铵 + 磷肥	3.74	5.36	4.17	4.39
硝酸铵	8.97	2.23	2.37	4.06
尿素	4.49	2.26	3.79	3.53
尿素 + 磷肥	3.35	2.05	6.34	3.94
CK（空白）	1.83	6.60	1.57	3.29

从试验结果来看，施用不同种类化肥的提前抽薹率都比对照高，以磷二铵最显著。施用磷二铵比硝酸铵 + 磷肥、尿素 + 磷肥，抽薹率分别提高 1.03 和 1.48 个百分点；单施硝酸铵较单施尿素，抽薹率提高 0.53 个百分点；硝酸铵 + 磷肥的处理较尿素 + 磷肥的处理抽薹率也提高 0.45 个百分点。由此说明，施用速效氮比迟效氮易诱发当归抽薹。

为了探索当归最佳追施氮肥时期，为科学施肥提供依据，2002 ～ 2003 年漳县农技站在金钟镇大石门村进行了当归不同时期追施氮肥（尿素）的试验，结果见表 2-61、表 2-62。

表 2-61　当归不同时期追施氮肥试验设计（单位：kg/ 小区）

处理内容	商品化肥用量	折合纯 N 量
CK（底施尿素）	0.264	0.12
5 月 26 日追施尿素	0.264	0.12
6 月 26 日追施尿素	0.264	0.12
7 月 26 日追施尿素	0.264	0.12
8 月 26 日追施尿素	0.264	0.12

表 2-62　当归不同时期追施氮肥提前抽薹率统计（%）

处理内容	Ⅰ	Ⅱ	Ⅲ	平均
CK（底施尿素）	2.11	3.21	11.94	4.84
5 月 26 日追施尿素	5.45	0.98	4.83	3.80
6 月 26 日追施尿素	1.42	2.17	6.44	3.27

续表

处理内容	Ⅰ	Ⅱ	Ⅲ	平均
7月26日追施尿素	1.71	1.83	1.38	1.64
8月26日追施尿素	1.92	2.36	2.15	2.15

当归提前抽薹时间一般集中在6～7月，7月26日及以后追施尿素未发现新抽薹植株。各处理的当归抽薹率均依追施氮肥时间推迟而有降低趋势，说明氮肥迟施能有效降低当归抽薹率，这与当归施用化肥试验中，施用迟效氮比速效氮能有效降低当归抽薹率的结果完全一致。

试验结果表明：①施用不同种类的化肥，当归提前抽薹率都比对照高，施用速效氮比迟效氮易诱发当归抽薹，施磷肥对当归抽薹率的影响作用明显。②施用不同种类的化肥，当归产量都比对照高，增产作用均显著，以氮肥和磷肥配合施用效果最好，速效氮和迟效氮肥都能促进当归产量增加，且两者差异不太明显。③施用氮磷化肥都会促进当归提前转入生殖生长阶段，加速提前抽薹；而施用迟效氮比施用速效氮更有抑制抽薹作用。在当归大田生产中，提倡施用优质腐熟农家肥，合理施用氮磷化肥，氮肥以迟效氮为主或者适当推迟施用，以有效降低当归抽薹率。

当归施用欣庆新型矿物有机肥（氮磷钾含量≥5%，有机质≥40%），增产效果也十分明显。2012～2014年在漳县金钟镇和大草滩两乡示范1200亩，亩施欣庆新型矿物有机肥60～80kg，当归亩产208.5～226.7kg，较对照亩增产9.7%～17.2%。

4. 地膜覆盖

采用地膜覆盖栽培技术，是当归主产区提高当归产量，改善当归品质，增加药农收入的最有效的技术措施之一。目前，在海拔2100m以上的当归种植区，绝大多数药农在当归生产中，改革传统的露地种植，采用地膜覆盖栽培技术。地膜覆盖的好处是增温保墒、抑制杂草，能显著提高当归产量和特、一等归出成率。当归成药期早春进行地膜覆盖，不仅能提高地温，而且大大减少土壤蒸发，保存土壤水分，使土壤中的有效水分能较长时间供给当归生长发育的需要，从而提高了水分的有效利用率，是提高当归产量和改善当归品质的一项值得推广的栽培技术。

2008年漳县农技站在大草滩乡进行了当归黑白地膜覆盖对比试验。试验区海拔2600m，年降雨量500～618mm，年平均气温5.5℃，无霜期116～145天，≥0℃的积温2300℃，年日照时数在2300h以上。试验用地为黑垆土，前茬为春小麦，亩施优质腐熟农肥2000kg，土壤肥力均匀一致，播前精细整地，做到地平、土绵、墒饱、无石块和杂物。试验共设三处理：①黑色地膜覆盖栽培；②白色地膜覆盖栽培；③露地栽培（CK）。设3次重复，共9个小区；小区面积为4×5=20m^2，区间距30cm，保护行50cm。试验于4月8日移栽当归苗，667m^{2}移栽6667穴。5月22日定苗，每穴留1株健壮苗，并加强田间管理，以促进当归健壮生长。在当归生长期间和收获期，认真观察记载和调查了各处理当归抽薹株数、抽薹率、麻口病株数、除草次数、除草用工时间、收获株数、小区产量、特一等归株数、特一等归出成率，并分别和对照进行比较，详见表2-63～表2-66。

表 2-63　当归黑白地膜覆盖对比试验设计（单位：kg/ 小区、kg）

处理代码	处理内容	小区施肥折合纯量			亩施肥纯量			亩施肥实物用量		
		N	P_2O_5	K_2O	N	P_2O_5	K_2O	尿素	磷肥	钾肥
①	黑色地膜覆盖栽培	0.30	0.18	0.06	10.0	6.0	2.0	22.0	50.0	6.0
②	白色地膜覆盖栽培	0.30	0.18	0.06	10.0	6.0	2.0	22.0	50.0	6.0
③	露地栽培（CK）	0.30	0.18	0.06	10.0	6.0	2.0	22.0	50.0	6.0

注：尿素含 N 46%，磷肥含 $P_2O_5$12%，钾肥含 K_2O 33%。

表 2-64　当归黑白地膜覆盖栽培试验抽薹率和麻口病株率测定结果（单位：株、%）

处理代码	Ⅰ		Ⅱ		Ⅲ		抽薹率平均				麻口病平均			
	抽薹株数	麻口病株数	抽薹株数	麻口病株数	抽薹株数	麻口病株数	抽薹株数	抽薹率	较对照增减	增减	麻口病株数	麻口病株率	较对照增减	增减
①	23	27	22	28	25	33	23.3	11.7	0.7	5.9	29.3	16.6	−0.4	−3.3
②	24	29	21	32	22	29	22.3	11.2	0.2	1.4	30.0	16.9	−0.1	−0.9
③	22	28	21	30	23	33	22.0	11.0	—	—	30.3	17.0	—	—

注：抽薹株数为当归抽薹开始到抽薹结束每小区抽薹株的合计数；麻口病株数为试验收获时每小区实际测定的麻口病株的合计数。

表 2-65　当归黑白地膜覆盖栽培试验除草用工测定结果（单位：次、h）

处理代码	Ⅰ		Ⅱ		Ⅲ		平均					
	除草次数	除草用工时间	除草次数	除草用工时间	除草次数	除草用工时间	除草次数	较对照增减	增减 %	除草用工时间	较对照增减	增减 %
①	1	2	1	2	1	2	1	−4	−80.0	2	−10	−83.3
②	2	5	2	5	2	5	2	−3	−60.0	5	−7	−58.3
③	5	12	5	12	5	12	5	—	—	12	—	—

注：除草用工时间为多次除草的累计数。

表 2-66　当归黑白地膜覆盖栽培试验产量测定结果（单位：株、kg）

处理代码	Ⅰ			Ⅱ			Ⅲ			平均								
	收货株数	小区产量	特一等归株数	收货株数	小区产量	特一等归株数	收货株数	小区产量	特一等归株数	收货株数	小区产量	较对照增减	增减 %	特一等归出成率	较对照增减	增减 %	单株重量	折合亩产
①	177	17.2	75	178	17.5	77	175	17.7	80	176.7	17.5	3.6	25.9	43.8	11.0	33.5	0.0989	583.4
②	176	16.5	72	179	16.9	75	178	15.8	70	177.7	16.4	2.5	18.0	40.7	7.9	24.1	0.0923	546.7
③	178	14.2	61	179	13.8	56	177	13.6	58	178	13.9	—	—	32.8	—	—	0.0779	462.2

注：收获时逐小区统计株数、特一等归株数，称药用部分鲜重，以鲜重计算。

从表 2-64 可以看出，黑色地膜覆盖栽培处理抽薹率最高，白色地膜覆盖栽培处理次之。黑色地膜覆盖栽培和白色地膜覆盖栽培处理抽薹率分别较对照提高 0.7 和 0.2 个百分点，分别增加 5.9% 和 1.4%，都有抽薹率提高的趋势，但影响作用不太显著。黑色地膜覆盖栽培较白色地膜覆盖栽培当归抽薹率增加 0.5 个百分点，增加 4.5%，说明覆盖地膜栽培易诱发当归抽薹。当归麻口病发生危害率以黑色地膜覆盖栽培处理最低，白色地膜覆盖栽培处理次之。黑色地膜覆盖栽培和白色地膜覆盖栽培处理麻口病发生危害率分别较对照降低 0.4 和 0.1 个百分点，降低 3.3% 和 0.9%，都有麻口病危害率降低的趋势，但影响作用都不太显著。黑色地膜覆盖栽培较白色地膜覆盖栽培当归麻口病危害率降低 0.3 个百分点，降低 2.3%，说明覆盖地膜栽培当归麻口病危害率都有减轻的趋势。

从表 2-65 可以看出，黑色地膜覆盖栽培处理除草次数和用工数量最少，节约劳力最多，效率最好，白色地膜覆盖栽培处理次之。黑色地膜覆盖栽培和白色地膜覆盖栽培处理除草用工次数分别较对照减少 4 次和 3 次；花费除草用工时间分别较对照减少 10 小时和 7 小时，分别降低 83.3% 和 58.3%，影响作用显著。黑色地膜覆盖栽培较白色地膜覆盖栽培当归除草用工次数减少 1 次，降低 50%；花费除草用工时间减少 3 小时，降低 60.0%，影响作用显著，说明覆盖地膜栽培抑制杂草效果好，当归除草次数和用工数量都比露地栽培减少，可节约劳力资源，投入少，效益最好。

从表 2-66 可以看出，黑色地膜覆盖栽培处理小区产量最高，白色地膜覆盖栽培处理次之。黑色地膜覆盖栽培和白色地膜覆盖栽培处理当归产量分别较对照增加 3.6kg 和 2.5kg，分别增产 25.9% 和 18.0%；黑色地膜覆盖栽培较白色地膜覆盖栽培小区产量增加 1.1kg，增产 6.7%，说明覆盖地膜栽培当归产量增加效果明显，而覆盖黑色地膜栽培较覆盖白色地膜栽培增产效果更为显著。特一等归出成率以黑色地膜覆盖栽培处理最高、白色地膜覆盖栽培处理次之。黑色地膜覆盖栽培和白色地膜覆盖栽培处理特一等归出成率分别较对照增加 11.0 个百分点和 7.9 个百分点，提高 33.5% 和 24.1%；黑色地膜覆盖栽培较白色地膜覆盖栽培特一等归出成率增加 3.1 个百分点，提高 7.6%，说明覆盖地膜栽培特一等归出成率增加显著，且覆盖黑色地膜栽培较覆盖白色地膜栽培特一等归出成率增加更为明显。

另据漳县农技站当归地膜覆盖栽培多点试验资料（2012 ～ 2013 年），当归应用黑色地膜覆盖栽培技术，一般较露地栽培亩增产干归 30 ～ 40kg，增产 19% ～ 25.6%。特一等归出成率分别较白色地膜覆盖栽培和露地栽培提高 3 个百分点和 11 个百分点。采用黑色地膜覆盖栽培技术，由于不透光，膜下杂草不能生长，可节省大量除草用工，降低生产成本。据大面积调查，黑色地膜覆盖栽培和露地栽培相比，每亩可减少除草用工 5 个左右，经济、社会和生态效益十分显著。

为了进一步探索不同覆膜方式对当归土壤水分和小区产量的影响，2013 年漳县农技站在大草滩乡晨光村进行了当归不同覆膜方式试验。试验设 7 个处理、3 次重复，单因子随机区组设计，小区面积 $16m^2$。区间距和走道均 40cm，四周设 1m 保护行。处理分别是：①白膜垄作；②白膜全覆；③黑膜垄作；④黑膜全覆；⑤膜侧栽培；⑥全膜覆土；⑦平作（CK）。试验地前茬为蚕豆；4 月 12 日结合耕翻土地，$666.7m^2$ 施中药材专用肥 72kg、农肥 3600kg，N ∶ P_2O_5 ∶ K_2O =1 ∶ 0.6 ∶ 0.3。4 月 12 日覆膜，4 月 13 日移栽，每穴移栽 2 株当归种苗，160 穴 / 小区，$666.7m^2$ 保苗 6667 穴，除膜侧栽培 5 垄 / 小区，2 行 / 垄，16 穴 / 行，平均行距 32cm，穴距 31.25cm，其余处理均 8 行 / 小区（白膜垄作和黑膜垄作均 4 垄 / 小区，2 行 / 垄），20 穴 / 行，平均行距 40cm，穴距 25cm。田间管理措施同大田生产水平一致。

该区光温、水土条件良好，是当归的适宜种植区。试验地前茬为蚕豆，土壤为黑垆土，土壤肥力均匀。供试种苗为农户自己所育的均匀一致且生长健壮的优质苗；所用不同幅宽的黑色和白色地膜均从当地农资部门购买，地膜厚度均为 0.008mm。

调查取样方法：在当归生育期 8 月 22 日（降雨后十多天，地表干燥时）用浙江托普仪器有限公司生产的 TZS- ⅡW 型土壤水分温度测量仪测定土壤水分；10 月 22 日每小区随机取样 15 株进行测产，测定单株平均鲜根重量，试验小区应收获株数为小区出苗株数减去抽薹株数和死苗株数，小区产量 = 单株平均鲜根重量 × 小区应收获株数。处理间比较用方差分析，$F > F_{0.05}=3.00$（或 $F_{0.01}=4.82$）为显著（或极显著）；各处理的比较采用新复极差（LSR）法测验，若> $LSR_{0.05}$（或 $LSR_{0.01}$）视为显著（或极显著）。

不同覆盖方式对当归土壤水分的影响：水是作物生长的关键因子，土壤水分适宜，当归生长旺盛，根部物质积累加快，抽薹率降低，群体密度适宜，植株生长正常；土壤干旱，当归植株生长发育受到影响，逆境促进了生殖生长，当归提前抽薹严重，抽薹率明显提高，造成田间缺苗断垄影响整体产量。土壤水分不同覆膜方式差异极显著（F=9.91），土壤水分处理白膜全覆>白膜垄作>全膜覆土>黑膜全覆>黑膜垄作>膜侧栽培>平作（CK）。除黑膜垄作和膜侧栽培处理外，其余处理与对照间差异均极显著（图 2-5、表 2-67）。半覆盖栽培中土壤水分白膜垄作较黑膜垄作高 3.6 个百分点，提高 45.4%，差异显著；白膜垄作较膜侧栽培高 5.35 个百分点，提高 86.6%，差异极显著。全覆盖栽培中土壤水分白膜全覆较黑膜全覆高 2.92 个百分点，提高 28.2%，差异显著；白膜全覆较全膜覆土高 2.59 个百分点，提高 24.2%，差异不显著；全膜覆土较黑膜全覆高 0.33 个百分点，差异不显著。土壤水分白膜全覆较白膜垄作高 1.76 个百分点，提高 15.26%；黑膜全覆较黑膜垄作高 2.44 个百分点，提高 30.77%，差异均不显著。由此可见，地膜覆盖栽培的处理土壤保墒性能良好，土壤水分均显著高于露地栽培，且白色地膜的保墒性能好于黑色地膜，全覆盖栽培好于半覆盖栽培。

不同覆膜方式对当归小区产量的影响：收获时测定，当归小区产量（鲜重）处理间差异极显著（F=8.32），小区产量处理白膜垄作>白膜全覆>黑膜垄作>黑膜全覆>全膜覆土>膜侧栽培>平作（CK）。当归小区产量除膜侧栽培外均与对照间差异极显著（图 2-6、表 2-67）。小区产量白膜垄作较黑膜垄作高 0.34kg，提高 3.64%，差异不显著；白膜垄作较膜侧栽培高 4.06kg，提高 72.11%，差异极显著。白膜全覆较黑膜全覆高 1.05kg，提高 11.08%；白膜全覆较全膜覆土高 1.67kg，提高 21.38%；黑膜全覆较全膜覆土高 0.62kg，提高 7.94%，差异均不显著。白膜垄作较白膜全覆高 0.21kg，提高 2.22%；黑膜垄作较黑膜全覆高 0.92kg，提高 10.91%，差异均不显著。可见，除膜侧栽培处理外，地膜覆盖栽培处理的当归小区产量均明显高于露地栽培，而且白膜覆盖栽培较黑膜覆盖栽培当归产量有增加的趋势。

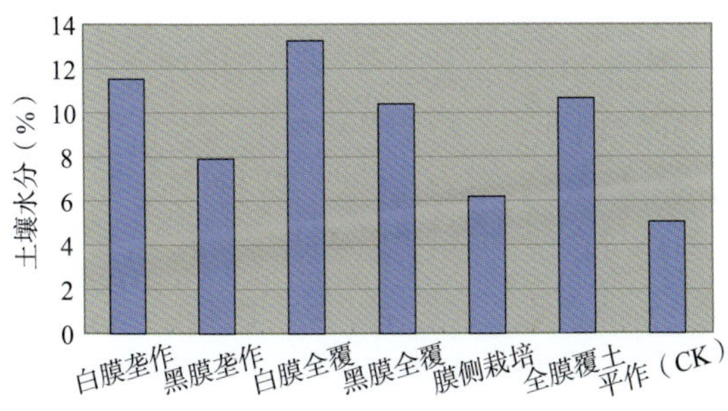

图 2-5 不同覆膜方式对当归地土壤水分的影响

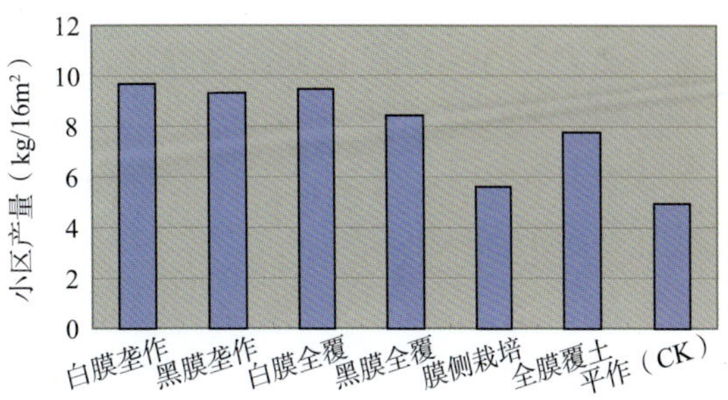

图 2-6 不同覆膜方式对当归小区产量的影响

表 2-67 不同覆膜方式对当归地土壤水分和小区产量的影响

处理	土壤水分（%）			小区产量（$kg/16m^2$）			折合亩产（$kg/666.7m^2$）
	平均	较 CK±	±%	平均	较 CK±	±%	
白膜全覆	13.29^{Aa}	8.22	162.13	9.48^{Aa}	4.54	91.99	395.00
白膜垄作	$11.53^{AB\,ab}$	6.46	127.35	9.69^{Aa}	4.75	96.06	403.75
全膜覆土	$10.70^{ABC\,abc}$	5.63	111.11	$7.81^{AB\,a}$	2.87	58.14	325.42
黑膜全覆	$10.37^{ABC\,bcd}$	5.3	104.54	$8.43^{AB\,a}$	3.49	70.71	351.25
黑膜垄作	$7.93^{BC\,cde}$	2.86	56.48	9.35^{Aa}	4.41	89.33	389.59
膜侧栽培	$6.18^{C\,de}$	1.11	21.83	$5.63^{BC\,b}$	0.69	14.03	234.58
平作（CK）	5.07^{Ce}	—	—	4.94^{Cb}	—	—	205.83

注：表中大、小写字母分别表示处理间 1%、5% 差异水平的显著性。

采用地膜覆盖栽培技术能有效抑制土壤水分蒸发，提高增温保墒和保肥效果，防止雨水对土壤养分的淋溶，使土壤中微生物活动旺盛，有机质分解矿化过程加快，速效养分含量增加，当归出苗率明显较露地栽培提高，土壤水分含量均高于露地栽培，且白色地膜的保墒性能好于黑色地膜，全覆盖栽培好于半覆盖栽培。据田间试验观察及多年生产实践经验，黑膜覆盖较白膜覆盖可见光透过率低，黑膜覆盖下杂草植株矮小，表现白化或黄化，使杂草幼芽得不到必需的阳光而死亡，抑制杂草效果良好，有效避免了杂草对土壤养分、水分、CO_2 和光照的无谓消耗。在杂草较多的地块，虽然用白膜覆盖栽培增温保墒，但膜下杂草生长旺盛，与当归争水争肥矛盾突出，生长一段时间后杂草将地膜高高抬起，此时人工拔除杂草势必破坏地膜的完整性，不除草难免浪费土壤肥力，影响当归生长发育，必须揭膜后拔除杂草，再压好地膜，这样既费工费时又增加了劳动强度，用黑膜覆盖栽培可有效解决这一技术难题。在当归生产中，在杂草较多易发生草荒的地块采用黑膜覆盖栽培，能减少除草用工，实现节本增效生产；在杂草较少的地块采用白膜覆盖栽培，因白膜透光性能好，光合作用强，增产潜力较大。

此外，漳县农技站研究了不同种植模式对当归产量构成因素的影响，以白膜半覆、白膜全覆、黑膜半覆、黑膜全覆、膜侧栽培和双垄沟栽 6 种不同栽培模式与露地垄作（对照）比较，分析栽培模式对当归出苗率、抽薹率、水浸病死率、小区收获株数、单株鲜重和小区产量的影响。结果：白膜半覆当归产量最高，较对照增产 35.6%；黑膜半覆次之，较对照增产 28.87%；黑膜全覆第三，较对照增产 28.72%；白膜全覆第四，较对照增产 16.17%；膜侧栽培增产作用不显著；双垄沟栽产量最低。

地膜覆盖的方法是结合整地施肥，用高效、低毒、低残留农药敌百毒死蜱 5 千克 / 亩进行土壤消毒，以杀灭地下害虫和农田病原微生物。要边整地边起垄覆膜，以免跑墒。做到垄面平整，垄行端正；若选用 75 ～ 80cm 幅宽的地膜，垄面宽 55 ～ 60cm；若选用 110 ～ 120cm 幅宽的地膜，垄面宽 90cm；垄高 15 ～ 20cm，垄间距 25 ～ 30cm；覆膜时使地膜紧贴地面，拉紧绷直，前后左右用细湿土压严压实，每隔 2 ～ 3m，用湿土在覆好的地膜上横压一约 10cm 宽的土腰带，以防止地膜被大风吹起，造成土壤水分蒸发和当归出苗时与移栽孔发生错位，增大放苗的工作量。

5. 移栽种苗

3 月下旬至 4 月中上旬，当 10cm 地温稳定通过 5℃时，及时进行整地、施肥和覆膜，为移栽种苗做好准备。要选用具有优良品种特征特性，丰产性能好，直径 3 ～ 5mm，苗龄 90 ～ 110 天，百苗鲜重 40 ～ 70g 的健壮种苗。要求头梢尾完整、表皮光滑、大小均匀一致、条长无分叉、无病害、无机械损伤、根芽完整，要剔除烂苗、霉苗、伤病苗、分叉过多苗和过小苗。

地膜覆好后，可用木制开孔器破膜开穴，采取三角形移栽法；55 ～ 60cm 垄面每垄移栽 2 行，宽行距 45 ～ 50cm，窄行距 35 ～ 40cm，穴距 20 ～ 25cm，每亩移栽 5900 ～ 7400 穴；85 ～ 90cm 垄面每垄 3 行，宽行距 45 ～ 50cm，窄行距 23 ～ 25cm，穴距 23 ～ 27cm，每亩移栽 6100 ～ 7300 穴。移栽密度要适宜。应根据当地海拔高度、气候条件和土壤肥力状况及耕作水平合理确定株行距，以提高植株通风透光率，满足当归植株健壮生长为宜。一般情况下，海拔较低、气温较高、土壤肥沃、管理精细时，移栽密度宜稀；反之，海拔较高、气温较低、土壤瘠薄、管理粗放时，移栽密度宜稠；以当归定苗后确保每亩有 5500 ～ 7000 株为宜。为防止提前抽薹保证全苗，移栽种苗时，每穴移栽 2 株种苗，将双苗分开定植；边覆土边压紧，覆土至半穴时，将种苗轻轻向上一提，使根系舒展，然后盖土至满穴，覆盖细土没过种苗头部 2cm 左右即可，然后地膜开口用细湿土压严。移栽深度要适宜，太浅时表土墒情差，幼苗扎根浅，易烧苗；太深时种苗顶土困难，消耗养分多，影响生长发育。麻口病发生严重的地块，每亩可用 50% 辛硫磷和 40% 多菌灵各 1kg，兑水 2.5kg，与 50kg 细生土或细砂混匀制成毒土（砂），按每穴 10g 置于当归种苗头部 2cm 处后覆土定植，以除虫防病，当归麻口病的防效达 80% 以上。

6. 田间管理

要实行全程长效化管理，规范药材生产全过程。移栽后，发现地膜破损要及时用细湿土封严；苗期要勤去田间观察，当归出苗后，有些植株叶片会偏离移栽开口而被压在膜下，要及时进行人工辅助放苗，放苗不及时容易烧苗。要适时拔除垄沟及膜下杂草，避免杂草将地膜顶起，与当归争水、争肥，减少养分的无谓消耗；7 月中上旬，当归提前抽薹盛期过后，每穴选留一健壮株独苗定植。在拔除提前抽薹株或多余株时，要一手压住所留正常健壮植株，用另一手轻拔，以免将健壮株带出。在必须使用化学农药防治病虫害时，一定要严格按照无公害生产技术操作规程，合理筛选高效、低毒、低残留农药，采用最小有效剂量规范用药，禁止使用高毒高残留农药，以降低农药残留和重金属污染；要严格掌握收获前用药安全间隔期限，最后一次施药距收获期必须达到 40 天以上，以确保质量安全。适期灌水，巧施追肥，进行规范化生产，以稳定当归有效成分、内在质量和外形表征，达到产量最大化和质量最优化。

7. 适时收获

霜降过后，当归茎叶基本枯黄，根系生长逐渐停止，产量达到最大，10 月下旬至 11 月上旬为适宜收获期。先割掉当归茎叶，捡除残留的地膜，晒 1 ～ 2 天，再用专制的挖药撅头逐垄逐行采挖。要深挖细捡，轻轻抖掉粘在根上的泥土，用手慢慢捋顺侧根，小心轻放。挑出病根和烂根后，装入竹筐或背篼运至干燥通风的房檐下，或敞篷中，使其缓慢阴干，切记暴晒，以免失去油润，降低品质，减少收入。收获后 30 ～ 45 天，待当归根基本风干以后，再堆码整齐扎捆待出售。

第四节 当归病虫害绿色防控技术研究

当归 [*Angelica sinensis*（Oliv.）Diels] 又名岷归、秦归、西当归、川归等，为伞形科多年生草本植物，以根入药，主产于甘肃、云南和四川等省，陕西、贵州、湖北等省也有生产。当归是甘肃省最具影响力的道地中药材之一，2019 年种植面积 2.1 万公顷，产量 4.2 万吨，平均单产折鲜重 540kg，约占全国总产量的 90%，成为产区农民增收的“当家宝”。目前，当归主要在甘肃省岷县、漳县、渭源、宕昌、康乐、卓尼等地栽植，是这些产区农民的主要经济来源（占农民总收入的 40% ～ 70%）。甘肃省 10 万亩以上的重点县，农民种植药材收益占农民人均纯收入的比重明显提高。2001 年定西市岷县被国家命名为“中国当归之乡”。由于特殊的地理和气候条件，岷县所生产的“岷归”以品质优良著称。随着当归产业的不断壮大和发展，使得轮作倒茬日益困难，病原菌逐年积累，造成了当归病虫害的大面积发生。国内报道，当归病虫害主要有腐烂茎线虫（麻口）病、根腐病、褐斑病和白粉病等。当前对当归病虫害防治主要依靠以涕灭威、甲拌磷、甲基异柳磷为主的化学农药。在 2000 年以后，国家提出发展无公害农产品，在中药材上禁止使用高毒农药（其中包括甲基异柳磷），但目前普遍存在的问题一是无有效可替代的低毒药剂，防治技术环节不能严格把握，防治病虫害效果不理想；二是在生产中甲基异柳磷、3911、神农丹（涕灭威）等高毒剧毒农药和壮根灵等激素类药剂屡禁不止，使药材中农药残留增加，不仅影响当归的品质，而且给广大消费者带来了安全隐患。本节研究内容主要针对当归生产过程中出现的主要病虫，开展生物措施、农业措施及化学农药防控技术等一系列配套技术完善组装集成高效生产技术体系，为甘肃省当归生产向优质化、高产化、高效化、产业化方面发展提供技术支撑。

一、当归麻口病防控技术研究

（一）当归麻口病的病原马铃薯腐烂茎线虫的鉴定

1. 症状观察

当归麻口病主要发生在当归成药期，发病植株地上部分无明显症状，其主要危害当归根部，感染初期，根部外表无症状表现，初侵染病斑多见于土表以下的叶柄基部，产生褐色斑痕，与健康组织分界明显，严重时导致叶柄断裂，叶片由下而上逐渐黄化、枯死、脱落，但不造成死苗。根部感病初期外皮无明显症状，纵切根部，局部可见褐色糠腐状（图2-7），病情发展后，根表皮呈褐色纵裂纹，裂纹深 1 ～ 2mm，根毛增多、畸形，严重时整个根部皮层组织干烂，呈褐色糠腐状，但腐烂部位一般不超过形成层，个别根部腐烂达维管束组织。供试线虫于 2013 年从甘肃省 4 个不同区域当归麻口病上采集（表 2-68）。

图 2-7　当归麻口病的症状

表 2-68　供试线虫样本采集信息

样品编号	采样地点	寄主植物	海拔（m）	地理位置	采集时间
DGMK-1	岷县	当归	2860	34.41° N，104.04° E	2013-08-25
DGMK-2	漳县	当归	1912	34.87° N，104.48° E	2013-08-02
DGMK-3	宕昌	当归	1870	34.06° N，104.38° E	2013-07-03
DGMK-4	会川	当归	2678	35.17° N，104.19° E	2013-08-07

2. 线虫形态特征测量结果及描述

雌虫：n=25，L=789 ～ 1131μm，W=26 ～ 35μm，ST=10 ～ 11.5μm，TL=51 ～ 75μm。雄虫：n=25，L=930 ～ 1248μm，W=28 ～ 30μm，ST=9.5 ～ 11.3μm，TL=59 ～ 87μm。热力杀死后虫体略向腹面弯曲，体表环纹明显。唇区低平，稍缢缩或头部稍窄于与其连接处的体宽。侧区宽约占体宽的 1/5，侧线 6 条。口针基球小、圆形；中食道球纺锤状，后食道腺从背面覆盖肠的前端，排泄孔位于食道腺位置，半月体恰在排泄孔前。雌虫单卵巢，前伸，阴门清晰，位于虫体后部。后阴子宫囊明显，长度约为肛阴距的 2/3。尾呈圆锥状，略向腹面弯曲，尾端细圆。雄虫前部与雌虫相似。交合刺对生，向腹面弯曲，其宽大处有两个指状突起。交合伞从交合刺先端的水平位置开始向后延伸至尾处。引带短，简单。根据以上形态学特征（图 2-8），初步确定 4 个不同地区当归麻口病病原线虫为马铃薯腐烂茎线虫（*Ditylenchus destructor* Thorne）。

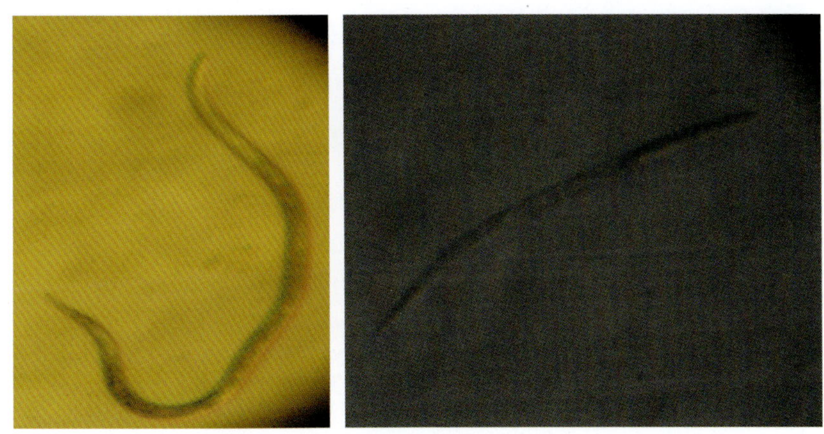

图 2-8　马铃薯腐烂茎线虫

3. rDNA-ITS-PCR 扩增产物电泳检测结果

用引物 rDNA1 和 rDNA2 对甘肃省 4 个不同地区线虫进行 rDNA-ITS-PCR 扩增后，用琼脂糖凝胶电泳检测，各地区线虫样本的 ITS 片段大小为 1000bp 以下（图 2-9）。

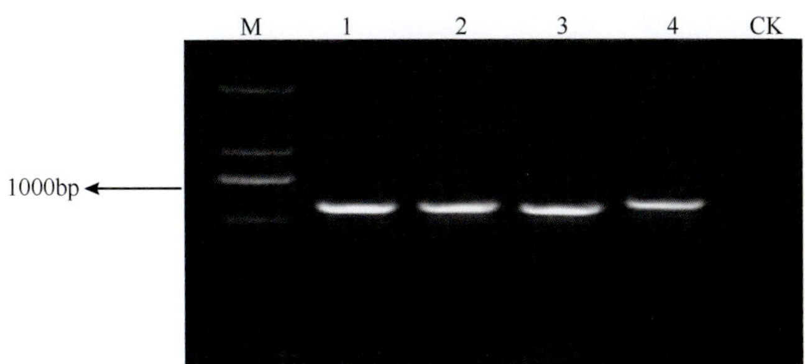

图 2-9　4 个线虫样品 PCR 扩增电泳图

M：DNA 标准分子量；1 ～ 4：DGMK-1、DGMK-2、DGMK-3、DGMK-4（样品编号见表 2-68）；CK：阴性对照

4. 序列测定、分析及同源性比较结果

4 个当归麻口病病原线虫种群的 ITS 片段大小为 940bp。经测序后，对其 rDNA-ITS 区域序列与 GenBank（http：//www.ncbi.nlm.nih.gov）数据库进行比对，Nucleotide BLASTN 序列与马铃薯腐烂茎线虫 ITS 区域序列的同源性达到 99%，表明甘肃省 4 个地区的当归麻口病病原线虫为马铃薯腐烂茎线虫。

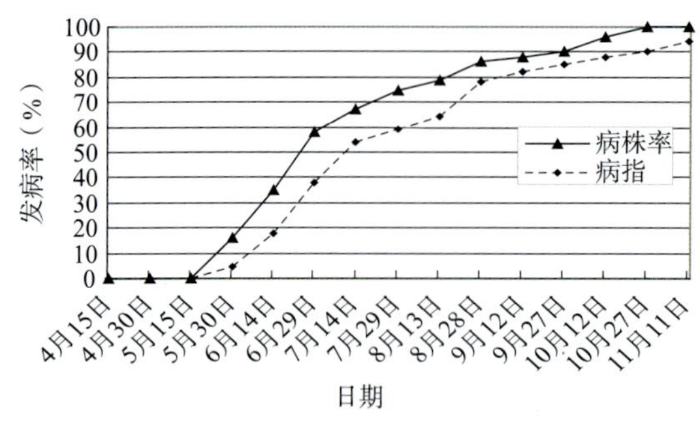

图 2-10　不同时期当归麻口病发生动态

（二）当归麻口病发生规律

1. 当归麻口病发生动态

在栽植期调查发现，部分当归苗已经有发病株出现。栽植后田间调查结果表明，5 月中旬田间开始发病，6 月上旬至 7 月上旬病虫害发病率明显提高（图 2-10）。

2. 马铃薯腐烂茎线虫在不同土层中的垂直分布规律

研究发现马铃薯腐烂茎线虫主要分布在 0 ～ 20cm 的耕作层内，其中 0 ～ 5cm 虫口密度最大，5 ～ 10cm 次之，其次为 10 ～ 20cm，而 20cm 以下土层线虫数量最少，且在不同时期分布不同（图 2-11）。总体上，0 ～ 10cm 虫口占总虫口数的 67.54%，10 ～ 20cm 虫口占总虫口数的 24.33%，20cm 以上虫口占总虫口数的 8.13%。

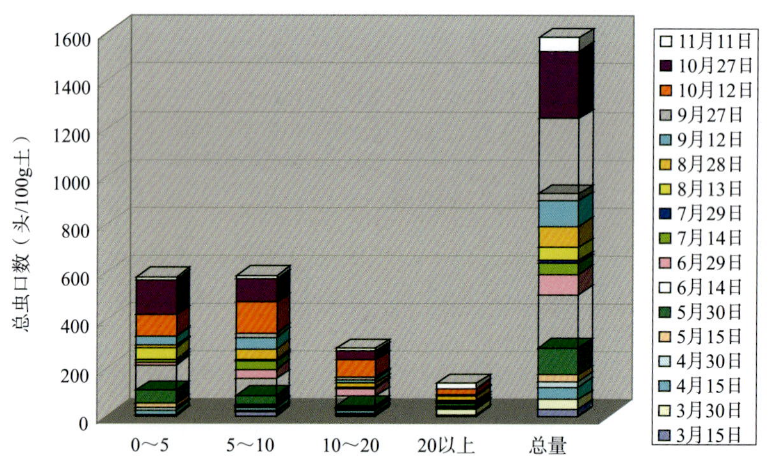

图 2-11　马铃薯茎线虫在土壤中的垂直分布

4 月上旬归苗移栽田间后，从 5 月下旬至当归收获期，健归中均可分离出病原线虫，以 5 月上旬至 5 月下旬侵染数量最多，平均每株苗内有线虫 30 条左右，而 6 月中旬至收获期，每株健归内仅分离出 1 ～ 4 条线虫。结果表明，5 ～ 7 月份是当归麻口病关键侵染发病期。5 月中下旬是病虫害急剧发生期。

（三）当归麻口病分级标准及当归等级的制定

根据《中国药典》《中国农作物抗病性及其利用》，以及当归种植区的实际情况，对当归麻口病的分级标准、鲜归的等级分级标准进行了改进。

1. 改进的当归麻口病分级标准

0 级：归头健康无病。
1 级：归头有黄褐色纵裂或糠腐面积 < 5%。
3 级：归头糠腐面积占 5% ～ 20%。
5 级：归头糠腐面积占 21% ～ 40%。
7 级：归头糠腐面积占 41% ～ 60%。
9 级：归头糠腐面积占 60% 以上。

2. 当归等级划分标准

收获时调查当归，按称重法进行，鲜归划分等级结果如下：

岷县以全归为商品区：特等归：150g 以上。一等归：100g 以上。二等归：50g 以上。三等归：30g 以上。四等归：30g 以下。

会川以当归头为商品区：特等归：200g 以上。一等归：150g 以上。二等归：90g 以上。三等归：60g 以上。四等归：45g 以上。五等归：45g 以下。

（四）当归麻口病绿色防治技术

1. 农业措施

（1）抗病品种：在当归种植时应选择优质抗病品种，岷归系列品种岷归 1 号、2 号、3 号对麻口病有较好的抗性。

（2）选择健壮归苗：①归苗在移栽前须仔细选择，将表皮粗糙、分枝多、侧根倒长、苗质硬、苗心已木质化的苗子除去；②腐烂、发霉、苗体有病斑、虫伤、折断的伤病苗除去；③将苗径小于 2mm 的过小苗除去。

（3）合理轮作、深耕，一般与麦类、豆类、马铃薯、胡麻、油菜等作物实行三年以上轮作种植，可有效减轻麻口病危害。马铃薯、蚕豆田轮作效果差。不能轮作的必须深翻土地，深耕 25cm 左右。

（4）土壤选择：选用发病较轻的黏土地、山坡地或者生荒地、黑土地和地下害虫少的地块种植。当归栽植以土层深厚、排水方便、腐殖质多的微酸性土壤为宜，对抑制病虫为害效果显著。

（5）增施有机肥，合理配方施肥：施入腐熟羊粪、猪粪等优质农家肥每亩 4000 ～ 5000kg 和腐熟油渣每亩 100kg 左右。建议施肥方案：二铵 10kg+ 尿素 12kg+ 双酶多肽钾 40kg；或二铵 15kg+ 尿素 20kg+22% 硫酸钾 20kg；或选用氮磷钾复混有机肥如速达利、大丰收等肥料。

2. 农药防治

（1）生防菌剂穴施对当归麻口病的防治效果及增产作用：利用植物源、微生物或微生物源农药防治当归麻口病已是今后发展的主要方向。目前可选用的药剂主要有狼毒素、斑蝥素、苦参碱、阿维菌素等生物源农药，淡紫拟青霉菌、厚垣轮枝菌、木霉菌、枯草芽孢杆菌等微生物制剂，或微生物菌肥等。

生防菌剂穴施：寡雄腐霉、厚垣轮枝菌和淡紫拟青霉菌剂在当归移栽时穴施可减轻当归麻口病的发生，降低其病情指数。生防菌剂穴施对当归麻口病的防治效果见表 2-69，两种菌剂各处理组当归麻口病的病情指数明显低于对照，差异性显著（$P < 0.05$），淡紫拟青霉菌颗粒剂 41.25kg/hm² 穴施处理防效为 63.43%，与其他处理差异性显著（$P < 0.05$），其次为淡紫拟青霉菌颗粒剂 37.50kg/hm² 和淡紫拟青霉菌颗粒剂 45.00kg/hm²，防效分别为 59.41% 和 49.05%，厚垣轮枝菌微粒剂 30.00kg/hm²、33.75kg/hm²，防效分别为 37.63%、36.58%，厚垣轮枝菌微粒剂 37.50kg/hm² 防效最低，仅为 23.68%。这说明两种菌剂在当归移栽时穴施可明显降低当归麻口病的病情指数，有效控制麻口病的发生。

表 2-69　生防菌剂对当归麻口病的防治效果（甘肃省渭源县会川，2012 年）

药剂	施药方式	制剂量（kg/hm²）	病情指数	防效（%）
2.5 亿个孢子 /g 厚垣轮枝菌微粒剂	穴施	30.00	27.31	37.63[d]
	穴施	33.75	27.78	36.58[d]
	穴施	37.50	33.43	23.68[e]
5 亿活孢子 /g 淡紫拟青霉菌颗粒剂	穴施	37.50	17.18	59.41[b]
	穴施	41.25	16.02	63.43[a]
	穴施	45.00	22.31	49.05[c]
空白对照	不施药	–	50.28	–

注：同列数据后的小写字母在 $P < 0.05$ 水平上差异显著，下同。

当归收获时调查当归的等级并进行测产，结果如表 2-70 所示，两种菌剂当归移栽时穴施可有效提高当归的产量且当归的出成率（特等归和一等归所占比例）有所提高。菌剂各处理组与对照相比均有一定幅度的增产，增产率为 25.78% ～ 63.01%，其中淡紫拟青霉菌颗粒剂 45.00kg/hm² 处理增产率最高，为 63.01%，其次为厚垣轮枝菌微粒剂 33.75kg/hm² 和 30.00kg/hm² 处理，增产率分别为 61.67% 和 61.13%，之后是厚垣轮枝菌微粒剂 37.50kg/hm² 和淡紫拟青霉菌颗粒剂 41.25kg/hm² 处理，增产率分别为 59.30% 和 55.43%，淡紫拟青霉菌颗粒剂 37.50kg/hm² 处理增产率稍低，为 25.78%。两种菌剂处理组特等归所占比例均高于对照，一等归所占比例除厚垣轮枝菌微粒剂 33.75kg/hm² 和 37.50kg/hm² 这两个处理低于对照外，其余的处理均高于对照，各处理二等归所占比例均高于对照。淡紫拟青霉菌颗粒剂 45.00kg/hm² 处理增产率高与该处理组小区当归的出成率有关。

表 2-70　生防菌剂穴施对当归等级、产量的影响（甘肃省渭源县会川，2012 年）

药剂	施药方式	制剂量（kg/hm²）	不同等级当归的比例（%）						小区产量（kg/hm²）	增产率（%）
			特等归	一等归	二等归	三等归	四等归	五等归		
2.5 亿个孢子 /g 厚垣轮枝菌微粒剂	穴施	30.00	35.83	11.67	39.17	8.33	2.50	2.50	57.67[a]	61.13
	穴施	33.75	37.82	5.88	39.50	7.56	3.36	5.88	57.86[a]	61.67
	穴施	37.50	43.97	5.17	31.90	12.07	0.86	6.03	57.01[a]	59.30
5 亿活孢子 /g 淡紫拟青霉菌颗粒剂	穴施	37.50	21.67	6.67	47.50	12.50	5.00	6.67	45.02[ab]	25.78
	穴施	41.25	35.00	7.50	41.67	6.67	2.50	6.67	55.63[a]	55.43
	穴施	45.00	38.33	17.50	30.00	6.67	6.67	0.83	58.34[a]	63.01
空白对照	不施药	–	14.17	6.67	28.33	23.33	10.83	16.67	35.79[b]	–

注：同列数据后的小写字母在 $P < 0.05$ 水平上差异显著。

（2）生物制剂与 15% 阿维・毒乳油复配浸苗对当归麻口病的防治效果与增产作用：当归移栽时选用斑蝥素、奥瑞根、苦参碱菌和 15% 阿维・毒乳油浸苗，可有效控制麻口病的发生，降低病情指数，其中 0.01% 斑蝥素水剂 +15% 阿维・毒乳油兑水 5L 浸苗 10min，对麻口病的防效为 66.44%；2% 苦参碱水剂 +15% 阿维・毒乳油兑水 5L 浸苗 10min，对麻口病的防效为 57.82%；奥瑞根 20ml+15% 阿维・毒乳油兑水 5L 浸苗 10min，对麻口病的防效为 56.90%（表 2-71）。

表 2-71　药剂对当归麻口病的防效（甘肃渭源县会川，2012 年）

药剂	施药方式	制剂量 ml/L	病情指数	防效（%）
奥瑞根 20ml+15% 阿维・毒乳油	浸苗	20ml+25ml	18.33	56.90[bA]
2% 苦参碱水剂 +15% 阿维・毒乳油	浸苗	5ml+25ml	14.17	57.82[bA]
0.01% 斑蝥素水剂 +15% 阿维・毒乳油	浸苗	40ml+25ml	11.22	66.44[aA]
15% 阿维・毒乳油	浸苗	25ml	29.43	41.84[cB]
空白对照	清水浸苗	–	43.80	–

注：同列数据后的字母表示在 $P < 0.05$ 水平上差异不显著。

测产结果表明（表 2-72），各处理组产量与对照相比较均有所增加，2% 苦参碱水剂 +15% 阿维・毒乳油处理增产率最高，为 53.81%；0.01% 斑蝥素水剂 +15% 阿维・毒乳油处理次之，增产率为 44.61%；15% 阿维・毒油乳处理和奥瑞根 20ml+15% 阿维・毒乳油处理增产率分别为 34.35% 和 23.94%。对各处理当归等级调查结果显示，奥瑞根 20ml+15% 阿维・毒乳油浸苗处理特等归比例为 20.83%，一等归为 4.17%，二等归为 55.00%，三等归、四等归和五等归分别为 11.67%、5.83% 和 2.50%；2% 苦参碱水剂 +15% 阿维・毒乳油处理各等级归比例分别为 26.67%、7.50%、35.00%、14.17%、8.33% 和 8.33%；0.01% 斑蝥素水剂 +15% 阿维・毒乳油浸苗处理各等级归比例分别为 33.33%、5.00%、38.33%、11.67%、6.67% 和 5.00%；15% 阿维・毒乳油浸苗处理各等级归比例分别为 24.16%、9.17%、37.50%、11.67%、6.67% 和 10.83%，与对照相比，各药剂处理特等归、一等归和二等归所占比例基本高于对照，该结果说明，药剂浸苗处理降低了当归麻口病的发生率，提高了当归的等级。

表 2-72 生物药剂浸苗处理对当归产量和等级的影响（甘肃渭源县会川，2012 年）

药剂	施药方式	不同等级当归的比例（%）						产量（kg/hm²）	增产率（%）
		特等归	一等归	二等归	三等归	四等归	五等归		
奥瑞根 20ml+15% 阿维·毒乳油	浸苗	20.83	4.17	55.00	11.67	5.83	2.50	13 308.00aA	23.94
2% 苦参碱水剂 +15% 阿维·毒乳油	浸苗	26.67	7.50	35.00	14.17	8.33	8.33	16 515.75aA	53.81
0.01% 斑蝥素水剂 +15% 阿维·毒乳油	浸苗	33.33	5.00	38.33	11.67	6.67	5.00	15 528.00aA	44.61
15% 阿维·毒乳油	浸苗	24.16	9.17	37.50	11.67	6.67	10.83	14 426.00aA	34.35
空白对照	清水浸苗	14.17	6.67	28.33	23.33	10.83	16.67	10 737.72aA	–

注：同列数据后的字母表示在 $P<0.05$ 水平上差异不显著。

（3）15% 阿维·毒乳油浸苗 + 生防菌剂穴施处理对麻口病的防效和增产作用：当归移栽期 15% 阿维·毒乳油浸苗处理，5 亿活孢子 /g 淡紫拟青霉菌颗粒剂 37.50kg/hm² 穴施防治当归麻口病防效最好，为 72.31%；其次为 2.5 亿孢子 /g 厚垣轮枝菌微粒剂 30.00kg/hm² 穴施处理，防效为 54.34%（表 2-73）。

表 2-73 15% 阿维·毒乳油浸苗 + 生防菌剂穴施对当归麻口病的防效

药剂	施药方式	制剂量（kg/hm²）	病情指数	防效（%）
2.5 亿孢子 /g 厚垣轮枝菌微粒剂	穴施 + 浸苗	30.00	20.00	54.34
	穴施 + 浸苗	33.75	31.67	27.70
	穴施 + 浸苗	37.50	37.22	15.13
5 亿活孢子 /g 淡紫拟青霉菌颗粒剂	穴施 + 浸苗	37.50	12.13	72.31
	穴施 + 浸苗	41.25	22.96	47.57
	穴施 + 浸苗	45.00	23.06	37.84
空白对照	不施药	–	50.28	–

当归移栽期种苗用 15% 阿维·毒乳油浸苗处理，生防菌剂穴施处理可有效提高当归产量，提高特等归、一等归的比例，其中 2.5 亿孢子 /g 厚垣轮枝菌微粒剂 30.00kg/hm²（浸苗 + 穴施）处理当归产量最高，增产率为 69.92%；其次为 5 亿活孢子 /g 淡紫拟青霉菌颗粒剂 45.00kg/hm²（浸苗 + 穴施）处理，增产率为 56.66%（表 2-74）。

表 2-74 15% 阿维·毒乳油浸苗 + 生防菌剂穴施对当归产量和等级的影响

药剂	施药方式	制剂量（kg/hm²）	不同等级当归的比例（%）						产量（kg/hm²）	增产率（%）
			特等归	一等归	二等归	三等归	四等归	五等归		
2.5 亿孢子 /g 厚垣轮枝菌微粒剂	穴施 + 浸苗	30.00	46.66	12.50	26.67	9.17	1.67	3.33	18 246.00	69.92
	穴施 + 浸苗	33.75	26.67	5.93	35.54	10.37	16.30	5.19	15 421.31	43.61
	穴施 + 浸苗	37.50	25.83	10.00	38.33	10.00	5.00	10.84	14 118.75	31.48

续表

药剂	施药方式	制剂量（kg/hm^2）	不同等级当归的比例（%）						产量（kg/hm^2）	增产率（%）
			特等归	一等归	二等归	三等归	四等归	五等归		
5亿活孢子/g淡紫拟青霉菌颗粒剂	穴施+浸苗	37.50	19.17	8.33	40.83	15.00	7.50	9.17	12 290.25	14.46
	穴施+浸苗	41.25	40.83	6.67	37.50	8.34	3.33	3.33	14 746.50	37.33
	穴施+浸苗	45.00	40.83	6.67	37.50	8.34	3.33	3.33	16 821.75	56.66
空白对照	不施药	–	14.17	6.67	28.33	23.33	10.83	16.67	10 738.00	–

3. 化学防治

当归麻口病是当归的最主要病虫害之一，受其危害的当归轻则丧失商品价值，重则绝收，因此当归麻口病的防治是当归田间管理中最为关键的中心环节，在防治上应首先从防虫减少伤口入手，进而防病抑制扩散。目前防治当归麻口病的研究如下。

（1）化学药剂对当归麻口病的防治效果及对其产量、等级的影响：结果表明（表2-75），同一药剂不同施药方式对当归麻口病病情指数的影响不同，不同药剂间处理对病虫害防治效果不同。化学药剂穴施对当归麻口病有一定的防治作用，防效为14.17%～60.04%。5%丁硫克百威颗粒剂各处理明显降低了当归麻口病的病情指数，对麻口病有较好的防治效果。3%辛硫磷颗粒剂（穴施）对当归麻口病的防效最高，为60.04%。5%丁硫克百威颗粒剂54.38kg/hm^2（穴施、穴施+浸苗）、5%灭线磷颗粒剂18.75kg/hm^2（穴施+浸苗）、5%丁硫克百威颗粒剂67.50kg/hm^2（穴施+浸苗）、5%丁硫克百威颗粒剂81.00kg/hm^2（穴施、穴施+浸苗）防效均达到50%以上。

化学药剂穴施对当归的产量和等级有一定的影响，结果见表2-76。5%丁硫克百威颗粒剂54.38kg/hm^2（穴施+浸苗）、5%丁硫克百威颗粒剂54.38kg/hm^2（穴施）、3%辛硫磷颗粒剂60.00kg/hm^2（穴施）增产率在50%以上，分别为73.85%、60.25%和50.17%。5%丁硫克百威颗粒剂54.38kg/hm^2（穴施）、5%丁硫克百威颗粒剂54.38kg/hm^2（穴施+浸苗）、5%灭线磷颗粒剂22.50kg/hm^2（穴施）、5%丁硫克百威颗粒剂67.50kg/hm^2（穴施）、3%辛硫磷颗粒剂60.00kg/hm^2（穴施）处理特等归的比例高出对照20%以上。

表2-75　化学药剂对当归麻口病的防治效果（甘肃省渭源县会川，2012年）

药剂	施药方式	制剂量（kg/hm^2）	病情指数	防效（%）
5%丁硫克百威颗粒剂	穴施	54.38	19.07	56.45
	穴施+浸苗	54.38	23.33	55.18
	穴施	67.50	25.11	42.71
	穴施+浸苗	67.50	21.20	51.59
	穴施	81.00	19.81	54.76
	穴施+浸苗	81.00	20.37	53.49

续表

药剂	施药方式	制剂量（kg/hm²）	病情指数	防效（%）
5% 灭线磷颗粒剂	穴施	15.00	30.83	29.60
	穴施 + 浸苗	15.00	32.69	25.37
	穴施	18.75	29.26	33.19
	穴施 + 浸苗	18.75	19.35	55.82
	穴施	22.50	26.3	39.96
	穴施 + 浸苗	22.50	31.02	29.18
3% 辛硫磷颗粒剂	穴施	60.00	17.5	60.04
	穴施 + 浸苗	60.00	27.22	34.04
35% 威百亩水剂	穴施	75.00	24.35	44.40
	穴施 + 浸苗	75.00	27.31	37.63
5.2% 阿维・毒颗粒剂	穴施	45.00	37.59	14.17
	穴施 + 浸苗	45.00	29.26	33.19
空白对照	不施药	–	50.28	–

注：试验中的浸苗处理为 15% 阿维・毒乳油 25ml + 30% 琥胶肥酸铜（扫细）悬浮剂 20ml + 0.0025% 烯腺・羟烯腺嘌呤可溶性粉剂（喷旺）10ml + 40% 多・福・溴菌腈可湿性粉剂（炭息）20g，兑水 5L，在当归苗移栽前先浸苗，后移栽；试验中穴施 + 浸苗处理是指当归苗在浸苗处理的基础上，在苗穴中施以相应药剂。

表 2-76　化学药剂对当归产量、等级的影响（甘肃省渭源县会川，2012 年）

药剂	施药方式	制剂量（kg/hm²）	不同等级当归的比例（%）						产量（kg/hm²）	增产率（%）
			特等归	一等归	二等归	三等归	四等归	五等归		
5% 丁硫克百威颗粒剂	穴施	54.38	39.17	8.33	42.50	5.00	1.67	3.33	17 207.25	60.25
	穴施 + 浸苗	54.38	40.00	11.67	39.17	5.83	0.83	2.50	18 667.50	73.85
	穴施	67.50	38.14	6.19	37.11	9.28	2.06	7.22	13 584.54	26.51
	穴施 + 浸苗	67.50	13.86	7.92	53.47	14.85	9.90	13.86	11 000.25	2.44
	穴施	81.00	25.25	10.10	51.52	7.07	6.06	25.25	13 415.75	24.94
	穴施 + 浸苗	81.00	23.33	0.83	45.83	18.33	5.84	5.84	13 618.50	26.83
5% 灭线磷颗粒剂	穴施	15.00	10.00	1.67	34.99	19.17	12.50	21.67	8873.25	–17.37
	穴施 + 浸苗	15.00	16.67	4.17	43.33	12.50	8.33	15.00	11 757.75	9.50
	穴施	18.75	26.67	3.33	52.50	10.84	3.33	3.33	14 911.50	38.87
	穴施 + 浸苗	18.75	10.83	7.50	40.00	19.17	12.50	10.00	10 702.50	–0.33
	穴施	22.50	33.33	5.84	40.83	10.83	5.84	3.33	15 018.75	39.87
	穴施 + 浸苗	22.50	7.50	2.50	55.83	14.17	6.67	13.33	9975.75	–7.10
3% 辛硫磷颗粒剂	穴施	60.00	38.98	2.54	34.75	11.86	6.78	5.09	16 125.38	50.17
	穴施 + 浸苗	60.00	21.67	8.33	32.50	17.50	6.67	13.33	12 237.75	13.97
35% 威百亩水剂	穴施	75.00	18.80	4.28	38.46	18.80	11.97	7.69	12 414.00	15.61
	穴施 + 浸苗	75.00	22.50	7.50	39.17	20.83	3.33	6.67	14 152.50	31.80
5.2% 阿维・毒颗粒剂	穴施	45.00	16.67	1.67	48.33	19.17	5.83	8.33	11 405.25	6.21
	穴施 + 浸苗	45.00	7.50	2.50	42.50	27.50	7.50	7.50	9771.00	–9.01
空白对照	不施药	–	14.17	6.67	28.33	23.33	10.83	16.67	10 738.00	–

（2）当归移栽期药剂复配浸苗处理对当归麻口病的防效及增产作用：当归移栽时选用15%阿维·毒乳油25ml+香巴拉10g+华硕989 20g兑水5L浸苗10min，可有效控制当归麻口病的发生，防效可高达84.39%；福蝶35g+15%阿维·毒乳油25ml+香巴拉10g+华硕989 20g复配浸苗10min对当归麻口病的防效为80.83%；福蝶35g+15%阿维·毒乳油25ml+旱地宝100g复配对当归麻口病的防效达78.91%；福蝶35g+30%毒死蜱微囊15ml+旱地宝100g复配、福蝶35g+旱地宝100g复配、15%阿维·毒乳油25ml+旱地宝100g复配防治效果分别为78.62%、75.49%和75.49%；福蝶35g+30%毒死蜱微囊15ml+1.8%阿维菌素乳油5ml+72%农用链霉素可溶性粉剂5g复配防效为70.09%（表2-77）。

表2-77　浸苗处理对当归麻口病的防治效果（甘肃省渭源县会川，2013年）

药剂	制剂量[ml（g）/L]	病情指数	防效（%）
福蝶+30%毒死蜱微囊+1.8%阿维菌素乳油+72%农用链霉素可溶性粉剂	35g+15ml+5ml+5g	22.89	70.09[b]
福蝶+15%阿维·毒乳油+旱地宝	35g+25ml+100g	16.11	78.91[ab]
福蝶+旱地宝	35g+100g	18.78	75.49[ab]
15%阿维·毒乳油+旱地宝	25ml+100g	18.78	75.49[ab]
福蝶+15%阿维·毒乳油+香巴拉+华硕989	35g+25ml+10g+20g	14.67	80.83[ab]
15%阿维·毒乳油+香巴拉+华硕989	25ml+10g+20g	12.50	84.39[a]
福蝶+30%毒死蜱微囊+旱地宝	35g+15ml+100g	18.47	78.62[ab]
15%阿维·毒乳油+40%多·福·溴菌腈可湿性粉剂	25ml+10g	31.00	59.21[c]
空白对照	–	76.44	–

注：同列数据后的小写字母表示在 $P<0.05$ 水平上差异显著。

由表2-78可看出，不同药剂复配浸苗处理当归的产量均有所提高，产量在10 000kg/hm^{2}以上，但增产率存在差异，增产率在176.42%～285.21%，其中15%阿维·毒乳油+旱地宝复配产量最高，为14 793.3kg/hm^2，与对照相比增产285.21%；福蝶+30%毒死蜱微囊+1.8%阿维菌素乳油+72%农用链霉素可溶性粉剂复配产量为13 955.4kg/hm^2；福蝶+15%阿维·毒乳油+香巴拉+华硕989复配、福蝶+30%毒死蜱微囊+旱地宝、15%阿维·毒乳油+香巴拉+华硕989复配及15%阿维·毒乳油+40%多·福·溴菌腈可湿性粉剂复配增产率均在200%以上；福蝶+15%阿维·毒乳油+旱地宝复配和福蝶+旱地宝复配增产率略低于其他处理，分别为195.50%和176.42%。不同药剂复配浸苗处理提高了当归的等级，其特等归、一等归的比例基本高于对照，其中以15%阿维·毒乳油+旱地宝复配最高；福蝶+15%阿维·毒乳油+香巴拉+华硕989复配、福蝶+30%毒死蜱微囊+1.8%阿维菌素乳油+72%农用链霉素可溶性粉剂复配特等归比例分别为25%和23%。

不同药剂复配浸苗处理当归种苗，可以有效防治当归麻口病，并且在一定程度上提高当归的产量和等级，生产上推荐福蝶+15%阿维·毒乳油+香巴拉+华硕989复配浸苗。

表 2-78　浸苗处理对当归产量和等级的影响（甘肃省渭源县会川，2013 年）

药剂	制剂量 [ml（g）/L]	不同等级当归的比例（%）						产量（kg/hm²）	增产率（%）
		特等归	一等归	二等归	三等归	四等归	五等归		
福蝶 +30% 毒死蜱微囊 +1.8% 阿维菌素乳油 +72% 农用链霉素可溶性粉剂	35g+15ml+5ml+5g	23	9	43	15	7	3	13 955.4	263.39
福蝶 +15% 阿维・毒乳油 + 旱地宝	35g+25ml+100g	16	6	48	10	10	10	11 348.1	195.50
福蝶 + 旱地宝	35g+100g	6	3	58	21	6	6	10 615.5	176.42
15% 阿维・毒乳油 + 旱地宝	25ml+100g	28	11	47	8	2	4	14 793.3	285.21
福蝶 +15% 阿维・毒乳油 + 香巴拉 + 华硕 989	35g+25ml+10g+20g	25	8	44	14	4	5	13 231.8	244.55
15% 阿维・毒乳油 + 香巴拉 + 华硕 989	25ml+10g+20g	20	6	40	18	2	14	12 886.8	235.57
福蝶 +30% 毒死蜱微囊 + 旱地宝	35g+15ml+100g	19	7	43	12	5	14	12 969.6	237.72
15% 阿维・毒乳油 +40% 多・福・溴菌腈可湿性粉剂	25ml+10g	15	8	40	21	7	9	11 636.1	203.00
空白对照	–	1	6	16	12	65	0	3840.3	–

（3）药剂灌根对当归麻口病的防治效果及当归产量、等级的影响：该试验种苗为常规浸苗处理，生长中期进行 2 次灌根处理，间隔 7 ～ 10 天，试验结果表明（表 2-79），不同药剂、同一药剂不同剂量对当归麻口病的防治效果存在明显的差异。药剂灌根各处理均可降低麻口病的病情指数，对麻口病的防效为 81.25% ～ 92.73%，各处理间差异明显，其中以 30% 毒死蜱微囊悬浮剂 500 倍液和 15% 阿维・毒乳油 500 倍液防效较好，分别为 92.73% 和 87.06%；30% 毒死蜱微囊悬浮剂 750 倍液、30% 辛硫磷微囊悬浮剂 500 倍液次之，分别为 85.76%、85.71%；1.6% 狼毒素水乳剂、0.01% 斑螯素水剂分别为 83.43% 和 81.25%。该试验表明浸苗 + 灌根可有效防治当归麻口病。

表 2-79　药剂灌根处理对当归麻口病的防治效果（甘肃省渭源县会川，2013 年）

药剂	稀释倍数	施药方式	病情指数	防效（%）
0.01% 斑螯素水剂	500 倍液	2 次灌根	14.33	81.25[c]
1.6% 狼毒素水乳剂	500 倍液	2 次灌根	12.67	83.43[bc]
15% 阿维・毒乳油	500 倍液	2 次灌根	9.89	87.06[abc]
30% 毒死蜱微囊悬浮剂	750 倍液	2 次灌根	10.89	85.76[bc]
30% 毒死蜱微囊悬浮剂	500 倍液	2 次灌根	5.56	92.73[a]
30% 辛硫磷微囊悬浮剂	500 倍液	2 次灌根	8.67	85.71[ab]
空白对照	–	不施药	76.44	–

注：同列数据后的小写字母表示在 $P < 0.05$ 水平上差异显著。试验种苗在移栽前用 15% 阿维・毒乳油 25ml + 30% 琥胶肥酸铜（扫细）悬浮剂 20ml + 0.0025% 烯腺・羟烯腺嘌呤可溶性粉剂（喷旺）10ml 兑水 5L，浸苗处理 15 ～ 30min；分别在 5 月中旬和 6 月上旬用相应药剂灌根处理。

浸苗＋药剂灌根处理均可提高当归的产量（表 2-80），增产率为 246.10%～514.37%，其中 30% 毒死蜱微囊悬浮剂 500 倍液处理产量最高，为 23 593.5kg/hm^2。药剂灌根各处理后特等归、一等归均有所提高，30% 毒死蜱微囊悬浮剂 500 倍液灌根处理特等归比例最高；30% 辛硫磷微囊悬浮剂灌根处理特等归比例为 44%、11%，0.01% 斑蝥素水剂、1.6% 狼毒素水乳剂、15% 阿维・毒乳油和 30% 毒死蜱微囊悬浮剂 500 倍液处理特等归比例为 30%、33%、31% 和 24%。

药剂灌根＋浸苗处理可有效防治当归麻口病，并且在产量和等级上高于对照，其中以 15% 阿维・毒乳油、30% 毒死蜱微囊悬浮剂 500 倍液、30% 辛硫磷微囊悬浮剂 500 倍液处理佳。

表 2-80　药剂灌根对当归产量和等级的影响（甘肃省渭源县会川，2013 年）

药剂	稀释倍数	施药方式	不同等级当归的比例（%）						产量（kg/hm^2）	增产率（%）
			特等归	一等归	二等归	三等归	四等归	五等归		
0.01% 斑蝥素水剂	500 倍液	2 次灌根	30	12	46	10	1	1	15 590.7	305.98
1.6% 狼毒素水乳剂	500 倍液	2 次灌根	33	8	49	5	3	2	15 910.2	314.30
15% 阿维・毒乳油	500 倍液	2 次灌根	31	3	50	15	1	0	13 291.3	246.10
30% 毒死蜱微囊悬浮剂	750 倍液	2 次灌根	24	4	52	11	7	2	14 249.7	271.06
30% 毒死蜱微囊悬浮剂	500 倍液	2 次灌根	70	4	23	2	1	0	23 593.5	514.37
30% 辛硫磷微囊悬浮剂	500 倍液	2 次灌根	44	11	34	7	2	2	17 864.1	365.17
空白对照	–	–	28	2	20	13	16	21	3840.3	–

（4）颗粒剂撒施对当归麻口病的防治效果和增产作用：由表 2-81 可以看出，颗粒剂撒施可降低当归麻口病的病情指数，对麻口病的防治效果在 60.21%～78.08%，其中以 5.2% 阿维・毒乳油颗粒剂撒施对麻口病的防效最高，为 78.08%，高于其他处理；3% 辛硫磷颗粒剂和 0.5% 阿维菌素颗粒剂次之，防效分别为 69.62% 和 66.47%；5% 毒死蜱颗粒剂显著低于其他处理，防效为 60.21%（$P < 0.05$）。

表 2-81　颗粒剂撒施对麻口病的防治效果（甘肃省渭源县会川，2013 年）

药剂	制剂量（kg/hm^2）	病情指数	防效（%）
5.2% 阿维・毒乳油颗粒剂	45	16.78	78.08^{a}
0.5% 阿维菌素颗粒剂	52.5	25.67	66.47^{ab}
5% 毒死蜱颗粒剂	45	30.33	60.21^{b}
3% 辛硫磷颗粒剂	120	31.22	69.62^{ab}
空白对照	–	76.44	–

注：同列数据后的字母表示在 $P < 0.05$ 水平上差异显著。

由表 2-82 可以看出，不同颗粒剂药剂撒施处理对当归具有一定的增产作用，增产率在 106.05%～123.39%，其中 3% 辛硫磷颗粒剂撒施产量最高，为 8578.8kg/hm^2，增产率为 123.39%；其次 5% 毒死蜱颗粒剂撒施产量为 8568.0kg/hm^2，增产率为 123.11%，0.5% 阿维菌素颗粒剂与 5.2% 阿维·毒乳油颗粒剂产量分别为 8099.1kg/hm^2、7912.8kg/hm^2，增产率分别为 110.90% 和 106.05%。颗粒剂撒施处理对当归的等级有一定程度上的提高，其中特等归、二等归、三等归的比例均高于对照。

辛硫磷颗粒剂、阿维·毒乳油颗粒剂撒施对当归麻口病有较好的防治效果，且可提高当归的产量和等级，可在生产中使用。

表 2-82 颗粒剂药剂撒施对当归产量和等级的影响（甘肃省渭源县会川，2013 年）

药剂	制剂量（kg/hm^2）	不同等级当归的比例（%）						产量（kg/hm^2）	增产率（%）
		特等归	一等归	二等归	三等归	四等归	五等归		
5.2% 阿维·毒乳油颗粒剂	45	3	4	33	25	16	19	7912.8	106.05
0.5% 阿维菌素颗粒剂	52.5	3	4	40	21	10	22	8099.1	110.90
5% 毒死蜱颗粒剂	45	1	2	52	17	15	13	8568.0	123.11
3% 辛硫磷颗粒剂	120	6	2	35	26	15	16	8578.8	123.39
空白对照	–	1	6	16	12	65	0	3840.3	–

（5）土壤改良剂对当归麻口病的防效和增产作用：由表 2-83 可以看出，土壤改良剂可有效降低当归麻口病的病情指数，对麻口病的防治效果为 41.75% ～ 70.69%，其中 4 号改良剂对麻口病的防效最高，为 70.69%，显著高于其他处理（$P < 0.05$）；2 号、1 号和 6 号改良剂的防效分别为 69.89%、62.45% 和 59.99%，5 号和 3 号改良剂防效为 51.35% 和 41.75%。

表 2-83 土壤改良剂对当归麻口病的防治效果（甘肃省渭源县会川，2013 年）

土壤改良剂	制剂量（kg/hm^2）	病情指数	防效（%）
1	1500	28.67	62.45^{ab}
2	1500	23.11	69.89^{ab}
3	1500	44.56	41.75^{c}
4	1500	22.44	70.69^{a}
5	1500	37.11	51.35^{bc}
6	1500	30.56	59.99^{ab}
对照	–	76.44	–

注：同列数据后的字母表示在 $P < 0.05$ 水平上差异显著。

由表 2-84 可以看出，土壤改良剂对当归的产量有一定的影响，增产率为 83.38% ～ 239.93%，其中 3 号土壤改良剂增产效果最好，产量为 13 054.5kg/hm^2；其次为 4 号、2 号土壤改良剂产量，分别为 9351.0kg/hm^2、9189.9kg/hm^2；1 号、5 号和 6 号土壤改良剂产量分别为 8330.4kg/hm^2、7772.4kg/hm^2 和 7042.5kg/hm^2。土壤改良剂各处理特等归、二等归、三等归所占比例均高于对照，3 号土壤改良剂特等归比例最高。

表 2-84　土壤改良剂处理对当归产量和等级的影响（甘肃省渭源县会川，2013 年）

土壤改良剂	制剂量（kg/hm^2）	不同等级当归的比例（%）						产量（kg/hm^2）	增产率（%）
		特等归	一等归	二等归	三等归	四等归	五等归		
1	1500	3	3	42	21	15	16	8330.4	116.92
2	1500	4	3	47	28	6	12	9189.9	139.30
3	1500	23	5	48	13	2	9	13 054.5	239.93
4	1500	12	3	36	14	8	27	9351.0	143.50
5	1500	5	2	32	21	11	29	7772.4	102.39
6	1500	4	1	23	22	14	36	7042.5	83.38
对照	–	1	6	16	12	65	0	3840.3	–

二、当归根腐病防控技术研究

（一）当归根腐病症状

当归根腐病是仅次于麻口病的一种病害。受害后出现植株矮小，叶片枯黄；地下部根尖和幼根初呈褐色水渍状，随后变成黑色病斑，逐渐脱落。主根呈锈黄色，腐烂，只剩下纤维状物，极易从土中拔起。地上部初期植株矮小，变黄，严重时枯萎而死。当归根腐病往往与当归茎线虫病混合发生。

（二）当归根腐病病原菌分离、鉴定

通过病株采集、实验室分离鉴定，得出当归根腐病病原菌为真菌界半知菌亚门燕麦镰孢菌 [*Fusarium avenaceum*（Fr.）Sacc.]（图 2-12）和尖镰孢菌 [*Fusarium oxysporum* f.sp. *cucmrium*]（图 2-13）。

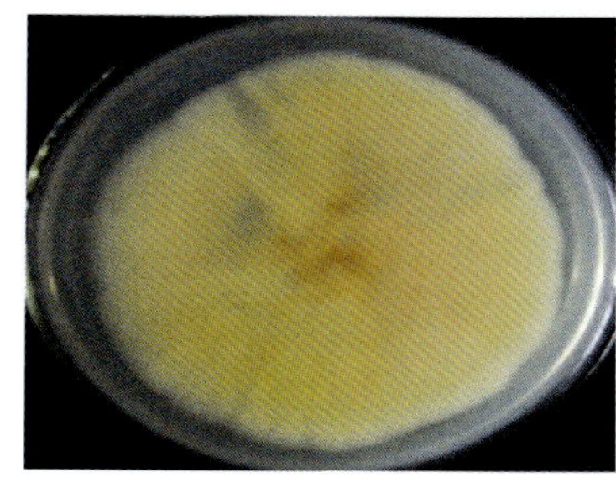
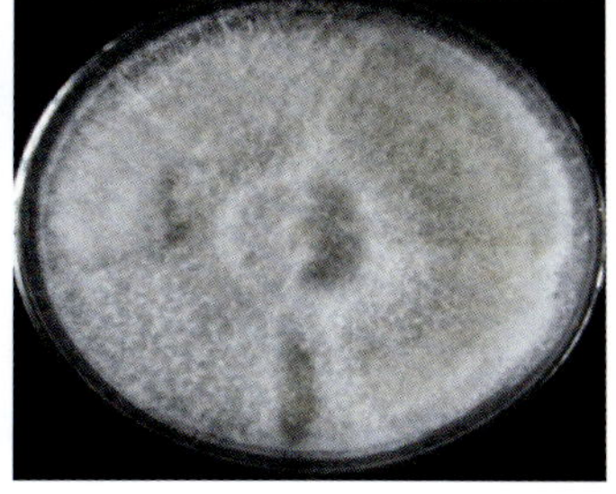
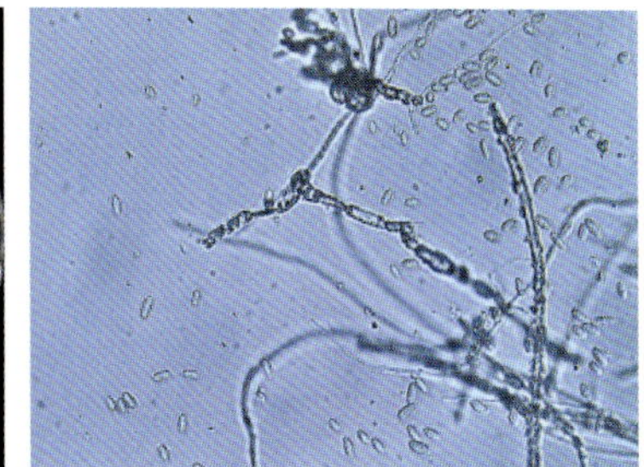

图 2-12　燕麦镰孢菌

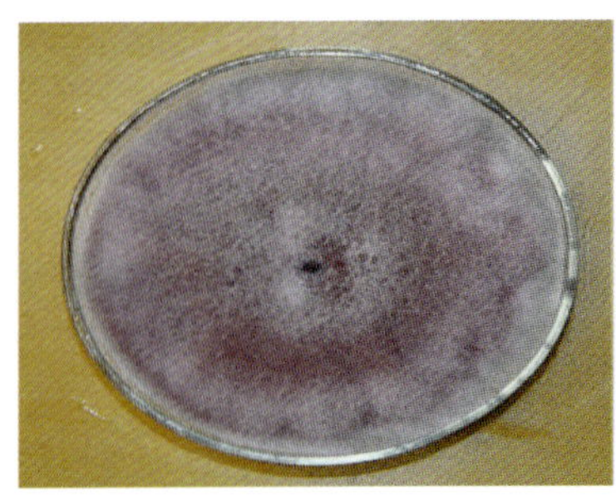

图 2-13 尖镰孢菌

（三）当归根腐病生物防治研究

本研究选择狼毒、核桃皮、青兰、龙葵、蒿、粗叶黄芩、莨菪、橐吾和大蒜 9 种天然植物，分别用石油醚、甲醇、乙醇、乙酸乙酯 4 种不同极性有机溶剂提取，研究提取物对当归根腐病病原菌的抑制作用。

1. 不同植物同一提取部位对当归根腐病尖镰孢菌的抑制作用研究

从图 2-14 中可以看出，同一有机溶剂提取不同植物中的活性物质对尖镰孢菌的抑菌作用不同。在石油醚提取物中，蒿、粗叶黄芩、橐吾和大蒜 4 种植物活性物质对尖镰孢菌具有抑制作用，其中蒿的抑制作用最强，为 –32.77%，大蒜次之（–14.87%）；在甲醇提取物中，只有莨菪对尖镰孢菌具有抑制作用，且抑制率高达 –37.87%；在乙醇提取物中，蒿、粗叶黄芩、莨菪、橐吾、核桃皮和大蒜均有抑制作用，其中莨菪抑制作用最强，为 –46.16%，其次为蒿和大蒜，分别为 –16.33% 和 –10.82%，粗叶黄芩、橐吾和核桃皮的抑制率绝对值小于 5%；在乙酸乙酯提取物中，粗叶黄芩、莨菪、橐吾和大蒜对尖镰孢菌具有抑制作用，其中莨菪抑制作用最强，为 –40.83%，粗叶黄芩、橐吾、大蒜次之，为 –14.20% ～ –9.28%。其他植物具有不同程度的促进作用。

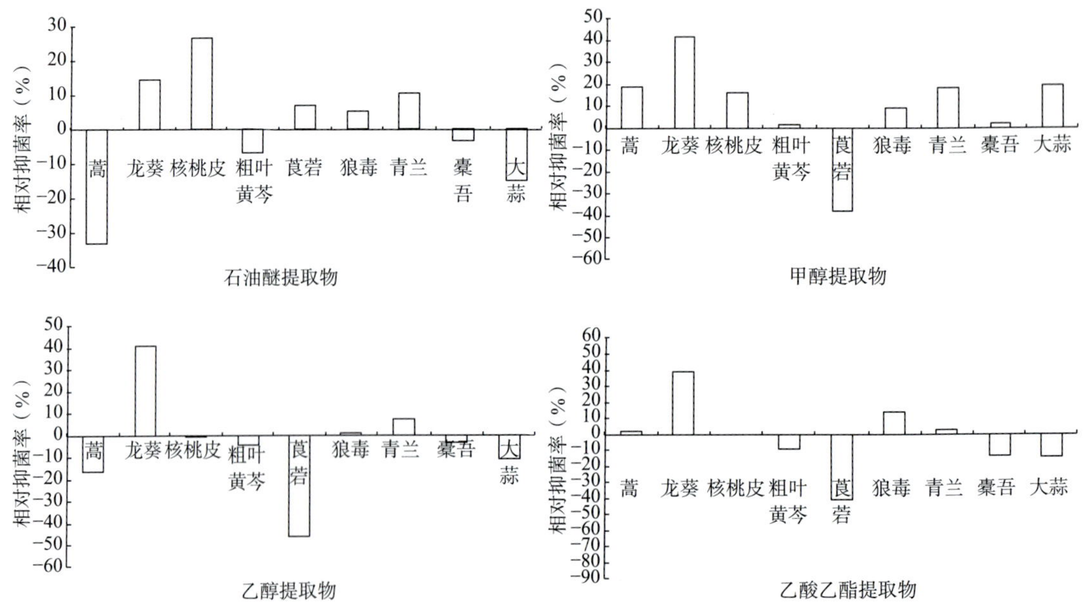

图 2-14 抑制当归根腐病病原菌尖镰孢菌的抑菌植物筛选

2. 不同植物同一提取部位对当归根腐病燕麦镰孢菌的抑制作用研究

图 2-15 结果显示，9 种植物的石油醚提取物既有抑菌成分也有促菌成分，其中橐吾的抑菌作用最强，抑菌率为 –32.19%，蒿次之，为 –15.31%，核桃皮、粗叶黄芩和莨菪抑菌作用一致，均较弱；9 种植物的甲醇提取物除橐吾外，其他均对燕麦镰孢菌具有抑制作用，其中莨菪的抑菌作用最强，为 –44.41%，其次为大蒜（–39.53%）和蒿（–29.52%），再者是龙葵（–18.46%）和青兰（–13.76%），其他均较弱；乙醇提取物中，蒿、橐吾、青兰、莨菪和大蒜具有抑菌作用，其中蒿（–39.84%）和橐吾（–40.69%）的抑菌作用最强，青兰（–17.94%）次之，莨菪和大蒜较弱；乙酸乙酯提取物除蒿和粗叶黄芩外，其他均有不同程度的抑制作用，其中莨菪（–33.85%）的抑菌作用最强，其次是橐吾（–25.73%）和大蒜（–18.45%）。

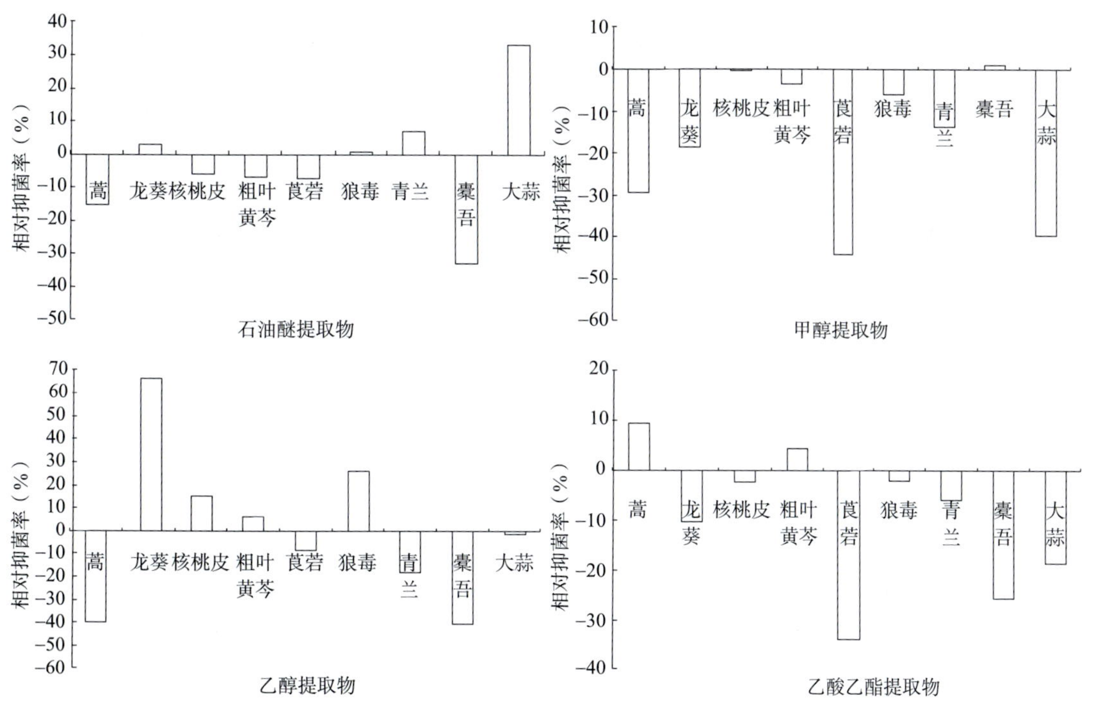

图 2-15　当归根腐病病原菌燕麦镰孢菌的抑菌植物筛选

三、当归褐斑病防控技术

（一）当归褐斑病症状

叶片、叶柄均受害。叶面出现褐色小点，后扩展成多角形、近圆形、红褐色斑点，直径 1 ～ 3mm，边缘有褪绿晕圈。该病发病初期叶面出现褐色斑点，之后病斑逐渐扩大，外围有褪绿晕圈，边缘呈红褐色，中心灰白色。后期病斑内出现小黑点，病情严重时叶片大部分呈红褐色，最后逐渐枯萎，全株死亡。

（二）当归褐斑病病原特性

病原为 *Septoria anthrisci* 属半知菌亚门壳针孢属真菌。分生孢子器圆形，分生孢子线形至针形，无色透明，正直或微弯，多数顶端略尖，1 ～ 3 个隔膜（图 2-16）。

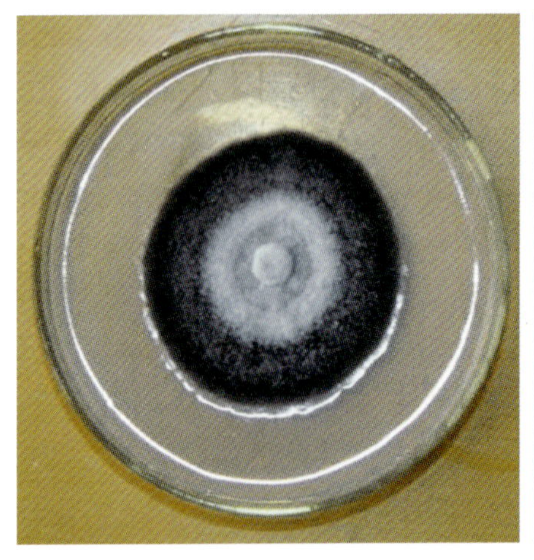

图 2-16 当归褐斑病菌

（三）病害发生规律

该病原菌孢子不耐低温，且遇湿容易萌发，因无适当寄主而死亡，所以不是主要越冬菌源。病原菌主要以分生孢子器在病残组织中越冬，第二年温度适宜时分生孢子器产生分生孢子，借风雨传播，扩大危害，当孢子落在当归叶片时，便在露滴或水中萌发，产生芽管，由气孔侵入，在叶细胞间隙中扩展蔓延使叶片上产生病斑，并产生分生孢子重新侵染。5 月下旬开始发病，7 ～ 8 月较重，一直延续到 10 月。高温高湿有利于发病。

（四）防治技术

首先冬季做好田园清洁，彻底烧毁病残体，减少菌源。发病初期及时摘除病叶，并喷施 40% 多・福・溴（炭息）可湿性粉剂 800 倍液，或 10% 苯醚甲环唑微乳剂 1500 倍液，结合施用杀菌剂增施香巴拉或华硕 989 营养液，每隔 7 ～ 10 日一次，连续 2 ～ 3 次。或结合麻口病灌根防治于 5 月中旬用 40% 多・福・溴（炭息）可湿性粉剂 500 倍液，或 10% 苯醚甲环唑微乳剂 1000 倍液灌根处理。

1. 当归褐斑病生物防治研究

本研究选择的提取植物和试剂同当归根腐病。

图 2-17 中显示的是同一有机溶剂提取出的不同植物活性物质对当归褐斑病病原菌的抑菌效果，结果表明，既有抑制作用的植物也有促进作用的植物。从石油醚提取物中可以看出，所试 9 种植物除青兰外，其他 8 种植物的石油醚提取物均对当归褐斑病病原菌具有化感抑制作用，其中大蒜、核桃皮和狼毒的抑制作用最强，抑制率为 –100% ～ –40.44%；莨菪、橐吾和蒿的抑制作用次之，抑制率为 –29.99% ～ –17.39%；龙葵和粗叶黄芩的抑制作用较弱，抑制率为 –13.10% ～ –9.25%。

从甲醇提取物中可以看出，蒿、龙葵、核桃皮、粗叶黄芩、莨菪和狼毒的甲醇提取物均对当归褐斑病病原菌具有抑制作用，其中核桃皮、莨菪和粗叶黄芩的抑制作用最强，抑制率分别为 –42.91%、–43.99% 和 –48.74%；蒿、龙葵和狼毒次之，抑制率分别为 –15.22%、–17.05% 和 –17.98%。而青兰的促进作用较强，促进率为 21.79%。

从乙醇提取物中可以看出，蒿、龙葵、青兰和橐吾的乙醇提取物均对当归褐斑病病原菌具有抑制作用，抑制率为 –52.56% ～ –36.53%，粗叶黄芩和莨菪的抑制作用较弱。而大蒜、狼毒和核桃皮具有明显的促进作用。

从乙酸乙酯提取物中可以看出，除蒿和大蒜外，其他 7 种植物乙酸乙酯提取物均对当归褐斑病病原菌具有抑制作用，其中橐吾、核桃皮的抑制作用最强，分别为 –79.49% 和 –45.57%；莨菪和青兰次之，分别为 –37.99% 和 –32.05%；龙葵、粗叶黄芩和狼毒的抑制作用较弱。

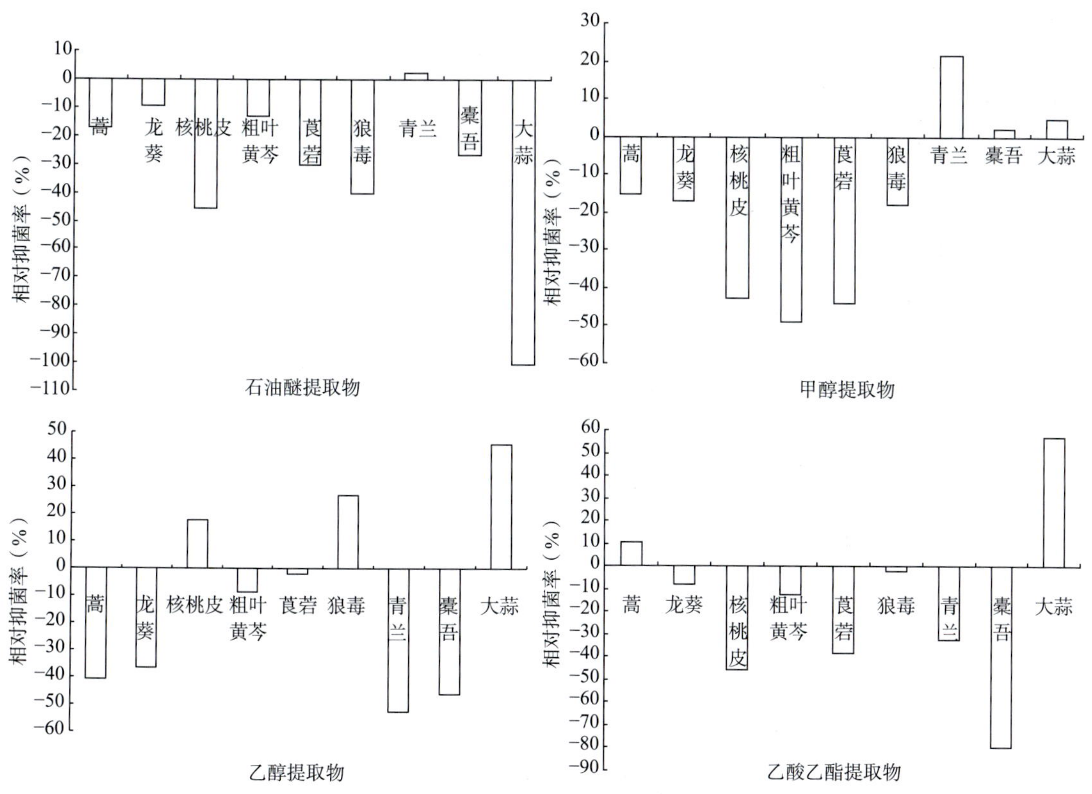

图 2-17　抑制当归褐斑病病原菌的抑菌物质筛选

2. 化学杀菌剂防治当归褐斑病的效果

试验结果表明（表 2-85），一次药后 7 天调查，各供试药剂对当归褐斑病均有一定的防治效果，其中以 10% 苯醚甲环唑微乳剂 1500 倍的防治效果最好，防效达 71.17%；其次为 40% 多·福·溴菌腈可湿性粉剂 750 倍，防效为 67.56%；50% 多菌灵可湿性粉剂 1000 倍、53.8% 氢氧化铜水分散粒剂 1000 倍、70% 丙森锌可湿性粉剂 600 倍防效次之，分别为 64.08%、63.90% 和 64.02%。

二次药后 7 天调查，供试药剂防效均有提高，10% 苯醚甲环唑微乳剂 1500 倍处理的防治效果最高，防效达 94.44%；40% 多·福·溴菌腈可湿性粉剂 750 倍和 70% 丙森锌可湿性粉剂 600 倍次之，防效分别为 88.40% 和 86.39%；50% 多菌灵可湿性粉剂 1000 倍和 53.8% 氢氧化铜水分散粒剂 1000 倍防效相对较低，分别为 70.94% 和 76.34%。方差分析结果表明，10% 苯醚甲环唑微乳剂 1500 倍显著优于其他药剂处理，其次为 40% 多·福·溴菌腈可湿性粉剂 750 倍和 70% 丙森锌可湿性粉剂 600 倍处理，50% 多菌灵可湿性粉剂 1000 倍效果相对较差。各药剂处理在当归生长至收获期间未观察到药害现象发生。

收获期测产结果，10% 苯醚甲环唑微乳剂 1500 倍和 40% 多·福·溴菌腈可湿性粉剂 750 倍处理增产率较高，分别为 34.93% 和 27.78%；70% 丙森锌可湿性粉剂 600 倍次之，为 19.40%；50% 多菌灵可湿性粉剂 1000 倍和 53.8% 氢氧化铜水分散粒剂 1000 倍处理增产分别为 13.68% 和 15.38%。

表 2-85　不同药剂处理对当归褐斑病的田间药效试验结果（甘肃省渭源，2012 年）

处理	稀释倍数	药前病情指数	一次药后 7 天调查		二次药后 7 天调查		收获期测产	
			病情指数	防效（%）	病情指数	防效（%）	折合产量（kg/hm²）	增产率（%）
53.8% 氢氧化铜水分散粒剂	1000 倍	2.41	10.50	63.90 Bb	16.78	76.34 Cc	12 500.00	15.38
40% 多·福·溴菌腈可湿性粉剂	750 倍	1.89	7.40	67.56 ABb	6.45	88.40 ABb	13 843.75	27.78
10% 苯醚甲环唑微乳剂	1500 倍	1.67	5.81	71.17 Aa	2.73	94.44 Aa	14 617.50	34.93
70% 丙森锌可湿性粉剂	600 倍	2.13	9.25	64.02 Bb	8.53	86.39 Bb	12 935.00	19.40
50% 多菌灵可湿性粉剂	1000 倍	1.85	8.02	64.08 Bb	15.82	70.94 Cd	12 316.25	13.68
对照（CK）	—	1.73	20.88	—	50.91	—	10 833.80	—

注：以上结果均为 4 次重复的平均值，同列数据后的字母表示在 $P < 0.05$ 水平上差异不显著。

四、当归水烂病防控技术

（一）症状

在田间，病原菌从当归根茎交界处开始侵染。发病初期，叶柄基部呈现水渍状，植株地上部长势良好，叶片不萎蔫；发病中期，叶柄基部开始腐烂，叶片萎蔫，整个植株呈枯萎状；末期，地上部全部枯死，同时造成地下根腐烂（图 2-18）。

图 2-18　当归水烂病发病症状

（二）病原

当归水烂病是由细菌引起的一类病害，主要病原为荧光假单胞杆菌第 2 生物型（*Pseudomonas fluorescens* 生物型Ⅱ）。

1. 病原菌形态特征及培养形状

在 NA 培养基上菌落呈灰白色，不透明，4 ～ 5 天后菌落略显黄色，中间形成雪花状白色小点且向内凹陷；生长速度快，24h 能形成直径 3mm 的圆形菌落（图 2-19A）。在 KB 培养基上菌落透明，黏稠；边缘整齐，紫外灯下照射能产生可扩散性黄绿色荧光色素（图 2-19B）。菌体呈棒杆状，直或弯曲，大小为（0.7 ～ 0.8）μm×（2.3 ～ 2.8）μm，极生鞭毛，革兰氏染色阴性（图 2-19C）。

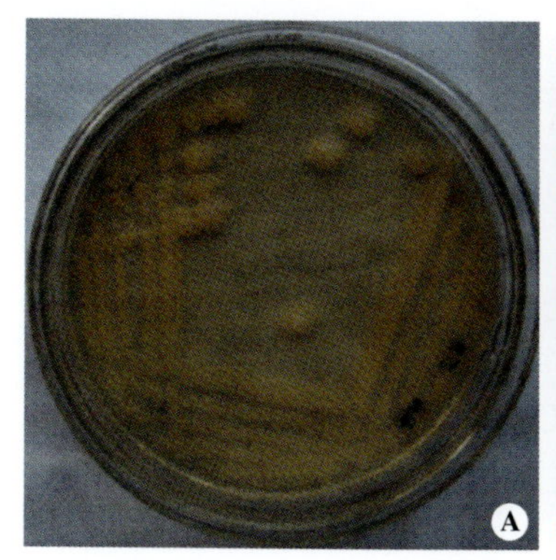

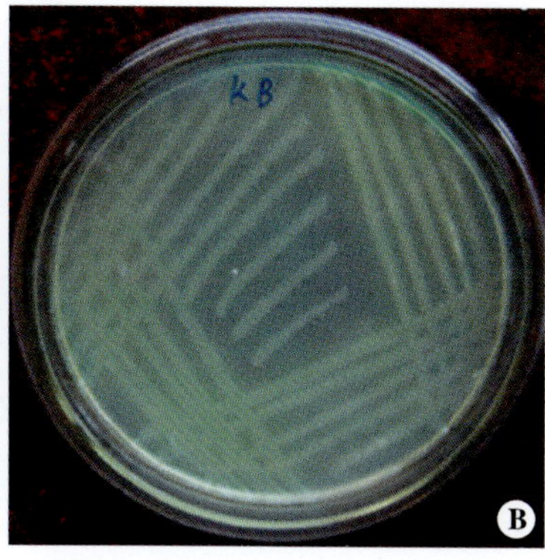

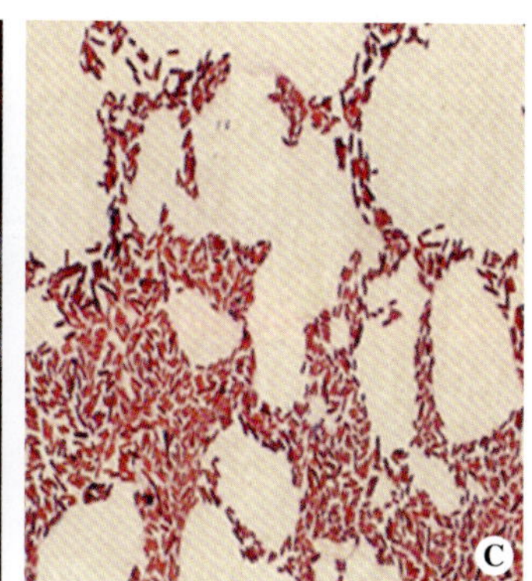

图 2-19　当归水烂病病原菌形态特征及培养形状

A：NA 培养基；B：KB 培养基；C：革兰氏染色

2. 生理生化特性测定结果

该菌最适生长温度为 25 ～ 30℃，具有运动性，不耐盐，能溶解于 3% 的 KOH 溶液，严格好氧，淀粉水解，硝酸盐还原阴性，接触酶反应阳性，甲基红反应阴性；碳素化合物利用：葡萄糖、蔗糖、麦芽糖、肌醇、D- 甘露糖、甘油为阳性反应，L- 山梨糖为阴性反应。以上测试项均符合荧光假单胞杆菌的生理生化特性（表 2-86）。

表 2-86　菌株生理生化特性及碳素利用

测试项	运动性	耐盐性	3% KOH	荧光色素	好氧性	淀粉水解	硝酸盐还原	甲基红	接触酶	葡萄糖	蔗糖	麦芽糖	肌醇	D- 甘露糖	甘油	L- 山梨糖
结果	+	−	+	+	+	−	−	−	+	+	+	+	+	+	+	−

（三）防治技术

当归水烂病已严重影响了当归的产量和等级。为了有效控制该病害，课题组在渭源县会川镇进行了田间防效试验，旨在筛选最佳的防治药剂，为综合防控提供理论依据。

1. 不同杀菌剂的室内抑菌效果

不同的杀菌剂对于不同的病原菌具有不同的抑菌效果，以上 10 种杀菌剂对当归水烂病病原的抑菌效果见表 2-87。

由表 2-87 可以看出，53.8% 氢氧化铜水分散粒剂 160μg/ml、320μg/ml；30% 琥胶肥酸铜悬浮剂 200μg/ml、400μg/ml；三氯异氰尿酸 20μg/ml、40μg/ml；氯溴异氰尿酸 40μg/ml、80μg/ml 的抑菌圈直径都≥ 1.5cm，具有一定的抑菌效果。其中 53.8% 氢氧化铜水分散粒剂 320μg/ml、30% 琥胶肥酸铜悬浮剂 400μg/ml、三氯异氰尿酸 20μg/ml 与 40μg/ml、氯溴异氰尿酸 80μg/ml 的抑菌圈直径均> 2.0cm，具有较强的抑菌作用。90% 青霉素可溶性粉剂、90% 新植霉素可溶性粉剂、80% 乙蒜素乳油、4% 嘧啶核苷类抗菌素乳油、25% 溴菌腈可湿性粉剂、20% 噻菌铜悬浮剂的抑菌圈直径都≤ 1.5cm，基本没有抑菌作用。

表 2-87 不同杀菌剂对当归水烂病病原的抑菌效果

供试药剂	处理浓度（μg/ml）	抑菌圈直径（cm）			平均直径（cm）
		Ⅰ	Ⅱ	Ⅲ	
90% 青霉素可溶性粉剂	2000	1.1	–	–	1.03
	4000	1.2	1.3	1.2	1.23
	6000	1.5	1.4	1.5	1.47
53.8% 氢氧化铜水分散粒剂	80	1.4	1.3	1.3	1.33
	160	1.8	1.9	1.9	1.80
	320	2.1	2.3	2.4	2.27
90% 新植霉素可溶性粉剂	1000	–	–	–	–
	2000	1.3	1.2	1.2	1.23
	4000	1.4	1.5	1.5	1.47
20% 噻菌铜悬浮剂	66	–	–	–	–
	132	1.1	1.3	1.2	1.20
	264	1.3	1.4	1.5	1.40
25% 溴菌腈可湿性粉剂	50	–	1.2	–	1.07
	100	1.3	1.2	1.2	1.23
	200	1.4	1.5	1.4	1.43
4% 嘧啶核苷类抗菌素乳油	500	–	–	–	–
	1000	1.1	1.2	1.4	1.23
	2000	1.4	1.5	1.4	1.43
30% 琥胶肥酸铜悬浮剂	100	1.5	1.4	1.4	1.43
	200	1.9	2.2	2.0	2.03
	400	3.0	3.1	3.3	3.13
三氯异氰尿酸	10	1.3	1.3	1.5	1.37
	20	2.5	2.8	2.5	2.60
	40	3.7	3.6	3.6	3.63

续表

供试药剂	处理浓度（μg/ml）	抑菌圈直径（cm）			平均直径（cm）
		Ⅰ	Ⅱ	Ⅲ	
80% 乙蒜素乳油	500	–	–	–	–
	1000	1.3	1.2	1.0	1.17
	2000	1.4	1.3	1.5	1.40
氯溴异氰尿酸	20	1.3	1.2	1.5	1.33
	40	1.5	1.6	1.5	1.53
	80	2.4	2.1	2.3	2.27
灭菌水（CK）	–	–	–	–	–

注：– 表示无抑菌圈。

2. 不同药剂对当归水烂病的田间防治试验结果

从表 2-88 可以看出，53.8% 氢氧化铜水分散粒剂处理，当归水烂病的发病率较低，最低浓度的发病率只有 2.2%，相对防效为 56%，最高浓度的发病率为 0.6%，防效达 88%，效果明显，说明 53.8% 氢氧化铜水分散粒剂对当归水烂病具有一定的防治作用，可以进一步在田间进行示范、推广。

90% 新植霉素可溶性粉剂、90% 青霉素可溶性粉剂、20% 噻菌铜悬浮剂浸泡的当归苗，在田间的发病率相对较高，其中 90% 新植霉素可溶性粉剂 0.10g 处理的发病率高达 4.4%，相对防效为 12%，说明 90% 新植霉素可溶性粉剂、90% 青霉素可溶性粉剂、20% 噻菌铜悬浮剂这三种杀菌剂对当归水烂病的防治效果不好，在今后的使用过程中尽量不用上述三种杀菌剂。

表 2-88　不同药剂防治当归水烂病试验结果

药剂	剂量（g/L）	总株数	发病株数	发病率（%）	相对防效（%）
90% 新植霉素可溶性粉剂	0.10	180	8	4.4^{ab}	12
	0.15	180	6	3.3^{bc}	34
	0.20	180	7	3.9^{b}	22
20% 噻菌铜悬浮剂	1.00	180	7	3.9^{b}	22
	2.00	180	5	2.8^{c}	44
	3.00	180	5	2.8^{c}	44
90% 青霉素可溶性粉剂	0.10	180	6	3.3^{bc}	34
	0.15	180	4	2.2^{cd}	56
	0.20	180	6	3.3^{bc}	34
53.8% 氢氧化铜水分散粒剂	2.00	180	4	2.2^{cd}	56
	2.50	180	2	1.1^{d}	78
	3.00	180	1	0.6^{e}	88
CK	–	180	10	5.6^{a}	0

注：同列数据后的字母表示在 $P < 0.05$ 水平上差异显著。

3. 不同药剂防治后对当归产量的影响结果

每个处理挖取 100 株，称取总产量。通过图 2-20 发现，90% 青霉素可溶性粉剂 0.20g/L 的处理的产量最高，达到了 20 307g，与对照相比，增加了 10 048g，增产效果明显，增产率为 97.9%。对照区的产量为 10 259g，其他 12 个处理相对于对照，产量都有一定的增加，但各处理之间产量的差异还是比较明显的。

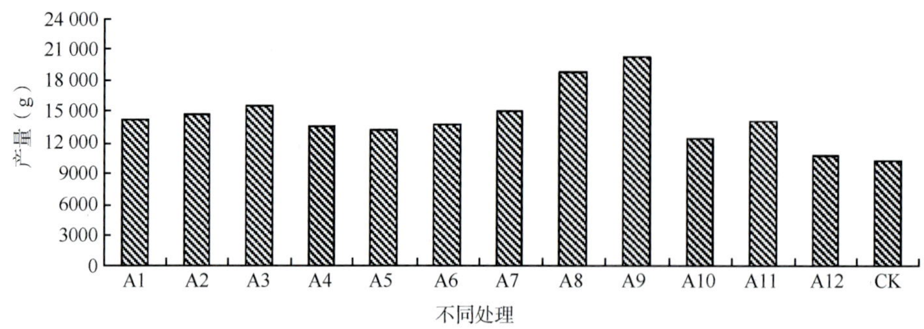

图 2-20 不同药剂对当归产量的影响

A1 为 90% 新植霉素可溶性粉剂 0.10g/L 处理；A2 为 90% 新植霉素可溶性粉剂 0.15g/L 处理；A3 为 90% 新植霉素可溶性粉剂 0.20g/L 处理；A4 为 20% 噻菌酮悬浮剂 1.00g/L 处理；A5 为 20% 噻菌酮悬浮剂 2.00g/L 处理；A6 为 20% 噻菌酮悬浮剂 3.00g/L 处理；A7 为 90% 青霉素可溶性粉剂 0.10g/L 处理；A8 为 90% 青霉素可溶性粉剂 0.15g/L 处理；A9 为 90% 青霉素可溶性粉剂 0.20g/L 处理；A10 为 53.8% 氢氧化铜水分散粒剂 2.00g/L 处理；A11 为 53.8% 氢氧化铜水分散粒剂 2.50g/L 处理；A12 为 53.8% 氢氧化铜水分散粒剂 3.00g/L 处理

（四）当归水烂病综合防治技术

①秋收后、冬耕前和移栽前要彻底清除田间残茬杂草并销毁，生长期内要随时将枯枝、落叶、拔出的抽薹株和病虫危害株移出田间并且烧毁，保持清洁，杜绝病源。②不连作，多与油菜、小麦等禾谷类作物轮作。③移栽前种苗用 30% 琥胶肥酸铜（扫细）悬浮剂 300 倍液浸泡 10min 消毒。④移栽时，穴内稍施石灰、草木灰，以增加肥力且消毒。⑤发病初期用 30% 琥胶肥酸铜（扫细）悬浮剂 300 倍液灌根，每隔 10 天一次，连续 2 ～ 3 次。

五、当归白粉病

图 2-21 当归白粉病症状

（一）症状

叶片、花、茎秆均受害。初期，叶片出现小型白色粉团，后扩大成片至叶片全部覆盖白粉层，叶片发黄。发病严重时，叶变细，呈畸形至枯死。后期白粉层中产生黑色小颗粒，即病原菌的闭囊壳（图 2-21）。

（二）病原

病原菌为真菌界白粉菌属独活白粉菌

（*Erysiphe heraclei* DC.）。闭囊壳聚生或散生，埋生于菌丝体中，呈暗褐色至黑色，扁球形、近球形，直径 76.0 ～ 147.8μm（平均 103.2μm）。附属丝丝状，个别附属丝顶端有 1 ～ 2 次分枝，长宽为（26.9 ～ 129.9）μm×（4.7 ～ 5.9）μm（平均 50.8μm×5.3μm），有隔。闭囊壳内有子囊 4 ～ 6 个，子囊呈广卵形、椭圆形，有小柄，大小为（51.7 ～ 61.2）μm×（35.3 ～ 42.3）μm（平均 54.7μm×39.1μm），囊内有子囊孢子 4 ～ 6 个。子囊孢子呈椭圆形、卵形、淡黄褐色，壁厚，大小为（15.3 ～ 21.2）μm×（10.6 ～ 14.1）μm（平均 18.4μm×12.4μm）。分生孢子呈桶形、腰鼓形，单胞，无色，大小为（25.9 ～ 38.8）μm×（12.9 ～ 16.5）μm（平均 32.9μm×15.1μm）（图 2-22）。寄主范围较广，可为害当归、川芎、蛇床、水芹及田黄蒿等植物（郑儒永，1987）。

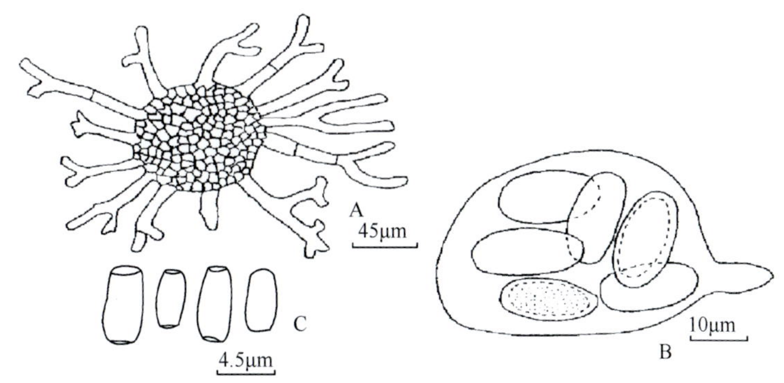

图 2-22 当归白粉病菌

A：子囊壳及附属丝；B：子囊及子囊孢子；C：分生孢子

（三）病害循环及发病条件

病原菌以闭囊壳及菌丝体在病残体上越冬。越冬的闭囊壳来年释放子囊孢子，进行初侵染。越冬的菌丝体第二年直接产生分生孢子传播为害。分生孢子借气流传播，不断引起再侵染。分生孢子萌发的适温为 18 ～ 30℃，湿度为 75% 以上，潜育期 2 ～ 5 天。管理粗放、植株生长衰弱，有利于发病（韩金声，1994）。甘肃省渭源县、岷县、岩昌县和漳县多在 8 月上旬发病，8 月下旬至 9 月上旬为发病盛期，9 月中旬开始产生闭囊壳。甘肃省渭源县、岷县及漳县中度发生，发病率为 40% ～ 85.0%，严重度 1 ～ 2 级。

（四）防治技术

（1）栽培措施：及时中耕除草，以利通风透光，降低湿度；疏松土壤，加强水肥管理，增强植株的抗病力；初冬彻底清除病株残体，清除初侵染源。

（2）药剂防治：发病初期选用 50% 甲基硫菌灵 · 硫黄悬浮剂 800 倍液、20% 三唑酮乳油 2000 倍液、12.5% 烯唑醇可湿性粉剂 2500 倍液或 25% 腈菌唑乳油 2500 倍液喷施。

六、当归灰霉病

（一）症状

此病主要为害茎秆和叶片。茎秆受害后，中部衰弱组织出现软腐症状，受害部位产生大量灰色霉层，可围绕整个茎秆，致组织枯死。叶片受害出现圆形或“V”病斑，上有少量霉层。

（二）病原

病原菌为真菌界葡萄孢属真菌（*Botrytis cinerea* Pers.）。分生孢子梗呈淡褐色，枝长，肉眼可见，有隔膜，端部分枝 2 ～ 3 次，基部稍膨大，大小为（859.97 ～ 1142.15）μm×（13.44 ～ 17.92）μm（平均 983.14μm×15.22μm）。分生孢子呈椭圆形、卵圆形，无色，大小为（9.36 ～ 14.11）μm×（6.47 ～ 9.41）μm（平均 12.38μm×8.14μm）。

（三）病害循环及发病条件

病菌以菌丝、菌核在病残体及土壤中越冬。翌春，条件适宜时，在菌丝及菌核上产生分生孢子，借风雨传播进行初侵染，再侵染频繁。6 月下旬开始发病，7 月上旬为发病高峰，低温、多雨时发生重，植株密集、低洼处发生较重。甘肃省渭源县、岷县和漳县轻度发生。

（四）防治技术

（1）栽培措施：收获后彻底清除田间病残体，减少初侵染来源。

（2）化学防治：发病初期喷施 25% 咪鲜胺乳油 1000 ～ 2000 倍液、40% 嘧霉胺可湿性粉剂 1200 倍液、50% 异菌脲可湿性粉剂 1200 倍液、50% 咪鲜胺锰络合物可湿性粉剂 1000 ～ 1500 倍液、28% 百・霉威可湿性粉剂 600 倍液及 65% 硫菌・霉威可湿性粉剂 1000 倍液。

七、当归炭疽病

（一）症状

此病主要为害茎秆。发病初期先在植株外部茎秆上出现浅褐色病斑，随后病斑逐渐扩大，形成深褐色长条形病斑，叶片变黄枯死（图 2-23A），后期茎秆及叶片从外向内逐渐干枯死亡，在茎秆上布满黑色小颗粒，即病原菌的分生孢子盘，最后茎秆腐朽变灰色至灰白色，整株枯死（图 2-23B）。叶片未见病斑。

图 2-23 当归炭疽病症状

（二）病原

病原菌为真菌界炭疽菌属束状炭疽菌（*Colletotrichum dematium* Grove）（图 2-24）（卞静等，2014）。分生孢子盘呈黑褐色，扁球形、盘形或球形，大小为 50 ～ 400μm，周围有褐色刚毛，刚毛直立、长短不等，长度为 45 ～ 200μm，顶端尖，基部宽为 4 ～ 8μm，有 0 ～ 7 个隔膜。分生孢子有两种形态，一种为新月形，两端尖，无色透明，单胞，中间有一个油球，孢子大小为（18 ～ 24.5）μm×（3.5 ～ 5）μm；另一种孢子为卵圆形或椭圆形，无色透明，单胞，孢子大小为（9.7 ～ 16.5）μm×（2.5 ～ 4）μm。

该菌菌丝生长和孢子萌发适温均为 25℃，产孢适温为 20℃；相对湿度 95% 以上可以萌发，液态水中萌发最好；适宜菌丝生长和产孢的 pH 为 11 和 10；菌丝在葡萄糖、蔗糖、乳糖、麦芽糖、甘露醇和 D-阿拉伯糖等 7 种碳源培养基上生长快，而甘露糖、D- 半乳糖和氯醛糖 3 种碳源为其不良碳源；大豆蛋白胨、L- 亮氨酸等 15 种氮源培养基均有利于菌丝良好生长；蔗糖溶液能促进孢子萌发。

菌落在 PDA 培养基上初期为白色，后期在上的菌落变为灰黑色，气生菌丝紧贴培养基，细绒状，且产生少量灰黑色小颗粒，即病原菌的分生孢子盘；在 OA 培养基上，气生菌丝稀疏，产生红色色素渗透入培养基中，后期产生大量的黑色小颗粒。在 MEA 培养基上菌落呈白色，菌丝呈绒状，生长较慢，不产生分生孢子盘。

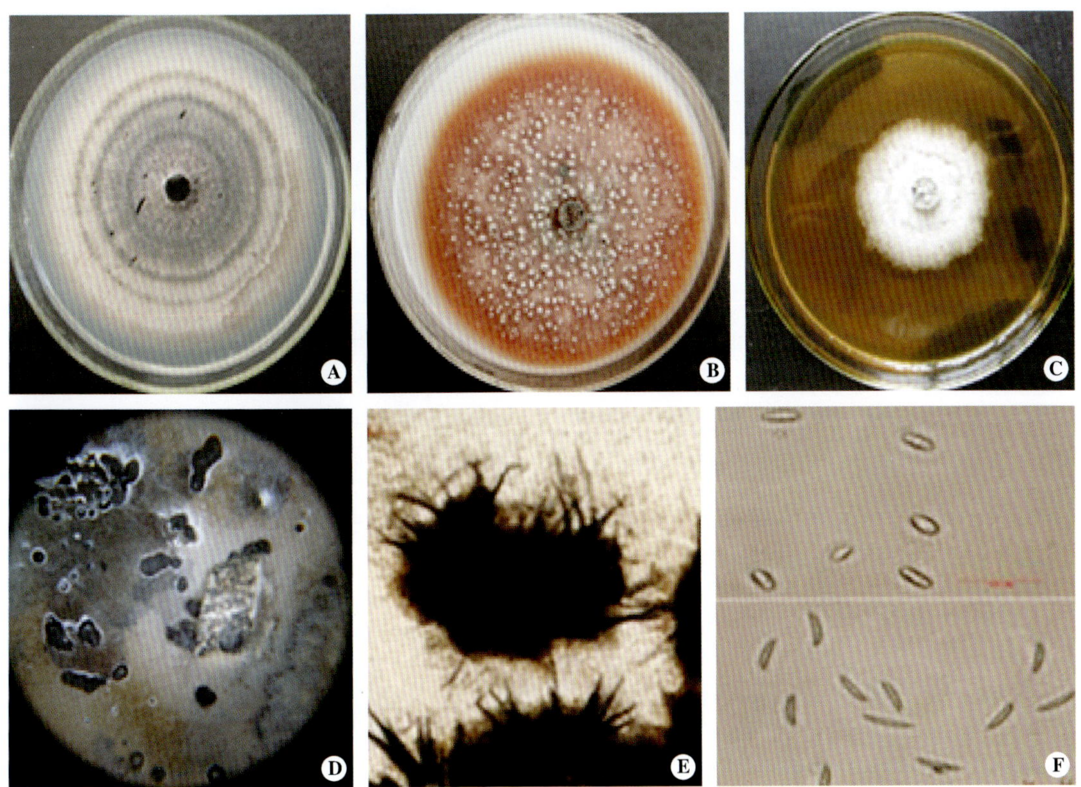

图 2-24　当归炭疽病菌

A ～ C：PDA、OA 和 MEA 上菌落形态；D：培养菌分生孢子盘；E：分生孢子盘；F：分生孢子

（三）病害循环及发病条件

病菌可在土壤和病残组织上越冬，成为次年的主要初侵染来源。次年温湿度适宜时，病菌可通过伤口、根部及地上部自然孔口侵入茎秆。生长季节中，此病一般在 6 月中下旬开始发生，田间可见零星病株，但症状不典型，观察不到病症。7 月份株高 20cm，可见典型症状，有些株高不到 30cm 即已严重发病，茎秆腐朽，表面布满黑色小颗粒。8 月下旬到 9 月上旬是发病高峰，田间发病程度与相对湿度和气温存在极显著正相关，即湿度大、温度高有利于病害发生。甘肃省渭源县、漳县及岷县发病普遍，为害较重。

（四）防治技术

（1）栽培措施：收获后及时清除病株残体，精耕细作、深翻土壤，减少初侵染源；注意轮作倒茬，此病在重茬地发病重。因此，应与禾本科、十字花科植物轮作倒茬，以减少土壤中病原物的积累。

（2）药剂防治：发病初期喷施 43% 戊唑醇悬浮剂 4000 倍液、30% 醚菌酯可湿性粉剂 1200 倍液、70% 甲基硫菌灵可湿性粉剂 800 倍液、50% 多菌灵可湿性粉剂 600 倍液、10% 苯醚甲环唑可湿性粉剂 1000 倍液及 40% 氟硅唑乳油 8000 倍液。

八、当归菌核病

（一）症状

此病主要为害茎秆。近地面茎秆发病后出现软腐，茎秆变成空腔，发病部位可见白色菌丝及黑色鼠粪状菌核；叶片首先从叶缘开始干枯，逐渐发展到整叶枯黄，最后全株枯死。

（二）病原

病原菌为真菌界核盘菌属的真菌（*Sclerotinia* sp.）。菌核生在当归茎秆表面，似鼠粪状，不规则形。

（三）病害循环及发病条件

病原菌以菌核在病残体及土壤中越冬。第二年条件适宜时侵染当归苗引起病害。甘肃省岷县采用上一年种植蔬菜的日光温室育苗，此病发生较重。

（四）防治技术

（1）栽培措施：清除病残体，深翻土壤，将菌核翻入土壤深层，有利于减少越冬菌源；与禾本科作物进行轮作倒茬；移栽时，穴内使用石灰、草木灰，既可增加土壤肥力又可消毒。

（2）药剂防治：发病初期喷施 40% 菌核净可湿性粉剂 1500 ～ 2000 倍液、50% 腐霉利可湿性粉剂 1000 ～ 1200 倍液、40% 嘧霉胺悬浮剂 1000 倍液加 40% 菌核净可湿粉剂 1500 倍液。

九、当归病毒病

（一）症状

此病主要为害叶片。发病初期，仅上部叶片出现隐约可见的轻微花叶，逐渐出现黄绿色不规则的疱斑花叶，叶片略变硬变脆；部分叶片叶缘呈不规则锯齿状，有少数叶片变细呈蕨叶状。部分叶片叶色正常，但叶面产生疱状，叶面稍现畸形（图 2-25）。此病在甘肃省岷县、漳县和渭源均有发生，但为害较轻。

图 2-25　当归病毒病症状

（二）病原

采用双抗体夹心免疫酶联法（DAS-ELISA）和反转录 PCR（RT-PCR）方法检测，结果表明甘肃省当归病毒病由番茄花叶病毒（ToMV）引起（刘雯等，2014）。该病毒隶属烟草花叶病毒属（*Tobamoviruses*）成员，病毒粒体为短杆状，基因组为正单链 RNA，钝化温度为 85 ～ 90℃，稀释限点为 10^6 ～ 10^7，体外保毒期在 1 个月以上（周雪平等，1996）。

（三）病害循环及发病条件

该病毒寄主范围广，侵染番茄、辣椒、马铃薯、烟草、矮牵牛、大千生等多种植物，还可侵染梨树、苹果、葡萄、云杉及丁香等树木（周雪平等，1996，1997）。初侵染源主要在当归种苗和多种植物上越冬。通过摩擦传播和侵入，农事操作也可传播，侵入后在薄壁细胞内繁殖，后进入椎管束组织传染整株。

（四）防治技术

（1）耕作及栽培措施：与麦类、油菜等作物轮作，切勿与马铃薯、豆类等植物轮作；使用充分腐熟的有机肥；彻底清除田间地梗杂草，减少初侵染源。严禁将已发病的种苗移入大田。在田间农事操作过程中不宜反复走动、触摸。施足氮、磷、钾肥，及时喷施多种微量元素肥料，提高植株抗病能力。

（2）培育无毒苗：选择高海拔（2000m 以上）的生荒地育苗，远离菜田。间苗、定苗前要用肥皂将手洗干净，先操作健苗，发现病株及时拔除。

（3）药剂防治：发病初期用 1.5% 三十烷醇 · 硫酸铜 · 十二烷基硫酸钠（植病灵）乳剂 1000 倍液、10% 病毒王可湿性粉剂 600 倍液喷施，还可选用 2% 宁南霉素水剂，按有效成分 90 ～ 120g/hm^2 喷施，能预防和缓解病害发生。

附　当归安全高效生产技术规程

一、范围

本标准规定了中药材当归安全高效生产技术措施，包括产地环境、育苗技术、栽培措施及病虫害防治等内容。

本标准适合于无公害中药材当归的生产。

二、规范性引用文件

下列文件中的条款通过本标准的引用而成为本标准的条款。凡是注明日期的引用文件，其随后所有的修改单（不包括勘误的内容）或修订版均不适用于本标准，但鼓励根据本标准达成协议的各方研究可使用这些文件的最新版本。凡是不注明日期的引用文件，其最新版本适用于本标准。

GB 4285　农药安全使用标准

NY/T 1276-2007 农药安全使用规范总则

NY/T 393-2000 绿色食品 农药使用准则

NY/T 394-2000 绿色食品 肥料使用准则

DB62/T822-2002 定西地区无公害中药材产地环境条件

DB62/T823-2002 定西地区无公害中药材当归生产技术规程

三、术语和定义

下列术语和定义适用于本标准。

1. 当归病虫害

当归病虫害是指当归生长过程中由于病原微生物和有害昆虫的侵染而导致的损害。

2. 农业防治

农业防治是指通过改变耕作栽培措施或利用选育抗病、抗虫作物品种，有目的地创造利于作物生长发育而不利于病虫发生和危害的方法。

3. 物理防治

物理防治是指利用各种物理因素和机械设备防治病虫的方法。

4. 生物防治

生物防治是指利用有益生物或生物的代谢产物控制病虫的发生、繁殖或减轻其危害的方法。

5. 化学防治

化学防治是指用化学农药防治病虫害的方法。

6. 有机肥料

有机肥料主要指各种动物排泄物和动、植物残体等，经过一定时期发酵腐熟后形成的、施于土壤以提供植物营养为主要功能的肥料。

四、产地环境条件

产地环境符合 DB62/T822-2002 当归生产地区无公害中药材产地环境条件要求。

五、农药使用的原则和要求

当归生产过程中对病虫害的控制所允许和禁止使用的农药种类按 GB 4285、NY/T 1276-2007 和 NY/T 393-2000 准则执行。

六、肥料使用的原则和要求

当归生产过程中允许和禁止使用肥料的种类按 NY/T 394-2000 准则执行。

七、栽培技术

1. 品种选择

现有当归品种为岷归 1 号、岷归 2 号、岷归 3 号，生产上均可选择使用（表 2-89 ～表 2-92）。

表 2-89　岷归 1 号种子建议性分级标准

等级	净度（%）	千粒重（%）	含水量（%）	活力（%）	病种（%）	发芽势（%）	发芽率（%）
Ⅰ	≥ 90	≥ 1.65	≤ 12.89	≥ 60	≤ 4	≥ 55	≥ 80
Ⅱ	≥ 80	≥ 1.60	≤ 12.89	≥ 55	≤ 5	≥ 50	≥ 75
Ⅲ	≥ 70	≥ 1.55	≤ 12.89	≥ 50	≤ 6	≥ 45	≥ 70

表 2-90　岷归 2 号种子建议性分级标准

等级	净度（%）	千粒重（%）	含水量（%）	活力（%）	病种（%）	发芽势（%）	发芽率（%）
Ⅰ	≥ 90	≥ 1.70	≤ 12.19	≥ 60	≤ 4	≥ 65	≥ 85
Ⅱ	≥ 80	≥ 1.65	≤ 12.19	≥ 55	≤ 5	≥ 60	≥ 80
Ⅲ	≥ 70	≥ 1.60	≤ 12.19	≥ 50	≤ 6	≥ 50	≥ 75

表 2-91　岷归 1 号种子强制性分级标准

等级	净度（%）	千粒重（%）	含水量（%）	发芽率（%）
Ⅰ	≥ 90	≥ 1.65	≤ 12.89	≥ 70
Ⅱ	≥ 80	≥ 1.60	≤ 12.89	≥ 65
Ⅲ	≥ 70	≥ 1.55	≤ 12.89	≥ 60

表 2-92　岷归 2 号种子强制性分级标准

等级	净度（%）	千粒重（%）	含水量（%）	发芽率（%）
Ⅰ	≥ 90	≥ 1.70	≤ 12.19	≥ 75
Ⅱ	≥ 85	≥ 1.65	≤ 12.19	≥ 70
Ⅲ	≥ 80	≥ 1.60	≤ 12.19	≥ 65

2. 种子质量

目前生产上推广使用的当归种子质量应符合建议性质量标准和强制性质量标准，见附录 A。

3. 育苗用种量

育苗用种量按 DB62/T823-2002 执行，即每公顷用种量为 60 ～ 75kg。

4. 育苗技术

（1）育苗基地环境选择：海拔 2300 ～ 2800m，选择保水不积水的阴坡地，以生荒地最佳；在土质上宜选择土层深厚、肥沃疏松、富含腐殖酸的土壤，以黑土、黑油土为好。

（2）整地：生荒地育苗，应在 4 ～ 5 月份开始，先把灌木砍除，然后把草皮连土铲起，晒干后堆起来烧成熏土灰，均匀撒开，将地深耕 20 ～ 25cm，深耙 3 遍，整平。播前再浅耕 1 次，按宽 1 ～ 1.3m、高约 25cm、畦沟宽 30 ～ 40cm 做畦。

（3）施肥：育苗时每亩施用熏土灰 5000kg、磷酸二铵 10kg 和硫酸钾 5kg 作为基肥。6 月下旬叶生长盛期和 8 月上旬根增长期是两次需肥高峰期。通常使用磷酸二氢钾 10kg，或者磷酸二铵 20kg 作追肥。

（4）催芽：按当归种子标准选择优质种子后，在播前 3 ～ 4 天将种子用 20 ～ 30℃温水浸泡 24h，待种子充分吸水后，倒掉多余的水分，置透气容器中，在室温条件下，覆盖保湿，每天上下翻动一次，使其温湿度均一。当少数种子露白时即可播种。

（5）拌灰：播种时，将经过催芽的种子滤出多余的水分，拌少量草木灰，以种子不粘为度，以便均匀撒播。

（6）播种：在 6 月上中旬播种，每公顷需种子 60 ～ 75kg。将露白后拌灰的种子均匀地撒在整好的畦面上，然后用铁网筛将细碎的湿土筛在种子上，覆土厚度为 0.3 ～ 0.5cm，再用扫把轻拍，使种子和土壤紧贴，然后稍加镇压，立即用麦秸覆盖。

（7）苗床管理：一般播后 15 ～ 20 天出苗，播后的苗床必须保持湿润，除盖草保墒外，还需喷水保湿。苗高 1 ～ 2cm 时，选阴天或傍晚抖松盖草，使苗子生长在草下。齐苗后进行第一次除草，7 月中旬进行第二次除草，等当归苗高 4 ～ 6cm 时，第四片真叶长出后，选择阴天分 2 次小心揭去盖草，第一次揭去一半，过 7 天后全部揭去。揭草后需搭棚或插枝遮阴，若遮阴期间遇到较长时间的阴雨天，应及时揭开棚盖，否则会因光照太弱而生长缓慢，种苗发黄，形成弱苗。

（8）起苗：起苗时间以 10 月中下旬为宜，起苗方法是先用三齿铁叉将苗掘起，然后抓住叶片，抖掉泥土。起苗时力求保持根系完整，严禁损伤芽和根体。将挖起的种苗上的叶片去掉，保留 1cm 的叶柄。去除病、残、伤、烂苗后，按大、中、小苗分开，按 50% 带土量，70 ～ 80 株扎成一小把，等鲜苗外皮稍干，根体开始变软，叶柄萎缩后就可贮藏。

（9）贮苗：苗子贮藏有四种方法。①窖藏（湿藏）：选择干燥、阴凉、无鼠洞、不渗水的场所，按苗子多少挖出方形或圆形土坑，将苗单层摆在坑底，覆生土 3 ～ 5cm，逐层贮藏 6 ～ 7 层，上面堆土高出地面，防止积水腐烂，这种贮藏方法贮藏的苗子抗旱能力较差。②堆藏（干藏）：在无烟通风的室内，用土坯砌成 1m 见方的土池，池内铺生土 5cm，将苗子由里向外摆一层，苗根向内，苗头向外，苗壁之间留 6 ～ 8cm 空隙，将池储满后加厚土一层，顶部培成鱼脊形。这种干藏的苗子抗旱性较强。③密闭贮藏：选择密闭的容器（如木桶、瓷缸、塑料桶、塑料袋等）把备贮的种苗一层苗一层土装入容器内，填满压紧密封，置于室外阴凉的低温处，一般为 1 ～ 5℃。④冷冻贮苗：冷冻贮苗的重要条件是要有一个可以人工降温并能自动控制温度的冷藏室，贮存室要求温度恒定在 –10℃左右。贮存的种苗先经晾干，使苗体含水量降至 60% ～ 65% 时，装入特质的竹筐中，然后在预冷室逐步降温，最后进入冷藏室。

5. 大田移栽

（1）移栽地环境选择： 应选择川谷地或者缓坡地段，土壤肥沃疏松、土层深厚、腐殖质含量高、排水良好的耕地或休闲地，一般黑土、红沙土移栽成活率高。当归不宜连作，轮作周期应在3年以上，且以麦类、大麻、胡麻、油菜等作物茬口栽植为宜。

（2）时间要求： 当归移栽以春栽为主。栽植时间一般从春分开始，清明大栽，谷雨扫尾。

（3）整地与施肥： 选好地块后，栽前要深翻25～30cm，结合深翻施入基肥以促进根部生长，每亩施腐熟厩肥5000～8000kg，油渣100kg；还可每亩施入磷酸氢二铵15kg，或者尿素10kg和磷酸钙25kg。

（4）移栽方法： 当归移栽的方法分为两种。

1）平栽：在整好的地块上，用镢头挖坑打窝，窝深18～22cm，直径12～15cm，每窝1～2苗，垂直放入窝内，培土压实。

2）垄栽：一般在热量不足，有水利条件时采用。垄宽60～80cm，若经济条件允许可以在垄面上覆黑色或白色地膜，其余步骤与平栽相同。

（5）栽植密度： 无论平栽、垄栽或地膜覆盖栽培，亩保苗数应保持在6000～6500株为宜。

6. 田间管理

（1）查苗补苗、中耕除草： 当归移栽后15～20天出苗，出苗不全时要及时补栽，苗后第一次锄草，要浅锄、细锄、土不埋苗。苗高10～15cm时进行第二次锄草，要锄细、锄净、锄深，植株周围可培土育根。

（2）拔薹： 当归移栽后，当年开花结果的植株称“起薹”。这种植株应及时拔除，以免与正常株争夺养分。

八、病虫害防治

1. 农业防治

一要选择健壮归苗，归苗在移栽前须仔细选择，将表皮粗糙、分枝多、侧根倒长、苗质硬、苗心已木质化的去除，将腐烂、发霉、苗体有病斑、虫伤、折断的伤苗去除，将苗径小于2mm的小苗去除。二要合理轮作倒茬，可与小麦、油菜等作物实行3年以上轮作种植。三要增施有机肥，合理配方施肥。施入腐熟羊粪、猪粪等优质农家肥每亩4000～5000kg和腐熟油渣每亩100kg，之后再施入二铵10kg、尿素12kg、双酶多肽钾40kg，或选用氮磷钾复混有机肥如速达利、大丰收等肥料。中药材种植禁止使用和常用农药见表2-93、表2-94。

表2-93　中药材种植禁止使用的农药

种类	农药名称	禁用原因
有机氯杀虫剂	滴滴涕、六六六、林丹、艾氏剂、狄氏剂	高残毒
有机砷杀虫剂	甲基砷酸锌（稻脚青）、甲基砷酸钙胂（稻宁）、甲基砷酸铁铵（田安）、福美甲砷、福美砷	高残毒
有机汞杀虫剂	氯化乙基汞（西力生）、醋酸苯汞（赛力散）	剧毒、高残毒
卤代烷类熏蒸杀虫剂	二溴乙烷、环氧乙烷、二溴氯丙烷、溴甲烷	高毒、致癌、致畸
无机砷杀虫剂	砷酸钙、砷酸铅	高毒
有机磷杀虫剂	甲拌磷、乙拌磷、久效磷、对硫磷、甲基对硫磷、甲胺磷、甲基异柳磷、治螟磷、氧化乐果、磷胺、地虫硫磷、灭克磷（益收宝）、水胺硫磷、氯唑磷、硫线磷、杀扑磷、特丁硫磷、克线丹、苯线磷、甲基硫环磷	剧毒、高毒

续表

种类	农药名称	禁用原因
氨基甲酸酯杀虫剂	涕灭威、克百威、灭多威、丁硫克百威、丙硫克百威	高毒、剧毒或代谢物高毒
二甲基甲脒类杀虫杀螨剂	杀虫脒	慢性毒性、致癌
氟制剂	氟化钙、氟化钠、氟乙酸钠、氟铝酸胺、氟硅酸钠	易产生药害
有机氯杀螨剂	三氯杀螨醇	产品中含滴滴涕
有机磷杀菌剂	稻瘟净、异稻瘟净	高毒
取代苯类杀菌剂	五氯硝基苯、稻瘟醇（五氯苯甲醇）	致癌、高残留

表 2-94 中药材种植常用的农药

农药名称	剂型	常用药量 g（ml）/亩	最高用药量 g（ml）/亩	施药方法	最多施药次数（每季作物）	安全间隔期（天）
辛硫磷	50% 乳油	600ml	760ml	毒沙、浸苗	2	≥ 10
敌百虫	90% 固体	60g	100g	毒饵	6	≥ 7
氯氰菊酯	10% 乳油	20ml	30ml	喷雾	3	≥ 6
溴氰菊脂	2.5% 乳油	20ml	40ml	喷雾	3	≥ 2
新科	2% 乳油	16ml	20ml	喷雾	3	≥ 10
硫悬浮剂	50% 悬浮剂	150g	200g	浸苗、喷雾	2	≥ 10
克露	72% 可湿性粉剂	100g	150g	喷雾	3	≥ 14
甲基硫菌灵	70% 可湿性粉剂	30g	50g	喷雾	2	≥ 10
甲霜灵锰锌	68% 可湿性粉剂	76g	120g	喷雾	3	≥ 10
代森锰锌	70% 可湿性粉剂	120g	175g	喷雾	3	≥ 10
三唑酮	15% 可湿性粉剂	60g	100g	喷雾	2	≥ 3
多菌灵	50% 可湿性粉剂	100g	150g	浸苗、喷雾	3	≥ 10

2. 生物防治

利用植物源或微生物源农药防治当归麻口病已是今后发展的主要方向。目前可选用的药剂主要有狼毒素、斑蝥素、苦参碱、阿维菌素等生物源农药，淡紫拟青霉菌、厚垣轮枝菌、木霉菌、枯草芽孢杆菌等微生物制剂或微生物菌肥等。

3. 化学防治

（1）当归麻口病：是当归的最主要病害之一，受其危害的当归轻则丧失商品价值，重则绝收，因此当归麻口病的防治是当归田间管理中最为关键的中心环节，在防治上应首先从防虫、减少伤口入手，进而防病、抑制扩散。目前防治麻口病应采取下列措施：

1）整地：结合整地施入一些有效的化学杀虫剂，可以有效控制地下害虫及麻口病的为害。具体措施如下：春季翻地，在翻耕地后直接用 15% 阿维 · 毒乳油 500 倍液喷施地表，然后耙耱平整，或结合施底肥按每亩 3 ～ 4kg 撒施 5% 辛硫磷颗粒剂。

2）移栽期浸苗处理：移栽前用 15% 阿维 · 毒乳油 100 ～ 200 倍液＋ 30% 琥胶肥酸铜（扫细）悬浮剂 200 倍液浸苗 30min，边浸边晾，或可加入 40% 多 · 福 · 溴（炭息）可湿性粉剂 250 倍液进行浸苗处理。

3）成株期防治：如果没有结合整地处理，或麻口病发生严重的地区，成株期麻口病防治以灌根为主，可在5月上旬和6月下旬分别用15%阿维·毒乳油500倍液、50%辛硫磷乳油500倍液进行灌根，两次即可达到控制病害的效果。

（2）水烂病：可用30%琥胶肥酸铜（扫细）悬浮剂500倍液结合防治麻口病进行灌根，施用次数随病情一般进行1～2次。

（3）褐斑病：可用40%多·福·溴（炭息）可湿性粉剂750倍液和10%苯醚甲环唑微乳剂1500倍液于5月上旬进行喷雾防治。

（4）白粉病：发病初期，每隔10天左右用10%苯醚甲环唑微乳剂1000倍液喷雾防治，或用10%丙环唑微乳剂2500倍液，需连续用药2～3次。

（5）地下害虫：主要有地老虎、金针虫、蛴螬、蚜虫、根蛆等。播种时土壤中撒施5%辛硫磷颗粒剂，用量45kg/hm^2；齐苗后结合灌水，用15%阿维菌素乳油灌根1～2次，间隔30天，用量30kg/hm^2。

九、采收加工

1. 采收加工

当归的采收时间一般在霜降前后，收挖时一定要提防伤根，将挖出的当归根抖净泥土，挑出水烂、菜头，置于通风防晒场所，待水分蒸发至根条柔软后扎把，扎把时分开大小等次，用韧性较好的草绳扎成小把进行熏制。当归加工不宜采用阴干和晒干方式，若阴干则质轻，皮粗发青，若晒干则皮色变红失去油分，质量降低。因此必须搭棚熏制。

2. 熏制方法

选干燥室内或特制熏棚，棚架高1.3～1.7m，上铺竹帘或其他代用品，将当归把堆放在上面。平放三层，立放一层，厚度以30～50cm为宜。然后用豆秆或荞麦杆文火上色，再用湿柏杨、柳木暗火熏烤，待当归呈金黄色或赤红色时可用煤火熏10天左右翻棚，翻棚后先急火后慢火日夜烘烤2天后停火自干即可，切忌土炕焙干或大火烧烤，否则会减少油份，降低质量。

第三章 当归药效物质基础研究

第一节 当归活血补血药效物质基础研究

当归含有很多化学成分，可多靶点发挥补血等作用，仅以阿魏酸的含量控制当归质量优劣是不够的。指纹图谱因其在评价中药质量时具有整体性和模糊性特点，被广泛用于中药质量控制。传统的指纹图谱，用一种溶剂提取一个部位。由于中药中所含化学成分性质差距大，不能将所有成分提取出来，使得中药指标或活性成分信息不能在指纹图谱中完全反映。另外，传统指纹图谱不能反映中药中化学成分与疗效的关系，建立的指纹图谱有很大的局限性。比较不同提取部位当归的指纹图谱和疗效，用数理统计法将指纹图谱与疗效进行关联分析，从而建立基于疗效的指纹图谱；同时分析当归中活性组分及在体内的浓度变化，并进行关联分析，可初步阐明当归补血活血补气的药效物质基础。

一、当归药材不同提取部分指纹图谱研究

当归药材的 HPLC 指纹图谱研究已有文献报道，但使用单一的提取溶剂对样品进行处理所得的指纹图谱会忽略某些极性差异较大的成分，因此很难全面地反映当归药材的整体质量。采用 HPLC 方法和 GC 方法对当归药材不同提取部分进行指纹图谱研究，可兼顾当归的亲水性、亲脂性和中等极性部分的化学成分，比较全面地反映当归药材的整体质量，为全面控制当归药材质量提供依据。

当归药材 10 批，产地见表 3-1；阿魏酸、藁本内酯、欧当归内酯 A 对照品，购自中国食品药品检定研究院（HPLC ≥ 98%）；丁烯基苯酞、洋川芎内酯 A、洋川芎内酯 H、洋川芎内酯 I 对照品，购自上海一林生物科技有限公司（HPLC ≥ 98%）。

表 3-1 当归药材来源

编号	产地	编号	产地
1	甘肃省榆中县马坡乡	6	甘肃省宕昌
2	甘肃省漳县大草滩乡	7	甘肃省武都
3	甘肃省漳县金钟	8	青海省玉树
4	甘肃省文县	9	云南省鹤庆
5	甘肃省甘南	10	甘肃省定西市岷县

所用的仪器有 Waters alliance 2695 高效液相色谱仪（美国 Waters 公司），Waters 2996 型 PDA 检测器，Millenium32 色谱工作站；GC 2014 型气相色谱仪（日本岛津公司）；中药色谱指纹图谱计算机辅助相似性评价系统软件（版本 1.0，中南大学提供），超声仪：KQ-400DB（昆山市超声仪器厂）；十万分之一天平：sartorius BP211D（德国赛多利斯）；万分之一天平：sartorius BS224S（德国赛多利斯）；CR22G Ⅱ型离心机（日本日立公司）；BUCHIR-200 旋转蒸发仪（瑞士 Buchi 公司）。

（一）水提醇沉上清部分指纹图谱研究

1. 色谱条件

Diamonsil ODS-C_{18} 色谱柱（4.6mm×250mm，5μm）；流动相：甲醇（A）– 1% 醋酸溶液（B），流动相比例见表 3-2；流速 1.0ml/min；柱温 30℃；检测波长 280nm；进样量 20μl。

表 3-2　流动相组成

t（min）	A（%）（甲醇）	B（%）（1% 醋酸）
0	5	95
25	25	75
50	60	40
65	80	20
70	100	0
80	100	0
81	5	95
90	5	95

2. 供试品溶液的制备

取当归药材，加水，按《中国药典》挥发油提取方法，连续蒸馏 8h，收集油层。油层用乙醚萃取三次，合并萃取液，除去乙醚，即得挥发油。水提取液过滤后浓缩至浓度为 1g/ml。加 95% 乙醇至乙醇浓度为 80% 沉淀，静置 24h。过滤后所得滤液减压浓缩，残渣加甲醇溶解，定容，即得水提醇沉上清部分供试品溶液，过 0.45μm 微孔滤膜，备用。10 批当归药材分别用同法处理。

3. 对照品溶液的制备

分别称取阿魏酸、洋川芎内酯 I 、洋川芎内酯 H 和藁本内酯对照品适量，用甲醇制成系列浓度的对照品溶液，备用。

4. 水提醇沉上清部分指纹图谱的建立及共有峰的确定

分别精密吸取各批供试品溶液 20μl，进样分析，得到指纹图谱，进行谱峰匹配及数据匹配后，建立供试品指纹图谱的共有模式，见图 3-1。通过分析，确认了水提醇沉上清部分 20 个共有峰。数据处理采用夹角余弦法，以共有峰的峰面积计算相似度，结果见表 3-3。由表 3-3 可以看出，产自甘肃省甘南的 5 号、青海省玉树的 8 号和云南省鹤庆的 9 号当归药材该部分提取物与其他 8 个产自甘肃省的样品存在着明显的差异，其相似度分别为 0.770、0.889 和 0.831，其余产自甘肃省的样品相似度均达到 0.900 以上，具有较高的相似度。

5. 水提醇沉上清部分共有模式中特征峰的指认

采用单体化合物对照法对图谱中的色谱峰进行指认，结果见图 3-1。

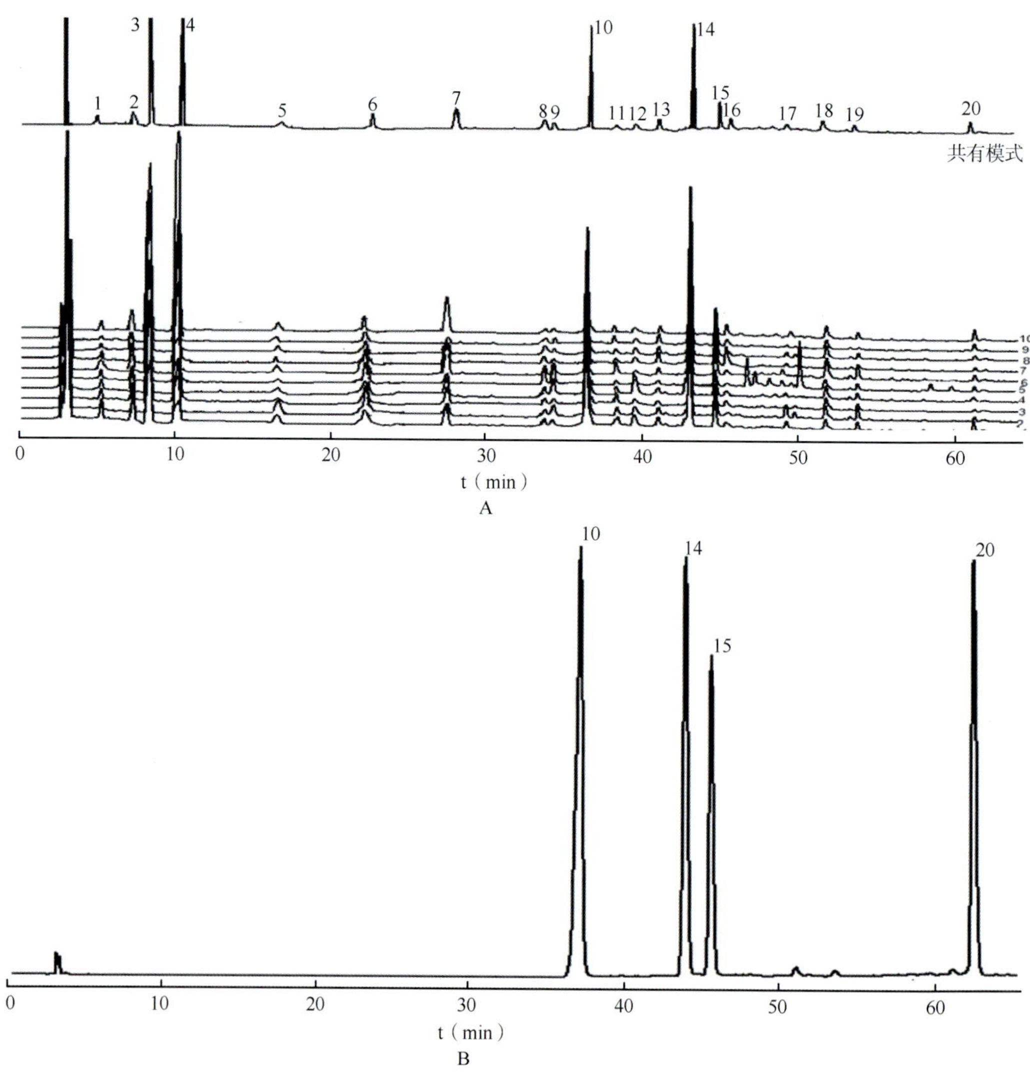

图 3-1 当归药材水提醇沉上清部分 HPLC 指纹图谱及模式指纹图谱（280nm）

A：10 批当归水提醇沉上清部位 HPLC 指纹图谱及共有模式；B：混合标准品的 HPLC 图（波长 280nm）。10. 阿魏酸；14. 洋川芎内酯 I；15. 洋川芎内酯 H；20. 藁本内酯

6. 当归药材水提醇沉上清部分指纹图谱共有峰的相对峰面积及相对保留时间

从指纹图谱可以看出，10 号峰的峰型和分离度较好，因此，选 10 号峰为参照峰，计

算其他峰的相对峰面积和相对保留时间，结果见表 3-3、表 3-4。由表 3-3 可以看出，不同产地当归药材中该提取部分各成分的含量存在明显差异；由表 3-4 可以看出，所建立的当归药材该提取部分指纹图谱的 20 个共有峰保留时间稳定，无明显差异，表明选择的共有峰准确。

表 3-3 10 批当归药材水提醇沉上清部分指纹图谱共有峰的相对峰面积

共有峰	相对峰面积										RSD (%)
	样品 1	样品 2	样品 3	样品 4	样品 5	样品 6	样品 7	样品 8	样品 9	样品 10	
1	0.176	0.196	0.297	0.277	0.597	0.202	0.290	0.026	0.441	0.334	56.09
2	0.239	0.218	0.388	0.476	1.050	0.319	0.374	0.505	0.687	0.414	52.63
3	0.139	0.659	1.643	2.095	0.337	0.771	2.342	2.703	4.414	3.217	75.70
4	0.596	0.227	2.656	0.460	0.069	0.229	3.439	0.561	8.543	1.102	147.78
5	0.144	0.311	0.326	0.360	0.248	0.380	0.285	0.554	0.445	0.136	40.06
6	0.221	0.417	0.653	0.431	0.313	0.518	0.606	0.539	0.905	0.140	47.04
7	0.092	0.340	0.223	0.442	0.237	0.170	0.069	0.648	1.179	0.218	92.41
8	0.079	0.050	0.214	0.249	0.268	0.141	0.279	0.169	0.487	0.166	58.92
9	0.086	0.100	0.226	0.426	0.210	0.188	0.278	0.200	0.687	0.192	68.43
10	1.000	1.000	1.000	1.000	1.000	1.000	1.000	1.000	1.000	1.000	0.00
11	0.047	0.061	0.224	0.250	0.124	0.163	0.343	0.218	0.662	0.082	83.69
12	0.190	0.091	0.254	0.771	0.247	0.140	0.657	0.39	0.937	0.182	76.75
13	0.121	0.077	0.106	0.324	0.170	0.108	0.340	0.282	1.013	0.167	102.49
14	0.678	0.918	0.637	1.114	0.399	0.733	2.483	1.473	3.812	0.664	82.81
15	0.187	0.231	0.215	0.377	0.457	0.227	0.658	0.433	1.125	0.197	71.44
16	0.085	0.034	0.172	0.248	0.057	0.142	0.480	0.200	0.527	0.238	76.44
17	1.320	1.495	0.337	0.518	0.244	0.603	0.481	0.719	0.546	1.295	59.07
18	0.073	0.114	0.163	0.259	0.303	0.183	0.246	0.211	0.039	0.253	47.07
19	0.060	0.077	0.063	0.131	0.031	0.107	0.108	0.09	0.153	0.106	39.04
20	0.008	0.012	0.018	0.068	0.016	0.007	0.030	0.011	0.010	0.066	93.98
相似度	0.964	0.903	0.936	0.939	0.770	0.928	0.934	0.889	0.831	0.926	

表 3-4 10 批当归药材水提醇沉上清部分指纹图谱共有峰的相对保留时间

共有峰	相对保留时间										RSD (%)
	样品 1	样品 2	样品 3	样品 4	样品 5	样品 6	样品 7	样品 8	样品 9	样品 10	
1	0.14	0.14	0.14	0.14	0.14	0.14	0.14	0.14	0.14	0.14	0.00
2	0.20	0.20	0.20	0.19	0.20	0.19	0.19	0.19	0.19	0.20	2.70
3	0.23	0.22	0.23	0.23	0.22	0.23	0.22	0.22	0.22	0.23	2.34
4	0.28	0.28	0.28	0.28	0.28	0.28	0.28	0.28	0.28	0.28	0.00
5	0.45	0.45	0.45	0.45	0.45	0.45	0.45	0.45	0.45	0.46	0.70
6	0.61	0.61	0.61	0.61	0.61	0.61	0.61	0.61	0.61	0.61	0.00

续表

共有峰	相对保留时间										RSD（%）
	样品1	样品2	样品3	样品4	样品5	样品6	样品7	样品8	样品9	样品10	
7	0.73	0.72	0.72	0.72	0.72	0.72	0.74	0.74	0.74	0.74	1.36
8	0.93	0.93	0.93	0.93	0.93	0.93	0.93	0.93	0.93	0.93	0.00
9	0.94	0.94	0.94	0.94	0.94	0.94	0.94	0.94	0.94	0.94	0.00
10	1.00	1.00	1.00	1.00	1.00	1.00	1.00	1.00	1.00	1.00	0.00
11	1.05	1.05	1.05	1.05	1.05	1.05	1.05	1.05	1.05	1.05	0.00
12	1.09	1.08	1.08	1.08	1.08	1.08	1.08	1.08	1.08	1.08	0.29
13	1.13	1.13	1.03	1.13	1.13	1.13	1.13	1.11	1.13	1.13	2.82
14	1.18	1.18	1.18	1.18	1.18	1.18	1.18	1.18	1.18	1.18	0.00
15	1.23	1.23	1.23	1.23	1.23	1.23	1.23	1.23	1.23	1.23	0.00
16	1.25	1.25	1.25	1.25	1.25	1.25	1.25	1.25	1.25	1.25	0.00
17	1.36	1.35	1.35	1.35	1.35	1.35	1.35	1.35	1.35	1.35	0.23
18	1.36	1.35	1.35	1.36	1.35	1.36	1.36	1.36	1.36	1.36	0.36
19	1.48	1.48	1.48	1.48	1.48	1.48	1.48	1.48	1.48	1.48	0.00
20	1.70	1.70	1.70	1.71	1.70	1.70	1.71	1.70	1.70	1.70	0.25

（二）乙醇提取部分指纹图谱研究

1. 色谱条件

Diamonsil ODS-C_{18}色谱柱（4.6mm×250mm，5μm）；流动相：甲醇（A）-1%醋酸（B），流动相比例见表3-5；流速1.0ml/min；柱温30℃；检测波长254nm；进样量20μl。

表3-5 流动相组成

t（min）	A（%）（甲醇）	B（%）（1%醋酸）
0	5	95
20	20	80
35	50	50
45	70	30
60	80	20
75	100	0
85	100	0
86	5	95
95	5	95

2. 供试品溶液的制备

取当归药材，加入70%乙醇提取三次，提取液离心后合并，减压浓缩，所得残渣加甲醇溶解后定容，即得乙醇提取部分供试品溶液，过0.45μm微孔滤膜，备用。10批当归药材分别用同法处理。

3. 对照品溶液的制备

分别称取阿魏酸、洋川芎内酯 I、洋川芎内酯 H、洋川芎内酯 A、藁本内酯、丁烯基苯酞和欧当归内酯 A 对照品适量，用甲醇制成系列浓度的对照品溶液，备用。

4. 乙醇提取部分指纹图谱的建立及共有峰的确定

分别精密吸取各批供试品溶液 20μl，进样分析，得到指纹图谱，进行谱峰匹配及数据匹配后，建立供试品指纹图谱的共有模式，见图 3-2。通过分析，确认乙醇提取部分共有 20 个共有峰。数据处理采用夹角余弦法，以共有峰的峰面积计算相似度，结果见表 3-6。由表 3-6 可以看出，产自青海省玉树的 8 号和产自云南省鹤庆的 9 号当归药材该部分提取物与其他 8 个产自甘肃省的样品存在着明显的差异，其相似度分别为 0.879 和 0.892，而其余产自甘肃的样品相似度均达到 0.900 以上，具有较高的相似度。

5. 乙醇提取部分共有模式中特征峰的指认

采用单体化合物对照法对图谱中的色谱峰进行指认，结果见图 3-2。

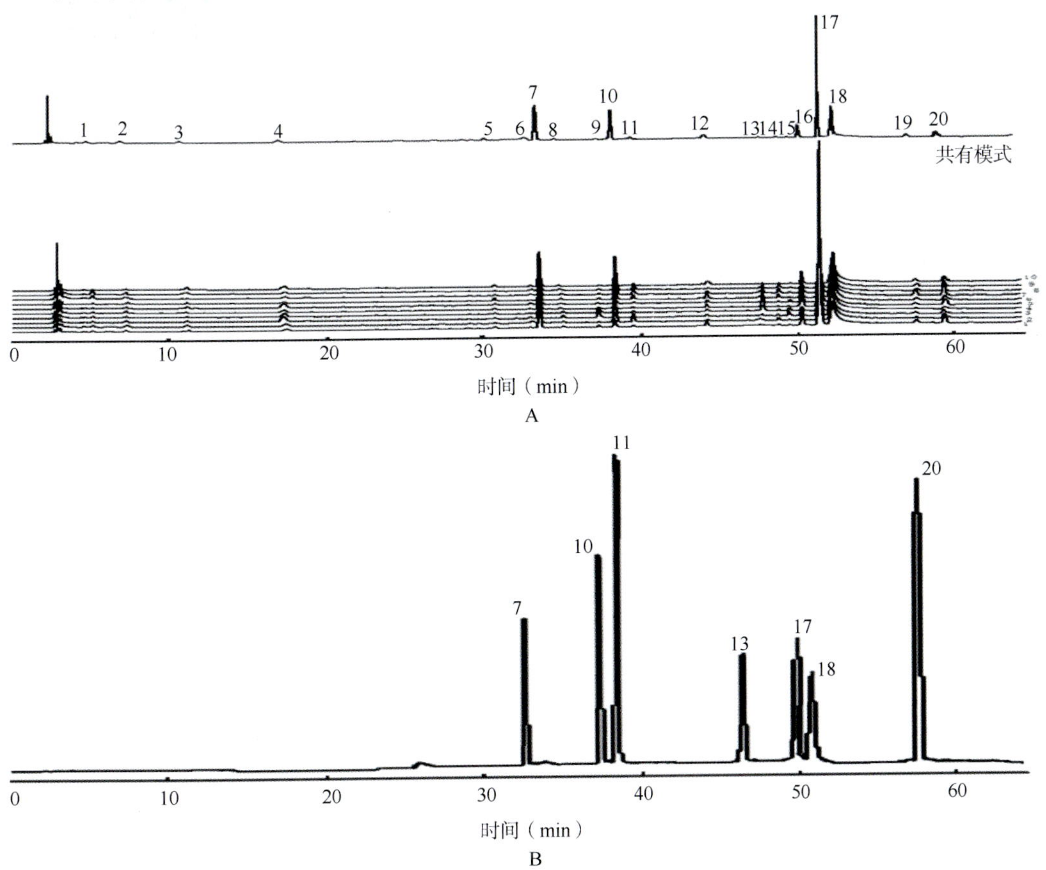

图 3-2 当归药材乙醇提取部分 HPLC 特征谱及模式指纹谱（254nm）

A. 10 批当归乙醇提取部分 HPLC 特征图谱及共有模式；B. 混合标准品的 HPLC 图（波长 254nm）。7. 阿魏酸；10. 洋川芎内酯 I；11. 洋川芎内酯 H；13. 洋川芎内酯 A；17. 藁本内酯；18. 丁烯基苯酞；20. 欧当归内酯 A

6. 当归药材乙醇提取部分指纹图谱共有峰的相对峰面积及相对保留时间

从指纹图谱可以看出，7 号峰的峰型和分离度较好，因此，选 7 号峰为参照峰，计算其相对峰面积和相对保留时间，结果见表 3-6、表 3-7。由表 3-6 可以看出，不同产地当归药材中该提取部分各成分的含量存在明显差异；由表 3-7 可以看出，所建立的当归药材该提取部分指纹图谱的 20 个共有峰保留时间稳定，无明显差异，表明选择的共有峰准确。

表 3-6　当归药材乙醇提取部分指纹图谱共有峰的相对峰面积

共有峰	相对峰面积										RSD
	样品 1	样品 2	样品 3	样品 4	样品 5	样品 6	样品 7	样品 8	样品 9	样品 10	（%）
1	0.171	0.194	0.066	0.119	0.101	0.067	0.132	0.309	0.366	0.030	69.67
2	0.199	0.044	0.124	0.119	0.109	0.073	0.132	0.129	0.210	0.047	46.90
3	0.238	0.021	0.087	0.058	0.049	0.082	0.087	0.028	0.014	0.105	84.19
4	0.460	0.233	0.460	0.305	0.145	0.300	0.128	0.121	0.154	0.197	51.33
5	0.245	0.065	0.077	0.092	0.068	0.068	0.154	0.084	0.061	0.097	56.53
6	0.150	0.029	0.094	0.078	0.072	0.092	0.035	0.046	0.032	0.057	54.82
7	1.000	1.000	1.000	1.000	1.000	1.000	1.000	1.000	1.000	1.000	0.00
8	0.195	0.119	0.139	0.145	0.041	0.029	0.055	0.099	0.072	0.020	63.15
9	0.243	0.101	0.434	0.317	0.046	0.042	0.046	0.112	0.053	0.032	98.36
10	0.816	1.828	0.246	0.391	0.158	0.227	1.000	1.218	1.420	0.164	80.44
11	0.188	0.396	0.077	0.106	0.054	0.066	0.217	0.290	0.309	0.049	70.90
12	0.505	0.109	0.132	0.119	0.108	0.126	0.302	0.141	0.107	0.148	71.27
13	0.138	0.067	0.098	1.037	0.033	0.104	0.130	0.139	0.195	0.012	153.94
14	0.159	0.172	0.086	0.082	0.027	0.067	0.181	0.221	0.234	0.032	60.75
15	0.062	0.065	0.209	0.153	0.007	0.089	0.044	0.005	0.065	0.025	88.97
16	1.670	0.190	0.311	0.225	0.981	0.285	0.404	0.408	0.177	0.324	94.90
17	20.621	4.838	6.794	3.602	4.179	6.051	5.682	6.304	3.666	6.880	72.68
18	5.558	4.223	3.102	3.483	2.005	2.199	3.567	3.013	2.900	1.857	34.95
19	0.545	0.103	0.120	0.083	0.164	0.135	0.427	0.188	0.210	0.134	72.25
20	1.533	0.435	0.309	0.188	0.350	0.315	1.327	0.668	0.887	0.338	73.66
相似度	0.978	0.948	0.933	0.941	0.922	0.915	0.979	0.879	0.892	0.978	

表 3-7　当归药材乙醇提取部分指纹图谱共有峰的相对保留时间

共有峰	相对保留时间										RSD
	样品 1	样品 2	样品 3	样品 4	样品 5	样品 6	样品 7	样品 8	样品 9	样品 10	（%）
1	0.15	0.15	0.15	0.15	0.15	0.15	0.15	0.15	0.15	0.15	0.00
2	0.22	0.22	0.22	0.22	0.22	0.22	0.22	0.22	0.22	0.22	0.00
3	0.33	0.33	0.33	0.33	0.33	0.33	0.33	0.33	0.33	0.33	0.00
4	0.52	0.52	0.51	0.51	0.51	0.51	0.52	0.52	0.52	0.51	1.02

续表

共有峰	相对保留时间										RSD（%）
	样品 1	样品 2	样品 3	样品 4	样品 5	样品 6	样品 7	样品 8	样品 9	样品 10	
5	0.91	0.91	0.91	0.91	0.91	0.91	0.91	0.91	0.91	0.91	0.00
6	0.98	0.98	0.98	0.98	0.98	0.98	0.98	0.98	0.98	0.98	0.00
7	1.00	1.00	1.00	1.00	1.00	1.00	1.00	1.00	1.00	1.00	0.00
8	1.04	1.04	1.04	1.04	1.04	1.04	1.04	1.04	1.04	1.04	0.00
9	1.11	1.11	1.11	1.11	1.11	1.11	1.11	1.11	1.11	1.11	0.00
10	1.14	1.14	1.14	1.14	1.14	1.14	1.14	1.14	1.14	1.14	0.00
11	1.17	1.17	1.18	1.17	1.18	1.18	1.18	1.18	1.18	1.18	0.41
12	1.32	1.32	1.32	1.32	1.32	1.32	1.32	1.32	1.32	1.32	0.00
13	1.42	1.42	1.42	1.42	1.42	1.42	1.42	1.42	1.42	1.42	0.00
14	1.45	1.45	1.45	1.45	1.45	1.45	1.45	1.45	1.45	1.45	0.00
15	1.47	1.47	1.47	1.47	1.47	1.47	1.47	1.47	1.47	1.47	0.00
16	1.50	1.50	1.50	1.50	1.50	1.50	1.50	1.50	1.50	1.50	0.00
17	1.53	1.53	1.53	1.53	1.53	1.53	1.53	1.53	1.53	1.53	0.00
18	1.56	1.56	1.56	1.56	1.56	1.56	1.56	1.56	1.56	1.56	0.00
19	1.72	1.72	1.72	1.72	1.72	1.72	1.72	1.72	1.72	1.72	0.00
20	1.77	1.77	1.77	1.77	1.78	1.77	1.77	1.77	1.77	1.77	0.18

（三）当归挥发油部分指纹图谱研究

1. 色谱条件

色谱柱：DB-5 弹性石英毛细管柱（50m×0.25mm×0.25μm）；载气 N_2；SPL 进样口温度 250℃；检测器温度 280℃；分流比为 1 ∶ 50；升温程序见表 3-8；载气压力 100kpa；吹扫流量 1.5ml/min。

表 3-8 升温程序

	速率（℃/min）	温度（℃）	保持时间（min）
0	0	150	1
1	5	180	5
2	6	260	25

2. 供试品溶液的制备

取“水提醇沉上清部分指纹图谱研究”项下的挥发油，加氯仿溶解，定容至 5ml 容量瓶中，过 0.45 μm 微孔滤膜，备用。

3. 对照品溶液的制备

分别称取藁本内酯、丁烯基苯酞和洋川芎内酯 A 对照品适量，用氯仿制成系列浓度的对照品溶液，备用。

4. 挥发油部分指纹图谱的建立及共有峰的确定

分别精密吸取各批供试品溶液 2μl，进样分析，得到其指纹图谱，见图 3-3，进行图形匹配及其数据匹配后，建立供试品指纹图谱的共有模式，见图 3-3。通过分析，确认该提取部分共有 23 个共有峰。数据处理采用夹角余弦法，以共有峰的峰面积计算相似度，结果见表 3-9。由表 3-9 可以看出，产自青海省玉树的 8 号和产自云南省鹤庆的 9 号当归药材该部分提取物与其他 8 个产自甘肃省的样品存在明显的差异，其相似度分别为 0.888 和 0.857，而其余来自甘肃省的样品相似度均达到 0.900 以上，具有较高的相似度。

5. 挥发油部分共有模式中特征峰的指认

采用单体化合物对照法对图谱中的色谱峰进行指认，结果见图 3-3。

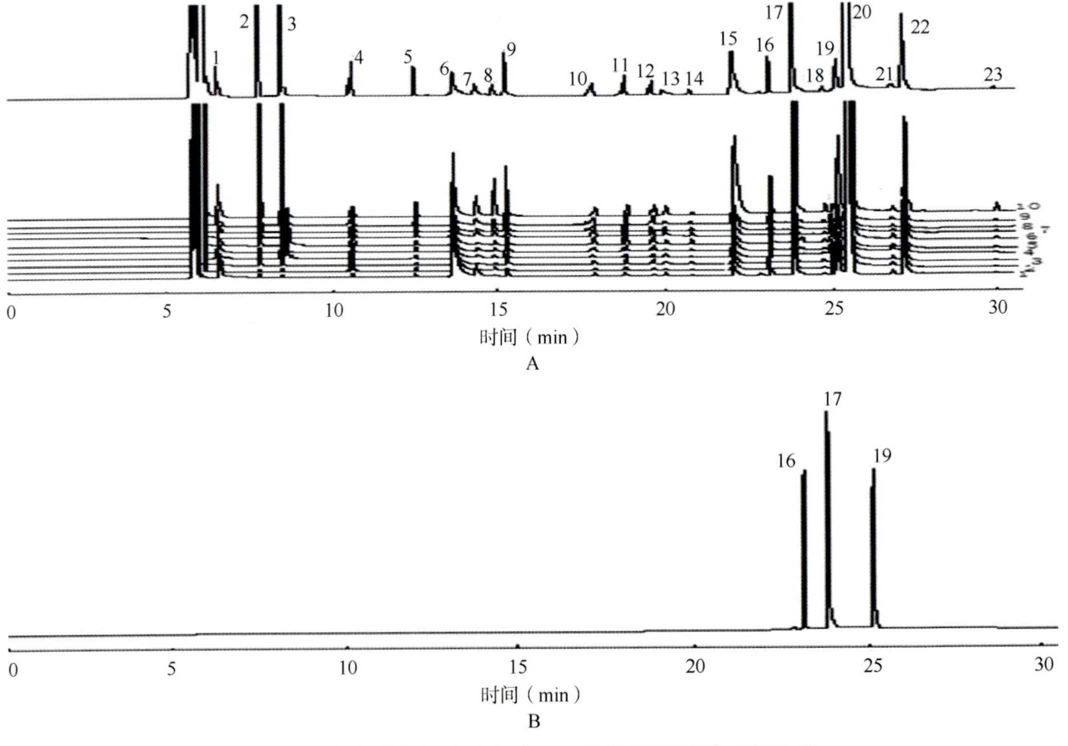

图 3-3 当归药材挥发油部分 GC 指纹图谱及模式指纹谱

A. 当归挥发油部分 GC 指纹图谱及模式指纹图谱；B. 混合标准品的 GC 图。16. 丁烯基苯酞；17. 洋川芎内酯 A；19. 藁本内酯

6. 当归药材挥发油部分指纹图谱共有峰的相对峰面积及相对保留时间

从指纹图谱可以看出，16 号峰的峰型和分离度较好，因此，选 16 号峰为参照峰，计算其相对峰面积和相对保留时间，结果见表 3-9、表 3-10。由表 3-9 可以看出，不同产地当归药材中挥发油部分各成分的含量存在明显差异；由表 3-10 可以看出，所建立的当归药材该提取部分指纹图谱的 23 个共有峰保留时间稳定，无明显差异，表明选择的共有峰准确。

表 3-9 挥发油部分指纹图谱相对峰面积

共有峰	相对峰面积										RSD
	样品 1	样品 2	样品 3	样品 4	样品 5	样品 6	样品 7	样品 8	样品 9	样品 10	(%)
1	1.517	0.315	0.177	0.811	1.071	0.236	0.262	0.269	0.569	0.964	73.30
2	1.517	0.315	0.177	0.811	1.071	0.236	0.262	0.269	0.569	0.964	73.30
3	0.729	0.030	0.208	3.135	0.274	6.538	2.272	4.537	4.537	0.885	98.49
4	0.094	0.027	0.026	0.106	0.154	0.460	0.323	0.309	0.119	0.132	81.25
5	0.269	0.056	0.035	0.172	0.297	0.097	0.418	0.764	0.134	0.363	84.25
6	0.651	2.721	1.087	2.610	1.639	0.617	0.653	4.864	2.640	1.245	72.13
7	0.444	0.354	0.021	0.213	0.371	0.076	0.251	0.145	0.135	0.851	83.98
8	0.685	0.073	0.025	0.166	0.268	0.108	0.172	0.361	0.201	1.028	101.89
9	0.389	0.038	0.149	0.958	1.098	0.121	0.652	1.780	1.078	0.751	78.28
10	0.285	0.056	0.047	0.086	0.441	0.200	0.299	0.187	0.297	0.345	58.87
11	0.384	0.028	0.082	0.175	0.374	0.319	0.326	0.321	0.321	0.482	50.46
12	0.214	0.036	0.069	0.131	0.355	0.209	0.228	0.243	0.174	0.290	49.65
13	0.245	0.033	0.055	0.113	0.161	0.167	0.190	0.201	0.201	0.361	54.49
14	0.106	0.330	0.037	0.131	0.134	0.124	0.105	0.105	0.165	0.097	57.38
15	0.879	0.539	0.359	1.633	2.456	0.969	0.703	1.185	2.385	0.061	72.77
16	1.000	1.000	1.000	1.000	1.000	1.000	1.000	1.000	1.000	1.000	0.00
17	0.078	0.042	0.031	0.103	0.224	0.088	0.047	0.106	0.226	0.103	65.68
18	0.185	0.328	0.217	0.572	0.710	0.511	0.412	0.223	0.323	0.247	47.00
19	1.674	0.513	0.378	1.105	1.247	0.667	0.748	0.775	0.785	2.627	63.71
20	75.820	36.713	32.005	86.207	137.921	83.356	77.769	53.545	65.545	104.047	41.69
21	0.107	0.063	0.055	0.151	0.221	0.163	0.126	0.071	0.171	0.166	42.27
22	1.549	0.820	0.656	2.372	2.882	1.772	2.070	1.100	1.100	2.552	45.58
23	0.193	0.028	0.024	0.090	0.122	0.073	0.119	0.070	0.107	0.260	66.61
相似度	0.965	0.982	0.952	0.963	0.913	0.954	0.966	0.888	0.857	0.955	

表 3-10 挥发油部分指纹图谱相对保留时间

共有峰	相对保留时间										RSD
	样品 1	样品 2	样品 3	样品 4	样品 5	样品 6	样品 7	样品 8	样品 9	样品 10	(%)
1	0.28	0.28	0.28	0.28	0.28	0.28	0.28	0.28	0.28	0.28	0.00
2	0.34	0.34	0.34	0.34	0.33	0.34	0.34	0.33	0.33	0.34	1.43
3	0.36	0.36	0.36	0.36	0.36	0.36	0.36	0.36	0.36	0.36	0.00
4	0.46	0.46	0.46	0.46	0.46	0.46	0.46	0.46	0.46	0.46	0.00
5	0.54	0.54	0.54	0.54	0.54	0.54	0.54	0.54	0.54	0.54	0.00
6	0.59	0.59	0.59	0.59	0.59	0.59	0.59	0.59	0.59	0.59	0.00
7	0.62	0.62	0.62	0.62	0.62	0.62	0.62	0.62	0.62	0.62	0.00

续表

共有峰	相对保留时间										RSD (%)
	样品1	样品2	样品3	样品4	样品5	样品6	样品7	样品8	样品9	样品10	
8	0.64	0.64	0.64	0.64	0.64	0.64	0.64	0.64	0.64	0.64	0.00
9	0.66	0.66	0.66	0.66	0.66	0.66	0.66	0.66	0.66	0.66	0.00
10	0.77	0.77	0.77	0.77	0.77	0.77	0.77	0.77	0.77	0.77	0.00
11	0.81	0.81	0.81	0.81	0.81	0.81	0.81	0.81	0.81	0.81	0.00
12	0.85	0.85	0.85	0.85	0.85	0.85	0.85	0.85	0.85	0.85	0.00
13	0.87	0.87	0.87	0.87	0.86	0.87	0.87	0.87	0.87	0.87	0.36
14	0.90	0.90	0.90	0.90	0.90	0.90	0.90	0.90	0.90	0.90	0.00
15	0.95	0.95	0.95	0.95	0.95	0.95	0.95	0.95	0.95	0.93	0.67
16	1.00	1.00	1.00	1.00	1.00	1.00	1.00	1.00	1.00	1.00	0.00
17	1.02	1.02	1.02	1.02	1.01	1.02	1.02	1.02	1.02	1.02	0.31
18	1.08	1.08	1.08	1.08	1.08	1.08	1.08	1.08	1.08	1.08	0.00
19	1.09	1.09	1.09	1.09	1.09	1.09	1.09	1.09	1.09	1.09	0.00
20	1.10	1.10	1.10	1.10	1.10	1.10	1.11	1.10	1.10	1.11	0.38
21	1.16	1.16	1.16	1.16	1.16	1.16	1.16	1.16	1.16	1.16	0.00
22	1.18	1.18	1.18	1.18	1.18	1.18	1.18	1.18	1.18	1.18	0.00
23	1.30	1.30	1.30	1.30	1.30	1.30	1.30	1.30	1.30	1.30	0.00

目前，对当归的水提取物的研究较多，而且主要是对当归多糖的研究。比较不同产地当归药材水提醇沉上清部分指纹图谱和相似度，可以看出各产地药材该部分主要差异表现为各组成成分的含量有差异，其中产地为甘肃省甘南的图谱中峰的数量明显较其他产地的多，与共有模式图谱比较相似度为0.770，存在明显差异。可能因海拔、气候、采收季节及采收后的加工处理程序不同而导致当归药材该部分所含有效成分的种类和量有一定的差别。

比较不同产地当归药材乙醇提取部分指纹图谱和相似度，可以看出各地药材该部分各成分含量差异较大（提示当归药材使用单位在选择药材时要全面考察当归药材的质量）。

将各批药材的不同提取部分进行指纹图谱对比后发现，产自甘肃省的当归药材除了甘南样品的水提醇沉上清部分外，其他提取部分指纹图谱相似度均在0.900以上；产自青海省玉树和云南省鹤庆的样品各部分指纹图谱的相似度均小于0.900。这一结果显示，仅以当归其中一部分提取物得到的指纹图谱作为评价指标，或许不能全面地反映当归药材的整体质量。

以往用指纹图谱评价中药质量，以考察极性部分指纹图谱为主，这样就掩盖了不同极性成分之间的差别。建立不同提取部分的指纹图谱，可全面控制当归药材及其制剂的质量。

二、当归补血活血作用的谱效关系研究

当归可用于治疗月经不调，经闭痛经，血虚萎黄等症。《景岳全书·本草正》指出，当归，其味甘而重，故专能补血、活血；其气轻而辛，故又能行血。补中有动，行中有补，诚血中之气药，亦血中之圣药也。对当归药理作用和化学成分的现代研究表明，当归对机

体的心血管系统、血液系统、免疫系统等均具有显著的药理作用，当归及其有效成分挥发油类、香豆素类、有机酸类、糖类、黄酮类、氨基酸、维生素和其他微量元素对机体血液、免疫、神经、循环、呼吸等系统均有较强的药理作用。

中医学认为气和血既是构成人体的最基本物质，又是维持人体生命活动的基本物质。气属阳，血属阴，阴阳相济，气血平和，则脏腑功能正常，人体健康。“气虚、血虚”是中医临床诸多疾病的常见证型，涉及多系统多脏器。其现代生物学机制的研究是通过建立“气虚血虚”模型实现的。

采用皮下注射乙酰苯肼（APH）法复制小鼠血虚模型，研究比较当归不同提取部位对血虚模型小鼠的外周血象和免疫器官的影响；采用灰关联度法研究其特征图谱与补血、活血作用之间的谱效关联，以关联度的大小来衡量各共有峰对补血作用的贡献。

（一）当归提取物的制备

取当归药材，加水，按2010年版《中国药典》方法，连续蒸馏8h，收集油层。油层用乙醚萃取三次，合并萃取液，除去乙醚即得部位1，即为挥发油部分。水提取液过滤后浓缩，加95%乙醇至乙醇浓度为80%沉淀，静置24h，过滤后得沉淀和上清液，沉淀加水溶解后浓缩至浸膏得部位2，即为当归粗多糖部分；上清液浓缩得部位3，即为水提醇沉上清部分。另取当归药材，加入70%乙醇提取三次，提取液离心后合并，浓缩得部位4，即为70%乙醇提取部分。10批当归药材用同法处理。其中挥发油加0.3%吐温-80制成混悬液，其他各组提取物加水溶解，浓度为0.24g/ml（按生药量计算）。

（二）当归不同提取部位对乙酰苯肼（APH）致小鼠血虚的影响

60只小鼠，雌雄各半，随机分为空白组、模型组、部位1组、部位2组、部位3组、部位4组，每组10只。除空白组外，其余各组分别于实验第1、4、7天皮下注射APH，剂量为200mg/kg、100mg/kg、100mg/kg（0.01ml/g体重），于造模第10天开始灌胃给予当归提取物（生药剂量为2.4g/kg体重，0.01ml/g体重），空白组和模型组给予等量生理盐水，1次/天，连续10天。末次给药后30min，尾静脉取血20μl，检测其红细胞（RBC）、血红蛋白（Hb）和血小板（PLT）数量。用脊椎脱臼法将小鼠全部处死，取其胸腺和脾脏，称重，根据公式计算胸腺指数和脾脏指数，结果见表3-11、表3-12。

$$胸腺或脾脏指数=胸腺或脾脏湿重（g）/体重（g）\times 100$$

表3-11　当归不同提取部位对血虚小鼠RBC、Hb、PLT的影响（$\bar{x}\pm s$，$n=10$）

	RBC（$\times 10^{12}$/L）	Hb（g/L）	PLT（$\times 10^{9}$/L）
空白组	10.36±0.80	162.50±11.74	984.88±124.40
模型组	8.13±0.63$^{\triangle\triangle\triangle}$	141.63±13.95$^{\triangle\triangle\triangle}$	867.13±60.17$^{\triangle}$
部位1组	8.39±0.27	144.50±5.29*	909.13±147.17
部位2组	8.89±0.70*	151.00±9.61*	987.63±53.19***
部位3组	8.81±0.37*	150.60±4.96*	1039.50±147.39***
部位4组	8.55±0.42	143.75±6.09*	932.88±932.88

注：与空白组比较△ $P<0.05$，△△△ $P<0.001$；与模型组比较 *$P<0.05$，***$P<0.001$。

表 3-12 当归不同提取部位对血虚小鼠体重、脾脏、胸腺的影响（$\bar{x} \pm s$，$n=10$）

	给药后体重增加值	脾脏指数	胸腺指数
空白组	1.15±2.04	0.4038±0.07	0.2760±0.08
模型组	3.36±0.59$^{\triangle\triangle}$	0.6353±0.08$^{\triangle\triangle\triangle}$	0.2069±0.02$^{\triangle\triangle}$
部位 1 组	6.00±2.57*	0.5355±0.08*	0.2455±0.04
部位 2 组	6.33±2.89*	0.4735±0.07***	0.254±0.04*
部位 3 组	6.40±2.32**	0.4859±0.04***	0.2592±0.03**
部位 4 组	6.04±2.03**	0.5458±0.05**	0.2585±0.04*

注：与空白组比较△△ $P<0.01$，△△△ $P<0.001$；与模型组比较 *$P<0.05$，**$P<0.01$，***$P<0.001$。

模型组小鼠在给药后，RBC、Hb、PLT 和胸腺指数均较空白组低，脾脏指数较空白组高，差异均具有统计学差异（$P<0.05$），说明小鼠血虚模型成功复制。与模型组比较，各给药组的 RBC、Hb、PLT 和胸腺指数有不同程度的升高，脾脏指数有所下降，说明当归各部分提取物对 APH 致血虚症状有一定的改善作用。其中部位 3 即水提醇沉上清部分作用最明显，与模型组比较，水提醇沉上清部分 RBC、Hb、PLT、胸腺指数和脾脏指数均有显著性差异（$P<0.05$）。

（三）10 批当归药材水提醇沉上清部分对 APH 致小鼠血虚作用的比较

取小鼠 120 只，雌雄各半，随机分为空白组、模型组、10 批水提醇沉上清部分组，每组 10 只。各组给药方式、样品处理过程同上。结果见表 3-13、表 3-14。

表 3-13 10 批当归药材水提醇沉上清部分对血虚小鼠 RBC、Hb、PLT 的影响（$\bar{x} \pm s$，$n=10$）

	RBC（$\times10^{12}$/L）	Hb（g/L）	PLT（$\times10^{9}$/L）
空白组	10.74±1.24	173.13±17.88	1185.13±148.51
模型组	8.32±0.57$^{\triangle\triangle\triangle}$	144.86±6.84$^{\triangle\triangle}$	990.75±77.96$^{\triangle\triangle}$
样品 1	9.09±0.68**	149.63±5.93	1152.57±79.54***
样品 2	8.83±0.26*	156.88±2.47**	1149.13±83.11**
样品 3	8.91±0.45*	153.25±5.20*	1133.00±79.70**
样品 4	9.30±0.29***	163.63±8.03***	1164.88±74.90***
样品 5	8.96±0.40*	158.13±5.14**	1155.00±59.76***
样品 6	9.02±0.29**	156.88±3.31**	1183.50±80.91***
样品 7	9.19±0.71*	158.63±5.71**	1112.75±88.14**
样品 8	8.97±0.50	154.13±7.79*	1131.00±86.95*
样品 9	9.08±0.63*	153.87±7.40*	1153.25±85.71**
样品 10	9.16±0.15**	158.13±5.96**	1156.88±64.89***

注：与空白组比较△△ $P<0.01$，△△△ $P<0.001$；与模型组比较 *$P<0.05$，**$P<0.01$，***$P<0.001$。

表 3-14 10 批当归药材水提醇沉上清部分对血虚小鼠体重、胸腺、脾脏的影响（$\bar{x} \pm s$，$n=10$）

	给药前后体重差（g）	胸腺指数	脾脏指数
空白组	1.60±0.36	0.3745±0.03	0.3366±0.08
模型组	2.46±0.861$^{\triangle\triangle}$	0.2769±0.03$^{\triangle\triangle\triangle}$	0.6148±0.08$^{\triangle\triangle\triangle}$
样品 1	4.88±3.33	0.3326±0.05*	0.5004±0.04**
样品 2	3.81±5.00	0.3433±0.08*	0.5272±0.06*
样品 3	6.73±1.83***	0.3611±0.05**	0.5342±0.03*
样品 4	5.44±2.31**	0.3715±0.05***	0.5062±0.00**
样品 5	5.80±0.43***	0.3457±0.04**	0.5235±0.06*
样品 6	4.35±2.23*	0.3162±0.02**	0.5208±0.02**
样品 7	4.26±1.16**	0.3161±0.04*	0.5317±0.04*
样品 8	4.78±1.68**	0.3275±0.04*	0.5350±0.06
样品 9	5.73±1.72***	0.3419±0.07*	0.5437±0.10
样品 10	5.00±2.42*	0.3456±0.03***	0.4974±0.06**

注：与空白组比较△△ $P<0.01$，△△△ $P<0.001$；与模型组比较 $^{*}P<0.05$，$^{**}P<0.01$，$^{***}P<0.001$。

由表 3-13、表 3-14 可见，各给药组对 APH 致血虚症状均有一定的改善作用。其中 4、6 和 10 号样品效果更好，说明文县、宕昌县和岷县当归水提醇沉上清部分对 APH 致血虚症状有更好的改善作用。

（四）当归水提醇沉上清部分指纹图谱特征与药效作用灰关联度分析及关联序

1. 灰关联度分析基本思路

关联度是事物之间、因素之间关联性大小的量度。它定量地描述了事物或因素之间相互变化的情况，即变化的大小、方向与速度等的相对性。如果事物或因素变化的态势基本一致，则可以认为它们之间的关联度较大；反之，关联度较小。对事物或因素之间的这种关联关系，虽然用回归、相关等统计分析方法也可以做出一定程度的回答，但往往要求数据量较大，数据的分布特征也要求比较明显。而且对于多因素非典型分布特征的现象，回归相关分析的难度常常很大。相对来说，灰色关联度分析所需数据较少，对数据的要求较低，原理简单，易于理解和掌握，对上述不足有所克服和弥补。

在中药指纹图谱中，每一个特征峰代表其内一种化学成分。中药的药效是其内化学成分协同作用的结果，因此指纹特征与药效必定存在某种关联。如何寻找指纹特征与药效之间的关联性，正是当前国内药学界要思考和解决的问题。关联度分析为解决这一问题提供了思路。

本研究在获得当归水提醇沉上清和乙醇提取部分的指纹图谱、水提醇沉上清部分活血补血作用和乙醇部分补气作用量化数据的基础上，采用灰关联度分析技术，寻找指纹图谱特征所代表的化学成分对药效贡献的大小。

2. 灰关联度分析方法

设有 n 个中药样品，每个样品有 m 项指纹特征量化指标，这样构成了 m 个子序列。以样品药效学指标作为母序列，依据母序列与子序列关联度的大小，可确定指纹特征对药效贡献的大小。

关联度分析的基本步骤如下：

（1）原始数据变换：原始数据的变换有均值化变换、初值化变换和标准化变换等几种方法。

（2）计算关联系数：经数据变换的母序列记为 {X0（k）}，子序列记为 {Xi（k）}，则母序列 {X0（k）} 与子序列 {Xi（k）} 的关联系数 L_{0i}（k）可由下式计算：

$$L_{oi}(k)\ \frac{\triangle\min+\triangle\max}{\triangle_{0i}(k)+\rho\triangle\max}$$

式中，$\triangle_{0i}$（k）为两比较序列绝对差，即 $\triangle_{0i}(k)=|X0(k)-Xi(k)|\ (1\leqslant i\leqslant m)$；△ max 和△ min 分别表示所有比较序列绝对差中的最大值与最小值。由于比较序列相交，故一般取△ min = 0；ρ 为分辨系数，其意义是削弱最大绝对差数值太大引起的失真，提高关联系数之间的差异显著性，一般情况下可取 0.1 ～ 0.5。关联系数反映两个比较序列的靠近程度，关联系数的范围为 $0 < L \leqslant 1$。

（3）求关联度：关联度按两比较序列关联系数的均值计算：

$$\gamma_{0i}=\frac{1}{N}\sum_{k=1}^{N}L_{0i}(k)$$

式中，γ_{0i} 为子序列 i 与母序列 0 的关联度，N 为比较序列的数据个数。

（4）排关联序：将 m 个子序列对同一母序列的关联度按大小顺序排列起来，便组成关联序，记为 {X}，它直接反映各个子序列对母序列“贡献”的大小。据此可寻找指纹特征峰对应的化学成分与药效间的联系。

3. 将不同产地当归水提醇沉上清部分的 HPLC 指纹图谱与补血活血药效结果进行灰关联度分析

表 3-15 列出了 10 批当归药材水提醇沉上清部分共有峰峰面积及补血活血药效值（R），将原始数据进行标准化转换后，计算关联系数和关联度。研究结果表明，指纹图谱中各峰所代表的化学成分与补血活血作用有一定的关联（$P > 0.65$），表明当归水提醇沉上清部分的补血活血作用是其所有化学成分共同作用的结果。其中 1、2、5、6、8、10、15、17、18 和 19 号峰所代表的化学成分与补血活血作用有较高的关联度（$P > 0.8$）。各特征峰代表不同的化学成分。根据关联度的大小，确定各成分对补血活血贡献的大小顺序为 10 > 2 > 1 > 5 > 18 > 19 > 6 > 8 > 15 > 17 > 14 > 3 > 9 > 11 > 16 > 13 > 20 > 7 > 12 > 4。其中，10、14、15 和 20 号峰分别为阿魏酸、洋川芎内酯 I、洋川芎内酯 H 和藁本内酯。

表 3-15　10 批水提醇沉上清部分 HPLC-DAD 指纹图谱共有峰峰面积与其补血活血药效值 R 之间的关联度

共有峰	峰面积										关联度
	样品 1	样品 2	样品 3	样品 4	样品 5	样品 6	样品 7	样品 8	样品 9	样品 10	
1	2 303 840	2 012 729	2 705 304	2 851 479	3 643 217	3 151 812	3 178 377	225 463	3 675 942	1 637 043	0.8611
2	3 131 833	2 591 221	3 528 875	4 890 405	6 409 954	4 980 287	4 101 007	4 369 129	5 719 154	2 032 279	0.8783
3	1 828 118	7 850 838	14 953 099	21 527 852	2 056 868	12 020 868	25 695 374	23 368 091	36 748 609	15 781 747	0.7903
4	7 824 438	2 707 997	24 178 266	4 728 554	419 270	3 569 798	37 727 646	4 854 425	71 131 687	4 964 014	0.6563
5	1 893 449	3 707 279	2 963 620	3 695 593	1 512 997	5 935 950	3 122 228	47 89 101	3 702 096	666 645	0.8412
6	2 904 418	4 967 639	5 948 171	4 425 884	1 909 749	8 086 718	6 645 914	4 662 885	7 534 713	685 802	0.8267
7	1 210 148	4 046 829	2 033 218	4 544 797	1 447 082	2 656 033	760 551	5 599 302	9 816 814	1 071 441	0.7501
8	1 032 702	592 767	1 946 573	2 559 639	1 638 375	2 192 010	3 060 178	1 461 274	4 056 352	812 741	0.8193
9	1 125 483	1 186 430	2 054 042	4 377 617	1 279 813	2 939 305	3 050 893	1 729 019	5 716 097	940 532	0.7866
10	13 124 105	11 905 593	9 102 064	10 277 113	6 105 653	15 601 299	10 971 249	8 646 293	8 326 077	4 905 127	0.8814
11	613 589	725 732	2 035 008	2 572 240	758 196	2 544 006	3 761 127	1 888 639	5 512 463	403 848	0.7773
12	2 495 570	1 079 934	2 314 518	7 927 110	1 507 628	2 188 618	7 213 227	3 3664 84	7 800 742	893 972	0.7443
13	1 592 005	912 496	966 787	333 0614	1 037 178	1 685 388	3 726 389	2 435 673	8 430 600	817 278	0.7657
14	8 897 931	10 926 006	5 800 871	11 443 900	2 433 125	11 434 747	27 240 594	12 734 638	31 742 857	3 257 640	0.7950
15	2 458 115	2 753 657	1 954 674	3 873 325	2 793 279	3 534 760	7 217 515	3 747 018	9 363 397	965 637	0.8166
16	1 115 678	404 297	1 568 895	2 548 989	349 776	2 223 066	5 266 176	1 728 990	4 388 460	1 169 088	0.7740
17	810 209	1 084 693	685 622	1 332 639	185 006	1 533 168	1 808 290	1 358 848	3 009 236	522 827	0.8139
18	952 325	1 352 001	1 486 296	2 658 617	1 847 413	2 849 461	2 697 660	1 821 960	326 833	1 239 260	0.8360
19	781 860	921 902	577 744	1 347 853	187 090	1 667 181	1 185 388	774 585	1 272 617	519 423	0.8303
20	104 727	146 001	160 071	693 898	99 965	104 487	329 147	98 459	86 471	322 658	0.7511
R	9.09	8.83	8.91	9.30	8.96	9.02	9.19	8.97	9.08	9.16	

乙酰苯肼（APH）是强氧化剂，对红细胞有缓慢的进行性氧化损伤作用，从而造成机体血液中红细胞、血小板和血红蛋白减少，使机体出现血虚症状。用 APH 制备小鼠血虚模型，与空白组比较，模型组小鼠的日常活动和进食减少，毛蓬松、无光泽，红细胞、血小板和血红蛋白减少，胸腺指数增加，脾脏指数降低，表明小鼠血虚模型复制成功。给药后各给药组小鼠各项指标均有不同程度改善，说明当归各提取部位对血虚症状均有一定的改善作用。其中，水提醇沉上清部分补血活血效果最好。

采用灰关联度分析当归水提醇沉上清部分谱效关系，结果表明指纹图谱中各个峰所代表的化学成分与补血活血作用的关联度均大于 0.65，说明当归水提醇沉上清部分的补血活血作用是其内“化学成分群”共同作用的结果，其中已知成分中阿魏酸对补血活血作用的贡献最大，洋川芎内酯 H 和洋川芎内酯 I 对补血活血作用的贡献比较大。这也说明当归药材质量控制以阿魏酸含量为指标具有科学依据。

10 批当归药材的水提醇沉上清部分对 APH 致血虚症状均有一定的改善作用，其中甘肃省岷县、宕昌和文县当归的水提醇沉上清部分样品效果更好，说明这三个产地当归的水提醇沉上清部分对 APH 致血虚症状有更好的改善作用。

基于当归活血补血药效的指纹图谱与单纯化学成分指纹图谱比较，在控制中药的质量方面有重要的临床指导意义。

三、当归补气作用的谱效关系研究

当归与其他中药材配伍使用对气虚症状影响的研究较多，而关于当归单味药材中众多的化学成分和化学成分群与补气作用的关系未见文献报道。

为了研究当归药材不同提取部分对气虚症状的影响，根据“控食少气、疲劳耗气”的中医理论，通过控制饮食加上力竭游泳的方法造成小鼠气虚模型。分别给予气虚小鼠当归的不同提取物，分析其对气虚小鼠免疫功能的影响。采用灰关联度法研究其特征图谱与补气作用之间的关联，以关联度的大小来衡量各共有峰对补气作用的贡献。

（一）当归不同提取部位对气虚小鼠的影响

60 只小鼠，雌雄各半，随机分为空白组、模型组、部位 1 组、部位 2 组、部位 3 组、部位 4 组，每组 10 只。空白组常规饲养，自由饮食，其他各组控制饮食，并进行力竭游泳，游泳水温控制在 30℃，不能以尾巴撑桶边休息，每日 1 次，连续 2 周。第 15 天开始灌胃给予之前制备的当归提取物（生药剂量为 2.4g/kg），空白组和模型组给予等量生理盐水，每天给药 1 次，连续给药 10 天。末次给药后 30min，尾静脉注射 20% 印度墨汁 0.01ml/g，于注射后 2min、10min，分别从眼静脉丛取血 20μl，溶于 2ml 0.1%$NaHCO_3$ 溶液中，摇匀，用 UV1700 型分光光度计，波长 600nm 处测定吸光度（A）。最后将小鼠脱臼处死，分别称肝、脾和胸腺重量，计算胸腺、脾脏指数（表 3-16、表 3-17），按下列公式计算廓清指数（K）或校正廓清指数（α，即吞噬活性）：

$$K = (\mathrm{Lg}A_1 - \mathrm{Lg}A_2)$$

$$\alpha = \sqrt[3]{K \cdot 体重 / (肝重+脾重)}$$

$$胸腺或脾脏指数 = 胸腺或脾脏湿重(g) / 体重(g) \times 100$$

表 3-16 当归不同提取部位碳粒廓清实验结果（$\bar{x} \pm s$，$n = 10$）

	K	α
空白组	0.289 0±0.003 3	0.847 5±0.050 2
模型组	0.200 3±0.005 2$^{\triangle}$	0.715 2±0.041 8$^{\triangle}$
部位 1 组	0.224 3±0.004 3	0.752 3±0.061 6
部位 2 组	0.243 5±0.002 1	0.785 2±0.020 9*
部位 3 组	0.252 5±0.003 8*	0.776 2±0.027 4*
部位 4 组	0.263 5±0.004 7*	0.796 5±0.031 5**

注：与空白组比较△ $P < 0.05$；与模型组比较 *$P < 0.05$，**$P < 0.01$。

表 3-17　当归不同提取部位对气虚小鼠体重、脾脏、胸腺的影响（$\bar{x} \pm s$，$n = 10$）

	给药后体重增加值（g）	脾脏指数	胸腺指数
空白组	1.13±2.94	0.4044±0.07	0.3056±0.02
模型组	6.80±1.12△△△	0.3233±0.02△△	0.2442±0.02△△△
部位 1 组	11.33±3.45**	0.3434±0.02	0.2678±0.02*
部位 2 组	11.48±1.22***	0.3493±0.02*	0.2823±0.04*
部位 3 组	12.11±3.95**	0.3719±0.05*	0.2986±0.05*
部位 4 组	12.01±1.89***	0.3533±0.01**	0.3042±0.03***

注：与空白组比较△△ $P < 0.01$，△△△ $P < 0.001$；与模型组比较 *$P < 0.05$，**$P < 0.01$，***$P < 0.001$。

结果显示，模型组小鼠碳粒廓清指数、胸腺和脾脏指数均低于空白组，具有统计学意义（$P < 0.05$），说明气虚小鼠造模成功。与模型组比较，各给药组的碳粒廓清指数、胸腺和脾脏指数有不同程度的增加，说明当归不同提取部位对气虚症状有一定的改善。其中部位 4 即乙醇提取部分作用最明显，与模型组比较乙醇提取部分碳粒廓清指数、胸腺和脾脏指数均明显上升，具有统计学意义（$P < 0.05$）。

（二）10 批当归药材乙醇提取部分对气虚小鼠作用的比较

取小鼠 120 只，雌雄各半，随机分为空白组、模型组、10 批当归药材乙醇提取部分组，每组 10 只。各组给药方式、样品处理过程同上。结果显示，各给药组对气虚症状均有一定的改善，结果见表 3-18、表 3-19。

表 3-18　10 批当归药材乙醇提取部分的碳粒廓清实验结果（$\bar{x} \pm s$，$n = 10$）

	K	α
空白组	0.0264±0.0069	0.8223±0.0858
模型组	0.0167±0.0062△	0.6813±0.0844△△
样品 1	0.0241±0.0053*	0.8014±0.0710**
样品 2	0.0197±0.0099	0.7900±0.1061*
样品 3	0.0239±0.0052*	0.7835±0.0614*
样品 4	0.0234±0.0032*	0.7817±0.0364**
样品 5	0.0256±0.0052**	0.7873±0.1025*
样品 6	0.0243±0.0048*	0.7700±0.0684*
样品 7	0.0259±0.0042**	0.7687±0.0524*
样品 8	0.0250±0.0045*	0.7850±0.0503*
样品 9	0.0232±0.0045	0.7820±0.0331*
样品 10	0.0270±0.0033**	0.7831±0.0679*

注：与空白组比较△ $P < 0.05$，△△ $P < 0.01$；与模型组比较 *$P < 0.05$，**$P < 0.01$。

表 3-19　10 批当归药材乙醇提取部分对气虚小鼠体重、胸腺、脾脏的影响（$\bar{x} \pm s$，$n=10$）

	给药后体重增加值（g）	胸腺指数	脾脏指数
空白组	0.31±4.10	0.2162±0.05	0.3909±0.06
模型组	6.81±1.49$^{\triangle\triangle\triangle}$	0.1452±0.03$^{\triangle\triangle}$	0.3391±0.09$^{\triangle}$
样品 1	10.96±1.79***	0.2121±0.06*	0.3769±0.07*
样品 2	9.69±1.91**	0.1858±0.04*	0.3582±0.05
样品 3	9.26±3.82	0.1787±0.02*	0.3817±0.04**
样品 4	10.94±2.05***	0.1817±0.03*	0.3830±0.03**
样品 5	10.84±3.25**	0.1952±0.04*	0.3637±0.03*
样品 6	11.66±4.60*	0.2083±0.05**	0.3630±0.03*
样品 7	9.41±2.21*	0.1870±0.03*	0.3835±0.03**
样品 8	10.49±1.62***	0.1850±0.07*	0.3855±0.05**
样品 9	9.80±2.08**	0.1628±0.02	0.3898±0.04**
样品 10	9.90±1.47***	0.1897±0.02**	0.3821±0.04**

注：与空白组比较△ $P<0.05$，△△ $P<0.01$，△△△ $P<0.001$；与模型组比较 $^{*}P<0.05$，$^{**}P<0.01$，$^{***}P<0.001$。

结果显示，各给药组对 APH 致血虚症状均有一定的改善作用。其中 4、7、10 号样的效果较好，说明定西产的当归乙醇提取部分对小鼠气虚症状有较好的缓解作用。

（三）当归药材乙醇提取部分特征图谱与药效作用灰关联度及关联序

将不同产地当归乙醇提取部分的 HPLC 指纹图谱与补气药效结果进行灰关联度分析。表 3-20 列出了 10 批当归药材 CTW 共有峰峰面积及补气药效值（R），将原始数据进行标准化转换后，计算关联系数和关联度。研究结果表明，特征图谱中各峰所代表的化学成分与补气作用有一定的关联（关联度＞0.7700），表明当归药材 CTW 的补气作用是其 20 个共有峰所代表的化学成分共同作用的结果。其中 5、7、12 和 18 号峰所代表的化学成分与补气作用有较高的关联度（$P>0.9000$）。根据关联度的大小，确定各成分对补气贡献的大小顺序为 7＞18＞5＞12＞17＞4＞19＞2＞20＞6＞8＞3＞14＞1＞16＞11＞9＞15＞13＞10。其中，7、10、11、13、17、18 和 20 号峰分别为阿魏酸、洋川芎内酯 I、洋川芎内酯 H、洋川芎内酯 A、藁本内酯、丁烯基苯酞和欧当归内酯 A。

表 3-20　10 批当归药材乙醇提取部分 HPLC-DAD 共有峰峰面积、药效值 R 与关联度

共有峰	峰面积										关联度
	样品 1	样品 2	样品 3	样品 4	样品 5	样品 6	样品 7	样品 8	样品 9	样品 10	
1	201 180	441 428	167 941	265 643	391 009	175 211	215 358	752 621	878 981	80 195	0.8079
2	233 608	100 548	314 467	265 643	423 488	189 173	215 358	313 538	504 956	125 887	0.8704
3	279 869	46 929	219 902	129 092	190 332	214 118	141 550	68 200	32 784	278 943	0.8308
4	541 369	530 052	1 165 342	679 808	560 671	782 034	209 679	296 009	369 771	522 676	0.8820
5	287 710	148 464	194 462	204 302	264 770	178 147	251 921	204 533	147 196	256 474	0.9240
6	176 506	66 006	237 463	172 695	279 005	238 470	56 991	111 175	76 291	150 538	0.8519
7	176 506	2 270 996	2 533 006	2 225 822	3 879 670	2 604 570	1 634 668	2 437 143	2 404 357	2 653 267	0.9917

续表

共有峰	峰面积										关联度
	样品 1	样品 2	样品 3	样品 4	样品 5	样品 6	样品 7	样品 8	样品 9	样品 10	
8	229 737	270 760	352 255	323 463	158 215	74 509	90 624	240 081	173 237	53 831	0.8434
9	285 447	229 752	1 099 342	704 703	178 088	110 574	75 304	273 715	126 805	83 926	0.7784
10	959 513	4 150 709	623 479	870 240	613 135	591 284	1 634 123	2 967 393	3 414 845	434 072	0.7725
11	220 688	899 369	195 883	236 113	207 655	171 337	355 004	706 713	74 4032	130 599	0.7926
12	594 213	246 815	335 025	265 563	418 841	327 963	492 981	343 843	256 767	392 268	0.9106
13	162 067	152 694	247 896	2 308 157	127 038	270 942	213 269	337 597	468 001	33 158	0.7733
14	187 405	389 815	216 578	182 070	102 981	174 176	296 134	538 777	562 024	84 859	0.8227
15	72 967	148 627	528 908	340 252	27 464	231 517	72 414	12 855	156 596	65 557	0.7755
16	1 964 597	432 207	787 984	501 515	3 807 032	742 989	660 402	994 534	424 702	858 954	0.8056
17	24 261 169	10 987 229	17 209 120	8 017 518	16 214 842	15 759 147	9 288 481	15 362 873	881 3767	18 253 272	0.8918
18	6 538 814	9 590 196	7 857 564	7 751 982	7 777 276	5 727 524	5 831 576	7 342 768	6 972 611	4 926 048	0.9425
19	641 162	234 757	304 462	184 865	634 844	350 355	697 343	459 168	504 280	354 929	0.8709
20	1 803 794	987 879	782 200	417 730	1 359 325	819 643	2 169 933	1 627 677	2 133 310	897 211	0.8533
R	0.8014	0.7900	0.7835	0.7817	0.7873	0.7700	0.7687	0.7850	0.7820	0.7831	

气是构成人体和维持人体生命活动的最基本物质。气虚，是气的生成与来源不足或消耗过度致气亏虚，不能正常发挥作用，以致人体脏腑功能活动减退所形成的病理变化。根据这一原理，采用饥饿和劳累的方法复制小鼠气虚模型。随着造模时间的增加，小鼠体重、精神状态发生不同程度的变化，出现精神萎靡、睁眼困难、毛稀疏蓬松、尾巴和爪子颜色淡白、弓背趴地少活动及反应迟钝等症状。结果显示，模型组小鼠碳粒廓清指数、胸腺指数和脾脏指数均低于空白组，给药后各指数均有不同程度上升，说明当归药材乙醇提取部分能增加气虚小鼠的碳粒廓清指数、胸腺指数和脾脏指数。

用灰关联度分析方法研究当归特征指纹图谱和药效之间的关系，表明当归特征图谱中各共有峰所代表的化学成分与补气作用具有一定关联（关联度＞0.7700），说明当归药材乙醇提取部分的补气作用是其内“化学成分群”共同作用的结果。其中已知成分中丁烯基苯酞对补气作用的贡献最大，阿魏酸和藁本内酯对补气作用的贡献也很大。

四、超高效液相色谱法测定浓缩当归丸和当归药材中光毒性化合物香豆素

浓缩当归丸是由当归药材提取物浓缩后与当归药材细粉制成的浓缩制剂，收载于1998年《卫生部药品标准中药成方制剂》（第十七册），具有养血活血、调经止痛功效。当归属植物普遍含有香豆素类化合物，现已从当归属植物中分离得到70余种香豆素，且多为呋喃香豆素，其中线型香豆素的种类较多。补骨脂素、花椒毒素和佛手柑内酯同属补骨脂素类，花椒毒素是一个具有强光敏性的呋喃香豆素类天然化合物。补骨脂素和花椒毒素与长波紫外线联用可治疗牛皮癣、白癜风、蕈样霉菌等皮肤病。口服补骨脂素加长波紫

外线照射疗法有较严重的短期毒性反应和长期风险，如头晕、视力模糊等，停药后症状缓解。这通常被认为是由于所给的补骨脂素类药物浓度过高及与之匹配的过量长波段紫外线相关；佛手苷内酯所引起的黑斑在皮肤上可持续数年，不易痊愈。这些问题限制了含有这些成分的中成药在临床上的使用。

兰州佛慈制药股份有限公司生产的浓缩当归丸成为中国中成药第一个在欧盟申请注册的药品，为了确保浓缩当归丸的安全性，加快浓缩当归丸走进欧盟市场，必须严格控制浓缩当归丸中补骨脂素、花椒毒素与佛手柑内酯的含量。研究建立超高效液相色谱法同时测定浓缩当归丸和当归药材中光毒性化合物补骨脂素、花椒毒素和佛手柑内酯的含量方法，可为浓缩当归丸、当归药材安全性评价和欧盟注册提供科学依据。

1. 样品和对照品来源

浓缩当归丸：药店购买，共20批；当归药材产地见表3-21。补骨脂素（HPLC ≥ 98%）、花椒毒素（HPLC ≥ 98%）、佛手柑内酯（HPLC ≥ 98%），购自上海顺勃生物技术有限公司。

表 3-21 当归药材来源

样品编号	产地	样品编号	产地
1	岷县 1	22	岷县 茶埠海拔 2391m
2	榆中马坡乡	23	岷县 茶埠海拔 2519m
3	漳县大草滩乡 1	24	岷县 茶埠海拔 2624m
4	漳县金钟	25	岷县 茶埠海拔 2716m
5	定西会川镇	26	岷县 茶埠海拔 2810m
6	文县	27	岷县 茶埠海拔 2890m
7	甘南	28	岷县 茶埠海拔 3004m
8	宕昌	29	岷县茶埠
9	武都 1	30	四川康定
10	岷县 2	31	礼县
11	武都 2	32	岷县麻子川 2
12	渭源 1	33	临洮辛店
13	青海省玉树	34	武威
14	云南省	35	岷县 5
15	岷县 3	36	宕昌阿坞乡 1
16	渭源 2	37	宕昌理川乡
17	岷县 4	38	宕昌哈达铺镇
18	渭源（熏硫当归）	39	漳县大草滩乡 2
19	岷县麻子川 1	40	宕昌阿坞乡 2
20	岷县西寨子	41	会川西关村
21	岷县 茶埠海拔 -2296m	42	渭源五竹乡

2. 仪器和色谱条件

超高效液相色谱仪、ACQ-QSM 型四元泵、ACQ-FTN 型自动进样器、ACQ-PDA 检测器、Millenium3 色谱工作站，质谱仪：Waters TQ Detector（Waters 公司）。

色谱柱：Waters ACQUITY BEH C_{18} 柱（100mm×2.10mm，1.7μm）；流动相：乙腈（A）-水（B），梯度洗脱（0 ～ 5.56min，15% ～ 35%A；5.56 ～ 8min，35% ～ 60%A；8 ～ 9min，60% ～ 15%A；9 ～ 10min，15%A）；柱温：30 ℃；流速：0.45ml/min；检测波长：245nm；进样量：3μl。

3. 供试品溶液的制备

分别取浓缩当归丸细粉、当归药材细粉，精密称定，置于具塞锥形瓶中，分别加入甲醇超声提取 2 次，过滤，合并滤液，蒸干溶剂，残渣加甲醇溶解并定容，微孔滤膜过滤，取续滤液进样，测定。

4. 对照品溶液的制备

分别精密称取补骨脂素对照品、花椒毒素对照品、佛手柑内酯对照品，置于容量瓶中，加甲醇溶解定容，作为对照品贮备液，分别吸取补骨脂素对照品贮备液、花椒毒素对照品贮备液、佛手柑内酯对照品贮备液稀释成系列浓度。

5. 专属性考察

取阴性供试品溶液、对照品溶液和供试品溶液按上述色谱条件进样，结果见图 3-4。将阴性样品色谱图与对照品和样品色谱图比较，在补骨脂素、花椒毒素和佛手柑内酯出峰位置无吸收干扰，表明测定方法专属性好。

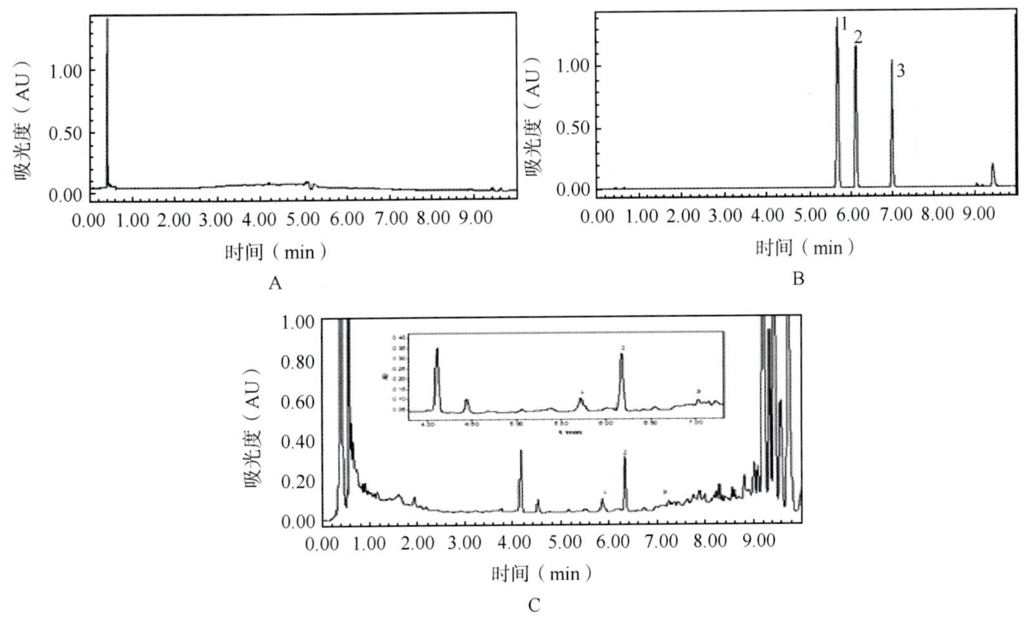

图 3-4　UPLC 色谱图（245nm）

A. 阴性；B. 混标；C. 浓缩当归丸（1. 补骨脂素；2. 花椒毒素；3. 佛手柑内酯）

由图 3-4C 可见，1、2 号峰分离很好，3 号峰不太清晰，将 C 图放大后可看到 3 号峰与两侧的峰分离较好，且 3 号峰的紫外光谱图与对照品的紫外光谱图一致，与两侧峰的紫外光谱图不同，由此确认 3 号峰是佛手柑内酯（图 3-5、图 3-6）。

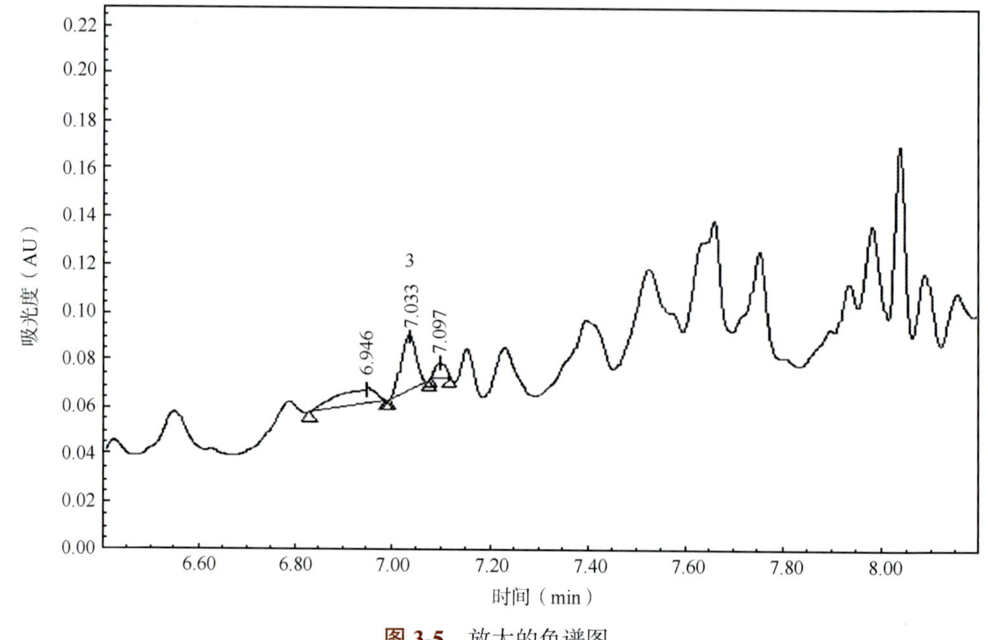

图 3-5 放大的色谱图

3 为佛手柑内酯

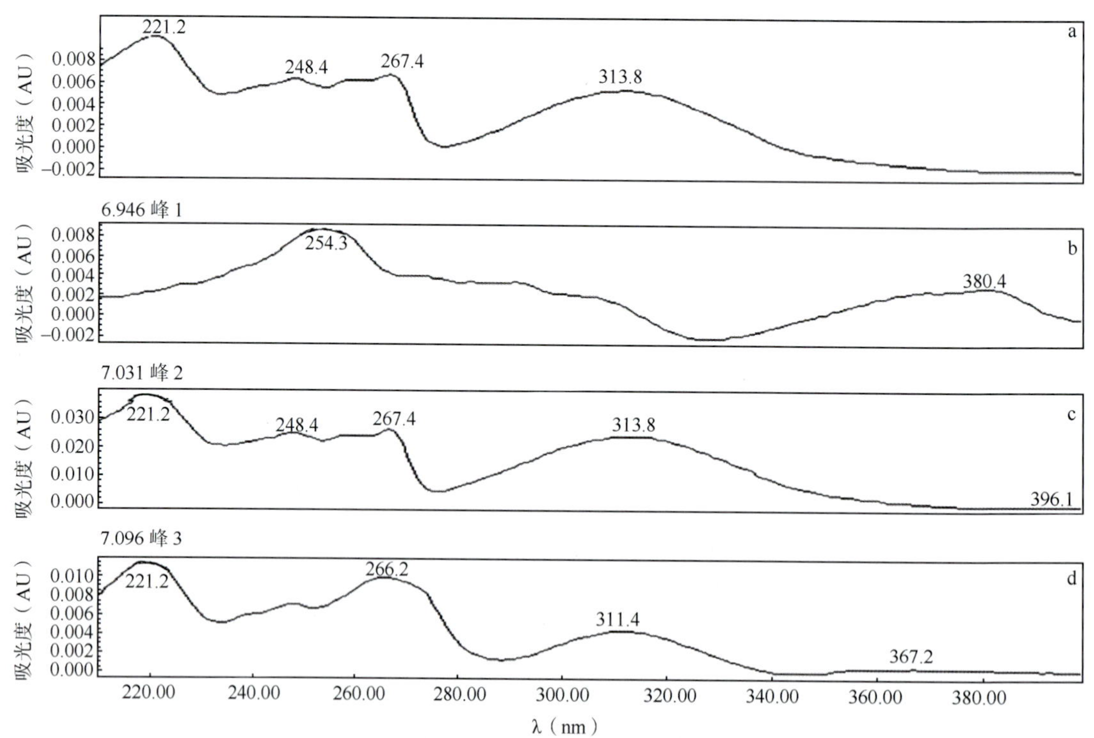

图 3-6 佛手柑内酯标准品 a、3 号峰 c 及其两侧峰的紫外吸收图 b、d

为了进一步证明 3 号峰，将样品中的 3 号峰制备后进行质谱分析。质谱条件：电喷雾正电离－多反应监测扫描模式（ESI±MRM）；电喷雾电压：3.0kV；离子源温度：110℃；脱溶剂气温度：350℃；锥孔反吹气：N_2，50L/h；脱溶剂气：N_2，600L/h；碰撞气：

Ar，0.21ml/min；二级质谱母离子驻留时间：0.2s。质谱分析结果见图 3-7，进一步证明 3 号峰为佛手柑内酯。

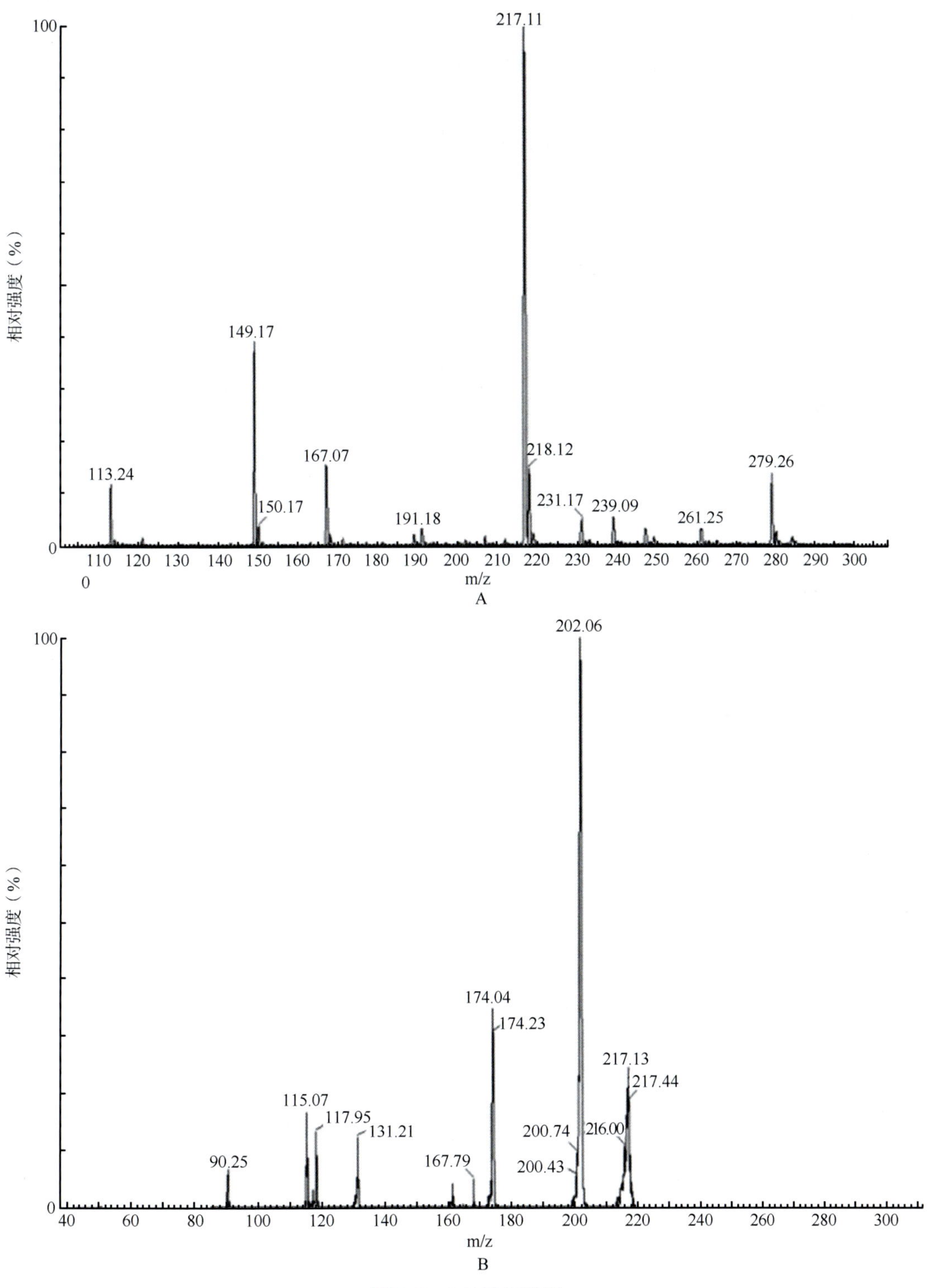

图 3-7　3 号峰质谱图

A. 母离子图；B. 子离子图

6. 线性考察

精密吸取各浓度的对照品溶液，按上述色谱条件测定峰面积，以浓度（μg/ml）为横坐标，以峰面积（*A*）为纵坐标，进行线性回归，最低检测限按信噪比（*S/N*=3）计算，结果见表3-22。结果表明，补骨脂素、花椒毒素和佛手柑内酯各成分在线性范围内线性良好。

表 3-22　各成分的线性关系

成分	线性范围（μg/ml）	线性方程	相关系数 r	检出限 LOD（ng）
补骨脂素	2.105 ～ 67.360	Y=67 827x–82 224	0.9992	1.1
花椒毒素	2.340 ～ 74.880	Y=51 351x–69 587	0.9994	1.3
佛手柑内酯	2.340 ～ 74.880	Y=35 994x–39 267	0.9996	1.4

7. 方法学研究

取补骨脂素、花椒毒素和佛手柑内酯对照品混标溶液，连续进样 6 次，测定峰面积。补骨脂素、花椒毒素和佛手柑内酯峰面积的 RSD ＜ 1%，表明仪器精密度良好。

取浓缩当归丸一批 6 份，精密称定，制备供试品溶液，测定。补骨脂素、花椒毒素和佛手柑内酯峰面积的 RSD ＜ 3%，表明本方法有良好的重复性。分别在不同时间测定，补骨脂素、花椒毒素和佛手柑内酯峰面积的 RSD ＜ 2%，表明供试品溶液在 24h 内稳定。

取浓缩当归丸，精密称定，依次加入补骨脂素对照品溶液、花椒毒素对照品溶液和佛手柑内酯对照品溶液，按照供试品制备方法制备供试品溶液，进样测定，计算回收率，补骨脂素、花椒毒素和佛手柑内酯的加样回收率＜ 3%，表明本方法准确可靠。

8. 样品的含量测定

精密吸取浓缩当归丸、当归药材供试品溶液，测定样品中各成分的峰面积，按外标法计算含量。共测定 20 批浓缩当归丸和 42 批当归药材中香豆素的含量，仅在一批中测到补骨脂素、花椒毒素和佛手柑内酯，其含量分别为 49.20μg/g、108.39μg/g 和 29.84μg/g。

9. 小结

建立的 UPLC-DAD 同时测定浓缩当归丸和当归药材中三种香豆素成分含量的方法，在 245nm 处具有良好的灵敏度、精密度和准确度。测定了 20 批次浓缩当归丸和 42 批次当归药材中香豆素的含量，仅有一批浓缩当归丸中检测到这三种成分。虽然大部分当归药材和浓缩当归丸不含光毒性成分，是安全的，但是少数浓缩当归丸含有该类成分还是应该引起重视的。

五、当归活性组分的体外抗氧化筛选体系的建立及其抗氧化作用研究

目前天然抗氧化剂的研究手段主要包括光谱法、色谱法、电化学方法等。Vassiliki 等

对橄榄油提取物的抗氧化性能采用光度法进行检测。罗丹明 B 可产生特征荧光，郭春燕等利用这一特点考察了几种常见中草药的抗氧化活性。光谱法和色谱法操作过程均较烦琐，所需仪器价格昂贵，而且样品处理烦琐，试验用样量大；另外，需要用到性质不稳定的化学试剂，并且有些抗氧化剂在不同的实验模型中所表现出来的抗氧化活性各不相同，甚至有时有助氧化现象发生，因此不利于对抗氧化剂的抗氧化活性做出正确的评价。电化学方法操作简便，省时，灵敏度高，所需仪器价格相对便宜。而且，抗氧化剂在体内是通过电子转移清除氧自由基，这种氧化还原过程与电极上发生的情形类似。因此，采用电化学方法研究抗氧化剂的抗氧化活性，是探究抗氧化剂对生命过程中相关的生化反应影响的最直接的手段。

生物体内多余的自由基可以通过引发链反应作用于机体的 DNA、蛋白质、脂质等生物大分子，破坏其正常细胞结构，导致机体新陈代谢活动紊乱，进而诱发各种慢性疾病及衰老的发生。抗氧化剂通过不同的途径，达到清除自由基，保护机体免受自由基损伤的效应。因而，可以考虑创建一种电化学生物传感器，模拟体内自由基对各种生物大分子的氧化损伤过程，研究抗氧化剂对生物大分子氧化损伤的抑制作用。李华为等在电极表面构建支撑磷脂双层膜（s-BLM），利用 Fenton 体系产生的羟自由基对 s-BLM 实施破坏，以 $[Fe(CN)_6]^{3-/4-}$ 为探针溶液，研究硒多糖的抗氧化活性及其与过氧化氢酶的协同作用。结果表明，硒多糖可以抑制羟自由基引起的 s-BLM 氧化损伤，并且与过氧化氢酶对羟自由基的清除具有很好的协同作用。王建国等以 s-BLM 作为生物模型，以 Fenton 作为生物模型氧化损伤破坏体系，根据各循环伏安曲线氧化还原峰的峰面积，通过一定的公式计算出 s-BLM 在电极表面的覆盖率，依据覆盖率的大小初步判断由·OH 引起的 s-BLM 的氧化损伤程度，以及抗氧化剂对由·OH 引起的 s-BLM 氧化损伤的抑制效应。结果：与 Fenton 体系作用后，s-BLM 的覆盖率有所减小，说明在 s-BLM 上有孔洞或缺陷形成，证明·OH 能够引起 s-BLM 膜的损伤这一理论；同时还可以看到，s-BLM 与含有抗氧化剂的 Fenton 体系作用后，与不含抗氧化剂的体系相比，其覆盖率均有所增加。实验结果表明，抗氧化剂可以有效抑制由·OH 引起的 s-BLM 膜的氧化损伤，进而发挥对磷脂膜的保护作用。卞春丽等制备了牛血清白蛋白 / 聚邻苯二胺 / 碳包镍修饰玻碳电极（BSA/PoPD/C-Ni/GCE），以该电极上的电活性聚合物聚邻苯二胺为电化学探针分子，采用方波伏安法测定修饰电极经·OH 处理前后探针分子的电流变化情况，验证·OH 对蛋白质的氧化损伤。同时，对儿茶素、抗坏血酸、芦荟大黄素和芦丁等抗氧化剂对 BSA 氧化损伤的抑制作用也进行了相关研究。Wang 等构建了一种 DNA 损伤电化学生物传感器，将其应用于橙汁饮料的总抗氧化活性研究，结果表明，所构建的 DNA 生物传感器的稳定性和重复性良好，可用于评价饮料的总抗氧化能力。

阿魏酸为当归中的主要有机酸类成分，现代药理学研究表明，阿魏酸具有较强的抗氧化活性。其可以通过不同的机制发挥抗氧化作用。阿魏酸分子结构中的酚醛原子核和共扼结合的侧链，可以从过氧化物中夺取一个电子，形成稳定的苯氧基团，从而发挥抗氧化作用。另外，阿魏酸结构中邻位甲氧基的存在使酚羟基具有通过供氢以抑制自由基连锁反应的特性。此外，也有研究发现，阿魏酸不仅能碎灭自由基，而且能调节人体生理机能，抑制产生自由基的酶，促进清除自由基的酶的产生，增强谷胱甘肽硫转移酶和醌还原酶的活性，间接发挥抗氧化活性。目前，采用电化学方法，模拟体内·OH对生物膜的破坏，研究阿魏酸抗氧化活性的报道还较少。因此，本部分通过在玻碳电极表面构建s-BLM，以Fenton体系产生的·OH对磷脂膜进行破坏，采用循环伏安法研究阿魏酸的抗氧化作用，并用紫外扫描法进行验证，发现·OH可明显破坏s-BLM，而阿魏酸则可显著抑制·OH引起的磷脂氧化损伤。

（一）成膜液的制备

分别精密称取0.2g卵磷脂和0.06g胆固醇，用环己烷溶解，转移至10ml容量瓶中定容，混合均匀，得到含有20mg/ml卵磷脂和6mg/ml胆固醇的环己烷溶液，于4℃冰箱中保存，备用。

（二）Fenton体系的构成

产生·OH的Fenton体系由$FeSO_4$溶液（0.25mmol/L）和H_2O_2溶液（0.5mmol/L）构成，具体配置方法：一般先加硫酸，稳定pH呈酸性4.5左右，然后加$FeSO_4$溶液，最后加H_2O_2溶液（注意：溶液变黄会对结果有影响），使最终形成的Fenton体系中$FeSO_4$与H_2O_2浓度比为1 ∶ 5。

（三）s-BLM的制备

玻碳电极分别用粒径为1.0μm、0.3μm和0.05μm的α-Al_2O_3粉抛光，依次在无水乙醇和蒸馏水中超声清洗，而后于0.5mol/L的H_2SO_4溶液中进行循环伏安扫描，得到玻碳电极的标准循环伏安图后，将电极分别用亚沸水和丙酮淋洗并超声5min，取出，氮气吹干，用微量进样器吸取5μl成膜液滴在电极表面，立即插入0.1mol/L的KCl溶液中，待液膜逐渐变薄，最终形成s-BLM，取出晾干待用。

（四）阿魏酸及当归提取物对s-BLM氧化损伤的抑制作用

1. ·OH对s-BLM的破坏作用

将修饰有s-BLM的玻碳电极置于Fenton体系中，每间隔30min将其取出，在$K_3Fe(CN)_6/K_4Fe(CN)_6$探针溶液中进行循环伏安测试，结果如图3-8所示。可以看到随着s-BLM与Fenton体系作用时间的延长，探针分子的氧化还原峰电流逐渐增加，说明到达电极表面的探针分子逐渐增多，电极传递速率也更快。这一现象可以证明修饰到电极表面的s-BLM的膜结构遭到·OH的破坏，使其形成孔洞或缺陷，引起膜通透性的增加。另外，随着作用时

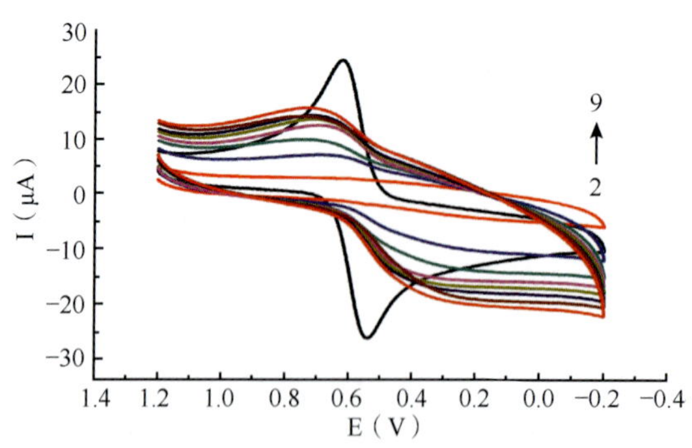

图3-8 修饰有s-BLM的玻碳电极与Fenton体系作用不同时间后在探针溶液中的循环伏安图

2～9作用时间分别为0min、30min、60min、90min、120min、150min、180min、210min，9为裸电极在探针溶液中的循环伏安图

间的延长，s-BLM 膜表面被破坏的程度越来越深，产生的孔洞或缺陷的面积越来越大。90min 以后氧化还原峰电流趋于稳定，变化不再明显。将与 Fenton 体系作用 90min 后的修饰有 s-BLM 的电极置于 0.1mol/L 的 KCl 溶液中，静置 1h 后取出，进行电化学测定，发现其电流响应几乎保持在原来的水平，这说明 · OH 引起的 s-BLM 表面的损坏没有被修复，即 · OH 对 s-BLM 造成了不可逆的损伤。已有相关的生物学实验表明，神经细胞膜上的磷脂在 · OH 的作用下可发生脂质过氧化反应，导致神经细胞膜的氧化损伤，从而诱发神经细胞坏死。

2. 阿魏酸及当归提取物对 s-BLM 氧化损伤的抑制作用

将构建有 s-BLM 的玻碳电极分别不经 Fenton 体系处理、经不加阿魏酸的 Fenton 体系处理、经加阿魏酸的 Fenton 体系处理和加当归提取液的 Fenton 体系处理 90min 后，于 $K_3Fe(CN)_6/K_4Fe(CN)_6$ 探针溶液中进行循环伏安扫描，得到的循环伏安图如图 3-9 所示：裸玻碳电极（GCE）在探针溶液中的响应电流最大(e)；在 GCE 表面修饰上 s-BLM 后（a），由于双层膜对电极表面电子传递的阻碍作用，导致修饰电极在探针溶液中的背景电流很小；将修饰有 s-BLM 的 GCE 与 Fenton 体系作用 90min 后（d），其背景电流增强，表明 Fenton 体系可以破坏 s-BLM，在 s-BLM 表面形成空洞或缺陷，使其通透性增加，因而到达电极表面的探针分子增多；将修饰有 s-BLM 的 GCE 与含有一定量阿魏酸的 Fenton 体系作用 90min 后（c），其电流增加幅度比不含阿魏酸的小，表明阿魏酸具有一定的清除 · OH 的能力，可以抑制 Fenton 体系对 s-BLM 的破坏作用；将修饰有 s-BLM 的 GCE 与含有一定量当归提取液（对应的阿魏酸含量与上述所加阿魏酸量相同）的 Fenton 体系作用 90min 后（b），可以看到其电流增加幅度也相应的比单纯的 Fenton 体系小，同时比含阿魏酸的 Fenton 体系略小，表明当归提取液也具有一定的抗氧化作用，并且其抗氧化作用比阿魏酸稍强，这可能是由于提取液中含有更多的抗氧化活性组分。

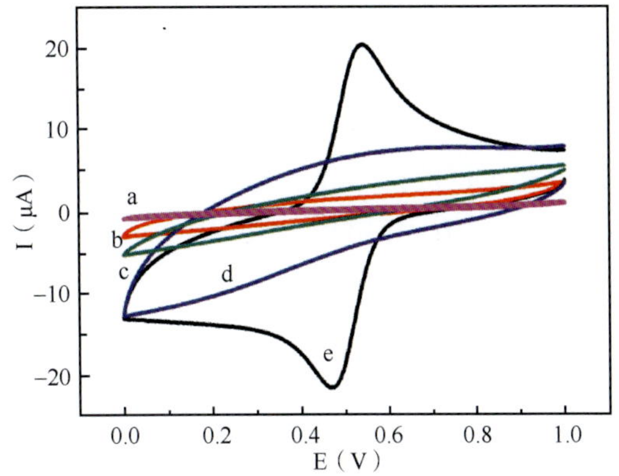

图 3-9 裸电极（e）和修饰有 s-BLM 的电极经不同条件处理后在探针溶液中的循环伏安图

a. s-BLM；b. s-BLM + Fenton + 当归提取液；c. s-BLM + Fenton + 阿魏酸；d. s-BLM + Fenton

六、阿魏酸超灵敏测定的电化学传感器的构建及其在体外、体内分析中的应用

阿魏酸作为自然界中普遍存在的一种酚酸类成分，广泛存在于多种植物中，我们日常吃的蔬菜和水果如香蕉、柑橘、竹笋、茄子和卷心菜等均含有阿魏酸成分，其在植物中常与多糖或蛋白质结合构成植物细胞壁的一部分。另外研究发现，阿魏酸也广泛地存在于阿魏、当归、酸枣仁、川芎和升麻等多种中药材中，是这些中药材的主要有效成分之一。阿

魏酸具有抗氧化、抗衰老、抗炎、抗血栓、抗辐射、调节免疫等药理作用。除此之外，还发现阿魏酸对血管、神经和肝脏具有保护作用，临床上用于冠心病、脑血管病、脉管炎、白细胞和血小板减少等疾病的治疗，并广泛应用于保健品、食品、化妆品、营养滋补品等领域。其含量测定对于研究药物的药理作用、临床疗效、资源开发、质量控制等具有重要意义。目前阿魏酸的含量测定方法主要有高效液相色谱法、薄层色谱法、高效毛细管电泳法和电化学方法等。其中光谱和色谱法通常需要对样品进行预处理，操作时间长，分析费用高，相比较而言，电化学方法只需对样品进行简单处理，操作简便，分析成本低，并且可实现现场测定，因而显示出独特的优越性。

石墨烯（graphene）是由 sp^2 杂化的单层碳原子紧密地排列成正六边形蜂窝状结构的一种新颖的二维碳纳米材料，具有热稳定性、化学稳定性、好的生物相容性、大的比表面积和良好的导电性等优良特性。石墨烯独特的纳米结构使其在复合材料、锂离子电池、传感器等领域具有很大的潜在应用价值。近年来，以石墨烯为修饰材料的电化学传感器已引起了广泛的关注。Liu 等成功构建了 β- 环糊精 / 石墨烯 /Nafion 薄膜修饰玻碳电极，以此电极为工作电极，实现了实际样品中芦丁的灵敏检测。课题组前期已经成功构建了壳聚糖 / 石墨烯复合膜修饰玻碳电极和聚二烯丙基二甲基氯化铵功能化石墨烯薄膜修饰玻碳电极（PDDA-G/GCE），并以这两种修饰电极为工作电极分别实现了芦丁和紫草素的灵敏测定。以上报道均是通过将氧化石墨烯（GO）经过化学还原得到石墨烯。在这个过程中需要用到有毒的化学还原试剂，而且经过氧化石墨烯化学还原得到的石墨烯较易在溶液中聚集，不能形成分散性良好的分散液。另外，氧化石墨烯结构中的含氧序列经过化学还原以后，将会使石墨烯的电子传递性能减弱，进而减弱石墨烯的电化学特性。目前，已有利用各种电化学技术将 GO 经过电化学还原得到电化学还原石墨烯的相关报道。在电化学还原的过程中，可以通过调节扫描速率、扫频和扫描电位等参数来达到控制膜厚度的目的。另外，电化学还原可在室温下进行，也无需添加任何有毒的化学试剂。电化学还原氧化石墨烯（ERGO）比 GO 的导电性更好，也比经过化学还原得到的二维结构的石墨烯具有更多的边缘位点。这些独特的性质可以改善电极表面和氧化还原物质之间的电子传递。基于电化学还原氧化石墨烯的电化学传感器已被应用于咖啡酸、痕量镉、卡马西平和有机磷杀虫剂的灵敏测定。然而获得这些灵敏的测定结果，都需要用到一些复合材料如 Nafion、多壁碳纳米管和聚对氨基苯磺酸等，这将使传感器的制作过程更加复杂。据我们所知，目前还没有以 ERGO/GCE 为工作电极对阿魏酸进行伏安检测的相关研究。

本部分采用恒电位沉积法将 ERGO 经过一步电化学沉积修饰到玻碳电极表面得到 ERGO/GCE，ERGO/GCE 显示出良好的电化学性能。以此修饰电极为工作电极，探究阿魏酸的电化学氧化还原行为，建立实际样品中阿魏酸的电化学分析检测方法。对一些试验参数，如 ERGO 沉积时间、pH 和富集条件等进行了优化，推算电极反应的动力学参数，并且计算修饰电极的有效表面积。将所构建的电化学生物传感器应用于当归和生物样本中阿魏酸的含量测定，结果满意。

（一）ERGO 传感器的构建

1. GO 的制备

依据改良的 Hummers 和 Offeman 方法，由天然石墨粉制得 GO，具体操作为将 1g 石墨粉和 2.5g P_2O_5、2.5g $K_2S_2O_8$ 混合均匀，向其中加入 12ml 浓硫酸，磁力搅拌 30min 使混合均匀，缓慢加热升温至 80℃，反应 6h。反应完成后，用蒸馏水洗涤至中性，得到预氧化石墨。用浓硫酸和高锰酸钾对预氧化产物进行进一步氧化，反应结束后，向反应体系中加入 360ml 蒸馏水，然后加入 20ml 30%H_2O_2。将得到的混合物依次用 5% 的 HCl 和双蒸水离心清洗直至中性，产物在 60℃烘箱中干燥 48h，得到 GO。

2. ERGO 传感器的构建

称取一定量的氢氧化锂，用高氯酸进行溶解，并用高氯酸调节溶液的 pH 至 7.0，得到 $LiClO_4$。将 30mg GO 和 106.4mg $LiClO_4$ 于 10ml 超纯水中超声分散 2h，得到含有 0.1mol/L $LiClO_4$ 的 GO 分散液（3mg/ml）作为电极修饰液。进行修饰之前，分别用 0.3μm 和 0.05μm 的氧化铝抛光粉对 GCE 进行打磨抛光，直至电极表面形成光滑的镜面。然后将电极依次在丙酮和超纯水中进行超声清洗以除去松散地结合在电极表面的氧化铝粉。室温下，在 CHI1220A 电化学工作站上进行 GO 的恒电位沉积，设定沉积电位为 –1.2V，沉积时间为 200s。沉积完成后，用超纯水冲洗电极然后将其置于超纯水中浸泡 10min，以除去吸附在电极表面的 GO，取出电极，氮气吹干电极表面，得到 ERGO/GCE。

（二）ERGO 传感器的应用

以所构建的 ERGO 传感器为工作电极，采用循环伏安法（CV）和差分脉冲伏安法（DPV），对阿魏酸的电化学行为进行研究，并将该传感器应用于当归提取液及生物样本中阿魏酸含量的测定。循环伏安曲线（CVs）的电位范围为 –1.0 ～ 1.2V，扫速为 100mV/s。差分脉冲伏安曲线（DPVs）的电位范围为 –1.0 ～ 1.2V，振幅为 0.05V，脉冲宽度为 0.05s。每次扫描完成后电极需重新修饰。

1. 当归中阿魏酸含量的测定

称取当归粉末 20g，加入 8 倍量的 70% 乙醇回流提取两次，一次 1.5h，滤过，合并两次提取液并浓缩至 50ml，移取 1ml 浓缩液用甲醇稀释至 20ml。精密移取 100μl 的稀释液于电解池中，加入 pH = 3.0 的醋酸缓冲液（0.1mol/L）至 10ml，搅拌混匀，待体系稳定后用差分脉冲伏安法进行测定，标准加入法确定阿魏酸的含量。同时采用 HPLC 方法对当归提取液中的阿魏酸含量进行测定，并将两种方法的测定结构进行比较，如表 3-23 所示，说明所构建的生物传感器可以对中药中的阿魏酸含量进行准确、灵敏、快速的测定。

2. 生物样品中阿魏酸的测定

以制备的 ERGO/GCE 为工作电极，测定阿魏酸在尿样和血样中的加样回收率。分别取100μl收集的尿液（健康人）或血样（全血）于电解池中，向其中加入一定量的阿魏酸标准液，用pH = 3.0的醋酸缓冲液（0.1mol/L）稀释至10ml，控制溶液的浓度在检测范围内，搅拌混合均匀，采用差分脉冲伏安法进行测定，标准加入法测定阿魏酸在尿液和血液中的加标回收率，结果如表3-24所示，表明所构建的电化学传感器可以实现对生物样本中阿魏酸的简便、灵敏、快速测定，有望开发成为一种新的生物传感器应用于阿魏酸的临床血药浓度监测。

表3-23 以ERGO/GCE为工作电极及HPLC法测定当归中的阿魏酸（n=3）

样品	测得量（μg）	加入量（μg）	总量（μg）	回收率（%）	RSD（%）
ERGO/GCE					
1	1.54	4.15	5.7	100.24	2.78
2	1.55	4.37	5.91	99.77	3.56
3	1.47	4.04	5.58	101.73	2.98
HPLC					
1	1.53	1.54	3.06	99.29	1.04
2	1.55	1.51	3.02	97.03	0.98
3	1.49	1.5	3	100.33	1.26

表3-24 以ERGO/GCE为工作电极测定阿魏酸在生物样本中的加样回收率（n=3）

样品	加入量（μg）	测得量（μg）	回收率（%）	RSD（%）
尿液				
1	9.2	9.4	102.17	2.19
2	13.8	13.21	95.72	3.98
3	18.4	19.23	104.51	3.54
全血				
1	6.9	6.74	97.68	3.57
2	10.35	10.54	101.84	1.69
3	15.53	15.89	102.32	2.38

第二节　当归抗菌消炎物质基础研究

当归[*Angelica sinensis*（Oliv.）Diels]为伞形科（Umbelliferae）当归属（*Angelica*），多年生草本植物，各地均有栽培，主要分布于甘肃、云南、四川、青海、陕西、湖南、湖北、贵州等地。其根作为传统的补益类中药，具有补血、和血、调经止血、润肠滑肠的功效，在治疗心血管系统和妇科疾病方面疗效显著。现代医学证实，当归也可用于癌症、阿尔茨海默病等疾病的辅助治疗。

当归具有广泛的药理作用，如对子宫平滑肌和支气管平滑肌的松弛作用；抑制血小板聚集及促进红细胞的生成；抗氧化作用；增强机体免疫力等。当归具有独特的药理活性和广泛的临床应用，与其化学成分密切相关。

从 20 世纪 70 年代开始，研究人员对当归的化学成分进行了广泛而深入的研究，发现当归的化学成分主要包括苯酞类、苯丙素类、挥发性组分、芳香化合物、生物碱、炔类、甾体类、脂肪酸及其酯、多糖等，各类化学物质名称见表 3-25，化学结构见图 3-10～图 3-15。

表 3-25 当归中的化学物质名称及其药用部位

编号	复合物类别和名称	提取部位
	Phthalide monomers	
1	*Z*-ligustilide	root
2	senkyunolide F	root
3	*E*-ligustilide	root
4	11-angeloylsenkyunolide F	root
5	3-butylphthalide	root
6	senkyunolide G	root
7	3,9-dihydroxyligustilide	root
8	senkyunolide I	root
9	senkyunolide H	root
10	homosenkyunolide I	root
11	homosenkyunolide H	root
12	senkyunolide J	root
13	*Z*-6-hydroxy-7-methoxydihydro-ligustilide	root
14	6,7-dihydroxyligustilide	root
15	*Z*-6,7-epoxyligustilide	root
16	3a,7a-dihydroxyligutilide	root
17	neoligustilide	root
18	brefeldin A	root
19	*Z*-butylidenephthalide	root
20	3-butylidene-4-hydroxyphthalide	root
21	3-butylidene-7-hydroxyphthalide	root
22	*E*-butylidenephthalide	root
23	senkyunolide A	root
24	10-angeloylbutylphthalide	root
	Phthalide dimers	
25	neodiligustilide	root
26	gelispirolide	root
27	riligustilide	root
28	(3*Z*)-(3a*R*,6*S*,3′*R*,8′*S*)-3a.8′,6.3′-diligustilide	root

续表

编号	复合物类别和名称	提取部位
29	levistolide A	root
30	senkyunolide O	root
31	angelicolide	rhizome
32	3,3′*Z*-6.7′,7.6′-diligustilide	root
33	3a.7′a,7a.3′a-diligustilide	root
34	angelicide	root
35	tokinolide B	root
36	isotokinolide B	root
37	(3′*Z*)-(3*R*, 8*S*, 3′a*R*, 6′*S*)-3.3a′, 8.6′-biligustilide	root
38	*E*,*E*′-3.3′, 8.8′-diligustilide	root
39	*E*,*E*′-3.8′, 8 · 3′-isodiligustilide	root
40	*Z*-3′,8′,3′a,7′a-tetrahydro-6.3′,7.7′a-diligustilide-8′-one	root
41	sinaspirolide	root
42	ansaspirolide	root
43	*Z*-ligustilide dimer E-232	rhizome
44	*Z*,*Z*′-3.3′, 8.8′-diligustilide	rhizome
	Phenylpropanoids	
45	ferulic acid	root
46	*cis*-ferulic acid	root
47	caffeic acid	aerial part
48	*E*-coniferin	root
49	ferulic aldehyde	root
50	isoeugenol	root
51	guaiacylglycerol	root
52	3-O-caffeoyl-D-quinic acid	root
53	chlorogenic acid	aerial part
54	3-O-caffeoyl-D-quinic acidethyl ester	rhizome
55	coniferyl ferulate	root
56	angeliferulate	root
57	*p*-hydroxyphenethylrans-ferulate	root
58	magnolol	root
59	6-methoxy-coumarin	root
60	6-methoxy-7-hydroxy-coumarin	root
61	eleutheroside B1	root
62	isoimperatorin	root
63	imperatorin	root

续表

编号	复合物类别和名称	提取部位
64	bergapten	root
	Terpenoids and essential oils	
65	*α*-pinene	root
66	6*β*,9-dihydroxy-(+)-*α*-pinene	aerial part
67	9-hydroxy-(+)-*α*-pinene-6*β*-O-D-glucoside	aerial part
68	verbenone	leave
69	verbenone-5-O-*β*-D-glucopyranoside	root
70	carvacrol	root
71	*allo*-ocimene	root
72	camphanic acid	root
73	myrcene	root
74	*β*-ocimene	root
75	*β*-bisabolene	root
76	isoacoradiene	root
77	acoradiene	root
78	*trans*-*β*-farnesene	leave,root
79	*γ*-elemene	root
80	cuparene	root
81	*β*-cedrene	leave
82	limonene	leave
83	safranal	leave
84	copaene	leave
85	1,1,5-trimethyl-2-formyl-cyclohexa-2,5-diene-4-one	leave
86	eucarvone	leave
87	β-salinene	leave
88	bergamotone	leave
89	γ-cadinene	leave
90	δ-cadinene	leave
91	octadecane	root
92	6-butyl-1,4-cycloheptadien	root
93	2-methyldodecan-5-one	root
	Aromatic compounds	
94	phenol	root
95	phenyl-β-D-glucopyranoside	root
96	benzyl-O-β-D-apiofuranosyl-(1-6)-β-D-glucopyranoside	root
97	N-butylbenzenesulfonamide	root

续表

编号	复合物类别和名称	提取部位
98	ethylbenzene	root
99	acetophenone	root
100	4-(1,2-dihydroxyethyl)-phenol	aerial part
101	4-(2-hydroxy-1-methoxyethyl)-phenol	root
102	4-(2-hydroxy-1-ethoxyethyl)-phenol	root
103	phthalic acid	root
104	bis (2-ethylhexyl) phthalate	root
105	dibutyl phthalate	root
106	bis (2-methylpropyl) phthalate	root
107	p-cresol	root
108	o-cresol	root
109	2,3-dimethylphenol	root
110	p-ethylphenol	root
111	m-ethylphenol	root
112	4-ethylresorcinol	root
113	2,4-dihydroxyacetophenone	root
114	guaiacol	root
115	p-hydroxybenzoic acid	root
116	protocatechuic acid	root
117	vanillic acid	root
118	vanillin	root
119	anisic acid	root
120	p-ethylbenzaldehyde	leave
121	3,4-dimethylbenzaldehyde	leave
122	2,4,6-trimethylbenzaldehyde	leave
123	2, 3, 6-trimethylbenzoic acid	aerial part
124	folinic acid	root
125	folic acid	root
126	baicalin	root
127	hyperoside	aerial part
128	2″-O-(2‴-methylbutyryl)-soswertisin	root
	Alkynes	
129	3(R),8(S)-falcarindiol	root
130	11(S),16(R)-dihydroxyoctadeca-9Z,17-diene-12,14-diyn-1-yl acetate	root
131	oplopandiol	root
132	heptadeca-1-ene-9,10-epoxy-4,6- diyn-3,8-diol	root

续表

编号	复合物类别和名称	提取部位
133	8-hydroxy-1- methoxy-9Z-hepta-decene-4,6-diyn-3-one	root
	Alkaloids	
134	harman	root
135	1-acetyl-β-carboline	root
136	flazine	rhizome root endophyte from
137	5-phenylpentan-1,3,4-triamine	root
138	nicotinic acid	root
139	choline	root
	Triterpene and Steroids	
140	24,24-dimethyl-9,19-cyclolanostan-3-ol	aerial part
141	β-sitosterol	aerial part,root
142	α-spinasterol	root
143	stigmasterol	root
144	daucosterol	aerial part, root
	Fatty alcohols, acids and their esters	
145	dodecan-1-ol	root
146	tetradecan-1-ol	root
147	2-ethyl-hexanol	root
148	linoleic acid	rhizome, root
149	linoleic acid ethyl ester	root
150	9Z, 12Z-octadecadienoic acid 2-hydroxy-1-(hydroxymethyl) ester	root
151	linolenic acid	root
152	myristic acid/tetradecanoic acid	root
153	palmitic acid	root
154	hexadecanoic acid ethyl ester	root
155	lignoceric acid	root
156	butanedioic acid	root
157	azelaic acid	root
158	sebacic acid	root
159	1,3-dilinolenin	root
	Others	
160	adenine	root
161	allantoin	aerial part
162	uracil	aerial part, root
163	hypoxanthine-9-β-D-ribofuranoside	root
164	5-hydroxymethyl-furfuran	root
165	5-acetoxymethyl-furfuran	root

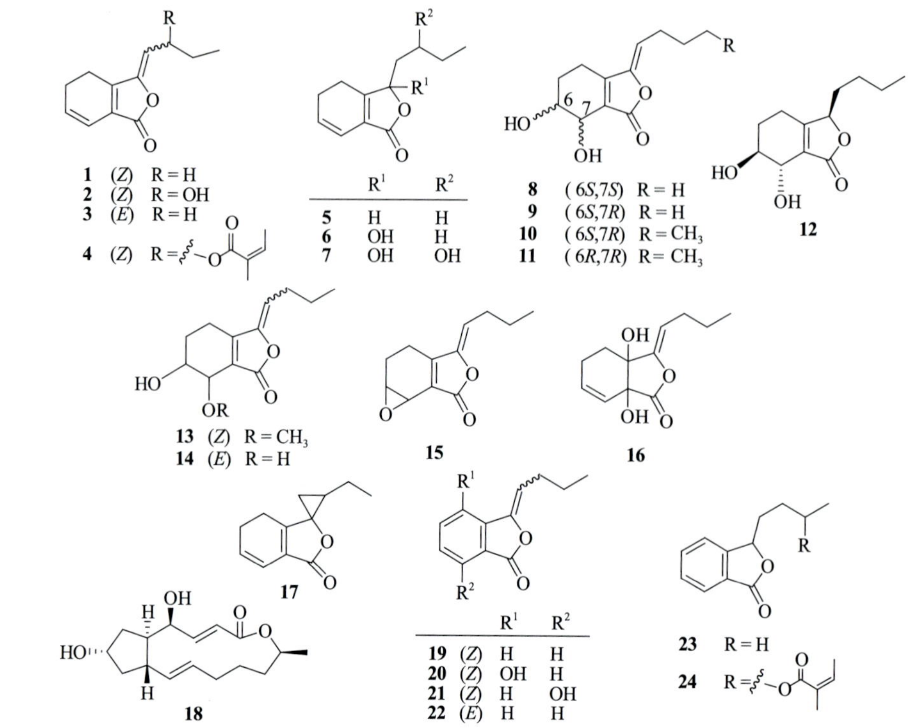

1 (*Z*) R = H
2 (*Z*) R = OH
3 (*E*) R = H
4 (*Z*)

	R^1	R^2
5	H	H
6	OH	H
7	OH	OH

8 (6*S*,7*S*) R = H
9 (6*S*,7*R*) R = H
10 (6*S*,7*R*) R = CH_3
11 (6*R*,7*R*) R = CH_3

12

13 (*Z*) R = CH_3
14 (*E*) R = H

15

16

17

18

	R^1	R^2
19 (*Z*)	H	H
20 (*Z*)	OH	H
21 (*Z*)	H	OH
22 (*E*)	H	H

23 R = H
24

图 3-10 当归中的苯酞类化合物

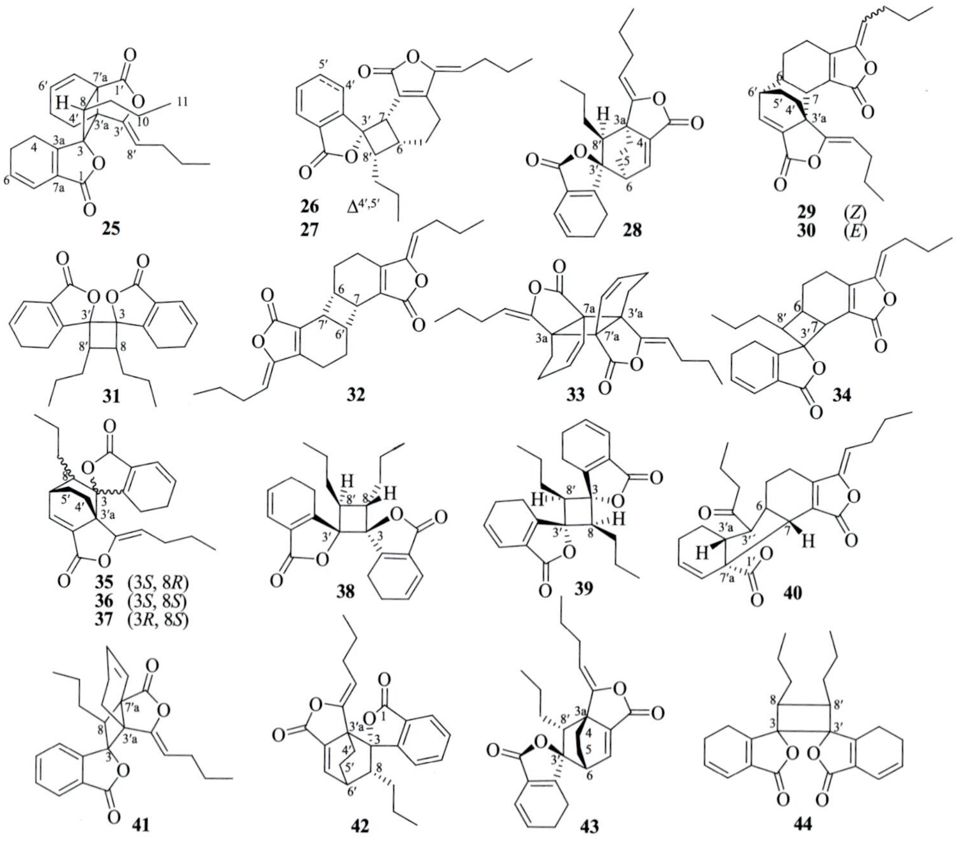

25

26 $\Delta^{4',5'}$
27

28

29 (*Z*)
30 (*E*)

31 32 33 34

35 (3*S*, 8*R*)
36 (3*S*, 8*S*)
37 (3*R*, 8*S*)

38 39 40

41 42 43 44

图 3-11 当归中的苯酞类二聚物

截至目前，从当归中共分离得到 24 种苯酞类化合物和 20 种苯酞类二聚物，其中苯酞类二聚物的结构特点为大多数由 2 分子构型组成为 *Z-Z*、*Z-E*、*E-E* 的藁本内酯构成，其余是由 1 分子 *Z*-藁本内酯和 1 分子的正丁烯基苯酞构成，2 分子连接位点标注于图 3-11 中。

	R^1	R^2	R^3
45 (*E*)	H	CH_3	CO_2H
46 (*Z*)	H	CH_3	CO_2H
47 (*E*)	H	H	CO_2H
48 (*E*)	Glc	CH_3	OH
49 (*E*)	H	CH_3	(CO)H
50 (*E*)	H	CH_3	CH_3

51

	R^1	R^2
52	H	H
53	CH_3	H
54	H	CH_2CH_3

		R^1	R^2
55	$\Delta^{7',8'}$	H	H
56		OH	OCH_3

57　**58**

	R^1	R^2
59	H	H
60	OH	H
61	O-Glc	OCH_3

	R^1	R^2
62	异戊烯氧基	H
63	H	异戊烯氧基
64	OCH_3	H

图 3-12　当归中的苯丙素类化合物

阿魏酸是苯丙素类化合物，是公认的当归中的另外一个功效成分。目前，除了阿魏酸，当归中发现的这类物质还包括其他 6 个苯丙素及其酯类化合物、1 个木脂素和 6 个香豆素。

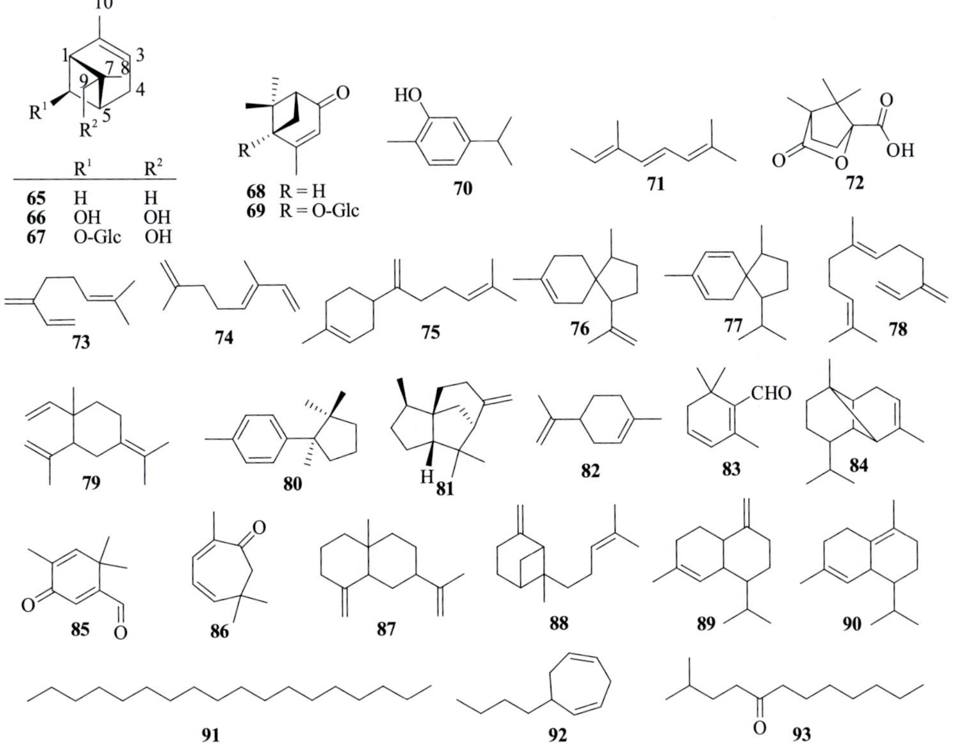

图 3-13　当归中的萜类和烃类化合物

当归挥发油能够降低血压，改善心肌缺血，抗心律失常，并且具有平喘、抑制中枢神经系统、提高机体免疫功能及抗炎镇痛等药理作用。单萜和倍半萜是当归挥发油的主要成分，从当归中分离得到 14 个单萜、12 个倍半萜和 3 个烃类化合物。

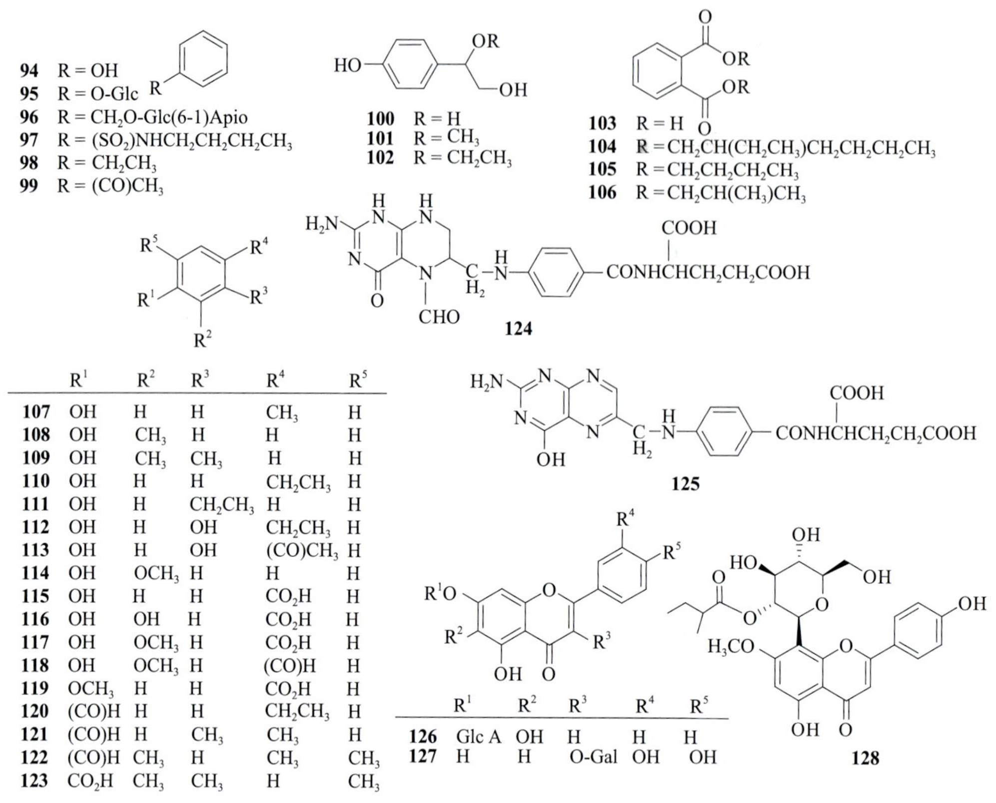

	R^1	R^2	R^3	R^4	R^5
107	OH	H	H	CH_3	H
108	OH	CH_3	H	H	H
109	OH	CH_3	CH_3	H	H
110	OH	H	H	CH_2CH_3	H
111	OH	H	CH_2CH_3	H	H
112	OH	H	OH	CH_2CH_3	H
113	OH	H	OH	$(CO)CH_3$	H
114	OH	OCH_3	H	H	H
115	OH	H	H	CO_2H	H
116	OH	OH	H	CO_2H	H
117	OH	OCH_3	H	CO_2H	H
118	OH	OCH_3	H	(CO)H	H
119	OCH_3	H	H	CO_2H	H
120	(CO)H	H	H	CH_2CH_3	H
121	(CO)H	H	CH_3	CH_3	H
122	(CO)H	CH_3	H	CH_3	CH_3
123	CO_2H	CH_3	CH_3	H	CH_3

	R^1	R^2	R^3	R^4	R^5
126	Glc A	OH	H	H	H
127	H	H	O-Gal	OH	OH

图 3-14 当归中的芳香类化合物

从当归的地上部分和根中分离得到 32 个苯基衍生物，取代模式分别为单、双、三、四取代苯。还从当归中得到 3 个黄酮苷。

		R^1	R^2
129	$\Delta^{1,2}$	H	H
130	$\Delta^{1,2}$	H	$CH_2O(CO)CH_3$
131		H	H

132 133

	R^1	R^2
134	CH_3	H
135	$COCH_3$	H
136	CH_2OH COOH	

137 138 139 140

141	(3*S*)	$\Delta^{5,6}$	R = H
142	(3*R*)	$\Delta^{7,8}\Delta^{22,23}$	R = H
143	(3*S*)	$\Delta^{5,6}\Delta^{22,23}$	R = H
144	(3*S*)	$\Delta^{5,6}$	R = Glc

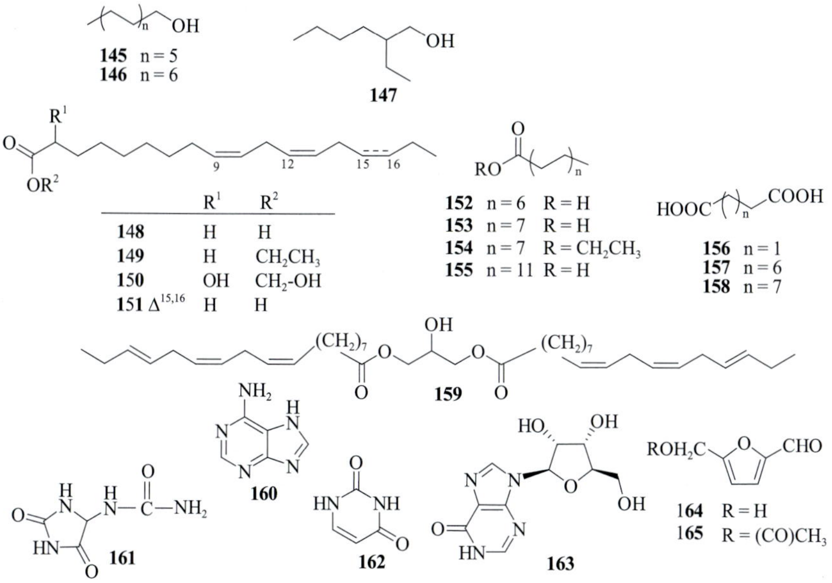

图 3-15　当归中的炔类、生物碱、甾体化合物、脂肪酸（醇）及其酯

从当归根中分离得到 5 个具有抗微生物、抗（真）菌、抗增殖、抗细胞毒和抗结核杆菌活性的炔类化合物。从当归中发现了 5 个生物碱，分别为 3 个 β- 卡波林类生物碱、1 个烟碱和 1 个胆碱。从当归根表面分离得到一株内生菌——枯草芽孢杆菌，从该菌中得到 1 个新的苯基戊胺生物碱。从当归中还发现了 1 个三萜、4 个甾体化合物、3 个脂肪醇、12 个脂肪酸及其酯、4 个核苷类化合物和 2 个糠醛衍生物。用氨基酸分析仪对当归的根进行分析，检测到天冬氨酸、谷氨酸、组氨酸、蛋氨酸、酪氨酸、γ- 氨基酸、γ- 氨基丁酸等 19 种氨基酸。当归中除了上述小分子有机化合物外，还分离得到了多糖，由于其具有显著的生物活性而受到越来越多的研究者和消费者的青睐。从当归的根中得到 1 个阿拉伯聚糖，命名为 APS-1d，骨架由（1，4）-α-D- 吡喃葡萄糖残基构成，侧链为（1，6）-α-D- 吡喃葡萄糖残基，端基为 β-L- 呋喃阿拉伯糖。从当归的根部分离得到 1 个当归多糖，分子组成为鼠李糖、半乳糖醛酸、葡萄糖、半乳糖、阿拉伯糖（摩尔比为 0.05 ∶ 0.26 ∶ 14.47 ∶ 1.00 ∶ 1.17），其中葡萄糖是组成当归多糖的主要单糖。研究者开发了一种高效毛细管电泳法，用以同时分离并鉴定当归多糖组分 APF1、APF2 和 APF3 中的单糖成分。经鉴定，主要的单糖组分有阿拉伯糖、葡萄糖、鼠李糖、半乳糖和葡萄糖醛酸，以及少量的甘露糖和葡萄糖醛酸。利用纤维素 DEAE-52 柱色谱从当归的根中获得了 3 个多糖组分：ASPF1、ASPF2 和 ASPF3。从粉碎并脱脂后的当归根中得到了 1 个新的多糖组分（ASP），分子量为 78 kDa，95.0% 的糖由阿拉伯糖、葡萄糖和半乳糖按照摩尔比 1 ∶ 5.68 ∶ 3.91 组成。

第三节　当归对机体平滑肌的药效学研究

当归是伞形科植物当归 *Angelica Sinensis*（Oliv.）Diels 的干燥根，具有活血、补血、调经止痛、润肠通便的功效，《神农本草经》还记载有当归“主咳逆上气”。研究表明，当归含有多糖、阿魏酸、挥发油等多种化学成分；当归中有效组分当归挥发油对子宫平滑肌具有明显的松弛效应，可改善乙酰胆碱、组胺等多种因素导致的子宫平滑肌痉挛。近年来，我们对当归挥发油在机体其他平滑肌方面的影响进行了大量研究，结果表明，当归挥发油对气管、胃肠道、血管平滑肌具有广泛的药理活性，对多种因素引起的平滑肌痉挛具有明显改善作用，提示当归挥发油在改善气管、胃肠道、血管等平滑肌痉挛性疾病如哮喘、胃肠道痉挛、血管痉挛等方面具有潜在的临床价值。

一、当归挥发油对气管平滑肌的影响

（一）当归挥发油对气管平滑肌静息张力的影响

离体平滑肌试验模型是经典的药物初筛模型，豚鼠气管平滑肌敏感性较高，多种因素均可引起豚鼠气管平滑肌收缩，是理想的哮喘试验模型。本研究通过豚鼠离体气管平滑肌实验模型，观察了当归挥发油的作用，结果发现当归挥发油对豚鼠离体气管平滑肌有明显的松弛作用，可使平滑肌张力明显降低，其作用强度与给药浓度呈正相关（图 3-16）。

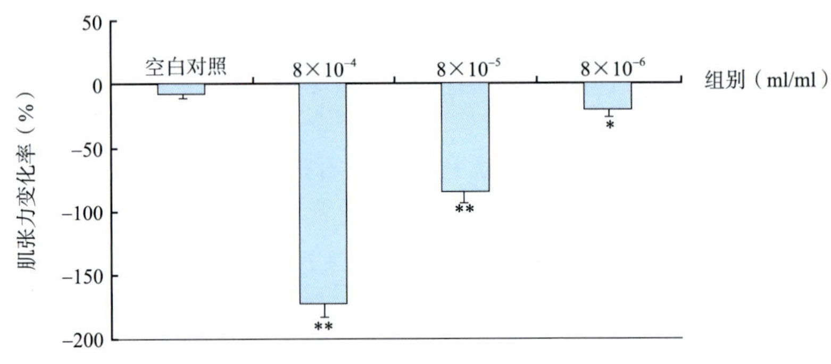

图 3-16　当归挥发油对豚鼠离体气管平滑肌张力的影响

与空白对照组比较，$^{*}P < 0.05$，$^{**}P < 0.01$

（二）当归挥发油对磷酸组胺诱导气管平滑肌张力变化的影响

在气管平滑肌上分布有组胺 H 受体，组胺作用于 H 受体，使受体激活，可导致气管平滑肌收缩甚至痉挛，是支气管哮喘发病的主要机制之一。豚鼠气管平滑肌对组胺较敏感，是常用的试验模型之一。用磷酸组胺模拟制造哮喘状态下气管平滑肌痉挛模型，再以不同当归挥发油进行干预，结果发现实验中当归挥发油三个剂量对痉挛平滑肌均表现出明显的舒张作用，且其作用强度与药物浓度呈正相关（图 3-17）。

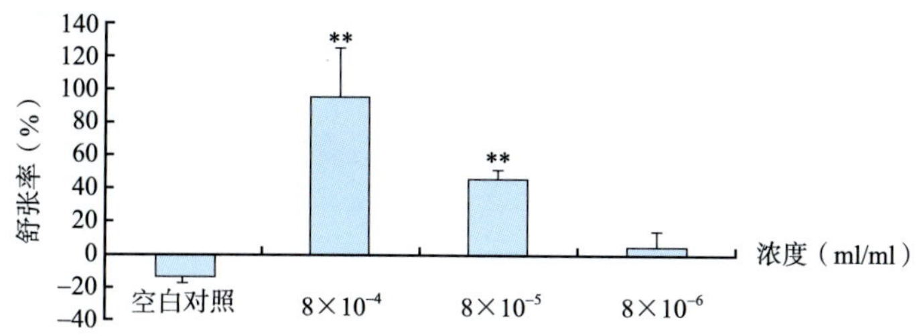

图 3-17　当归挥发油对磷酸组胺诱导气管平滑肌张力变化的影响

与空白对照组比较，** $P < 0.01$

（三）当归挥发油不同组分对气管平滑肌的影响

1. 当归挥发油不同组分对气管平滑肌静息张力的影响

采用常规酸碱萃取法，将当归总挥发油（An）分离为酸性部位（A_1）、酚性部位（A_2）和中性非酚性部位（A_3），通过离体气管平滑肌实验模型观察当归挥发油不同组分对气管平滑肌张力的影响。实验结果显示，当归挥发油不同组分对气管平滑肌张力的影响有明显差异，其中 A_1 和 A_2 组分对离体气管平滑肌张力的影响较小，A_3 组分对气管平滑肌呈现明显的舒张效应，其作用程度与 An 相似（图 3-18）。

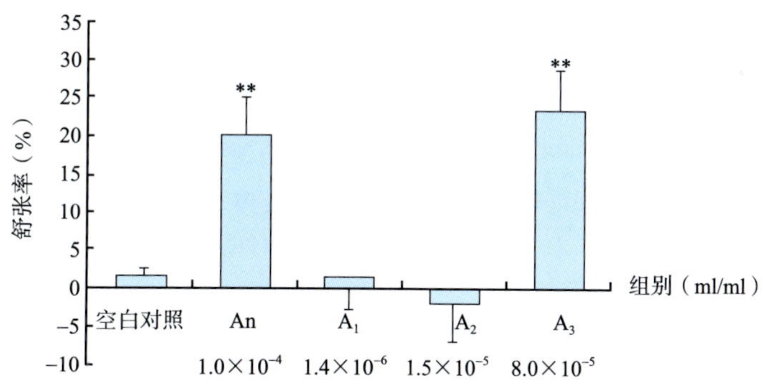

图 3-18　当归挥发油不同组分对气管平滑肌静息张力的影响

与空白对照组比较，** $P < 0.01$

2. 当归挥发油不同组分对磷酸组胺诱导豚鼠离体气管平滑肌张力变化的影响

用磷酸组胺制造平滑肌痉挛模型，再以当归挥发油不同组分进行干预，结果显示，当归挥发油 A_3 组分（中性非酚性部位）对磷酸组胺引起的气管平滑肌张力升高具有明显的对抗作用，给药后气管平滑肌张力明显下降，其作用程度与当归总油相似，而 A_1 和 A_2 作用表现较弱（图 3-19）。

3. 当归挥发油不同组分对乙酰胆碱诱导豚鼠离体气管平滑肌张力变化的影响

乙酰胆碱可兴奋气管平滑肌 M 受体，使平滑肌张力升高，也是一种经典的气管哮喘模型制造方法。本实验用氯化乙酰胆碱诱导气管平滑肌痉挛，然后用当归挥发油不同组分

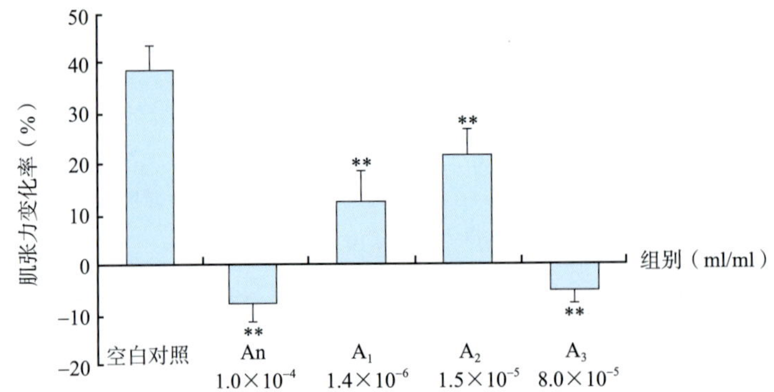

图 3-19 当归挥发油不同组分对磷酸组胺诱导豚鼠离体气管平滑肌张力变化的影响

与空白对照组比较，** $P < 0.01$

进行干预。结果显示，当归挥发油总油（An）和 A_3 组分均能明显减弱氯化乙酰胆碱所致豚鼠离体气管平滑肌的收缩作用，A_2 组分舒张效应不明显，而 A_1 组分对平滑肌则呈现一定的兴奋作用（图 3-20）。

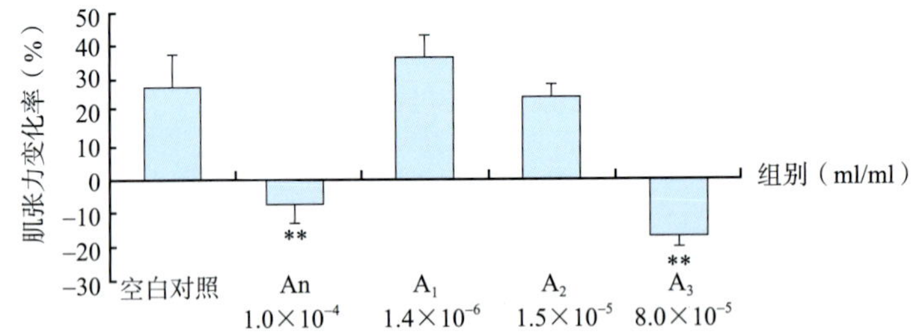

图 3-20 当归挥发油不同组分对乙酰胆碱诱导豚鼠离体气管平滑肌张力变化的影响

与空白对照组比较，** $P < 0.01$

4. 当归挥发油不同组分对 $CaCl_2$ 诱导豚鼠离体气管平滑肌张力变化的影响

平滑肌细胞外钙离子内流和细胞内储存的内钙释放都可以导致平滑肌收缩加强。在离体平滑肌组织营养液中加入 $CaCl_2$，可引起气管平滑肌张力升高，加入当归挥发油 An 及 A_3 组分进行干预，观察平滑肌张力变化。结果显示，An 和 A_3 均能对抗 $CaCl_2$ 所致豚鼠离体气管平滑肌的收缩作用（图 3-21）。

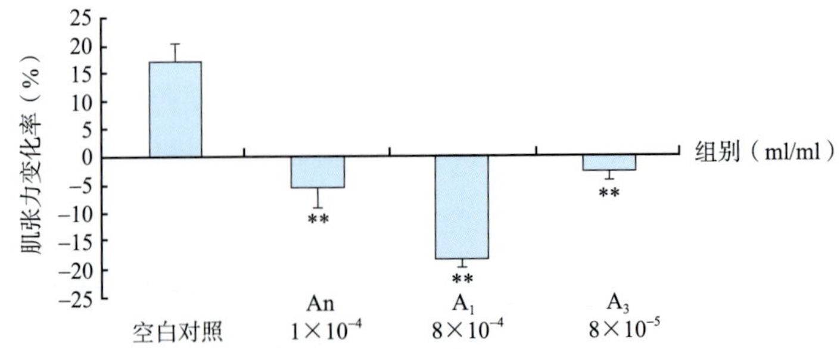

图 3-21 当归挥发油不同组分对 $CaCl_2$ 诱导豚鼠离体气管平滑肌张力变化的影响

与空白对照组比较，** $P < 0.01$

5. 当归挥发油不同组分对 KCl 诱导豚鼠离体气管平滑肌张力变化的影响

在豚鼠离体平滑肌组织营养液中加入 KCl 可诱导平滑肌收缩，然后加入当归挥发油及不同浓度的 A_3 组分（中性非酚性部位）进行干预，观察对钾离子引起平滑肌张力变化的影响。结果显示，An 和 A_3 均能对抗 KCl 所致豚鼠离体气管平滑肌张力的升高，且作用强度呈现剂量依赖性（图 3-22）。

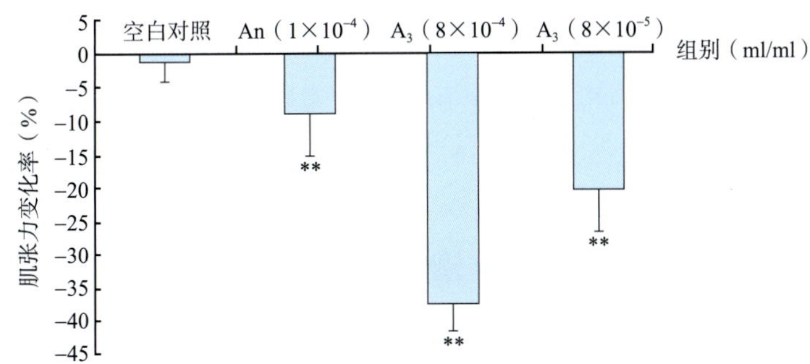

图 3-22 当归挥发油不同组分对 KCl 诱导豚鼠离体气管平滑肌张力变化的影响

与空白对照组比较，** $P < 0.01$

6. 当归挥发油不同组分对普萘洛尔诱导豚鼠气管平滑肌张力变化的影响

气管平滑肌分布有 β_2 受体，β_2 受体激动时平滑肌呈现松弛效应，而 β_2 受体被阻断时气管平滑肌张力会升高。盐酸普萘洛尔属于 β 受体阻断药，在豚鼠离体平滑肌组织营养液中加入盐酸普萘洛尔，诱导平滑肌收缩，然后加入当归挥发油（An）及不同浓度的 A_3 组分（中性非酚性部位）进行干预。结果显示，An 和 A_3 对盐酸普萘洛尔引起的气管平滑肌张力升高均有明显的对抗作用，且作用强度呈现剂量依赖性（图 3-23）。

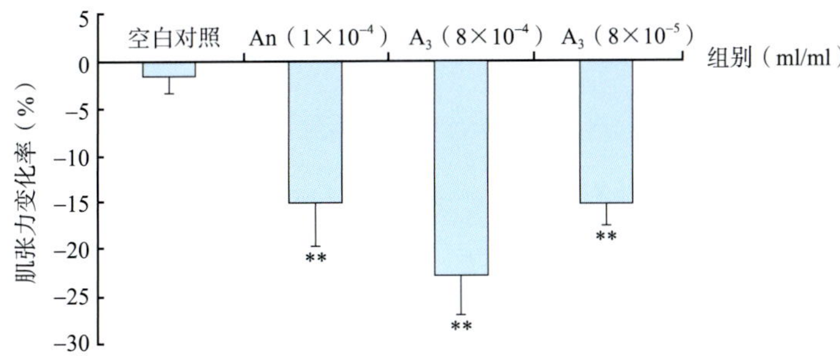

图 3-23 当归挥发油不同组分对普萘洛尔诱导豚鼠离体气管平滑肌张力变化的影响

与空白对照组比较，** $P < 0.01$

7. 当归挥发油不同组分对豚鼠离体气管平滑肌细胞内 Ca^{2+} 收缩反应的影响

在低钙培养液中加入乙酰胆碱，引起的平滑肌收缩主要与平滑肌细胞内 Ca^{2+} 的释放有关。An 和 A_3 均能拮抗乙酰胆碱引起的气管平滑肌细胞内 Ca^{2+} 释放所致气管平滑肌的收缩，A_3 作用强度呈现剂量依赖性（图 3-24）。

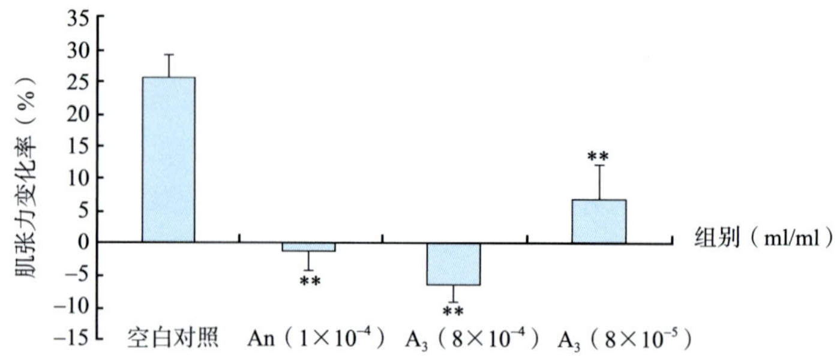

图 3-24 当归挥发油不同组分对豚鼠离体气管平滑肌细胞内 Ca^{2+} 收缩反应的影响

与空白对照组比较，** $P < 0.01$

二、当归挥发油对胃肠道平滑肌的影响

（一）当归挥发油对家兔离体胃底和胃体平滑肌张力的影响

制作家兔离体胃底和胃体平滑肌条，放置于营养液中，胃底和胃底平滑肌在营养液中可保持一定时间的收缩功能。在营养液中加入不同浓度的当归挥发油，观察当归挥发油对家兔胃底和胃体平滑肌收缩功能的影响。结果显示，当归挥发油可使家兔离体胃底和胃体平滑肌张力明显下降，在 $1\times10^{-5}\sim1\times10^{-3}$ 剂量范围内，其松弛作用强度与药物浓度呈正相关（图 3-25、图 3-26）。

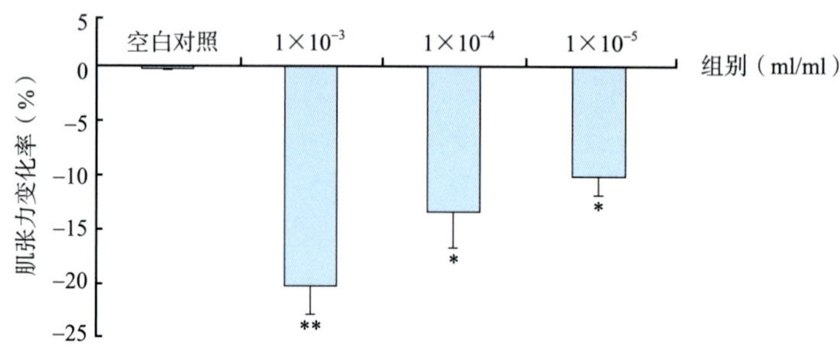

图 3-25 当归挥发油对家兔离体胃底平滑肌张力的影响

与空白对照组比较，** $P < 0.01$，*$P < 0.05$

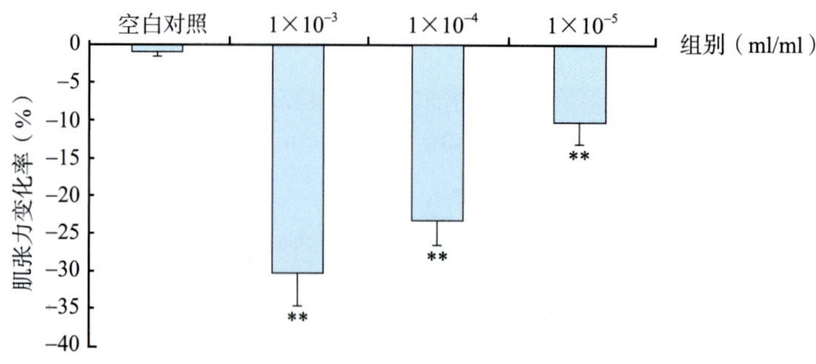

图 3-26 当归挥发油对家兔离体胃体平滑肌张力的影响

与空白对照组比较，** $P < 0.01$

（二）当归挥发油对家兔离体十二指肠、空肠、回肠平滑肌的影响

制作家兔十二指肠、空肠和回肠平滑肌条，放置于营养液中，使其在一段时间内保持收缩功能。在营养液中加入不同浓度的当归挥发油，观察当归挥发油对家兔离体十二指肠、空肠和回肠平滑肌收缩功能的影响，结果显示，当归挥发油可使家兔离体十二指肠、空肠和回肠平滑肌张力明显下降，且舒张效应的强度在 1×10^{-5} ～ 1×10^{-3} 剂量范围内与当归挥发油浓度均呈现剂量相关性（图 3-27 ～图 3-29）。

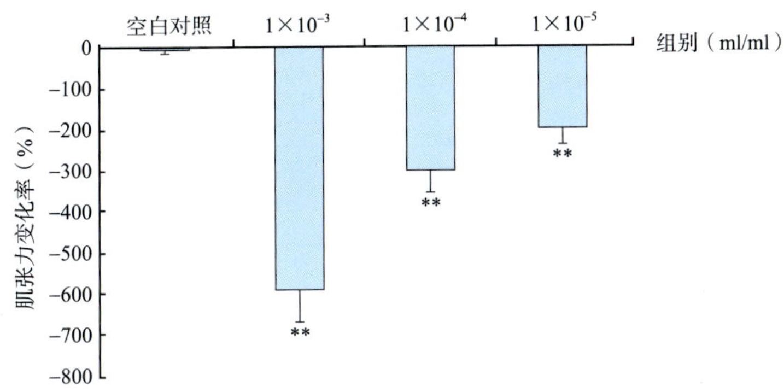

图 3-27　当归挥发油对家兔离体十二指肠平滑肌张力的影响

与空白对照组比较，** $P < 0.01$

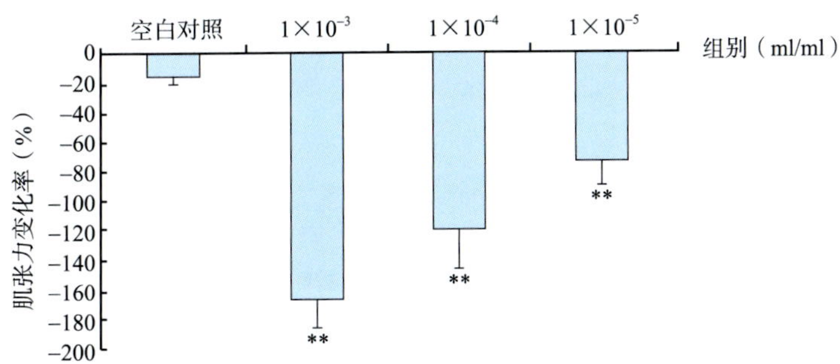

图 3-28　当归挥发油对家兔离体空肠平滑肌张力的影响

与空白对照组比较，** $P < 0.01$

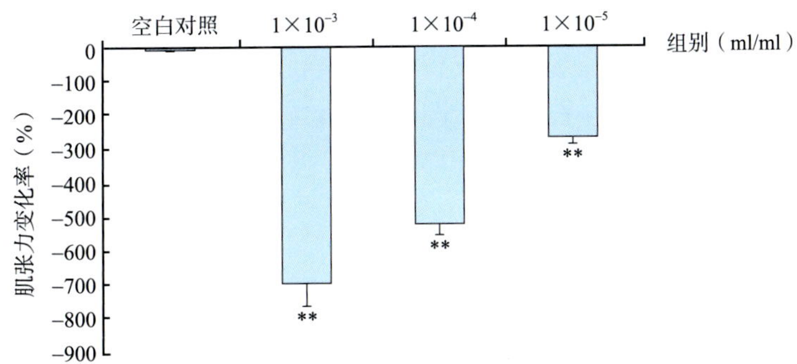

图 3-29　当归挥发油对家兔离体回肠平滑肌张力的影响

与空白对照组比较，** $P < 0.01$

（三）当归挥发油对大鼠离体结肠平滑肌运动的影响

1. 当归挥发油对大鼠离体结肠平滑肌张力的影响

制作大鼠离体结肠环形肌和纵形肌平滑肌条，放置于营养液中，在营养液中加入不同浓度的当归挥发油，以结肠平滑肌张力、收缩频率和收缩振幅为指标，观察当归挥发油对大鼠离体结肠环形肌平滑肌收缩功能的影响。结果显示，当归挥发油可使大鼠离体结肠环形肌和纵形肌平滑肌张力明显下降，呈现明显的松弛效应，在 1.0×10^{-4} ～ 1.0×10^{-2} 剂量范围内作用强度与药物浓度呈正相关（图 3-30、图 3-31）。

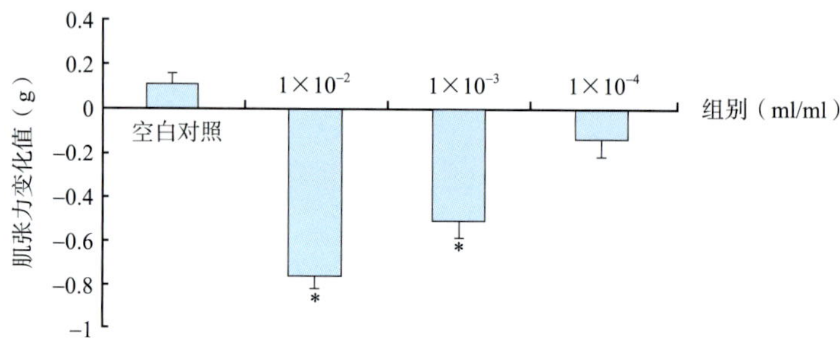

图 3-30 当归挥发油对大鼠离体结肠平滑肌环形肌条张力的影响

与空白对照组比较，$^{*}P < 0.05$

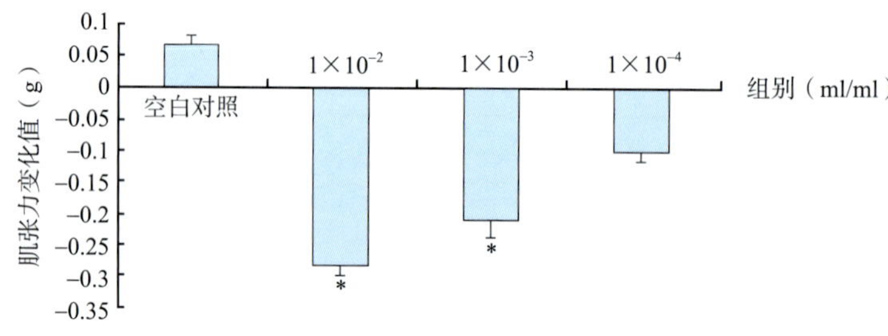

图 3-31 当归挥发油对大鼠离体结肠平滑肌纵形肌条张力的影响

与空白对照组比较，$^{*}P < 0.05$

2. 当归挥发油对大鼠离体结肠平滑肌收缩频率的影响

制作大鼠离体结肠环形肌和纵形肌平滑肌条，放置于营养液中，在营养液中加入不同浓度的当归挥发油，以结肠平滑肌收缩频率为指标，观察当归挥发油对大鼠离体结肠环形肌平滑肌收缩功能的影响，结果显示，较高浓度的当归挥发油（1×10^{-2}）可使结肠环形肌和纵形肌的收缩频率明显减慢（图 3-32、图 3-33）。

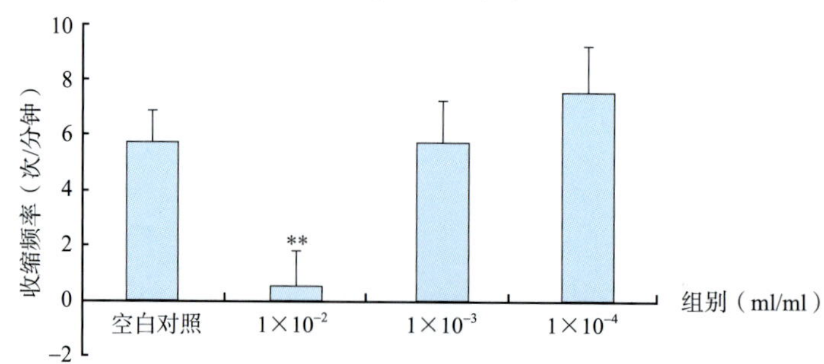

图 3-32 当归挥发油对大鼠离体结肠平滑肌环形肌收缩频率的影响

与空白对照组比较，$^{**}P < 0.01$

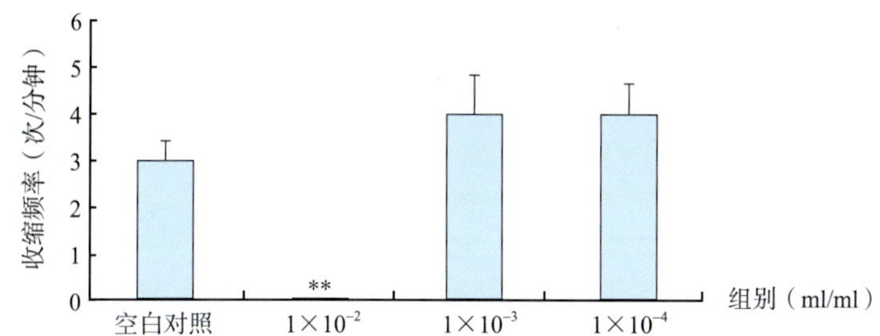

图 3-33 当归挥发油对大鼠离体结肠平滑肌纵形肌条收缩频率的影响

与空白对照组比较，** $P < 0.01$

3. 当归挥发油对大鼠离体结肠平滑肌收缩振幅的影响

制作大鼠离体结肠环形肌和纵形肌平滑肌条，放置于营养液中，在营养液中加入不同浓度的当归挥发油，以结肠平滑肌收缩振幅为指标，观察当归挥发油对大鼠离体结肠环形肌平滑肌收缩功能的影响，结果显示，当归挥发油可使结肠环形肌和纵形肌收缩振幅明显减弱，在 1×10^{-4} ～ 1×10^{-2} 剂量范围内作用强度与药物浓度呈正相关（图 3-34、图 3-35）。

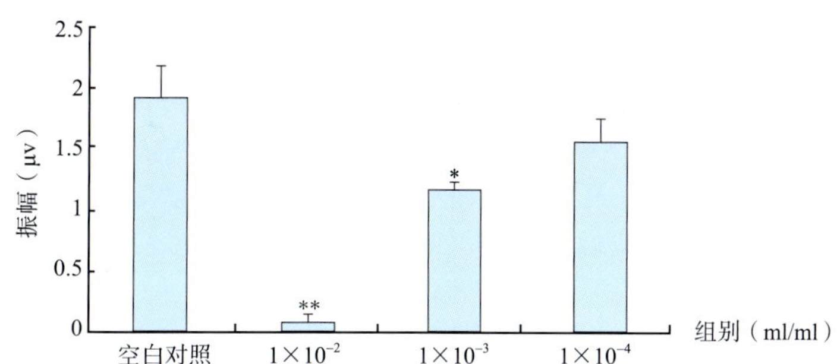

图 3-34 当归挥发油对大鼠离体结肠平滑肌环形肌条收缩振幅的影响

与空白对照组比较，** $P < 0.05$，*$P < 0.05$

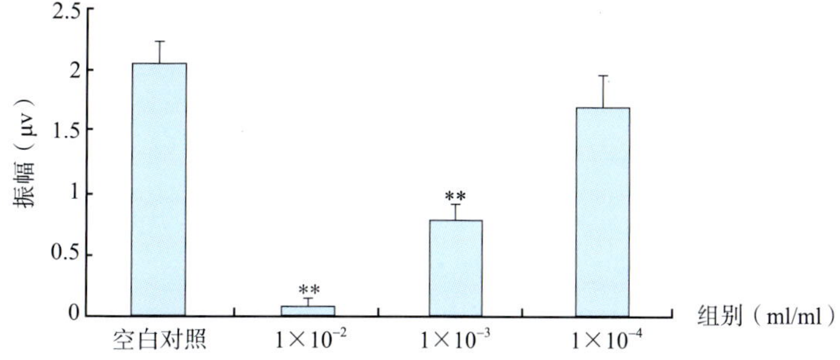

图 3-35 当归挥发油对大鼠离体结肠平滑肌环形肌条收缩振幅的影响

与空白对照组比较，** $P < 0.01$

4. 当归挥发油对新斯的明诱导大鼠离体结肠平滑肌张力变化的影响

新斯的明是胆碱酯酶抑制药，可通过抑制胆碱酯酶活性，增强乙酰胆碱的作用，引起平滑肌收缩加强。制作大鼠结肠平滑肌试验模型，在营养液中加入新斯的明，可诱导结肠平滑肌收缩，模拟制造平滑肌痉挛模型。研究结果显示，实验中当归挥发油 1×10^{-2} 和 1×10^{-3} 两个剂量可使新斯的明诱导的大鼠结肠平滑肌收缩频率明显降低（图 3-36）。

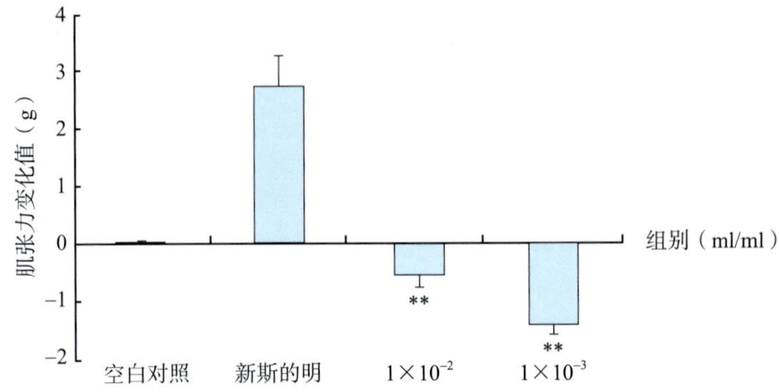

图 3-36 当归挥发油对新斯的明诱导大鼠离体结肠平滑肌张力变化的影响

与空白对照组比较，** $P < 0.01$

（四）当归挥发油对家兔十二指肠肌电活动的影响

1. 当归挥发油对家兔正常十二指肠肌电频率和振幅的影响

采用生物信号采集分析系统，取大鼠，禁食后用水合氯醛麻醉，手术暴露小肠，自幽门向下将针状电极从十二指肠垂直纵行肌刺入浆膜下固定，电极输入端与 BL-420F 生物机能实验系统相连接，用不同药物诱导十二指肠运动增强，观察当归挥发油对大鼠十二指肠肌电活动的影响。结果显示，实验中所使用的三个剂量当归挥发油对家兔十二指肠肌电活动未见明显影响（图 3-37、图 3-38）。

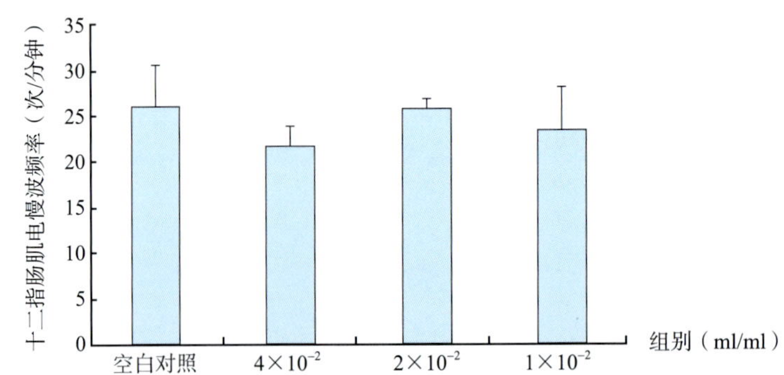

图 3-37 当归挥发油对正常大鼠十二指肠慢波肌电频率（SWMF）的影响

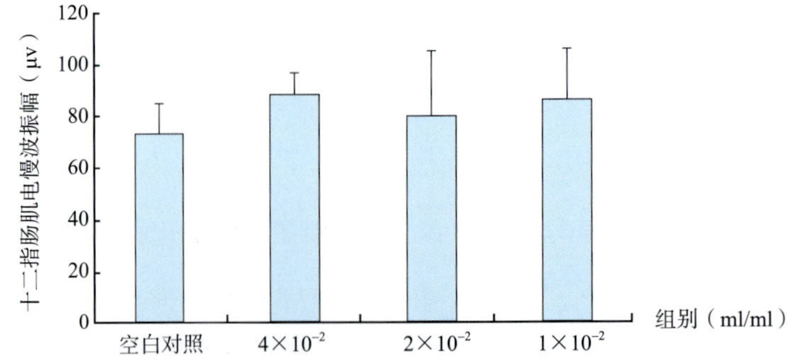

图 3-38 当归挥发油对正常大鼠十二指肠慢波肌电振幅（SWMA）的影响

2. 当归挥发油对新斯的明诱导大鼠十二指肠肌电变化的影响

实验大鼠肌内注射 0.1mg/kg 新斯的明建立肠功能亢进模型，阳性对照组肌内注射 1.0mg/kg 硫酸阿托品，其他组分别给予当归挥发油高、中、低剂量，记录给药后 60min 时大鼠十二指肠慢波肌电图，计算平均慢波肌电频率和振幅。结果显示，与空白对照组比较，模型组大鼠慢波肌电频率明显加快，振幅增大；与模型组比较，当归挥发油高、中、低三个剂量组可明显对抗新斯的明诱导的大鼠十二指肠慢波肌电频率和振幅的变化（图 3-39、图 3-40）。

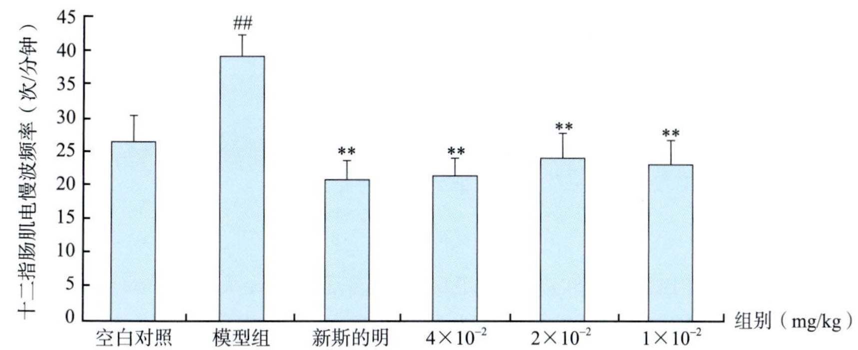

图 3-39 当归挥发油对新斯的明诱导大鼠十二指肠慢波肌电频率变化的影响

与空白对照组比较 ##$P < 0.01$；与模型组比较 **$P < 0.01$

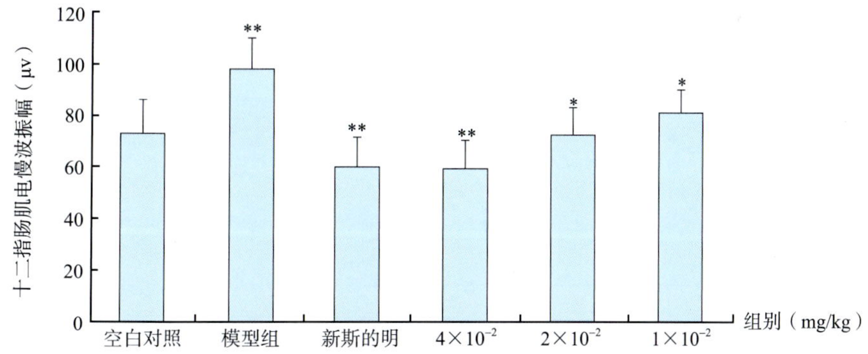

图 3-40 当归挥发油对新斯的明诱导大鼠十二指肠慢波肌电振幅变化的影响

与模型组比较 **$P < 0.01$，*$P < 0.05$

（五）当归挥发油对正常小鼠胃肠排空运动的影响

1. 当归挥发油对小鼠正常胃肠排空运动的影响

以小鼠为研究对象，设空白对照组、阳性对照组和当归测试组。空白对照组以等容量生理盐水灌胃，阳性对照组给予新斯的明 0.2mg/kg，当归测试组分别给予 2.67mg/kg、1.33mg/kg 及 0.67mg/kg 不同浓度当归挥发油。各组动物灌胃炭末糊，以胃内残留物重量为指标，观察当归挥发油对正常小鼠胃肠排空的影响。结果显示，当归挥发油对正常小鼠胃排空运动有明显的抑制作用（图 3-41）。

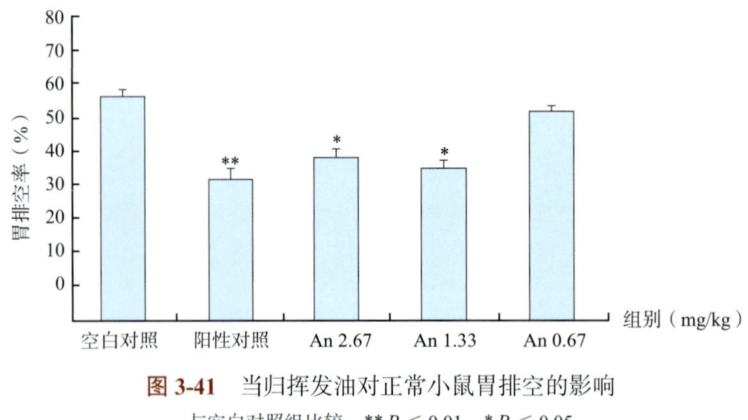

图 3-41 当归挥发油对正常小鼠胃排空的影响

与空白对照组比较，** $P < 0.01$，* $P < 0.05$

2. 当归挥发油对胃肠痉挛模型小鼠胃排空的影响

以小鼠为研究对象，设空白对照组、模型组和当归测试组。空白对照组和模型组以等容量生理盐水灌胃，当归测试组分别给予 2.67mg/kg、1.33mg/kg 及 0.67mg/kg 不同浓度的当归挥发油。各组动物灌胃炭末糊，然后除空白对照组外各组小鼠腹腔注射氯化乙酰胆碱 0.5mg/kg，30min 后脱颈处死小鼠，以胃内残留物重量为指标，观察当归挥发油对胃痉挛小鼠胃肠排空的影响。结果显示，当归挥发油各剂量组可明显抑制乙酰胆碱诱导的胃痉挛小鼠胃排空运动（图 3-42）。

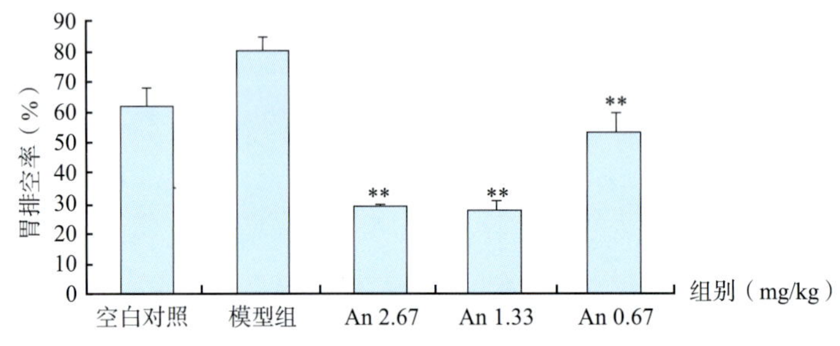

图 3-42 当归挥发油对胃痉挛模型小鼠胃排空的影响

与空白对照组比较，** $P < 0.01$

3. 当归挥发油对胃肠痉挛模型小鼠肠推进的影响

以小鼠为研究对象，设空白对照组、模型组和测试组。空白对照组和模型组以等容量生理盐水灌胃，测试组分别给予 2.67mg/kg、1.33mg/kg 及 0.67mg/kg 不同浓度的当归挥发油。给药 30min 后以 10% 阿拉伯胶与 5% 活性炭混合液灌胃，然后除空白对照组外各组小鼠腹腔注射氯化乙酰胆碱 0.5mg/kg，30min 后脱颈处死小鼠，开腹取出全胃肠，量取幽门括约肌至炭末糊最前端盲肠的距离，以两者之比作为小肠的推进率，观察当归挥发油对胃肠痉挛小鼠肠推进率的影响。结果表明，当归挥发油对胃肠痉挛模型小鼠肠推进率有明显抑制作用（图 3-43）。

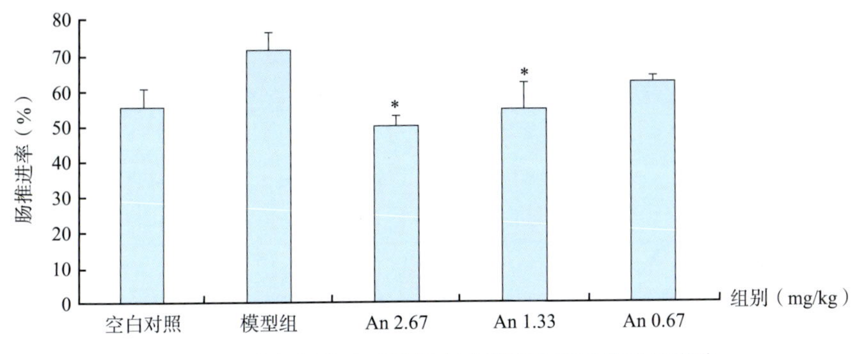

图 3-43 当归挥发油对胃肠痉挛模型小鼠胃排空的影响

与空白对照组比较，* $P < 0.05$

三、当归油制剂对大鼠肠易激综合征的治疗作用

当归腹痛宁滴丸（DGW）的主要成分为当归油，具有解痉止痛的作用。采用复合因素诱导建立大鼠肠易激综合征模型，观察 DGW 对模型大鼠的治疗作用，并对血液和肠组织中 5-HT 含量、胃肠激素（SP、VIP）水平进行测试。

1. DGW 对肠易激综合征模型大鼠排便量和粪便性状的影响

结果表明，与空白对照组比较，造模后各大鼠排便量明显增多，给药第 30 天时，DGW 各剂量组排便异常的现象得到明显改善（表 3-26、表 3-27）。

表 3-26 DGW 对肠易激综合征模型大鼠排便量的影响（$\bar{x} \pm s$，$n = 10$）

组别	剂量（mg/kg）	给药前排便粒数或次数	给药后排便粒数或次数（n/2h）		
			第 10 天	第 20 天	第 30 天
空白对照组	—	4.2±1.9	5.1±2.1	4.9±2.4	5.4±2.3
模型组	—	6.9±1.5 [a#]	7.6±1.8 [a]	7.3±1.7 [a]	6.8±1.8
阳性对照组	0.15	6.7±1.5 [a#]	5.4±2.1 [b]	5.2±2.3 [b]	5.1±2.2
DGW 高剂量组	120	7.2±2.4 [a#]	6.5±2.5	5.0±1.9 [b]	5.0±1.7 [b]
DGW 中剂量组	60	7.0±2.1 [a#]	7.4±2.9	7.2±2.5	4.5±2.6 [b]
DGW 低剂量组	30	6.2±2.3 [a#]	7.3±3.0	7.6±2.1	6.0±2.2

注：与空白对照组比较 a $P < 0.05$，a# $P < 0.01$；与模型组比较 b $P < 0.05$。

表 3-27 DGW 对肠易激综合征模型大鼠粪便性状评分的影响（$\bar{x} \pm s$，$n = 10$）

组别	剂量（mg/kg）	给药前粪便评分（n）	给药后粪便评分（n）		
			第 10 天	第 20 天	第 30 天
空白对照组	—	13.2±3.8	15.5±4.1	14.7±3.4	16.4±4.3
模型组	—	2.8±1.1	5.6±1.7 [a#]	7.2±4.6 [a#]	9.6±3.8 [a#]
阳性对照组	0.15	3.1±1.3	8.0±2.2 [b]	11.6±4.4 [b]	13.9±4.5 [b]

续表

组别	剂量（mg/kg）	给药前粪便评分（n）	给药后粪便评分（n）		
			第10天	第20天	第30天
DGW 高剂量组	120	2.2±0.5	8.5±2.7[b]	12.0±3.8[b]	15.2±3.9[b#]
DGW 中剂量组	60	2.6±1.1	6.8±2.0	9.8±3.5	14.1±5.6[b]
DGW 低剂量组	30	3.2±1.3	5.3±1.1	8.6±4.7	10.0±4.4

注：与空白对照组比较 a# $P<0.01$；与模型组比较 b $P<0.05$，b# $P<0.01$。

2. DGW 对肠易激综合征模型大鼠胃肠动力的影响

与空白对照组比较，模型组大鼠胃排空率明显减小、肠推进率明显加快。DGW 可使肠易激综合征大鼠胃排空率明显增加，肠推进率明显减小（表 3-28）。

表 3-28　DGW 对肠易激综合征模型大鼠胃排空率和肠推进率的影响（$\bar{x}\pm s$，$n=10$）

组别	剂量（mg/kg）	胃排空率（%）	肠推进率（%）
空白对照组	—	56.1±7.0	48.7±8.2
模型组	—	37.2±8.1[a#]	68.6±5.7[a#]
阳性对照组	0.15	45.5±6.8[b]	59.1±7.3[b]
DGW 高剂量组	120	46.8±7.4[b]	50.7±8.8[b#c]
DGW 中剂量组	60	37.9±9.5	55.8±5.5[b#]
DGW 低剂量组	30	34.9±7.8	61.0±6.3[b]

注：与空白对照组比较 a# $P<0.01$；与模型组比较 b $P<0.05$，b# $P<0.01$；与阳性对照组比较 c $P<0.05$。

3. DGW 对肠易激综合征模型大鼠血清 5-HT、血浆 SP 和 VIP 含量的影响

与空白对照组比较，模型组大鼠血清 5-HT 含量明显升高，血浆 SP 和 VIP 含量均明显降低。经 DGW 给药干预后，大鼠血清 5-HT 含量下降、VIP 水平升高，SP 变化不明显（表 3-29）。

表 3-29　DGW 对肠易激综合征模型大鼠血清 5-HT、血浆 SP 和 VIP 含量的影响（$\bar{x}\pm s$，$n=10$）

组别	剂量（mg/kg）	5-TH（ng/ml）	SP（pg/ml）	VIP（pg/ml）
空白对照组	—	173.22±30.01	46.64±5.07	35.68±3.32
模型组	—	231.58±26.16[a#]	37.52±6.41[a#]	28.40±5.34[a#]
阳性对照组	0.15	196.25±41.60[b]	45.67±4.68[b]	29.91±4.95
DGW 高剂量组	120	165.18±35.92[b]	40.05±5.80	37.20±4.86[b#c#]
DGW 中剂量组	60	192.35±30.89[b#]	39.86±5.57	29.45±5.78
DGW 低剂量组	30	202.45±25.20[b]	35.60±6.47	26.07±4.20

注：与空白对照组比较 a# $P<0.01$；与模型组比较 b $P<0.05$，b# $P<0.01$；与阳性对照组比较 c# $P<0.01$。

4. DGW 对肠易激综合征模型大鼠结肠匀浆 5-HT、SP 和 VIP 含量的影响

与空白对照组比较，模型组大鼠结肠匀浆 5-HT、SP 明显升高，但 VIP 变化不明显。经 DGW 干预治疗后，大鼠结肠匀浆 5-HT、SP 和 VIP 均明显下降（表 3-30）。

表 3-30 DGW 对肠易激综合征模型大鼠结肠匀浆 5-HT、SP 和 VIP 含量的影响（$\bar{x} \pm s$，$n = 10$）

组别	剂量（mg/kg）	5-HT（ng/g）	SP（pg/g）	VIP（pg/g）
空白对照组	—	76.42±7.90	29.95±8.14	70.44±6.30
模型组	—	95.15±8.51[a#]	41.16±6.04[a#]	75.06±8.37
阳性对照组	0.15	64.37±7.45[b#]	35.36±5.35[b]	65.79±4.95[b#]
DGW 高剂量组	120	81.12±5.80[b#]	30.50±7.72[b#]	59.24±5.93[b#c]
DGW 中剂量组	60	85.58±6.05[b]	36.78±5.86	67.70±7.17
DGW 低剂量组	30	92.25±8.37	38.62±5.04	68.08±6.97

注：与空白对照组比较 a# $P < 0.01$；与模型组比较 b $P < 0.05$，b# $P < 0.01$；与阳性对照组比较 c $P < 0.05$。

四、当归挥发油对血管平滑肌的作用

1. 当归挥发油对正常豚鼠胸主动脉血管收缩的影响

取豚鼠用木棒击昏，颈动脉放血致死，迅速剪开胸腔，游离胸主动脉，剪除血管周围的脂肪和结缔组织，由一端向另一端螺旋形环切，制作 2cm×2mm 的血管螺旋条标本，建立血管平滑肌试验模型。加入不同浓度的当归挥发油进行干预，观察当归挥发油对血管平滑肌的影响。结果显示，三个浓度的当归挥发油可明显降低豚鼠离体胸主动脉平滑肌张力（图 3-44）。

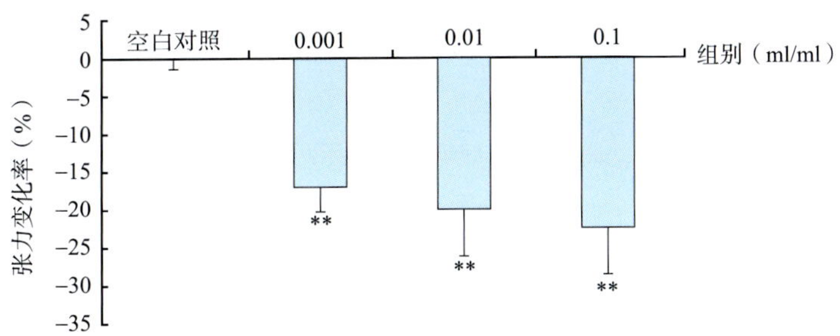

图 3-44 当归挥发油对豚鼠胸主动脉血管静息张力的影响

与空白对照组比较，** $P < 0.01$

2. 当归挥发油对去甲肾上腺素和 KCl 诱导豚鼠胸主动脉血管收缩的影响

以豚鼠离体胸主动脉血管为标本，建立血管平滑肌试验模型。以去甲肾上腺素（NE）及 KCl 诱导血管平滑肌收缩，并加入当归挥发油进行干预，观察当归挥发油对血管平滑肌的影响。结果显示，0.001% 浓度的当归挥发油可明显拮抗去甲肾上腺素和 KCl 所致豚鼠胸主动脉平滑肌的收缩（图 3-45）。

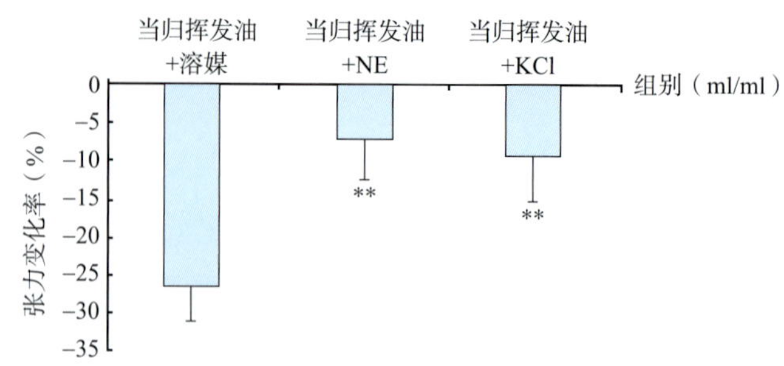

图 3-45 当归挥发油对 NE 和 KCl 诱导豚鼠胸主动脉血管收缩的影响

与当归油 + 溶媒组比较，** $P < 0.01$

3. 当归挥发油对大鼠离体胸主动脉受体操纵钙通道（ROCC）和电压依赖钙通道（VOCC）的影响

用大鼠离体胸主动脉螺旋条建立试验模型，研究当归挥发油对受体操纵钙通道（ROCC）和电压依赖钙通道（VOCC）活性的影响。结果显示，当归挥发油对无钙培养液中 Phe 诱发血管平滑肌收缩具有一定的抑制作用，IC_{50} 为 3.12×10^{-5}ml/ml，对无钙 K-H 液中复钙引发的收缩也具有抑制作用，IC_{50} 为 1.84×10^{-5}ml/ml；当归挥发油在无钙 K-H 液、无钙 K-H 液复钙过程中对 KCl 诱导的收缩都有抑制作用，IC_{50} 分别为 3.60×10^{-5}ml/ml、2.69×10^{-5}ml/ml。由此推断，当归挥发油可能对 ROCC 和 VOCC 介导的主动脉平滑肌收缩均有抑制作用，呈现非特异性钙通道阻滞作用。组内比较，对Ⅱ相的抑制强度均比Ⅰ相大；组间比较，对 ROCC 的抑制作用比对 VOCC 的抑制作用相对较强，Ⅱ相抑制作用差异具有统计学意义（表 3-31）。

表 3-31 当归挥发油对大鼠离体胸主动脉血管活性的影响（$\bar{x}\pm s$，$n=10$）

组别	Ⅰ相（无钙）IC_{50}（$\times10^{5}$，ml/ml）	Ⅱ相（复钙）IC_{50}（$\times10^{-5}$，ml/ml）
对照组	—	—
KCl 组	3.60±1.51	2.69±1.04 a#
Phe 组	3.12±1.26	1.84±0.75 a# b#

注：与Ⅰ相比较 a# $P < 0.01$；与 KCl 组比较 b# $P < 0.01$。

4. 当归挥发油对正常小鼠心率和血压的影响

用无创血压测定系统研究当归挥发油对正常小鼠血压和心率的影响。结果显示，静脉注射或腹腔注射当归挥发油后，在 0 ～ 120min 内，小鼠心率均出现降低趋势，高低剂量组之间差异无统计学意义；静脉注射当归挥发油后，在 0 ～ 120min 内，小鼠 SBP、MBP、DBP 水平均呈现降低的趋势，组间差异无统计学意义；但腹腔注射当归挥发油后，在 0 ～ 120min 内，小鼠 SBP、MBP、DBP 水平均呈现上升的趋势，组间差异仍无统计学意义；给药后 120min，小鼠 SBP、MBP、DBP 的水平与给药途径相关，静脉注射大、小剂量组与腹腔注射大、小剂量组之间差异均有统计学意义（图 3-46 ～图 3-49）。

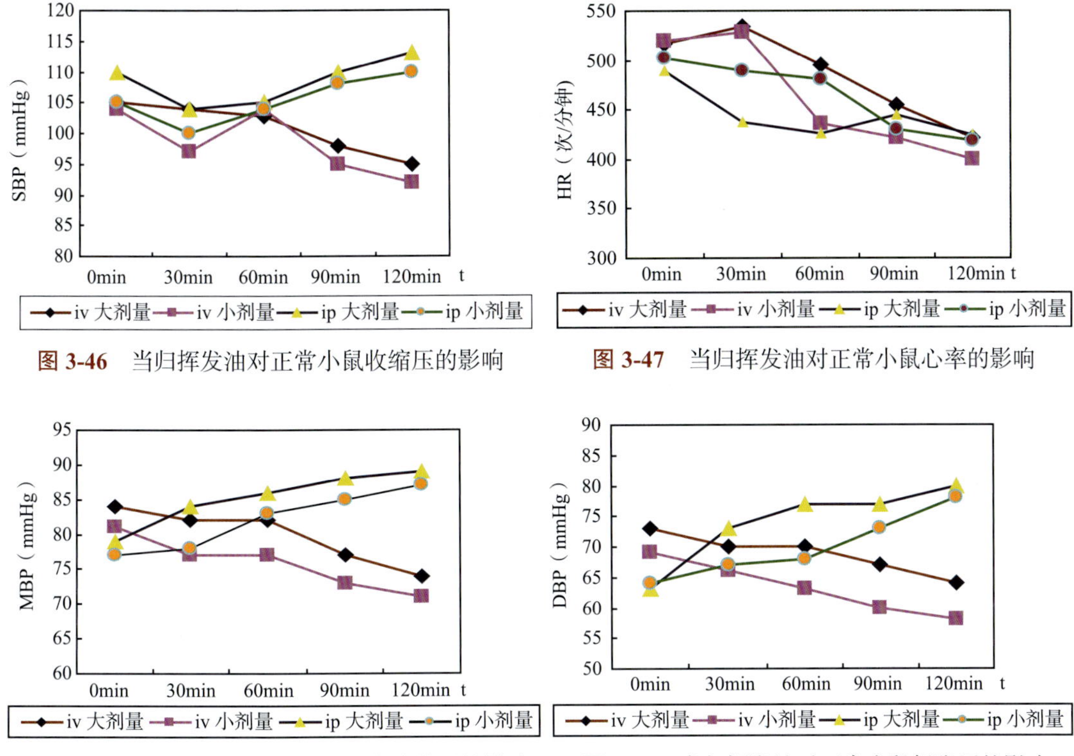

图 3-46　当归挥发油对正常小鼠收缩压的影响

图 3-47　当归挥发油对正常小鼠心率的影响

图 3-48　当归挥发油对正常小鼠平均动脉压的影响

图 3-49　当归挥发油对正常小鼠舒张压的影响

5. 当归挥发油对 L-NNA 诱导高血压模型小鼠血压的影响

用无创血压测定系统研究当归挥发油对 L-NNA 诱导高血压模型小鼠血压的影响。结果显示，与空白对照组比较，模型组 SBP、MBP、DBP 均明显升高，当归挥发油高、中、低剂量组无明显差异；与模型组比较，卡托普利组 SBP、DBP 明显降低和高剂量组 SBP、MBP、DBP 明显降低，中剂量组 SBP、MBP、DBP 明显降低，低剂量组 SBP 明显降低（表 3-32）。

表 3-32　当归挥发油对 L-NNA 诱导高血压模型小鼠血压的影响（$\bar{x} \pm s$，$n = 10$）

组别	HR（次/分钟）	SBP（mmHg）	MBP（mmHg）	DBP（mmHg）
空白对照组	476.3±155.8	105.6±10.2	83.1±7.3	71.8±7.0
模型组	451.7±139.2	124.9±17.1$^{a\#}$	95.7±13.9^{a}	85.3±12.8^{a}
卡托普利组	590.2±166.6	98.8±9.0$^{b\#}$	97.2±8.5$^{b\#}$	64.1±10.3$^{b\#}$
高剂量组	584.1±158.9	102.1±8.8$^{b\#}$	81.0±10.9$^{b\#}$	71.0±14.0$^{b\#}$
中剂量组	463.8±161.3	109.3±8.2^{b}	84.6±5.2^{b}	72.1±6.5^{b}
低剂量组	485.6±157.1	112.9±11.5^{b}	88.7±11.5	76.4±12.9

注：与空白对照组比较 a# $P < 0.01$，a $P < 0.05$；与模型组比较 b# $P < 0.01$，b $P < 0.05$。

6. 当归挥发油对冷热刺激诱导高血压模型小鼠血压的影响

用无创血压测定系统研究当归挥发油对冷热刺激诱导高血压模型小鼠血压的影响。结果显示，与空白对照组比较，模型组 SBP、MBP、DBP 均明显升高（$P<0.05$）；与模型组比较，卡托普利组和高剂量组 SBP、MBP、DBP 均显著降低，中剂量组 SBP、MBP、DBP 也明显降低（表 3-33）。

表 3-33 当归挥发油对冷热刺激诱导高血压模型小鼠血压的影响（$\bar{x}\pm s$，$n=10$）

组别	HR（次/分钟）	SBP（mmHg）	MBP（mmHg）	DBP（mmHg）
空白对照组	490.3±171.2	109.1±11.63	84.0±10.7	69.1±9.1
模型组	613.1±159.3	121.8±11.1[a]	93.4±8.2[a]	81.0±9.3[a]
卡托普利组	575.6±136.7	100.0±12.2[b#]	81.5±6.0[b#]	63.7±7.2[b#]
高剂量组	549.0±129.2	103.9±12.4[b#]	81.0±11.4[b#]	69.4±12.3[b#]
中剂量组	509.1±129.0	109.9±8.7[b]	82.8±7.9[b]	70.8±8.3[b]
低剂量组	437.5±105.0[b]	120.0±3.4[ac]	89.0±5.1	73.4±8.5

注：与空白对照组比较 a $P<0.05$；与模型组比较 b $P<0.05$，b# $P<0.01$；与高剂量组比较 c $P<0.05$。

当归为伞形科植物当归 Angelica sinensis（Oliv.）Diels 的根，味甘、辛，性温，入肝、心、脾经，具有补血和血、调经止痛、润燥滑肠的功能，为中医临床常用药物之一。我国第一部本草学著作《神农本草经》记载当归“味甘温。主咳逆上气，温虐，寒热，洗在皮肤中。妇人漏下绝子，诸恶创疡金创”。唐代《新修本草》记载当归“味甘、辛，温、大温，无毒。主咳逆上气，温疟寒热洗洗在皮肤中，妇人漏下绝子，诸恶疮疡，金疮，煮饮之。温中止痛，除客血内塞，中风，汗不出，湿痹，中恶，客气虚冷，补归”。《景岳全书·本草正》曰：“当归，其味甘而重，故专能补血；其气轻而辛，故又能行血，补中有动，行中有补，诚血中之气药，亦血中之圣药也。”后世医著也多有记载。中医学认为当归为血家之圣药，具有补血活血、调经止痛、润燥滑肠、生肌健骨的功用，在临床治疗许多疾病时有不可替代的作用。

自 20 世纪 50 年代以来，国内外学者对当归的药理作用进行了大量研究，取得了一系列研究成果，从现代科学的角度也证明了当归活血、补血等诸多功效。近年来，我们对当归在呼吸道平滑肌、胃肠道平滑肌、血管平滑肌等方面的影响进行了大量研究。结果表明，当归中主要有效组分当归挥发油对气管、胃肠道及血管平滑肌具有广泛的抑制作用，对多种因素导致的平滑肌张力增高均有明显的抑制作用，呈现出非特异性的作用特点。上述研究结果提示，当归可能在治疗与平滑肌张力增高相关的疾病如哮喘、胃肠道痉挛、肠易激综合征、高血压等方面具有潜在的应用价值。

第四节 当归影响高原低氧环境免疫及生理功能研究

高原地区低氧、低温、强辐射等因素对人体生理和免疫系统均有明显的影响，其中，低氧是主要影响因素。《内经》中指出高原清气不足（缺氧）、燥寒二气为主（干燥多风、寒冷低温）。《灵枢·邪客》称：“人与天地相应”，高原人体的机能特点为气虚、气燥、寒瘀。早期以气虚、气燥、寒瘀为主，慢性适应期血液的浓、黏、聚、凝逐渐突出。益气养阴，补气活血化瘀法是防治高原缺氧反应的主要法则。

应激是1936年由加拿大病理生理学家Selye创立的神经内分泌学说，是指机体对外界或内部的各种异常刺激所产生的非特异性应答反应的总和。应激刺激的种类很多，如创伤、过冷、过热、电离辐射、毒物等。应激对机体的损害作用与中医的“外邪致病”有诸多的相似之处。与冷应激的概念相对应，寒邪为“六淫”之一，在中医传统理论中，寒邪侵犯人体可导致寒证、血瘀证等。

当归作为常用补益药之一，味甘、辛、苦，性温，具有滋补强壮、扶正固本及活血化瘀之功效。当归多糖具有抗氧化、调节免疫等作用。

本研究提取当归有效部位，通过体内实验，研究模拟高原低氧条件下小鼠心脑肺功能及免疫学、血液系统、抗疲劳、抗冷应激等效应，以筛选出可增强高原环境适应能力的最佳药效物质，为临床应用提供实验药效学研究基础。

一、当归对模拟高原低氧小鼠免疫组织器官的影响

（一）材料准备及高原低氧小鼠模型的建立

1. 实验动物及药物制备

SPF级KM种小鼠，体重18～22g，由甘肃中医药大学科学实验中心提供[动物合格证号：SCXK（甘）2011-0001]。K562细胞：由甘肃中医药大学细胞库存。红景天（Roseroot）胶囊（洛阳红景天雪域生物制品有限公司），产品批号：20120801，按照临床用量换算，以蒸馏水溶解配成浓度为22.8g/L的混悬液。

当归有效部位提取采用水提醇沉法：当归总多糖B（纯度66.96%）、水提醇沉总提取物中除总多糖外的小分子物质C、水提醇沉总提取物D（去蛋白的总成分）、当归多糖X（当归浓缩丸的提取药渣再次利用所提纯多糖，纯度为58.17%）。计算得率：部位A 4.52%，部位B 2.69%，部位C 13.45%。分别按照临床当归用量换算剂量，以蒸馏水溶解分别配成混悬液，4℃冰箱保存。部位B浓度：1.20g/L，部位C浓度：6.10g/L，部位D浓度：2.10g/L，部位X浓度：1.20g/L。

2. 高原低氧小鼠模型的建立

小鼠适应性饲养1周，常规饮食，自由饮水。随机数字表法将动物分为6组，分别为空白对照组（K）、模型组（M）、当归有效部位B组（B）、当归有效部位C组（C）、当归有效部位X组（X）、红景天组（T），各15只。各组按剂量换算给药体积，每日灌胃1次。剂量分别为B 24mg/（kg·d）、X 24mg/（kg·d）、C 122mg/（kg·d）[相当于原生药0.91g/（kg·d）]，T 455mg/（kg·d）。空白对照组及模型组均给予0.4ml生理盐水，连续21天。从第8天开始每天灌胃0.5h后除对照组外，各组小鼠置FLYDWC 50-ⅡA低压氧舱内进行减压低氧暴露：以10m/s的速度上升至3000m停留5min；以同样的速度上升至4500m停留3min；再以10m/s的速度上升至6000m，低氧暴露22h后，以15m/s的速度降至海平面高度，建立高原低氧小鼠模型，空白对照组动物在常氧环境中

饲养。末次低氧暴露后连同空白对照组动物一起测定相关指标。

分别测定高原低氧模型小鼠体重变化、免疫器官胸腺和脾脏指数，Western blot 检测胸腺组织 HIF-1α 的蛋白表达，实时荧光定量 PCR 检测脾组织 HIF-1α 基因表达。

（二）对高原低氧模型小鼠体重变化的影响

每组小鼠在进舱前和出舱后用电子天平分别检测体重，统计结果表明进舱前各组动物之间无明显差异。出舱后，与空白对照组相比，各组小鼠体重均明显下降（$P<0.05$ 或 $P<0.01$）；与模型组比较，各干预组小鼠体重均无明显变化（表 3-34），提示高原低氧环境导致动物体重下降，当归有效成分无明显干预作用。

表 3-34　进舱前和出舱后各组动物体重（g）结果（$\bar{x}\pm s$，$n=12$）

组别	K	M	B	C	X	T
进舱前	24.30±1.40	23.70±1.11	24.30±2.32	23.64±2.09	24.48±1.89	23.52±1.29
出舱后	32.79±3.09	26.64±4.12**	28.87±2.93*	28.46±4.06*	28.50±3.87*	26.16±4.03**

注：与空白对照组比较 *$P<0.05$，**$P<0.01$。

（三）对高原低氧模型小鼠免疫器官胸腺和脾脏指数的影响

断头前称体重，小鼠死后打开胸、腹腔，摘取胸腺、脾脏，剥离干净，分别称重，并计算胸腺指数和脾脏指数，胸腺（脾脏）指数＝胸腺（脾脏）质量（mg）/ 体质量（g）。与空白对照组相比，模型组胸腺指数明显降低（$P<0.01$）。与模型组比较，各干预组胸腺指数均增高（$P<0.05$）。与空白对照组相比，模型组脾脏指数明显降低（$P<0.01$）。与模型组比较，各干预组脾脏指数均增高（$P<0.05$ 或 $P<0.01$）（表 3-35）。结果提示，高原低氧环境导致动物免疫器官胸腺、脾脏指数下降，免疫功能降低，当归有效部位总多糖、当归浓缩丸药渣精制多糖、当归有效部位小分子物质均可升高低氧机体胸腺、脾脏指数，从而维持免疫功能。

表 3-35　各组动物胸腺、脾脏指数（mg/g）结果（$\bar{x}\pm s$，$n=12$）

组别	K	M	B	C	X	T
胸腺指数	3.88±0.85	2.98±0.63**	3.70±0.89▲	3.75±0.98▲	3.95±0.77▲	3.89±0.84▲
脾脏指数	4.52±0.97	3.13±0.46**	3.88±0.50▲	4.05±0.57▲▲	4.19±0.67▲▲	4.16±0.75▲▲

注：与空白对照组比较 **$P<0.01$；与模型组比较 ▲ $P<0.05$，▲▲ $P<0.01$。

（四）对高原低氧模型小鼠胸腺、脾脏组织低氧诱导因子 -1α 表达的影响

低氧诱导因子 -1α（hypoxia-inducible factor - 1α，HIF-1α）是介导细胞低氧反应最关键的核转录因子。用 Western blot 检测的各组小鼠胸腺组织 HIF-1α 蛋白表达用 Quantity One 软件计算各条带的光密度值，同时以 GAPDH 作为内参，结果以蛋白条带与 GAPDH 条带的光密度值的比值表示，实验重复 3 次。结果表明，各组间比较，胸腺组织 HIF-1α 蛋白表达量均无显著变化（图 3-50、表 3-36），提示高原低氧环境不影响动物胸腺组织

HIF-1α 蛋白表达，当归有效部位对低氧动物胸腺组织 HIF-1α 蛋白表达无明显干预作用。

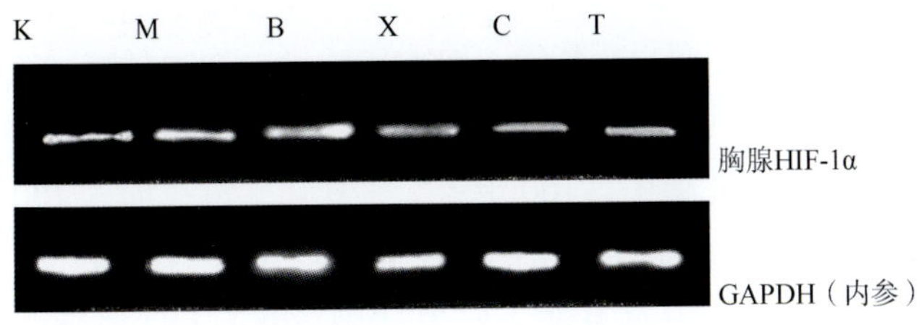

图 3-50　各组动物胸腺组织 HIF-1α 蛋白表达（Western blot）

表 3-36　各组动物胸腺组织 HIF-1α 蛋白平均灰度表达水平比较（$\bar{x} \pm s$，$n=6$）

组别	K	M	B	C	X	T
HIF-1α	0.17±0.02	0.18±0.03	0.20±0.04	0.16±0.03	0.18±0.03	0.15±0.04

用实时荧光定量 PCR 检测脾组织 HIF-1α 基因表达，组织总 RNA 的提取及电泳显示均一性好（图 3-51）。各组行 RNA 实时荧光定量 PCR完成后进行溶解曲线和扩增曲线分析，利用系统软件计算各样本 Ct 值，并用 Relative Expression Software Tool（REST version 2009）软件分析数据，进行组间比较。结果表明，各组间比较，脾组织 HIF-1α 表达均无显著性差异（$P > 0.05$）（表 3-37），提示高原低氧环境对动物脾组织 HIF-1α 表达无明显影响，当归有效部位对动物脾组织 HIF-1α 表达无明显干预作用。

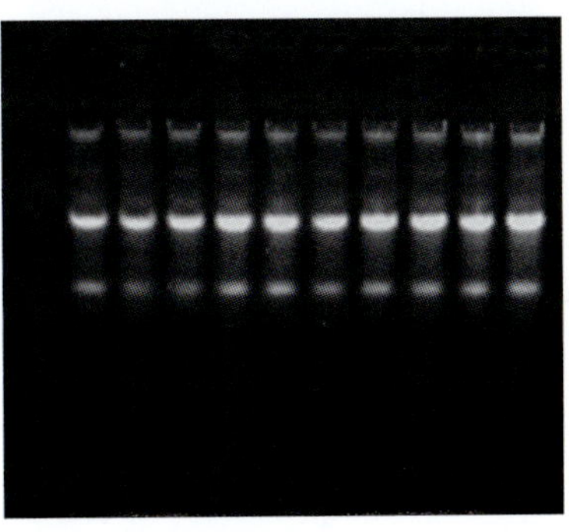

图 3-51　组织总 RNA 电泳结果

表 3-37　各组动物脾组织 HIF-1α 基因表达（$\bar{x} \pm s$）

组别	K	M	B	C	X	T
ΔΔCt	0	−0.22	−0.24	−0.25	−0.21	−0.24
$2^{-\Delta\Delta Ct}$	1	1.17±0.06	1.18±0.06	1.19±0.03	1.15±0.06	1.19±0.09

二、当归对模拟高原低氧小鼠免疫细胞活性的影响

（一）对高原低氧模型小鼠脾淋巴细胞增殖活性的影响

淋巴细胞增殖是机体免疫应答过程中的一个重要阶段。检测淋巴细胞增殖水平是细胞免疫研究和临床免疫功能检测的一种常用方法。脾淋巴细胞增殖活性检测具体方法为小鼠处死后于 75% 乙醇中浸泡 5min，超净工作台中无菌取出脾脏，用 PBS 液洗涤 2 次，剥去脾脏周围结缔组织。将处理好的脾脏移入一只无菌青霉素瓶中，加入适量 1640 完全培养液。眼科剪剪碎，400 目网筛过滤，收集滤液并加入等体积的小鼠淋巴细胞分离液，2000r/min

离心 15min。用无菌吸管取灰白层，加入适量 1640 完全培养液，1000r/min 离心 5min，弃上清液。重悬细胞，加等体积 0.4% 台盼蓝染色液染色 2min，计数活细胞后，用 1640 完全培养液调整细胞浓度为 1×10^6/ml，备用。取上述脾淋巴细胞悬液，置于 96 孔培养板中，于 37℃、5%CO_2 培养箱培养 72h。培养结束前 4h，加入 5mg/ml MTT 50μl/ 孔，继续培养 4h。培养结束后分别加入 96 孔板中，100μl/ 孔，3 复孔，每孔加入 100μl 二甲基亚砜，吹打混匀，使紫色结晶完全溶解，酶标仪检测 OD 值，波长为 570nm。

与空白对照组相比，模型组及 B 组、C 组细胞 24h 的 OD 值均明显下降（$P<0.05$ 或 $P<0.01$）。与模型组比较，各干预组 OD 值均上升，增殖明显（$P<0.05$），如表 3-38 所示。与空白对照组相比，模型组及各干预组细胞 48h 的 OD 值均下降（$P<0.05$ 或 $P<0.01$）。与模型组比较，各干预组 OD 值均上升，增殖明显（$P<0.05$ 或 $P<0.01$），如表 3-39 所示。与空白对照组相比，模型组及各干预组细胞 72h 的 OD 值均下降（$P<0.05$ 或 $P<0.01$）。与模型组比较，各干预组 OD 值上升，增殖明显（$P<0.05$ 或 $P<0.01$），结果如表 3-40 所示。结果提示：高原低氧环境导致动物脾淋巴细胞增殖能力下降，当归有效部位总多糖、当归浓缩丸药渣精制多糖、当归有效部位小分子物质均可升高脾淋巴细胞的增殖能力。

表 3-38　各组动物 24h 脾淋巴细胞增殖结果（$\bar{x}\pm s$，$n=8$）

组别	K	M	B	C	X	T
OD 值	0.17±0.04	0.11±0.02**	0.14±0.03*▲	0.14±0.01*▲	0.15±0.02▲	0.15±0.03▲

注：与空白对照组比较 *$P<0.05$，**$P<0.01$；与模型组比较▲ $P<0.05$。

表 3-39　各组动物 48h 脾淋巴细胞增殖结果（$\bar{x}\pm s$，$n=8$）

组别	K	M	B	C	X	T
OD 值	0.19±0.04	0.11±0.03**	0.15±0.03*▲	0.14±0.04**▲	0.15±0.04*▲	0.16±0.02*▲▲

注：与空白对照组比较 *$P<0.05$，**$P<0.01$；与模型组比较▲ $P<0.05$，▲▲ $P<0.01$。

表 3-40　各组动物 72h 脾淋巴细胞增殖结果（$\bar{x}\pm s$，$n=8$）

组别	K	M	B	C	X	T
OD 值	0.21±0.05	0.13±0.03**	0.18±0.04**▲▲	0.17±0.04**▲	0.17±0.03*▲	0.18±0.05*▲▲

注：与空白对照组比较 *$P<0.05$，**$P<0.01$；与模型组比较▲ $P<0.05$，▲▲ $P<0.01$。

（二）对高原低氧模型小鼠脾淋巴细胞转化活性的影响

T 淋巴细胞受到非特异性有丝分裂原（如 PHA、ConA）或特异性抗原刺激后，可出现代谢旺盛、蛋白质和核酸合成增加、细胞体积增大并能进行分裂的淋巴母细胞，此称为淋巴细胞转化现象。脾淋巴细胞转化实验具体方法为取前述脾淋巴细胞悬液，置于 96 孔培养板中。Con A 刺激组：100μl 的细胞悬液与 10μl 的 Con A（终浓度为 5μg/ml）的混合液；对照组：100μl 的细胞悬液与 10μl 的含血清 RPMI 1640 培养液的混合液，置于 37℃、5%CO_2

的饱和水蒸气培养箱中培养 68h。每孔加入 10μl 的 MTT（终浓度为 5μg/ml），继续培养 4h，离心 1500r/min，10min，小心吸去上清，每孔加入 100μl 的三联裂解液溶解，用微型振荡器振荡混匀。用酶标仪于 570nm 波长读取各孔光密度 OD 值。计算脾淋巴细胞转化能力 OD 值 = 实验孔 OD 值 – 对照孔 OD 值，脾淋巴细胞刺激指数（SI）=Con A 孔 OD 值 / 对照孔 OD 值 ×100%。

与空白对照组相比，模型组及各干预组脾淋巴细胞转化 OD 值均明显下降（$P < 0.01$）。与模型组比较，当归有效部位 B 组、X 组、C 组及 T 组脾淋巴细胞转化 OD 值均明显升高（$P < 0.01$）。与空白对照组相比，模型组及各干预组 SI 均明显下降（$P < 0.05$）。与模型组比较，当归有效部位 X 组 SI 明显升高（$P < 0.05$）（表 3-41）。结果提示，高原低氧环境导致动物脾淋巴细胞转化能力、刺激指数下降，当归有效部位总多糖、当归浓缩丸药渣精制多糖、当归有效部位小分子物质均可升高脾淋巴细胞的转化能力，当归浓缩丸药渣精制多糖可升高脾淋巴细胞刺激指数。

表 3-41　各给药组对小鼠脾淋巴细胞转化的影响（$\bar{x} \pm s$，$n=8$）

组别	K	M	B	C	X	T
OD 值	0.10±0.01	0.03±0.00**	0.05±0.01**▲▲	0.05±0.01**▲▲	0.07±0.01**▲▲	0.43±0.01**▲▲
SI	1.20±0.02	1.07±0.02*	1.11±0.01*	1.11±0.02*	1.15±0.02*▲	1.10±0.01*

注：与空白对照组比较 *$P < 0.05$，**$P < 0.01$；与模型组比较▲ $P < 0.05$，▲▲ $P < 0.01$。

（三）对高原低氧模型小鼠自然杀伤细胞杀伤活性的影响

自然杀伤细胞（natural killer cell，NK）是机体重要的免疫细胞，不仅与抗肿瘤、抗病毒感染和免疫调节有关，而且在某些情况下参与超敏反应和自身免疫性疾病的发生。NK 细胞杀伤活性的检测：小鼠处死后于 75% 乙醇中浸泡 5min，超净工作台中无菌取出脾脏。用 PBS 液洗涤 2 次，剥去脾脏周围结缔组织。将处理好的脾脏移入一只无菌青霉素瓶中，加入适量 1640 完全培养液。眼科剪剪碎，400 目网筛过滤，收集滤液并加入等体积的小鼠淋巴细胞分离液，2000r/min 离心 15min。用无菌吸管取灰白层，加入适量 1640 完全培养液，1000r/min 离心 5min 弃上清液。重悬细胞，加等体积 0.4% 台盼蓝染色液染色 2min，计数活细胞后，1640 完全培养液调整细胞浓度为 1×10^7/ml，备用。

调整脾细胞浓度为 2×10^7/ml，作为效应细胞。将 K562 细胞浓度调整为 1×10^6/ml，作为靶细胞。实验组：每孔加入 50μl 的靶细胞悬液（K562 细胞），培养 1h，然后向每孔加入 50μl 的效应细胞悬液（脾细胞），每个样本至少做 4 个复孔。靶细胞组：每孔加入 50μl 的靶细胞悬液（K562 细胞），培养 1h，靶细胞对照孔加 50μl 的完全 RPMI 1640。然后放入 37℃、5%CO_2 的饱和水蒸气培养箱培养 20h 后每孔加入 10μl 的 MTT（终浓度为 5μg/ml），继续培养 4h，1500r/min 离心 10min，小心吸去上清，每孔加入 100μl 的三联裂解液溶解，用微型振荡器振荡混匀。用酶标仪于 570nm 波长读取各孔光密度值（A）。NK 杀伤率（%）=（靶细胞组 A 值—实验组 A 值）/ 靶细胞组 A 值 ×100%。

与空白对照组相比，模型组及各 B、T、C 组 NK 细胞的杀伤活性均明显下降（$P < 0.01$）。

与模型组比较，B、X、C组均明显升高（$P<0.05$或$P<0.01$），结果见表3-42。结果提示：高原低氧环境导致动物NK细胞的杀伤活性下降，当归有效部位总多糖、当归浓缩丸药渣精制多糖、当归有效部位小分子物质均可升高NK细胞的杀伤活性。

表3-42 各给药组对小鼠NK细胞杀伤活性的影响（$\bar{x}\pm s$，$n=12$）

组别	K	M	B	C	X	T
OD值（NK+K562）	0.55±0.02	0.35±0.11**	0.28±0.02**	0.28±0.02**	0.53±0.02▲▲	0.37±0.05*
OD值（K562）	0.24±0.02	0.22±0.05	0.16±0.01	0.16±0.01	0.26±0.02	0.23±0.02
NK活性	54.74±4.31	35.30±6.96**	42.10±4.78*▲	42.10±4.78*▲	51.99±4.26▲▲	38.07±2.79*

注：与空白对照组比较 *$P<0.05$，**$P<0.01$；与模型组比较▲ $P<0.05$，▲▲ $P<0.01$。

三、当归不同部位对高原低氧模型小鼠血常规、细胞因子表达的影响

（一）对高原低氧模型小鼠血常规的影响

小鼠摘除眼球采集全血40μl，全自动血细胞分析仪检测小鼠血中红细胞数量（RBC）、红细胞压积（HCT）、红细胞体积分布宽度（RDW）、平均红细胞体积（MCV）、血红蛋白（Hb）含量、平均红细胞血红蛋白量（MCH）、平均红细胞血红蛋白浓度（MCHC）、血小板数量（PLT）、白细胞数量（WBC）、淋巴细胞绝对值（LYM）、单核细胞绝对值（MONO）、中性粒细胞绝对值（NEU）、淋巴细胞比例（LY%）、单核细胞比例（MO%）、中性粒细胞比例（NE%）。

结果见表3-43，提示高原低氧环境导致动物外周血液RBC、Hb、HCT、RDW、MCV均适应性升高，而MCHC降低，MCH未受到影响。当归各有效部位对低氧机体RBC、MCV及Hb等的适应性变化均无影响作用。高原低氧环境可致动物外周血液中血小板破坏增多而数量明显减少，当归各有效部位对此也无干预作用。

高原低氧环境可致动物外周血液中WBC、LYM、MONO、NEU明显降低，从而抑制免疫、吞噬细胞功能，而LY%、MO%、NE%均未受影响。当归浓缩丸药渣精制多糖、当归有效部位小分子物质可能通过增加LYM及MONO回升低氧机体外周血液WBC，同时当归有效部位总多糖可明显增加MONO，当归有效部位小分子物质可明显增加NEU，有效维持低氧机体免疫细胞功能的正常发挥。

表3-43 各组动物血常规结果（$\bar{x}\pm s$，$n=12$）

组别	K	M	B	C	X	T
RBC（$\times10^{12}$/L）	9.47±1.56	10.76±1.91*	11.46±0.97**	11.20±1.37**	11.22±1.53**	12.90±118**▲
HCT	40.28±7.59	51.22±10.79*	54.61±9.63*	53.74±6.59*	54.45±11.29*	61.67±5.56**▲
RDW	17.18±0.78	20.82±1.59*	20.56±1.01*	20.08±0.90*	20.52±0.86*	20.23±1.18*
MCV（fl）	41.56±2.00	47.19±3.19**	48.25±3.17**	48.13±2.89**	48.69±2.41**	47.81±1.90**
Hb（g/L）	168.81±33.07	206.88±36.52**	215.38±37.29**	214.94±31.44**	214.88±35.7**	251.25±27.99**▲

续表

组别	K	M	B	C	X	T
MCHC（g/L）	446.06±42.67	414±40.54*	400.56±28.25**	399.31±26.15**	402.94±31.34**	414.43±32.67*
MCH（pg）	18.96±1.26	19.45±1.79	19.31±1.64	19.23±1.73	19.59±1.52	19.96±1.48
PLT（$\times10^9$/L）	415.25±61.27	251.06±46.75**	248.94±32.97**	239.94±52.47**	259.63±46.4**	262±58.56**
WBC（$\times10^9$/L）	5.56±1.27	3.16±0.66**	3.66±0.62**	4.43±1.10▲*	4.18±0.98**▲	4.93±1.20▲▲
LYM（$\times10^9$/L）	5.34±1.30	2.86±0.63**	3.52±0.68**	4.16±0.80**▲▲	3.93±0.88**▲	4.55±1.06**▲▲
MONO（$\times10^9$/L）	0.029±0.008	0.017±0.005**	0.023±0.005*▲	0.026±0.007▲▲	0.023±0.005*▲	0.024±0.005▲
NEU（$\times10^9$/L）	0.135±0.029	0.081±0.018**	0.083±0.018**	0.106±0.022*▲	0.099±0.024**	0.094±0.019**
LY%	96.69±0.89	96.94±0.25	96.81±0.54	96.875±0.81	96.125±3.25	96.75±1.00
MO%	0.52±0.04	0. 58±0.06	0.56±0.09	0.56±0.10	0.54±0.05	0.57±0.09
NE%	2.48±0.04	2.56±0.47	2.38±0.32	2.38±0.34	2.46±0.05	2.35±0.39

注：与空白对照组比较 *$P < 0.05$，**$P < 0.01$；与模型组比较▲ $P < 0.05$，▲▲ $P < 0.01$。

（二）对高原低氧模型小鼠血清白细胞介素 -2、转化生长因子 -β 表达的影响

白细胞介素 -2（interleukin-2，IL-2），又名 T 细胞生长因子（T cell growth factor，TCRF），主要是由活化的 $CD4^+$Th1 细胞产生的具有广泛生物活性的细胞因子，可促进 Th0 和 CTL 的增殖，故为调控免疫应答的重要因子，也参与抗体反应、造血和肿瘤监视。转化生长因子 -β（transforming growth factor-β，TGF-β）对炎症、组织修复、胚胎发育，以及细胞的生长、分化和免疫功能有重要的调节作用。

血清 IL-2、TGF-β 检测具体方法为眼球取血，分离血清，参照 ELISA 试剂盒说明书操作，酶标仪 450nm 测定各孔 *A* 值。结果处理：标准品和标本的 *A* 值减去空白孔 *A* 值。以 *A* 值为纵坐标，以标准品浓度为横坐标，绘制散点图，将各标准品所得散点进行线性拟合，求出线性方程。IL-2：Y=0.0088X+1.2664，R^2=0.9989；TGF-β：Y=0.0019X+0.301，R^2=0.9902。将各样品 *A* 值代入方程求出对应的浓度。

结果显示，与空白对照组相比，模型组及各干预组血清 IL-2 含量明显降低（$P < 0.05$ 或 $P < 0.01$）。与模型组比较，X 组、C 组、T 组血清 IL-2 含量均明显升高（$P < 0.05$ 或 $P < 0.01$）。与空白对照组相比，各组血清 TGF-β 含量均增高（$P < 0.01$ 或 $P < 0.05$）。与模型组比较，各药物干预组血清 TGF-β 含量均降低（$P < 0.01$ 或（$P < 0.05$），结果见表 3-44。

提示高原低氧环境导致动物血清细胞因子 IL-2 含量降低，TGF-β 含量增高。TGF-β 对机体的炎症反应具有负性调节作用，可抑制淋巴细胞、巨噬细胞、粒细胞等炎症细胞的增殖、激活及迁移，减少 IL-2 等促炎因子的分泌并抑制其生物活性。推测当归浓缩丸药渣精制多糖、当归有效部位小分子物质可能通过下调 TGF-β 含量从而减轻低氧所致的白细胞数量减少，并提高 IL-2 含量而进一步增强机体的特异性免疫和非特异性免疫。

表 3-44 各组动物血清 IL-2、TGF-β 含量（pg/ml）（$\bar{x}\pm s$，$n=12$）

组别	K	M	B	C	X	T
IL-2	133.04±26.55	53.93±15.17**	58.17±15.68**	107.78±24.22**▲▲	89.17±11.1*▲	95.59±22.25**▲
TGF-β	50.08±10.67	139.67±18.56**	71.25±11.81*▲▲	64.75±14.25*▲▲	106.00±13.76**▲	116.75±16.14**▲

注：与空白对照组比较 *$P<0.05$，**$P<0.01$；与模型组比较▲ $P<0.05$，▲▲ $P<0.01$。

四、当归不同部位对高原低氧模型小鼠呼吸系统的影响

（一）对高原低氧模型小鼠肺功能的影响

动物出舱后，利用美国 EMKA TECNOLOGY 公司肺功能测定仪进行肺功能检测。运行 IOX 数据采集系统软件，调试设备，确保系统正常工作。开启动物呼吸机、信号调理器，建立新实验，启动数据采集。将动物分批放入动物体积描记箱中，4 个描记箱每个放 1 只，每次 4 只，做无创和清醒状态下肺功能测试。测试指标有吸气时间 Ti（msec）、呼气时间 Te（msec）、吸气气流高峰流速 PIF（ml/s）、呼气气流高峰流速 PEF（ml/s）、潮气量 TV（ml）、最大呼气量 EV（ml）、持续时间 RT（s）、每分通气量 MV（ml）、频率 f（bpm）、吸气末端停顿 EIP（msec）、呼气末端停顿 EEP（msec）、呼吸停顿 Penh（msec）、呼出 50% 气量时流速 EF50（ml/s）等。

结果如表 3-45 所示，高原低氧环境导致动物肺功能指标 Ti 降低、Te 降低、RT 降低、EEP 降低，当归各有效部位对动物 Ti、Te、RT、EEP 均无明显干预作用。高原低氧环境导致动物肺功能指标 TV 降低、f 升高，当归浓缩丸药渣精制多糖可能通过增加 TV，降低 f，改善低氧机体的呼吸功能。当归有效部位对 PIF、PEF、EV、MV、EIP、Penh、EF50 均无明显干预作用。

表 3-45 各组动物肺功能检测结果（$\bar{x}\pm s$，$n=12$）

组别	K	M	B	C	X	T
Ti（msec）	66.245±6.717	47.984±4.387*	51.860±7.088*	52.353±9.421*	51.264±7.557*	54.4±4.722*
Te（msec）	123.027±13.614	82.025±7.803**	88.234±9.184**	83.817±6.902**	87.150±9.389**	94.458±8.258**▲
PIF（ml/s）	6.091±1.294	5.921±1.402	5.959±0.589	5.926±1.051	5.865±1.118	5.937±0.473
PEF（ml/s）	4.300±1.088	4.409±1.317	4.374±0.741	4.400±1.082	4.213±0.945	4.204±1.093
TV（ml）	0.255±0.040	0.169±0.012*	0.198±0.020*	0.200±0.030*	0.219±0.016▲	0.229±0.016▲▲
EV（ml）	0.239±0.042	0.212±0.033	0.217±0.038	0.212±0.039	0.217±0.045	0.227±0.098
RT（s）	78.366±13.468	52.822±10.001**	52.459±5.673**	54.096±7.710**	53.282±8.021**	53.375±9.141**
MV（ml）	94.422±10.405	91.858±12.760	99.501±9.012	99.725±12.308	100.463±9.615	104.133±11.636
f（bpm）	368.746±32.304	535.453±28.752**	500.225±48.188**	495.112±18.919**	459.699±56.914**▲▲	457.180±73.370**▲▲
EIP（msec）	1.271±0.503	1.290±0.430	1.293±0.346	1.282±0.416	1.235±0.391	1.300±0.442
EEP（msec）	11.416±1.260	8.911±0.723**	9.022±1.252**	9.053±0.559**	8.888±0.893**	8.950±0.758**
Penh（msec）	0.507±0.121	0.494±0.120	0.480±0.153	0.505±0.089	0.482±0.091	0.485±0.155
EF50（ml/s）	2.972±0.492	3.486±0.898	3.225±0.384	3.479±0.866	3.207±0.356	3.410±0.852

注：与空白对照组比较 *$P<0.05$，**$P<0.01$；与模型组比较▲ $P<0.05$，▲▲ $P<0.01$。

（二）对高原低氧模型小鼠肺组织 HIF-1α、AQP-5 表达的影响

用 Western blot 法检测肺组织 HIF-1α 蛋白表达的情况。图像经 Quantity one 软件分析，总蛋白以 GAPDH 作为内参，将目的蛋白的灰度值与内参的灰度值相比得出目的蛋白的相对表达量。与空白对照组比较，模型组、X 组、C 组肺组织 HIF-1α 蛋白表达量明显增高（$P < 0.01$）。与模型组比较，X 组、C 组肺组织 HIF-1α 蛋白表达量均显著增高（$P < 0.01$）。结果见图 3-52、表 3-46。结果提示高原低氧环境导致动物肺组织 HIF-1α 蛋白增高。当归浓缩丸药渣精制多糖、当归有效部位小分子物质可增强低氧肺组织 HIF-1α 蛋白表达。低氧时诱导适应性因子的表达增强，推测当归浓缩丸药渣精制多糖、当归有效部位小分子物质可能通过增强肺组织诱导适应性因子表达从而提高低氧机体的适应性反应能力。应用实时荧光定量检测肺组织中 HIF-1α 基因表达，与空白对照组比较，模型组及 X、C 组肺组织 HIF-1α 的表达上升（$P < 0.01$）。与模型组比较，X、C 组肺组织中 HIF-1α 表达上升（$P < 0.05$），见表 3-47。提示高原低氧环境可以诱导动物肺组织中 HIF-1α 基因表达增强。当归浓缩丸药渣精制多糖、当归有效部位小分子物质可能通过增强肺组织低氧诱导因子表达从而提高机体对低氧的适应性反应能力。

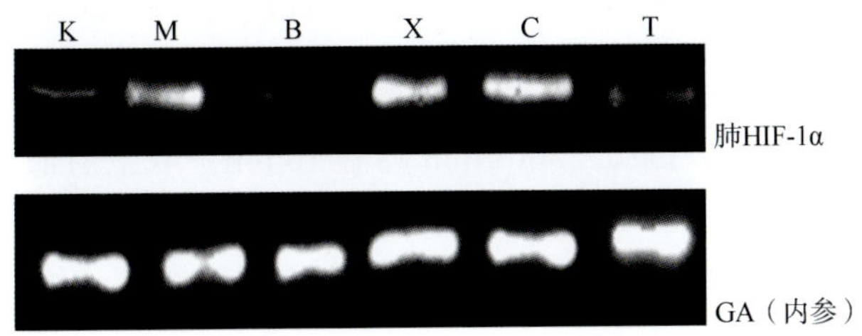

图 3-52　各组动物肺组织 HIF-1α 蛋白表达（Western blot）

表 3-46　各组动物肺组织 HIF-1α 蛋白平均灰度表达水平比较（$\bar{x} \pm s$，$n=6$）

组别	K	M	B	C	X	T
HIF-1α	0.11±0.02	0.34±0.06**	0.12±0.02▲	0.56±0.08**▲▲	0.53±0.10**▲▲	0.13±0.02▲

注：与空白对照组比较 **$P < 0.01$；与模型组比较▲ $P < 0.05$，▲▲ $P < 0.01$。

表 3-47　各组动物肺组织 HIF-1α 的基因表达（$\bar{x} \pm s$）

组别	K	M	B	C	X	T
ΔΔCt	0	−0.44	−0.21	−0.72	−0.72	−0.22
$2^{-\Delta\Delta Ct}$	1	1.36±0.15**	1.15±0.05	1.64±0.10**▲	1.65±0.07**▲	1.16±0.06

注：与空白对照组比较 **$P < 0.01$；与模型组比较▲ $P < 0.05$。

水通道蛋白 5（aquaporin protein，AQP）在肺组织液体转运中能调节肺水平衡，在肺泡、肺间质及肺毛细血管间的水跨膜转运中发挥着重要作用。肺泡上皮细胞主要表达的是 AQP-5，主要介导肺泡内液体的转运。本研究中，应用实时荧光定量检测肺组织中 AQP-5 基因表达，与空白对照组比较，模型组肺组织 AQP-5 的表达显著上升（$P < 0.01$）。与

模型组比较，各干预组肺组织 AQP-5 表达下降明显（$P < 0.01$ 或 $P < 0.05$）（表 3-48）。结果提示：高原低氧环境可以诱导动物肺组织中 AQP-5 基因表达增强，当归有效部位总多糖、当归浓缩丸药渣精制多糖、当归有效部位小分子物质可能通过降低肺组织 AQP-5 基因表达减轻低氧对肺组织的损伤作用。

表 3-48　各组动物肺组织 AQP-5 的基因表达（$\bar{x} \pm s$）

组别	K	M	B	C	X	T
ΔΔCt	0	−0.70	−0.16	−0.33	−0.22	−0.27
$2^{-\Delta\Delta Ct}$	1	1.62±0.12**	1.13±0.19▲▲	1.27±0.23▲	1.17±0.17▲▲	1.21±0.07▲

注：与空白对照组比较 **$P < 0.01$；与模型组比较▲ $P < 0.05$，▲▲ $P < 0.01$。

五、当归不同部位对高原低氧模型小鼠心肌组织相关蛋白表达的影响

（一）对心肌组织乳酸脱氢酶、Na^+，K^+-ATP 酶水平的影响

准确称取心肌组织，按照重量（g）：体积（ml）=1 ：9 的比例加入 9 倍体积的生理盐水，冰水浴条件下机械匀浆，2500r/min 离心 10min，取上清液用生理盐水按 1 ：4 稀释成 2% 的组织匀浆备用。2′4- 二硝基苯肼比色法测定心肌组织乳酸脱氢酶（lactate dehydrogenase，LDH）的活性；无机磷比色法测定心肌组织 Na^+，K^+-ATP 酶的活性。具体操作方法严格按照试剂盒说明进行。

LDH 是一种糖酵解酶，存在于机体所有组织细胞的胞质内，其中以肾脏含量较高。LDH 是能催化丙酮酸生成乳酸的酶，几乎存在于所有组织中。Na^+，K^+-ATP 酶是镶嵌在细胞膜磷脂双分子层之间的一种特殊蛋白质，是一种大分子蛋白，具有 ATP 酶的活性，当细胞内 Na^+ 增加或细胞膜外 K^+ 增加时被激活。

本研究中与空白对照组相比，各组心肌组织 LDH 活性均增高（$P < 0.05$ 或 $P < 0.01$）。与模型组比较，X 组、T 组心肌组织 LDH 的活性增高（$P < 0.05$），其他各组均无明显变化（$P > 0.05$）（表 3-49）。结果提示：高原低氧环境导致动物心肌组织 LDH 活性增高。当归浓缩丸药渣精制多糖可进一步增高心肌组织 LDH 活性，可能通过促进糖酵解过程从而提高机体对低氧环境的适应能力。

表 3-49　各组动物心肌组织 LDH、钠泵活力（U/L）（$\bar{x} \pm s$，$n = 12$）

组别	K	M	B	C	X	T
心 LDH	339.44±21.37	394.50±26.31*	408.09±22.84**	407.42±23.69*	451.81±61.00**▲	457.42±55.48*▲
心 Na^+，K^+-ATP 酶	8.88±2.83	4.13±1.02**	7.95±1.37▲▲	6.15±1.25**▲▲	7.08±1.78*▲▲	5.68±0.77**▲▲

注：与空白对照组比较 *$P < 0.05$，**$P < 0.01$；与模型组比较▲ $P < 0.05$，▲▲ $P < 0.01$。

与空白对照组相比，模型组及 X 组、C 组、T 组心肌组织 Na^+，K^+-ATP 酶活性均明显降低（$P < 0.05$ 或 $P < 0.01$）。与模型组比较，B、X、C、T 组心肌组织 Na^+，K^+-ATP 酶活性均明显升高（$P < 0.01$）。结果提示：高原低氧环境导致动物心肌组织 Na^+，K^+-ATP 酶活性明显降低。当归有效部位总多糖、当归浓缩丸药渣精制多糖、当归有效部位小分子物质均可升高心肌组织 Na^+，K^+-ATP 酶活性。

（二）对心肌组织低氧诱导因子 -1α、肌红蛋白表达的影响

低氧诱导因子 -1（HIF-1）是缺血低氧条件下广泛存在于人体组织的一种转录因子，通过 α 亚基促进下游相关基因的转录和表达，使这些基因参与无氧代谢、红细胞生成、血管形成等低氧应答反应，对心肌组织等缺氧适用性具有重要作用。本研究利用实时荧光定量 PCR 和 Western blot 法分别检测了心肌组织 HIF-1α 基因、蛋白表达，结果表明与空白对照组比较，模型组及各干预组心肌 HIF-1α 基因、蛋白表达均升高（$P < 0.01$ 或 $P < 0.05$）；与模型组比较，各干预组心肌 HIF-1α 基因、蛋白表达均显著升高（$P < 0.01$ 或 $P < 0.05$）（表 3-50）。结果提示：高原低氧环境可以诱导动物心肌组织 HIF-1α 基因、蛋白表达增强，当归有效部位总多糖、当归浓缩丸药渣精制多糖、当归有效部位小分子物质可能通过增强心肌组织低氧诱导因子表达从而提高机体对低氧的适应性反应能力。

表 3-50 各组动物心肌组织 HIF-1α 的基因表达（$\bar{x} \pm s$）

组别	K	M	B	C	X	T
ΔΔCt	0	−0.45	−0.82	−0.77	−0.84	−0.77
$2^{-\Delta\Delta Ct}$	1	1.37±0.09*	1.76±0.12**▲▲	1.71±0.14**▲	1.79±0.04**▲▲	1.71±0.06**▲

注：与空白对照组比较 *$P < 0.05$，**$P < 0.01$；与模型组比较▲ $P < 0.05$，▲▲ $P < 0.01$。

肌红蛋白（myoglobin，Mb）是一种氧结合血红素蛋白，主要分布于心肌和骨骼肌组织。在急性心肌损伤时，Mb 最先被释放入血液中，在症状出现 2 ～ 3h 后，血中 Mb 可超出正常上限，9 ～ 12h 达到峰值，24 ～ 36h 后恢复正常。本研究应用 Western blot 法检测心肌组织 Mb，与空白对照组比较，各组心肌组织 Mb 蛋白表达量均增高（$P < 0.01$）。与模型组比较，B、C 组心肌组织 Mb 蛋白表达量明显增高（$P < 0.01$ 或 $P < 0.05$）（图 3-53、表 3-51）。结果提示：高原低氧环境导致动物心肌组织 Mb 蛋白表达增高。当归有效部位总多糖、当归有效部位小分子物质可增强心肌组织 Mb 蛋白表达。推测当归有效部位总多糖、当归浓缩丸药渣精制多糖、当归有效部位小分子物质可能通过增强心肌组织诱导适应性因子表达从而提高低氧机体的适应性反应能力。同时当归有效部位总多糖、当归有效部位小分子物质可能通过增强心肌组织 Mb 蛋白表达从而提高心肌组织对低氧的耐受能力。

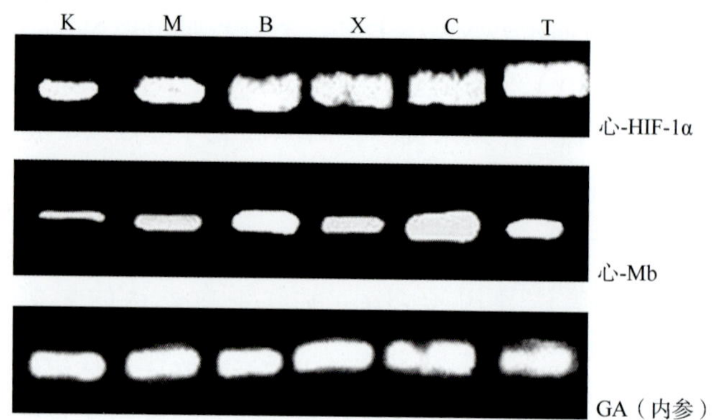

图 3-53 各组动物心肌组织 HIF-1α、Mb 蛋白表达（Western blot）

表 3-51 各组动物心肌组织 HIF-1α、Mb 蛋白平均灰度表达水平比较（$\bar{x} \pm s$，$n=6$）

组别	K	M	B	C	X	T
HIF-1α	0.33±0.05	0.48±0.05*	0.69±0.12**▲	0.77±0.15**▲▲	0.79±0.15**▲▲	0.84±0.16**▲▲
Mb	0.24±0.04	0.45±0.10**	0.59±0.09**▲	0.70±0.11**▲▲	0.48±0.06**	0.44±0.05**

注：与空白对照组比较 *P < 0.05，**P < 0.01；与模型组比较▲ P < 0.05，▲▲ P < 0.01。

六、当归不同部位对高原低氧模型小鼠脑组织相关蛋白表达的影响

（一）对脑组织 LDH、Na^+，K^+-ATP 酶水平的影响

准确称取脑组织，按照重量（g）：体积（ml）=1 ：9 的比例加入 9 倍体积的生理盐水，冰水浴条件下机械匀浆，2500r/min 离心 10min，取上清液用生理盐水按 1 ：4 稀释成 2% 的组织匀浆备用。2′4- 二硝基苯肼比色法测定脑组织 LDH 的活性；无机磷比色法测定脑组织 Na^+，K^+-ATP 酶的活性。具体操作方法严格按照试剂盒说明进行。结果显示，与空白对照组相比，各组脑组织 LDH 活性均增高（P < 0.05 或 P < 0.01）。与模型组比较，X 组、T 组脑组织 LDH 的活性增高（P < 0.05），其他各组均无明显变化（P > 0.05）。结果提示：高原低氧环境导致动物脑组织 LDH 活性增高。当归浓缩丸药渣精制多糖可进一步增高脑组织 LDH 活性，可能通过促进糖酵解过程从而提高机体对低氧环境的适应能力。

与空白对照组相比，模型组及 B 组、C 组、T 组脑组织 Na^+，K^+-ATP 酶活性均明显降低（P < 0.05 或 P < 0.01）。与模型组比较，X 组、C 组、T 组脑组织 Na^+，K^+-ATP 酶活性升高明显（P < 0.05 或 P < 0.01）。结果见表 3-52。结果提示：高原低氧环境导致动物脑组织 Na^+，K^+-ATP 酶活性明显降低。当归浓缩丸药渣精制多糖、当归有效部位小分子物质均可升高脑组织 Na^+，K^+-ATP 酶活性，可能通过增强钠泵功能从而提高组织器官对低氧的耐受能力。

表 3-52 各组动物脑组织 LDH、钠泵活力（U/L）（$\bar{x} \pm s$，$n=12$）

组别	K	M	B	C	X	T
脑 LDH	174.72±17.34	207.20±22. 28*	202.22±27.81*	204.72±14.93*	247.43±34.51**▲	251.50±30.86**▲
脑 Na^+，K^+-ATP 酶	6.50±1.05	3.41±0.68**	4.13±0.88**	4.50±0.44**▲	5.75±1.40▲▲	5.38±1.13*▲▲

注：与空白对照组比较 *P < 0.05，**P < 0.01；与模型组比较▲ P < 0.05，▲▲ P < 0.01。

（二）对脑组织磷酸果糖激酶活力的影响

耐缺氧动物在进入低代谢状态时，葡萄糖的代谢也发生适应性变化，从而保证组织的 ATP 水平相对稳定。脑组织本身无储氧和储能功能，完全依赖于血液供给氧气和葡萄糖进行代谢，提供脑细胞活动所需的能量，故大脑对缺氧最敏感。磷酸果糖激酶（phosphofructokinase，PFK）是调节糖酵解过程的几个限速酶中最重要的酶，又称为糖酵解主要限速酶，它是一个四聚体，可以受多种变构效应剂的影响，从而加速或减弱糖酵解的过程。

准确称取脑组织，按照重量（g）：体积（ml）=1 ：9 的比例加入 9 倍体积的生理盐水，冰水浴条件下机械匀浆，2500r/min 离心 10min，取上清液用生理盐水按 1 ：4 稀释成 2% 的组织匀浆备用。ELISA 法测定脑组织 PFK 的活力。具体操作方法严格按照试剂盒说明进行，酶标仪 450nm 测定各孔 A 值。结果处理：标准品和标本的 A 值减去空白孔 A 值。以 A 值为纵坐标，以标准品浓度为横坐标，绘制散点图，将各标准品所得散点进行线性拟合，求出线性方程。$Y=0.0013X+0.1606$，$R^2=0.9963$。将各样品 A 值代入方程求出对应的浓度。与空白对照组相比，模型组及 B、X、T 组脑组织 PFK 活性均增高（$P < 0.01$ 或（$P < 0.05$）。与模型组比较，X 组脑组织 PFK 活性明显增高（$P < 0.05$），其他各组均无明显变化（$P > 0.05$）（表 3-53）。结果提示：高原低氧环境导致动物脑组织 PFK 活性增高。当归浓缩丸药渣精制多糖可升高脑组织 PFK 活性，可能通过促进糖酵解过程从而提高机体对缺氧环境的适应能力。

表 3-53　各组动物脑组织 PFK 活力（U/L）（$\bar{x} \pm s$，$n=12$）

组别	K	M	B	C	X	T
PFK	132.86±9.92	152.14±16.73*	153.14±13.46*	142.29±12.88	183.00±10.29**▲	163.00±7.17**

注：与空白对照组比较 *$P < 0.05$，**$P < 0.01$；与模型组比较▲ $P < 0.05$。

（三）对脑组织水通道蛋白表达的影响

水通道蛋白（AQP）具有高度选择水通透性，在中枢神经系统分布广泛，在脑内水分代谢平衡的调节及脑水肿的病理生理中发挥着重要作用。AQP 检测方法同肺组织蛋白表达检测。本研究分别利用 Western blot 法、实时荧光定量 PCR 法检测脑组织 AQP-1、AQP-4 的表达。结果显示，与空白对照组比较，模型组、X 组、C 组、T 组脑组织 AQP-1 蛋白表达量均增高（$P < 0.01$ 或 $P < 0.05$），B 组无明显变化（$P > 0.05$）。与模型组比较，B 组、X 组、T 组脑组织 AQP-1 蛋白表达量均下降（$P < 0.01$ 或 $P < 0.05$），C 组无明显变化（$P > 0.05$）（图 3-54、表 3-54）。结果提示：高原低氧环境导致动物脑组织 AQP-1 表达增高。同时当归有效部位总多糖、当归浓缩丸药渣精制多糖可能通过降低脑组织 AQP-1 表达减轻低氧对脑组织的损伤作用。

与空白对照组比较，模型组、B 组、C 组脑组织 AQP-4 表达升高（$P < 0.05$）。与模型组比较，X、T 组脑组织中 AQP-4 表达下降（$P < 0.05$）（表 3-55）。结果提示：高原低氧环境可以诱导动物脑组织 AQP-4 基因表达增强。当归浓缩丸药渣精制多糖可能通过

降低脑组织 AQP-4 基因表达从而减轻低氧对脑组织的损伤作用。

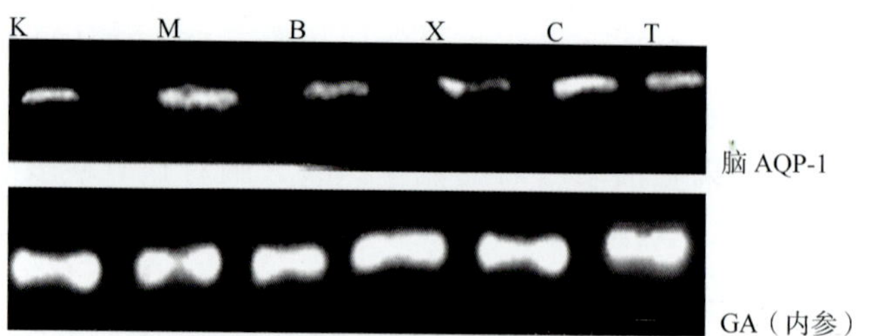

图 3-54 各组动物脑组织 AQP-1 蛋白表达（Western blot）

表 3-54 各组动物脑组织 AQP-1 蛋白平均灰度表达水平比较（$\bar{x} \pm s$，$n=6$）

组别	K	M	B	C	X	T
AQP-1	0.38±0.03	0.57±0.05**	0.41±0.05▲▲	0.53±0.04**	0.44±0.07*▲	0.48±0.04*▲

注：与空白对照组比较 *$P<0.05$，**$P<0.01$；与模型组比较▲ $P<0.05$，▲▲ $P<0.01$。

表 3-55 各组动物脑组织 AQP-4 的基因表达（$\bar{x} \pm s$）

组别	K	M	B	C	X	T
ΔΔCt	0	−0.60	−0.51	−0.48	−0.18	−0.17
$2^{-\Delta\Delta Ct}$	1	1.52±0.04*	1.43±0.07*	1.40±0.09*	1.14±0.05▲	1.13±0.05▲

注：与空白对照组比较 *$P<0.05$；与模型组比较▲ $P<0.05$。

（四）对脑组织 HIF-1α 表达的影响

HIF-1 是低氧诱导细胞所产生的一种转录因子。HIF-1 是由 α- 亚基及 β- 亚基组成的一种异源二聚体，HIF-1α 仅在低氧细胞核中存在，而 HIF-1β 在低氧细胞及正常的胞浆与核中都有存在。HIF-1α 亚单位对缺氧具有特异性感受。HIF-1α 的激活是缺氧反应的重要标志，也是脑组织缺氧反应的重要信号，无论是在全身缺氧或脑局灶性缺血时，脑组织中都发现有 HIF-1α 的激活。目前研究表明，在缺血缺氧性脑损伤中 HIF-1α 表达的增加对神经元具有保护作用。本研究分别利用 Western blot 法、实时荧光定量 PCR 法检测脑组织 HIF-1α 蛋白、基因的表达，结果显示，与空白对照组比较，模型组、X 组、C 组脑组织 HIF-1α 蛋白表达量均增高（$P<0.01$ 或 $P<0.05$）。与模型组比较，X 组、C 组 HIF-1α 蛋白表达量均增高（$P<0.05$）（图 3-55、表 3-56、表 3-57）。

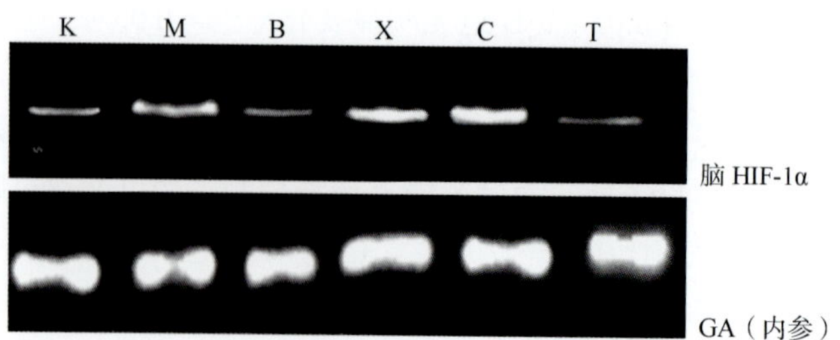

图 3-55 各组动物脑组织 HIF-1α 蛋白表达（Western blot）

表 3-56 各组动物脑组织 HIF-1α 蛋白平均灰度表达水平比较（$\bar{x} \pm s$，$n=6$）

组别	K	M	B	C	X	T
HIF-1α	0.22±0.04	0.42±0.06**	0.24±0.04	0.59±0.06**▲	0.56±0.09*▲	0.23±0.04

注：与空白对照组比较 *$P < 0.05$，**$P < 0.01$；与模型组比较▲ $P < 0.05$。

表 3-57 各组动物脑组织 HIF-1α 的基因表达（$\bar{x} \pm s$）

组别	K	M	B	C	X	T
ΔΔCt	0	–0.39	–0.23	–0.77	–0.76	–0.35
$2^{-\Delta\Delta Ct}$	1	1.31±0.03*	1.17±0.04	1.71±0.08**▲	1.68±0.08**▲	1.28±0.08*

注：与空白对照组比较 *$P < 0.05$，**$P < 0.01$；与模型组比较▲ $P < 0.05$。

结果提示：高原低氧环境导致动物脑组织 HIF-1α 蛋白、基因表达增高。当归浓缩丸药渣精制多糖、当归有效部位小分子物质可增高缺氧脑组织 HIF-1α 蛋白、基因表达。推测当归浓缩丸药渣精制多糖、当归有效部位小分子物质可能通过增强脑组织诱导适应性因子表达从而提高缺氧机体的适应性反应能力。

七、对高原低氧模型小鼠肾脏促红细胞生成素含量的影响

人体中促红细胞生成素（erythropoietin，EPO）是由肾皮质肾小管周围间质细胞和肝脏分泌的一种激素样物质，能够促进红细胞生成。人体缺氧时，此种激素生成增加，并导致红细胞增生。它能促进肌肉中氧气增多，从而使肌肉更有劲、工作时间更长。

准确称取肾组织，按照重量（g）：体积（ml）=1 ：9 的比例加入 9 倍体积的生理盐水，冰水浴条件下机械匀浆，2500r/min 离心 10min，取上清液用生理盐水按 1 ：4 稀释成 2% 的组织匀浆备用。ELISA 法测定肾组织 EPO 的含量。具体操作方法严格按照试剂盒说明进行，酶标仪 450nm 测定各孔 A 值。结果处理：标准品和标本的 A 值减去空白孔 A 值。以 A 值为纵坐标，以标准品浓度为横坐标，绘制散点图，将各标准品所得散点进行线性拟合，求出线性方程。$Y=0.0423X+0.1027$，$R^2=0.9908$。将各样品 A 值代入方程求出对应的浓度。与空白对照组相比，各组 EPO 含量均明显升高（$P < 0.05$ 或 $P < 0.01$）。与模型组比较，T 组肾组织 EPO 含量升高（$P < 0.05$），其他各组均无明显变化（$P > 0.05$）（表 3-58）。结果提示：高原低氧环境可能通过刺激肾脏分泌 EPO 促进红细胞适应性增多，从而增强携氧能力。当归各有效部位对此无干预作用。

表 3-58 各组动物肾组织 EPO 含量（IU/L）（$\bar{x} \pm s$，$n=12$）

组别	K	M	B	C	X	T
EPO	3.20±0.35	3.63±0.31*	3.70±0.29*	3.64±0.40*	3.60±0.38*	4.01±0.27**▲

注：与空白对照组比较 *$P < 0.05$，**$P < 0.01$；与模型组比较▲ $P < 0.05$。

八、对高原低氧模型小鼠骨骼肌组织磷酸果糖激酶活力、肌红蛋白表达的影响

1. 对骨骼肌组织磷酸果糖激酶活力的影响

糖酵解系统在运动时能量的消耗和利用中占有举足轻重的地位。磷酸果糖激酶（phosphofructokinase，PFK）是调节糖酵解过程的几个限速酶中最重要的酶，又称为糖酵解主要限速酶。

准确称取骨骼肌组织，按照重量（g）：体积（ml）=1 ：9 的比例加入 9 倍体积的生理盐水，冰水浴条件下机械匀浆，2500r/min 离心 10min，取上清液用生理盐水按 1 ：4 稀释成 2% 的组织匀浆备用。ELISA 法测定骨骼肌组织 PFK 的活力。具体操作方法严格按照试剂盒说明进行，酶标仪 450nm 测定各孔 A 值。结果处理：标准品和标本的 A 值减去空白孔 A 值。以 A 值为纵坐标，以标准品浓度为横坐标，绘制散点图，将各标准品所得散点进行线性拟合，求出线性方程。Y=0.0012X+0.1882，R^2=0.9964。将各样品 A 值代入方程求出对应的浓度。与空白对照组相比，各组骨骼肌组织 PFK 活性均增高（P < 0.05 或 P < 0.01）。与模型组比较，X 组、T 组骨骼肌组织 PFK 活性均升高（P < 0.05），其他各组无明显变化（P > 0.05）（表 3-59）。结果提示：高原低氧环境导致动物骨骼肌组织 PFK 活性增高。当归浓缩丸药渣精制多糖可升高脑组织 PFK 活性，可能通过促进糖酵解过程从而提高机体对缺氧环境的适应能力。

表 3-59　各组动物骨骼肌组织 PFK 活力（U/L）（$\bar{x} \pm s$，n=6）

组别	K	M	B	C	X	T
PFK	56.29±14.02	71.86±12.62*	79.29±9.45*	79.00±13.82*	91.86±8.29**▲	89.86±12.79**▲

注：与空白对照组比较 *P < 0.05，**P < 0.01；与模型组比较▲ P < 0.05。

2. 对骨骼肌组织肌红蛋白表达的影响

骨骼肌组织肌红蛋白（Mb）表达是运动性骨骼肌损伤的重要评价指标之一，本研究利用 Western blot 法检测骨骼肌组织 Mb 的表达。结果显示，与空白对照组比较，各组骨骼肌组织 Mb 表达量均明显增高（P < 0.01 或 P < 0.05）。与模型组比较，B 组、C 组、T 组骨骼肌组织 Mb 表达量均增高（P < 0.01）（图 3-56、表 3-60）。结果提示：高原低氧环境导致动物骨骼肌组织 Mb 表达增高。当归有效部位总多糖、当归有效部位小分子物质可能通过增强骨骼肌组织 Mb 表达从而提高骨骼肌组织对低氧的耐受能力。

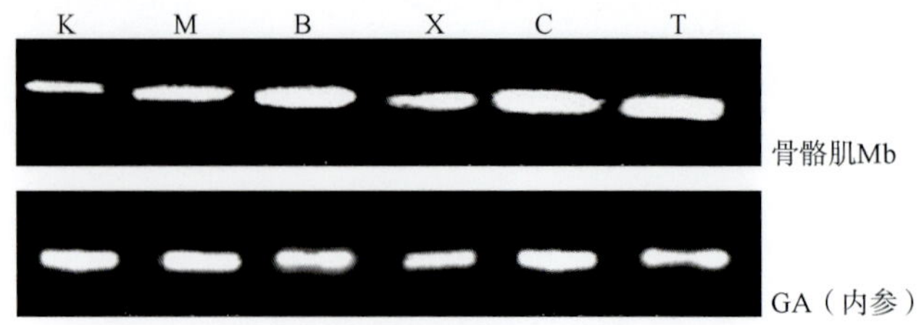

图 3-56　各组动物骨骼肌组织 Mb 表达（Western blot）

表 3-60 各组动物骨骼肌组织 Mb 蛋白平均灰度表达水平比较（$\bar{x} \pm s$，$n=6$）

组别	K	M	B	C	X	T
Mb	0.21±0.04	0.30±0.05*	0.42±0.05*▲▲	0.45±0.09**▲▲	0.30±0.06*	0.42±0.07**▲▲

注：与空白对照组比较 *$P<0.05$，**$P<0.01$；与模型组比较▲▲ $P<0.01$。

九、当归对模拟冷应激小鼠的免疫器官指数的影响

1. 冷应激小鼠模型的建立

建立冷应激小鼠模型具体方法为 SPF 小鼠适应性饲养 1 周，常规饮食，自由饮水。按随机数字表法将动物分为 6 组，分别为空白对照组（K）、模型组（M）、当归总多糖 B 组（B）、水提醇沉总提取物中除总多糖外的小分子物质 C 组（C）、当归水提醇沉总提取物 D 组（去蛋白的总成分，D）、红景天组（T），各 12 只。各组按剂量换算给药体积，每日灌胃 1 次，剂量分别为 B 24mg/（kg・d）、C 122mg/（kg・d）[相当于原生药 0.91g/（kg・d）]、D 41mg/（kg・d）、T 455mg/（kg・d）。空白对照组及模型组给予 0.4ml 生理盐水，连续 14 天。从第 10 天开始每天灌胃 0.5h 后除空白对照组外，各组小鼠于（8±2）℃的游泳池中游泳 3min，连续 5 天，单只进行。第 14 天游泳后 0.5h 断头处死动物，取血备用。

2. 对免疫器官胸腺指数和脾脏指数的影响

断头前称体重，处死小鼠后打开胸、腹腔，摘取胸腺、脾脏，剥离干净，分别称重，并计算胸腺指数和脾脏指数。胸腺（脾脏）指数 = 胸腺（脾脏）质量（mg）/ 体质量（g）。结果显示，与空白对照组相比，模型组胸腺指数明显下降（$P<0.01$）。与模型组比较，各干预组胸腺指数均明显增高（$P<0.05$）。与空白对照组相比，模型组脾脏指数明显下降（$P<0.01$）。与模型组比较，各干预组脾脏指数均增高（$P<0.05$ 或 $P<0.01$）（表 3-61）。结果提示：长期冷刺激可引起免疫功能抑制，动物胸腺及脾脏组织萎缩。免疫器官的重量与免疫功能密切相关，其脏器指数是衡量免疫功能的指标之一。当归水提醇沉总提取物、当归有效部位总多糖、当归有效部位小分子物质可能通过提高冷应激机体胸腺、脾脏指数从而维持免疫功能的正常发挥。

表 3-61 各组动物胸腺、脾脏指数（mg/g）结果（$\bar{x} \pm s$，$n=10$）

组别	K	M	B	C	D	T
胸腺指数	3.81±0.70	2.19±0.47**	3.58±0.83▲	3.28±0.50▲	3.56±0.53▲	3.79±0.66▲
脾脏指数	4.16±0.54	2.62±0.61**	4.28±1.43▲▲	3.64±0.36▲	3.94±0.81▲	4.04±1.22▲

注：与空白对照组比较 **$P<0.01$；与模型组比较▲ $P<0.05$，▲▲ $P<0.01$。

十、当归对模拟冷应激小鼠免疫细胞活性的影响

1. 对脾淋巴细胞增殖活性的影响

分组干预的模拟冷应激小鼠处死后于 75% 乙醇中浸泡 5min，超净工作台中无菌取出脾脏，用 PBS 液洗涤 2 次，剥去脾脏周围结缔组织。将处理好的脾脏移入一只无菌青霉素瓶中，加入适量 1640 完全培养液。眼科剪剪碎，400 目网筛过滤，收集滤液并加入等体积的小鼠淋巴细胞分离液，2000r/min 离心 15min。用无菌吸管取灰白层，加入适量 1640 完全培养液，1000r/min 离心 5min，弃上清液。重悬细胞，加等体积 0.4% 台盼蓝染色液染色 2min，计数活细胞后，用 1640 完全培养液调整细胞浓度为 1×10^6/ml，备用。

取上述脾淋巴细胞悬液，置于 96 孔培养板中，于 37℃、5%CO_2 培养箱培养 72h。培养结束前 4h，每孔加入 5mg/ml MTT 50μl，继续培养 4h。培养结束后分别加入 96 孔板中，100μl/ 孔，3 复孔，每孔加入 100μl 二甲基亚砜，吹打混匀，使紫色结晶完全溶解，酶标仪检测 OD 值，波长 570nm。

结果显示，与空白对照组相比，模型组及各干预组 OD 值均明显下降（$P<0.05$ 或 $P<0.01$）。与模型组比较，B 组、T 组 OD 值增高，增殖明显（$P<0.05$ 或 $P<0.01$）（表 3-62）。结果提示：冷应激可引起动物脾淋巴细胞增殖能力明显下降，当归有效部位总多糖可增强冷应激后脾淋巴细胞增殖能力。

表 3-62　各组动物脾淋巴细胞增殖结果（$\bar{x}\pm s$，$n=8$）

组别	K	M	B	C	D	T
OD 值	0.19±0.01	0.12±0.02**	0.16±0.01*▲	0.14±0.01**	0.14±0.01**	0.17±0.01*▲▲

注：与空白对照组比较 *$P<0.05$，**$P<0.01$；与模型组比较▲ $P<0.05$，▲▲ $P<0.01$。

2. 对脾淋巴细胞增殖周期的影响

细胞周期（cell cycle）是指细胞从一次分裂完成开始到下一次分裂结束所经历的全过程，分为间期与分裂期两个阶段。间期又分为三期，即 DNA 合成前期（G1 期）、DNA 合成期（S 期）与 DNA 合成后期（G2 期）。细胞分裂期即为 M 期。细胞的有丝分裂（mitosis）需经前、中、后、末期，是一个连续变化过程，由一个母细胞分裂成为两个子细胞。本研究用流式细胞术检测脾淋巴细胞增殖周期。碘化丙锭可以特异性结合 DNA 发出红色荧光，通过流式细胞仪可检测细胞周期各阶段 DNA 的含量。吸取培养孔内细胞，1500 r /min 离心 5min，吸弃上清，用 PBS 重悬细胞，再离心洗涤细胞，吸弃上清；加入预冷的 70% 乙醇固定，4℃保存 1h，1000r/min 离心 5min，弃上清，加入 10μg/ml 碘化丙锭染液和 0.1%RNA 酶溶液，4℃保存避光 30min，上机。分析细胞周期各时相百分比，并计算分裂增殖指数（proliferation index，PI）。PI =（S+G2/M）/（G0/G1+S+G2/M）×100%。

结果显示，与空白对照组相比，模型组及各药物处理组 G0/G1 百分比均明显增高（$P<0.05$ 或 $P<0.01$）。与模型组比较，当归 B 组、T 组 G0/G1 百分比均下降（$P<0.05$），D、C 组均无明显变化（$P>0.05$）。与空白对照组相比，模型组及各药物处理组 S 期百分比均明显降低（$P<0.05$ 或 $P<0.01$）。与模型组比较，B 组、C 组、T 组 S 期百分比均增

高（$P < 0.05$），D 组无明显变化（$P > 0.05$）。与空白对照组相比，模型组及各当归有效部位组 G2/M 百分比均明显降低（$P < 0.05$ 或 $P < 0.01$）。与模型组比较，T 组 G2/M 百分比增高（$P < 0.01$），D、B、C 组均无明显变化（$P > 0.05$）。与空白对照组相比，模型组及各药物处理组分裂增殖指数均明显下降（$P < 0.05$ 或 $P < 0.01$）。与模型组比较，B 组、T 组分裂增殖指数均增高（$P < 0.05$），D、C 组均无明显变化（$P > 0.05$）（表 3-63、图 3-57）。

表 3-63　各组动物细胞周期各期分布（$\bar{x} \pm s$，$n=8$）

组别	K	M	B	C	D	T
G0/G1（%）	85.42±0.77	91.88±0.38**	88.97±0.59*▲	91.37±0.52**	91.47±0.83**	87.90±0.74*▲
S（%）	9.43±0.54	5.47±0.40**	8.01±0.37*▲	6.04±0.19**▲	5.87±0.24**	7.58±0.40*▲
G2/M（%）	5.15±0.91	2.65±0.27**	3.03±0.57*	2.60±0.53**	2.67±0.77**	4.52±0.75▲▲
PI	14.58±0.77	8.12±0.38**	11.03±0.59*▲	8.63±0.52**	8.54±0.83**	12.10±0.74*▲

注：与空白对照组比较 *$P < 0.05$，**$P < 0.01$；与模型组比较▲ $P < 0.05$，▲▲ $P < 0.01$。

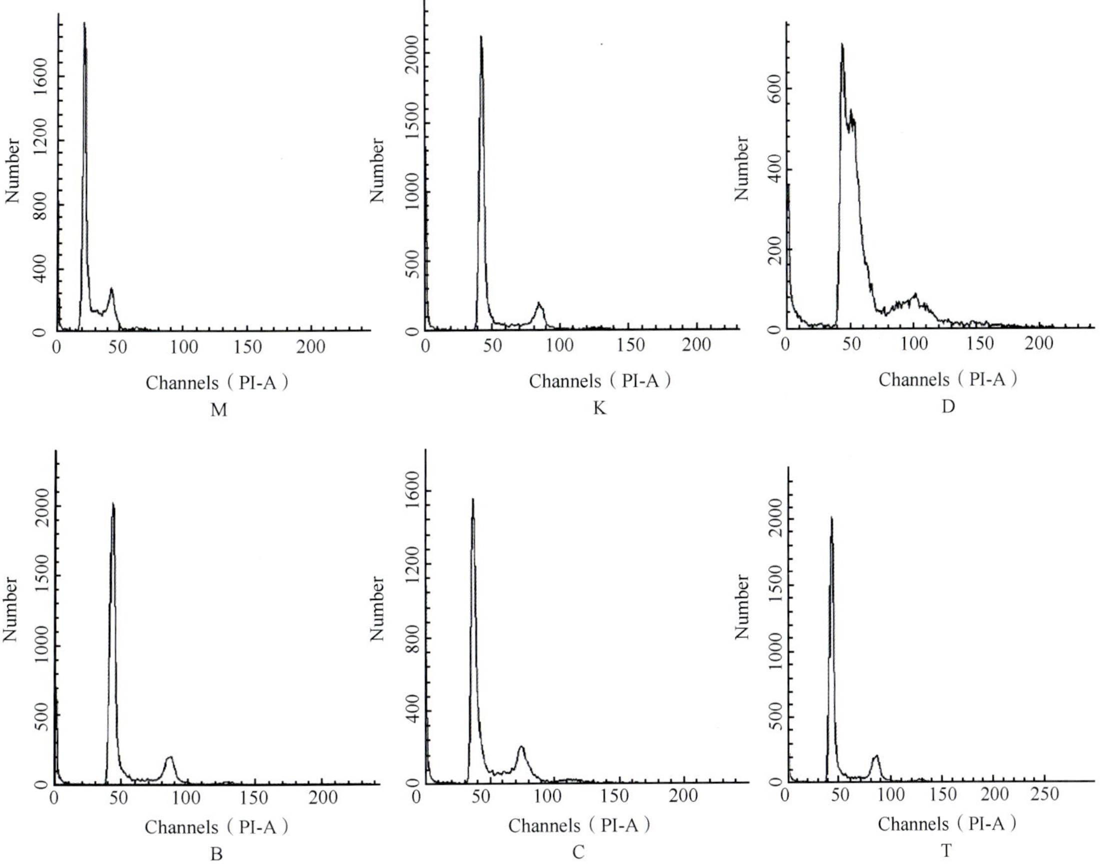

图 3-57　流式细胞仪检测细胞周期分布

结果提示：冷应激导致动物脾淋巴细胞发生 G0/G1 阻滞，并对 DNA 的合成具有抑制作用，且对 G2/M 淋巴细胞增殖具有抑制作用。当归有效部位总多糖对淋巴细胞周期的影响主要体现为减弱冷应激所致的 G0/G1 阻滞和 DNA 合成抑制，发挥免疫调节作用。

3. 对红细胞免疫功能的影响

红细胞免疫是机体的一种防御机制，红细胞有许多与免疫相关的物质，并与其他免疫活性细胞如 T 淋巴细胞、B 淋巴细胞、NK 细胞及吞噬细胞等有着密切的联系。红细胞表面有一种蛋白质称补体受体（CR1），能黏附免疫复合物，是体内携带、运输及清除循环免疫复合物（CIC）的主要承担者。

检测红细胞 C3b 受体（RBC-C3bR）花环率、红细胞免疫复合物（RBC-IC）花环率，评价红细胞免疫功能的具体方法为制备 1×10^{8}/ml C3 补体致敏的酵母菌悬液，各组小鼠抽血，将肝素抗凝的血配成 1×10^{8}/ml 红细胞悬液，加补体致敏酵母菌悬液，摇匀，37℃水浴，加 Hanks 液混匀，再加 0.25% 戊二醛固定，涂片，待干，甲醇固定，瑞氏法染色，油镜下计数。红细胞黏附 2 个或 2 个以上酵母菌者为花环。

分别计数 200 个红细胞，算出花环阳性细胞百分率即 RBC-C3bR 花环率。红细胞免疫复合物花环率检测、计算方法相同，其不同点是将致敏酵母悬液改为未致敏酵母悬液。结果显示，与空白对照组相比，模型组 RBC-C3bR 花环率明显下降（$P<0.05$）。与模型组比较，B 组、T 组 RBC-C3bR 花环率均明显增高（$P<0.05$）。与空白对照组相比，模型组 RBC-IC 花环率下降（$P<0.01$）。与模型组比较，当归 B 组、C 组、T 组 RBC-IC 花环率均明显增高（$P<0.05$）（表 3-64）。结果提示：冷应激明显降低了动物红细胞免疫黏附功能。红细胞可通过表面的 C3b 受体，在补体参与下黏附并清除循环血液中的免疫复合物进行机体的免疫调控，红细胞免疫黏附活性可因疾病因素的影响而发生改变。当归有效部位总多糖可能通过提高红细胞免疫黏附功能来发挥对冷应激所致免疫抑制的干预作用。

表 3-64　各组动物 RBC-C3bR 花环率（%）、RBC-IC 花环率（%）结果（$\bar{x}\pm s$，$n=10$）

组别	K	M	B	C	D	T
RBC-C3bR	14.25±1.72	10.58±0.86*	13.42±1.32▲	11.08±4.25	12.58±3.63	12.92±1.88▲
RBC-IC	12.42±188	8.08±1.28*	10.50±1.30▲	10.92±1.07▲	9.17±1.08	11.58±1.24▲

注：与空白对照组比较 *$P<0.05$；与模型组比较▲ $P<0.05$。

十一、当归对模拟冷应激小鼠心、脑脏器对缺氧的耐受性的影响

分组干预的模拟冷应激小鼠用剪刀自双耳根后颈部逐只断头，立即按秒表分别记录每只小鼠断头后至最后一次张口喘气的持续时间（张口呼吸时间）及断头后用手扪及心脏搏动至最后一次跳动所经历的时间（心脏搏动时间），分别计算出延长率。延长率 =（实验组存活时间—对照组存活时间）/ 对照组存活时间 ×100%。

结果显示，与空白对照组相比，模型组小鼠断头后张口呼吸时间、心搏时间均缩短（$P<0.05$ 或 $P<0.01$）。与模型组相比，D 组、B 组、C 组、T 组小鼠断头后心搏时间均延长（$P<0.05$ 或 $P<0.01$），C 组、T 组小鼠断头后张口呼吸时间延长（$P<0.05$）（表 3-65）。结果提示：冷应激导致动物心、脑脏器对缺氧的耐受性降低。当归水提醇沉

总提取物、当归有效部位总多糖、当归有效部位小分子物质可明显提高心脏对缺氧的耐受性，当归有效部位小分子物质可明显提高脑组织对缺氧的耐受性。

表 3-65 各组动物断头后张口呼吸时间（s）、心搏时间（s）及其延长率（%）（$\bar{x} \pm s$，$n=10$）

组别	K	M	B	C	D	T
张口呼吸时间	24.63±3.29	20.75±3.11*	24.75±4.17	28.13±4.88▲	25.50±5.24	32.88±1.58▲
延长率	18.67	—	19.28	35.54▲	22.89	58.43▲
心搏时间	66.88±4.29	51.63±4.10**	78.50±8.85*▲▲	76.00±8.95*▲▲	75.38±1.63▲	86.5±1.81*▲▲
延长率	29.53	—	52.06▲▲	47.22▲▲	46.00▲	67.55▲▲

注：与空白对照组比较 *$P < 0.05$，**$P < 0.01$；与模型组比较▲ $P < 0.05$，▲▲ $P < 0.01$。

十二、当归对模拟冷应激小鼠抗氧化水平的影响

1. 对免疫器官抗氧化功能的影响

正常动物体在有氧代谢过程中氧化还原反应伴有 O_2·自由基、羟自由基（·OH）乃至 H_2O_2 等的生成。体内又存在酶及非酶类清除自由基的完整体系，能够直接清除自由基及其毒性。然而当动物体缺血缺氧时能引起组织呼吸受阻，能量代谢障碍等一系列变化，当丰富的血氧再供给时，可造成缺血、缺氧组织大量自由基瞬时产生，从而远远超过机体清除自由基的能力，致使产生多量自由基而引起组织损伤及病理改变。自由基可直接破坏细胞膜的成分，引起脂质过氧化瀑布效应，损伤膜结构及其功能。另外，缺血缺氧可引发一系列自由基反应，形成的产物直接破坏蛋白质和 DNA，使蛋白质和 DNA 交联而丧失活性功能，从而导致细胞死亡。谷胱甘肽过氧化物酶（glutathione peroxidase，GSH-Px）是机体内广泛存在的一种重要的过氧化物分解酶。本研究将胸腺、脾脏液氮冷冻，制备组织匀浆，DTNB 法测量 GSH-Px 含量。参照试剂盒说明书进行。蛋白定量采用考马斯亮蓝法。

结果显示，与空白对照组相比，模型组胸腺组织 GSH-Px 含量明显下降（$P < 0.05$）。与模型组比较，B 组、C 组、T 组胸腺组织 GSH-Px 含量均明显升高（$P < 0.05$）。与空白对照组相比，模型组脾脏组织 GSH-Px 含量明显下降（$P < 0.01$）。与模型组比较，B 组、T 组脾脏组织 GSH-Px 含量均明显升高（$P < 0.05$ 或 $P < 0.01$）（表 3-66）。结果提示：冷应激明显降低了动物胸腺、脾脏组织 GSH-Px 含量。GSH-Px 能够特异催化还原型谷胱甘肽对 H_2O_2 的还原反应，清除脂质过氧化产物和自由基。当归有效部位总多糖、当归有效部位小分子物质可提高冷应激动物胸腺、脾脏组织 GSH-Px 含量。

表 3-66 各组动物胸腺、脾脏组织 GSH-Px 含量（U/mg）（$\bar{x} \pm s$，$n=10$）

组别	K	M	B	C	D	T
胸腺	5.45±2.09	1.65±0.58*	5.32±2.47▲	3.76±1.58▲	3.17±1.41	4.27±1.29▲
脾脏	55.48±1.48	19.16±2.15**	49.49±1.77▲	30.82±1.91	28.27±1.12*	55.64±2.21▲▲

注：与空白对照组比较 *$P < 0.05$，**$P < 0.01$；与模型组比较▲ $P < 0.05$，▲▲ $P < 0.01$。

2. 对血液自由基代谢的影响

超氧化物歧化酶（superoxide dismutase，SOD）是生物体内重要的抗氧化酶，广泛分布于各种生物体内，如动物、植物、微生物等。SOD 是生物体内清除自由基的重要物质。在生物体内，自由基作用于脂质发生过氧化反应，氧化终产物为丙二醛（malondialdehyde，MDA），会引起蛋白质、核酸等生命大分子的交联聚合，且具有细胞毒性。本研究将分组干预的模拟冷应激小鼠断头取血，离心取血清。黄嘌呤氧化酶法检测 SOD 水平、硫代巴比妥酸法检测 MDA 含量。参照试剂盒说明书进行。

结果显示，与空白对照组相比，模型组血清 SOD 水平明显降低（$P < 0.01$）。与模型组比较，B 组、T 组血清 SOD 水平均明显增高（$P < 0.05$ 或 $P < 0.01$）。与空白对照组相比，模型组血清 MDA 含量明显增高（$P < 0.01$）。与模型组比较，B 组、T 组血清 MDA 含量均明显降低（$P < 0.01$）（表 3-67）。结果提示：冷应激明显降低了动物血清 SOD 水平，增高了血清 MDA 含量。SOD 在一定程度上反映机体自由基清除系统的功能。MDA 含量可反映脂膜脂质过氧化损伤的程度。当归有效部位总多糖可通过提高冷应激动物血清 SOD 水平、降低血清 MDA 含量从而增强抗氧化作用。

表 3-67　各组动物血清 SOD（U/ml）、**MDA 含量**（nmol/ml）**结果**（$\bar{x} \pm s$，$n = 10$）

组别	K	M	B	C	D	T
SOD	241.42±30.45	173.53±27.39**	220.03±36.33▲	182.65±19.33**	197.53±33.74*	229.70±23.88▲▲
MDA	7.16±1.21	12.02±0.62**	7.95±1.55▲▲	10.99±1.20**	11.13±0.94**	8.09±0.88▲▲

注：与空白对照组比较 *$P < 0.05$，**$P < 0.01$；与模型组比较▲ $P < 0.05$，▲▲ $P < 0.01$。

第四章 当归质量评价研究

中药大部分为植物药和动物药，其有效成分多为次生代谢产物。中药有效部位众多、成分复杂，理化性质各异，生物活性及疗效迥然不同，即使同一种药材，也大多含有大量类型不同的化学成分，这就给中药的综合质量控制与评价带来了很大的困难。由此，中药质量控制与评价也成了中药现代化的主要瓶颈。中药质量与中药产业化发展，以及临床用药的安全性及有效性密切相关，中药质量的综合、全面及科学评价是中药研究的核心内容之一。中药化学成分是中药质量评价最主要的依托指标，其形成、转化及生物效应具有极其复杂的特点。因此，中药质量评价应基于中药质量形成的系统过程及化学实质进行全面的认识、评价和控制。目前，中药质量评价主要以传统经验及限量规定为主，难以对其进行综合、科学的评判。因此，寻找、建立符合中药自身的化学及临床用药特点的中药质量评价模型非常重要。鉴于此，学术界相继提出了中药的多成分质量控制与评价的模式、中药指纹图谱的评价模式及中药谱效关系的评价模式等。在中药质量评价中，现代仪器分析技术往往得到海量的多维的数据，这些数据包含了丰富的与中药内在质量相关的信息，但也存在多重线性、高度相关及统计学特征不明朗等问题。如何对这些数据信息进行科学、全面及有效的建模、分析及利用，是现代中药综合质量评价的核心内容之一。开发、建立适合中药内在质量要求的准确可靠、方便实用的质量评价方法与模型，需要借助数理统计、信号处理及人工智能等方法。

第一节 当归种子种苗质量标准研究

关于我国中药材种子的标准建设，甘肃省仅有黄芩、党参、甘草和黄芪种子的地方标准，而当归种子至今仍无国家、地方或企业标准，当归种子生产尚未形成科学的体系，流通领域也相当混乱，生产上用的种子大都是农户自繁自留的种子，实际上属混杂群体。市场流通的种子也存在生产不规范、成熟度参差不齐等问题，导致当归药材产量不高、质量不稳，产业化程度较低。种苗标准方面，目前我国只有人参等少数中药材品种的种苗有国家标准，丹参等少数中药材的种苗有地方标准。而作为甘肃道地大宗药材的当归种苗至今仍无国家、地方或企业标准。当归种苗质量标准匮乏，在一定程度上导致了种苗市场混乱，假劣种苗充斥市场，致使当归药材质量和市场竞争力低下，更为严重的是给人民用药的安全性和有效性带来极大隐患，严重影响了当归在国内外市场的声誉。为确保当归的药材产量和质量，建立当归种子及种苗质量标准，是当归规范化生产的重中之重。

一、当归种子标准研究

（一）中药种子标准概况

甘肃省是我国最大的当归道地产区，种植面积和产量占全国的 90% 以上，其中岷县当归获得国家“原产地地理标志”认证，当归产业已成为洮岷山区农民收入的重要来源。自 2009 年甘肃省人民政府出台扶持中药产业发展政策以来，在当归优良品种选育、种子繁育、栽培技术研究、GAP 基地建设和产地初加工等方面做了大量工作，已形成了较为完善的产业体系。我国的中药材种子标准建设中，只有人参的种子有国家标准，甘肃省仅有黄芩、党参、甘草和黄芪种子的地方标准，而当归种子至今仍无国家、地方或企业标准，使得当归生产中种子质量参差不齐，种质资源混杂严重，已成为当归GAP基地建设中的“瓶颈”。

（二）当归种子标准的提出及建立的意义

种子标准建设是中药种子质量体系建设的重要组成部分，也是种子质量管理的重要基础，适应种子业及中药质量的发展。当归种子是栽培生产中最基础的繁殖材料，但目前当归种子缺乏相关的质量标准，栽培的当归种子存在种质资源混杂、种子质量良莠不齐、种子供需市场不规范等问题。究其原因，这是由于当归种子主要靠主产区的采集者采集贩卖，产地不详，采收期不一致，成熟度参差不齐，种子贮藏不规范，某些种子经销商甚至将早抽薹种子（又称火药籽）、劣质种子及其他药用植物种子（如白芷、茴香等种子）混入正常种子，造成出苗率低、大面积早期抽薹或劣质苗比率较大等现象，使药农蒙受经济损失。因此，为确保当归的药材产量和质量，建立当归种子质量标准，是当归规范化生产的重中之重。研究当归种子质量标准有利于促进甘肃道地当归产区当归药材产业的发展，提高道地当归药材的知名度，发挥区位比较优势，提升品牌形象，让当归成为农业增效、农民增收的支柱产业。该标准的推广应用能够规范当归种子的生产，提高当归产品质量，增加当归药材的国内外市场竞争力。

（三）当归种子标准的内容

1. 当归种子标准相关术语及定义

（1）当归种子基原：历史上，当归曾有不同的基原，各家医书记载也甚为混乱。《神农本草经》《图经本草》《植物名实图考》《本草纲目》等古籍中均有记载。当归种子，即当归的播种材料，即伞形科当归属二年生草本植物当归 [*Angelica sinensis*（Oliv.）Diels] 的果实（双悬果）。

（2）纯度：指品种在特征、特性方面典型一致的程度，用本品种的种子数占供检本作物样品种子总数的百分率表示。

（3）净度：当归种子的净度是指试验样本中清洁健康种子重量占样本总重量的相对百分数。

（4）发芽率：当归种子发芽率指试验样本中 10 天内发芽的种子数占样本种子总数的

相对百分数。

（5）千粒重：当归种子千粒重即1000粒当归双悬果的总重量。

（6）含水率：当归种子的含水率是指种子内水分占种子重量的百分率。

（7）健康状况：当归种子的健康状况指种子是否携带病原菌（如真菌、细菌及霉菌）、有害生物（如线虫及害虫）等。

（8）质量要求：对于当归种子的质量要求，种子分级标准应符合表4-1的规定。

表4-1　当归种子的分级标准

项目	指标		
	一级	二级	三级
纯度（%）	≥98	≥94	≥90
净度（%）	≥99	≥96	≥93
发芽率（%）	≥85	≥80	≥75

2. 当归种子检验规程

（1）扦样：当归种子扦样按照GB/T 3543.2进行。

（2）纯度鉴定：当归种子的纯度鉴定用GB/T 3543.5方法测定。

（3）种子净度：当归种子的净度用GB/T 3543.3方法测定。

（4）发芽率：当归种子的发芽率用GB/T 3543.2方法测定。

（5）千粒重：当归种子的千粒重用GB/T 3543.7方法测定。

（6）含水率：当归种子的含水率用GB/T 3543.6方法测定。

（7）健康状况：当归种子的健康状况用GB/T 3543.7方法测定。

（8）判定规则：以表4-1的等级指标为划分种子质量级别的依据，等级各相关技术指标不属于同一级时，以单项指标低的定等级。

以上指标中一项达不到三级指标的即为不合格种子。

3. 当归种子的包装、运输和贮藏

（1）包装：按GB 7414执行。装好后进行封口，封口应严密，无破损。每批产品所用的包装及单位质量应一致，误差不得超过1%。

（2）运输：当归种子在运输过程中应注意透气，防曝晒、雨淋、潮湿。严禁用含残毒、有污染、有异味的交通工具运载。

（3）贮藏：当归种子贮藏期间应保持干燥、通风、防潮、防虫、防鼠，忌曝晒。

（四）当归种子标准研究中存在的问题

在当归种子种苗标准建立的过程中，存在一些重大分歧。关于当归种子的定义，重大分歧在于真正的当归种子是否带果翅。对去果翅和不去果翅当归种子进行发芽试验，表明当归种子去果翅之后其发芽率和发芽势均显著增加。通过综合分析认为，去果翅有利于当归种子发芽，带翅的当归双悬果和去翅的当归种子见图4-1、图4-2。

图 4-1　带翅的当归双悬果

图 4-2　去翅的当归种子

在制定当归种子标准时应对当归的植物学属性进行更正。在现有的教科书和有关学术论文中，一般将当归定义为多年生或三年生植物，而当归自然生长属性是第一年为营养生长期，第二年转入生殖生长完成一个生育周期。因此，当归应属二年生草本植物。至于生产中当归需三个年头完成生育周期，实际上是延后栽培的结果。在标准编制中，仍以实际生产中当归的播种材料，即伞形科当归属植物当归（*Angelica sinensis*（Oliv.）Diels）的果实（双悬果）作为当归种子。

二、当归种苗标准研究

（一）中药种苗标准研究概况

药材种子种苗是药材生产和发展的源头，是决定药材质量的重要因素，是发展优质中药材生产的科学前提。根茎类中药材的栽培一般采用种苗移栽，对于中药材育苗的规则，目前，我国只有人参等少数中药材品种的种苗有国家标准，丹参等少数中药材的种苗有地方标准。而作为甘肃道地大宗药材的当归种苗至今仍无国家、地方或企业标准。当归种苗质量标准匮乏，在一定程度上导致种苗市场混乱，假劣种苗充斥市场，致使当归药材质量和市场竞争力低下，更为严重的是给人民用药的安全性和有效性带来极大隐患，严重影响了当归在国内外市场的声誉。

（二）当归种苗标准建立的意义

中药当归一般适宜在海拔 1800 ～ 3000m 的高寒地区生长，怕暑热、高温、干旱，喜凉爽湿润、雨量充足、空气相对湿度大的环境。为了提高当归产量，生产上一般采用第一年夏季育苗，第二年早春移栽成药的栽培模式，种苗等级与新出苗高、产量关系密切。Ⅰ级和Ⅱ级种苗在栽培过程中表现出新苗高，生长健壮，产量高的特性，能够满足当归种苗生产和种植用的基本要求。Ⅲ级以下的种苗属于不合格种苗。因此，种苗质量优劣直接影响当归田间出苗率及药材的产量和质量。目前当归种苗生产尚未形成标准体系，种苗流通领域相当混乱，生产上用的种苗大都是农户自育，种苗大小、苗龄长短均不一致，给生产造成了严重的影响。由于无当归种苗标准可依，造成生产中抽薹、病虫严重，给药农带来巨大的经济损失。制定当归种苗质量标准有利于促进当归产区当归药材产业的发展，为当归优质高效栽培提供理论依据和技术支撑。提高道地当归药材的知名度，发挥区位比较优势，让当归真正成为农业增效、农民增收的支柱产业。该标准的推广应用能够规范当归种苗的生产，提高当归产品质量，增加当归药材的国内外市场竞争力。

（三）当归种苗标准的研究内容

1. 当归种苗的相关术语及定义

（1）苗龄：当归种苗的苗龄指从出苗到起苗，即当归种苗生长的天数。

（2）当归种苗：即用当归种子繁殖，生长苗龄在 110 天以内的当归幼苗的根。

（3）根长：当归种苗根长指种苗的根拉直后从芦头至主根尖的长度。

（4）根粗：当归种苗的根粗指的是当归种苗根最粗处的直径。

（5）出苗率：即当归种子破土出苗的数目占种植总数的百分率。

（6）健康状况：当归种苗的健康状况指种苗是否携带病原菌（如真菌、细菌及霉菌）、有害动物（如线虫及害虫）。

2. 质量要求

当归种苗分级标准应符合表 4-2 的规定。

表 4-2　当归种苗的分级标准

项目	指标		
	一级	二级	三级
根长（cm）	10 ～ 12	13 ～ 15	7 ～ 9
根粗（mm）	3 ～ 5	5 ～ 7	2 ～ 3
健康状况	不得有机械损伤、破裂、畸形、腐烂、发霉等		

3. 当归种苗的检验规程

（1）根长：从送检样本中随机抽取 100 ～ 150 株完好无损的种苗两份，用直尺测定，以 cm 为单位（保留一位小数）。两份样本中符合最低要求的种苗所占的百分数其误差应不大于 5%，否则重新测量。

（2）根粗：从送检样本中随机抽取 100 ～ 150 株完好无损的种苗两份，用游标卡尺测定，以 mm 为单位（保留两位小数）。两份样本中符合最低要求的种苗所占的百分数其误差应不大于 5%，否则重新测量。

（3）出苗率：田间随机确定 5 ～ 10 个样点，每个样点面积 $1m^2$，统计出苗数占栽植数的百分率。

（4）健康状况：按 GB 6000 规定的方法测定。

4. 判定规则

（1）组批：同一产地、同一品种、同一采收时间、同一规格的种苗为一个检验组批。

（2）判定规则：以表 4-2 规定的等级指标为划分种苗质量级别的依据，等级各相关技术指标不属于同一级时，以单项指标低的定等级。

以上指标中一项达不到三级指标的即为不合格种苗。

同一批检验的一级种苗中，允许有 5% 的种苗低于一级标准，但必须达到二级标准；超过此范围，则判为二级种苗。同一批检验的二级种苗中，允许有 5% 的种苗低于二级标准，但应达到三级标准；超过此范围，则判该批种苗不合格。

5. 当归种苗堆码、包装和运输

（1）堆码：是将种苗放于阴凉通风处，苗头朝外码成圆锥形或方形垛。

（2）包装：用通透性好的编织袋，每批产品所用的包装及单位质量应一致，误差不得超过 5%。

（3）运输：当归种苗运输时将其装于通透性好的塑料编织袋内，种苗数量大且运输距离远时一般采用车辆运输。运输过程中保持透气、防挤压、防雨淋、防日晒，严禁用含残毒、有污染、有异味的交通工具运载。

（四）当归种苗标准研究中存在的问题

在当归种子种苗标准建立的过程中，存在一些重大的分歧。由于当归种苗根粗及根长均会对当归生长和药材质量产生影响，如何确定适宜的根粗和根长对当归种苗进行分级是建立当归种苗标准中的难点。起草小组通过种苗对当归生长及产量和质量的影响研究，在综合考虑的基础上，确定了当归种苗的质量标准。

当归种苗标准各项指标的确定是在各研制单位当归研究成果和现有相关中药材种苗质量标准的基础上，结合甘肃省当归生产现状和种苗质量常见问题及其产生原因综合分析提出的，既有严谨的科学理论，又有较强的可操作性和创新性，对规范当归种苗质量有重要的实践意义。因此，建议将《中药材种苗——当归质量标准》作为推荐性地方标准发布，用于指导中药材当归规范化生产。

第二节　当归药材质量与生长环境相关性研究

药用植物的生长和药材的质量受遗传与环境因子两种因素决定，因此，在对不同具体因子与不同质量指标间的关系进行深入探讨前，必须首先明确影响其某类质量指标的主导因子。中药活性成分主要来自于药用植物的次生代谢产物，是其在生长发育和适应环境的过程中通过次生代谢所产生的小分子有机化合物的总称。环境因子与中药的产量、品质及临床疗效均密切相关。不同的土壤因子、海拔、经纬度及气候因子等，都能够显著地影响药用植物的分布、生长发育及生物代谢，从而使中药的产量、品质及临床疗效都具有较大差异。环境因子不仅为药用植物提供了生长载体，而且为中药生长及品质形成提供了各种

物质基础。因此，为了获得高产、高质的中药，研究中药质量形成与各种环境因子的相关性是非常必要的，这对中药生产、质量检测与质量控制都有重要的指导意义。

一、当归药材质量与环境因子的相关性研究概况

目前，当归药材主要来源于人工栽培，因此其质量与环境因子的相关性研究一直是当归研究的热点之一。严辉等基于 TCMGIS（中药材产地适宜性分析地理信息系统）探讨当归的生态适宜性，研究结果表明，当归适宜产地主要分布于我国甘肃省南部、云南省西北部、四川省北部及西南部、陕西省南部、湖北省西部及贵州省西北部。Eun Jin Kim 等利用 ^{1}H-NMR 和 UPLC-MS 建立了不同产地当归药材的代谢物指纹图谱，并通过 PCA 和 PLS-DA 分析了不同产地当归的化学成分差异，确定出了引起差异的主要初生代谢物和次生代谢物。赵杨景等采用实地考察和室内化学分析研究了当归栽培土壤的理化性质，结果发现甘肃省岷县当归栽培土壤的物理性状、有机质和矿质元素含量等的综合因子最佳，得出了生态环境是形成当归道地性的主导因子的结论。严辉等研究了不同产地当归及其土壤无机元素的关联性，发现土壤中 Zn、Cu、Mn、Mg 等元素可能是影响当归道地性最为显著的无机元素，实验结果从无机元素的角度支持“岷归”为道地药材。张新慧等研究了当归叶片光合参数日变化及其与环境因子的关系，结果发现光照对当归的蒸腾速率影响最大。王惠珍等在不同海拔进行当归的生态适应性实验，探索影响当归阿魏酸积累的关键因子，发现海拔对当归质量有极为重要的影响，适当升高种植海拔、增加降雨量和湿度、降低温度和可溶性糖量均有利于当归中阿魏酸的转化积累。

当前，当归的研究热点主要集中在道地性研究、综合质量评价研究、生态适宜性研究及多糖的药理药效研究等方面。但是，目前研究也存在如下主要问题：①当归极性部位化学成分的研究有待深入；②应进一步明确当归临床应用适应证及禁忌证，保证其安全性和有效性；③种质资源匮乏，种子和种苗质量标准不完善，生产标准化普及率不高；④化学法防治麻口病农药残留量大。这些方面应作为今后当归研究的主要方向深入探讨。

在现代农业科技的带动下，当归的栽培规模与产量逐年增加，但药材质量却每况愈下。近年来，随着“道地性”与生态系统保护等研究的兴起，中药质量形成与环境因子的相关性研究正逐渐成为研究热点。但是，环境因子对当归质量的影响是一个复杂的、系统的生态过程。当前，化学计量学、模式识别及多元统计学等数据解析与评价方法在当归的道地性、生态适应性等研究方面的应用较多，但系统研究环境因子对当归药材质量的影响及其评价方法却报道极少，大多研究不够深入，研究手段与分析、评价方法亟待系统化、科学化。

二、当归药材中化学成分含量测定及其与环境因子的关系

（一）当归化学成分含量与其生长海拔的关系

海拔梯度被称为植物生理生态与环境生态关系研究的“天然试验场”。基于这一理论，中药研究者对生长海拔与药用植物的生长代谢、种质资源、栽培繁育、形态结构、生物储

量及药用品质等的关系进行了广泛深入的研究。此类研究对与中药的生理生化、道地区划、优质栽培及良种选育都具有重要意义。设当归生长的海拔高度为 X，当归中阿魏酸、正丁基苯酞、Z-藁本内酯、正丁烯基苯酞、挥发油及醇溶性浸出物的含量分别为 Y_1、Y_2、Y_3、Y_4、Y_5 及 Y_6。

1. 阿魏酸含量（Y_1）与海拔的关系数学模型

142 批当归样本中阿魏酸含量随其生长海拔的分布及关系曲线拟合结果见图 4-3，关系模型及评价参数见表 4-3。由 Y_1 的模型表达式（其中，a、b 为模型系数，见表 4-4）可知，当 X 趋近于正无穷时，Y_1 的最大值无限趋近于 a，即当归中阿魏酸含量的理论最大值为 3.502mg/g。对 Y_1 模型表达式求导及拐点可知，以海拔 X=2958m 为节点，当 X 在 2000 ～ 2958m 时，阿魏酸含量随着当归生长海拔的升高而增加，且增加趋势较快；当 $X>$ 2958m 时，当归中阿魏酸含量随海拔的升高而呈极为缓慢的增加趋势，最后趋近于 3.502mg/g（表 4-3）。

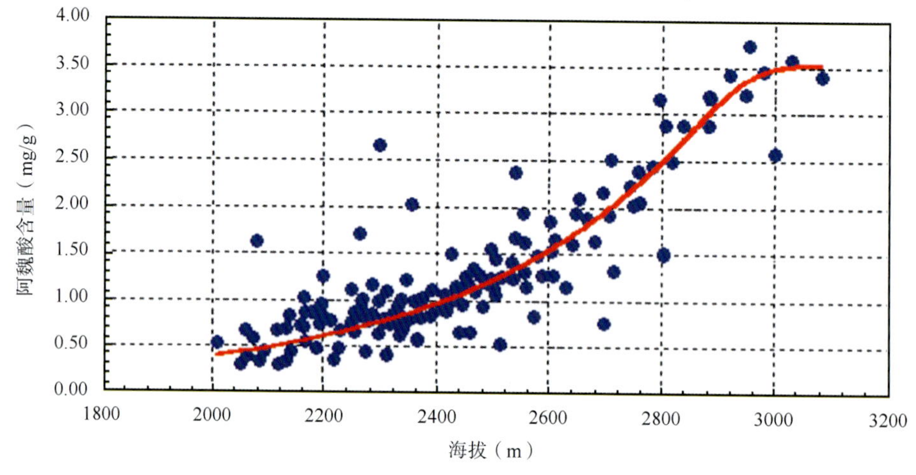

图 4-3 阿魏酸含量随海拔的分布及曲线拟合结果

表 4-3 当海拔≥ 2958m 时阿魏酸（Y_1）的含量随海拔的变化

X(m)	Y_1(mg/g)	X(m)	Y_1(mg/g)
2958	3.301	3150	3.500 816 724
3000	3.423	3200	3.501 718 812
3050	3.482	3300	3.501 984 241
3100	3.497	3400	3.501 999 117

2. 正丁基苯酞含量（Y_2）与海拔的关系数学模型

142 批当归样本中正丁基苯酞含量随药材生长海拔的分布及其关系曲线拟合结果见图 4-4，关系模型及评价参数见表 4-4。当 $X>0$ 时，对 Y_2 的模型表达式求取导数及最大值，带入模型系数可知，当海拔为 X=3426m 时，max（Y_2）=556.56μg/g，即当归中正丁基苯酞含量的理论最大值为 556.56μg/g。以海拔 X=3426m 为节点，当 X 在 2000 ～ 3426m 时，当归中正丁基苯酞含量随着药材生长海拔的升高而增加；当 $X>3426$m 时，正丁基苯酞含量随海拔的升高而逐渐降低。

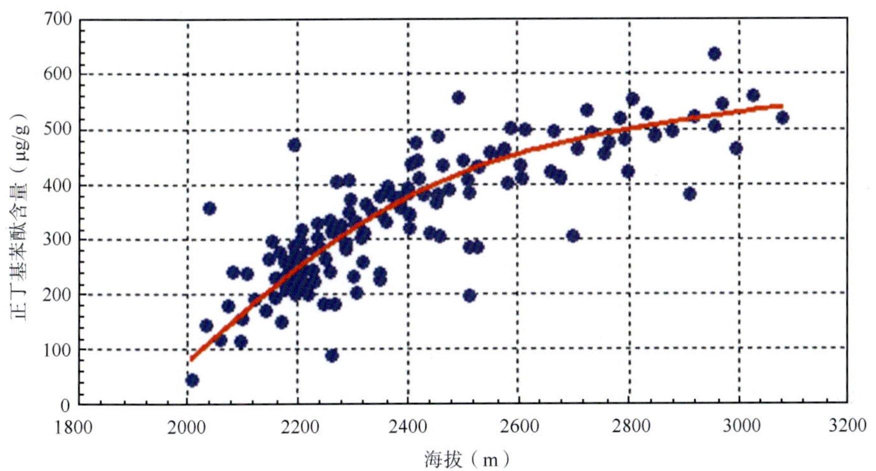

图 4-4 正丁基苯酞含量随海拔的分布及曲线拟合结果

3. Z- 藁本内酯含量（Y_3）与海拔的关系数学模型

142 批当归样本中 Z- 藁本内酯的含量随当归生长海拔的分布及关系曲线拟合结果见图 4-5，关系模型及评价参数见表 4-4。对 Y_3 的模型表达式求取导数及最大值，带入模型系数可知，当海拔为 X=2732m 时，max（Y_3）=10.417mg/g，即当归中 Z- 藁本内酯含量的理论最大值为 10.417mg/g。以 X=2732m 为节点，当 X 在 2000 ～ 2732m 时，Z- 藁本内酯的含量随着当归生长海拔的升高而增加；当 $X>2732$m 时，Z- 藁本内酯的含量随海拔的升高而逐渐降低。

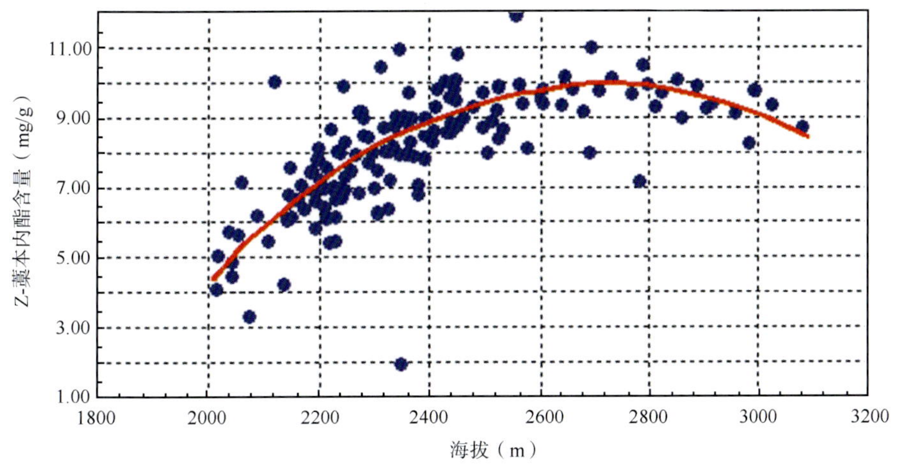

图 4-5 Z- 藁本内酯含量随海拔的分布及曲线拟合结果

4. 正丁烯基苯酞（Y_4）含量与海拔的关系数学模型

142 批当归样本中正丁烯基苯酞的含量随当归生长海拔的分布及关系曲线拟合结果见图 4-6，关系模型及评价参数见表 4-4。对 Y_4 的模型表达式求取导数及最大值，带入模型系数可知，当海拔为 X=2548m 时，max（Y_4）=134.106μg/g，即当归中正丁烯基苯酞含量的理论最大值为 134.106μg/g。以 X=2548m 为节点，当 X 在 2000 ～ 2548m 时，正丁烯基苯酞的含量随着当归生长海拔的升高而增加；当 $X>$ 2548m 时，正丁烯基苯酞的含量随海拔的升高而逐渐降低。

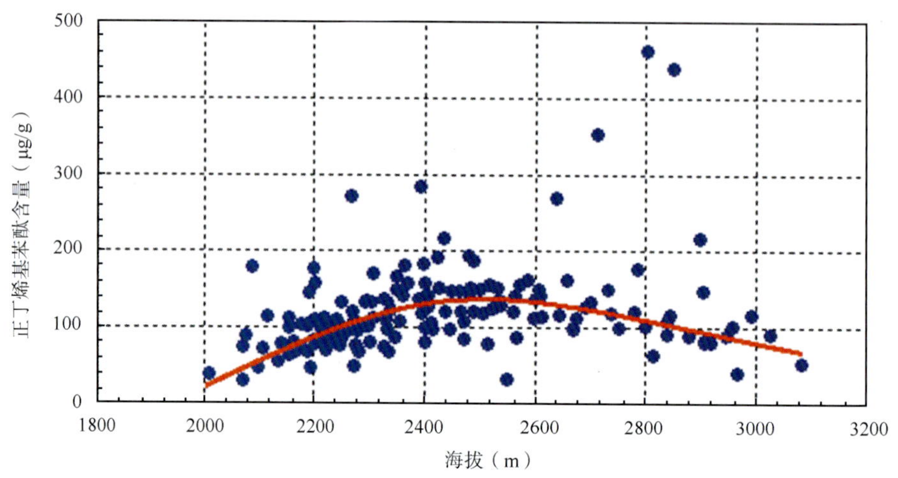

图 4-6　正丁烯基苯酞含量随海拔的分布及曲线拟合结果

5. 挥发油含量（Y_5）与海拔的关系数学模型

103 批当归样本中挥发油含量随药材生长海拔的分布及关系曲线拟合结果见图 4-7，关系模型及评价参数见表 4-4。对 Y_5 的模型表达式求取一阶导数，可知 Y_5 存在 2 个极值点，对一阶导数式继续求取二阶导数。令可得（舍去负根），此为 Y_5 模型表达式的极小值点（拐点），此时 X=2824m，Y_5 极小 =0.546ml/g；令可得，此为 Y_5 模型表达式的极大值点（拐点），此时 X=2641m，Y_5 极大 =0.548ml/g。以 2 个极值点为节点，当海拔 X 在 2000 ～ 2641m 时，当归挥发油含量随着药材生长海拔的升高而逐渐增加；当 X 在 2641 ～ 2824m 时，当归挥发油含量随着药材生长海拔的升高而减少，但减小幅度极小；当 $X>$ 2824m 时，当归挥发油含量随着药材生长海拔的升高而增加。

6. 醇溶性浸出物含量（Y_6）与海拔的关系数学模型

108 批当归中醇溶性浸出物含量随当归生长海拔的分布及关系曲线拟合结果见图 4-8，关系模型及评价参数见表 4-4。由 Y_2 的模型表达式可知，当 $X<-a/b$ 时，$Y=(a+bX)^{-1/c}$ 时成立，即当 $X<$ 3900m 时关系曲线拟合有效。在本实验研究的海拔 2006 ～ 3080m 范围内，Y_2 的模型表达式为单调递增函数，即醇溶性浸出物含量随药材生长海拔的升高而逐渐增大。

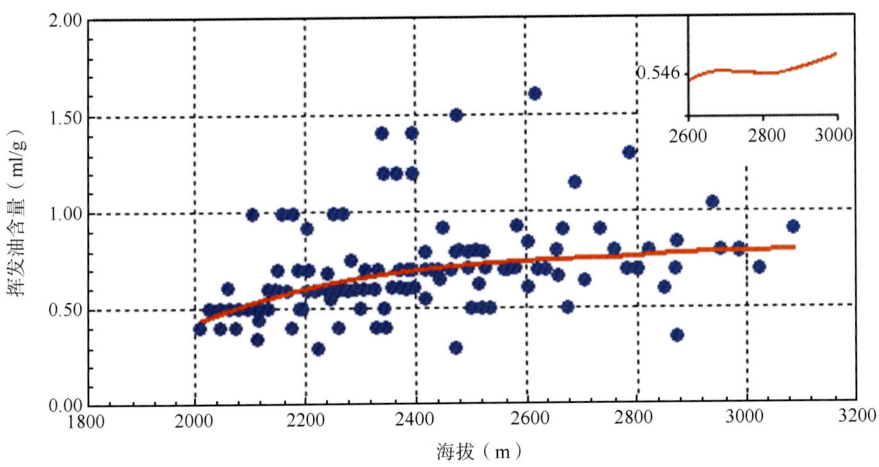

图 4-7　挥发油含量随海拔的分布及曲线拟合结果

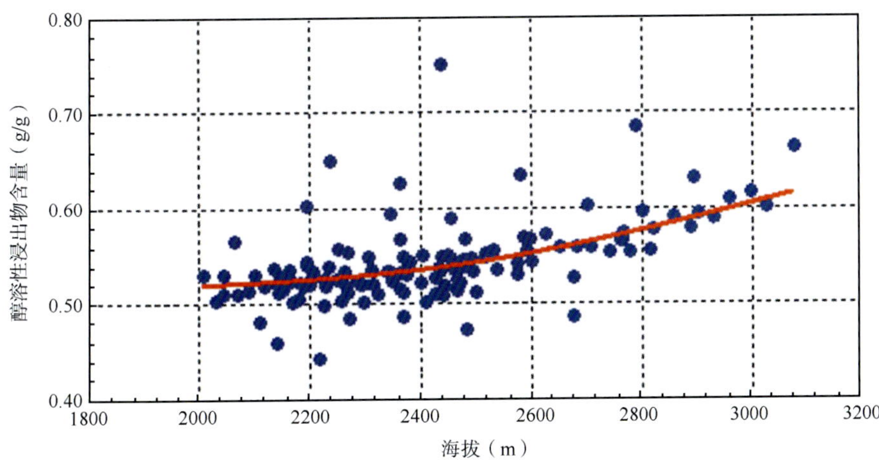

图 4-8　醇溶性浸出物含量随海拔的分布及曲线拟合结果

表 4-4　当归化学成分含量与海拔的关系模型及评价

关系模型	模型表达式	R^2	SD
阿魏酸 $Y_1=3.502/(1+e^{85.249-2.882\times10^{-2}X})^{8.578\times10^{-2}}$	$Y=\frac{a}{\left(1+e^{b-cX}\right)^{1/d}}$	0.7128	0.9420
正丁基苯酞 $Y_2=1842.134-2.494\times10^{-1}X-5.059\times10^{9}/X^2$	$Y=a+bX+\frac{c}{X^2}$	0.8463	1.3492
Z- 藁本内酯 $Y_3=-68.703+5.792\times10^{-2}X-1.060\times10^{-5}X^2$	$Y=a+bX+cX^2$	0.7538	0.9809
正丁烯基苯酞 $Y_4=e^{442.410-1.223\times10^{5}/X-47.994\ln X}$	$Y=e^{a+\frac{b}{X}+c\ln X}$	0.6902	0.5979
挥发油 $Y_5=-5.833+7.145\times10^{-3}X-2.661\times10^{-6}X^2+3.296\times10^{-10}X^3$	$Y=a+bX+cX^2+dX^3$	0.6049	1.7876
醇溶性浸出物 $Y_6=(47.496-1.218\times10^{-2}X)^{-0.219}$	$Y=(a+bX)^{-1/c}$	0.7396	1.1573

海拔在 2006 ～ 3080m 时，阿魏酸、正丁基苯酞及醇溶性浸出物含量随海拔升高而逐渐增加；正丁烯基苯酞含量在 2006 ～ 2548m 随海拔升高而逐渐增加，在 2548 ～ 3080m 则随海拔升高而逐渐减少；Z- 藁本内酯含量在 2006 ～ 2732m 随海拔升高而逐渐增加，在 2732 ～ 3080m 则随海拔升高而逐渐减少；挥发油含量在 2006 ～ 2641m 随海拔升高而逐渐增加，在 2641 ～ 2824m 随海拔升高而小幅减少，在 2824 ～ 3080m 随海拔升高而逐渐增加。综合来看，从化学成分含量考虑，当归应选择较高的海拔进行栽培。

综上，当归化学成分含量与当归生长海拔的关系模型拟合效果令人满意，但用来较为精确地估算当归样本中化学成分含量则尚难实现，因为当归中各化学成分含量均较低，在利用模型曲线估算时微小的拟合偏差都会带来较大的误差。但研究得到的关系模型较为客观地反映了当归中各化学成分含量与生长海拔的关系，对当归种植基地选择、道地性研究及资源开发利用有一定的指导作用。此外，此研究方法也为中药中有效成分或有效部位与药材生长海拔的关系研究及研究方法提供了一定思路。

该方法进行曲线拟合的海拔范围为 2006 ～ 3080m，因此各化学成分随海拔的变化趋势只适用于此范围。对于由曲线所推断的范围外的变化趋势，尚需采集相应样本作进一步验证，如当海拔＞ 3080m 时，当归中阿魏酸及正丁烯基苯酞含量随海拔的变化趋势尚难确定。对于研究得出的各化学成分的理论最大值，只表明了相应批次当归样本中这些成分含量最大值的集中趋势，在实际中并非绝对如此。从拟合曲线图可以看出，各化学成分都存在含量高于理论最大值的样本存在，其中以挥发油含量相应的样本最多，这也体现为其模型拟合的标准差（SD）最大。

本研究中，挥发油与当归生长海拔的关系模型相关系数（R^2）较小，SD 较大，即其拟合精度较低，其原因与挥发油的提取方法有关。蒸馏法提取挥发油时影响结果的外界因素较多，如温度控制情况、药材浸泡情况、液料比、气密性及读数误差等，这些因素较难同时严格控制，导致提取的重复性较差。此外，读取挥发油体积时只能精确到 0.1ml，样本间提取的挥发油体积的微小差异难以读取和反映，样本间的“共线性”现象严重，不利于进行曲线拟合，因此拟合精度较低。

正丁基苯酞含量随着当归生长海拔的变化体现为开口向下的二次曲线，理论上当 X ＞ 3426m 时，正丁基苯酞含量随海拔的升高而逐渐降低，但本实验并无这类样本参与曲线拟合。此外，当归主要分布在甘肃省、云南省及湖北省等海拔在 1500 ～ 3000m 的高寒阴湿山区，因此生长海拔＞ 3426m 的当归较为少见。当 X ＞ 2548m 时，正丁烯基苯酞含量随海拔的升高而逐渐降低；当 X ＞ 2732m 时，Z- 藁本内酯的含量随海拔的升高而逐渐降低；当 X 在 2641 ～ 2824m 时，挥发油含量随海拔的升高而逐渐降低（降幅极小），这表明并非所有化学成分的含量都随海拔的升高而增加，不同成分对当归生长海拔的响应不尽相同。

（二）当归药材中 15 种无机元素含量测定及其与环境因子的关系

中药当归中含有 Zn、Fe、Mn、Ca 等对人体有益的无机元素，以及 Pb、Cd、As、Hg、Cu 等对人体有害的元素及重金属元素，种类达 23 种，其中 15 种是人体所必需的微量元素，其含有的 Pb、Cd、As、Hg、Cu 也是 2010 年版《中国药典》规定的 5 种有害元素及重金属元素。研究发现，海拔、经度、纬度及土壤类型、土壤矿质元素水平等是影响药用植物中无机元素分布及含量高低的重要环境因子，但目前相关研究较少。

1. 当归药材中无机元素与生长海拔及经纬度的相关分析

为研究当归中无机元素与其生长海拔及经纬度的相关关系，并排除其他环境因素对相关关系的影响，同时对其进行 Pearson 相关分析与偏相关分析，结果见表 4-5。当 2 个变量同时与第三个变量相关时，偏相关能够将第三个变量的影响剔除。Pearson 相关分析显示，当归药材中 Na 的含量与海拔、K 的含量与经度在 $P < 0.01$ 水平呈极显著正相关；K 的含量与纬度、Cu 的含量与经度及纬度、Cr 的含量与纬度在 $P < 0.05$ 水平呈显著正相关；Ca 及 Mn 的含量与海拔在 $P < 0.05$ 水平呈显著负相关；其他无机元素的含量与海拔及经纬度的相关关系不具有显著性。偏相关系数和 Pearson 相关系数的差值大于 0.1 的相关关系有：Mn 的含量与海拔、Cu 的含量与经度、K 及 Cu 的含量与纬度，表明这些相关关系受其他环境因子的影响较大。Pb、Cd、As、Hg、Cu 及 Sb 一般被认为是对人体有害的重金属元素，但相关分析表明这些元素与海拔均呈负相关，即高海拔栽培的当归这些元素的含量较低，这一结论从安全性的角度印证了当归适宜在高海拔种植的科学性。

表 4-5　当归中无机元素的含量与生长海拔及经纬度的相关性分析

	相关类型	Zn	Fe	Mn	Mg	Ca	Na	K	Pb
海拔	Pearson 相关	−0.037	0.176	−0.218*	−0.102	−0.212*	0.271**	0.008	−0.031
	偏相关	−0.049	0.167	−0.115	−0.063	−0.174	0.292	0.09	−0.043
经度	Pearson 相关	−0.036	−0.088	0.055	0.154	0.158	0.035	0.291*	−0.035
	偏相关	−0.017	0.056	0.122	0.129	0.096	0.103	0.214	−0.025
纬度	Pearson 相关	−0.044	−0.138	−0.021	0.071	0.089	0.013	0.218*	−0.022
	偏相关	−0.023	−0.123	−0.09	−0.052	−0.027	−0.032	0.012	−0.064

	相关类型	Cd	As	Hg	Cu	Cr	Sb	Ni
海拔	Pearson 相关	−0.135	−0.009	−0.008	−0.004	−0.031	−0.015	0.073
	偏相关	−0.135	−0.008	−0.008	0.002	−0.03	−0.012	0.092
经度	Pearson 相关	−0.087	0.054	0.152	0.217*	0.177	0.128	0.074
	偏相关	0.055	0.121	0.128	0.078	0.178	0.133	0.016
纬度	Pearson 相关	−0.139	−0.02	0.07	0.240*	0.288*	0.033	0.113
	偏相关	−0.122	−0.091	−0.05	0.122	0.273	0.021	0.078

注：* 表示在 $P < 0.05$ 水平显著相关，** 表示在 $P < 0.01$ 水平极显著相关。

2. 当归药材中无机元素与生长海拔及经纬度的通径分析

由偏相关分析可知，当归中有些无机元素与生长海拔及经纬度的相关关系受其他环境因子的影响较大。通径分析能够在相关分析的基础上将自变量对因变量的作用分解为直接作用和间接作用，以揭示多个因素对考察指标的协同作用，结果见表 4-6。

表 4-6 当归中无机元素含量与生长海拔及经纬度的通径分析

元素	作用因子	直接作用系数	间接作用系数总和	决策系数	间接作用系数		
					海拔	经度	纬度
Zn	海拔	–0.015	0.461	–0.014		0.158	0.303
	经度	–0.034	0.056	–0.005	0.086		–0.030
	纬度	0.035	–0.204	–0.016	–0.169	–0.035	
Fe	海拔	1.269	0.099	–1.359		0.054	0.045
	经度	0.049	–0.671	–0.068	0.096		–0.767
	纬度	–0.240	0.230	–0.168	0.262	–0.032	
Mn	海拔	0.121	0.067	0.002		0.053	0.014
	经度	–0.153	0.069	–0.045	–0.026		0.095
	纬度	–0.469	–0.092	–0.134	–0.083	–0.009	
Mg	海拔	0.033	–0.028	–0.003		0.025	–0.053
	经度	0.220	–0.224	–0.147	–0.166		–0.058
	纬度	–0.026	–0.391	0.020	–0.107	–0.284	
Ca	海拔	–1.056	0.383	–1.924		0.254	0.129
	经度	0.265	0.303	0.090	–0.087		0.390
	纬度	–0.101	–0.387	0.068	–0.324	–0.063	
Na	海拔	0.968	0.336	–0.287		0.134	0.202
	经度	0.224	0.251	0.062	0.077		0.174
	纬度	–0.253	0.034	–0.081	0.028	0.006	
K	海拔	0.268	0.361	0.122		0.236	0.125
	经度	1.183	–0.637	–2.907	–0.274		–0.363
	纬度	0.433	–0.349	–0.490	0.038	–0.378	
Pb	海拔	–0.214	0.159	–0.114		0.111	0.048
	经度	–0.389	–0.188	–0.005	–0.054		–0.134
	纬度	–0.127	–0.181	0.030	–0.235	0.054	
Cd	海拔	–0.111	–0.036	–0.004		0.007	–0.043
	经度	–0.097	–0.118	0.013	–0.155		0.037
	纬度	–0.225	–0.281	0.076	–0.244	–0.037	
As	海拔	–0.008	0.020	0.000		–0.023	0.043
	经度	0.056	0.056	0.003	0.052		0.004
	纬度	–0.024	–0.199	0.009	–0.204	0.005	
Hg	海拔	–0.007	0.050	–0.001		0.043	0.007
	经度	0.156	–0.091	–0.053	–0.124		0.033
	纬度	0.068	0.054	0.003	0.136	–0.082	
Cu	海拔	0.483	–0.623	–0.835		–0.261	–0.362
	经度	0.826	–0.057	–0.776	–0.035		–0.022
	纬度	1.373	–1.029	–4.711	–1.052	0.023	

续表

元素	作用因子	直接作用系数	间接作用系数总和	决策系数	间接作用系数		
					海拔	经度	纬度
Cr	海拔	−0.183	−0.181	0.033		0.132	−0.313
	经度	1.211	0.103	−1.217	0.135		−0.032
	纬度	1.286	0.975	0.854	0.952	0.023	
Sb	海拔	−0.035	0.101	−0.008		0.243	−0.142
	经度	0.444	−0.188	−0.363	0.066		−0.254
	纬度	0.086	0.521	0.082	0.556	−0.035	
Ni	海拔	−0.026	0.399	−0.021		0.036	0.363
	经度	0.014	0.111	0.003	0.058		0.053
	纬度	−0.038	0.014	−0.003	−0.013	0.027	

研究显示，Fe、Mg、Mn、K、As、Cr 及 Ni 是当归药材的特征性无机元素。其中，Fe 是植物的细胞色素和非血红素铁蛋白的组成成分之一，参与植物的光合作用、固氮作用及呼吸作用。Mg 是调控植物磷酸基团转移的许多酶的激活剂及叶绿素分子的主要构成成分，可以促进药用植物中多糖、油脂、多肽及淀粉的合成。Mn 是植物脱氢酶、脱羧酶、氧化酶及阳离子酶等生物酶的主要活化剂，参与药用植物光合放氧反应。K 是 40 多种植物酶的辅基，在建立细胞膨压及维持细胞电中性中起着重要作用。Ni 是药用植物尿素酶及固氮细菌脱氢酶的组成成分之一。这些矿质元素均是当归初生和次生代谢中的关键元素，在中药当归化学组分的生物合成、药材品质的形成及药性表达中都起着关键作用。研究表明，中药中的无机元素对一些活性分子的合成起着关键的调控作用，是药用植物营养、生长发育及防病治病不可缺少的部分，能与机体内的配体形成活性配位化合物而发挥作用。

3. 当归药材与根际土壤中矿质元素的相关性分析

（1）富集系数分析：植物体内某种矿质元素的含量与土壤中相应矿质元素含量的比被定义为该矿质元素的富集系数（简记为 C），用来表征“土壤 - 植物系统”中矿质元素迁移的难易程度。当 $C < 0.1$ 时表示强烈贫化，$C < 0.5$ 时表示相对贫化，$0.5 < C < 1.5$ 时表示两者属同一水平，$C \geqslant 1.5$ 时表示相对富集，$C > 3$ 时表示强烈富集。计算当归对根际土壤中矿质元素的富集系数 C，结果见表 4-7。可知，当归对根际土壤中的 Na 相对富集，对 K、Ca、Mg 及 Hg 属同一水平，对 Zn、Cu、Pb 及 Cd 相对贫化，对 Fe、Mn、Ni、As、Cr 及 Sb 强烈贫化。

（2）相关性分析：表 4-7 是当归与根际土壤中矿质元素的相关性分析。可知，Sb 在当归与根际土壤中呈极显著正相关（$P < 0.01$），Ca 及 Na 在当归与根际土壤中呈显著正相关（$P < 0.05$），Zn、Mn、Mg、K、Cd 及 Cu 在当归与根际土壤中呈不显著的正相关，而 Fe、As、Hg、Cr 及 Ni 呈不显著的负相关。结果表明，当归所含的无机元素与其产地土壤的地质背景密切相关，土壤中矿质元素的含量会影响当归药材中相应无机元素的含量。本研究结果提示我们，应当特别注意 Sb 在当归与根际土壤中呈极显著的正相关，因为 Sb 一

般被认为是对人体有害的重金属元素。因此，在选择当归 GAP 种植基地时应注意防止土壤中 Sb 对当归药材的被动污染。

表 4-7 当归与矿质元素的富集系数及与土壤间 15 种无机元素的相关性

元素	平均富集系数（C）	Pearson 相关系数	双侧 p 值
Zn	0.375	0.060	0.577
Fe	0.018	−0.044	0.664
Mn	0.049	0.176	0.093
Mg	0.842	0.098	0.354
Ca	1.360	0.324*	0.017
Na	1.517	0.358*	0.018
K	1.299	0.056	0.603
Pb	0.144	−0.236*	0.029
Cd	0.428	0.083	0.437
As	0.079	−0.006	0.964
Hg	0.518	−0.096	0.347
Cu	0.323	0.009	0.952
Cr	0.071	−0.037	0.741
Sb	0.065	0.802**	0.000
Ni	0.054	−0.195	0.060

注：$^{*}P < 0.05$，$^{**}P < 0.01$。

当归适宜栽培在高寒阴湿的环境中。适当升高生长海拔有利于当归产量及阿魏酸等主要药效成分的形成，也可显著降低抽薹率。相关分析表明，高海拔当归产区根际土壤中 Pb、Cd、As、Cu、Cr、Sb 及 Ni 等重金属及有害元素的含量反而较低，其原因可能与高海拔产区远离重金属污染源有一定关系。因此，适当升高种植海拔能够有效避免当归对重金属及有害元素的富集，从而保证当归用药安全性。此外，富集性分析也表明，当归对土壤中 As、Cr 及 Ni 的富集作用强烈贫化。这些结论共同提示我们当归种植应尽量选择高海拔地区，同时也说明当归在 GAP 规范化种植方面具有明显优势。

（三）基于指纹图谱技术和多元数据分析的当归化学成分和生态因子相关性研究

中药化学成分是其发挥疗效的物质基础，在中药植株生长过程中，中药化学成分质与量的变化直接决定着中药的品质，而中药化学成分的种类和含量受生态因子的影响很大。筛选出与中药生态因子紧密相关并且对生态因子具有分类能力的化学成分是实现生态因子评价的关键。常用的评价生态因子的方法主要有单指标或多指标化学成分法，即从中药中选择一个或几个化学成分作为指标成分，如挥发性化学成分、酚类、香豆素类、苯酞类等，通过比较它们在不同种植环境下的含量来评价种植生态环境的优劣。这种方法较为简单，而且分析速度快。但是，中药的药效是多种化学成分协同作用的结果，仅仅一种或几种指标成分并不能完全反映中药的整体信息。中药色谱指纹图谱是采用现代色谱分离分析技术对中药进行宏观、综合和整体分析测定，建立比较全面反映中药所含化学成分种类与数量的组分群体的特征指纹图谱，实现对中药的多指标成分和未知物质群的整体相关质量控制与评价，是当前符合中药特色的评价中药真实性、稳定性和一致性的质量控制模式之一。

本研究提出了一种全新的中药材生态因子评价模式（图 4-9），将色谱指纹图谱质控技术应用于当归不同生态环境的样品分析中，并运用多种数理统计学方法，分析当归生态因子（包括温度、光照、湿度、海拔）与其化学成分之间的相关性，揭示影响化学成分的主要生态因子，为阐释当归优良品质形成的科学内涵提供一定的科学依据。

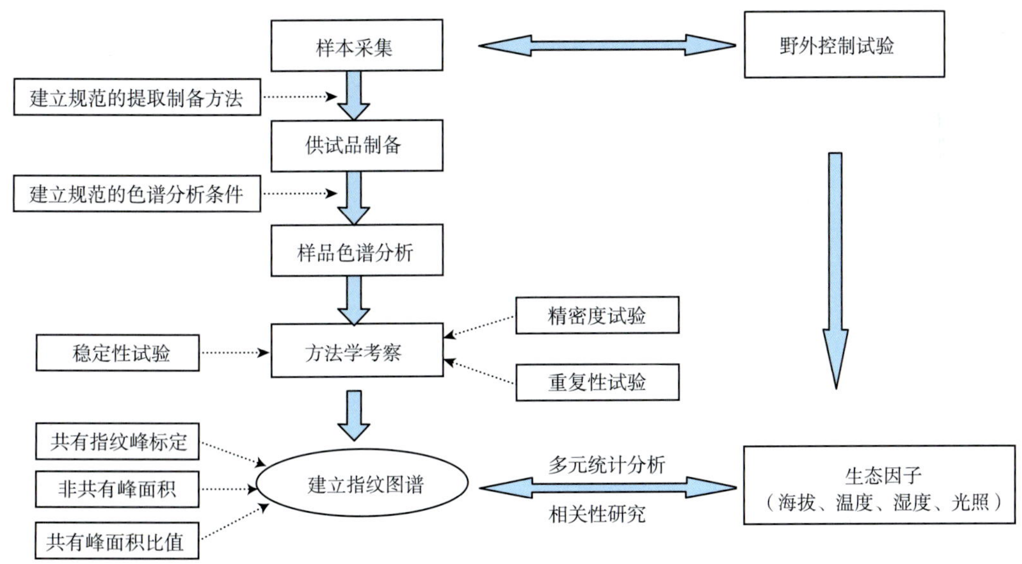

图 4-9　当归化学成分与生态因子相关性研究策略示意图

1. 野外控制实验

当归温度、湿度、光照等生态因子的野外控制试验在甘肃省岷县寺沟乡白土坡村的 500m^2 实验田中进行，土壤属河沟沙地及白沙土地。3 个试验选用同一块试验地，采用相同当归种苗，保持施肥一致。试验按小区 3 次重复（其中，大棚内小区重复在一起，便于管理），小区面积 12m^2，小区间距 50cm，龚面宽 0.8m，龚沟宽 30cm，平龚，每龚栽培 4 行，株（穴）距 20cm，每穴栽 2 苗。当归幼苗从当地购买，于 3 月底种植，在不同的生态环境下生长。

温度控制：采用露地、地膜覆盖、大棚三种培育方式。露地培育采用相同株行距栽培。在地膜覆盖实验中，脊宽定为 0.8m，在黑色塑料薄膜上挖孔后，将当归幼苗插入土壤中。在大棚培育实验中，用地膜覆盖方法种植当归幼苗，发芽后再将其移植到大棚中，根据地膜内土壤湿度，及时在大棚内人工浇水，基本保持与地膜栽培土壤湿度一致。

光照控制：采用正常日照、25% 遮阳网覆盖、50% 遮阳网覆盖、75% 遮阳网覆盖四种方式。采用地膜覆盖栽培，出苗前搭建遮阳棚，高度 1.2m。

湿度控制：采用不浇水、每平米浇水 1L、每平米浇水 2L、每平米浇水 5L、每平米浇水 10L 五种方式。采用地膜覆盖栽培，出苗后第 10 天开始浇水，以垄沟浇水为主，时间为下午 5 点以后，在各小区垄沟口用土堆成一道小坎，以防水流出垄沟或流进其他小区。1 周内若下大雨，在处理时，土壤表皮仍湿润，则不进行处理，若土壤表皮发白，则进行处理。

海拔控制：采用直接收集寺沟乡不同海拔（从 2300 到 3100m，间隔 100m）农户种植地样品方式。

当归样品在 10 月份末采集，共收集 109 份样本。根部空气中干燥后备用。

2. 色谱分析

（1）对照品溶液的制备：准确称取阿魏酸对照品，用 50% 甲醇水溶液配制浓度为 0.1004mg/ml 的阿魏酸对照品溶液，4℃下保存。准确量取上述对照品溶液，用 50% 甲醇水溶液稀释，得到工作溶液。

（2）供试品溶液的制备：以最大限度地保留样品中的化学成分，确保药材的主要化学成分在指纹图谱中体现为原则，对样品的提取溶剂、提取方式、提取时间、取样量进行筛选和优化。实验结果表明，回流和超声提取效果相近，但是超声提取方法简单、灵活和操作误差小。45min 的超声提取时间可以基本上将当归中的化合物提取完全。不同提取溶剂如甲醇、乙醇、甲醇或乙醇和水的混合物的提取效果如表 4-8 所示，50% 甲醇水溶液对大部分化合物具有最高的提取效率。对样品称样量的考察发现，随着样品称样量的增加，色谱图中色谱峰面积增加，当增加到 5.00g 时，峰面积达到最大值，随后继续增加称样量，峰面积不再增加。

最终确定了规范的供试品溶液制备方法。即取当归药材粉末 5.00g，精密称定，置具塞锥形瓶中，加入 50% 甲醇水溶液 50ml，超声处理 45min，放置至室温，用 50% 甲醇水溶液补足减失的重量，摇匀，滤过，取续滤液，即得。

表 4-8　提取溶剂对当归中共有峰峰面积的影响

峰号	保留时间（min）	甲醇浓度						乙醇浓度					
		30%	40%	50%	60%	80%	100%	30%	40%	50%	60%	80%	95%
1	0.581	3013	1861	1933	348	415	450	2217	1228	—	64	—	—
2	0.854	5440	3857	3910	300	279	472	4441	—	207	275	82	—
3	1.600	98	180	1093	1899	564	396	427	540	174	247	273	48
4	2.470	249	266	576	753	1565	509	386	349	385	—	169	62
5	3.094	155	155	181	94	126	221	93	82	51	58	—	—
6	3.254	757	717	636	359	576	554	484	391	284	290	422	281
7	4.342	1288	426	760	489	432	402	330	376	—	384	303	259
8	4.856	210	191	218	139	163	50	133	111	83	65	69	—
9	5.070	3260	4204	9076	8576	10794	5676	7110	7212	6576	6193	5968	3392
10	5.183	229	230	290	167	273	204	74	69	56	—	—	62
11	5.705	220	189	171	130	138	86	147	116	91	243	107	—
12	6.946	3110	3006	3574	956	905	4746	3983	3529	2656	2979	4274	3914
13	7.408	672	630	852	412	483	1065	734	579	358	451	986	837
14	7.716	216	527	2283	3736	4343	258	82	—	113	79	—	—

续表

峰号	保留时间（min）	甲醇浓度						乙醇浓度					
		30%	40%	50%	60%	80%	100%	30%	40%	50%	60%	80%	95%
15	8.363	21	63	153	136	186	130	—	—	11	—	—	18
16	8.520	231	206	223	131	158	262	189	169	143	154	189	23
17	8.808	53	51	69	38	41	63	62	58	47	43	54	34
18	8.900	187	213	229	124	102	—	—	—	10	14	21	41
19	9.178	252	923	776	394	385	548	422	419	339	343	404	320
20	10.145	627	729	986	714	839	1012	591	665	669	727	954	83
21	10.863	1820	3028	6297	6786	8914	7808	2181	2956	3850	4422	6170	6526
22	11.168	20 251	37 917	94 423	100 738	126 839	127 218	29 937	45 694	61 491	70 291	92 769	103 672
23	11.383	142	522	2113	930	1218	4132	882	1466	2162	2504	3321	4031
24	12.551	28	—	—	—	—	—	—	—	—	—	—	—
25	12.984	80	194	1110	1033	1105	1497	104	586	1019	1057	1250	—
26	13.351	127	200	729	803	968	1250	—	—	43	754	909	984
27	13.415	12	7	116	—	75	—	—	30	76	48	41	—
28	14.098	74	133	611	468	450	674	61	371	568	526	578	87
29	14.252	74	133	632	464	510	666	61	371	566	530	578	—
30	15.747	1656	1658	1667	1697	1725	1678	1530	1528	1570	1582	1690	1815

注：表中的数值是三次平行进样的平均值，其相对标准偏差（RSDs）均小于 5.0%。

（3）超高效液相色谱分析方法的建立：用光电二极管阵列检测器记录供试品溶液在 190 ～ 400nm 的紫外光谱图。如图 4-10 所示，考虑到色谱基线的平稳性、色谱峰的数量和分离度，选择 270nm 为检测波长。

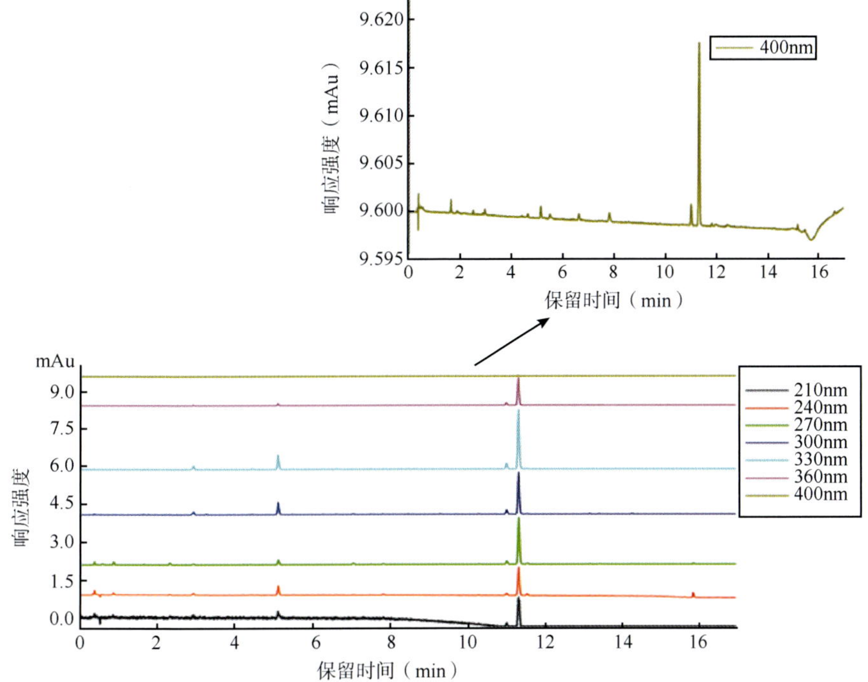

图 4-10　供试品溶液在不同检测波长下的色谱图

进一步，基于色谱基线的平稳性、相邻色谱峰的分离度、色谱峰峰形、色谱峰数目、保留时间，对色谱柱、流动相、梯度洗脱程序、柱温、进样体积、检测波长（210～400nm）进行筛选和优化。最终确定了规范的色谱分析条件，即色谱柱：Waters Acquity BEH C_{18} 柱（50×2.1mm，1.7μm）；流动相：1.0% 乙酸水溶液（A）- 甲醇（B）；流速：0.3ml/min；梯度洗脱程序：（a）0～5min，B 5%～30%；（b）5～6.5min，B 30%～35%；（c）6.5～8.5min，B 35%～50%；（d）8.5～14min，B 50%～80%；（e）14～15min，B 80%～100%；（f）15～20min，B 100%；（g）20～20.5min，B 100%～5%；（h）20.5～25min，B 5%。检测波长：270nm；柱温：30℃；样品室温度：20℃；进样体积：1μl。

（4）超高效液相色谱分析方法学考察：通过日内和日间精密度试验、重复性试验、稳定性试验，考察仪器的精密度、实验方法的重现性及供试品溶液的稳定性。日内精密度是同日内连续进样供试品溶液 5 次，计算共有峰和参比峰的相对保留时间和相对峰面积的 RSDs 分别为 0.06%～5.12% 和 0.22%～3.28%。日间精密度是连续 3 天对供试品溶液进样，计算共有峰的相对保留时间和相对峰面积的 RSDs 分别为 0.08%～5.45% 和 0.23%～6.62%。重复性试验是称取同一批当归样本 6 份，按供试品溶液的制备方法制备，依法测定，结果共有峰相对峰面积的 RSDs 为 4.46%～5.01%。稳定性试验是对放置在样品室（20℃）的供试品溶液分别在 0h、4h、8h、12h、24h、48h 进样测定，结果共有峰相对峰面积的 RSDs ＜ 4.76%，说明供试品溶液在 48h 内稳定。

（5）样本的色谱分析：采用规范的供试品提取制备方法和规范的色谱分析条件，完成 109 份采集样本的色谱全分析测定。

3. 当归标准色谱指纹图谱的建立

采用国家食品药品监督管理局（SFDA）推荐的中药色谱指纹图谱相似度评价系统，将 109 份样本的色谱信息输入该系统，并对峰面积进行正态化，以消除进样误差，对保留时间进行校正后，对每个色谱图中的色谱峰进行标号。然后，通过中位数法得到当归的标准色谱指纹图谱。通过计算相关系数和向量夹角的余弦值，得到不同色谱图间的相似度。当同组内样品间的相关系数＞ 0.9 时，表明样品是高度相关的，该组样品具有高度的重现性。相似度评价软件还可以获取匹配峰的信息，筛选共有峰。共有峰的选定基于以下原则：共有峰应为 80% 以上的样本所共有，且峰面积占总峰面积的 90%，并与相邻色谱峰完全分离且稳定存在。经相似度计算及软件内置的谱峰多点校正功能自动匹配最终确定了 109 份当归样本中的 30 个主要色谱峰为共有峰。图 4-11 为基于超高液相色谱 - 光电二极管阵列检测的当归标准色谱指纹图谱，共标定了 30 个共有峰，其中峰 11 为阿魏酸色谱峰，被选作为参比峰。

4. 多元统计分析

以标定的 30 个共有峰为基础，每一个生态因素为考察单元，首先采用主成分分析和偏最小二乘法判别分析确定出受生态因素影响的色谱峰，然后通过单变量方差分析（正态分布，方差齐）和多个样本独立检验（方差不齐）确定出具有显著性差异的色谱峰，最后通过比较这些显著性差异色谱峰的峰面积大小，筛选出每一个生态因素的最佳生态水平（图 4-12）。

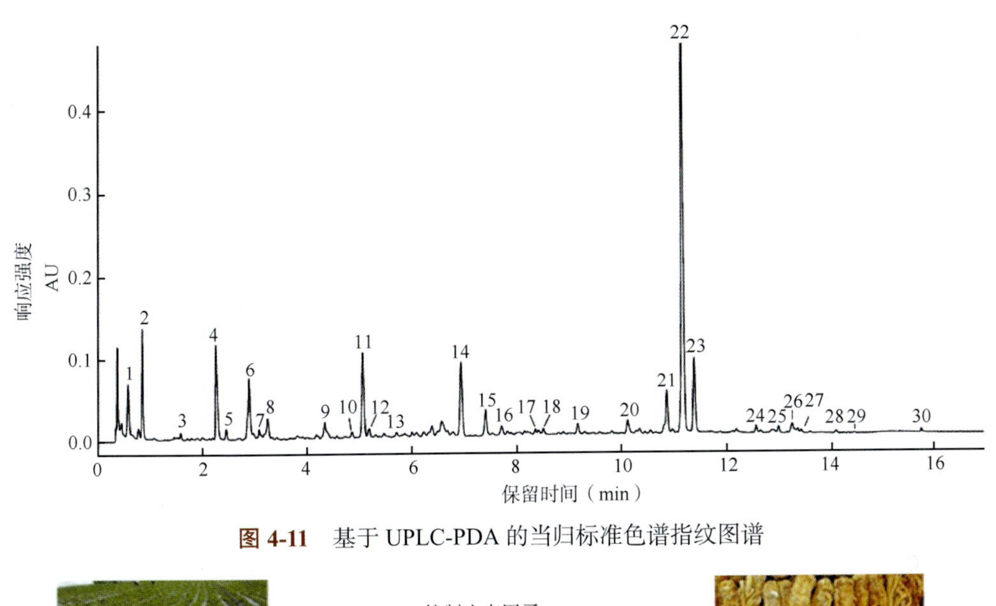

图 4-11 基于 UPLC-PDA 的当归标准色谱指纹图谱

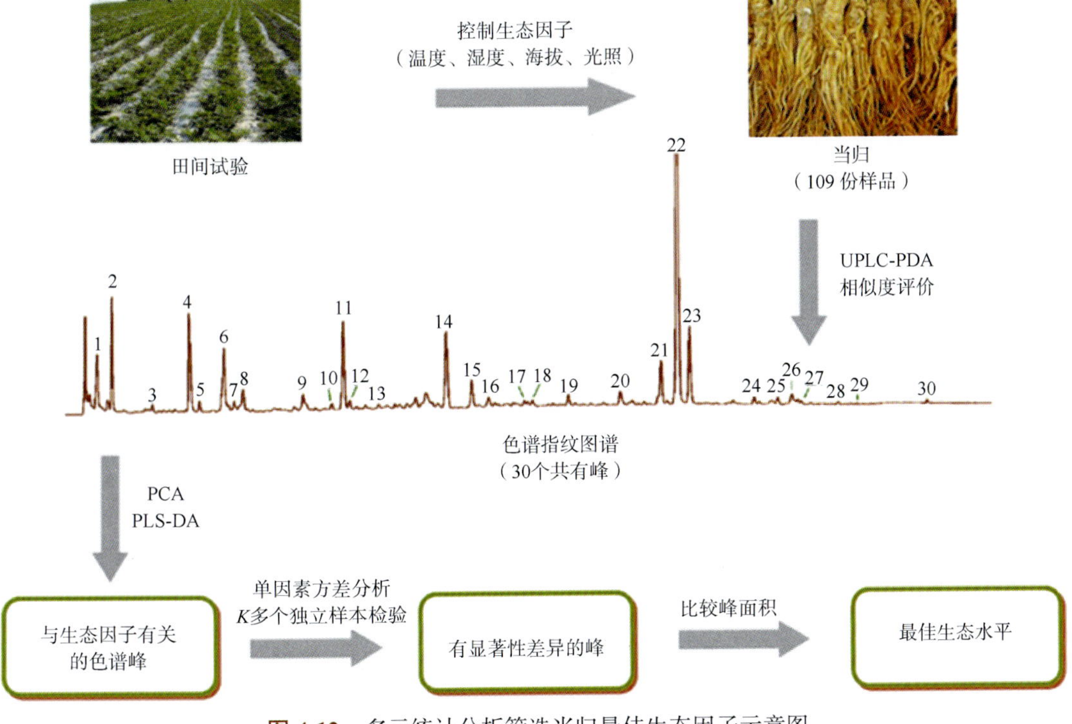

图 4-12 多元统计分析筛选当归最佳生态因子示意图

（1）主成分分析：可以降低数据维度，形成新的正交变量，即主成分，并提供分组、聚类和离异点信息。因子载荷图可以反映变量的贡献值。在本研究中，SIMCA-P 软件用于主成分分析。《中国药典》（2015 年版）指出阿魏酸是当归的质控指标成分，因此，本研究中将阿魏酸色谱峰作为参比峰，计算每个样本中共有峰和阿魏酸色谱峰的相对峰面积，输入 SIMCA-P 软件的数据集中。其中，第一列是样品的序列号，第一行是相应样品中共有峰的相对峰面积。数据经过均值中心化和单位方差化后，提取出主成分，贡献值最大的两个主成分用于构建因子载荷图以反映每个共有峰的贡献值。

（2）偏最小二乘法判别分析：SIMCA-P 软件中的偏最小二乘法判别分析用于构建生态水平的分组模型，并筛选出对该分组有贡献的相关化合物。*k*- 折交叉验证试验对模型的可预测性和可靠性进行评价。偏最小二乘法判别分析的模型参数 R^2X、R^2Y 分别代表了对 X 矩阵的解释能力和模型的稳定性。参数值越接近 1，其代表的含义越好。和已知分组情况进行对比，可以验证模型构建成功与否。变量重要性投影（variable importance in the projection，VIP）用来评价变量的贡献值。通常，VIP ＞ 1.0 的化合物认为对分组有贡献。

（3）显著性评价：用于考察共有峰的相对峰面积在不同生态水平中的差异是否具有统计学意义。在本研究中，单因素方差分析和多个独立样本的非参数检验，用于评价 VIP ＞ 1.0 的化合物，在不同生态水平中相对峰面积的差异是否有统计学意义（$P \leqslant 0.05$）。若化合物的相对峰面积满足正态性和方差齐性，利用单因素方差分析进行显著性评价；否则利用多个独立样本的非参数检验。通过比较具有显著性差异的共有峰在不同生态水平中峰面积大小，选择最优生态水平，最终得到最佳生态环境。

5. 当归生态因子水平对化学成分的影响

（1）温度的影响：在本研究中，每一个温度水平代表一个组。各组中平行样品的相似度通过相似度评价系统进行考察，结果如表 4-9 所示。共有峰的相对峰面积输入 SIMCA-P 软件中进行模型构建。通过主成分分析获得能够代表 70% 的全部共有峰信息的三个主成分。故三个主成分把多维信息压缩成 3-D 数据集。温度的三个水平通过偏最小二乘法判别分析进行分类，参数 R^2X=0.755，R^2Y=0.896。基于 VIP ＞ 1 的要求，筛选出 20 个参与分组的化合物（图 4-13）。然后，将每个样品中这些化合物的相对峰面积输入 SPSS 软件，来评价其在三组中是否存在显著性差异。单因素方差分析表明峰号为 5，6，16，24，25，26，28 和 30 化合物的相对峰面积在三组中存在显著性差异。而多个独立样本的非参数检验表明峰号为 8，10，13，19，21，22，23 化合物的相对峰面积在三组中存在显著性差异。这表明，温度对当归中化合物的含量有影响。通过比较上述化合物在不同温度水平下的含量，得到地膜覆盖方法对于当归的种植最为有利，这也与之前的相关报道相符。

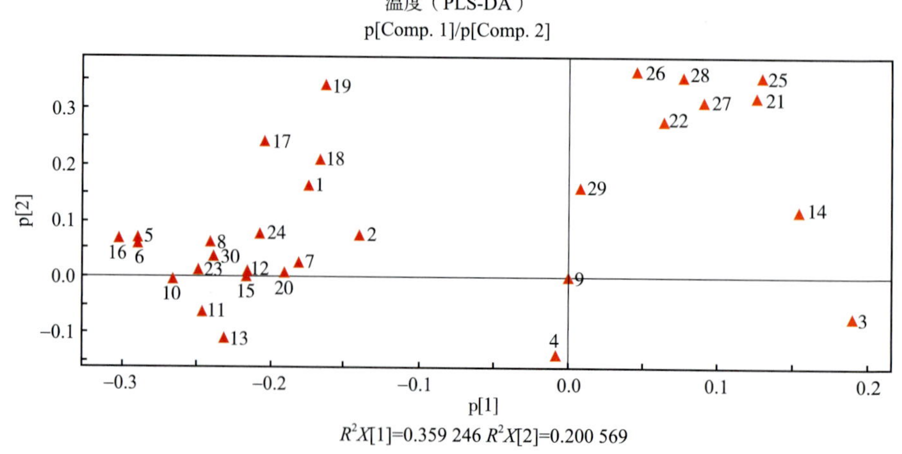

图 4-13 温度生态因子中变量的因子载荷图（每个点标号为色谱图中的色谱峰号）

（2）海拔的影响：研究考察了海拔在 2300～3100m 对当归质量的影响。如表 4-9 所示，每组中样品的相似度系数均大于 0.991。共有峰的相对峰面积输入 SIMCA-P 软件中进行分析。主成分分析表明，三个主成分能够代表 79.5% 的全部变量信息，利用偏最小二乘法判别分析（R^2X=0.872，R^2Y=0.492）将海拔水平进行分组，然后，筛选出 VIP ＞ 1.0 的化合物 29 个（图 4-14），并验证其在不同海拔水平的相对峰面积是否具有显著性差异。实验结果表明，共筛选出 19 个在不同海拔水平上其相对峰面积具有显著性差异的化合物（色谱峰号 1，2，3，5，6，7，8，10，11，12，13，16，17，18，19，20，22，23，30），通过比较它们的峰面积，得到 2700m 的海拔水平对当归的种植最为有利。王惠珍和邱黛玉等研究发现，当归种植海拔的适当增加对当归中活性成分的转化和积累有利，然而，当海拔过高时，当归的高度和抽薹率降低，对当归的质量不利。

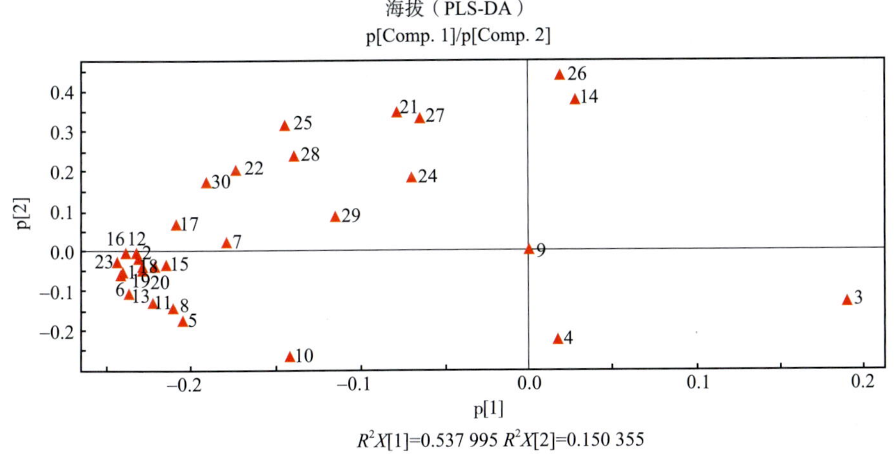

图 4-14　海拔生态因子中变量的因子载荷图（每个点标号为色谱图中的色谱峰号）

（3）湿度的影响：灌溉量对于中药的生长、产率和质量具有重要的影响，过高和过低均对其不利。本研究设置了 5 个不同的灌溉量。利用主成分分析和偏最小二乘法判别分析得到分组模型（R^2X=0.681，R^2Y=0.603），筛选出 VIP ＞ 1.0 的化合物 19 个（图 4-15），获得了 18 个在 5 个不同灌溉量中相对峰面积具有显著性差异的化合物（色谱峰号 1，4，5，6，7，8，10，11，12，13，14，16，17，23，25，27，28，30），通过比较它们的峰面积，得到 2L/m^2 的灌溉量对当归的培育最有利。

（4）光照的影响：在本研究中，4 个不同光照水平用于考察光照对当归质量的影响。每个光照水平中样品间的相关系数均大于 0.989（表 4-9），表明每组中样品高度相关，稳定性好。对样品的色谱信息进行主成分分析和判别分析，得到分组模型（R^2X=0.961，R^2Y=0.947），筛选出 VIP ＞ 1.0 的化合物 25 个（图 4-16），并从中筛选出相对峰面积在不同光照组中具有显著性差异的化合物 6 个（色谱峰号为 1，6，8，15，16，18），通过比较它们的峰面积，得到 50% 遮阳网覆盖能够有效地减小光抑制、光聚合和水分蒸发，对当归的质量有利。

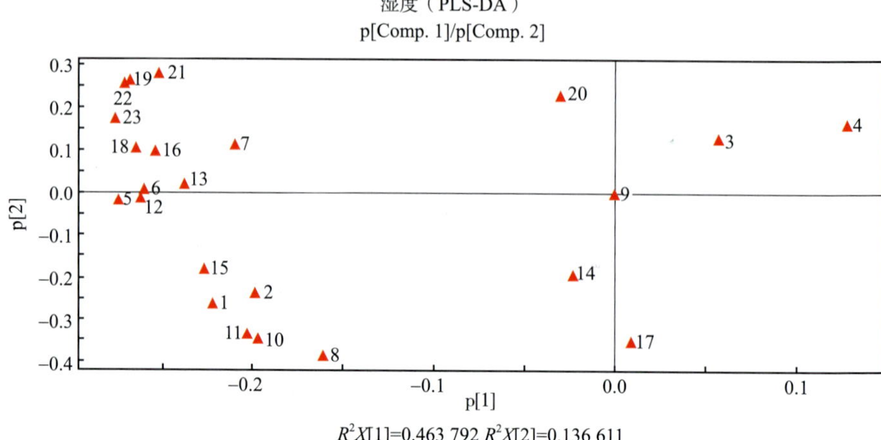

图 4-15 湿度生态因子中变量的因子载荷图（每个点标号为色谱图中的色谱峰号）

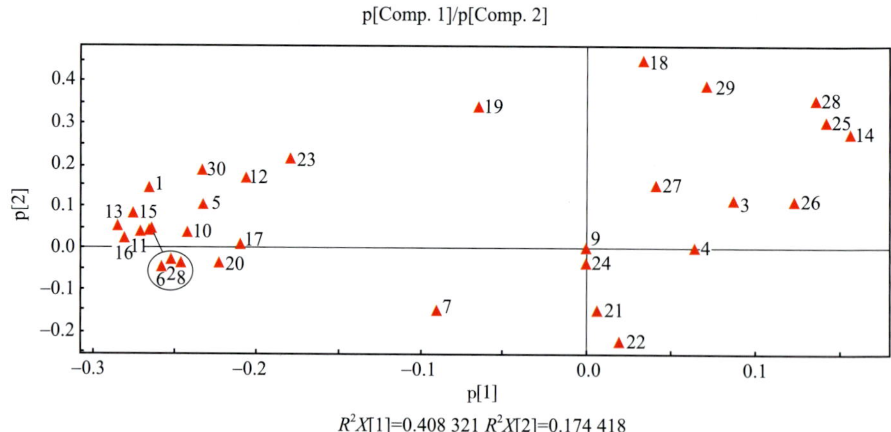

图 4-16 光照生态因子中变量的因子载荷图（每个点标号为色谱图中的色谱峰号）

表 4-9 样本的相似度分析与显著性评价

生态因子	生态水平	样品数目	相似度分析	VIP ＞ 1 的峰号	具有显著性差异的峰号	最佳生态水平
温度	大棚	9	≥ 0.978	5，6，8，10，11，12，13，14，16，17，19，21，22，23，24，25，26，27，28，30	5，6，8，10，13，16，19，21，22，23，24，25，26，28，30	地膜覆盖
	地膜覆盖	6	≥ 0.953			
	露天	6	≥ 0.942			
海拔	2300m	3	=1.000	1，2，3，4，5，6，7，8，10，11，12，13，14，15，16，17，18，19，20，21，22，23，24，25，26，27，28，29，30	1，2，3，5，6，7，8，10，11，12，13，16，17，18，19，20，22，23，30	2700m
	2400m	3	=1.000			
	2500m	3	≥ 0.999			
	2600m	3	≥ 0.991			
	2700m	3	≥ 0.992			
	2800m	3	≥ 0.998			
	2900m	3	≥ 0.998			
	3000m	3	≥ 0.999			
	3100m	3	≥ 0.999			

续表

生态因子	生态水平	样品数目	相似度分析	VIP > 1 的峰号	具有显著性差异的峰号	最佳生态水平
湿度	无水	9	≥ 0.966	1，4，5，6，7，8，10，11，12，13，14，16，17，22，23，25，27，28，30	1，4，5，6，7，8，10，11，12，13，14，16，17，23，25，27，28，30	灌溉量为 2L/m²
	灌溉量 1L/m²	9	≥ 0.962			
	灌溉量 2L/m²	9	≥ 0.958			
	灌溉量 5L/m²	9	≥ 0.961			
	灌溉量 10L/m²	9	≥ 0.981			
光照	全光照	4	≥ 0.989	1，2，3，5，6，7，8，10，11，12，13，14，15，16，17，18，19，20，21，22，24，25，28，29，30	1，6，8，15，16，18	50% 光照
	75% 光照	4	≥ 0.989			
	50% 光照	4	≥ 0.990			
	25% 光照	4	≥ 0.993			

6. 结论

中药的品质受其种植环境的影响。本研究发展了一种基于指纹图谱技术和多元统计分析评价生态因子对中药质量影响的方法。与传统的通过选择一种或几种中药化学成分作为生态因子评价指标的方法不同，该方法利用指纹图谱技术能够提供中药整体信息的优点，和现代化数据处理软件如相似度评价软件 SIMCA-P 和 SPSS 软件结合，可以获得共有峰，并从中筛选出参与生态水平分组、含量具有显著性差异的化合物，通过比较它们在不同生态水平下含量的高低，筛选出最佳生态水平，获得当归种植的最佳生态环境，用于科学地指导当归的培育。研究结果表明，本研究发展的指纹图谱和多元统计分析相结合的方法可以有效地评价生态因子对中药质量的影响，具有一定的指导意义。

第三节　当归药材质量标准研究

中药质量直接关系到人民的生命安全，也直接影响中医药事业的发展。药材质量标准是评价药材真伪优劣的准则，中药指纹图谱具有较高的直观性并在一定程度上反映了中药内在化学成分的种类及相对比例含量等多方面的信息，体现出了中药的质量。中药指纹图谱技术将现代分离方法和仪器分析技术应用于中药质量控制，建立了一种全新的质量控制方法，是中药质量控制的里程碑。中药指纹图谱采用一种或多种检测技术，最大限度地提取中药的内在品质，尽管对于这其中的许多成分由于实验技术手段的原因我们知道的很少或者一无所知，但中药指纹图谱所体现出来的谱峰特征及基于此基本特征上提取的特征却可以作为控制及衡量中药质量标准的基准。中药质量与中药产业化发展、临床用药的安全性及有效性也密切相关，中药质量的综合、全面及科学评价是中药研究的核心内容之一。中药化学成分是中药质量评价最主要的依托指标，其形成、转化及生物效应具有极其复杂的特点。因此，中药质量评价应基于中药质量形成的系统过程及化学实质进行全面的认识、评价和控制。目前，中药质量评价主要以传统经验及限量规定为主，但难以对其进行综合、科学的评判。因此，寻找、建立符合中药自身的化学及临床用药特点的中药质量评价模型非常重要。本节重点介绍了当归药材产地质量评价及当归药材质量标准研究。

一、当归药材质量的多指标评价体系构建及权重分配

（一）当归药材质量的多指标评价体系构建

当归化学成分主要包括无机成分与有机成分。中药微量元素的“归经”假说认为，无机元素也是中药的主要活性成分，是中药归经的主要物质基础。首先，当归中的无机元素能够与有机成分生成活性很强的络合物，如当归阿魏酸钠与当归多糖铁可更为有效地改善人体血流动力学，促进造血。对包括当归在内的180多种中药的研究发现，肝脏是无机元素Fe、Cu、Mn及Zn富集的地方，并对人体造血系统有较大作用，Mn/Cu的值与中药“四性”密切相关。中医学认为，当归入心、肝、脾三经，其中“心主血脉”“肝藏血”“脾统血”，而当归是“补血圣药”，因此，在当归的综合质量评价中引入与其功能主治及生长特性密切相关的Zn、Fe、Mn、Mg、Ca、Na、K、Ni及Cr等9种无机元素很有必要。此外，2015年版《中国药典》及第37版《美国药典》规定的Pb、Cd、As、Hg、Cu及Sb等6种有害及重金属元素在当归中全部含有，但历版《中国药典》当归项下并未对其限量做出规定，因此也应纳入当归产地质量评价体系中。有机成分方面，当归的主要药效成分一般被认为是挥发油及有机酸，因此选择挥发油中的主要成分Z-藁本内酯、正丁基苯酞及正丁烯基苯酞，以及有机酸中的主要成分阿魏酸作为指标性化学成分参与当归综合评价。对于与当归质量密切相关的挥发油提取率及醇溶性浸出物含量也纳入评价指标范围。研究对各质量评价指标的测定以重现性好、误差小及操作简单的经典方法尤其是2010年版《中国药典》规定的方法为主，确保质量评价数据集的可靠性。由此，当归药材产地质量评价指标体系如图4-17所示。

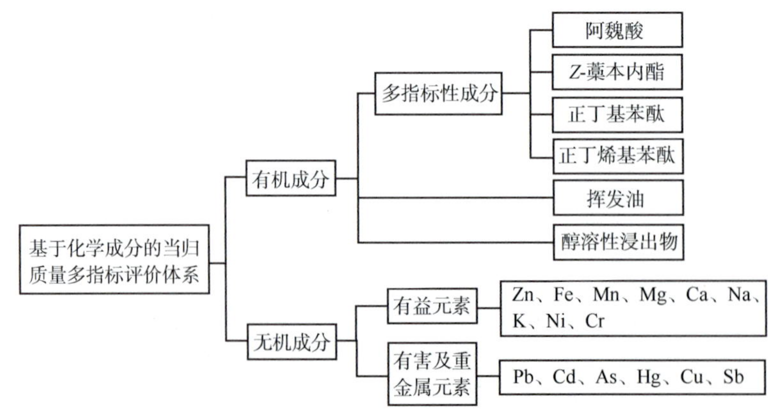

图4-17 当归药材产地质量评价指标体系

（二）当归药材产地质量评价的多指标权重分配

当归药材产地质量这一总评价目标可通过多指标性成分、挥发油、醇溶性浸出物、有

益元素、有害及重金属元素等 5 个次级目标（准则层）来反映，多指标性成分可通过阿魏酸、Z- 藁本内酯、正丁基苯酞及正丁烯基苯酞等 4 个目标来反映，有益元素可通过 Zn、Fe、Mn、Mg、Ca、Na、K、Ni 及 Cr 等 9 种元素来反映，有害及重金属元素可通过 Pb、Cd、As、Hg、Cu 及 Sb 等 6 种元素来反映，由此建立起当归药材产地质量评价的目标树，如图 4-18 所示。

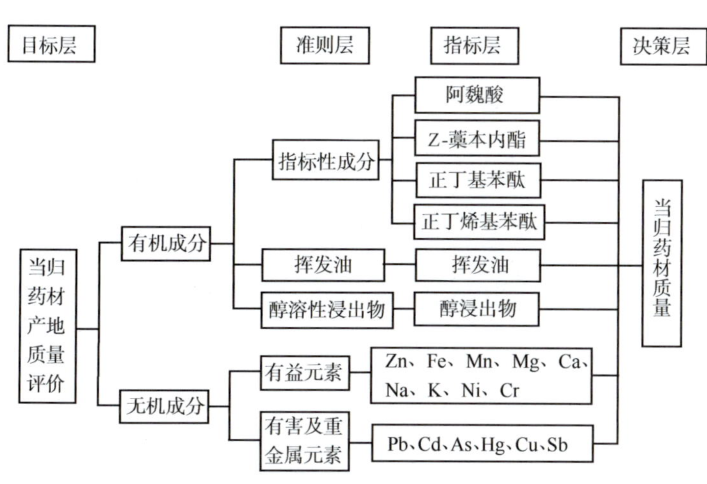

图 4-18　当归药材产地质量评价的目标树

1. 熵权法确定当归药材产地质量评价的多指标权重

熵是对系统无序程度的度量，用以表示某种能量在空间分布的均匀程度，能量分布越均匀熵越大。熵权法是利用各评价指标的熵值所提供的信息量大小来决定指标权重的客观的赋权方法，其赋权原理是根据某指标的全体观测值之间的差异程度来反映该指标的重要程度。指标观测值的差异程度越大，说明该指标对评价系统所起的作用越大。熵权的特殊意义在于它表示在给定评价对象集后，各评价指标在竞争上的相对激烈程度系数，其大小与被评价对象直接相关，从信息角度考虑，其表示该指标在评价目标中贡献了多少有用信息。因此，熵值越小而熵权越大时，表明该评价指标的信息量越大，则该指标就越重要；反之，某指标的熵值越大而熵权越小，表明该指标越不重要，由此即可客观地得出评价指标权重的大小。

根据熵权法权重决策模型确定当归药材产地质量评价的多指标权重，结果如表 4-10 所示。

表 4-10　当归药材产地质量评价的多指标熵权值

当归产地质量评价指标	熵权值	当归产地质量评价指标	熵权值	当归产地质量评价指标	熵权值
阿魏酸	0.0632	Fe	0.0540	Cr	0.0446
Z- 藁本内酯	0.0638	Mn	0.0449	Pb	0.0404
正丁基苯酞	0.0555	Mg	0.0539	Cd	0.0213
正丁烯基苯酞	0.0589	Ca	0.0553	As	0.0446

续表

当归产地质量评价指标	熵权值	当归产地质量评价指标	熵权值	当归产地质量评价指标	熵权值
挥发油	0.0574	Na	0.0526	Hg	0.0054
醇溶性浸出物	0.0675	K	0.0487	Cu	0.0373
Zn	0.0530	Ni	0.0446	Sb	0.0464

2. 主成分分析（PCA）确定当归药材产地质量评价的多指标权重

采用 SIMCA-P 11.5 统计软件，以当归药材产地质量评价的 21 个指标为变量进行主成分分析，以 KMO 检验和 Bartlett's 球形检验确定 PCA 的适用性。结果表明：KMO 检验的检验值为 0.680，Bartlett's 球形检验的 χ^2 值为 655.209（$P < 0.01$），表明数据适合进行 PCA。PCA 初始解对原有变量的总体描述情况见表 4-11。结果表明，当归药材产地质量评价指标共提取了 7 个主成分，共解释了原始数据 82.263% 的信息量，其中第一主成分的方差贡献率达 34.780%。每个主成分权重系数的计算依据其方差贡献率的大小，结果列于表 4-11 中。

表 4-11　PCA 初始解对原有变量的总体描述情况及主成分权重

主成分数	特征值	贡献率（%）	累计贡献率（%）	权重
1	4.154	34.780	34.780	0.4228
2	2.837	13.511	48.291	0.1642
3	1.882	8.960	57.251	0.1089
4	1.641	7.816	65.067	0.0950
5	1.366	6.506	71.573	0.0791
6	1.134	5.400	76.973	0.0656
7	1.111	5.290	82.263	0.0643

3. 变异系数法确定当归药材产地质量评价的多指标权重

变异系数法确定指标权重的原理是依据指标集各评价指标在决策集各评价对象上达到平均水平的难易程度不同来进行赋权。根据变异系数法计算当归药材产地质量评价的 21 个指标的变异系数权重，结果见表 4-12。

表 4-12　当归药材产地质量评价指标的变异系数权重

当归产地质量评价指标	变异系数权重	当归产地质量评价指标	变异系数权重	当归产地质量评价指标	变异系数权重
阿魏酸	0.0576	K	0.0172	Pb	0.0617
正丁基苯酞	0.0415	Ca	0.0243	As	0.0898
Z-藁本内酯	0.0612	Mg	0.0195	Cd	0.0364
正丁烯基苯酞	0.0609	Zn	0.0274	Cr	0.0401
挥发油	0.0708	Ni	0.0438	Cu	0.0794
醇溶性浸出物	0.0622	Mn	0.0393	Sb	0.0256
Fe	0.0529	Na	0.0620	Hg	0.0264

基于“中药多成分质量控制模式”构建了当归药材产地质量评价的多指标体系，在此基础上分别通过熵权法、PCA 法及变异系数法等 3 种方法确定了当归药材产地质量评价的多指标权重。其中，AHP 法确定的当归药材产地质量评价指标权重排序为：挥发油＞醇溶性浸出物＞ Z- 藁本内酯＞阿魏酸＞正丁烯基苯酞＞ Fe ＞正丁基苯酞＞ Ca ＞ Zn ＞ Mg ＞ K ＞ Mn ＞ Na ＞ Ni ＞ Cr ＞ Pb=Cd=As=Hg=Cu=Sb，熵权法为：醇溶性浸出物＞ Z- 藁本内酯＞阿魏酸＞正丁烯基苯酞＞挥发油＞正丁基苯酞＞ Ca ＞ Fe ＞ Mg ＞ Zn ＞ Na ＞ K ＞ Sb ＞ Mn ＞ Ni ＞ Cr ＞ As ＞ Pb ＞ Cu ＞ Cd ＞ Hg，变异系数法为：As ＞ Cu ＞挥发油＞醇溶性浸出物＞ Na ＞ Pb ＞ Z- 藁本内酯＞正丁烯基苯酞＞阿魏酸＞ Fe ＞ Ni ＞正丁基苯酞＞ Cr ＞ Mn ＞ Cd ＞ Zn ＞ Hg ＞ Sb ＞ Ca ＞ Mg ＞ K。可以看出，AHP 法确定的当归药材产地质量评价指标权重排序与传统医药经验认知较为符合，因为 AHP 法本就基于专家经验认知，不是基于评价指标的数据特征，因此与决策者的判断推理及实际情况联系紧密。但是，AHP 法难以区分有害及重金属元素指标的权重大小，因为人们的经验认知及实际情况均证明 Pb、Cd、As、Hg、Cu 及 Sb 等元素对人体有害，但又难以单凭经验判断孰重孰轻，因此可认为它们在当归产地质量评价中很不重要或为负贡献。而熵权法可以避免人为对各评价指标权重的主观干扰因素，确保了所确定的指标权重反映了绝大部分的原始信息，从而使评价结果更符合质量评价数据本身的信息特征。因此，熵权法所确定的当归药材产地质量评价指标权重排序亦与传统医药经验认知及实际情况较为符合，而且也区分出了有害及重金属元素指标的权重大小。但是，挥发油含量作为当归最重要的质量评价指标，其权重排序却较为靠后。这是因为熵权法本质上基于评价指标的信息熵大小，其与评价指标观测值之间的差异程度有关，而蒸馏法提取当归挥发油的读数规律难以反映提取量的微小差异。PCA 所得的权重是多种评价指标贡献的综合反映，因此难以得出每一个具体的评价指标对当归产地质量评价的贡献大小。但是，PCA 通过数据降维减少了评价指标个数，因此也减少了当归药材产地质量评价的计算量。

二、当归药材产地质量评价模型的构建

在中药产地质量评价中，现代仪器分析技术往往得到海量的多维的数据，这些数据包含了丰富的与中药内在质量相关的信息，但也存在多重线性、高度相关及统计学特征不明朗等问题。如何对这些数据信息进行科学、全面及有效的建模、分析及利用，是现代中药综合质量评价的核心内容之一。开发、建立适合中药内在质量要求的准确可靠、方便实用的产地质量评价模型，需要借助数理统计、信号处理及人工智能等方法。此处主要引入和构建了当归药材产地质量评价模型的 TOPSIS 模型、投影寻踪模型及主成分分析模型等，以期为中药产地质量评价提供一些新的方法与思路。

（一）TOPSIS 模型用于当归药材产地质量评价

根据欧氏贴近度的大小对方案集中的被评价事物进行优劣排序，相对贴近度越大，越贴近理想解，被评价事物越优，反之越差。以当归中阿魏酸、Z- 藁本内酯、正丁基苯酞、正丁烯基苯酞、挥发油、醇溶性浸出物、Zn、Fe、Mn、Mg、Ca、Na、K、Ni、Cr、Pb、

Cd、As、Hg、Cu 及 Sb 为评价指标，以熵权法所得权重为 0.1030、0.1094、0.0602、0.0782、0.1726、0.1424、0.0420、0.0655、0.0291、0.0308、0.0487、0.0223、0.0305、0.0170、0.0151、0.0055、0.0055、0.0055、0.0055、0.0055 及 0.0055。计算各产地样本最优解的欧氏贴近度及其排序结果见表 4-13。其中，M1 ～ M40 表示岷县当归样本，W1 ～ W14 表示渭源县当归样本，ZX1 ～ ZX7 表示漳县当归样本，LT1 ～ LT4 表示临洮县当归样本，T1 ～ T4 表示宕昌县当归样本，WD1 ～ WD2 表示武都区当归样本，WX1 ～ WX2 表示文县当归样本，L1 ～ L7 表示临潭县当归样本，K1 ～ K5 表示康乐县当归样本，H1 ～ H4 表示和政县当归样本，Z1 ～ Z2 表示卓尼当归样本，YN1 ～ YN4 表示云南产当归样本。各产地当归药材样本的最优解欧氏贴近度的平均值比较见图 4-19。

表 4-13　各产地样本最优解的欧氏贴近度及排序

编号	C_i	排序	编号	C_i	排序	编号	C_i	排序	编号	C_i	排序
M1	0.5463	34	M25	0.5266	40	W9	0.4964	46	WX2	0.3641	75
M2	0.6226	16	M26	0.4620	64	W10	0.5713	30	L1	0.2674	90
M3	0.5638	32	M27	0.5784	27	W11	0.4799	53	L2	0.2504	93
M4	0.6792	10	M28	0.4697	62	W12	0.6942	8	L3	0.1833	95
M5	0.5469	33	M29	0.4760	55	W13	0.5393	35	L4	0.3366	80
M6	0.3785	72	M30	0.6707	12	W14	0.4748	57	L5	0.2835	85
M7	0.5893	26	M31	0.5724	29	ZX1	0.3901	71	L6	0.2304	94
M8	0.5072	43	M32	0.5304	39	ZX2	0.4715	58	L7	0.3495	77
M9	0.4937	47	M33	0.4759	56	ZX3	0.5642	31	K1	0.2785	88
M10	0.4803	52	M34	0.6950	7	ZX4	0.6107	18	K2	0.3342	81
M11	0.4889	49	M35	0.4707	61	ZX5	0.4927	48	K3	0.3242	83
M12	0.7844	2	M36	0.8446	1	ZX6	0.4797	54	K4	0.2553	92
M13	0.3479	78	M37	0.4367	66	ZX7	0.5305	38	K5	0.4019	70
M14	0.7500	4	M38	0.6371	14	LT1	0.4148	68	H1	0.2756	89
M15	0.6755	11	M39	0.4133	69	LT2	0.3467	79	H2	0.3566	76
M16	0.7092	6	M40	0.6072	21	LT3	0.2787	87	H3	0.2624	91
M17	0.7429	5	W1	0.4712	60	LT4	0.3107	84	H4	0.3673	73
M18	0.7766	3	W2	0.4973	45	T1	0.5337	37	Z1	0.6084	20
M19	0.5376	36	W3	0.4870	50	T2	0.4713	59	Z2	0.4579	65
M20	0.6122	17	W4	0.6038	22	T3	0.4340	67	YN1	0.6906	9
M21	0.6104	19	W5	0.4810	51	T4	0.5210	42	YN2	0.6412	13
M22	0.5968	25	W6	0.5248	41	WD1	0.3277	82	YN3	0.4674	63
M23	0.5728	28	W7	0.6278	15	WD2	0.2790	86	YN4	0.6021	23
M24	0.5007	44	W8	0.6016	24	WX1	0.3672	74			

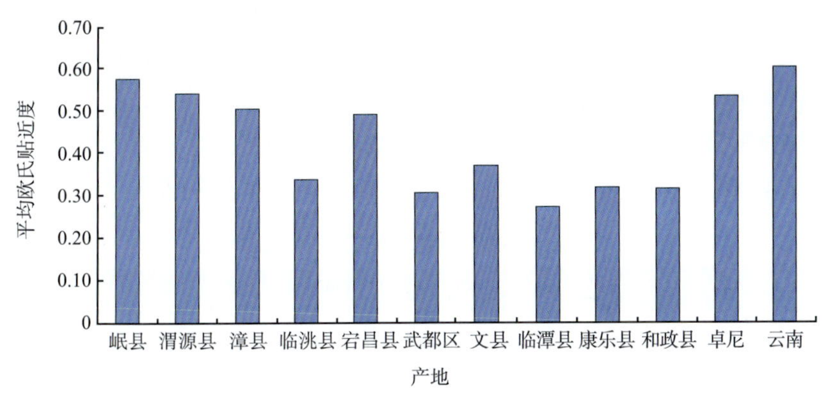

图 4-19　各产地当归药材样本的最优解欧氏贴近度的平均值

由表 4-13 可以看出，排名在前 47 名内的当归样本，岷县产有 29 批，占该产地样本总数的 72.50%；渭源县产有 9 批，占该产地样本总数的 64.29%；漳县产有 3 批，占该产地样本总数的 42.86%；宕昌县产有 2 批，占该产地样本总数的 50.00%；卓尼产有 1 批，占该产地样本总数的 50.00%；云南产有 3 批，占该产地样本总数的 75.00%；临洮县、武都区、文县、临潭县、康乐县及和政县等 6 个产地均为 0。若以排名前 60 名为节点，则岷县产有 33 批，占该产地样本总数的 82.50%；渭源县产有 14 批，占该产地样本总数的 100%；漳县产有 6 批，占该产地样本总数的 85.71%；宕昌县产有 3 批，占该产地样本总数的 75.00%；卓尼产有 1 批，占该产地样本总数的 50.00%；云南产有 3 批，占该产地样本总数的 75.00%；临洮县、武都区、文县、临潭县、康乐县及和政县等 6 个产地均为 0。由上述分析及图 4-19 可知，岷县、渭源县、漳县、宕昌县及云南产当归的欧氏贴近度整体较大，质量较好。可见，基于所建 TOPSIS 数学模型，以最优解的欧氏贴近度为指标所得的产地评价结果较为符合当归药材的道地性内涵及临床用药经验的认知。

（二）投影寻踪模型用于当归药材产地质量评价

投影寻踪（projection pursuit，PP）是美国科学家 Kruskal 提出的一种适用于高维、非线性、非正态分布数据处理的新兴数学建模方法，是统计学、应用数学及计算机科学的交叉学科。该法集特质提取与数据压缩于一体，具有数学意义清晰、模型稳健性好、抗干扰能力强和准确度高等优点，而且便于对评价指标和样本按重要性及优劣进行排序和分类，目前已在地球化学、水文、矿业及经济学等诸多领域得到了广泛的应用，但其在中药研究领域的应用研究未见相关报道。PP 数学模型的实质是利用计算机技术，通过把高维数据投影到低维的子空间，寻找能够反映原来高维数据结构或特征的投影，然后在低维空间研究数据结构与特征，从而达到分析与研究高维数据的目的。

计算得最佳投影方向 $\boldsymbol{a}_j^*$，将 $\boldsymbol{a}_j^*$ 的取值进行大小排列，即可得到各评价指标对样本贡献程度大小。取局部密度控制参数为 0.10，求得指标集 21 个评价指标的最佳投影方向分量值为 0.2914，0.3142，0.2371，0.2751，0.3531，0.3642，0.2376，0.2453，0.1833，0.1933，0.2147，0.2034，0.1705，0.1402，0.1072，0.1311，0.1236，0.1324，0.1235，0.1201，0.1107。最佳投影方向分量值代表了相应各指标的权重，实际反映出各评价指标对当归药材产地质量的贡献程度，21 个评价指标贡献程度由大到小排序为：醇溶性浸出物>挥发油> Z-藁本内酯>阿魏酸>正丁烯基苯酞> Fe > Zn >正丁基苯酞> Ca > Na > Mg > Mn > K > Ni > As > Pb > Cd > Hg > Cu > Sb > Cr。

根据最佳投影方向的分量值求得各样本的最佳投影值 z^*，对 z^* 进行大小排列，即得到各样本的优劣排序，结果见表 4-14。各产地当归药材样本的平均投影值比较见图 4-20。

表 4-14 各产地样本的投影值及排序

编号	投影值	排序	编号	投影值	排序	编号	投影值	排序	编号	投影值	排序
M1	45.86	40	M25	50.98	16	W9	44.21	46	WX2	37.36	78
M2	49.20	27	M26	43.85	47	W10	45.55	41	L1	35.62	87
M3	50.30	21	M27	45.26	43	W11	42.95	54	L2	34.22	90
M4	51.30	13	M28	43.83	48	W12	46.23	38	L3	37.52	77
M5	51.29	14	M29	42.40	55	W13	43.77	49	L4	36.47	81
M6	50.80	19	M30	47.01	35	W14	39.05	69	L5	37.97	75
M7	51.31	12	M31	48.95	28	ZX1	36.63	80	L6	32.84	92
M8	43.53	50	M32	51.75	11	ZX2	45.93	39	L7	34.90	89
M9	41.39	57	M33	44.68	45	ZX3	47.43	31	K1	35.83	85
M10	39.07	68	M34	52.48	8	ZX4	50.87	18	K2	34.93	88
M11	44.80	44	M35	40.78	61	ZX5	43.16	52	K3	36.18	83
M12	53.65	3	M36	47.30	32	ZX6	40.38	62	K4	32.54	93
M13	31.87	95	M37	41.10	60	ZX7	41.20	59	K5	37.30	79
M14	53.86	1	M38	49.53	25	LT1	35.63	86	H1	36.20	82
M15	50.62	20	M39	38.91	70	LT2	40.35	63	H2	32.40	94
M16	51.11	15	M40	46.67	37	LT3	38.21	74	H3	34.02	91
M17	50.96	17	W1	38.63	72	LT4	37.79	76	H4	38.78	71
M18	53.57	4	W2	48.93	29	T1	38.22	73	Z1	41.71	56
M19	47.05	34	W3	46.80	36	T2	39.37	67	Z2	35.87	84
M20	52.53	7	W4	48.59	30	T3	43.45	51	YN1	45.33	42
M21	53.84	2	W5	49.37	26	T4	43.03	53	YN2	52.43	9
M22	52.41	10	W6	52.61	6	WD1	41.34	58	YN3	39.77	65
M23	49.83	24	W7	50.13	22	WD2	39.93	64	YN4	53.54	5
M24	49.96	23	W8	47.06	33	WX1	39.74	66			

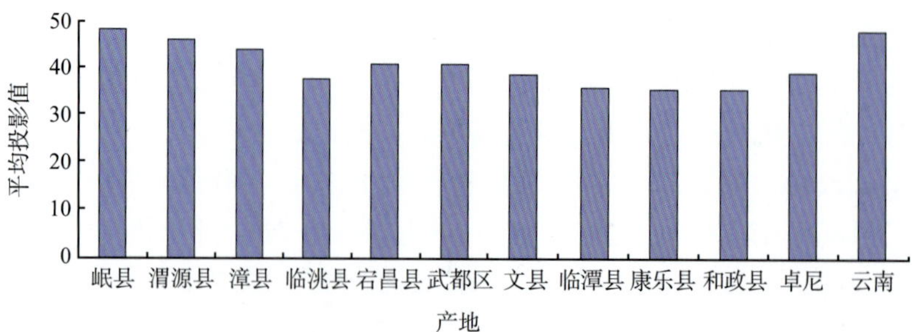

图 4-20 各产地当归药材样本的平均投影值

由表 4-14 可知，排名在前 47 名内的当归样本，岷县产有 31 批，占该产地样本总数的 77.50%；渭源县产有 10 批，占该产地样本总数的 71.43%；漳县产有 3 批，占该产地样本总数的 42.86%；云南产有 3 批，占该产地样本总数的 75.00%；临洮县、宕昌县、武都区、文县、临潭县、康乐县、和政县及卓尼等 8 个产地均为 0。若以排名前 60 名为节点，则岷县产有 36 批，占该产地样本总数的 90.00%；渭源县产有 12 批，占该产地样本总数的 85.71%；漳县产有 5 批，占该产地样本总数的 71.43%；武都区有 1 批，占该产地样本总数的 50.00%；宕昌县产有 2 批，占该产地样本总数的 50.00%；卓尼产有 1 批，占该产地样本总数的 50.00%；云南产有 3 批，占该产地样本总数的 75.00%；临洮县、文县、临潭县、康乐县及和政县等 5 个产地均为 0。由上述分析及图 4-20 可知，岷县、渭源县、漳县、宕昌县及云南产当归的投影值总体较大，质量较好。可见，基于所建的 PP 模型，以投影值为指标所得的产地评价结果较为符合当归药材的道地性内涵及临床用药经验的认知。

（三）主成分分析模型用于当归药材产地质量评价

95 批不同产地当归药材 PCA 总因子得分（F 值）及排序见表 4-15。其中，总因子得分越高，表明该样本质量越好。不同产地当归样本 F 值的平均值比较见图 4-21。

表 4-15 不同产地当归样本主成分得分排名

编号	F	排序	编号	F	排序	编号	F	排序	编号	F	排序
M1	1.0687	27	M25	0.8615	36	W9	0.3983	49	WX2	−0.8551	88
M2	1.1893	16	M26	0.6348	45	W10	0.3528	50	L1	−0.9653	91
M3	1.1278	22	M27	0.6549	44	W11	−0.0934	65	L2	−1.1737	94
M4	1.2994	10	M28	0.4675	48	W12	0.2221	52	L3	−0.0935	66
M5	1.2985	11	M29	0.4695	47	W13	−0.0508	64	L4	−0.1253	70
M6	1.1097	23	M30	0.7153	41	W14	−0.4495	86	L5	−0.0452	63
M7	1.0526	28	M31	0.7354	39	ZX1	−0.9644	90	L6	−0.2624	77
M8	0.7273	40	M32	1.2356	15	ZX2	1.0002	30	L7	−0.1815	73
M9	0.5929	46	M33	1.0756	25	ZX3	0.9944	31	K1	−0.2393	76
M10	0.2130	53	M34	1.2957	12	ZX4	1.2719	13	K2	−0.3175	83
M11	0.9331	32	M35	0.3159	51	ZX5	0.1077	56	K3	−0.2656	78
M12	1.2532	14	M36	0.8360	37	ZX6	−0.1444	72	K4	−0.3504	85
M13	−1.2377	95	M37	0.1561	55	ZX7	−0.1079	69	K5	−0.2719	79
M14	1.4739	1	M38	1.1762	17	LT1	−0.9715	92	H1	−0.2884	81
M15	1.3136	8	M39	−0.8933	89	LT2	−0.0351	62	H2	−0.3483	84
M16	1.4337	3	M40	0.9164	33	LT3	0.0077	60	H3	−0.2980	82
M17	1.4238	4	W1	−0.9933	93	LT4	0.0013	61	H4	−0.2873	80
M18	1.3934	5	W2	1.1549	19	T1	0.0277	59	Z1	−0.1076	68
M19	1.0940	24	W3	0.7563	38	T2	0.0459	58	Z2	−0.2224	75
M20	1.3141	7	W4	0.8975	34	T3	0.1941	54	YN1	1.1327	21
M21	1.4343	2	W5	0.6788	43	T4	0.0935	57	YN2	1.3468	6
M22	1.1544	20	W6	1.1550	18	WD1	−0.1025	67	YN3	−0.2077	74
M23	1.0745	26	W7	0.8896	35	WD2	−0.1349	71	YN4	1.3118	9
M24	1.0095	29	W8	0.6862	42	WX1	−0.7450	87			

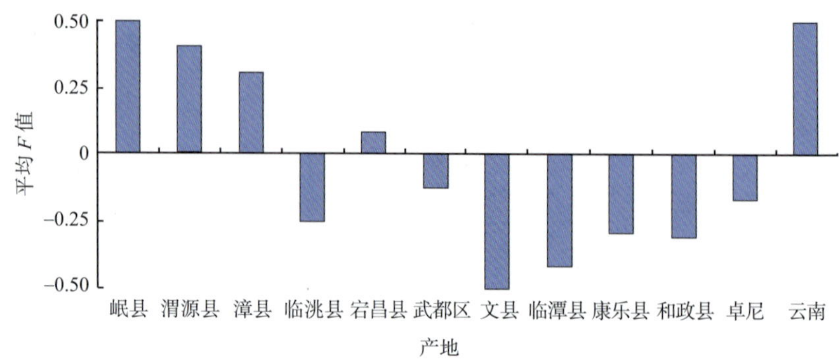

图 4-21 不同产地当归样本 PCA 总因子得分（*F* 值）的平均值

由表 4-15 可知，排名在前 47 名内的当归样本，岷县产有 34 批，占该产地样本总数的 85.00%；渭源县产有 7 批，占该产地样本总数的 50.00%；漳县产有 3 批，占该产地样本总数的 42.86%；云南产有 3 批，占该产地样本总数的 75.00%；临洮县、宕昌县、武都区、文县、临潭县、康乐县、和政县及卓尼等 8 个产地均为 0。若以排名前 60 名为节点，则岷县产有 38 批，占该产地样本总数的 95.00%；渭源县产有 10 批，占该产地样本总数的 71.43%；漳县产有 4 批，占该产地样本总数的 57.14%；临洮县产有 1 批，占该产地样本总数的 25.00%；宕昌县产有 4 批，占该产地样本总数的 100%；云南产有 3 批，占该产地样本总数的 75.00%；武都区、文县、临潭县、康乐县、和政县及卓尼等 7 个产地均为 0。由上述分析及图 4-21 可知，岷县、渭源县、漳县、宕昌县及云南产当归的投影值为正值，总体较大，质量较好。可见，基于所建的 PCA 模型，以总因子得分为指标所得的产地评价结果较为符合当归药材的道地性内涵及临床用药经验的认知。

TOPSIS 模型、PP 模型及 PCA 模型用于当归药材产地质量评价，结果均表明岷县、渭源县、漳县、宕昌县及云南产当归药材质量较好，这均较为符合当归药材的道地性内涵及临床用药经验的认知。其中，岷县产当归药材质量最佳，这与“岷归”作为道地药材的结论相一致，云南产当归（“云归”）质量亦佳，其栽培、开发前景广阔。

三、当归药材质量控制研究

中药大部分为植物药和动物药，有效成分多为次生代谢产物，化学成分复杂，理化性质各异，生物活性及疗效迥然不同。经过多年来的植物化学和中药药理药效研究，其中特别是近几十年来对中药药效的深入研究，人们越来越认识到中药的药效不是来自于单一的化学活性成分，而是来自多种活性成分之间的协同作用，甚至是与某些“非活性成分”的协同效应或“生克作用”。因此，任何单一的活性化学成分或指标成分都难以评价中药的质量。利用现代先进的分析技术来分析中药的整体特性，以便更准确地鉴别不同中药及识别中药本身的真伪和优劣，这就形成了中药指纹图谱的原动力。中药指纹图谱能较为全面地反映中药内在化学成分的种类与数量，进而反映中药的质量。中药指纹图谱已成为国际公认的控制中药或天然药物质量最有效的手段之一。早在 20 世纪 80 年代，日本汉方药制药企业就已采用色谱技术通过比较成品指纹图谱与标准指纹图谱的一致性来进行质量控制。欧洲也采用了指纹图谱对中草药的质量进行控制，如德国 Schwabe 公司提出银杏叶标准制剂 EGB761 的标准。《英国草药典》、《印度草药典》、加拿大药用植物学会也采用指纹图谱进行质量控制。美国 FDA 过去依照化学药品的要求对待植物药，现在也已承认中药不是单一或某几个化学成分的作用，接纳采用指纹图谱控制不同批次药品质量的均一性和稳定性，明确将指纹图谱作为植物药的质量控制模式。这为中药走向世界敞开了一条大道。从而，以分离分析为技术依托的指纹图谱成为一种可行的质控模式。

现阶段，绝大多数中药有效成分尚未明确，因此采用中药指纹图谱能够较为有效地表征中药的内在质量。Xu 等建立了不同品种肉苁蓉乙醇提取物的多步宏观 IR 指纹图谱及 HPLC 指纹图谱用于其质量评价，结果表明该法是一种很有前途的中药质量控制与评价方法，可推广用于类似中药、提取物及化学成分的鉴别及检测。Zhang 等基于 HPLC-DAD-ELSD 联用技术建立了知母 - 黄柏药对的指纹图谱质量控制方法，实现了该药对中生物碱、呫吨醇苷及甾体皂苷等有效部位中化学成分的同时测定。Yi 等结合 HPLC 指纹图谱与多元统计分析实现了不同来源青皮的质量控制与鉴别。孙绩岩等采用 RAPD 技术（随机扩增 DNA 多态性）扩增了鹿茸的线粒体 DNA，建立了鹿茸的 HPCE-RAPD 指纹图谱，该法检出率高，技术简便，能够用于鹿茸及其伪品的快速鉴别。文献研究可知，基于指纹图谱的中药质量控制与评价模式相关研究正在向纵深化发展，研究药材对象和技术手段正在扩大。但是，虽然基于指纹图谱的中药质量控制与评价模式研究已有多年，并总体上对中药质量的控制与评价起到了一定的推动作用，但目前仍未进入实用阶段。指纹图谱可以用来鉴别中药材的真伪，区分优劣，区分不同产区、采收时间、炮制方法和用药部位的同种药材，作为中药材的质量控制手段。对于指纹图谱的研究，对保证中药质量，提高中药工业整体水平，带动中药农业现代化，推进中药走向世界等方面，均有非常重要的现实意义。

（一）当归药材的 HPLC 指纹图谱研究

有关当归指纹图谱方面的研究比较多，且主要是有关 HPLC 指纹图谱和 GC-MS 指纹图谱方面的，TLC 指纹图谱和光谱指纹图谱方面的报道极少。董自波等用 Zorbax300SB C_{18} 分析柱，乙腈 - 水 - 磷酸梯度洗脱，检测波长 280nm，建立了当归指纹图谱检测标准，共有指纹峰 16 个，鉴定其中 3 个为阿魏酸、洋川芎内酯 H、洋川芎内酯 I。马华侨等以联苯为参照物，以甲醇 - 水（水中含体积比为 0.5% 乙酸）为流动相梯度洗脱，结果精密度、重现性、稳定性试验中共有峰相对峰面积、相对保留时间的 RSD 均小于 0.5%，不同产地当归相似度大于 98.5%。该方法可以作为评价当归药材的质量标准。赵健雄等采用 HPLC 对阿魏酸进行定量，并对 11 个产地当归的指纹图谱进行相似度比较。刘荣霞等分别以乙腈：0.01% 磷酸水溶液（10：90）、甲醇：乙腈：水（10：30：60）为流动相，测定了不同产地当归药材的 HPLC 指纹图谱，可用于当归的质量评价。张敏等采用梯度洗脱法，对当归水溶性成分进行 HPLC 测定，结合相似度分析和聚类分析对当归药材进行质量评价，较好地表达了产地和用药部位信息。卢光华等采用 HPLC 指纹图谱对当归 *Angelica sinensis*（oliv.）Diels、日本当归（A.acutiloba kitagawa 或 A.acutiloba kitagawa var. sugiyamae Hikino）、川芎 Ligusticum chuanxiong Hort、日本川芎 Cnidium officinale 进行比较，结果发现川芎和日本芎草穷的指纹图谱相似，可以通过主成分分析方法对其进行准确分类，证明用此方法评价药材质量是可行的。于淼等建立了当归药材水溶性成分的 HPLC 指纹图谱，实现了对当归中 29 个化学成分色谱峰的分离，获取了反映该药材整体特征的化学数据。另有许多学者对这方面进行了进一步研究，证实 HPLC 指纹图谱用于当归药材质量控制的合理性和可行性。此部分主要介绍通过 MATLAB 软件和计算机辅助相似性评价系统对 HPLC 指纹图谱进行处理和分析，结合相似度计算、主成分分析和欧氏距离的模式识别对当归药材进行分析、评价。

1. 当归 HPLC 指纹图谱的建立

取不同产地当归药材，制备供试品溶液。将供试品溶液按一定色谱条件进样 10μl，通过 MATLAB 软件和计算机辅助相似性评价系统（中南大学中药现代化研究中心）处理后得到 36 个产地当归药材的 HPLC 指纹图谱（图 4-22）和 36 个当归样品的共有模式图（图 4-23），并对其 HPLC 指纹图谱进行共有峰标定。取阿魏酸对照品配制成对照品溶液，将对照品溶液按上述色谱条件进样 10μl，得到阿魏酸的 HPLC 图，见图 4-24。

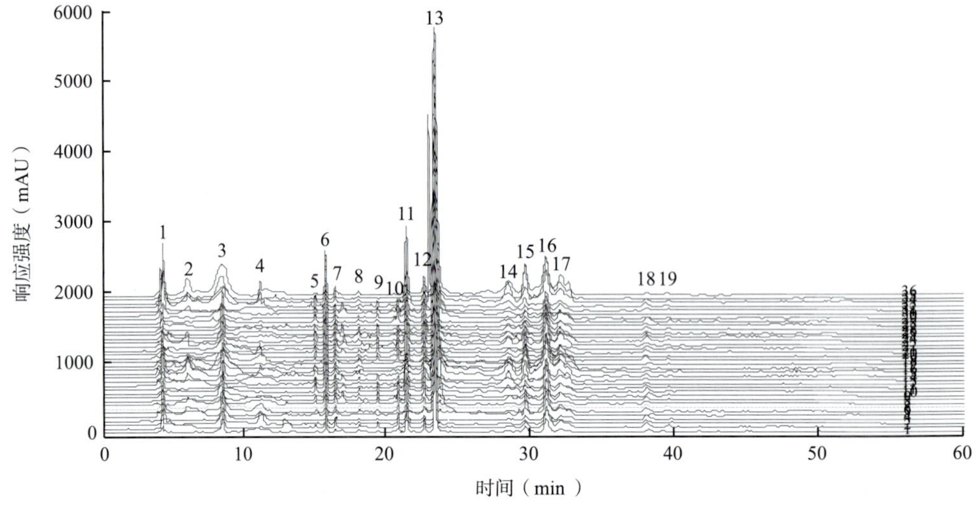

图 4-22　36 个当归样品的 HPLC 指纹图谱

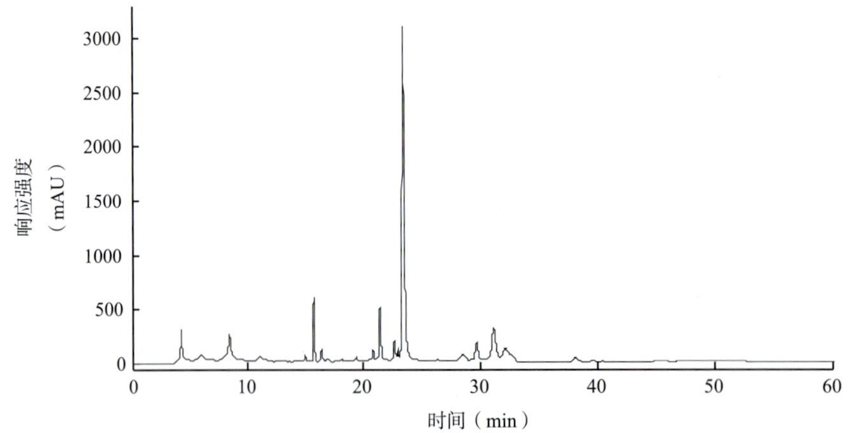

图 4-23　36 个当归样品的共有模式图

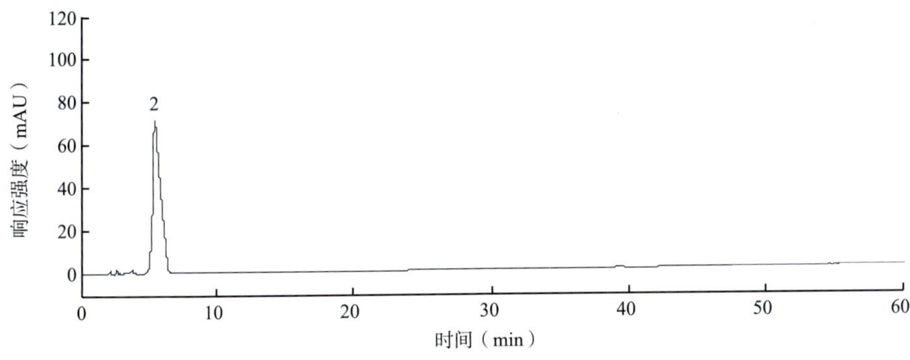

图 4-24 对照品阿魏酸的 HPLC 图

图 4-22 显示出了 36 个不同来源当归药材提取物的 HPLC 指纹图谱。从图谱可以看出，各样本的主要特征峰相同，指纹图谱整体特征相似，说明甘肃省内当归药材的化学特征相似，但在细节上也存在一些差别。

2. 指纹图谱的相似度计算

以 36 个不同产地当归药材 HPLC 指纹图谱的均数矢量作为对照谱，通过计算相关系数和相合系数（矢量之间的夹角余弦）对各地当归提取物进行整体相似性比较。用中南大学中药现代化研究中心开发的“计算机辅助相似性评价系统”软件计算相似度，相似度计算结果见表 4-16。

表 4-16 36 个产地的当归药材的相似度比较

样品编号	相关系数	相合系数	样品编号	相关系数	相合系数
1	0.9673	0.9654	19	0.9099	0.9157
2	0.9134	0.9200	20	0.9877	0.9881
3	0.9027	0.9036	21	0.9811	0.9811
4	0.9184	0.9243	22	0.9501	0.9534
5	0.9100	0.9169	23	0.9841	0.9844
6	0.9262	0.9314	24	0.9571	0.9735
7	0.9653	0.9668	25	0.9588	0.9602
8	0.9421	0.9457	26	0.9677	0.9615
9	0.9771	0.9771	27	0.9678	0.9681
10	0.9582	0.9605	28	0.6270	0.6509
11	0.9513	0.9549	29	0.9396	0.9438
12	0.9848	0.9839	30	0.9586	0.9596
13	0.9612	0.9627	31	0.9462	0.9497
14	0.9791	0.9794	32	0.9798	0.9788
15	0.9460	0.9500	33	0.8941	0.8993
16	0.9265	0.9321	34	0.9419	0.9462
17	0.9761	0.9779	35	0.9705	0.9720
18	0.9619	0.9646	36	0.9335	0.9378

由相似度计算结果可以看出，各地当归提取物的相似度大多数在 0.9000 以上，进一步客观地说明了甘肃省内当归药材化学特征基本相似。仔细比较各个样品的相似度又存在一定差别，低的只有 0.6000 左右，高的接近 0.9900。其中，相似度在 0.9000 以下的样品有 28 号和 33 号，说明甘肃省内大多数地方药材之间的化学特征差别不大。另外，比较由相关系数和相合系数计算得到的相似度可以看出，这两种计算方法的计算结果虽然不完全相同但差异很小，可以得到一致性分析结果。

3. 指纹图谱的主成分分析

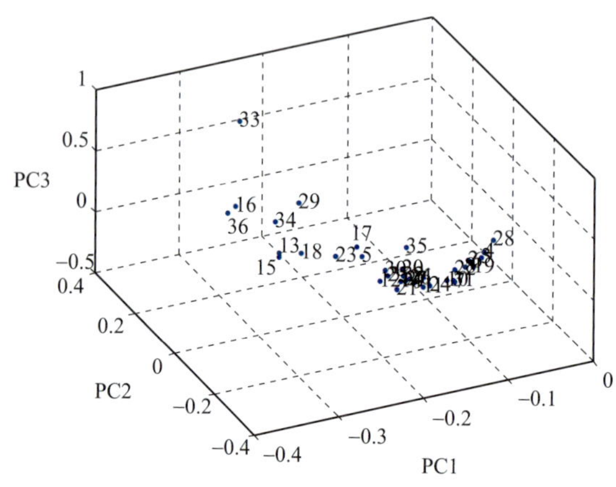

图 4-25 36 个当归样本色谱指纹图谱数据的三维主成分投影图

主成分分析是对中药色谱指纹图谱整体模式进行比较与分析的一种化学模式识别方法，它通过降维方式提取指纹图谱的主要信息从而对药材的组成进行细微差别分析和异常样本检查。根据 PCA 分解所得的特征主成分对指纹图谱信息量的解释程度选取主成分数。本研究以 36 个当归样本指纹图谱数据集提取的前三个特征主成分（PC1-PC2-PC3）作投影，进行主成分分析（图 4-25）和异常样本指纹图谱检查（图 4-26）。

从三维主成分投影图（图 4-25）反映的指纹图谱综合信息可以看出：甘肃省内当归药材的指纹图谱投影位置存在一定差别，其中主要远离样本集中区的样品仍然是 28 号和 33 号，与相似度计算结果一致。结合异常样本与共有模式的比较图（图 4-26）进一步分析发现，33 号样品的第 12 个共有峰高度明显偏高，而第 13、14、15、16 个共有峰的高度明显偏低，这是造成其相似度低且远离样本集中投影区的主要原因；28 号样品的指纹图谱与共有模式相比，第 1、3、5、16 个共有峰的高度、峰形基本相同，而其他共有峰的个数、比例虽基本相同，但是色谱峰非常低，这就导致其投影到另一个平面上，且相似度很低。

仔细观察图 4-25 中当归样品指纹图谱的投影位置发现，当归药材化学特征与其生长的具体地理环境有关，分析如下：28 号、29 号、33 号、34 号这几个来自于距岷县较远县市的当归样品的投影点散在地分散在投影集中区周围，显示出各自的化学特征差异，从生长环境分析发现地理位置和土壤条件有较大差异；岷县麻子川乡的 16 号样品投影点明显远离样本投影点集中区，而与宕昌县境内的 36 号样品投影点紧邻，从地理位置发现麻子川乡位于岷县的边境，是与宕昌接壤之地，其土壤条件、海拔高度、气候等方面均比较接近；处于岷县西北方向的 13 号、15 号和 18 号样品投影点也稍微偏离投影点集中区，分析发现其地理位置接近、土壤环境相似；其他作为与岷县地理环境相似且大面积接壤的临潭县、卓尼县、漳县及紧邻漳县的渭源县五竹镇的药材的投影点都集中在主投影区内，表示其化学特征相似，说明当归药材质量与生长环境密切相关。

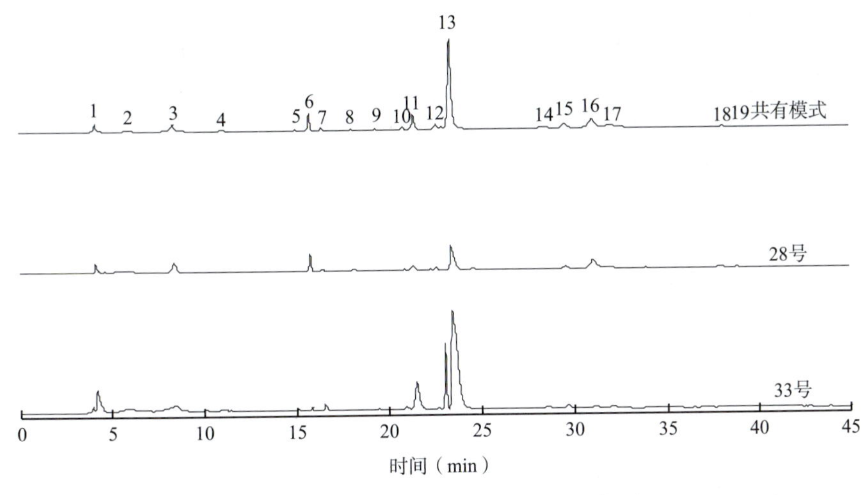

图 4-26　异常样本与共有模式的比较图

4. 欧氏距离的多维模式识别

欧氏距离的多维标准化模式识别也是对中药色谱指纹图谱整体模式进行比较分析的一种模式识别方法，本研究采用此方法对不同产地当归药材进行整体模式的比较与分析，结果见图 4-27。

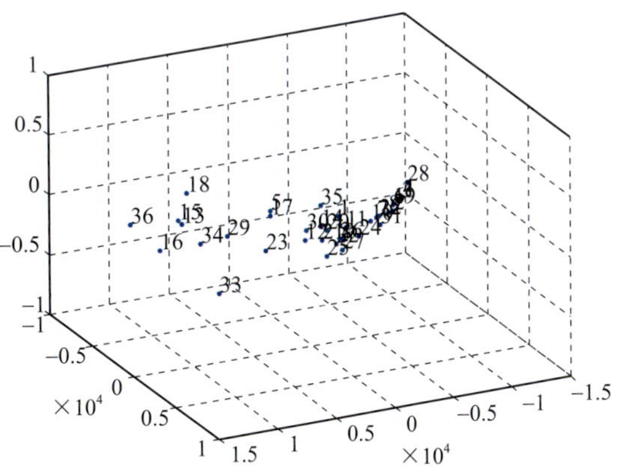

图 4-27　欧氏距离的多维模式识别图

从欧氏距离的多维模式识别图（图 4-27）可以看出，主要偏离样品集中投影区的样品仍然是 28 号和 33 号。16 号与 36 号样品投影点间距离虽然与图 4-25 中的距离相比较远一些，但仍可归为一类，显示出很相似的化学特征；13 号、15 号和 18 号样品的投影点与图 4-25 中的位置相比，距样品投影点集中区较远，但所反映的信息特点是一致的。综合图 4-27 反映的信息，欧氏距离的多维模式识别分析结果与主成分分析的结果一致。

所建立的当归 HPLC 指纹图谱方法具有很好的稳定性和重现性，将相似度计算、主成分分析和欧氏距离的多维模式识别相结合可以很好地对当归药材的化学特征进行比较、分类，为选购原料药材、规范 GAP 种植条件和保证相关产品质量提供实验依据。

（二）当归的 GC-MS 色谱指纹图谱研究

1. 当归 GC-MS 指纹图谱的建立

取不同产地当归药材，用正己烷超声提取，得到当归供试品溶液。将供试品溶液按一定的进样条件进样 0.2μl，通过气质联用工作站和计算机辅助相似性评价系统处理后得到 34 个产地当归药材的 GC-MS 总离子流图的指纹图谱（图 4-28）和 34 个当归样品的 GC-MS 总离子流的共有模式图（图 4-29）。

图 4-28 所示为 34 个不同来源当归药材提取物的 GC-MS 指纹图谱。从图谱可以看出，各样本的主要特征峰相同，指纹图谱整体特征相似，说明甘肃省内当归药材所含挥发油的主要化学成分相近。

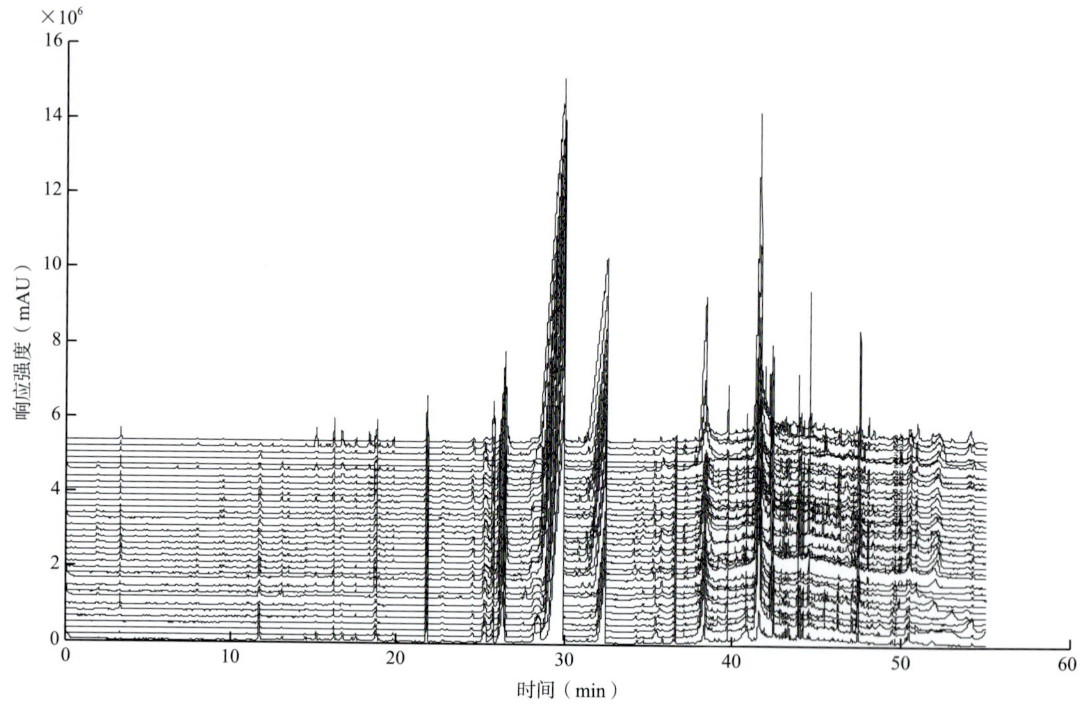

图 4-28 不同产地当归挥发油的总离子流图的指纹图谱

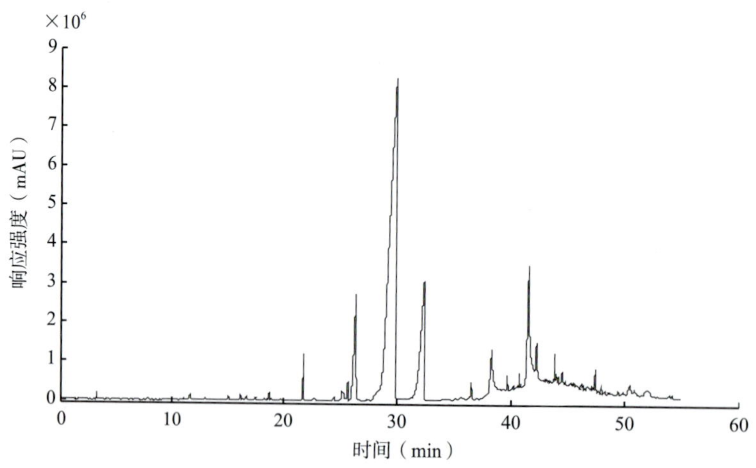

图 4-29 34 个当归样品的 GC-MS 总离子流指纹图谱的共有模式

2. 指纹图谱的相似度计算

以 34 个不同产地当归药材的 GC-MS 指纹图谱的均数矢量作为对照谱，通过计算相关系数和相合系数对各地当归挥发油提取物进行整体相似性比较。用中南大学中药现代化研究中心开发的“计算机辅助相似性评价系统”软件计算相似度，相似度计算结果见表 4-17。

表 4-17　34 个产地的当归药材的相似度比较

样品编号	相关系数	相合系数	样品编号	相关系数	相合系数
1	0.9315	0.9326	18	0.9862	0.9868
2	0.9274	0.9307	19	0.9841	0.9848
3	0.9845	0.9847	20	0.9732	0.9737
4	0.9637	0.9643	21	0.9902	0.9906
5	0.9398	0.9426	22	0.9856	0.9859
6	0.9703	0.9716	23	0.9783	0.9787
7	0.9772	0.9775	24	0.9712	0.9724
8	0.9812	0.9820	25	0.9606	0.9625
9	0.9713	0.9716	26	0.9727	0.9738
10	0.9878	0.9879	27	0.9858	0.9865
11	0.9826	0.9833	28	0.9754	0.9760
12	0.9702	0.9717	29	0.9726	0.9736
13	0.9938	0.9940	30	0.9730	0.9733
14	0.8891	0.8946	31	0.9386	0.9392
15	0.9490	0.9513	32	0.9598	0.9618
16	0.8864	0.8921	33	0.7431	0.7568
17	0.9490	0.9512	34	0.8700	0.8745

由相似度计算结果可以看出，各地当归提取物的相似度大多数在 0.9000 以上，进一步客观地说明了甘肃省内当归药材所含挥发油的成分基本一致。仔细比较各个样品的相似度又存在一定的差别，低的只有 0.7500 左右，高的接近 1.0000。其中，相似度在 0.9000 以下的样品有 14 号、16 号、33 号和 34 号，其中 33 号和 34 号的相似度值明显较低，即临洮和武都马街镇两地所产当归的差异性稍大，其分析结果与 HPLC 检测结果一致。另外，比较由相关系数和相合系数计算得到的相似度可以看出，它们的计算结果虽然不完全相同但差异很小，可以得到一致性分析结果。

3. 指纹图谱的主成分分析

采用与 HPLC 指纹图谱主成分分析相同的方法，以 34 个当归样本指纹图谱数据集提取的前三个特征主成分（PC1-PC2-PC3）作投影，进行主成分分析和异常样本指纹图谱检查，结果见图 4-30。

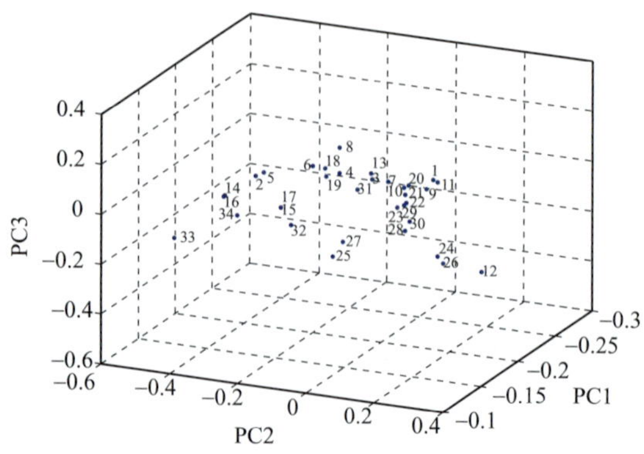

图 4-30 34 个当归样本指纹图谱数据的三维主成分投影图

从三维主成分投影图（图 4-30）反映的指纹图谱综合信息可以看出：甘肃省内当归药材的指纹图谱投影位置存在一定差别，其中单独投影在一个面上的样本是 14 号、16 号、33 号和 34 号。结合异常样本与共有模式的比较图（图 4-31）进一步分析发现，这几个样本的主要色谱峰与共有模式色谱峰峰形相似但是峰高有一定的差别，而且较小色谱峰的位置、峰高也存在一定差别。所以各样本间虽然有一定差距，其相似度也都接近 0.9000。

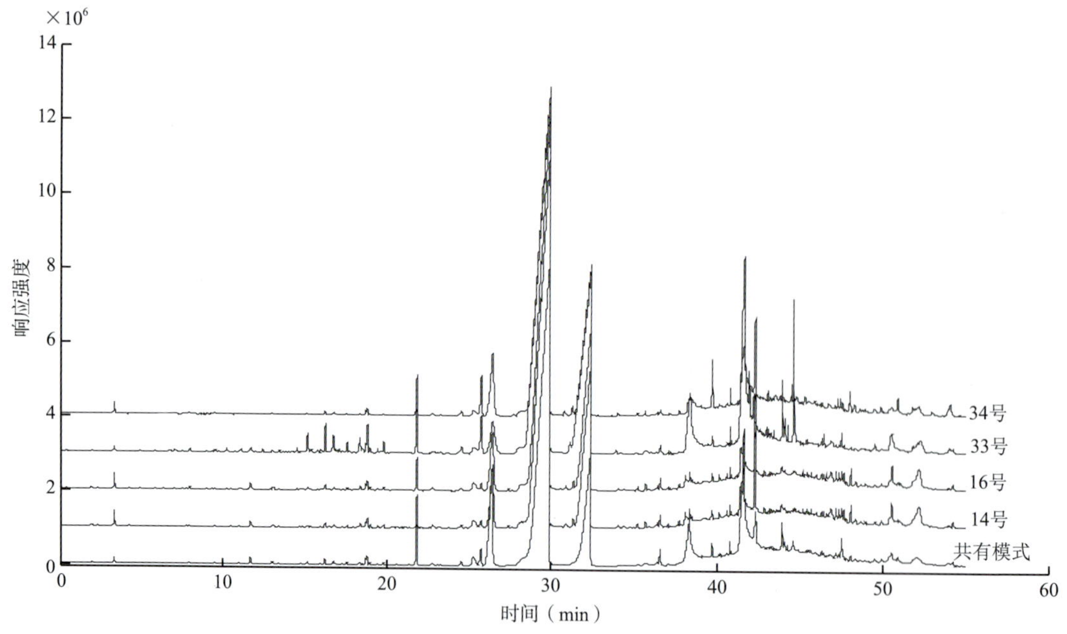

图 4-31 异常样本与共有模式的比较图

仔细观察图 4-30 中当归样品指纹图谱的投影位置发现，不同产地当归药材所含的挥发性成分与药材生长的具体地理环境有关，分析如下：33 号、34 号两个当归样品来自于距岷县较远县市且土壤环境差异较大，投影位置明显远离投影集中区，显示出各自的化学特征差异；岷县麻子川乡的 16 号样品和岷县上沟村的 14 号样本投影点很近，且明显远离样本投影点集中区，从生长环境看它们的土壤、地理位置、海拔高度、气候等方面均比较接近，且与岷县其他地区有较大差别；漳县境内的 24 号、25 号、26 号、27 号和 28 号样品投影点也因地理位置接近、土壤环境相似而比较接近；作为与岷县地理环境相似且大面积接壤的临潭县 30 号、卓尼县 32 号及位于岷县西北边境地区的 12 号药材投影点集中在主投影区附近，表示出其化学特征的相似性，说明当归药材质量与生长环境密切相关。综合甘肃省内 34 个不同产地当归药材的指纹图谱信息可以看出：甘肃省各地当归药材质量与其生长环境密切相关，地域越接近，海拔高度、土壤条件和气候条件越相似其化学特征越相近，与 HPLC 指纹图谱研究结果得到一致性结论。另外，建立的当归药材 GC-MS 指纹图谱方法具有很好的稳定性和重现性，将相似度计算和主成分分析相结合可以很好地对当归药材化学特征进行比较、分类。

在对当归挥发油成分进行定性分析的过程中，由于色谱进样中不可避免的重叠峰、低浓度峰的出现，以及检索条件、方法等方面的限制，不可能对所有色谱峰进行定性检索和分析，争取在以后的研究工作中进一步改进检索、分析方法，以更全面地对当归挥发性成分进行分析、鉴定。

由本节介绍内容可知，当归药材 HPLC 和 GC-MS 指纹图谱具有良好的稳定性和重现性，而且相似度计算和模式识别相的评价结果可以得到一致性结论，因此，此方法可用来对当归药材进行质量评价与分类。通过比较当归药材提取物的 GC-MS 指纹图谱和 HPLC 指纹图谱之间的结果发现：虽然挥发性和非挥发性成分在不同产地当归中反映出的当归分类、分析结果不完全相同，但是都得出了共同的结论，即甘肃省各地当归药材质量与其生长环境密切相关，地域越接近，海拔高度、土壤条件和气候条件越相似其化学特征越相近。

第四节　当归复方制剂质量评价方法研究

中药质量控制标准研究是中药现代化、国际化的重要内容，而研究思路与方法的科学性和现实可操作性决定了其在生产、流通、监督、管理过程中实际控制能力的高低和执行是否有效。中药是一个多组分的复杂体系，由于其多靶位、多器官作用而具有多效性和整体平衡性。传统的中医理论和医疗实践对现行中药质量控制的模式提出了挑战，要求建立多成分、多指标的质量控制模式，对中药进行全面有效的综合评价。近年来，许多研究者就适合中医药特点的中药（主要是中药材）质量控制进行了广泛的探索和研究，提出了各自的思路和方法。如谢培山认为色谱指纹图谱分析是对中药进行综合宏观分析的可行手段；罗国安等建立多维多息特征图谱，以解决药效和质量相关性问题；屠鹏飞等建立化学和基因指纹图谱，以反映中药整体信息；梁鑫淼等提出中药黑箱分析方法的总体设计思路，建立以智能多模式多柱色谱系统及其联用技术为基础的中药组成指纹数据库；李萍等提出应用全息图谱（性状图谱、显微特征图谱、基因图谱、化学全成分图谱、主成分含量图谱、血清药化学图谱等）控制中药质量的研究方法；王智民等提出“一测多评”法，即利用中药成分内在的函数关系和比例关系，只测定一个成分（对照品可得到者），来实现多个成分（对照品难以得到或难供应）的同步测定；谢元超等提出“替代对照品”法结合校正因子的质量控制方法，以解决对照品制备困难、价格昂贵、不稳定的问题。除立足于化学成分（群）的解决思路外，还有学者提出采用“生物检定法”“药理学评价体系”或引入“系统生物学”来解决中药多成分、多靶点且多数中药有效成分不明确，指标性成分难以代表中药质量的窘境，希望以生物学指标或药效毒理参数来评估中药质量优劣。上述部分研究成果在现行《中国药典》（2015 年版）中也得到了体现，如色谱指纹图谱技术、薄层 - 生物自显影技术、DNA 分子遗传标记技术、基于“一测多评”的多成分定量等。

复方药，也称复方制剂或中成药，是我国传统中药用药的主要形式，复方药的活性成分是传统中药发挥药效的物质基础。复方药的质量控制和安全性评价的主要难点在于其是一种极其复杂的样品分析体系，它通常由一种以上的中药材组成。一种中药材中就有成百种成分，由多种中药材组成的复方药就更为复杂，成分数量更多、化合物类型更复杂、药理活性更多样。此外，复方药成分的复杂性和不确定性及原药材质量的不稳定性，中医药理论指导的系统性与化学成分检测的单一性，以及复方药制剂工艺的特殊性和杂质来源的多样性，均要求建立具有中药特色的复方药质量控制方法和体系，应能体现中药多组分多途径协调作用的特点。

中药制剂的质量控制标准经历了从无到有、从简单到逐步完善的过程。中药制剂自古以来就有“粗大黑”的印象和“膏丹丸散，神仙难辨”的说法，质量控制主要凭借外观经验判断。1977 年版《中国药典》首次将显微鉴别作为成方制剂的一种常规鉴别方法，体现了符合中药特点的专属性鉴别，能有效控制投料的真实性。直至 1985 年，中药制剂质量标准主要依靠药物的外观形态及显微鉴别，没有定量指标，缺乏反映中药内在成分的标准。1985 年以后，中药质量标准向着微观内在成分控制的方向发展，采用化学分析方法和仪器分析方法对中药复方成分进行定性鉴别和含量测定。薄层色谱被广泛应用于成方制剂的鉴别，1990 年版《中国药典》薄层鉴别中首次增加了对照药材，进一步解决了含相同化学成分的药材品种的鉴别问题，既有较强的专属性，又体现了一定的整体性。现代仪器分析方法被引入中药活性成分或指标成分的含量测定中，结束了中药制剂质量标准中没有定量指标的历史。高效液相色谱法成为含量测定的主流，薄层扫描法、气相色谱法、毛细管电泳法亦用于含量测定。在量化指标方面，逐步由测定指标成分向测定活性成分过渡，由测定单一成分向多成分测定及整体质量控制模式转化。随着科学技术的飞速发展，将会有更多先进的分析方法和评价模式应用到中药制剂的质量控制中来，建立起符合中医药特点的质量标准，全面真实地反映中药制剂的整体质量。

本节按照从单指标成分分析到多指标成分分析再到整体质量控制的模式，讨论了当归复方制剂的质量控制情况。

一、当归复方制剂

当归为伞形科植物当归 *Angelica sinensis*（Oliv.）Diels 的干燥根，药用历史悠久，自东汉以来，历代本草均有记载。当归味甘、辛，性温，归心、肝、脾经，有补血活血、调经止痛、润肠通便等功效，为历代医家常用药，用于血虚萎黄，眩晕心悸，月经不调，经闭痛经，虚寒腹痛，风湿痹痛，跌仆损伤，痈疽疮疡，肠燥便秘，尤其在治疗各种“血症”的方剂中，更是必不可少，因此，当归素有“妇科人参”及“十方九归”之说。在《中国药典》（2015 年版）收载的 1394 个成方制剂中，有 297 个含有当归，占 21.3%。表 4-18 列出了《中国药典》收载和已经上市的当归复方制剂名录。

表 4-18　当归复方制剂名录

序号	当归复方制剂	序号	当归复方制剂
1	乙肝养阴活血颗粒	41	木瓜丸
2	乙肝扶正胶囊 *	42	五虎散
3	二十七味定坤丸	43	止红肠辟丸
4	十一味参芪片	44	止痛化癥片
5	十一味参芪胶囊	45	止痛化癥胶囊
6	十全大补丸	46	止痛紫金丸
7	十五味气血双补口服液 *	47	少林风湿跌打膏
8	七制香附丸	48	少腹逐瘀丸
9	七宝美髯颗粒	49	中风回春丸
10	八宝坤顺丸	50	中风回春片
11	八珍丸	51	内消瘰疬片
12	八珍颗粒	52	牛黄上清丸
13	八珍益母丸	53	牛黄上清片
14	八珍益母胶囊	54	牛黄上清软胶囊
15	人参再造丸	55	牛黄上清胶囊
16	人参养荣丸	56	牛黄清心丸（局方）
17	人参健脾丸	57	化瘀祛斑胶囊
18	人参归脾丸 *	58	化癥回生片
19	三两半药酒	59	丹红化瘀口服液
20	三宝胶囊	60	丹桂香颗粒
21	大七厘散	61	乌鸡白凤丸
22	大活络丸 *	62	乌鸡白凤片
23	千金止带丸（大蜜丸）	63	乌鸡白凤颗粒
24	千金止带丸（水丸）	64	乌梅丸
25	女金丸	65	乌蛇止痒丸
26	女金胶囊	66	乌龙养血胶囊 *
27	女金丹丸 *	67	心通口服液
28	小金丸	68	正天丸
29	小金片	69	正天胶囊
30	小金胶囊	70	艾附暖宫丸
31	开光复明丸	71	右归丸
32	天王补心丸	72	龙泽熊胆胶囊
33	天王补心丸（浓缩丸）	73	龙胆泻肝丸
34	天和追风膏	74	龙胆泻肝丸（水丸）
35	天麻丸	75	归芍地黄丸
36	天麻头痛片	76	归脾丸
37	天麻首乌片	77	归脾丸（浓缩丸）
38	天麻祛风补片	78	归脾合剂
39	天麻头风灵片 *	79	归脾颗粒
40	天紫红女金胶囊	80	归芪补血口服液 *

续表

序号	当归复方制剂	序号	当归复方制剂
81	归芍活血胶囊 *	121	当归芍药散 *
82	归芍调经片 *	122	当归芍药颗粒 *
83	四制香附丸	123	当归芍药片 *
84	四物合剂	124	当归龙荟胶囊 *
85	四物益母丸	125	当归益血膏 *
86	四物颗粒	126	当归养血膏 *
87	四物汤 *	127	当归膏 *
88	桃红四物汤 *	128	当归散 *
89	白带丸	129	当归寄生注射液 *
90	白癜风胶囊	130	当归红枣颗粒 *
91	冯了性风湿跌打药酒	131	血府逐瘀口服液
92	加味左金丸	132	血府逐瘀丸
93	加味生化颗粒	133	血府逐瘀胶囊
94	加味香连丸	134	全鹿丸
95	加味逍遥口服液（合剂）	135	鹿胎膏 *
96	加味逍遥丸	136	庆余避瘟丹
97	丹栀逍遥丸 *	137	产复康颗粒
98	孕康合剂（孕康口服液）	138	安阳精制膏
99	孕康颗粒	139	安康颗粒 *
100	乐孕宁颗粒 *	140	安康片 *
101	地榆槐角丸	141	安坤胶囊 *
102	耳聋丸	142	安坤赞育丸 *
103	再造丸	143	阳和解凝膏
104	再造生血片	144	防风通圣丸
105	百合固金口服液	145	防风通圣颗粒
106	百合固金丸	146	防风通圣散 *
107	百合固金丸（浓缩丸）	147	妇宁康片
108	百合固金片	148	妇良片
109	百合固金颗粒	149	妇炎净胶囊
110	百消丹 *	150	妇炎康片
111	当归龙荟丸	151	妇科十味片
112	当归龙荟片 *	152	妇科千金片
113	当归补血口服液	153	妇科千金胶囊
114	当归补血丸 *	154	妇科分清丸
115	当归拈痛片	155	妇科养坤丸
116	当归养血丸	156	妇科调经片
117	当归调经颗粒	157	妇康宁片
118	当归调经丸 *	158	红药贴膏
119	当归四逆汤 *	159	坎离砂
120	当归苦参丸 *	160	克伤痛搽剂

续表

序号	当归复方制剂	序号	当归复方制剂
161	苏子降气丸	201	国公酒
162	抗栓再造丸	202	明目上清片
163	男康片	203	明目地黄丸
164	男宝胶囊 *	204	明目地黄丸（浓缩丸）
165	利肝隆颗粒	205	固本益肠片
166	伸筋活络丸	206	乳宁颗粒
167	肝炎康复丸	207	乳核散结片
168	肠胃宁片	208	乳癖散结胶囊
169	沈阳红药胶囊	209	狗皮膏
170	补中益气丸	210	京万红软膏
171	补中益气丸（水丸）	211	泻青丸
172	补中益气合剂	212	泻肝安神丸
173	补中益气颗粒	213	定坤丹
174	补肾养血丸	214	参芪十一味颗粒
175	补肾益脑丸	215	参茸白凤丸
176	补肾益脑片	216	参茸固本片
177	补益蒺藜丸	217	参茸保胎丸
178	补脾益肠丸	218	驻车丸
179	补心丹 *	219	参茸补肾片 *
180	补血当归精 *	220	脾肾双补丸 *
181	补阳还五汤 *	221	金砂五淋丸 *
182	阿魏化痞膏	222	肾宝片 *
183	阿胶当归颗粒 *	223	茵芪肝复颗粒
184	阿归养血糖浆 *	224	茵胆平肝胶囊
185	阿归养血口服液 *	225	柏子养心丸
186	阿归养血颗粒 *	226	柏子养心片
187	附桂骨痛片	227	骨折挫伤胶囊
188	附桂骨痛胶囊	228	骨刺丸
189	附桂骨痛颗粒	229	骨刺消痛片
190	妙济丸	230	香连化滞丸
191	驴胶补血颗粒	231	香附丸
192	延更丹 *	232	香附丸（水丸）
193	坤宝丸	233	复方川芎片
194	坤灵丸 *	234	复方川芎胶囊
195	郁金银屑片	235	复方珍珠暗疮片
196	拔毒膏	236	复方牵正膏
197	拨云退翳丸	237	复方当归注射液 *
198	软脉灵口服液	238	复方刺五加片 *
199	肾宝合剂	239	便通片
200	肾宝糖浆	240	便通胶囊

续表

序号	当归复方制剂	序号	当归复方制剂
241	保胎丸	281	益气养血口服液
242	追风透骨丸	282	益气逐瘀丸*
243	独圣活血片	283	益母丸
244	独活寄生丸	284	益血生胶囊
245	独活寄生合剂	285	消栓口服液
246	养心氏片	286	消栓颗粒
247	养血生发胶囊	287	消眩止晕片
248	养血荣筋丸	288	消银片
249	养血清脑丸	289	消银胶囊
250	养血清脑颗粒	290	消瘀康片
251	养阴生血合剂	291	消瘀康胶囊
252	养血当归糖浆*	292	消乳散结胶囊*
253	养心安神丸*	293	调经丸
254	同仁安神丸*	294	调经止痛片
255	活血止痛胶囊	295	调经养血丸
256	活血止痛散	296	调经活血片
257	活血止痛膏	297	调经活血胶囊
258	活络效灵丹*	298	调经至宝丸*
259	宫炎平片	299	调经祛斑片*
260	宫炎平滴丸	300	调经姑嫂丸*
261	除湿白带丸	301	通乐颗粒
262	除脂生发片*	302	通乳颗粒
263	蚕蛾公补片	303	通幽润燥丸
264	荷叶丸	304	通络祛痛膏
265	柴胡舒肝丸	305	通络活血丸*
266	逍遥丸	306	通痹片
267	逍遥丸（水丸）	307	通痹胶囊
268	逍遥丸（浓缩丸）	308	培坤丸
269	逍遥片	309	银屑灵膏
270	逍遥胶囊	310	得生丸
271	逍遥颗粒	311	麻仁滋脾丸
272	健步丸	312	痔宁片
273	健脑丸	313	清脑降压片
274	健脑胶囊	314	清脑降压胶囊
275	健脑补肾丸	315	清脑降压颗粒
276	脏连丸	316	清暑益气丸
277	脑心通胶囊	317	清宫长春片*
278	脑安胶囊	318	添精补肾膏
279	脑脉泰胶囊	319	寄生追风酒
280	狼疮丸	320	颈舒颗粒

续表

序号	当归复方制剂	序号	当归复方制剂
321	琥珀还睛丸	342	滑膜炎颗粒
322	斑秃丸	343	滋补生发片
323	紫龙金片	344	强力天麻杜仲胶囊 *
324	紫花烧伤软膏	345	脾肾双补丸 *
325	紫草软膏	346	槐角丸
326	跌打丸	347	暖脐膏
327	跌打活血散	348	腰痛丸腰痛片
328	蛤蚧补肾胶囊	349	解郁安神颗粒
329	筋痛消酊	350	瘀血痹胶囊
330	舒心口服液	351	瘀血痹颗粒
331	舒心糖浆	352	新血宝胶囊
332	舒尔经颗粒	353	新生化颗粒 *
333	舒筋活血定痛散	354	豨莶通栓丸
334	舒筋活络酒	355	豨莶通栓胶囊
335	舒肝消积丸 *	356	慢支固本颗粒
336	舒筋活血丸 *	357	慢肝解郁胶囊
337	痛经丸	358	鼻炎康片
338	痛经宝颗粒	359	醒脑再造胶囊
339	湿毒清胶囊	360	癣湿药水
340	滑膜炎平	361	麝香抗栓胶囊
341	滑膜炎胶囊		

注：* 非《中国药典》收载品种。

二、当归复方制剂的单指标成分分析法

中药的多成分、多靶点、相互协同作用的特点，决定了以组成药味中某一个“有效成分”或“指标成分”为目标的单指标成分质控模式，不足以反映复方制剂的有效成分，且往往不具备专属性，不能全面、准确反映复方制剂内在成分的稳定性和一致性。如传统名方制剂逍遥丸，由柴胡、当归、白芍、炒白术、茯苓、甘草、薄荷等 7 味中药材组成，《中国药典》只针对白芍中的“有效成分”芍药苷建立了高效液相色谱含量测定方法，对于方中其他 6 味组成药，均没有提供有效的定量信息，显然仅仅控制芍药苷的量是无法全面有效地控制逍遥丸产品质量的。但是尽管如此，在现行复方制剂质量标准体系中，这种单指标成分的含量控制依然是最为主要的质控模式，这也是中药现阶段的研究基础和现实可操作性等因素决定的。

理想情况下，复方制剂的指标成分应当是具有生物效应，甚至治疗效应的特征性成分。但是，对于大多数中药材而言，其药效物质基础并未阐述清楚，因此，研究中通常选择组成药味中特有的、量大的或是毒性成分作为质量控制的指标成分。

（一）以阿魏酸为指标成分的分析方法

有机酸化合物是当归的重要生理活性物质，其中阿魏酸（结构式见图 4-32）是一种较早被分离出来的活性有机酸，其结构简单，具有抗氧化、抗血栓、抗炎、抗菌、降血脂、抗肿瘤、调节机体免疫功能等多种生理活性，是当归的有效成分之一，《中国药典》（2015 年版）规定当归药材中含阿魏酸不得低于 0.050%。此外，阿魏酸为丙烯酸衍生物，见光后极易降解为有机酚。因此，在以当归为主药的复方制剂的质量控制中阿魏酸也往往被选择为关键的指标成分。针对当归复方制剂中阿魏酸的定量分析方法最为常用的是高效液相色谱法，其次还有毛细管电泳法、薄层扫描法、紫外分光光度法等。

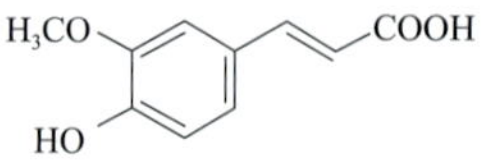

H_3CO COOH HO

图 4-32 阿魏酸的化学结构式

在《中国药典》收载的 297 个含当归的成方制剂，规定了以当归中的阿魏酸为单指标成分的含量测定项目的品种仅有活血止痛散 1 种。活血止痛散由当归、三七、乳香（制）、冰片、土鳖虫、煅自然铜等 6 味中药组成，当归为君药，占处方量的 40%。《中国药典》以当归中的阿魏酸为活血止痛散的质控指标成分，规定了阿魏酸的高效液相色谱含量测定方法，其色谱条件为：以十八烷基硅烷键合硅胶为填充剂，以乙腈 - 甲醇 -1% 乙酸溶液（1 ∶ 1 ∶ 5）为流动相，检测波长为 313nm。供试品溶液的制备利用了阿魏酸是有机酸的性质，通过碱溶酸沉法进行分离，即用碱水（0.5% 碳酸钠溶液）提取，盐酸调 pH 至 1 ～ 2 后用有机溶剂（乙醚）萃取，并规定其含量限度为：本品每克含当归以阿魏酸（$C_{10}H_{10}O_4$）计，不得少于 0.10mg。

表 4-19 列出了以阿魏酸为单一指标成分的当归复方制剂的分析方法。

表 4-19 当归复方制剂单指标成分阿魏酸的分析方法

序号	当归复方制剂	分析方法	色谱条件
1	十全大补丸	HPLC-UV	C18 柱，流动相：乙腈 -0.1% 磷酸溶液（19 ∶ 81），λ=320nm
2	小金丸软胶囊	HPLC-UV	C18 柱，流动相：甲醇 -1% 冰乙酸溶液（25 ∶ 75），λ=320nm
3	木瓜丸	HPLC-UV	ODS 柱，流动相：甲醇 -0.1% 磷酸溶液（40 ∶ 60），λ=320nm
4	止痛紫金丸	HPLC-UV	C18 柱，流动相：甲醇 -0.085% 磷酸溶液（17 ∶ 83），λ=316nm
5	五虎口服液	HPLC-UV	C18 柱，流动相：甲醇 -1% 冰乙酸溶液（24 ∶ 76），λ=313nm
6	归脾丸	HPLC-UV	C18 柱，流动相：甲醇 - 水 - 冰乙酸（28 ∶ 71 ∶ 1），λ=320nm
7	三两半药酒	HPLC-DAD	C18 柱，流动相：乙腈 -0.1% 磷酸（15 ∶ 85），λ=316nm
8	归芪补血口服液	HPLC-UV	C18 柱，流动相：甲醇 -1% 冰乙酸溶液（35 ∶ 65），λ=323nm
9	白带丸	HPLC-UV	C18 柱，流动相：甲醇 - 水 - 冰乙酸（45 ∶ 55 ∶ 0.5），λ=320nm
10	当归龙荟片	HPLC-UV	C18 柱，流动相：甲醇 -0.1% 磷酸溶液（120 ∶ 280），λ=316nm
11	当归补血丸	HPLC-UV	C18 柱，流动相：乙腈 -0.1% 磷酸溶液（23 ∶ 77），λ=316nm
12	当归养血丸	HPLC-UV	C18 柱，流动相：乙腈 -0.085% 磷酸溶液（17 ∶ 83），λ=316nm
13	妇科十味片	HPLC-UV	C18 柱，流动相：甲醇 -0.1% 磷酸溶液（30 ∶ 70），λ=320nm
14	妇科调经片	HPLC-UV	C18 柱，流动相：甲醇 -0.1% 磷酸溶液（30 ∶ 70），λ=320nm
15	男宝胶囊	HPLC-UV	C18 柱，流动相：乙腈 -0.085% 磷酸溶液（10 ∶ 90），λ=316nm

续表

序号	当归复方制剂	分析方法	色谱条件
16	复方川芎胶囊	HPLC-UV	C18 柱，流动相：甲醇 - 水（35 ： 65），λ=322nm
17	参茸白凤丸	HPLC-UV	C18 柱，流动相：甲醇 -5% 乙酸溶液（30 ： 70），λ=313nm
18	妇康宁片	HPLC-UV	C18 柱，流动相：乙腈 -0.1% 磷酸溶液（22 ： 78），λ=316nm
19	补肾养血胶囊	HPLC-UV	ODS 柱，流动相：甲醇 - 乙腈 -1% 冰乙酸（15 ： 15 ： 70），λ=323nm
20	柏子养心丸	HPLC-UV	C18 柱，流动相：乙腈 -0.05mol/L KH_2PO_4 溶液（用磷酸调 pH2.5）（1 ： 4），λ=313nm
21	补血当归调经合剂	HPLC-UV	C18 柱，流动相：乙腈 -0.1% 磷酸溶液（19 ： 81），λ=324nm
22	复方当归注射液	HPLC-UV	C18 柱，流动相：乙腈 -0.38% 磷酸溶液（28 ： 72），λ=316nm
23	养血当归胶囊	HPLC-UV	C18 柱，流动相：甲醇 -1% 冰乙酸（30 ： 70），λ=320nm
24	活血止痛胶囊	HPLC-UV	C18 柱，流动相：甲醇 - 乙腈 -1% 冰乙酸（1 ： 1 ： 5），λ=313nm
25	健脑丸	HPLC-UV	C18 柱，流动相：甲醇 - 水 - 冰乙酸（38 ： 62 ： 0.1），λ=323nm
26	调经止痛片	HPLC-UV	C18 柱，流动相：乙腈 -0.085% 磷酸溶液（17 ： 83），λ=316nm
27	除脂生发片	HPLC-DAD	C18 柱，流动相：甲醇 -1% 冰乙酸溶液（33 ： 67），λ=316nm
28	益母丸	HPLC-DAD	C18 柱，流动相：甲醇 -0.1% 磷酸溶液（30 ： 70），λ=320nm
29	舒心口服液	HPLC-UV	C18 柱，流动相：甲醇 -5% 冰乙酸溶液（25 ： 75），λ=322nm
30	舒筋活络酒	HPLC-UV	ODS 柱，流动相：甲醇 -1% 乙酸（20 ： 80），λ=320nm
31	痛经宝颗粒	HPLC-UV	ODS 柱，流动相：甲醇 - 乙腈 -1% 冰乙酸（25 ： 25 ： 20），λ=320nm
32	湿毒清胶囊	HPLC-UV	C18 柱，流动相：甲醇 -2.5% 冰乙酸溶液（30 ： 70），λ=323nm
33	腰痛片	HPLC-UV	C18 柱，流动相：乙腈 - 水 - 冰乙酸溶液（21 ： 78 ： 1），λ=322nm
34	新生化颗粒	HPLC-UV	C18 柱，流动相：甲醇 -0.5% 磷酸溶液（55 ： 50），λ=320nm
35	三两半药酒	HPCE-UV	电泳缓冲液 30mmol/L 四硼酸钠溶液（pH 8.2），压力进样 50kpa/s，柱温 25℃，电压 12kV，λ=320nm
36	八珍颗粒	HPCE-UV	电泳缓冲液 10mmol/L 四硼酸钠溶液（pH 10.05），重力进样 10s，柱温 25℃，电压 30kV，λ=214nm
37	当归补血口服液	TLCS	硅胶 G 薄层板，展开剂：石油醚 - 氯仿 - 冰乙酸 - 甲醇（5 ： 3 ： 1 ： 0.5），λs=320nm，λ_R=365nm，反射法锯齿扫描
38	养血当归精	TLCS	硅胶 G 薄层板，展开剂：苯 - 氯仿 - 冰乙酸 6 ： 5 ： 1），λs=323nm，λ_R=365nm，反射法锯齿扫描
39	逍遥丸	TLCS	硅胶 G 薄层板，展开剂：苯 - 氯仿 - 冰乙酸（6 ： 5 ： 1），λs=323nm，λ_R=365nm，反射法锯齿扫描
40	活血止痛胶囊	UV	硅胶 G 薄层板，展开剂：苯 - 氯仿 - 乙酸乙酯 - 甲酸（4 ： 3 ： 2 ： 0.6），展开后挖取斑点，甲醇溶解，波长 322nm 处测吸收度

（二）以藁本内酯为指标成分的分析方法

当归挥发油是当归发挥药效作用的重要物质基础，其中藁本内酯（化学结构式见图 4-33）具有抗动脉粥样硬化、神经保护、抗癌、抑制心肌肥大、抗炎、镇痛等广泛的药理活性，是当归中可以改善血液流变性及具有强抗氧化活性的重要活性成分之一。因此，藁本内酯

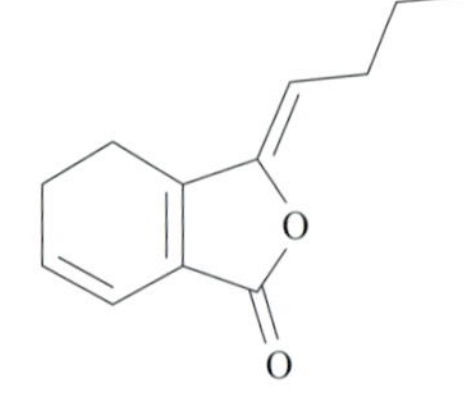

图 4-33 藁本内酯的化学结构式

通常被作为当归药材质量控制的指标成分。

藁本内酯在化学结构上属于苯酞类化合物，有 Z- 藁本内酯（Z-ligustilide）和 E- 藁本内酯（E-ligustilide）两种异构体。藁本内酯极性小、易挥发且稳定性差，易受溶剂、温度、光照等影响而发生异构化，而且对于大多数当归复方制剂，其提取过程多是采用水煎煮的方式，因而不能将藁本内酯提取出来。因此，以藁本内酯为指标成分的当归复方制剂质量控制研究较少。

四物合剂为《中国药典》收载品种，具有调经养血之功效，主要用于营血虚弱，月经不调等症。其来源于宋代《太平惠民和剂局方》的补血经典名方四物汤，在生产制备工艺上对其进行了改进，将传统的当归、川芎、白芍和熟地黄四味药材煎煮成汤工艺优化为先提取当归和川芎药材中的挥发油，再经渗漉法提取其他成分，《中国药典》采用测定制剂中芍药苷的含量来控制其质量。由于制备工艺的改进，挥发性成分在制剂中得以保留，而藁本内酯为川芎和当归中的主要活性成分之一，其含量占挥发油总量的 30% ～ 50%，为了对四物合剂中挥发性成分进行监控，更好地控制该制剂的质量，苗爱东等采用固相萃取 - 高效液相色谱法（SPE-HPLC）对四物合剂中藁本内酯的含量测定方法进行了研究。四物合剂成分复杂，溶剂提取后直接进样，分离效果差，将样品溶液经 C18 固相萃取柱预处理后，进色谱系统测定，以甲醇 - 水（65 ∶ 35）为流动相，在 C18 色谱柱上与相邻组分达到基线分离。

黄冬玲等采用气相色谱法 - 氢火焰离子化检测器（GC-FID）测定了养血当归精（当归占该制剂处方用药总量的 73.48%）中藁本内酯的含量，具体测定方法如下：

色谱条件：色谱柱 3m×ϕ2.5mm 玻璃柱，内填 5%SE-30，涂布于 Chromosorb W-AeidWashed DMCS 60 ～ 80 目担体上；柱温：250℃；气化室温度：270℃；气体流速：N_2 60ml/min，H_2 60ml/min，O_2 500ml/min；检测器：FID；输入高阻：10^9；输出衰减：8；记录仪量程：10mV；纸速：4mm/min。

对照品溶液的配制：精密称取藁本内酯对照品适量，以正己烷溶解，使其浓度为 5mg/ml。

内标液的配制：精密称取丁香酚（内标物）适量，以正己烷溶解，使其浓度为 1mg/ml。

供试品溶液的配制：精密吸取养血当归精 20ml，置圆底烧瓶中，加入乙醚，在 60℃水浴上回流提取 3 次，每次加入乙醚 20ml，过滤，合并乙醚萃取液，于水浴上蒸干，残余物用正己烷溶解置 5ml 容量瓶中，精密加入丁香酚内标液 1ml，加入正己烷至刻度，摇匀。

测定：分别精密吸取对照品溶液和供试品溶液各 1μl，注入气相色谱仪，根据峰面积和定量校正因子计算藁本内酯的含量。

藁本内酯稳定性差，不能作为国家法定的含量测定用的对照品，《中国药典》还没有收载藁本内酯的含量测定方法。丁苯酞与藁本内酯均属于苯酞内酯类成分，具有相似的化学结构（图 4-34）、理化性质和色谱行为，且丁苯酞结构稳定，已是国家法定的对照品，价廉易得。易进海等以丁苯

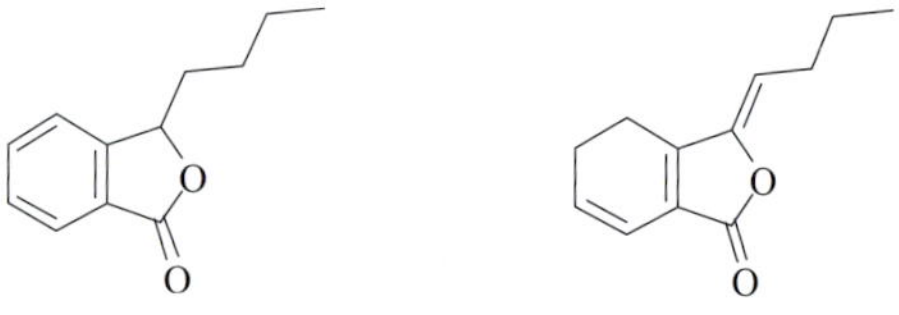

图 4-34 丁苯酞（1）和藁本内酯（2）的化学结构式

酞作为藁本内酯的替代对照品，通过两者之间校正因子（f）的计算测定当归复方制剂都梁滴丸、白带丸、血府逐瘀胶囊中藁本内酯的含量。该方法是基于在一定范围内物质的量（质量或浓度）与检测器响应成正比，即 $C = fA$。以丁苯酞（有法定对照品）为内标，按照公式（4-1）计算相对校正因子（f'）。实际样品测定时，即可用替代对照品丁苯酞进行测定，按公式（4-2）计算藁本内酯浓度。

$$f' = \frac{A_i \times C_r}{A_r \times C_i} \tag{4-1}$$

公式（4-1）中，A_i 为替代对照品的峰面积；A_r 为真实对照品的峰面积；C_i 为替代对照品的浓度；C_r 为真实对照品的浓度。

$$C = f' \times \frac{A}{A_i \times C_i} \tag{4-2}$$

公式（4-2）中，f' 为相对校正因子；A 为藁本内酯的峰面积；A_i 为替代对照品的峰面积；C_i 为替代对照品的浓度。

研究表明 f' 不受液相色谱系统、色谱柱、柱温、流速等因素的影响，重现性良好。实际样品测定时，在只使用丁苯酞作为对照品的情况下，如何在色谱图正确指认藁本内酯峰是一个必须解决的问题。经研究发现，不同品牌仪器和不同规格色谱柱对藁本内酯与丁苯酞的相对保留时间影响不大，RSD 为 3.3%（$n = 8$），因此可根据藁本内酯对丁苯酞的相对保留时间值并结合色谱峰的紫外吸收光谱图特征进行准确的定位。

三、当归复方制剂的多指标成分分析法

尽管单指标成分分析法具有简单、快速的优点，但对于含有众多组分的中药复方制剂而言，仅仅测定一个指标成分并不能提供全面、完整的信息，且影响质量控制手段的可靠性。基于中药的疗效多是多重组分协同作用的结果，以及现代色谱技术的发展，研究者发展“从单指标向多指标成分控制”的模式，将多指标成分的定量分析引入到复方药的质量控制中。指标成分多是选择复方制剂处方组成的主要药味中的有效成分，或是选择对复方功效发挥重要作用的化学成分，或是选择某些毒性成分。表 4-20 列出了当归复方制剂的多指标成分分析方法。

由于受到中药基础研究薄弱、化学对照品匮乏、中药体系复杂色谱分离难度大等问题的限制，多指标成分的定量也仅仅只是针对复方药中的某几味中药材，未涉及全部药材的一次性分析。如由柴胡、当归、地黄、赤芍、红花、桃仁、枳壳、甘草、川芎、牛膝、桔梗等 11 味中药制成的血府逐瘀口服液，《中国药典》针对赤芍中的芍药苷、枳壳中的柚皮苷，以及桃仁中的苦杏仁苷建立了 HPLC 定量分析方法，且三个指标成分的分析不是同步进行的，需建立从样品前处理到色谱分离到紫外检测两套独立的分析体系。

表 4-20 当归复方制剂的多指标成分分析方法

序号	当归制剂	处方组成	指标成分	分析方法	色谱条件
1	四物颗粒	当归、川芎、白芍、熟地黄	阿魏酸（当归和川芎）；芍药苷（白芍）	HPLC-UV	阿魏酸：C18 柱，流动相：甲醇 -0.1% 磷酸溶液（30 ∶ 70），λ=321nm 芍药苷：C18 柱，流动相：甲醇 - 水（25 ∶ 75），λ=230nm
2	妇科调经片	当归、醋香附、白芍、醋延胡索、大枣、川芎、麸炒白术、赤芍、熟地黄、甘草	阿魏酸（当归和川芎）；芍药苷（白芍、赤芍）	HPLC-UV	阿魏酸：C18 柱，流动相：乙腈 -0.3% 磷酸溶液（18.5 ∶ 81.5），λ=320nm 芍药苷：C18 柱，流动相：乙腈 -0.1% 磷酸溶液（14 ∶ 86），λ=230nm
3	柏子养心片	柏子仁、党参、炙黄芪、川芎、当归、茯苓、制远志、酸枣仁、肉桂、醋五味子、半夏曲、炙甘草、朱砂	阿魏酸（当归和川芎）：硫化汞（朱砂）	HPLC-UV	阿魏酸：C18 柱，流动相：甲醇 -0.8% 乙酸溶液（22 ∶ 78），λ=320nm 硫化汞：酸碱滴定法
4	复方川芎片	川芎、当归	阿魏酸（当归和川芎）	HPLC-UV	阿魏酸：C18 柱，流动相：甲醇 -1.5% 冰乙酸溶液（30 ∶ 70），λ=313nm
5	复方川芎胶囊	川芎、当归	阿魏酸（当归和川芎）	HPLC-UV	阿魏酸：C18 柱，流动相：甲醇 -1.5% 冰乙酸溶液（30 ∶ 70），λ=313nm
6	活血止痛散	当归、三七、乳香（制）、冰片、土鳖虫、煅自然铜	阿魏酸（当归）	HPLC-UV	阿魏酸：C18 柱，流动相：乙腈 - 甲醇 -1% 乙酸溶液（1 ∶ 1 ∶ 5），λ=313nm
7	脑安胶囊	川芎、当归、红花、人参、冰片、	阿魏酸（当归、川芎）；人参皂苷 R_e（人参）	HPLC-UV	阿魏酸：C18 柱，流动相：甲醇 -0.6mol/L 乙酸溶液（30 ∶ 70），λ=320nm 人参皂苷 R_e：C18 柱，流动相：乙腈 - 水（20 ∶ 80），8λ=203nm
8	调经止痛片	当归、党参、川芎、香附（炒）、益母草、泽兰、大红袍	阿魏酸（当归、川芎）	HPLC-UV	阿魏酸：C18 柱，流动相：甲醇 -0. 1% 磷酸溶液（30 ∶ 70），λ=320nm
9	慢支固本颗粒	黄芪、白术、当归、防风	阿魏酸（当归）；黄芪甲苷（黄芪）	HPLC-UV HPLC-ELSD	阿魏酸：C18 柱，流动相：甲醇 -2% 乙酸溶液（22 ∶ 78），λ=324nm 黄芪甲苷：C18 柱，流动相：乙腈 - 水（35 ∶ 65），ELSD
10	止痛化癥胶囊	党参、炙黄芪、炒白术、丹参、当归、鸡血藤、三棱、莪术、芡实、山药、延胡索、川楝子、鱼腥草、北败酱、蜈蚣、全蝎、土鳖虫、炮姜、肉桂	丹参素、原儿茶醛和丹酚酸 B（丹参）；阿魏酸（当归）	HPLC-UV	C18 柱；流动相：1% 甲酸甲醇溶液（A）-1% 甲酸水溶液（B），梯度洗脱；流速 1.0ml/min；柱温 30℃；检测波长 280nm

续表

序号	当归制剂	处方组成	指标成分	分析方法	色谱条件
11	三两半药酒	当归、炙黄芪、牛膝、防风	阿魏酸（当归）；齐墩果酸（牛膝）	HPLC-UV	C18 柱；流动相：甲醇 -0.05% 冰乙酸（2 ∶ 3），检测波长 322nm，柱温 40℃
12	天麻头风灵胶囊	天麻、当归、钩藤、地黄、玄参、川芎、野菊花、杜仲、牛膝、槲寄生	天麻素（天麻）；阿魏酸（当归和川芎）；哈巴俄苷、肉桂酸（玄参）	HPLC-MS	C18 柱；流动相：20mM 乙酸铵乙腈溶液 -20mM 乙酸铵水溶液，梯度洗脱；流速 0.4ml/min；柱温 30 ℃；质谱 ESI 源负离子 -MRM 模式扫描
13	正天丸	钩藤、白芍、川芎、当归、地黄、白芷、防风、羌活、桃仁、红花、细辛、独活、麻黄、附片、鸡血藤	芍药苷（白芍）；阿魏酸（川芎和当归）；升麻素苷、5-O- 甲基维斯阿米醇苷（防风）	HPLC-DAD	C18 柱；流动相：乙腈（A）-0. 05% 磷酸溶液（B），梯度洗脱；流速 1.0ml/min；柱温 30℃；检测波长 230nm
14	归脾丸（浓缩丸）	党参、炒白术、炙黄芪、炙甘草、茯苓、制远志、炒酸枣仁、龙眼肉、当归、木香、大枣（去核）	甘草酸、甘草苷（甘草）；阿魏酸（当归）；去氢木香内酯（木香）	HPLC-UV	C18 柱；流动相：乙腈（A）-0.05% 甲酸溶液（B），梯度洗脱：0 ～ 2min，17%A；2 ～ 50min，17% ～ 73%A；50 ～ 60min，17%A；流速 1.0ml/ min；柱温 40℃；检测波长 237nm
15	小金丸	人工麝香、木鳖子（去壳去油）、枫香脂、醋乳香、醋没药、五灵脂（醋炒）、酒当归、地龙、香墨	麝香酮（人工麝香）；次乌头碱、乌头碱（制草乌）；原儿茶酸（五灵脂）；阿魏酸、藁本内酯（当归）；11- 羰基 -β- 乙酰乳香酸（乳香）	UPLC-Q-TOF-MS	C18 柱；流动相：乙腈 -0.2% 甲酸溶液，梯度洗脱；流速 0.45ml/min；柱温 30℃；质谱 ESI 源正离子模式扫描
16	妇科十味片	香附（醋炙）、当归、熟地黄、川芎、延胡索（醋炙）、白术、赤芍、白芍、大枣、甘草	阿魏酸（当归和川芎）；芍药苷（白芍）	HPLC-DAD	C18 柱；流动相：乙腈（A）-0.1% 磷酸溶液（B），梯度洗脱；流速 1.0ml/min；柱温 30℃；检测波长 230nm（芍药苷）、310nm（阿魏酸）
17	妇科分清丸	当归、白芍、川芎、地黄、栀子、黄连、石韦、海金沙、甘草、木通、滑石	阿魏酸（当归和川芎）；芍药苷（白芍）	HPLC-UV	C18 柱；流动相：乙腈 -0.1% 磷酸溶液（17 ∶ 83）；检测波长 230nm
18	妇科调经片	当归、川芎、醋香附、麸炒白术、白芍、赤芍、醋延胡索、熟地黄、大枣、甘草	阿魏酸（当归和川芎）；芍药苷（白芍）；延胡索乙素（延胡索）	UPLC-MS/MS	C18 柱；流动相：乙腈 -0.05% 甲酸铵的 0.1% 甲酸溶液，梯度洗脱；流速 0.25ml/min；电喷雾电离源；毛细管电压 3.5 kV；离子源温度 125℃；去溶剂气 N2，流速 800L/h；去溶剂气温度 360℃；碰撞气 Ar，流速 0.18ml/min；多反应离子监测离子对 m/z（-）525 → 121（芍药苷），m/z（-）193 → 134（阿魏酸），m/z（+）356 → 192（延胡索乙素）

续表

序号	当归制剂	处方组成	指标成分	分析方法	色谱条件
19	复方川芎胶囊	川芎、当归	阿魏酸(当归和川芎);川芎嗪(川芎)	HPLC-DAD	C1208 柱;流动相:甲醇 -0.5% 冰乙酸溶液(25 : 75),检测波长 280nm
20	养血当归糖浆	当归、白芍、熟地黄、川芎、甘草、茯苓、党参、黄芪	阿魏酸(当归和川芎);芍药苷(白芍)	HPLC-UV	C18 柱;流动相:乙腈 -0.1% 磷酸溶液(10 : 90),检测波长 230nm
21	养血生发胶囊	熟地黄、川芎、何首乌、羌活、当归、木瓜、白芍、天麻、菟丝子	阿魏酸(当归、川芎);2, 3, 5, 4' - 四羟基二苯乙烯 -2-O-β-D- 葡萄糖苷(何首乌);大黄素(何首乌);羌活醇(羌活);异欧前胡素	HPLC-DAD	C18 柱;流动相:乙腈(A)-0.1% 冰乙酸(B),梯度洗脱;流速 1.0ml/min;柱温 40℃;检测波长 310nm
22	养血清脑颗粒	当归、川芎、白芍、熟地黄、钩藤、鸡血藤、夏枯草、决明子、珍珠母、延胡索、细辛	阿魏酸(当归、川芎);芍药内酯苷、芍药苷(白药);没食子酸、原儿茶酸、绿原酸、咖啡酸(钩藤、鸡血藤、夏枯草)	HPLC-DAD	C18 柱;流动相:0. 08% 磷酸溶液(A) - 乙腈(B),梯度洗脱;流速 1.0ml/min;柱温 30℃;检测波长为 280nm(0 ~ 17min,没食子酸、原儿茶酸),320nm(17 ~ 25min,绿原酸、咖啡酸),230nm(25 ~ 33min,芍药内酯苷、芍药苷),320nm(33 ~ 43min,阿魏酸)
23	养血清脑颗粒	当归、川芎、白芍、熟地黄、钩藤、鸡血藤、夏枯草、决明子、珍珠母、延胡索、细辛	阿魏酸(当归、川芎);没食子酸、原儿茶酸、咖啡酸	HPLC-ECD	C18 柱;流动相:甲醇(A) - 4% 乙酸溶液(B),梯度洗脱;流速 0.8ml/min;柱温 30℃;检测电压 0.7 V
24	养血清脑颗粒	当归、川芎、白芍、熟地黄、钩藤、鸡血藤、夏枯草、决明子、珍珠母、延胡索、细辛	阿魏酸(当归、川芎);绿原酸、咖啡酸、迷迭香酸	UPLC-DAD	UPLC HSS T3 柱;流动相:0. 01% 甲酸乙腈溶液(A) - 0. 01% 甲酸溶液(B),梯度洗脱;流速 0.25ml/min;柱温 30℃;检测波长 325nm
25	脑心通胶囊	黄芪、赤芍、丹参、当归、川芎、红花、桃仁、乳香(制)、没药(制)、鸡血藤、牛膝、桂枝、桑枝、地龙、全蝎、水蛭	阿魏酸(当归、川芎);藁本内酯(当归、川芎);芍药苷(赤芍);羟基红花黄色素 A(红花);丹酚酸 B(丹参)	UPLC-DAD	UPLC BEH C18 柱;流动相:乙腈(A) - 0. 5% 甲酸(B),梯度洗脱;流速 0.3ml/min;柱温 28℃;检测波长 400nm(羟基红花黄色素 A)、235nm(芍药苷)、280nm(丹酚酸 B)、324nm(阿魏酸和藁本内酯)
26	痛经宝颗粒	红花、当归、肉桂、三棱、莪术、丹参、五灵脂、木香、延胡索(醋制)	阿魏酸(当归);肉桂酸、桂皮醛(肉桂);木香烃内酯、去氢木香内酯(木香)	HPLC-UV	C18 柱;流动相:乙腈(A)-0.04% 磷酸溶液(B),梯度洗脱;流速 1.0ml/min;检测波长 225nm

续表

序号	当归制剂	处方组成	指标成分	分析方法	色谱条件
27	新生化颗粒	当归、川芎、桃仁、甘草（炙）、干姜（炭）、益母草、红花	阿魏酸（当归、川芎）；羟基红花黄色素 A（红花）；甘草酸铵（甘草）	HPLC-DAD	C18 柱；流动相：甲醇 - 乙腈 -0.7% 磷酸溶液（B），梯度洗脱；流速 1.0ml/min；柱温 30℃；检测波长 237nm
28	四物汤	当归、川芎、白芍、熟地黄	川芎嗪（川芎）；阿魏酸（当归和川芎）	CE-DAD	50mM 硼酸钠缓冲液（pH 9.00），3.45kpa 压力进样 10 s，电压 20kV，柱温 25℃，λ=212nm
29	当归芍药散	当归、白芍、茯苓、白术、川芎、泽泻	阿魏酸（当归和川芎）；药苷（白芍）	CE-UV	25mmol 磷酸盐缓冲液（pH 5.30），压力进样 5 s，电压 20 kV，柱温 20℃，λ=230nm
30	四妙勇安汤	金银花、玄参、当归、甘草	绿原酸（金银花）；阿魏酸（当归）；甘草酸（甘草）	CE-DAD	对氨基苯甲酸为内标物，50mM 硼酸钠、12.5mM 三羟甲基氨基甲烷为缓冲液（pH 9.95），138kpa 压力进样 5 s，电压 22 kV，柱温 25℃

（一）以药效成分为指标的多成分分析

在以当归为主药的复方制剂中，多是选择当归中的有效成分阿魏酸作为指标成分之一，藁本内酯由于自身的稳定性问题及在多数复方制剂工艺过程中难以保留，很少作为质控指标成分。

止痛化癥胶囊由丹参、当归、党参、黄芪、鸡血藤、白术等 19 味中药组成，丹参和当归是主药，陈斌等选用丹参中的有效成分丹参素、原儿茶醛和丹酚酸 B，当归中的有效成分阿魏酸作为指标成分，建立了同时测定多指标成分的 HPLC 法，用以控制止痛化癥胶囊的质量，相比较于《中国药典》止痛化癥胶囊的含量测定项下仅测定丹参素的含量更为全面有效。

天麻头风灵胶囊是由 10 味中药制成的中药复方制剂，根据中医药理论，天麻为方中君药，当归、玄参为臣药，川芎为佐药。路千里等选择天麻中的有效成分天麻素，玄参中的有效成分哈巴俄苷、肉桂酸，当归和川芎中共有的有效成分阿魏酸作为制剂质控指标成分。天麻头风灵胶囊药味多，成分复杂，指标成分含量低，采用 HPLC-MS/MS 联用技术，多反应监测的扫描方式可实现 4 个指标成分的同时准确定量。

（二）以光毒性成分为指标的多成分分析

中药毒性成分的分析是中药毒理学研究、安全性评价、毒代动力学研究的重要基础，也是中药质量控制的重要内容。当归属植物普遍含有香豆素类化合物，现已从当归属植物中分离得到 70 余种香豆素，且多为呋喃香豆素，其中线型香豆素的种类较多。研究报道，一些香豆素类化合物具有光毒性，可使皮肤产生过敏反应，导致光毒性皮炎，甚至影响肝脏合成凝血酶原，抑制凝血过程；高剂量应用还会增加胆管癌和肝实质细胞肿瘤的发生率。因此，建立光毒性香豆素类成分的分析方法，对于确保中药的安全使用具有重要意义。

浓缩当归丸是由当归药材提取物浓缩后与当归药材细粉制成的浓缩制剂，收载于《卫生部药品标准中药成方制剂》（第十七册）（WS3-B-3279-98），具有补血活血、调经止痛之功效，用于血虚萎黄，月经不调，经行腹痛。兰州佛慈制药股份有限公司生产的浓缩当归丸成为第一个在欧盟传统草药申请注册的中药，为了全面控制浓缩当归丸的质量，确保其安全性，实现欧盟传统草药注册零的突破，加快浓缩当归丸走进欧盟市场，必须严格控制浓缩当归丸中香豆素类化合物中的含量。为此，封士兰等采用超高效液相色谱法，建立了浓缩当归丸中三种香豆素补骨脂素、花椒毒素与佛手柑内酯的含量测定分析方法。

色谱条件：色谱柱 Waters AQUITY UPLC BEH C_{18}（2.1mm×100mm，1.7 μm）。柱温：30℃。流动相：乙腈（A）- 水（B）。梯度洗脱：0 ～ 5.56min，15% ～ 35%A；5.56 ～ 8min，35% ～ 60%A；8 ～ 9min，60% ～ 15%A；9 ～ 10min，15%A。流速：0.45ml/min。检测波长：245nm。进样量：3μl。

对照品溶液的制备：分别准确称取补骨脂素对照品 4.21mg、花椒毒素对照品 4.68mg、佛手柑内酯对照品 4.68mg，分别置于 10ml 容量瓶中，加甲醇溶解并定容，作为对照品贮备液，分别吸取补骨脂素对照品贮备液、花椒毒素对照品贮备液、佛手柑内酯对照品贮备液 5ml，置于 25ml 容量瓶中，以甲醇定容，作为混合对照品贮备液。

供试品溶液的制备：取浓缩当归丸细粉 2.00g，精密称定，置于密塞锥形瓶中，分别加入 60ml 和 40ml 的甲醇超声提取 2 次，每次 30min，过滤，合并滤液，蒸干滤液，残渣加甲醇溶解并定容至 10ml，过 0.22 μm 微孔滤膜，取续滤液进样，测定。

专属性考察：取阴性供试品溶液、对照品溶液和供试品溶液按上述色谱条件进样。阴性样品色谱图与对照品和样品色谱图比较见图 4-35，在三种成分出峰处无吸收干扰，表明测定方法专属性良好。

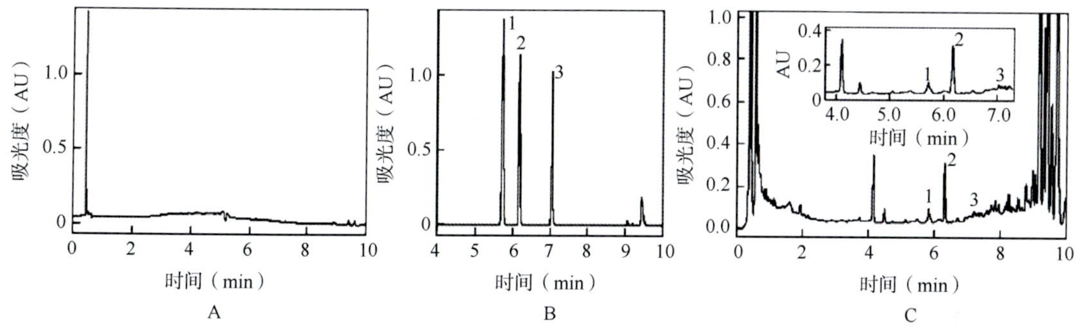

图 4-35 阴性试液（A），混合标准溶液（B），浓缩当归丸（C）的 UPLC 色谱图

1. 补骨脂素；2. 花椒毒素；3. 佛手柑内酯

由图 4-35C 中可看出，1、2 号峰分离良好，3 号峰不太清晰，C 图放大（图 4-36 左图）后观察到 3 号峰分离良好，且紫外光谱图与对照品的一致（图 4-36 右图），与左右相邻两峰的不同，由此初步确定 3 号峰为佛手柑内酯。

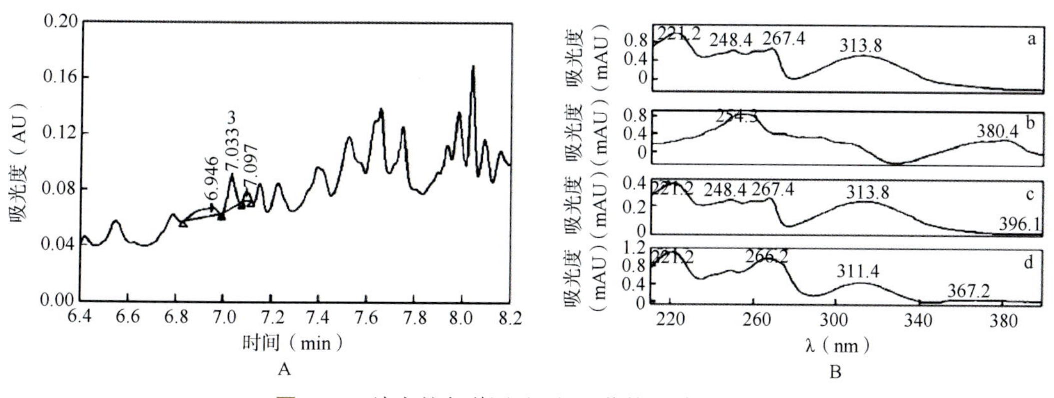

图 4-36 放大的色谱图（A）及紫外光谱图（B）

a. 佛手柑内酯标准品；b. 相邻峰；c. 3 号峰；d. 相邻峰

为进一步确证 3 号峰为佛手柑内酯，通过质谱进行分析。质谱条件：电喷雾电离源正离子；电喷雾电压：3.0kV；离子源温度：110℃；脱溶剂气温度：350℃；锥孔气：N_2，50L/h；脱溶剂气：N_2，600L/h；碰撞气：Ar，0.21ml/min；二级质谱母离子驻留时间：0.2s。MS/MS 数据采集采用多反应离子监测扫描模式（MRM）。质谱结果如图 4-37 所示，进一步证明 3 号峰为佛手柑内酯。

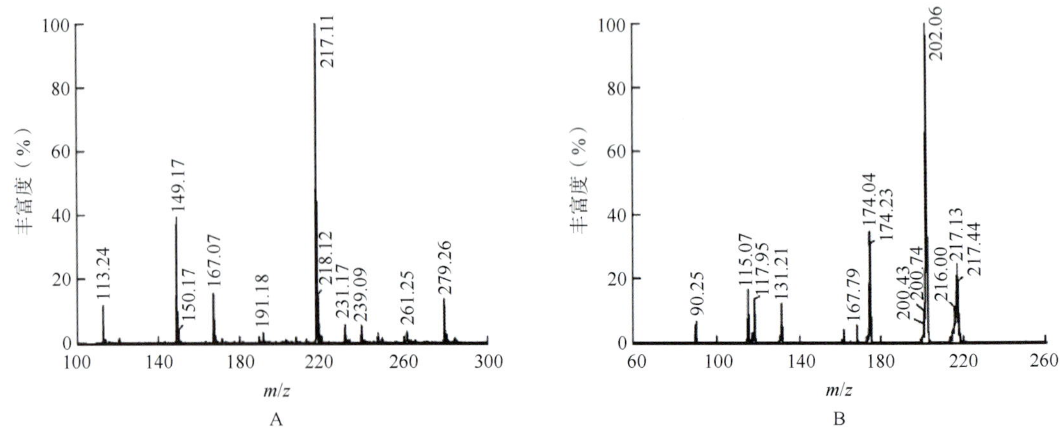

图 4-37 3 号峰质谱图

A. 母离子图；B. 子离子图

结果表明，在一定的浓度范围内，补骨脂素、花椒毒素和佛手柑内酯的浓度与峰面积线性关系良好，相关系数 r 为 0.9992 ～ 0.9996，样品的加样回收率为 96.20% ～ 102.42%，RSD 为 1.5% ～ 3.0%。本方法简便快速，精密度高，重现性好，可用于浓缩当归丸和当归药材中光毒性化合物补骨脂素、花椒毒素和佛手柑内酯的含量测定。

采用本方法测定了 20 批次浓缩当归丸和 42 批次当归药材中香豆素的含量，仅有一批浓缩当归丸中检测到这三种成分。虽然大部分当归药材和浓缩当归丸不含光毒性成分，但是少数浓缩当归丸含有该类成分还是应该引起重视，因此建议将光毒性成分补骨脂素、花椒毒素和佛手柑内酯限量列入质量控制项。

（三）基于 UPLC-MS 技术的多指标成分分析

中药复方制剂是一个非常复杂的体系，主要体现在：中药化学成分含量差别大，既有常量成分，又有微量成分，甚至是痕量成分；化学成分的性质差别大，既有非极性、弱极性化合物，又有中等极性化合物、极性化合物，甚至是离子型化合物；化学成分的种类多样，既有小分子的黄酮、生物碱、皂苷、有机酸等，又有大分子的蛋白质、多糖。因此，要实现这样一个复杂体系中选定的多指标成分的同步分离检测具有相当大的难度和挑战。现代色谱技术的发展，尤其是超高效液相色谱及其与质谱联用技术，为中药复方制剂这一复杂体系中多指标成分的高效分离、同步分析、准确测定提供了有效手段，在中药复方制剂质量控制中得以应用，并显示出日益重要的作用。

小金丸为传统方剂，出自清代王洪绪的《外科全生集》，由人工麝香、木鳖子（去壳去油）、制草乌、枫香脂、乳香（制）、没药（制）、五灵脂（醋炒）、当归（酒炒）、地龙、香墨共 10 味药材组成，《中国药典》仅以人工麝香中的麝香酮为指标成分，规定了其气相色谱含量测定方法。制草乌中毒性成分双酯型生物碱（次乌头碱和乌头碱）的监控对于小金丸的安全使用至关重要；麝香价格昂贵，对其药效成分麝香酮的含量测定可有效保证麝香的足量投料及药效的发挥；原儿茶酸、阿魏酸、藁本内酯、11- 羰基 -β- 乙酰乳香酸是来源于五灵脂、当归、乳香的主要药效成分，建立这些指标成分的定量分析方法，是控制小金丸质量的有效手段。超高效液相色谱分离效能高，高分辨串联质谱灵敏度高和选择性强。蔡博等采用超高压液相色谱串联四级杆飞行时间质谱联用（UPLC-Q-TOF-MS）技术，采用正离子扫描模式，实现了小金丸多指标成分的同时定量（图 4-38），为小金丸的质量控制提供了一种快速高效、准确灵敏的分析方法。

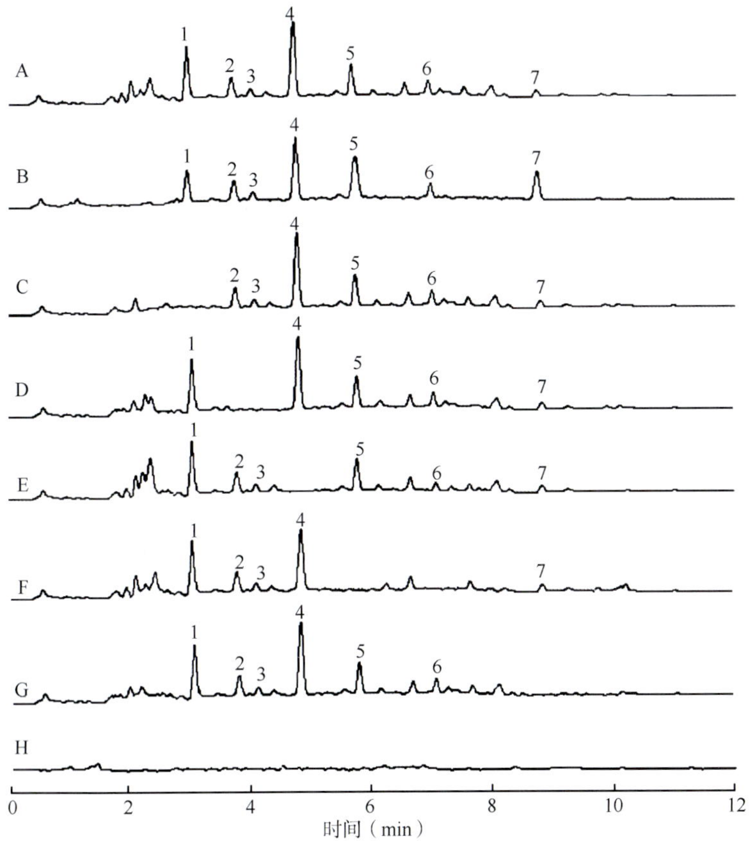

图 4-38 小金丸供试品、对照品、阴性样品的正离子 BPI 质谱图

A. 小金丸供试品；B. 混合对照品；C. 缺人工麝香阴性样品；D. 缺制草乌浸膏阴性样品；E. 缺五灵脂浸膏阴性样品；F. 缺酒当归浸膏阴性样品；G. 缺乳香浸膏阴性样品；H. 空白辅料样本；1. 麝香酮；2. 次乌头碱；3. 乌头碱；4. 原儿茶酸；5. 阿魏酸；6. 藁本内酯；7. 11- 羰基 -β- 乙酰乳香酸

通塞脉微丸由黄芪、当归、金银花、玄参、石斛、甘草组成，具有清热养阴、活血化瘀的功效，临床上用于治疗缺血性中风。程建等选择绿原酸、木犀草苷、芹糖甘草苷、毛蕊异黄酮苷、甘草苷、阿魏酸、异甘草苷、哈巴俄苷、甘草素和肉桂酸作为通塞脉微丸的质控指标成分，这 10 种成分来源于黄芪、当归、玄参、金银花和甘草，能够兼顾到组方中大部分药材，能更为全面地对该制剂进行质量控制。采用超高效液相色谱 - 串联质谱联用技术，以电喷雾电离源（ESI），多反应离子监测（MRM）扫描方式，可同时测定其含量，方法准确、快捷、精密度高、灵敏性好，为该制剂提供了一种快速测定多指标成分的定量方法。

马百平等利用超高效液相色谱和四级杆飞行时间质谱（UPLC-Q-TOF-MS）联用技术，分析了四物汤中的化学成分。

色谱条件：色谱柱 ACQUITY HSST3 C_{18}（2. 1mm×100mm，1.8μm）。流动相：A 为 0. 1% 甲酸水溶液，B 为乙腈。洗脱梯度：0 ～ 0. 5min，5%B；0. 5 ～ 8min，5% ～ 45%B；8 ～ 9min，45% ～ 48%B；9 ～ 16min，48% ～ 50%B；16 ～ 18. 5min，50% ～ 60%B；18.5 ～ 19min，60% ～ 75%B；19 ～ 20min，75% ～ 80%B；20 ～ 22min，80% ～ 85%B；22 ～ 23.5min，85% ～ 95%B。柱温：45℃。流速：0. 5ml/min。

电喷雾电离离子源（ESI），离子化模式：正、负离子，离子源温度：100℃，脱溶剂气：氮气，温度：450℃，流速：800L/h，毛细管电压：3kV，锥孔电压：30 V，扫描范围：*m/z* 100 ～ 1500。低能量扫描时 trap 电压：6eV，transfer 电压：4eV；高能量扫描时 trap 电压：45 ～ 60eV，transfer 电压：15eV。应用 MassLynx、MarkerLynx 软件对质谱数据进行分析。

根据各色谱峰的精确分子质量、碎片离子峰及保留时间，并结合对照品的质谱信息和相关文献，快速表征了 43 个色谱峰，鉴定了其中 25 个化合物；同时，利用 MarkerLynx 软件，比较了四物汤水提取与 60% 乙醇提取在化学成分上的差异，为四物汤补血作用的物质基础研究奠定了基础。

另外，Qi 等利用 UPLC 结合飞行时间质谱的方法，分析了当归补血汤中的 15 种主要成分，并与传统的 HPLC-DAD/ELSD 方法比较，结果表明，UPLC-MS 方法的分析时间仅为传统 HPLC 方法的 1/4，检测限为 0.004 ～ 0.08ng，15 种分析物在 0.02 ～ 57.20μg/ml 呈现良好的线性相关，日内和日间精密度均小于 5%。这为当归补血汤的质量控制提供了简单、快速和准确的方法。

涂彩霞等通过化学分析及不同中药组合的药效学实验揭示临床用于治疗湿疹的中药复方茯苓汤的主要有效成分及活性物质群。他们采用超高速液相色谱 - 二极管阵列检测器 - 电喷雾 - 质谱法（UFLC-DAD-ESI-MS）分析复方茯苓汤的主要化学成分。

色谱条件：色谱柱 Shim-pack XR-ODS 色谱柱（2.0mm×100mm，2.2 μm）；流动相：乙腈 -0.1% 甲酸水；京尼平龙胆双糖苷、京尼平苷、芍药苷、甘草苷的检测波长分别为 239nm、239nm、230nm、276nm；流速：0.4ml/min；柱温：40℃。

质谱条件：在正负离子下分别扫描，检测器电压分别为 +1.55kV 与 –1.55kV；扫描范围：*m/z* 100 ～ 500；曲线脱溶剂管和加热块温度均为 250℃，接口电压：4kV，CDL 电压：40V；雾化气（氮气）流速设定在 1.5 L/min，干燥气压力为 0.06Mpa。

通过与标准品的保留时间、最大吸收波长及质谱分子离子峰与碎片峰对比分析确定，复方茯苓汤中共分离鉴定出 11 种成分，其中 4 种主要成分为京尼平龙胆双糖苷（4.30min）、京尼平苷（4.84min）、芍药苷（5.46min）及甘草苷（6.11min），另外 7 种为氧化芍药苷（3.36min）、芍药内酯苷（5.30min）、芫草苷（5.57min）、牡荆素（5.94min）、羟异栀子苷（3.15min）、黄檗碱（5.16min）和 5-O- 阿魏酰奎宁酸（5.22min）。

在化学轮廓测定的基础上，依据主要物质峰的来源对中药组方进行了拆分并设立了四组中药组合（1 ～ 4），1 组为茯苓、泽泻、黄柏、栀子、赤芍、浮萍、当归、甘草八味中药组方后的水提物，2 组为栀子、赤芍、甘草三味中药组方的水提物；3 组为茯苓、当归两味中药组方的水提物；4 组为茯苓、栀子、赤芍、当归、甘草五味中药组方的水提物。用 2, 4- 二硝基氟苯（DNFB）诱发的小鼠变应性接触性皮炎（ACD）动物模型，比较灌胃不同中药组合（1 ～ 4）及阳性对照氢化可的松和阴性对照生理盐水的药效学指标，观察中药对小鼠耳质量、耳厚度、耳真皮炎性细胞浸润及血清细胞因子的影响。与生理盐水组比较，各中药组和氢化可的松组对诱发皮炎前后小鼠的耳质量差、耳厚度差及真皮炎症细胞浸润的影响均有显著差异（$P<0.05$），其中，1组、4组和氢化可的松组更优（$P<0.01$）。实验结果表明，复方茯苓汤的主要药效成分来源于栀子、赤芍、甘草、茯苓和当归五味中药，为本方剂活性成分确定及原材料的质量控制提供了实验依据。

（四）基于“一测多评”法的多指标成分分析

多指标成分的质控模式需要多种对照品，但是中药化学对照品分离难度大、货源紧缺、价格昂贵、部分单体不稳定且难以供应，现实中的对照品供需矛盾和多指标质控高昂的检测成本，使多指标质控模式在应用于实际质量评价和监管中受到一定限制。鉴于此，王智民等提出“一测多评”法，即仅测定一个代表性成分（对照品价廉易得），来实现多个成分（对照品难得或制备成本高或不稳定）的同步定量分析。

“一测多评”法是依据在一定范围内，检测成分的量（质量或浓度）与检测器响应成正比的原理，引入相对校正因子（relative correction factor，RCF）的概念。在多指标（s，a，$b...i...$）质量评价时，以药材（或成药）中某一典型有效成分作内参物（s），建立内参物与其他待测成分（a，$b...i...$）间的相对校正因子 RCF（f_{sa}，f_{sb}，$f_{sc}...$），按公式（4-3）计算：

$$f_{si}=\frac{f_s}{f_i}\quad\frac{A_s\times C_i}{A_i\times C_s} \tag{4-3}$$

公式（4-3）中，A_s 为内参物对照品 s 峰面积，C_s 为内参物对照品 s 浓度，A_i 为某待测成分对照品 i 峰面积；C_i 为某待测成分对照品 i 浓度。

在含量测定时，内参物（s）的浓度可按常规方法进行测定（C_s），应用 RCF（f_{sa}，f_{sb}，$f_{sc}...$），结合内参物（s）实测值 C_s，按公式（4-4）计算待测成分（a，$b...i...$）的浓度。

$$C_i=f_{si}\times C_s\times\frac{A_i}{A_s} \tag{4-4}$$

公式（4-4）中，A_i 为供试品中待测成分 i 的峰面积，C_i 为供试品中待测成分 i 的浓度，A_s 为供试品中内参物 s 的峰面积，C_s 为供试品中内参物 s 的浓度，f_{si} 为内参物 s 对待测成分 i 的校正因子。

“一测多评”法不仅能用于同类型成分的测定，对于一些紫外吸收相近的不同类型成分也能准确定量，相较于传统质量控制方法，具有经济、高效、简便的优势，是中药多成分质量评价模式的发展方向之一。自 2006 年提出以来，“一测多评”法在单味中药及中药复方制剂的质量控制中得以广泛应用。《中国药典》（2010 年版）首次收录“一测多评”法，用于黄连药材及饮片中生物碱类成分的含量测定。《中国药典》（2015 年版）新增丹参、生姜药材，应用范围也扩展至中药材提取物（银杏叶提取物）和制剂（银杏叶滴丸、银杏叶胶囊、银杏叶片、咳特灵片、咳特灵胶囊）。

近年来，“一测多评”法在血府逐瘀丸、逍遥丸、正天丸、大活络丸等当归复方制剂中得以应用。血府逐瘀丸由 11 味中药制成，《中国药典》仅规定了芍药苷和柚皮苷的含量测定方法。张玲等选择芍药苷作为内参物，采用多点校正法，建立芍药苷与阿魏酸、苦杏仁苷、甘草苷、梓醇、β- 蜕皮甾酮、羟基红花黄色素 A、柚皮苷、新橙皮苷及柴胡皂苷

a之间的相对校正因子（f），同时进行定量计算，实现一测多评，与外标法相比，无显著性差异。大活络丸是由乌梢蛇、蕲蛇、威灵仙、两头尖、麻黄、贯众等48味中药材制成的大蜜丸，成分相当复杂，目前对于大活络丸的质量控制标准为部颁标准，检查内容仅涉及12味药材的显微鉴别和2味药材的薄层鉴别。郭琪等基于多指标成分的测定方法，以葛根素为内参物，建立其与橙皮苷、苯甲酸、盐酸巴马汀、盐酸小檗碱和黄芩苷间的相对校正因子，通过定量计算，实现一测多评，与外标法相比，无统计学差异，验证了“一测多评”法的准确性。正天丸涉及15味中药，《中国药典》仅对芍药苷做了定量质控要求。童芬美等以欧前胡素为内参物，建立升麻素苷、5-O-甲基维斯阿米醇苷、阿魏酸和异欧前胡素的相对校正因子，并进行含量计算，实现一测多评；同时采用外标法测定12批正天丸中5种指标成分的含量，比较计算值与实测值的差异，验证“一测多评”法的准确性。董永华等以甘草酸为内参物，应用“一测多评”法实现了绿原酸、阿魏酸、芍药苷、甘草苷、甘草酸和Z-藁本内酯等6种指标成分的同时定量分析。

四、当归复方制剂的色谱指纹图谱分析

指纹图谱技术目前被国际公认为是可用于植物药等复杂化学组成体系质量控制的有效手段，它是通过色谱图中各色谱峰的顺序、面积、比例、相对保留时间来表达某个品种特有的化学特征，是一种综合的、可量化的分析手段。日本PFSB、美国FDA、《印度CCIM》、《英国MHRA》、欧洲EMEA及WHO等均采用指纹图谱技术进行植物药（草药）的质量评价。国家药品监督管理局2000年发布“中药注射剂指纹图谱研究的技术要求”，首次将中药指纹图谱列入了药品管理法规。目前《中国药典》（2015年版）在29个中成药、中药材和中药提取物的质量标准中采用指纹图谱技术来控制药品质量。

将指纹图谱技术引入到中药或中药制剂的质量控制中，建立标示中药所共有的、具有特征性的某（几）类成分或组分群的色谱指纹图谱，从而对其主要化学成分及相对含量进行宏观、综合和整体分析表征，克服了现行单一有效成分或指标成分质控方法的片面性，符合中药整体用药特点。色谱指纹图谱技术不仅为中药鉴定、中药材及其制剂的一致性和稳定性评价提供了具有整体性的质量分析方法，而且为进一步研究中药药效物质协同作用机制提供了较为全面的化学物质信息。因此，指纹图谱技术已被广泛应用于中药的质量控制与评价研究中。

指纹图谱方法结合现代分析仪器，给出大量定性和定量信息，通过借助化学、信息学和计量学中有关手段，提取、分析和处理指纹图谱中的重要特征信息或整体信息用于中药真伪鉴别或质量整体控制。目前，主要的评价模式有监督化学模式识别、无监督化学模式识别和相似度评价。监督化学模式识别是以已知类别的样品信息作为判别模型来识别未知的样品图谱数据，主要包括偏最小方差判别分析法（PLS-DA）、K-最近邻法（KNN）、簇类独立软模式法（SIMCA）、线性判别分析法（LDA）。无监督化学模式识别是按照样品之间的相似程度进行分类，相似的归为一类，不相似的归为一类，可直观地进行系统分析，主要包括主成分分析（PCA）和聚类分析（HCA）。相似度评价方法包括夹角余弦法（vectorcosine）、相关系数法（correlation coefficient）、相对熵法（KLD）、峰重叠率

法（Nei 系数法）、总量统计矩相似度法（total quantum statistical moment similarity）等。

目前指纹图谱的建立方法主要包括红外光谱法、紫外光谱法、磁共振波谱法、电化学法、薄层色谱法、高效液相色谱法、气相色谱法、毛细管电泳法、高速逆流色谱法、超临界流体色谱法等。《中国药典》主要采用高效液相色谱法和气相色谱法。

（一）高效液相色谱指纹图谱分析

高效液相色谱具有分离效率高、分析速度快、定量精密度高、稳定性好等特点，同时又具有经济性、普适性，成为中药指纹图谱研究的主流方法。

兰州佛慈制药股份有限公司是浓缩丸剂型的首创者，浓缩当归丸是佛慈浓缩丸的代表，是第一个在欧盟传统草药申请注册的中药，为了全面控制浓缩当归丸的质量，杨玉华等采用高效液相色谱法，建立了浓缩当归丸的特征指纹图谱，作为浓缩当归丸的一个常规质控指标。

对照品溶液的制备：取阿魏酸对照品适量，精密称定，置棕色量瓶中，加 75% 甲醇制成每毫升含 10μg 的溶液，使用前用 0.45μm 微孔滤膜过滤，即得。

供试品溶液的制备：取浓缩当归丸适量，粉碎，取粉末 0.25g，置 25ml 容量瓶中，加入 20ml 75%（v/v）甲醇，室温下超声 20min 后取出，放至室温，用溶剂定容至刻度，摇匀，0.45μm 微孔滤膜滤过，即得。

色谱条件：Phenomenex Luna C_{18} 色谱柱（250mm×4.6mm，5μm）。流动相：A 为 0.1% 甲酸溶液，B 为乙腈。梯度洗脱：0 ～ 16min，5% ～ 40%B；16 ～ 20min，40% ～ 75%B；20 ～ 27min，75%B；27 ～ 30min，75% ～ 95%B；30 ～ 35min，95%B。检测波长 280nm。柱温 25℃。流速 1.0ml/min。进样量 20μl。在该色谱条件下，整体色谱峰容量大，分离度较好、稳定性较高，见图 4-39。

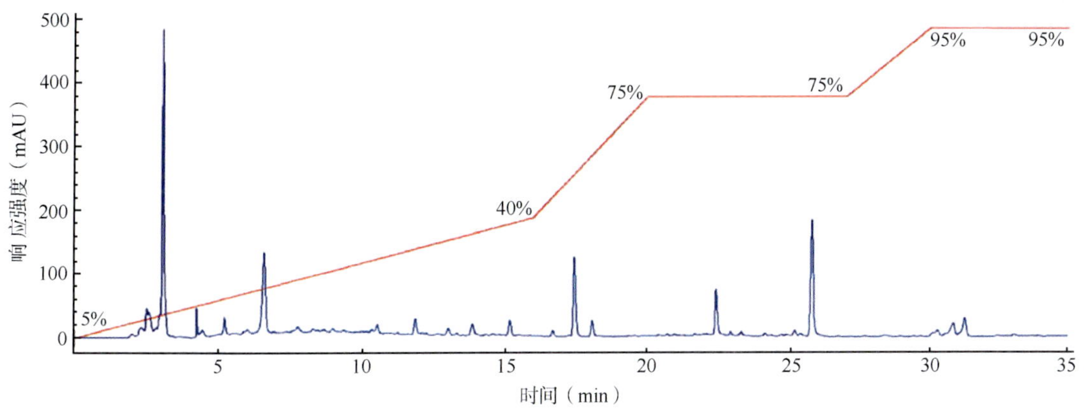

图 4-39 浓缩当归丸指纹图谱

共有峰的标定：取兰州佛慈制药股份有限公司生产的 10 批次浓缩当归丸，按供试品溶液的制备方法制备后，进样测定，对其指纹图谱（图 4-40）逐一研究比较，选取分辨率较高且为代表性样品（批号 11J36，第一批次）的图谱作为参照指纹图谱（图 4-41），找出比较稳定的色谱峰共 17 个，再通过 HPLC-DAD-TOF/MS 联用技术，解析推测出 13 个共有峰所代表的化合物，见表 4-21。

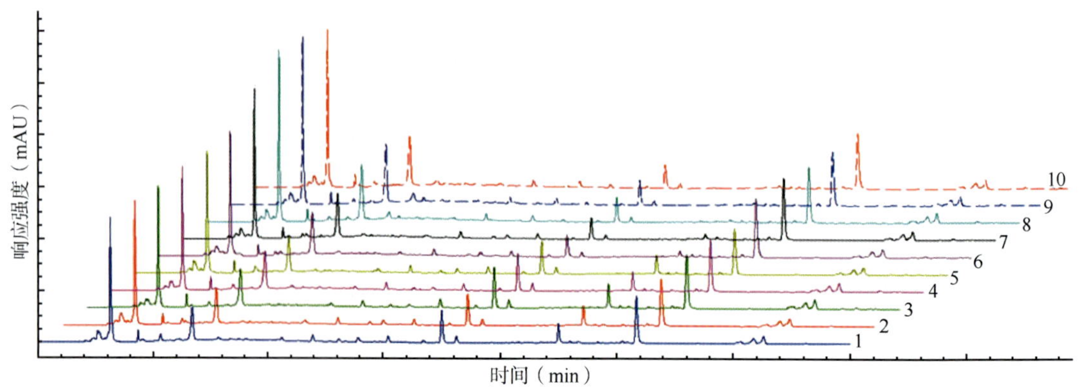

图 4-40 10 批浓缩当归丸指纹图谱

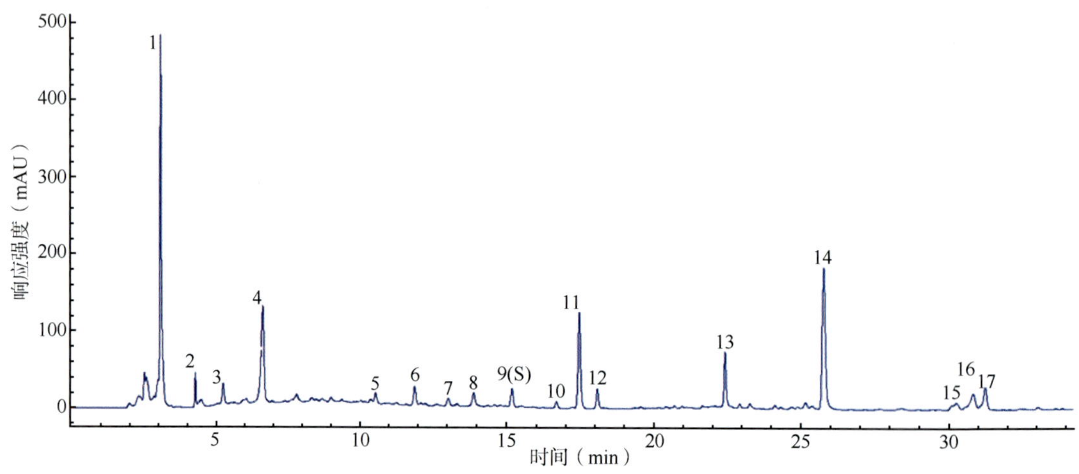

图 4-41 浓缩当归丸参照指纹图谱

表 4-21 浓缩当归丸指纹图谱共有峰的指认

编号	保留时间（min）	推测化合物	编号	保留时间（min）	推测化合物
1	3.098	油酸	10	16.715	洋川芎内酯 H/I/F
2	4.279	烟酸	11	17.492	洋川芎内酯 H/I/F
3	5.248	—	12	18.114	洋川芎内酯 H/I/F
4	6.630	—	13	22.478	3- 丁烯酞内酯
5	10.554	—	14	25.838	Z- 藁本内酯
6	11.902	川芎内酯 A	15	30.338	欧当归内酯 A
7	13.048	香荆芥酚	16	30.909	Riligustilide
8	13.901	—	17	31.325	藁本内酯二聚体
9	15.205	阿魏酸			

方法学考察：精密度、重现性、稳定性实验中的共有峰相对峰面积、相对保留时间的 RSD 均小于 5%。

相似度计算：利用国家药典委员会《中药色谱指纹图谱相似度评价系统》对上述 10 批浓缩当归丸指纹图谱进行匹配，以批号 11J36 的指纹图谱为参照图谱，设置时间窗宽度为 0.1，采用多样本中位数矢量综合作为共有模式矢量生成当归对照指纹图谱，避免了多样本中超常样本的不良影响，使试验结果更加稳健可行。利用生成的对照指纹图谱，对 10 批浓缩当归丸指纹图谱进行相似度评价，结果各批浓缩当归丸指纹图谱相似度较高，均在 0.97 以上，说明各批次产品质量稳定性和一致性良好。

邵士俊等将指纹图谱技术应用于当归单味药成方制剂——浓缩当归丸和当归片药品质量的一致性和稳定性评价中。首先测定并记录了 15 批甘肃主产区当归药材的高效液相色谱指纹图谱，利用《中药色谱指纹图谱相似度评价系统》对指纹图谱进行相似度分析，经多点校正后采用中值法进行计算，生成了包含 24 个共有峰的当归标准色谱指纹图谱。然后利用当归指纹图谱的供试品溶液制备方法和色谱分析条件，测定并记录了 6 批次浓缩当归丸和 6 批次当归片中成药样品的色谱指纹图谱。进一步的相似度评价表明 6 批次浓缩当归丸和 6 批次当归片样品与当归药材标准指纹图谱的相似度均小于 0. 65，且具有较大的离散性，反映出当归成药制剂与当归药材在化学组成与含量上存在一定差异，这与中成药产品生产工艺、药材来源及其质量一致性，以及不同生产厂家的工艺水平差异等因素密切相关；总体上，浓缩当归丸与当归药材图谱的相似度略高于当归片，这可能与浓缩当归丸中含有一定量的当归药材组分相关；同一厂家不同批次产品，在同类产品中相似度高，表现出良好的稳定性。聚类分析可将 27 批次样品按当归成药制剂与当归药材分为两大类，浓缩当归丸与当归片也分为两类，且浓缩当归丸样品与当归生药更为接近，这与前述相似度分析结果基本一致。主成分分析在二维空间上给出了样品分布的差异，27 批次样品按浓缩当归丸、当归片和当归药材样品分成三组，与浓缩当归丸相比，当归片 6 个样本分布在较小的区域内，表明当归片样品间的差异更小，质量更具一致性。

补中益气丸和十全大补丸《中国药典》均有收载，是临床常用中成药。补中益气丸由炙黄芪、炙甘草、党参、白术（炒）、当归、升麻、柴胡、陈皮、生姜、大枣十味中药材组方而成。十全大补丸由炙黄芪、炙甘草、党参、白术（炒）、当归、茯苓、川芎、白芍（酒炒）、熟地黄、肉桂十味中药材组方而成。两种复方组成十分复杂，且在这两种复方组方中有黄芪、甘草、党参、白术及当归等 5 种相同的药味，其成分具有较高的相似性。因此，对组成复杂且相似的中药复方进行鉴别和质量评价极为困难。董凤娟分别应用双指标等级序列聚类分析法、ΔSr 等级序列分析法及相似度评价法分析了补中益气丸和十全大补丸无水乙醇提取物的 HPLC 指纹图谱。结果表明相似度分析法无法实现补中益气丸和十全大补丸的鉴别，而双等级序列聚类分析及 ΔSr 等级序列分析样品的正确识别率分别为 79% 和 100%，较准确地区分了补中益气丸和十全大补丸。

当归芍药散出自张仲景所著《金匮要略》，该方由当归、白芍、川芎、白术、茯苓、泽泻六味药组成，是治疗原发性痛经的经典方。其高效液相色谱指纹图谱有 21 个特征峰，其中 8 个来自当归，11 个来自白芍，13 个来自川芎，4 个来自白术，2 个来自茯苓，3 个来自泽泻。经与对照品保留时间和紫外光谱图比对，确定其中 7 个特征峰对应的化合物为芍药苷、芍药内酯苷、阿魏酸、川芎嗪、白术内酯 I、藁本内酯、23- 乙酰泽泻醇 B 醋酸酯。

跌打活血散是由红花、当归、血竭、三七、烫骨碎补、续断、乳香（炒）、没药（炒）、儿茶、大黄、冰片和土鳖虫十二味药组成的中药复方制剂，具有舒筋活血、散瘀止痛的功效。现行标准收载于《中国药典》2015 年版一部，包括显微鉴别，当归、大黄和儿茶的薄层色谱鉴别，无含量测定项。建立 HPLC-DAD-ELSD 双通道指纹图谱（图 4-42），能同时在线检测具有紫外吸收的成分及没有紫外吸收或弱紫外吸收的成分，弥补了单一指纹图谱不能全面表征中药复杂化学成分的缺陷，可全面评价产品质量。DAD 选取 UV 254nm 主要检测大黄、儿茶、红花、乳香和血竭五味药材中具有紫外吸收的化学成分，ELSD 通道主要针对三七、儿茶、乳香和续断四味药材中无紫外吸收特征的化学成分的检测，两个通道相互补充，对制剂中的各类成分分别检测，更为全面有效。7 家企业生产的 14 批次跌打活血散其UV特征图谱相似度为0.386～0.913，ELSD特征图谱相似度为0.468～0.779，相似度整体分布较宽，表明不同企业样品间存在一定差异。

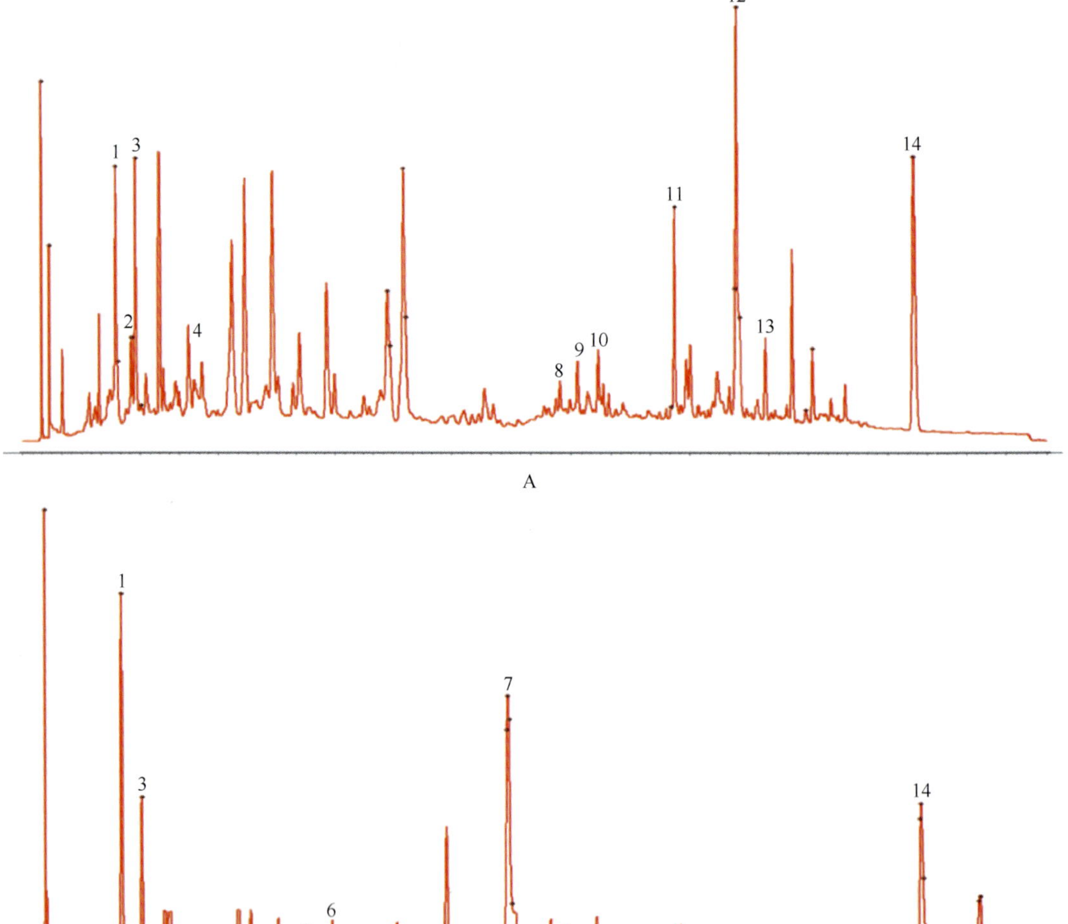

图 4-42 跌打活血散 HPLC-DAD-ELSD 双通道指纹图谱

A. 254nm；B. ELSD。1. 儿茶素；2. 羟基红花黄色素 A；3. 表儿茶素；4. 阿魏酸；5. 三七皂苷 R_1；6. 人参皂苷 Rg_1/Re；7. 川续断皂苷Ⅵ；8. 血竭素；9. 芦荟大黄素；10. 大黄酸；11. 大黄素；12. 大黄酚；13. 大黄素甲醚；14. 11- 羰基 -β- 乙酰乳香酸

（二）超高效液相色谱指纹图谱分析

超高效液相色谱（ultra performance liquid chromatography，UPLC），通过粒径小于2μm的色谱柱填料，精确梯度控制的色谱泵及高速检测器，使峰容量、分析效率、灵敏度较常规高效液相色谱有了很大的提高，因而在中药制剂这一更为复杂体系的指纹图谱研究中显示出日益广阔的应用前景。

逍遥散是由柴胡、白芍、当归、白术、茯苓、甘草、薄荷、炮姜组成的经典方药，耿放等利用UPLC结合质谱技术建立了逍遥散的指纹图谱，全面表征了逍遥散的成分信息。应用电喷雾质谱，其作为一种先进的软电离质谱技术，具有离子化条件温和、操作简单、准确度高等特点，一级全扫描质谱中主要是分子离子峰，能直观地反映被测物组成的相对分子质量信息，这为物质组成分析提供了一种简单快速和灵敏的方法。逍遥散的指纹图谱有16个特征峰（图4-43），通过与对照品的保留时间及质谱信息的比对，指认指纹图谱中的4号、6号和12号峰成分分别为阿魏酸、白术内酯Ⅲ和藁本内酯。建立的逍遥散指纹图谱特征性和专属性强，更加科学、准确和全面地表征了逍遥散的体外成分，为逍遥散的体内成分研究及药效物质基础的确定奠定了基础。

色谱及质谱条件：色谱柱Shim-pack XR-ODS Ⅱ（2.0mm×75mm）。流动相：A为乙腈，B为含有10mmol乙酸铵的0.1%甲酸溶液。洗脱梯度：0min，5.0%A；0～10min，5%～50%A；10～15min，50%～80%A；15～17min，80%～95%A。柱温30℃。流速0.3ml/min。电喷雾接口，正离子模式，毛细管电压：3.00kV，锥孔电压为35 V，离子源温度110℃，脱溶剂温度350℃。

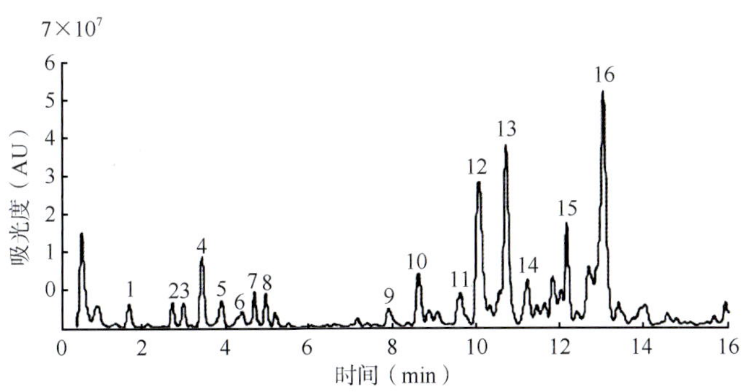

图4-43　10批逍遥散UPLC-MS特征指纹图谱

Su等将UPLC-QTOF-MS/MS用于四物汤的指纹图谱分析。利用判别分析对样品进行分类。以五倍子酸、原儿茶酸、香草酸、咖啡酸、芍药苷、阿魏酸、川芎内酯 Ⅰ 作为指标性化学成分，最终确定了四物汤中的84种成分。

（三）气相色谱指纹图谱分析

中药制剂中，有些组成药味中含有挥发油，挥发油沸点低，易于气化，符合气相色谱测定的条件。GC具有高效快速、高选择性、高灵敏度、样品用量少、检测器种类多等特点，因而特别适用于中药制剂的挥发性成分的指纹图谱研究。

逍遥丸是《中国药典》中收载的制剂品种，是我国临床治疗中的常用药。该药由柴胡、当归、白芍、白术、茯苓、甘草和薄荷七味中药材精制而成，能有效治疗肝郁脾虚所致的郁闷不舒、胸胁胀痛、头晕目眩、食欲减退、月经不调等症。逍遥丸中除茯苓和甘草外，其他药味均含有挥发油。梁悦等用水蒸馏提取法结合气相色谱法检测 10 个生产厂家逍遥丸中的挥发性成分，以正十八烷为内标参照物，建立了逍遥丸的 GC 指纹图谱，共标示出 23 个共有峰。为易于辨认和分析，将指纹图谱分为三个区域：Ⅰ区为细小指纹区（保留时间 3 ～ 13min），有 6 个小的特征峰（1 ～ 6 号峰）；Ⅱ区为指纹密集区（保留时间 13 ～ 17min），有 3 个特征峰（7 ～ 9 号峰）；Ⅲ区为主要特征区（保留时间 17 ～ 34min），有 14 个特征峰（10 ～ 23 号峰）及内标物正十八烷的峰（S 峰）。不同厂家逍遥丸色谱图中各共有峰的峰面积差异较大，反映了制药过程中缺乏规范和标准。对 10 个厂家的逍遥丸指纹图谱进行分层聚类分析，采用离差平方和法，利用欧氏距离作为样品的测度，再采用夹角余弦测量，每两个样本间用类间平均链锁法连接，获得分层聚类分析图，既能全面、综合地反映逍遥丸气相色谱图之间的相似关系，也能反映出各厂家产品之间的差异。

刘海洋等应用气相色谱 - 质谱（GC-MS）法建立逍遥散挥发性成分的特征图谱，确定了 29 个共有色谱峰作为特征峰，经谱库检索鉴定了其中 28 个。根据色谱峰的保留时间及质谱信息，经与单味药材比对，共有色谱峰归属于柴胡、当归、白术、薄荷、炮姜等含挥发性成分的药味，但白芍、茯苓和甘草 3 味药因不含挥发性成分，指纹图谱中未能体现出任何特征。逍遥散的 GC-MS 特征图谱特征性及专属性强，为逍遥散挥发性成分质量控制提供了重要依据。

养血清脑颗粒由当归、川芎、白芍、钩藤、鸡血藤、熟地黄、决明子、夏枯草、细辛、延胡索和珍珠母十一味中药采用现代制剂工艺精制而成，其挥发性成分的气相色谱指纹图谱有 10 个特征峰，经 GC-MS 分析并通过 NIST02 质谱库检索，依次为 2- 甲氧基 -4- 乙烯苯酚、1H- 苯并咪唑 -2- 胺、3- 丁烯苯酞、二十碳烷、甲氧基乙酸、2-（1- 甲基乙氧基）-1, 2- 二苯、2- 氨基吡啶、*Z*- 藁本内酯、2- 烯丙基 -4- 甲基苯酚、十六酸。与当归、川芎及中间体浸膏的指纹图谱对比，制剂指纹图谱的 10 个特征峰中，第 4、5 号峰来自川芎，第 1、2、3、6、7、8、9 号峰为川芎和当归所共有，第 1 ～ 9 号峰在中间体浸膏色谱图中也得以体现，但第 10 号峰未在当归、川芎药材和中间体浸膏的色谱图中出现，应当来源于其他药味。

补阳还五汤出自清代王清任所著《医林改错》，由黄芪、当归、赤芍、桃仁、川芎、红花、广地龙组成，是治疗缺血性中风的传统名方。其挥发性成分的气相色谱指纹图谱有 9 个特征峰，经 NIST 05a 质谱库检索依次为苯甲醛、β- 松油醇、β- 芹子烯、匙叶桉油烯醇、棕榈醛、丁烯基酞内酯、藁本内酯、十八醛、四氢萘酚，分别来自于当归、川芎、桃仁三味药材。

（四）毛细管电泳指纹图谱分析

高效毛细管电泳法是近几年兴起的一类以毛细管为分离通道、以高压直流电场为驱动力的新型液相分离技术，具有分离效能高、分析速度快、样品用量少等特点，特别适用于水性样品的分析。但其检测灵敏较低、定量精度较差。

心舒口服液为医院制剂，由当归、红花、川芎组成。郭涛等采用毛细管电泳法建立了10批次心舒口服液的色谱指纹图谱，确定共有峰27个。毛细管电泳条件为：以105mmol/L硼砂溶液（pH 9.7）运行缓冲液；分离电压0～30min 24kV，30～50min 28kV；检测波长210nm；进样压力与时间为5kpa、5s；毛细管温度20℃。将口服液的指纹图谱与单味药材水煎液、各药材阴性对照液的指纹图谱进行比较，通过在线紫外光谱和迁移时间的对比，对口服液的色谱峰进行了归属，结果27个共有峰中有14个来自当归，10个来自川芎（其中7个是当归和川芎所共有），9个来自红花。

孙国祥等建立了柴胡舒肝丸的毛细管区带电泳指纹图谱，并采用内标法测定了黄芩苷的含量。以50mmol/L硼砂-150mmol/L磷酸二氢钠-50mmol/L磷酸氢二钠（1∶1∶1）（含5mmol/L庚烷磺酸钠）为背景电解质，在运行电压11kV、检测波长265nm条件下，以黄芩苷峰为参照物峰，确定了22个共有指纹峰，建立了柴胡舒肝丸的指纹图谱。通过对20批样品聚类分析确定用其中13批生成对照指纹图谱，以此对照指纹图谱为标准用系统指纹定量法判定20批柴胡舒肝丸的质量，结果其中的4批化学成分数量和分布比例不合格，4批含量明显偏低，其他12批完全合格。

孙国祥等建立了逍遥丸的毛细管区带电泳指纹图谱，运用正方形优化法，以色谱指纹图谱分离量指数（RF）为优化的目标函数，对建立指纹图谱的实验条件进行了优化，确定了最佳分离检测条件：背景电解质溶液50mmol/L硼砂-50mmol/L磷酸氢二钠-150mmol/L磷酸二氢钠-50mmol/L碳酸氢钠（1∶1∶1∶5，pH 7.40）、检测波长228nm、运行电压12kV、重力进样25s（高度14cm）。以咖啡酸色谱峰为参照，确定13批逍遥丸样品的21个共有指纹峰。通过聚类分析确定用其中10批样品用于生成对照指纹图谱，以此为标准用系统指纹定量法鉴别13批逍遥丸的质量，结果显示S3号样品的化学成分数量和分布比例不合格，S10和S12号样品黄芩苷含量明显偏高，其余批次质量均合格。所建立的正方形优化法操作简便，适用于中药的毛细管区带电泳BGE的选择，所建立的逍遥丸CEFP具有较好的精密度和重现性，可以为逍遥丸的质量控制提供新的参考。

（五）红外光谱指纹图谱分析

红外光谱是由分子的振动-转动能级跃迁产生的光谱，反映了化合物的分子结构信息，具有高度的特征性。较之常规化学分析方法，近红外光谱法样品无须预处理，可全面客观地反映样品信息。近年来，近红外光谱技术因其快速、简便、无损的优势，已逐渐成为中药指纹图谱研究中使用的主流方法之一。主要研究手段为运用模式识别技术对光谱分类，或应用化学计量学方法建立样品光谱与含量之间的关系，以达到定性或定量分析的目的。

聂黎行等采用近红外光谱技术结合不同化学计量学算法，建立了活血止痛胶囊的真伪鉴别、厂家区分和4个成分定量模型，并对近红外光谱法在中成药的均一性和稳定性评价中的运用做出了初探。

比较三种采样方式：①采用光纤附件直接测量，测定时使探头与塑封面和胶囊紧密接触；②将胶囊取出，置积分球附件窗口，直接测量；③将内容物粉末由胶囊中取出，置于内径1cm的样品管内，采用积分球附件测量。结果①、②法采集的光谱，受铝塑板或囊壳的影响，整体吸收值较③法高，因此，将内容物从囊壳中取出后再采集光谱最能直观反映样品信息。

真伪鉴别：采用相似度匹配算法对活血止痛胶囊进行真伪鉴别。通过比较未知样品与标准光谱在某个或多个波段的光谱信息，得到样品匹配程度。对标准光谱进行 Gram-Schmidt 分析，得到的正交模型代表了所有标准光谱中全部数据点提供的光谱信息。在对样品进行分析时，使用 Gram-Schmidt 模型将样品光谱中该模型包含的所有光谱信息去除得到样品的残差光谱。最后，将样品光谱同其残差光谱相比较得到相似度。相似度的范围为 0 ～ 100，其值越高，说明未知样品与标准样品的光谱越相似。

厂家区分：A、B、C 3 个厂家的活血止痛胶囊光谱图，直接观察难以发现区别，使用 SIMCA 判别分析可将不同类样品的细微差别放大，从而加以鉴别。其基本思想是根据已知样品集特征，选定适合的判别准则，建立定性分析模型，最后用于预测未知样品。在建模过程中，先计算平均光谱，然后通过估计在分析区域内每个波数点变化建立一个分类模型，SIMCA 法选择为每个类别建立一个唯一的分类模型，先将每条光谱减去该类别的平均光谱，然后利用给定类别的光谱信息为该类别生成一条唯一的变异光谱。3 个厂家各随机选取 6 批样品组成验证集，其余样品组成校正集。经优化后，在 4500 ～ 8000，对原始光谱加以 MSC 校正和 S-G 平滑处理，主成分数 10，建立判别分析模型。结果校正集和验证集错判数均为 0，说明判别模型可对活血止痛胶囊的生产厂家进行准确区分。

含量测定：采用甲苯法测定水分含量，HPLC 法测定阿魏酸、11- 羰基 -β- 乙酰乳香酸，GC 法测定龙脑含量，作为参比值。以样品光谱和化学参考值为基础，采用偏最小二乘法对活血止痛胶囊进行近红外定量分析。逐步剔除杠杆值和学生化残差值较高的异常点，应用交叉验证法对模型逐步优化，进而确定建模的最佳参数，建立了水分、阿魏酸、11- 羰基 -β- 乙酰乳香酸和龙脑含量的校正模型。

均一性考察：冰片在活血止痛胶囊处方中占 2%，与其他 5 味药材粉碎后配研加入，以龙脑为指标，测定其含量，可较准确地反映物料混匀程度。以全谱段（4000 ～ 10 000cm^{-1}）光谱峰面积的 RSD 值表征样品差异，与化学分析结果基本一致，证明了近红外光谱技术在中药均一性评价方面的可行性。

稳定性考察：活血止痛胶囊方中冰片含挥发性成分，采用 GC 法测定龙脑含量，可对制剂稳定性做出初步评价。采用相似度匹配算法建立稳定性评价模型，对光谱加以多重散射校正（MSC）、一阶微分及 Norris 导数平滑滤波处理，选择变化明显的 4900 ～ 5200cm^{-1} 和 4400 ～ 4700cm^{-1} 谱段建模。以 0 天的样品的光谱为标准（相似度为 100），计算 5 天和 10 天样品相似度，结果随着加速实验天数的增加，相似度逐渐降低，评价结果与化学分析结果基本一致，说明近红外光谱技术在中药稳定性评价方面具有一定可行性。

补中益气丸和十全大补丸这两种复方药组成十分复杂，且组方中均含有黄芪、甘草、党参、白术及当归五味中药材，二者具有较高的相似性。董凤娟等应用红外光谱指纹图谱对其进行了很好的区分和鉴别。依次用氯仿、无水乙醇、水提取不同极性区间的成分，以减少各极性区间成分的交叉。氯仿、无水乙醇提取液分别适量涂于盐窗上，液膜法测试其红外指纹图谱，水提取物红外指纹图谱测试采用 KBr 粉末压片法。根据共有峰及变异峰的理论判别方法 W 检验法确定不同样品的共有峰及变异峰，采用双指标等级序列聚类分析法，从共有峰率及变异峰率两个角度对中药复方产品补中益气丸和十全大补丸进行区分与鉴别。结果表明，双指标等级序列聚类分析法能够较准确地区分组成复杂且相似的中药复方产品，且能够反映出同一种中药不同厂家及批次间的差异；不同极性区间的提取物其聚类结果存在一定的差异，说明不同极性区间成分上的差异性；在共有峰率及变异峰率的双指标等级序列聚类分析中，共有峰率的聚类结果具有较强的鉴别能力；与系统聚类分析结果比较，双指标等级序列聚类分析法的聚类结果既具有聚类功能，又具有分类的标记功能，也就是说既能反映出不同样品之间的相似性程度，又能对组成复杂且相似的样品进行准确区分。

（六）磁共振指纹图谱分析

磁共振波谱法是研究处于强磁场中的原子核对射频辐射的吸收，从而获得有关化合物分子结构信息的分析方法。磁共振谱具有信息量大、特征性强、重现性好的优点，可用以评价中成药质量的均一性和稳定性。

郑晓芬等为了阐明逍遥散乙醇提取物的乙酸乙酯萃取物（XYE-E）的活性成分与小鼠悬尾试验（TST）和强迫游泳试验（FST）不动时间的相关性，表征逍遥散的抗抑郁药效物质基础。采用灰色关联分析、相关性分析及强迫引入回归分析方法将 ^{1}H-NMR 图谱中各组分特征峰的相对峰面积与小鼠 TST 和 FST 不动时间数据相关联。逍遥散提取物 ^{1}H-NMR 图谱中共指认出 14 种化学成分，其中确定与药效有较强相关性的化学物质有 8 个，分别为柴胡皂苷 a、柴胡皂苷 c、柴胡皂苷 E、柴胡皂苷 F、柴胡皂苷 G、柴胡皂苷 b_2、白术内酯Ⅰ和白术内酯Ⅱ。本研究发现与 XYE-E 抗抑郁药效密切相关的物质主要是柴胡皂苷。

尽管指纹图谱技术在中药质量评价中得以广泛应用，但是我们应该认识到，目前指纹图谱技术更多的还是针对单味药材或提取物，在中药制剂的整体性作用和药效相关性方面依然缺乏理论依据和相应的理论指导。在应用于中药制剂过程中自身显现出的问题使该技术尚不能普及，其“模糊”的特点造成在实际生产、监管中的应用难度和“难以说清楚”；苛刻的样品处理和色谱分析条件，使图谱的重现性和代表性存在一定问题；对获得的大量样品的指纹图谱如何进行综合分析，尚无好的解决方案，目前采用的模式识别专注于相似性或共有峰，致使某些重要的有效成分的指纹信息不突出甚至缺失。

五、当归复方制剂的色谱指纹图谱与多指标成分定量相结合的分析方法

将中药指纹图谱技术与多指标成分定量相结合，就是在原有的指纹图谱基础上，对指纹图谱中的多个指标成分尤其是有效成分进行准确定量，从而在全面获得中药所含化学成分种类与数量的同时，又突出了指标成分的作用，在赋予指纹图谱大量定性信息的基础上，又赋予其定量信息，使得中药质量控制更加全面准确。

逍遥丸为常用中成药，由柴胡、当归、白芍、炒白术、茯苓、炙甘草、生姜和薄荷八

味药材制得。其高效液相色谱指纹图谱共有17个特征峰，其中峰9、16、17来源于当归，峰1、6、9来源于白芍，峰2、3、9来源于白术，峰8、11、12、13、14、15来源于甘草，4号峰为当归、白术和茯苓共同贡献，5号峰为当归、白芍、白术和甘草共同所有，而7号峰来自于白术和甘草，10号峰来自于当归和甘草；可以确定的化合物有：4号峰为绿原酸，6号峰为芍药苷，8号峰为甘草苷，9号峰为阿魏酸，13号峰为甘草酸，17号峰为藁本内酯。在与指纹图谱相同的色谱条件下，测定绿原酸、芍药苷、甘草苷、阿魏酸、甘草酸和藁本内酯6个指标成分的含量，既可实现逍遥丸中每味药材的定性鉴别，又可实现指标成分的定量分析，增加质量的整体可控性。

正天丸由钩藤、川芎、白芍、地黄、当归、白芷、羌活、防风、桃仁、红花、独活、细辛、附片、麻黄、鸡血藤十五味药制成，具有养血平肝、疏风活血、通络止痛等功效，对偏头痛、神经性头痛、紧张性头痛、颈椎病型头痛、经前头痛等疾病有很好的疗效。采用高效液相色谱法建立其指纹图谱，通过相似度评价确定共有峰33个，通过与对照品的比对指认其中的5个，分别是升麻素苷（6号峰）、5-O-甲基维斯阿米醇苷（10号峰）、阿魏酸（11号峰）、欧前胡素（28号峰）和异欧前胡素（32号峰）。在相同的色谱条件下，对指认的5个指标成分进行定量测定，结果同一厂家生产的12批正天丸相似度均在0.99以上，5个指标成分的质量分数分别为0.78～0.84mg/g、0.10～0.13mg/g、0.18～0.20mg/g、2.44～2.51mg/g、1.70～1.78mg/g，各组分含量均匀。

六、当归复方制剂的多指标全药材整体色谱分析

（一）研究理念

《中国药典》中复方制剂药主要采用单指标成分和多指标成分的质量控制方法，但是其方法主要是针对复方药中的一种或某几种中药材，几乎未涉及全部中药材同时分析的全面快速的质量控制技术与标准，而新兴的色谱指纹图谱技术又不具备普适性和现实可操作性。为此，以代表复方药组成中药材药效的活性成分为基准，建立一种全面反映复方药中全部药材存在与否和质量水平的分析方法与技术的质量控制体系，形成一种定性定量质量控制新模式非常必要。本研究的创新理念就是建立一种切实可行、全面便捷的控制和评价复方药真伪、优劣的质量问题的分离分析新技术和新模式——多指标全药材整体色谱。

多指标全药材整体色谱是我们研究组首次提出的一种复方药质量控制新策略，即利用超高效液相色谱分离结合二极管阵列检测技术，建立一种色谱分析谱图，该谱图包含复方药中每种中药材的代表性药效成分或指标成分的定性定量分析信息，用于全面控制一种复方药中全部中药材的存在、质量及药效成分的含量的方法。该策略与现行的单指标和多指标成分定性定量色谱方法相比更加全面和准确，与中药指纹图谱相比更加量化和可行，是复方药质量控制模式的创新和发展。基于此理念，我们开展了临床常用的复方药芩暴红止咳片、一清胶囊、戊己丸、五虎散、六味地黄丸的多指标全药材质量控制方法和技术研究，建立了它们的全药材整体色谱。

（二）五虎散的多指标全药材整体色谱分析

当归复方制剂五虎散由当归、红花、防风、天南星、白芷五味药组成，《中国药典》仅以防风中的升麻素苷和 5-O- 甲基维斯阿米醇苷作为该制剂的质量控制指标，不能全面反映制剂质量。基于复方制剂的多指标全药材质量控制方法策略，我们从组成五虎散的每一味药材中选取 1 ～ 2 个药效成分，即选取当归中的阿魏酸，红花中的羟基红花黄色素 A，防风中的升麻素苷和 5-O- 甲基维斯阿米醇苷，天南星中的亚油酸，白芷中的欧前胡素和异欧前胡素作为质量控制指标成分，采用超高效液相色谱分离结合二极管阵列检测技术（UPLC-DAD），实现多指标成分在同一根色谱柱上的同步分离和检测，建立多指标全药材整体色谱，从而提出一种全新的多指标全药材质量控制方法。五虎散多指标全药材质量控制策略示意图如图 4-44 所示。五虎散 7 种质控指标成分的化学结构式见图 4-45。

1. 对照品溶液的制备

分别取对照品阿魏酸、羟基红花黄色素 A、升麻素苷、5-O- 甲基维斯阿米醇苷、欧前胡素、异欧前胡素、亚油酸适量，精密称定，置量瓶中，加甲醇制成浓度分别为 0.26mg/ml、0.52mg/ml、0.40mg/ml、0.64mg/ml、0.56mg/ml、0.56mg/ml、5.90mg/ml 的对照品贮备液。精密吸取上述对照品贮备液各 1ml，置于 10ml 量瓶中，加甲醇至刻度，摇匀，得混合对照品溶液。

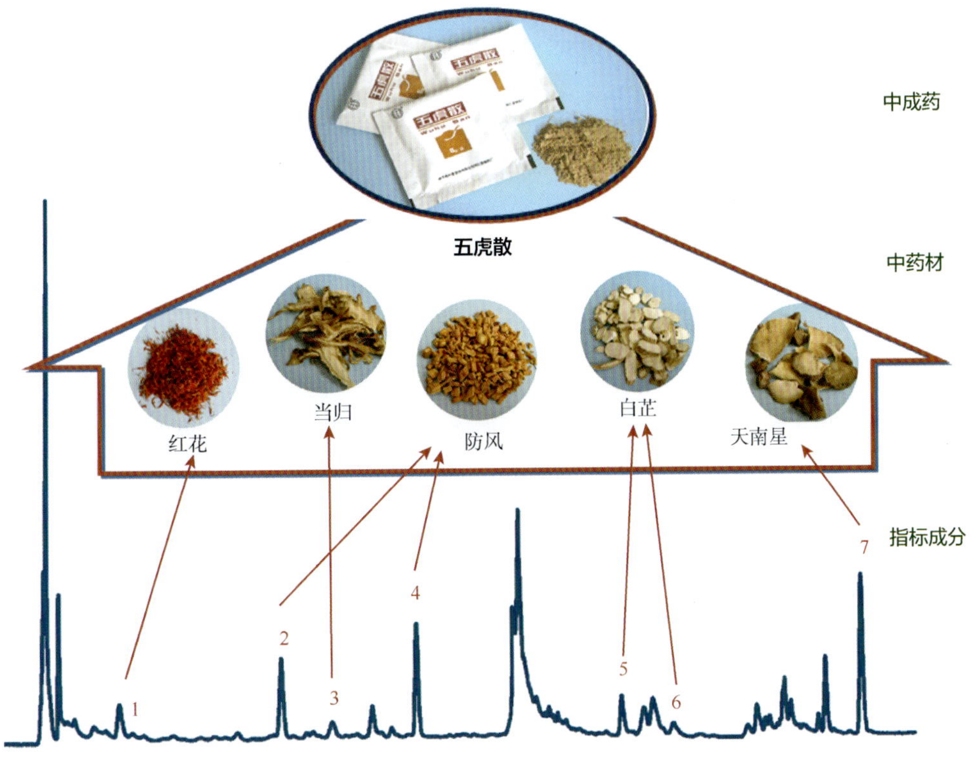

图 4-44　五虎散多指标全药材质量控制策略示意图

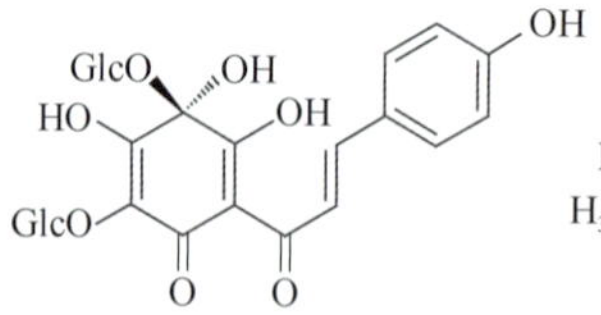

羟基红花黄色素A 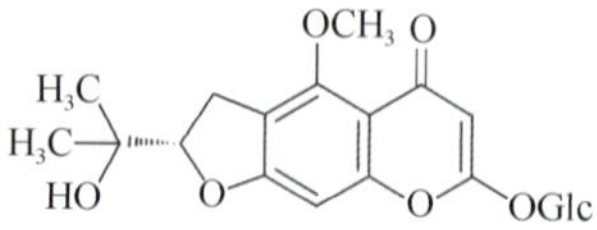　升麻素苷 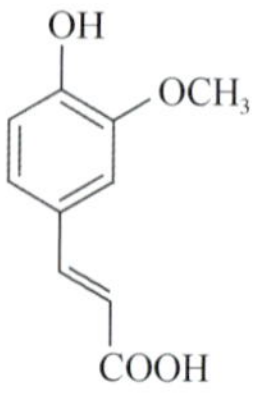　阿魏酸

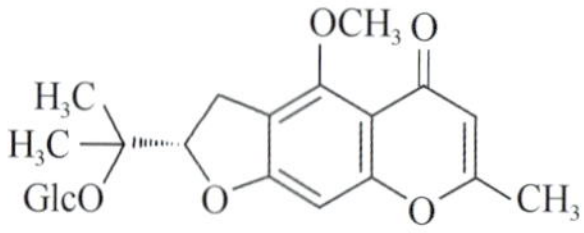

5-O-甲基维斯阿米醇苷 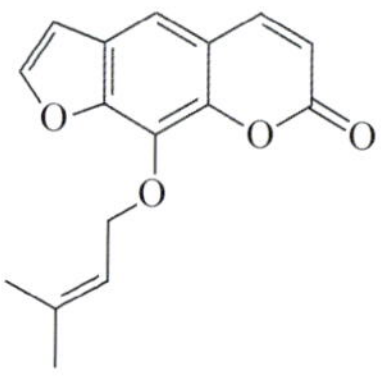　欧前胡素 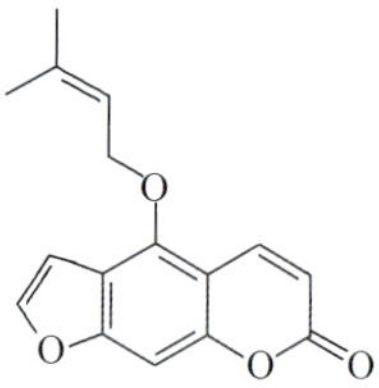　异欧前胡素

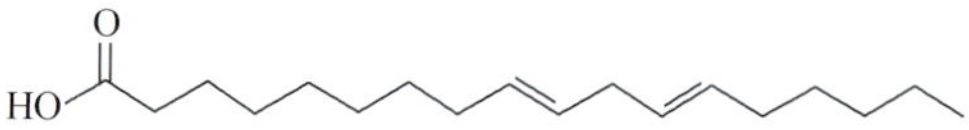

亚油酸

图 4-45 五虎散 7 种质控指标成分的化学结构式

2. 供试品溶液的制备

对提取溶剂（甲醇、80% 甲醇、60% 甲醇、95% 乙醇、80% 乙醇、60% 乙醇）、提取方式（加热回流、超声）、提取时间（1×30min、2×30min、3×30min）等进行优化，以获得指标成分最高的提取率。结果（表 4-22）表明，采用甲醇回流提取 2 次，可取得较好的提取效果。最终确定供试品溶液的制备方法如下：取五虎散药粉 2.0g，精密称定，置圆底烧瓶中，用甲醇加热回流提取 2 次，每次 30min，甲醇用量 25ml，合并甲醇提取液，蒸干，残渣用甲醇溶解，并转移至 25ml 量瓶中，加甲醇至刻度，摇匀，滤过，取续滤液，即得。

表 4-22　提取溶剂、方式、时间对五虎散指标成分提取率的影响

提取流程		含量（mg/g）						
		1	2	3	4	5	6	7
超声波法（1×30min）	甲醇	0.21	0.65	0.23	0.78	0.14	0.08	33.90
	80% 甲醇	0.90	0.39	0.13	0.43	0.07	0.04	15.11
	60% 甲醇	0.92	0.28	0.10	0.31	0.05	0.02	1.96
	95% 乙醇	0.01	0.06	0.03	0.08	0.02	0.01	3.93
	80% 乙醇	0.05	0.02	0.01	0.03	0.005	0.002	0.76
	60% 乙醇	0.06	0.02	0.01	0.02	0.003	0.002	0.71
回流法	1×30min，甲醇	0.84	0.73	0.25	0.86	0.14	0.08	36.72
	2×30min，甲醇	1.10	0.77	0.26	0.86	0.15	0.08	36.74
	3×30min，甲醇	1.13	0.80	0.25	0.84	0.15	0.08	37.89

3. 阴性对照溶液的制备

取五虎散处方药材，粉碎过三号筛，按照表 4-23 的比例称取药材粉末，混匀，分别制备缺当归、红花、防风、制天南星、白芷的五虎散阴性供试品，然后按照供试品溶液的制备方法制备各自相应的阴性对照品溶液。

表 4-23　五虎散阴性供试品的制备方法

五虎散阴性供试品[a]	药材比例（w/w）
缺当归	红花：防风：制天南星：白芷 =35 ：35 ：35 ：24
缺红花	当归：防风：制天南星：白芷 =35 ：35 ：35 ：24
缺防风	当归：红花：制天南星：白芷 =35 ：35 ：35 ：24
缺制天南星	当归：红花：防风：白芷 = 35 ：35 ：35 ：24
缺白芷	当归：红花：防风：制天南星 = 35 ：35 ：35 ：35

注：a 五虎散处方药材比例为当归：红花：防风：制天南星：白芷 = 35 ：35 ：35 ：35 ：24。

4. 色谱条件的优化

对色谱柱类型、流动相组成、流动相比例、洗脱程序、柱温、流速、检测波长等进行优化。利用光电二极管阵列检测器，获得了分析物在甲醇中的紫外光谱图（190 ～ 400nm），为了提高定量分析的灵敏度和选择性，在后续分析中选择相应的最大吸收波长作为每种分析物的检测波长。流动相的选择取决于在相对较短的分析时间内获得相邻峰的良好分辨率。首先，研究了甲醇（或乙腈）和水组成的流动相及添加了乙酸、甲酸、磷酸等改性剂的几种不同流动相。初步研究表明，乙腈比甲醇具有更低的柱压和更稳定的基线，所有改性剂都能改善分析物 1、3 和 7 的峰形（防止峰尾），而磷酸可以提供更稳定的基线，特别是在较低的检测波长下。由于 7 种分析物的极性不同，因此需要一个梯度洗脱程序来获得最佳的色谱峰分离，并确保在相对较短的时间内洗脱出所有待测化合物。考虑了流动相的梯度、梯度时间、梯度形状和初始组成，在尝试了几种不同持续时间的梯度后，选择出最佳流动相。考察了柱温 25 ～ 45℃对分离的影响，结果表明，较高的柱温可以缩短分析时间，但不能提供更有效的分离效果。在试验中，30℃是合适的测量温度。此外，还对流速和进样量进行了优化。

最终确定色谱条件为：色谱柱 Waters ACQUITY　BEH C_{18} column（50mm×2.1mm，1.7 μm）。流动相：乙腈（A）-0.1% 磷酸溶液（B）。梯度洗脱程序：（a）0 ～ 1.0min，12%A；（b）1.0 ～ 3.5min，12% ～ 25%A；（c）3.5 ～ 3.6min，25% ～ 57%A；（d）3.6 ～ 5.5min，57%A；（e）5.5 ～ 5.6min，57% ～ 90%A。检测波长：羟基红花黄色素 A 403nm，阿魏酸 323nm，升麻素苷、5-O- 甲基维斯阿米醇苷、欧前胡素、异欧前胡素 300nm，亚油酸 210nm。柱温：30℃。样品室： 18℃。进样量：2μl。

在此色谱条件下，7 种指标成分色谱峰与样品中其他组份色谱峰能得到基线分离。对照品和样品的色谱图见图 4-46。

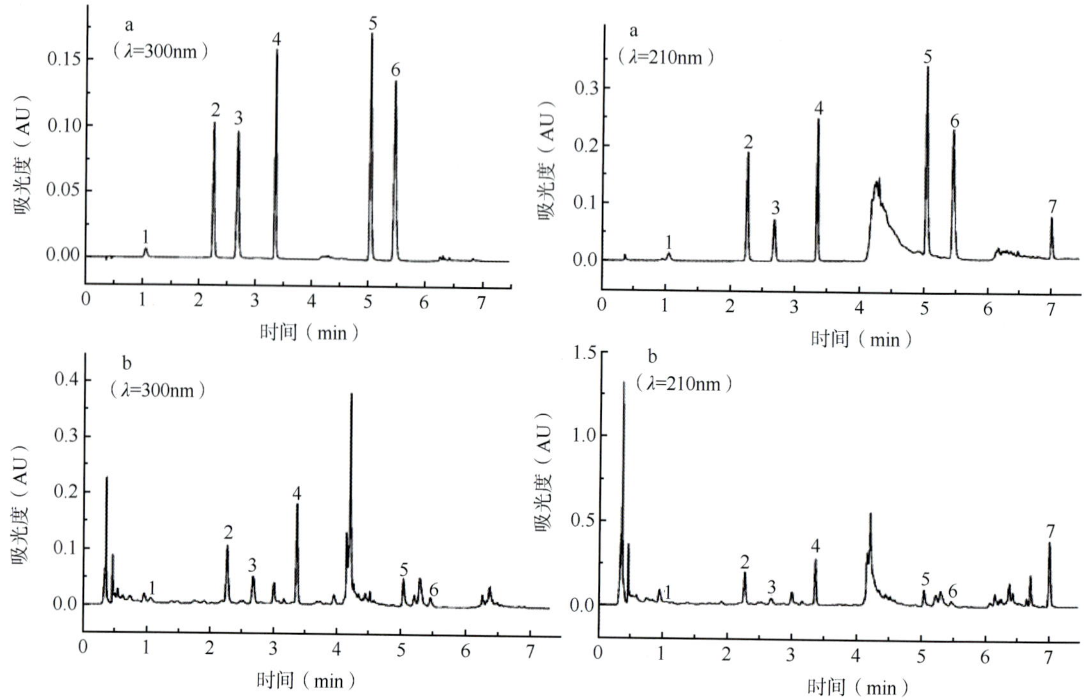

图 4-46 对照品（a）和五虎散样品（b）在波长 300nm 和 210nm 处 UPLC 图

1. 羟基红花黄色素 A；2. 升麻素苷；3. 阿魏酸；4. 5-O- 甲基维斯阿米醇苷；5. 欧前胡素；6. 异欧前胡素；7. 亚油酸

5. 方法学考察

（1）线性关系考察：将对照品贮备液用甲醇进行等度稀释，制备系列浓度的对照品溶液：羟基红花黄色素 A 为 2.60 ～ 260μg/ml，升麻素苷为 1.04 ～ 520μg/ml，阿魏酸为 1.00 ～ 400μg/ml，5-O- 甲基维斯阿米醇苷为 1.28 ～ 640μg/ml，欧前胡素为 1.12 ～ 560μg/ml，异欧前胡素为 1.12 ～ 560μg/ml，亚油酸为 59 ～ 5900μg/ml。分别吸取上述溶液及对照品贮备液各 10μl，注入液相色谱仪测定，以浓度（μg/ml）为横坐标，峰面积为纵坐标，进行线性回归分析，得线性回归方程及线性范围。按信噪比 S/N=3 测定检测限（LOD），按信噪比 S/N=10 测定定量限（LOQ），结果见表 4-24。

表 4-24 五虎散 7 个指标成分的线性回归方程、检测限与定量限

指标成分[a]	回归方程	相关系数	线性范围（μg/ml）	LOD[b]（μg/ml）	LOQ[c]（μg/ml）
1	$y=78810x+48$	0.9999	2.60 ～ 260	0.17	0.58
2	$y=164959x-177$	0.9995	1.04 ～ 520	0.09	0.31
3	$y=311852x-161$	0.9999	1.00 ～ 400	0.03	0.98
4	$y=145131x-415$	0.9997	1.28 ～ 640	0.10	0.33
5	$y=135265x+48$	0.9998	1.12 ～ 560	0.06	0.21
6	$y=151621x-170$	0.9999	1.12 ～ 560	0.17	0.57
7	$y=3843x-229$	0.9995	59 ～ 5900	8.08	26.94

注：a 1. 羟基红花黄色素 A；2. 升麻素苷；3. 阿魏酸；4. 5-O- 甲基维斯阿米醇苷；5. 欧前胡素；6. 异欧前胡素；7. 亚油酸。b 表示信噪比为 3 时的检出浓度；c 表示信噪比为 10 时的检出浓度。

（2）日内和日间精密度试验：精密吸取混合对照品溶液，于同日内连续进样 5 次，测定峰面积，测得羟基红花黄色素 A、升麻素苷、阿魏酸、5-O- 甲基维斯阿米醇苷、欧前胡素、异欧前胡素、亚油酸峰面积的 RSD 为 0.1% ～ 1.6%。连续 5 天（每日 1 次）进行测定，其峰面积的 RSD 分别为 1.6% ～ 1.8%。

（3）稳定性试验：取供试品溶液在 0 ～ 24h 内每隔 4h 进样 1 次，测定峰面积，结果羟基红花黄色素 A、升麻素苷、阿魏酸、5-O- 甲基维斯阿米醇苷、欧前胡素、异欧前胡素、亚油酸峰面积的 RSD 均小于 5.0%，表明供试品溶液在 24h 内稳定。

（4）重复性试验：取同一批次五虎散 5 份，每份 2.0g，精密称定，按供试品溶液的制备方法制备，依法测定，结果羟基红花黄色素 A、升麻素苷、阿魏酸、5-O- 甲基维斯阿米醇苷、欧前胡素、异欧前胡素、亚油酸含量的 RSD 均小于 5.0%，说明方法重现性好。

（5）加样回收试验：称取同一批已测知含量的五虎散 9 份，每份约 2.0g，每 3 份作为一个浓度水平，分别加入高、中、低三个水平（80%、100%、120%）的对照品，按供试品溶液的制备方法制备，进样测定，计算回收率。结果表明，三种水平九次试验的平均加样回收率为 96.1% ～ 97.7%，RSD 为 2.4% ～ 4.0%，说明提取和检测方法准确可行。

（6）专属性试验：吸取 5 种阴性对照品溶液分别进样，并与对照品的保留时间和紫外光谱图进行比对，结果表明，缺当归的阴性供试品在阿魏酸色谱峰位置处无相应峰出现，缺红花的阴性供试品在羟基红花黄色素 A 色谱峰处无相应峰出现，缺防风的阴性供试品在升麻素苷和 5-O- 甲基维斯阿米醇苷色谱峰处无相应峰出现，缺制天南星的阴性供试品在亚油酸色谱峰处无相应峰出现，缺白芷的阴性供试品在欧前胡素、异欧前胡素色谱峰处无相应峰出现，说明指标成分的测定不受药材中其他成分的干扰。阴性对照的色谱图见图 4-47。

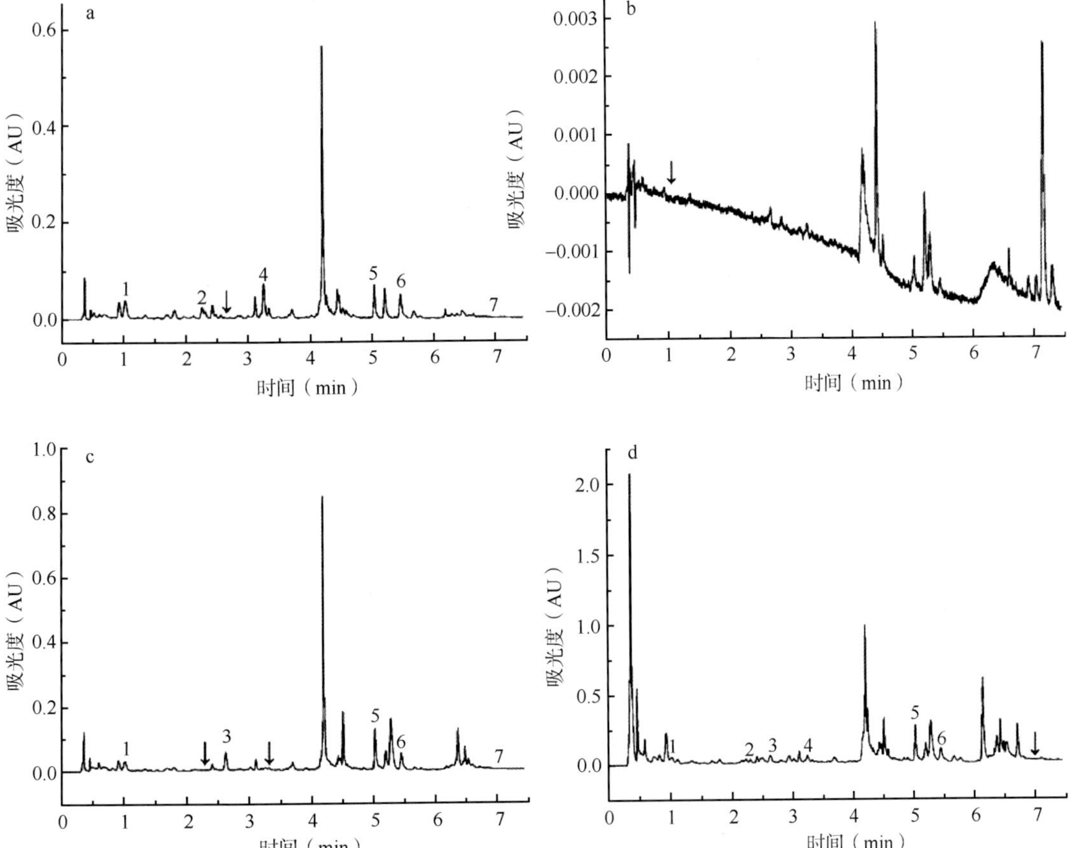

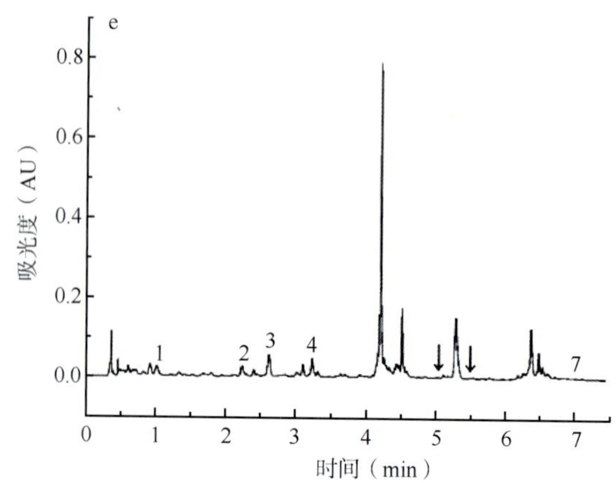

图 4-47 五虎散阴性对照的 UPLC 图

a. 缺当归；b. 缺红花；c. 缺防风；d. 缺制天南星；e. 缺白芷

6. 实际样品测定

按照建立供试品溶液的制备方法和色谱条件，测定了两个厂家的 6 个批次的五虎散中 7 个指标成分，即羟基红花黄色素 A、升麻素苷、阿魏酸、5-O- 甲基维斯阿米醇苷、欧前胡素、异欧前胡素、亚油酸的含量，结果见表 4-25。结果表明，对于同一厂家，不同批次的五虎散，7 个指标成分的含量相对稳定，而不同厂家之间的含量差异较大。这种差异可能归因于不同厂家原料药材的不同，原料药材中化学成分的含量受原料药产地、生长环境、采收季节、加工、储藏的影响进一步影响到产品中指标成分的含量。同时，也表明我们提出的针对复方制剂中全部药材的多指标成分一次性分析质量控制模式具有现实可操作性和量化性。

表 4-25　不同批次五虎散中 7 个指标成分的含量

生产厂家	批号	含量（mg/g，$\bar{x}\pm s$）						
		1	2	3	4	5	6	7
A	1100006	1.10±0.01	0.77±0.01	0.26±0.01	0.86±0.02	0.15±0.01	0.08±0.01	36.74±0.72
	1100008	0.80±0.01	0.75±0.01	0.28±0.01	0.90±0.01	0.19±0.01	0.10±0.01	39.59±0.81
	1200003	0.92±0.01	0.82±0.01	0.30±0.01	1.08±0.02	0.23±0.01	0.11±0.01	46.07±0.91
B	2011103	0.39±0.01	0.52±0.01	0.52±0.01	0.65±0.01	0.32±0.01	0.16±0.01	29.05±0.54
	20111102	0.36±0.01	0.56±0.02	0.51±0.01	0.67±0.02	0.32±0.01	0.15±0.01	28.38±0.59
	2012081	0.56±0.01	0.48±0.01	0.48±0.01	0.51±0.01	0.21±0	0.10±0.01	34.79±0.56

注：1. 羟基红花黄色素 A；2. 升麻素苷；3. 阿魏酸；4. 5-O- 甲基维斯阿米醇苷；5. 欧前胡素；6. 异欧前胡素；7. 亚油酸。

针对中药复方制剂化学成分的复杂性、药性理论的整体性问题，迫切需要发展科学、高效、实用的中药质量控制模式。新兴的超高效液相色谱，通过粒径＜ 2μm 的色谱柱填料，精确梯度控制的色谱泵及高速检测器，使峰容量、分析效率、灵敏度较常规高效液相色谱有了很大的提高，为中药复方制剂这一复杂样品体系的分离分析提供了良好的平台，成为研究中药现代质量标准的强有力工具。本研究提出了一种切实可行、全面便捷的控制和评价复方药真伪、优劣的质量问题的分离分析新技术和新模式——多指标全药材整体色谱质量控制。得益于超高效液相色谱强大的分离效能，五虎散中的 7 个指标成分在同一根色谱柱上可实现同步分离和检测，建立的五虎散多指标全药材整体色谱包含复方药中每种中药材的代表性药效成分或指标成分的定性定量分析信息，可全面控制五虎散中全部中药材的存在和质量，该方法可作为《中国药典》对五虎散质量控制的一种可靠、实用、全面的补充。

第五节　当归商品规格等级与其质量的相关性研究

中药材是中成药和中药饮片的原料药，在我国既可作为药品，又可作为特殊商品，作为商品时在市场交易过程中有其所必须遵循的价值规律，而规格和等级是区别中药材销售价格的主要指标，也是区分药材品质的重要手段。“以质讲价，质优则价优”是中药销售的基本原则，而制定的商品等级标准作为规范市场交易的依据，对保证药材临床疗效、促进中药长久发展及推动中药国际化具有至关重要的作用。目前，我国现行标准《76 种药材商品规格标准》仅对 76 个品种进行了规定，与临床使用的 600 多个中药品种相比，不能完全满足市场需求，且随着中药品质的不断改变，原有的标准已不能规范现代市场的发展，而对于中药饮片大多不论质量优劣，都按统货出售。这样既造成了药商随意定价的现象，也不利于人们对优质中药的选择。中药材按照其产地生态环境、加工方式、入药部位、种质资源、利用目的、用药习惯及文化背景等不同形成了不同的商品规格，规格等级的形成取决于外界因素和人为因素的双重影响，是中药内在质量的外在体现。药材的外观性状是区分药材规格等级的主要依据，而药材外观性状所包含的内容在中药品质判断中具有重要的作用。有人认为传统经验鉴别的内涵是“辨状论质”，即对药材的形状、大小、颜色、质地、表面、断面及气味等特征进行考察以确定药材真假和好坏，尤其大小、重量、长度、粗细及直径等量化指标是市场划分药材等级的基本依据。但是仅靠感官评价进行划分是否具有科学内涵，相关研究报道较少。辛宁等以阿魏酸含量为评价指标分析了不同商品等级当归的差异性，发现等级不同则阿魏酸含量不同，药材等级越高所含阿魏酸含量就越高。欧阳晓玫等研究了甘肃地产当归药材商品规格与阿魏酸含量的关系，得出了截然相反的结论。阮洪根等分析了当归药材商品等级与其重量和化学指标间的相关性，发现商品等级划分与重量明显相关，而化学指标对等级划分没有显著影响。有学者对比了归腿、归头及全归的降黏活性，发现规格不同其降黏活性也不同。可见仅凭借某一指标很难客观反映当归商品规格分级的科学性与合理性。

因而，在研究药材商品规格等级划分标准时应将感官评价、化学评价和生物评价相结合，从整体上考虑与商品规格等级相关的指标。对于化学评价不能只以单一或少数有效成分或指标性成分论中药材的质量，应全面综合地研究化学成分与药材规格等级的关联性。鉴于制订中药材分级标准的复杂性，应尽量应用最新分析方法和手段，逐步地完善已有标准，以满足现代中药材市场的发展需求。

一、当归商品规格等级调查研究

现有的规格等级标准是由前人对实践经验的不断累积和创新后形成的。陶弘景认为："今陇西首阳（今甘肃省渭源县北）、黑水（今甘肃省武山县）当归，……，名马尾当归稍难得。西川北部（今四川北部）当归，多根枝而细。"由此可见，陇西首阳、黑水所产马尾归为品质最佳，而西川北部当归品质次之。《新修本草》云："今出……，宕州（今甘肃省宕昌县）最胜。细茎者名蚕头当归。大叶者名马尾当归。今多用马尾当归，蚕头者不如此，不复用。"表明古人已对当归药材的商品品质进行了简单分类。《本草衍义》曰："不以平地、山中为等差，但肥润不枯燥者佳，今医家用此一种为胜。"提出了临床药用当归的质量要求。《本草图经》亦曰："以肉厚而不枯者为胜。"李时珍同样提出："以秦归……，名马尾归，最胜他处。"卢之颐所著《本草乘雅半偈》述："秦州（甘肃天水）者，头圆尾多，色紫气香，肥润多脂，名马尾归，此种最佳。他处者头大尾粗，色白枯燥，名头归，不胜用也。"以上皆表明自然环境是影响当归商品规格等级不可或缺的因素，随着人类社会的发展，中药材商品规格等级逐步形成。

1984 年卫生部颁布的《76 种药材商品规格标准》规定了当归商品规格等级划分标准，结果见表 4-26。

表 4-26 当归商品规格等级划分（1984 年）（中）

规格	等级	划分依据
全归	一等	每千克 40 支以内
	二等	每千克 70 支以内
	三等	每千克 110 支以内
	四等	每千克 110 支以外
	五等	小货，全归占 30%，腿渣占 70%
归头	一等	每千克 40 支以内
	二等	每千克 80 支以内
	三等	每千克 120 支以内
	四等	每千克 160 支以内

《中药商品学》亦对当归商品规格等级进行了描述，全归增加了特等品，要求每千克 20 支以内，其他商品规格等级与《76 种药材商品规格标准》相同，同时规定了出口当归的商品规格等级标准如下：

箱归：特等品，每千克 36 支以下；一等品，每千克 52 ～ 56 支；二等品，每千克 60 ～ 64 支。

通底归：每千克 72 ～ 76 支。

2016 年中华中医药学会发布的《中药材商品规格等级 当归》团体标准对当归商品规格等级进行了修订，结果见表 4-27。

表 4-27 当归商品规格等级划分（2016 年）

规格	等级	划分依据	
全归	一等	每千克 15 支以内	单支重≥ 60g
	二等	每千克 40 支以内	单支重 25.0 ～ 60g
	三等	每千克 70 支以内	单支重 15 ～ 25.0g
	四等	每千克 110 支以内	单支重 10 ～ 15g
	五等	每千克 110 支以外	单支重＜ 10g
归头	一等	每千克 20 支以内	单支重≥ 50.0g
	二等	每千克 40 支以内	单支重 25.0 ～ 50.0g
	三等	每千克 80 支以内	单支重 15 ～ 25.0g
	四等	每千克 80 支以外	单支重＜ 12.5g

目前，针对当归饮片等级的划分没有具体统一标准，一般根据饮片的形状、直径（长径和宽径）、外部颜色、切面、质地、断面及气味等进行划分。经炮制加工后的根及根茎类药材饮片以外形美观、片大者为优。市售当归饮片多为统货，部分为精选，精选饮片较统货片大、整齐，细渣较少，无虫蛀、霉变等现象且价格高于统货。对于没有明确标准可执行的饮片，生产企业一般根据片型的大小、色泽、纯净度、质地等自主划分等级。中药饮片直接应用于临床调剂，故建立中药饮片的质量评价体系及商品规格等级标准尤为重要。全面研究当归质量，制定当归药材不同商品规格等级划分标准，形成当归优质优价的流通模式已成为当归作为药品和商品的必然要求。利用传统分级方法结合现代科学分析技术，对甘肃道地药材当归进行等级与质量研究，制定科学合理的甘肃地产当归药材商品规格等级标准迫在眉睫。

二、基于传统感官评价的甘肃地产当归商品规格等级划分

（一）当归商品规格等级划分

探明甘肃地产当归的商品规格等级情况，主要收集甘肃省各个主产地的当归药材，从甘肃佛慈中药材经营有限公司收集全归统货，并从岷县当归城、陇西首阳药市及兰州黄河药市购买不同等级当归头样品，样品收集情况见表 4-28。

表 4-28 甘肃地产当归药材样品信息

序号	规格	编号	产地（购买地）	生长年限（年）	生长方式	采集时间
1	全归	Q-TCAW	宕昌县阿坞乡西固村	2	栽培	2015.10
2	全归	Q-WYTJH	渭源县田家河乡田家河村	2	栽培	2015.10
3	全归	Q-WYHC	渭源县会川镇罗家磨村	2	栽培	2015.10
4	全归	Q-MXMC	岷县梅川镇包那崖村	2	栽培	2015.10
5	全归	Q-MXQS	岷县清水乡清水村	2	栽培	2016.10
6	全归	Q-MXMZC	岷县麻子川乡麻子川村	2	栽培	2015.10

续表

序号	规格	编号	产地（购买地）	生长年限（年）	生长方式	采集时间
7	全归	Q-ZXJZ	漳县金钟镇大庄村	2	栽培	2016.10
8	全归	Q-ZNZGL	卓尼县扎古录乡麻路村	2	栽培	2016.10
9	归头	T-MXDGC	岷县当归城	—	栽培	2017.04
10	归头	T-LXSYYS	陇西县首阳药市	—	栽培	2017.04
11	归头	T-LZHHYS	兰州黄河药市	—	栽培	2017.04

根据《76种药材商品规格标准》、《中药材商品规格等级 当归》团体标准及市售实际情况将收集的当归样品进行初步规格等级划分（全归一等单支重≥66.7g，二等单支重25.0～66.7g，三等单支重14.3～25.0g，四等单支重9.1～14.3g，五等单支重＜9.1g；归头一等单支重≥50.0g，二等单支重25.0～50.0g，三等单支重12.5～25.0g，四等单支重＜12.5g）为52个编号的样品，然后再对分级后的样品进行感官评价及化学评价。

1. 外观性状测量指标

根据药材性状鉴别要求，凭借传统经验和感官评价初步分级样品的外观性状。每份样品随机抽取10支，以长度、主根长、芦头直径、主根直径、单支重及侧根数作为全归外观测量指标，选择长度、芦头直径、主根直径及单支重作为归头外观测量指标。长度为商品头部到尾部的距离，主根长为归身的长度。

2. 外观性状指标测定结果与分析

对初步分级样品的长度、主根长、芦头直径、主根直径、单支重及侧根数等进行测量，结果见表4-29。

表4-29 不同商品规格等级当归样品外观量化指标

序号	样品编号	长度(cm)	主根长(cm)	芦头直径(cm)	主根直径(cm)	单支重(g)	侧根数(支)
1	Q-TCAW1	17.19	5.40	3.76	3.52	75.97	19.6
2	Q-TCAW2	18.71	4.73	2.89	2.01	28.26	20.0
3	Q-TCAW3	17.69	3.83	2.66	1.94	18.42	16.0
4	Q-TCAW4	16.27	4.46	1.99	1.59	11.42	12.6
5	Q-TCAW5	13.27	4.69	1.54	1.35	6.32	9.6
6	Q-WYTJH1	22.47	4.36	3.50	2.77	67.13	19.6
7	Q-WYTJH2	17.86	3.82	2.74	2.28	42.49	14.9
8	Q-WYTJH3	16.90	3.55	1.77	1.81	17.96	10.6
9	Q-WYTJH4	13.78	4.74	1.35	1.51	11.41	9.7
10	Q-WYTJH5	13.75	4.01	1.35	1.32	7.33	5.4
11	Q-WYHC1	26.01	3.78	2.85	2.79	67.18	22.5
12	Q-WYHC2	17.91	4.32	2.49	2.07	29.99	15.5
13	Q-WYHC3	18.72	4.28	2.22	1.74	17.97	13.8

续表

序号	样品编号	长度（cm）	主根长（cm）	芦头直径（cm）	主根直径（cm）	单支重（g）	侧根数（支）
14	Q-WYHC4	17.47	4.18	1.87	1.66	11.09	12.0
15	Q-WYHC5	11.98	4.66	1.43	1.15	5.78	9.3
16	Q-MXMC1	24.33	2.10	3.48	3.25	78.78	19.0
17	Q-MXMC2	18.38	2.72	2.81	2.59	44.05	14.0
18	Q-MXMC3	15.77	3.15	2.09	1.94	18.09	11.9
19	Q-MXMC4	14.24	3.49	1.72	1.83	11.95	12.0
20	Q-MXMC5	10.55	3.50	1.61	1.36	7.78	5.7
21	Q-MXQS1	24.03	3.21	3.44	2.89	68.85	23.1
22	Q-MXQS2	17.16	3.02	2.26	2.16	32.54	13.3
23	Q-MXQS3	15.78	3.67	2.10	1.98	19.86	11.1
24	Q-MXQS4	13.87	4.31	1.77	1.56	11.98	8.4
25	Q-MXQS5	12.63	3.91	1.19	0.98	5.60	6.7
26	Q-MXMZC1	20.96	4.66	3.16	2.82	66.98	18.7
27	Q-MXMZC2	20.96	5.83	2.45	2.06	37.43	13.6
28	Q-MXMZC3	17.68	3.23	1.60	1.55	18.86	10.1
29	Q-MXMZC4	12.90	2.99	1.57	1.31	10.596	8.7
30	Q-MXMZC5	12.40	5.57	1.51	1.24	7.51	5.5
31	Q-ZXJZ1	23.11	5.08	3.96	3.10	79.08	19.7
32	Q-ZXJZ2	18.52	3.57	2.20	2.22	32.36	11.5
33	Q-ZXJZ3	16.67	4.17	2.20	1.78	17.74	9.8
34	Q-ZXJZ4	16.61	5.26	1.64	1.29	10.74	6.6
35	Q-ZXJZ5	12.43	3.33	1.56	1.35	6.58	6.3
36	Q-ZNZGL1	20.37	4.95	3.18	2.74	67.73	20.4
37	Q-ZNZGL2	18.48	3.78	2.53	2.11	30.77	13.4
38	Q-ZNZGL3	16.35	4.13	1.99	1.71	17.48	10.4
39	Q-ZNZGL4	14.83	4.76	1.77	1.63	11.68	7.4
40	Q-ZNZGL5	13.79	6.54	1.51	1.36	7.40	5.7
41	T-MXDGC1	9.74	—	5.44	3.75	60.88	—
42	T-MXDGC2	7.68	—	4.32	3.30	34.73	—
43	T-MXDGC3	6.97	—	2.69	2.09	17.78	—
44	T-MXDGC4	5.69	—	2.68	2.01	10.31	—
45	T-LXSYYS1	7.69	—	5.52	3.42	60.43	—
46	T-LXSYYS2	7.41	—	3.67	3.10	37.39	—
47	T-LXSYYS3	6.54	—	2.63	1.82	18.35	—
48	T-LXSYYS4	5.16	—	2.52	1.70	8.78	—
49	T-LZHHYS1	7.86	—	5.27	3.28	57.67	—
50	T-LZHHYS2	6.36	—	3.56	3.19	37.31	—
51	T-LZHHYS3	5.74	—	2.42	1.82	20.16	—
52	T-LZHHYS4	4.93	—	2.50	1.79	8.37	—

采挖、运输等不可控因素可影响侧根数量，进而影响分析结果，故本研究以长度、主根长、芦头直径、主根直径和单支重为指标对其外观量化指标进行分析，结果见表 4-30、表 4-31。由表 4-30 可知，单支重和芦头直径的变异系数较大，分别为 79.07%、40.75%，主根长的变异系数最小，表明甘肃地产当归不同商品规格等级药材在单支重和芦头直径两个指标上差异较大，可选择作为划分当归药材等级的重要指标。

表 4-30　外观量化指标描述性分析

指标	极小值	极大值	均值	标准差	变异幅度	变异系数（%）
长度（cm）	4.93	26.01	14.70	5.45	21.08	37.09
主根长（cm）	2.10	6.54	4.14	0.90	4.44	21.71
芦头直径（cm）	1.19	5.52	2.56	1.04	4.33	40.75
主根直径（cm）	0.98	3.75	2.11	0.72	2.77	34.04
单支重（g）	5.60	79.08	29.10	23.01	73.48	79.07

由表 4-31 可知，当归商品规格等级与长度、芦头直径、主根直径及单支重 4 个指标均有极显著正相关性。从商品外观性状来看，当归药材芦头直径和主根直径越大、单支重越重，商品等级越高。

表 4-31　商品等级与外观量化指标的相关性分析

指标	等级	长度（cm）	主根长（cm）	芦头直径（cm）	主根直径（cm）	单支重（g）
等级	1.000					
长度（cm）	0.640**	1.000				
主根长（cm）	–0.154	–0.117	1.000			
芦头直径（cm）	0.632**	–0.084	–0.039	1.000		
主根直径（cm）	0.772**	0.117	–0.131	0.930**	1.000	
单支重（g）	0.903**	0.463**	–0.069	0.777**	0.887**	1.000

注：** 在 0.01 水平（双侧）极显著相关。

3. 当归商品规格等级感官评价指标的筛选

（1）主成分分析：由表 4-32 可知，第一主成分特征根为 3.699，贡献率为 73.978%；第二主成分特征根为 0.995，贡献率为 19.893%，累积贡献率为 93.871%。由于第一主成分的累积贡献率大于 70%，故选择第一主成分中贡献较大的外观量化指标作为当归分级的考察指标，结果发现长度、芦头直径、主根直径及单支重贡献较大，可将这 4 个指标作为当归药材分级的外观性状指标。

表 4-32　外观性状指标主成分分析

指标	长度（cm）	主根长（cm）	芦头直径（cm）	主根直径（cm）	单支重（g）	特征根	贡献率（%）	累积贡献率（%）
第一主成分	0.245	0.046	0.268	0.263	0.268	3.699	73.978	73.978
第二主成分	–0.030	0.997	0.068	–0.027	0.035	0.995	19.893	93.871

（2）*K*- 均值聚类分析：将所选的 4 个指标进行 *K*- 均值聚类分析，由分析结果可知，长度、芦头直径、主根直径及单支重均具有显著性差异（$P < 0.05$），F 值较大的指标为单支重、芦头直径和主根直径，因此选择这 3 个指标作为当归药材商品规格等级划分的感官量化指标。各商品规格等级聚类值见表 4-33。全归聚类值显示，第 1 类为一级即一等，第 4 类为二级即二等，第 2 类为三级即三等，第 3 类为四级即四等，第 5 类为五级即五等；归头聚类值显示，第 1 类为一级即一等，第 2 类为二级即二等，第 3 类为三级即三等，第 4 类为四级即四等。结合市场实际情况、实验所测数据范围及《中药材商品规格等级　当归》团体标准，本研究提出了甘肃地产当归商品规格等级感官量化指标的分级依据，结果见表 4-34。

表 4-33　当归商品规格等级最终聚类中心值

指标	全归聚类中心					归头聚类中心			
	1	2	3	4	5	1	2	3	4
长度（cm）	21.54	18.47	17.14	22.77	13.80	8.43	7.15	6.42	5.26
芦头直径（cm）	3.73	2.50	2.17	3.23	1.59	5.41	3.85	2.58	2.57
主根直径（cm）	3.29	2.21	1.83	2.80	1.41	3.48	3.20	1.91	1.83
单支重（g）	77.94	35.66	19.40	67.57	9.07	59.66	36.48	18.76	9.15

表 4-34　甘肃地产当归商品规格等级感官评价指标分级依据

规格	等级	芦头直径（cm）	主根直径（cm）	单支重（g）
全归	一等	≥ 2.90	≥ 2.74	≥ 50.0
	二等	2.40 ~ 2.89	2.10 ~ 2.73	25.0 ~ 49.9
	三等	1.90 ~ 2.39	1.75 ~ 2.09	14.3 ~ 24.9
	四等	1.57 ~ 1.89	1.37 ~ 1.74	9.1 ~ 14.2
	五等	≤ 1.56	≤ 1.36	≤ 9.0
归头	一等	≥ 5.00	≥ 3.30	≥ 50.0
	二等	3.56 ~ 4.99	3.00 ~ 3.29	25.0 ~ 49.9
	三等	2.53 ~ 3.55	1.82 ~ 2.99	12.5 ~ 24.9
	四等	≤ 2.52	≤ 1.81	≤ 12.4

4. 小结

根据《76 种药材商品规格标准》、《中药材商品规格等级　当归》团体标准及市售实际情况，综合考虑药材的外部特征选取了长度、主根长、芦头直径、主根直径及单支重 5 个测量指标。通过对各个指标的描述统计性分析及与等级的相关性分析可知，市场上对于当归药材分级所采用的方法具有一定的合理性。应用 SPSS 18.0 软件对 5 个指标进行主成分分析，得到长度、芦头直径、主根直径及单支重 4 个分级指标，然后通过 *K*- 均值聚类分析最终确定的感官量化指标为芦头直径、主根直径和单支重，可将这 3 个指标作为甘肃地产当归商品规格等级划分的外观依据。

（二）当归不同商品规格等级定性鉴别研究

1. 显微鉴别

（1）根横切片制作：挑选无任何损害的根，经软化处理后，采用徒手切片法，切成10～20μm薄片，选取较薄的切片放在载玻片上，盖上盖玻片，置显微成像系统下观察并拍照。

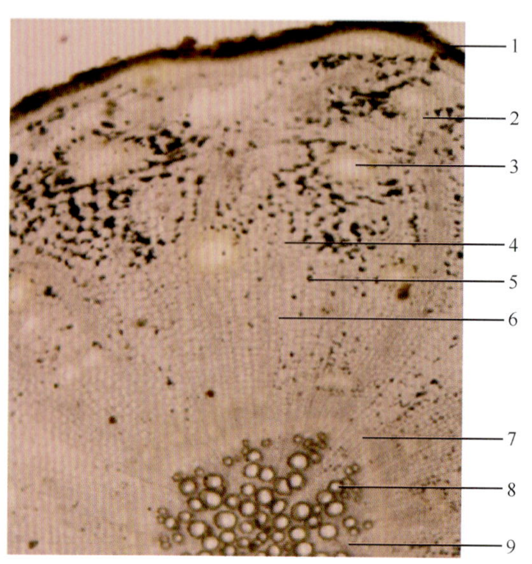

图 4-48 当归横切面特征图（10×4）
1. 木栓层；2. 皮层；3. 油室；4. 薄壁细胞；5. 淀粉粒；6. 韧皮部；7. 形成层；8. 导管；9. 木质部

（2）粉末片制作：取当归样品粉末少许（过四号筛），用水合氯醛溶液透化2～3次后，滴1～2滴稀甘油装片，在显微成像系统下观察粉末特征。

（3）根横切面显微特征：①木栓层由数列扁圆形或扁长方形细胞组成；②皮层较窄，散在少数类圆形油室；③薄壁细胞径向延长构成韧皮射线和木射线，韧皮部和木质部由环状形成层分开；④韧皮部较宽广，有多数油室和油管，接近形成层部位油室逐渐变小；⑤木质部较窄，导管单个散在或数个径向排列，中间无髓部；⑥薄壁细胞含有多数淀粉粒。结果见图4-48。

（4）粉末显微特征：①淡黄棕色；②薄壁细胞表面有斜向交织的网状纹理，非木化，壁略厚；③导管多为梯纹和网纹；④偶见淡黄色的油室和油管碎片；⑤淀粉粒和木栓细胞多见，偶见纤维，结果见图4-49。

通过比较不同产地、不同商品规格等级当归药材横切面和粉末显微特征发现，不同产地样品在木栓细胞、导管、油室、纤维、淀粉粒的数目及粉末颜色方面有一定差别，但其基本组成结构相似，而同一产地、不同商品规格等级之间无明显差异。

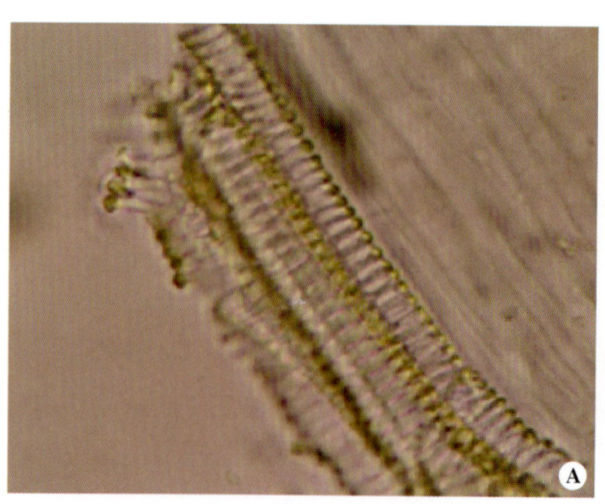

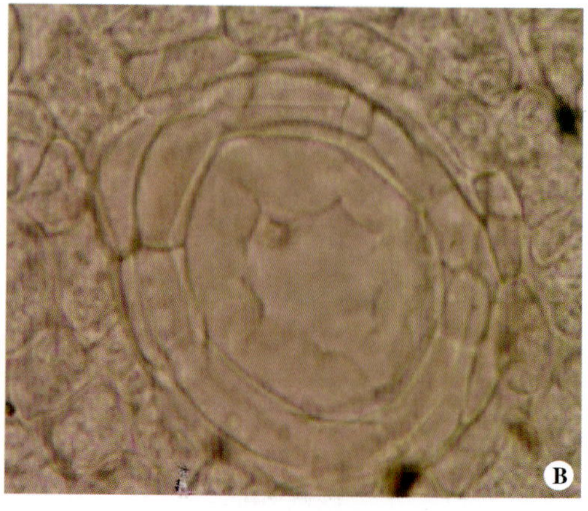

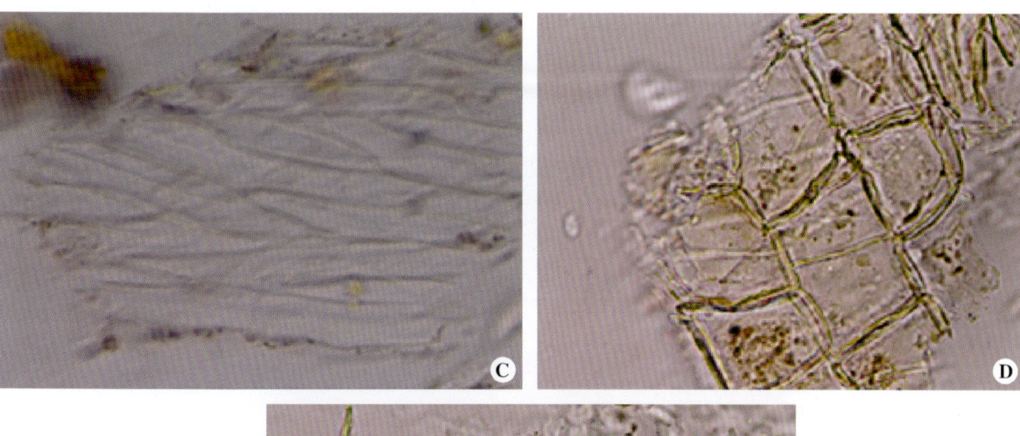

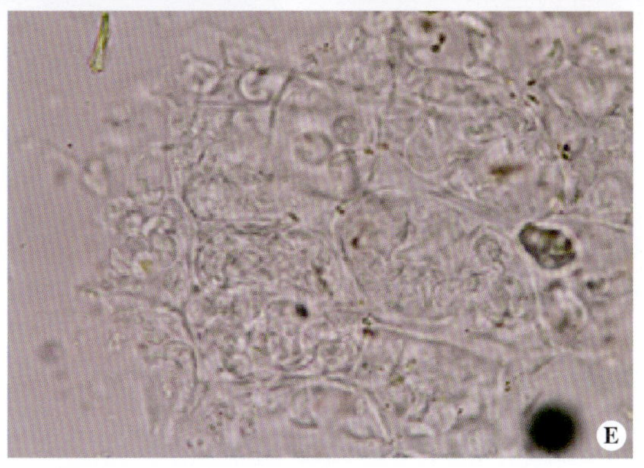

图 4-49　当归粉末特征图（10×40）

A. 导管；B. 油室；C. 纺锤形韧皮薄壁细胞；D. 木栓细胞；E. 淀粉粒

2. 薄层色谱鉴别

（1）当归药材薄层鉴别。

1）供试品溶液的制备：取当归粉末（过四号筛）0.5g，加乙醚 20ml，超声处理 10min（放入冰袋使水保持较低温度），过滤，滤液挥干，加 1ml 乙醇使残渣溶解，作为供试品溶液。

2）对照药材溶液的制备：取当归对照药材 0.5g，按上述方法进行制备，即得对照药材溶液。

3）展开条件：使用前将硅胶 G 薄层板置 110℃烘箱中活化 30min。将供试品溶液和对照药材溶液各点 10μl，以乙酸乙酯 - 正己烷（1 ∶ 4）为展开系统，预饱和 20min，展开，取出，置空气中晾干，于紫外光灯 366nm 下检视。

（2）当归药材薄层鉴别结果：选取不同商品规格等级当归样品，按当归药材的鉴别方法进行检验，供试品色谱中，在与对照药材色谱相应位置出现相同颜色的荧光斑点，结果见图 4-50。

（3）阿魏酸、藁本内酯与蛇床子素薄层鉴别。

1）供试品溶液的制备：取当归粉末（过四号筛）1.0g，加甲醇 10ml，超声处理 10min，过滤，滤液浓缩至 1ml，作为供试品溶液。

2）对照品溶液的制备：分别取阿魏酸、藁本内酯和蛇床子素对照品适量，加甲醇溶解，制成浓度为 0.1mg/ml 的溶液，作为对照品溶液。

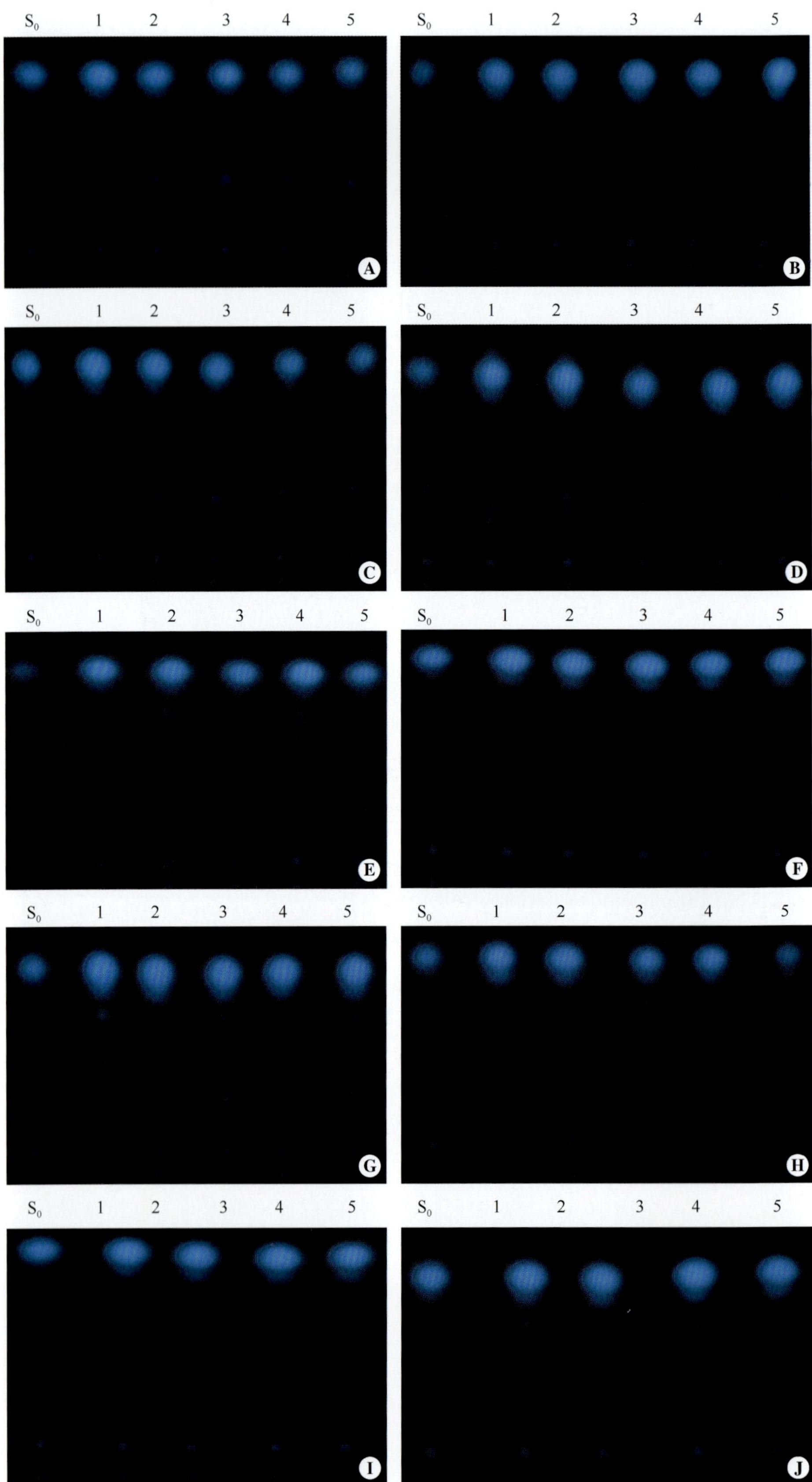
S0 1 2 3 4 5
A
S0 1 2 3 4 5
B
S0 1 2 3 4 5
C
S0 1 2 3 4 5
D
S0 1 2 3 4 5
E
S0 1 2 3 4 5
F
S0 1 2 3 4 5
G
S0 1 2 3 4 5
H
S0 1 2 3 4 5
I
S0 1 2 3 4 5
J

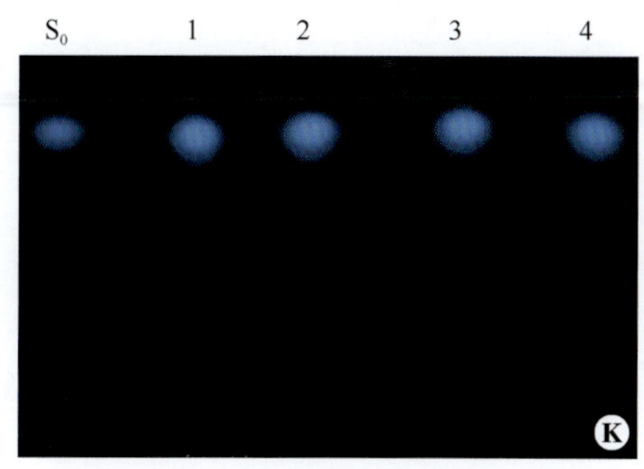

图 4-50　当归药材薄层鉴别图

S_0. 当归对照药材；1. 一等；2. 二等；3. 三等；4. 四等；5. 五等。A. Q-TCAW；B. Q-WYTJH；C.Q-WYHC；D. Q-MXMC；E. Q-MXQS；F. Q-MXMZC；G. Q-ZXJZC；H. Q-ZNZGL；I. T-MXDGC；J.T-LXSYYS；K. T-LZHHYS

3）展开条件：使用前将硅胶 GF_{254} 薄层板置 110℃烘箱中活化 30min。3 种对照品溶液各点 10μl，供试品溶液点 5μl，以冰醋酸 - 乙酸乙酯 - 甲苯（0.2 ∶ 1 ∶ 9）为展开系统，预饱和 20min，展开，取出，置空气中晾干，分别于紫外光灯 366nm、254nm 下检视。

（4）阿魏酸、藁本内酯与蛇床子素薄层鉴别结果：选取不同商品规格等级当归样品，按阿魏酸、藁本内酯与蛇床子素鉴别方法进行检验，供试品色谱中，在与对照品色谱相应位置出现相同颜色的荧光斑点，结果见图 4-51 ～图 4-61。

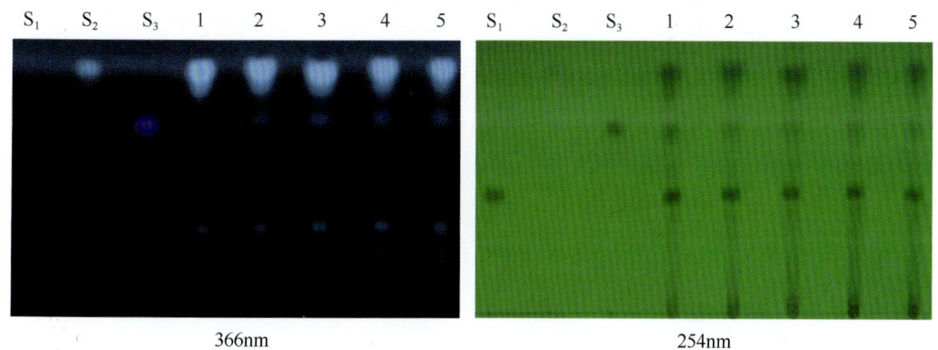

图 4-51　Q-TCAW 阿魏酸、藁本内酯和蛇床子素薄层鉴别图

S_1. 阿魏酸对照品；S_2. 藁本内酯对照品；S_3. 蛇床子素对照品；1. 一等；2. 二等；3. 三等；4. 四等；5 . 五等

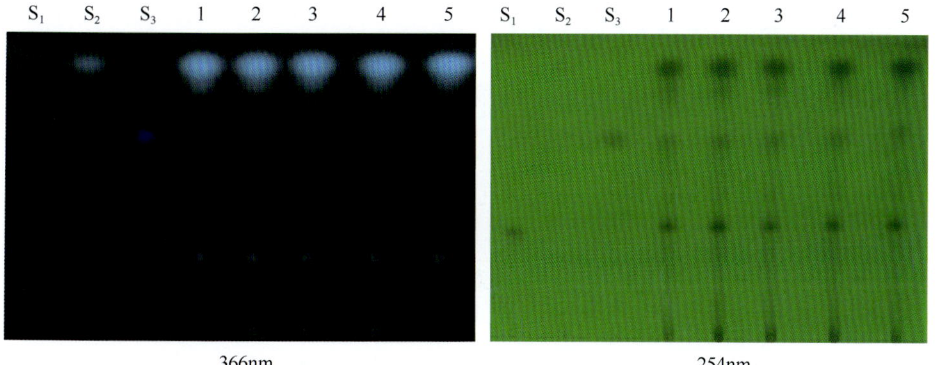

图 4-52　Q-WYTJH 阿魏酸、藁本内酯和蛇床子素薄层鉴别图

S_1. 阿魏酸对照品；S_2. 藁本内酯对照品；S_3. 蛇床子素对照品；1. 一等；2. 二等；3. 三等；4. 四等；5. 五等

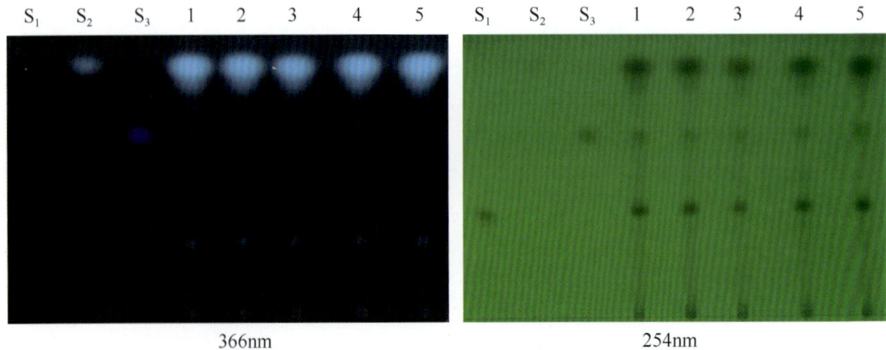

图 4-53 Q-MXMC 阿魏酸、藁本内酯和蛇床子素薄层鉴别图

S_1. 阿魏酸对照品；S_2. 藁本内酯对照品；S_3. 蛇床子素对照品；1. 一等；2. 二等；3. 三等；4. 四等；5. 五等

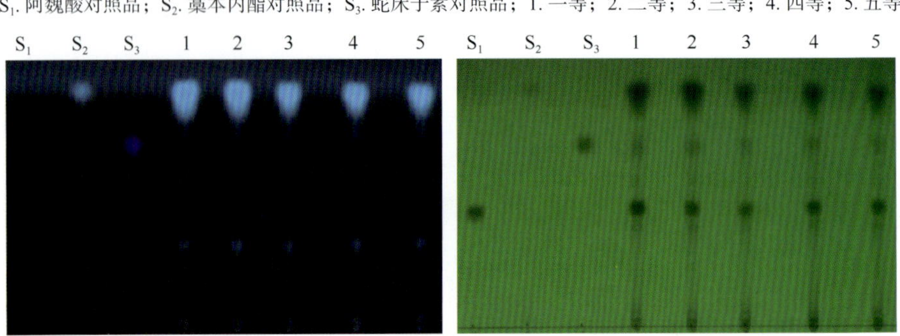

图 4-54 Q-MXQS 阿魏酸、蒿本内酯和蛇床子素薄层鉴别图

S_1. 阿魏酸对照品；S_2. 藁本内酯对照品；S_3. 蛇床子素对照品；1. 一等；2. 二等；3. 三等；4. 四等；5. 五等

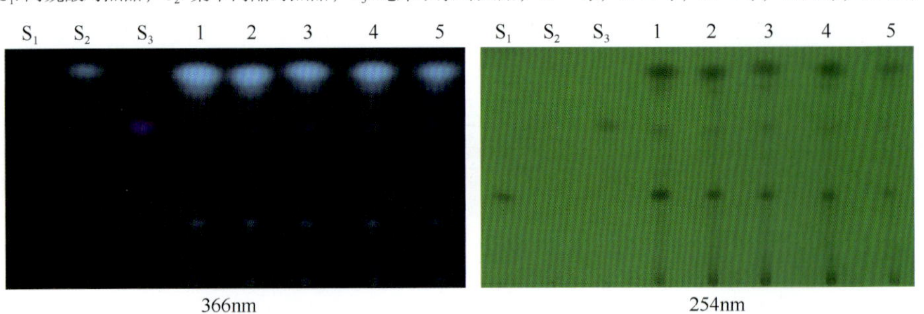

图 4-55 Q-WYHC 阿魏酸、藁本内酯和蛇床子素薄层鉴别图

S_1. 阿魏酸对照品；S_2. 藁本内酯对照品；S_3. 蛇床子素对照品；1. 一等；2. 二等；3. 三等；4. 四等；5. 五等

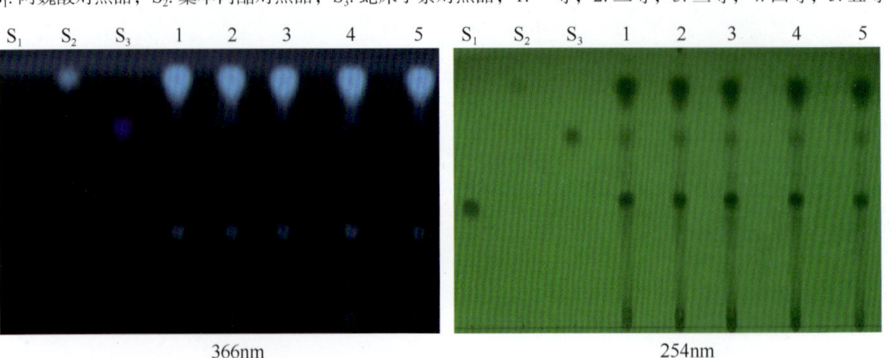

图 4-56 Q-MXMZC 阿魏酸、藁本内酯和蛇床子素薄层鉴别图

S_1. 阿魏酸对照品；S_2. 藁本内酯对照品；S_3. 蛇床子素对照品；1. 一等；2. 二等；3. 三等；4. 四等；5. 五等

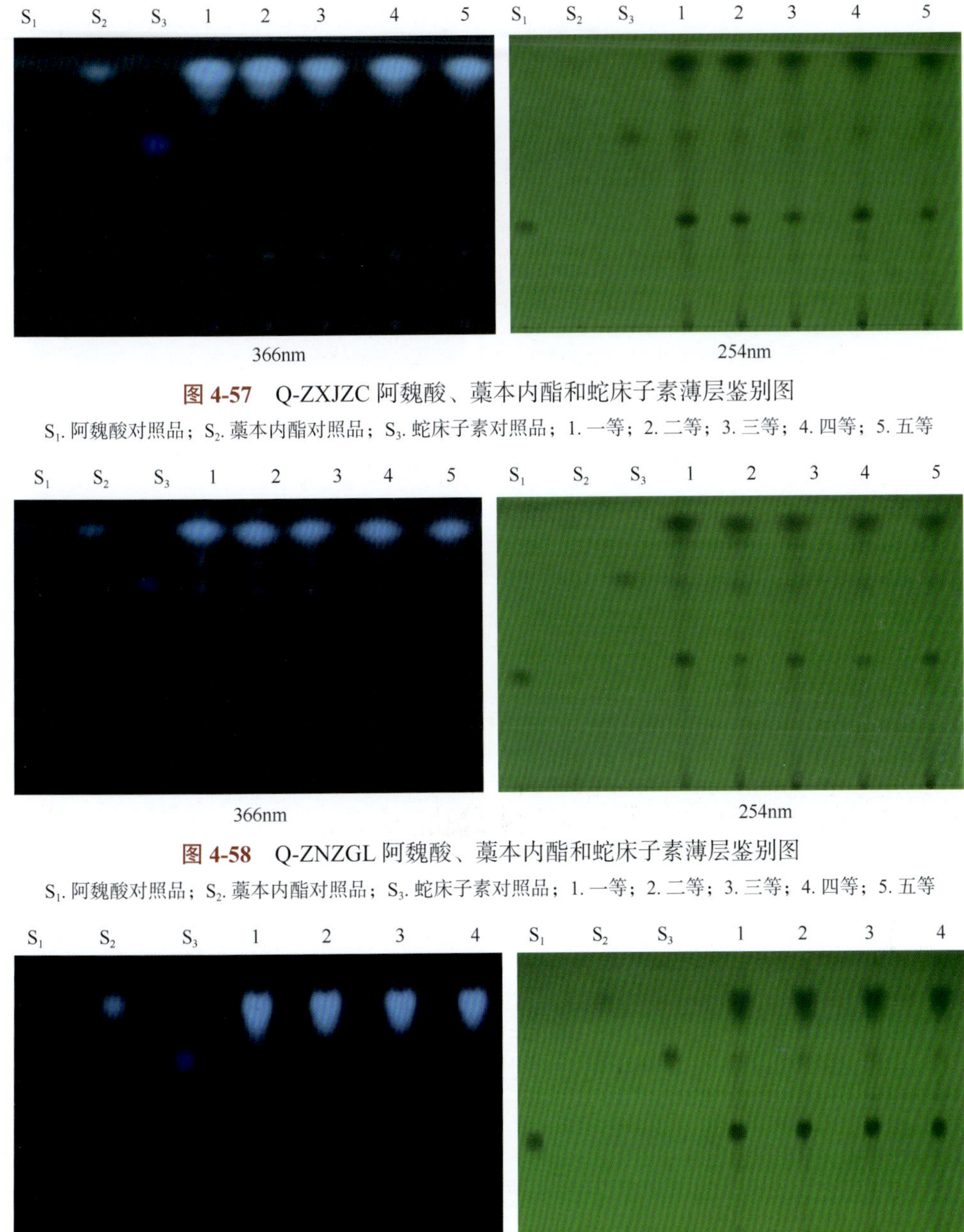

图 4-57　Q-ZXJZC 阿魏酸、藁本内酯和蛇床子素薄层鉴别图

S_1. 阿魏酸对照品；S_2. 藁本内酯对照品；S_3. 蛇床子素对照品；1. 一等；2. 二等；3. 三等；4. 四等；5. 五等

图 4-58　Q-ZNZGL 阿魏酸、藁本内酯和蛇床子素薄层鉴别图

S_1. 阿魏酸对照品；S_2. 藁本内酯对照品；S_3. 蛇床子素对照品；1. 一等；2. 二等；3. 三等；4. 四等；5. 五等

图 4-59　T-MXDGC 阿魏酸、藁本内酯和蛇床子素薄层鉴别图

S_1. 阿魏酸对照品；S_2. 藁本内酯对照品；S_3. 蛇床子素对照品；1. 一等；2. 二等；3. 三等；4. 四等

从 TLC 图谱可发现，供试品色谱中，在与对照色谱相应位置上有相同颜色的荧光斑点，且斑点清晰。但不同产地显示的斑点数量、大小及颜色深度不同，表明产地不同则药材中所含化学成分的种类及含量不同，而同一产地、不同商品规格等级之间在斑点的数量和颜色方面无明显差异。

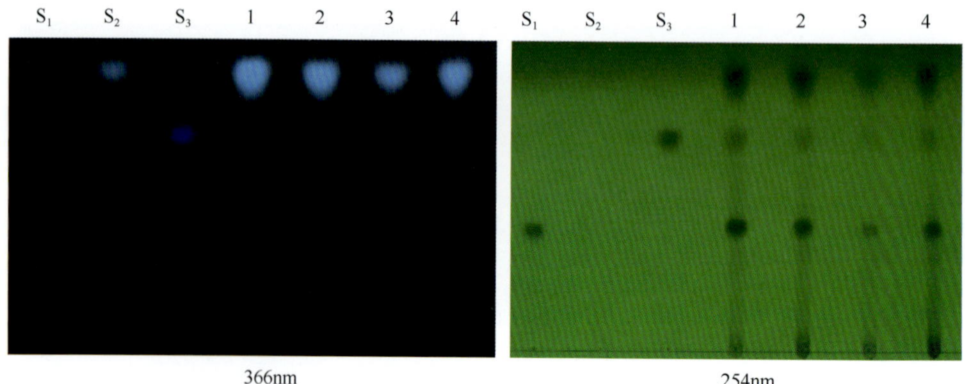

图 4-60 T-LXSYYS 阿魏酸、藁本内酯和蛇床子素薄层鉴别图

S_1. 阿魏酸对照品；S_2. 藁本内酯对照品；S_3. 蛇床子素对照品；1. 一等；2. 二等；3. 三等；4. 四等

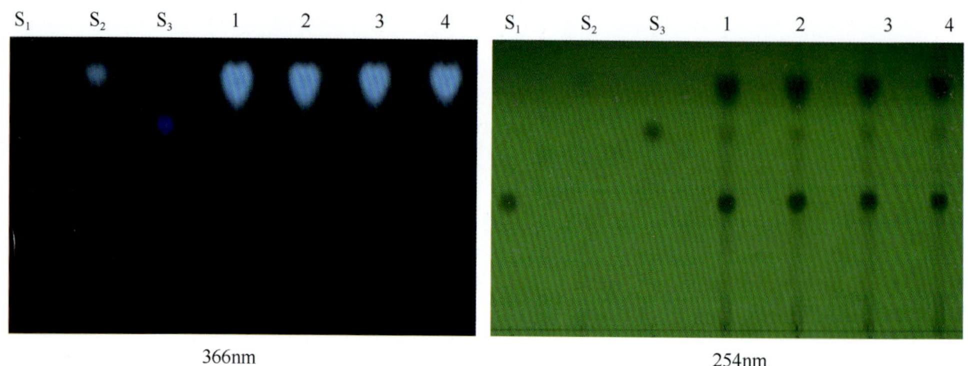

图 4-61 T-LZHHYS 阿魏酸、藁本内酯和蛇床子素薄层鉴别图

S_1. 阿魏酸对照品；S_2. 藁本内酯对照品；S_3. 蛇床子素对照品；1. 一等；2. 二等；3. 三等；4. 四等

3. 小结

由于实验仪器的准确度、精密度及人的操作误差，借助显微镜并不能准确地说明不同产地和不同商品规格等级当归之间的区别。《中国药典》（2015 年版一部）当归鉴别项下要求对药材及药材中所含的阿魏酸、藁本内酯进行 TLC 鉴别，而《欧洲药典》（7.5 增补版）规定鉴别当归中的藁本内酯、欧前胡素和蛇床子素。本实验综合考虑两部药典的要求，选择以上 5 种对照品对不同产地、不同商品规格等级当归样品进行定性鉴别。实验过程中尝试用甲醇、庚烷、乙醚及乙酸乙酯等试剂提取样品，并使用不同展开剂和不同点样量，结果供试品在与欧前胡素对照品相应的位置均不显示斑点，这可能与欧前胡素在当归中含量较少有关，因此去除欧前胡素对照品。通过比较不同展开系统的层析效果，最终选择冰乙酸 - 乙酸乙酯 - 甲苯（0.2 ∶ 1 ∶ 9）为展开剂。由上述可知，显微鉴别与薄层色谱鉴别只能对药材进行定性鉴定，不能定量地显示不同产地、不同商品规格等级药材之间的差异。因此这二者不作为当归药材分级的考察指标，仅作为鉴定药材品种及控制药材质量的指标。

（三）当归不同商品规格等级常规检查项分析

1. 杂质测定

根据《中国药典》（2015年版四部）通则中杂质检查法，称取当归样品100g，平摊于纸上，用镊子、铁丝等将附着在样品上的杂质挑拣出来，收集并称重，计算杂质含量（%），结果见表4-35。

2. 水分测定

根据《中国药典》（2015年版四部）通则中水分测定法第四法（甲苯法）对当归样品中的水分进行测定，结果见表4-35。

3. 灰分测定

（1）总灰分测定：根据《中国药典》（2015年版四部）通则中灰分测定法项下总灰分的测定方法对当归样品中的总灰分进行测定，结果见表4-35。

（2）酸不溶性灰分测定：取所得总灰分，根据《中国药典》（2015年版四部）通则中灰分测定法项下酸不溶性灰分的测定方法对当归样品中的酸不溶性灰分进行测定，结果见表4-35。

表4-35　甘肃地产当归不同商品规格等级杂质、水分、灰分含量测定（n=3）

序号	样品编号	杂质（%）	水分（%）	总灰分（%）	酸不溶性灰分（%）
1	Q-TCAW1	1.67	5.65	5.58	1.09
2	Q-TCAW2	2.11	6.52	5.85	1.09
3	Q-TCAW3	1.54	6.06	6.38	1.37
4	Q-TCAW4	1.68	6.38	6.76	1.14
5	Q-TCAW5	2.05	6.51	5.77	0.89
6	Q-WYTJH1	0.69	6.31	5.26	0.98
7	Q-WYTJH2	0.72	5.88	5.85	1.39
8	Q-WYTJH3	0.83	5.80	5.28	0.78
9	Q-WYTJH4	0.45	5.92	5.48	0.69
10	Q-WYTJH5	1.27	6.48	4.93	0.64
11	Q-WYHC1	2.13	6.44	4.90	0.75
12	Q-WYHC2	1.42	6.94	6.06	0.68
13	Q-WYHC3	1.31	6.40	6.62	1.09
14	Q-WYHC4	2.09	6.33	6.49	0.73
15	Q-WYHC5	2.18	6.37	6.67	0.66
16	Q-MXMC1	1.64	6.04	5.92	1.08
17	Q-MXMC2	1.52	6.25	6.81	1.53
18	Q-MXMC3	0.91	6.12	6.75	1.83

续表

序号	样品编号	杂质（%）	水分（%）	总灰分（%）	酸不溶性灰分（%）
19	Q-MXMC4	0.83	6.55	6.05	1.05
20	Q-MXMC5	1.39	6.35	6.23	1.26
21	Q-MXQS1	1.43	7.36	4.82	0.57
22	Q-MXQS2	2.12	6.38	4.88	0.68
23	Q-MXQS3	2.67	6.41	5.48	0.71
24	Q-MXQS4	2.35	6.59	5.57	0.61
25	Q-MXQS5	1.78	6.39	5.48	0.94
26	Q-MXMZC1	2.76	6.73	6.32	1.64
27	Q-MXMZC2	1.75	6.26	6.63	1.71
28	Q-MXMZC3	1.63	6.18	5.54	0.90
29	Q-MXMZC4	2.10	6.38	5.71	0.86
30	Q-MXMZC5	2.27	6.20	6.66	1.85
31	Q-ZXJZ1	2.15	7.76	5.40	0.89
32	Q-ZXJZ2	2.04	6.52	5.52	0.89
33	Q-ZXJZ3	1.95	6.51	5.62	0.81
34	Q-ZXJZ4	1.36	7.09	5.67	1.05
35	Q-ZXJZ5	2.13	6.19	5.60	1.02
36	Q-ZNZGL1	2.23	7.72	6.01	0.79
37	Q-ZNZGL2	2.49	6.79	5.97	0.88
38	Q-ZNZGL3	2.44	6.98	6.46	1.17
39	Q-ZNZGL4	1.62	6.23	5.37	0.67
40	Q-ZNZGL5	0.97	6.41	5.99	0.97
41	T-MXDGC1	0.56	7.47	5.29	0.61
42	T-MXDGC2	0.35	7.04	5.22	0.73
43	T-MXDGC3	0.89	6.34	4.74	0.60
44	T-MXDGC4	0.75	6.43	5.01	0.66
45	T-LXSYYS1	0.21	7.55	5.23	0.58
46	T-LXSYYS2	0.34	7.07	5.17	0.68
47	T-LXSYYS3	0.24	6.25	4.74	0.58
48	T-LXSYYS4	0.28	6.34	4.97	0.59
49	T-LZHHYS1	0.36	6.71	5.28	0.76
50	T-LZHHYS2	0.43	7.57	5.04	0.87
51	T-LZHHYS3	0.66	7.98	5.59	0.53
52	T-LZHHYS4	0.61	7.30	6.79	1.06

由表 4-35 可知，全归杂质含量在 0.45% ～ 2.76%，平均为 1.72%，归头杂质含量在 0.21% ～ 0.89%，平均为 0.47%，所有样品的杂质含量均符合《中国药典》要求（不得超过 3.00%）。不同产地、不同商品规格等级当归药材水分含量在 5.65% ～ 7.98%，所有样品的水分含量均符合《中国药典》要求（不得超过 15.00%）。不同产地、不同商品规格等级当归药材总灰分含量在 4.74% ～ 6.81%，酸不溶性灰分含量在 0.53% ～ 1.85%，均符合《中国药典》要求（总灰分不得超过 7.00%，酸不溶性灰分不得超过 2.00%）。

4. 二氧化硫残留量测定

根据《中国药典》（2015 年版四部）通则中 SO_2 残留量测定法第一法对当归样品 SO_2 残留量进行测定，结果见表 4-36。

表 4-36　甘肃地产当归不同商品规格等级 SO_2 残留量测定（mg/kg）

序号	样品编号	SO_2 残留量	序号	样品编号	SO_2 残留量
1	Q-TCAW1	8.23	27	Q-MXMZC2	4.43
2	Q-TCAW2	12.02	28	Q-MXMZC3	5.38
3	Q-TCAW3	12.34	29	Q-MXMZC4	7.91
4	Q-TCAW4	16.13	30	Q-MXMZC5	5.70
5	Q-TCAW5	28.47	31	Q-ZXJZ1	12.66
6	Q-WYTJH1	8.54	32	Q-ZXJZ2	13.61
7	Q-WYTJH2	12.66	33	Q-ZXJZ3	6.64
8	Q-WYTJH3	11.39	34	Q-ZXJZ4	6.96
9	Q-WYTJH4	12.97	35	Q-ZXJZ5	5.70
10	Q-WYTJH5	11.71	36	Q-ZNZGL1	6.33
11	Q-WYHC1	8.86	37	Q-ZNZGL2	8.23
12	Q-WYHC2	5.69	38	Q-ZNZGL3	6.96
13	Q-WYHC3	9.18	39	Q-ZNZGL4	7.59
14	Q-WYHC4	6.01	40	Q-ZNZGL5	7.28
15	Q-WYHC5	6.33	41	T-MXDGC1	4.11
16	Q-MXMC1	9.49	42	T-MXDGC2	7.59
17	Q-MXMC2	5.06	43	T-MXDGC3	5.06
18	Q-MXMC3	13.29	44	T-MXDGC4	8.23
19	Q-MXMC4	4.75	45	T-LXSYYS1	12.02
20	Q-MXMC5	5.38	46	T-LXSYYS2	10.76
21	Q-MXQS1	4.43	47	T-LXSYYS3	10.13
22	Q-MXQS2	3.16	48	T-LXSYYS4	12.97
23	Q-MXQS3	4.11	49	T-LZHHYS1	6.64
24	Q-MXQS4	6.65	50	T-LZHHYS2	6.96
25	Q-MXQS5	5.06	51	T-LZHHYS3	6.01
26	Q-MXMZC1	3.48	52	T-LZHHYS4	4.43

为防止硫黄的过度使用，保证临床用药安全，国家食品药品监督管理局制订了中药材及其饮片的 SO_2 残留量标准，规定当归中 SO_2 残留量≤ 150mg/kg。由表 4-36 可知，所有样品 SO_2 残留量均未超标，且所有样品的 SO_2 含量较小，表明样品未经硫黄熏蒸。

5. 重金属及有害元素测定

（1）标准曲线及检出限的测定：用 2% 硝酸溶液稀释多元素标准原液，制得不同浓度梯度标准溶液，按照优化的工作参数以 5 个系列浓度绘制标准曲线，扣除空白溶液后，计算各元素的检出限，结果见表 4-37。

表 4-37 各元素回归方程和检出限

元素	回归方程	相关系数 r	线性范围（μg/L）	检出限（μg/L）
Pb	y=24 902.9436x+6191.4920	0.9999	0 ～ 20	0.0065
As	y=628.8853x+64.9173	1.0000	0 ～ 20	0.0072
Cd	y=5525.2201x+134.3583	1.0000	0 ～ 10	0.0018
Cr	y=6172.0184x+705.0783	1.0000	0 ～ 10	0.0071
Cu	y=6569.2574x+2976.8034	0.9999	0 ～ 50	0.0109
Hg	y=5084.6916x+99.8483	0.9994	0 ～ 2.0	0.0024

（2）样品的测定：按优化的工作参数检测制备的当归样品溶液，结果见表 4-38。

表 4-38 甘肃地产当归不同商品规格等级重金属及有害元素含量测定（mg/kg）

序号	样品编号	Cr	Cu	As	Cd	Pb	Hg
1	Q-TCAW1	2.31	2.76	0.17	0.01	0.32	0.011
2	Q-TCAW2	2.48	4.18	0.14	0.01	0.83	0.014
3	Q-TCAW3	3.18	4.12	0.17	0.02	0.73	0.015
4	Q-TCAW4	2.29	5.40	0.17	0.02	0.44	0.011
5	Q-TCAW5	2.26	5.74	0.14	0.02	0.60	0.013
6	Q-WYTJH1	2.52	3.59	0.14	0.05	0.37	0.031
7	Q-WYTJH2	2.72	3.16	0.20	0.01	0.31	0.017
8	Q-WYTJH3	2.39	2.74	0.16	0.02	0.70	0.012
9	Q-WYTJH4	1.50	2.55	0.17	0.02	0.19	0.011
10	Q-WYTJH5	2.15	2.28	0.15	0.02	0.32	0.015
11	Q-WYHC1	2.12	2.59	0.16	0.04	0.16	0.014
12	Q-WYHC2	1.83	4.66	0.18	0.01	0.13	0.017
13	Q-WYHC3	2.89	4.46	0.21	0.02	0.51	0.013
14	Q-WYHC4	2.27	4.51	0.20	0.01	0.26	0.015
15	Q-WYHC5	1.95	6.98	0.20	0.01	0.19	0.016
16	Q-MXMC1	2.87	3.03	0.17	0.01	0.21	0.018
17	Q-MXMC2	3.57	2.11	0.22	0.01	0.54	0.011

续表

序号	样品编号	Cr	Cu	As	Cd	Pb	Hg
18	Q-MXMC3	3.59	2.52	0.23	0.02	0.86	0.015
19	Q-MXMC4	3.41	2.90	0.22	0.02	0.76	0.014
20	Q-MXMC5	5.41	2.33	0.23	0.01	0.86	0.014
21	Q-MXQS1	3.53	5.16	0.20	0.08	0.12	0.011
22	Q-MXQS2	2.22	5.20	0.19	0.04	0.10	0.013
23	Q-MXQS3	1.54	11.10	0.23	0.01	0.07	0.013
24	Q-MXQS4	1.84	10.36	0.22	0.01	0.11	0.012
25	Q-MXQS5	1.73	10.56	0.26	0.02	0.16	0.017
26	Q-MXMZC1	3.91	4.83	0.25	0.02	0.15	0.018
27	Q-MXMZC2	4.06	4.01	0.36	0.02	0.26	0.019
28	Q-MXMZC3	2.29	3.87	0.28	0.02	0.17	0.013
29	Q-MXMZC4	2.36	4.68	0.27	0.01	0.12	0.011
30	Q-MXMZC5	5.65	4.22	0.34	0.02	0.30	0.012
31	Q-ZXJZ1	1.90	3.97	0.17	0.01	0.08	0.015
32	Q-ZXJZ2	2.19	5.98	0.23	0.04	0.23	0.016
33	Q-ZXJZ3	2.37	6.25	0.24	0.03	0.15	0.014
34	Q-ZXJZ4	2.54	5.65	0.24	0.04	0.21	0.015
35	Q-ZXJZ5	2.83	5.91	0.28	0.03	0.26	0.016
36	Q-ZNZGL1	2.95	13.92	0.23	0.01	0.13	0.032
37	Q-ZNZGL2	2.18	12.23	0.25	0.02	0.14	0.017
38	Q-ZNZGL3	3.09	12.60	0.29	0.02	0.20	0.018
39	Q-ZNZGL4	0.72	11.73	0.23	0.03	0.10	0.024
40	Q-ZNZGL5	2.27	10.01	0.26	0.02	0.18	0.023
41	T-MXDGC1	4.93	11.73	0.21	0.01	0.06	0.011
42	T-MXDGC2	10.23	14.56	0.18	0.02	0.09	0.013
43	T-MXDGC3	11.69	12.08	0.17	0.02	0.03	0.015
44	T-MXDGC4	4.59	11.75	0.12	0.02	0.01	0.014
45	T-LXSYYS1	5.21	10.31	0.31	0.03	0.07	0.013
46	T-LXSYYS2	4.39	11.24	0.24	0.02	0.15	0.011
47	T-LXSYYS3	7.82	10.44	0.28	0.02	0.22	0.012
48	T-LXSYYS4	3.66	12.17	0.19	0.01	0.17	0.022
49	T-LZHHYS1	5.20	10.20	0.23	0.02	0.18	0.015
50	T-LZHHYS2	5.68	10.47	0.22	0.01	0.13	0.012
51	T-LZHHYS3	3.09	11.44	0.26	0.01	0.19	0.014
52	T-LZHHYS4	3.53	10.45	0.25	0.01	0.11	0.013

我国《药用植物及制剂进出口绿色行业标准》规定中药材的重金属总量≤ 20.00mg/kg，Cu ≤ 20.00mg/kg，As ≤ 2.00mg/kg，Cd ≤ 0.30mg/kg，Pb ≤ 5.00mg/kg，Hg ≤ 0.20mg/kg。Cr 是一种对人体健康有严重危害的毒性重金属元素，美国和加拿大规定中药材中 Cr 限量为 2.00mg/kg。由表 4-38 可知，不同商品规格等级当归中 Pb、As、Cd、Cu、Hg 含量均符合规定，且岷县清水全归药材和岷县当归城归头药材 Pb 含量较低，但岷县清水、卓尼县扎古录的全归药材和所有的归头样品中 Cu 含量较高，而 52 份样品中仅有 15.38% 的样品中 Cr 含量小于 2.00mg/kg，大部分样品 Cr 严重超标，建议增设 Cr 的检查项，并制定中药材中 Cr 限量。

6. 有机氯类农药残留量测定

依据《中国药典》（2015 年版四部）通则中农药残留量测定法项下的色谱条件进行操作，分别精密吸取上述溶液各 1μl 注入色谱仪，记录图谱，并计算不同规格等级当归样品中总六六六（BHC）、总滴滴涕（DDT）及五氯硝基苯（PCNB）的残留量，结果见表 4-39。

表 4-39　甘肃地产当归不同商品规格等级有机氯类农药残留量测定（mg/kg）

序号	样品编号	BHC	DDT	PCNB	序号	样品编号	BHC	DDT	PCNB
1	Q-TCAW1	0.015	未检出	未检出	27	Q-MXMZC2	0.015	未检出	未检出
2	Q-TCAW2	0.010	0.001	未检出	28	Q-MXMZC3	0.023	未检出	未检出
3	Q-TCAW3	0.013	0.005	未检出	29	Q-MXMZC4	0.003	未检出	未检出
4	Q-TCAW4	0.021	0.007	未检出	30	Q-MXMZC5	0.008	未检出	未检出
5	Q-TCAW5	0.018	0.013	未检出	31	Q-ZXJZ1	0.007	未检出	未检出
6	Q-WYTJH1	0.018	未检出	未检出	32	Q-ZXJZ2	0.012	未检出	未检出
7	Q-WYTJH2	0.021	未检出	未检出	33	Q-ZXJZ3	0.021	未检出	未检出
8	Q-WYTJH3	0.021	未检出	未检出	34	Q-ZXJZ4	0.007	未检出	未检出
9	Q-WYTJH4	0.015	未检出	未检出	35	Q-ZXJZ5	0.007	未检出	未检出
10	Q-WYTJH5	0.023	未检出	未检出	36	Q-ZNZGL1	0.004	未检出	未检出
11	Q-WYHC1	0.008	未检出	未检出	37	Q-ZNZGL2	0.006	未检出	未检出
12	Q-WYHC2	0.012	未检出	未检出	38	Q-ZNZGL3	0.010	未检出	未检出
13	Q-WYHC3	0.026	未检出	未检出	39	Q-ZNZGL4	0.007	未检出	未检出
14	Q-WYHC4	0.009	未检出	未检出	40	Q-ZNZGL5	0.005	未检出	未检出
15	Q-WYHC5	0.030	未检出	未检出	41	T-MXDGC1	0.021	未检出	未检出
16	Q-MXMC1	0.024	未检出	未检出	42	T-MXDGC2	0.007	未检出	未检出
17	Q-MXMC2	0.009	未检出	未检出	43	T-MXDGC3	0.014	未检出	未检出
18	Q-MXMC3	0.011	未检出	未检出	44	T-MXDGC4	0.064	未检出	未检出
19	Q-MXMC4	0.017	未检出	未检出	45	T-LXSYYS1	0.008	未检出	未检出
20	Q-MXMC5	0.007	未检出	未检出	46	T-LXSYYS2	0.012	未检出	未检出
21	Q-MXQS1	0.029	未检出	未检出	47	T-LXSYYS3	0.004	未检出	未检出
22	Q-MXQS2	0.007	未检出	未检出	48	T-LXSYYS4	0.019	未检出	未检出
23	Q-MXQS3	0.023	未检出	未检出	49	T-LZHHYS1	0.004	未检出	未检出
24	Q-MXQS4	0.006	未检出	未检出	50	T-LZHHYS2	0.017	未检出	未检出
25	Q-MXQS5	0.028	未检出	未检出	51	T-LZHHYS3	0.010	未检出	未检出
26	Q-MXMZC1	0.017	未检出	未检出	52	T-LZHHYS4	0.008	未检出	未检出

由表 4-39 可知，甘肃地产当归有机氯类农药残留量未检出或未超标（总六六六和总滴滴涕均不得超过 0.100mg/kg，五氯硝基苯不得超过 0.100mg/kg），符合《中国药典》规定且临床用药安全。

7. 小结

对不同商品规格等级当归杂质含量的分析发现，杂质与商品规格等级的划分没有相关性，因此不作为划分等级的评价指标。暂定不同商品规格等级当归杂质含量≤ 3.00%。对不同产地当归药材水分进行单因素方差分析发现，F=3.259，$P < 0.05$，表明不同产地水分含量之间具有显著性差异。对不同等级全归及归头药材水分含量进行方差分析，发现不同等级水分含量之间没有显著性差异（$P > 0.05$）。水分含量多少与药材的产地加工、储存环境及药材直径等有关，不宜作为药材商品规格等级评价指标。为保证中药的安全储存，本研究暂定不同商品规格等级当归水分含量≤ 10.00%。对不同产地当归药材总灰分进行单因素方差分析发现，F=4.917，$P < 0.01$，表明不同产地总灰分含量之间具有极显著性差异；酸不溶性灰分分析结果表明不同产地酸不溶性灰分含量之间具有极显著性差异（F=5.685，$P < 0.01$）。对不同等级全归及归头药材总灰分、酸不溶性灰分含量进行方差分析，发现不同等级总灰分及酸不溶性灰分含量之间没有显著性差异（$P > 0.05$）。灰分是衡量药材纯净度的重要指标，本研究根据《中国药典》暂定不同商品规格等级当归总灰分含量≤ 7.00%，酸不溶性灰分含量≤ 2.00%。

熏硫作为一种常用的加工处理方法，具有防虫、杀菌、漂白、防霉、防腐的作用，但不合理地使用硫黄熏蒸致使中药材中 SO_2 严重超标，影响中药内在质量，进而危害人体健康。由于 SO_2 残留量也是衡量中药材品质的重要指标，因此本实验暂定不同商品规格等级当归 SO_2 残留量≤ 150mg/kg。由于重金属及有害元素对人身体伤害较大，依据 WM2-2001 和美国规定的 Cr 限量，本研究暂定不同商品规格等级当归重金属及有害元素限量为：Cu ≤ 20.00mg/kg，As ≤ 2.00mg/kg，Cd ≤ 0.30mg/kg，Pb ≤ 5.00mg/kg，Hg ≤ 0.20mg/kg，Cr ≤ 2.00mg/kg。有机氯类农药残留性较强，不易降解、挥发，目前已禁止使用。随着科技的发展，市场上可供使用的农药近千种，而《中国药典》仅规定了个别农药残留限量，不能真实评判药材中农药残留超标的情况，严重影响了中药材对外贸易，所以应根据产地实际使用农药情况进行测定，并参考国际农药残留标准严格增订大量应用农药的限量标准，以保证中药材的安全性。根据 WM/T2-2004 标准，暂定不同商品规格等级当归总六六六、总滴滴涕、五氯硝基苯的含量均不得超过 0.100mg/kg。

（四）当归不同商品规格等级浸出物含量测定

1. 浸出物含量检测

根据《中国药典》（2015 年版四部）通则中浸出物测定法项下醇溶性热浸法，以 70% 乙醇为溶剂对当归样品浸出物进行测定，结果见表 4-40。

表 4-40　甘肃地产当归不同商品规格等级浸出物含量测定（n=3）

序号	样品编号	浸出物（%）	RSD（%）	序号	样品编号	浸出物（%）	RSD（%）
1	Q-TCAW1	60.22	2.58	27	Q-MXMZC2	60.53	1.84
2	Q-TCAW2	56.68	2.13	28	Q-MXMZC3	61.54	2.34
3	Q-TCAW3	47.66	2.31	29	Q-MXMZC4	59.43	2.49
4	Q-TCAW4	45.43	0.61	30	Q-MXMZC5	60.66	1.32
5	Q-TCAW5	47.78	2.59	31	Q-ZXJZ1	64.34	1.44
6	Q-WYTJH1	63.21	1.05	32	Q-ZXJZ2	60.05	2.63
7	Q-WYTJH2	59.78	1.23	33	Q-ZXJZ3	60.38	2.86
8	Q-WYTJH3	62.50	0.77	34	Q-ZXJZ4	56.67	2.83
9	Q-WYTJH4	57.18	2.48	35	Q-ZXJZ5	57.71	2.29
10	Q-WYTJH5	63.37	1.40	36	Q-ZNZGL1	63.12	2.13
11	Q-WYHC1	61.55	1.58	37	Q-ZNZGL2	60.36	2.43
12	Q-WYHC2	58.26	0.58	38	Q-ZNZGL3	54.35	2.84
13	Q-WYHC3	54.18	1.05	39	Q-ZNZGL4	57.81	2.11
14	Q-WYHC4	55.14	2.78	40	Q-ZNZGL5	57.03	2.37
15	Q-WYHC5	49.05	1.82	41	T-MXDGC1	59.06	1.91
16	Q-MXMC1	63.32	2.27	42	T-MXDGC2	59.26	1.34
17	Q-MXMC2	59.04	1.35	43	T-MXDGC3	60.53	1.92
18	Q-MXMC3	56.24	1.62	44	T-MXDGC4	59.77	1.05
19	Q-MXMC4	57.24	1.43	45	T-LXSYYS1	58.58	1.63
20	Q-MXMC5	58.88	1.57	46	T-LXSYYS2	57.38	2.26
21	Q-MXQS1	60.19	1.46	47	T-LXSYYS3	60.80	2.97
22	Q-MXQS2	61.68	1.57	48	T-LXSYYS4	59.80	0.96
23	Q-MXQS3	61.89	2.39	49	T-LZHHYS1	59.99	1.22
24	Q-MXQS4	59.29	2.12	50	T-LZHHYS2	62.96	0.54
25	Q-MXQS5	58.96	0.57	51	T-LZHHYS3	60.24	0.99
26	Q-MXMZC1	61.38	1.89	52	T-LZHHYS4	53.85	1.52

由表 4-40 可知，所测样品的浸出物含量最大值为 64.34%，最小值为 45.43%，所有样品浸出物含量均高于《中国药典》规定的不得少于 45.00%。

2. 小结

不同等级全归浸出物含量：一等平均为 62.17%，二等平均为 59.55%，三等平均为 58.21%，四等平均为 57.81%，五等平均为 56.68%；不同等级归头浸出物含量：一等平均为 61.23%，二等平均为 60.01%，三等平均为 59.31%，四等平均为 57.62%。采用 SPSS 18.0 软件对测得的数据进行分析，结果表明不同产地当归药材浸出物含量具有极显著性差异（$P < 0.01$），而全归不同商品等级间一等与二等没有差别，一等与三等、四等、五等之间均有显著性差异（$P < 0.05$），归头不同商品等级间没有显著性差异（$P > 0.05$）。浸出物测定是对中药的整体物质含量进行检测，可作为衡量药材品质的综合性指标，本研究暂定不同商品规格等级当归样品浸出物含量≥ 45.00%。

三、基于化学成分的甘肃地产当归商品规格等级研究

（一）当归不同商品规格等级绿原酸与阿魏酸含量测定

1. 不同商品规格等级当归中绿原酸与阿魏酸含量测定

精密称取不同商品规格等级当归粉末（过四号筛）各 0.5g，制备供试品溶液，并按优化的色谱条件 [ZORBAX Eclipse XDB-C_{18} 色谱柱（4.6mm×150mm，5μm）；流动相：乙腈 -0.3% 磷酸水（10 ∶ 90）；检测波长：323nm；柱温：35℃；流速：1.0ml/min] 吸取供试液 5μl 进行测定，记录峰面积，并计算两种成分的含量，结果见表 4-41。

表 4-41　甘肃地产当归不同商品规格等级绿原酸与阿魏酸含量测定（n=2）

序号	样品编号	绿原酸百分含量（%）	阿魏酸百分含量（%）	序号	样品编号	绿原酸百分含量（%）	阿魏酸百分含量（%）
1	Q-TCAW1	0.0221	0.1320	27	Q-MXMZC2	0.0379	0.0828
2	Q-TCAW2	0.1116	0.1258	28	Q-MXMZC3	0.0309	0.0983
3	Q-TCAW3	0.1102	0.1283	29	Q-MXMZC4	0.0716	0.0835
4	Q-TCAW4	0.1122	0.0988	30	Q-MXMZC5	0.0585	0.0763
5	Q-TCAW5	0.1538	0.0903	31	Q-ZXJZ1	0.0429	0.1302
6	Q-WYTJH1	0.0382	0.0925	32	Q-ZXJZ2	0.0543	0.1204
7	Q-WYTJH2	0.0662	0.1107	33	Q-ZXJZ3	0.0541	0.1191
8	Q-WYTJH3	0.0537	0.0924	34	Q-ZXJZ4	0.0702	0.1172
9	Q-WYTJH4	0.0453	0.0939	35	Q-ZXJZ5	0.0555	0.0977
10	Q-WYTJH5	0.0584	0.1030	36	Q-ZNZGL1	0.0363	0.1448
11	Q-WYHC1	0.0402	0.1228	37	Q-ZNZGL2	0.0331	0.1022
12	Q-WYHC2	0.0466	0.0875	38	Q-ZNZGL3	0.0322	0.1091
13	Q-WYHC3	0.0596	0.0829	39	Q-ZNZGL4	0.0457	0.0963
14	Q-WYHC4	0.0500	0.0859	40	Q-ZNZGL5	0.0466	0.0846
15	Q-WYHC5	0.0647	0.0648	41	T-MXDGC1	0.0834	0.0755
16	Q-MXMC1	0.0351	0.1353	42	T-MXDGC2	0.0622	0.0740
17	Q-MXMC2	0.0545	0.1255	43	T-MXDGC3	0.0617	0.0821
18	Q-MXMC3	0.0401	0.0910	44	T-MXDGC4	0.0491	0.0679
19	Q-MXMC4	0.0575	0.1075	45	T-LXSYYS1	0.0927	0.0767
20	Q-MXMC5	0.0470	0.1456	46	T-LXSYYS2	0.0605	0.0773
21	Q-MXQS1	0.0199	0.0790	47	T-LXSYYS3	0.0584	0.0833
22	Q-MXQS2	0.0306	0.1254	48	T-LXSYYS4	0.0480	0.0717
23	Q-MXQS3	0.0542	0.0983	49	T-LZHHYS1	0.0418	0.0988
24	Q-MXQS4	0.0490	0.0915	50	T-LZHHYS2	0.0290	0.1178
25	Q-MXQS5	0.0420	0.0906	51	T-LZHHYS3	0.0295	0.1107
26	Q-MXMZC1	0.0278	0.0949	52	T-LZHHYS4	0.0235	0.1067

由表4-41可知，甘肃地产当归药材绿原酸含量在0.0199%～0.1538%，平均为0.0538%，阿魏酸含量在0.0648%～0.1456%，平均为0.1000%，阿魏酸含量明显高于《中国药典》要求（不得少于0.050%）。

2. 小结

采用SPSS 18.0软件对所测数据进行分析，发现不同产地当归药材中绿原酸、阿魏酸含量间有极显著性差异（$P < 0.01$），不同等级全归中绿原酸、阿魏酸含量间无统计学差异（$P > 0.05$），但一等与四等、五等之间有显著性差异（$P < 0.05$），不同等级归头中绿原酸、阿魏酸含量间无统计学差异（$P > 0.05$）。不同等级全归绿原酸含量：一等平均为0.0328%，二等平均为0.0544%，三等平均为0.0544%，四等平均为0.0627%，五等平均为0.0658%；不同等级全归阿魏酸含量：一等平均为0.1164%，二等平均为0.1100%，三等平均为0.1024%，四等平均为0.0968%，五等平均为0.0941%；其大体趋势为全归等级越高，绿原酸含量越低，阿魏酸含量越高。不同等级归头绿原酸含量：一等平均为0.0511%，二等平均为0.0473%，三等平均为0.0459%，四等平均为0.0530%；不同等级归头阿魏酸含量：一等平均为0.1053%，二等平均为0.0978%，三等平均为0.1007%，四等平均为0.0914%；由于归头样本量较少，绿原酸与阿魏酸含量未呈现规律性。有效成分的多少是评价中药材内在品质的主要因素，故绿原酸和阿魏酸可作为划分当归药材规格等级的考察指标。根据所测数据，暂定不同商品规格等级当归绿原酸含量不得低于0.020%，阿魏酸含量沿用《中国药典》标准不得低于0.0500%。

（二）不同商品规格等级藁本内酯含量测定

1. 不同商品规格等级当归中Z-藁本内酯含量测定

精密称取不同商品规格等级当归粉末（过四号筛）各0.2g，制备供试品溶液，按优化的色谱条件[ZORBAX Eclipse XDB-C_{18}（4.6mm×150mm，5μm）；流动相：甲醇-水（65 ∶ 35），流速：1.0ml/min，柱温：35℃，检测波长：328nm]吸取供试液5μl进行测定，记录峰面积，并计算含量，结果见表4-42。

表4-42 甘肃地产当归不同商品规格等级Z-藁本内酯含量测定（n=2）

序号	样品编号	Z-藁本内酯百分含量（%）	序号	样品编号	Z-藁本内酯百分含量（%）
1	Q-TCAW1	1.4561	9	Q-WYTJH4	1.0254
2	Q-TCAW2	1.0557	10	Q-WYTJH5	1.1670
3	Q-TCAW3	0.9648	11	Q-WYHC1	1.0819
4	Q-TCAW4	0.7691	12	Q-WYHC2	0.9856
5	Q-TCAW5	0.6110	13	Q-WYHC3	0.8036
6	Q-WYTJH1	1.7884	14	Q-WYHC4	0.7616
7	Q-WYTJH2	0.9715	15	Q-WYHC5	0.5427
8	Q-WYTJH3	1.0907	16	Q-MXMC1	1.5517

续表

序号	样品编号	Z-藁本内酯百分含量（%）	序号	样品编号	Z-藁本内酯百分含量（%）
17	Q-MXMC2	1.3073	35	Q-ZXJZ5	1.0384
18	Q-MXMC3	1.0035	36	Q-ZNZGL1	1.8797
19	Q-MXMC4	1.1801	37	Q-ZNZGL2	1.3321
20	Q-MXMC5	1.3568	38	Q-ZNZGL3	1.0771
21	Q-MXQS1	1.4817	39	Q-ZNZGL4	0.9746
22	Q-MXQS2	1.5235	40	Q-ZNZGL5	0.7042
23	Q-MXQS3	1.0410	41	T-MXDGC1	0.9046
24	Q-MXQS4	0.9272	42	T-MXDGC2	0.7682
25	Q-MXQS5	0.8351	43	T-MXDGC3	0.9081
26	Q-MXMZC1	1.0800	44	T-MXDGC4	0.5207
27	Q-MXMZC2	0.9551	45	T-LXSYYS1	0.8413
28	Q-MXMZC3	0.9524	46	T-LXSYYS2	0.6990
29	Q-MXMZC4	0.9055	47	T-LXSYYS3	0.8967
30	Q-MXMZC5	0.8759	48	T-LXSYYS4	0.5238
31	Q-ZXJZ1	1.4999	49	T-LZHHYS1	1.0932
32	Q-ZXJZ2	1.5487	50	T-LZHHYS2	1.3476
33	Q-ZXJZ3	1.3235	51	T-LZHHYS3	1.2157
34	Q-ZXJZ4	1.2128	52	T-LZHHYS4	0.9654

由表 4-42 可知，所有样品的 Z- 藁本内酯含量均分布在 0.5207% ～ 1.8797%，当归商品规格等级不同，其 Z- 藁本内酯含量也不同。

2. 小结

对不同产地、不同商品规格等级当归样品进行方差分析，发现不同产地当归药材 Z- 藁本内酯含量间有显著性差异（$P < 0.05$），全归不同商品等级间有极显著性差异（$P < 0.01$），且多重比较表明：一等与二、三、四、五等之间均有显著性差异（$P < 0.05$），二等与除三等之外的其他等级之间均有显著性差异（$P < 0.05$）；三等仅与一等有统计学差异（$P < 0.05$）；四、五等与一等有极显著性差异（$P < 0.01$），与二等有显著性差异（$P < 0.05$）。分析不同等级归头药材发现，P=0.398 > 0.05，表明无统计学差异。全归 Z- 藁本内酯含量：一等平均为 1.4774%，二等平均为 1.2099%，三等平均为 1.0321%，四等平均为 0.9695%，五等平均为 0.8914%；归头 Z- 藁本内酯含量：一等平均为 1.2537%，二等平均为 1.1229%，三等平均为 1.0579%，四等平均为 0.8675%。Z- 藁本内酯含量与商品等级的基本趋势为：商品等级越高，Z- 藁本内酯含量越高。Z- 藁本内酯为当归挥发油中的主要组成成分，《中国药典》并未规定其含量，为全面考察商品规格等级之间的差异性，本研究暂定不同商品规格等级当归 Z- 藁本内酯含量不得低于 0.500%。

（三）甘肃地产当归不同商品规格等级多糖含量测定

1. 不同商品规格等级当归中多糖含量测定

精密称取不同商品规格等级当归粉末（过四号筛）各 0.4g，制备供试品溶液，并进行多糖含量测定，记录吸光度值，并计算含量，结果见表 4-43。

表 4-43 甘肃地产当归不同商品规格等级多糖含量测定（n=3）

序号	样品编号	多糖百分含量（%）	序号	样品编号	多糖百分含量（%）
1	Q-TCAW1	3.3909	27	Q-MXMZC2	2.9120
2	Q-TCAW2	3.5126	28	Q-MXMZC3	3.1620
3	Q-TCAW3	3.5489	29	Q-MXMZC4	3.1379
4	Q-TCAW4	2.2481	30	Q-MXMZC5	3.0324
5	Q-TCAW5	2.0235	31	Q-ZXJZ1	3.5832
6	Q-WYTJH1	1.8729	32	Q-ZXJZ2	3.5556
7	Q-WYTJH2	2.8556	33	Q-ZXJZ3	3.4541
8	Q-WYTJH3	1.7881	34	Q-ZXJZ4	3.6867
9	Q-WYTJH4	3.6227	35	Q-ZXJZ5	2.7417
10	Q-WYTJH5	1.3603	36	Q-ZNZGL1	3.6895
11	Q-WYHC1	4.2894	37	Q-ZNZGL2	3.4473
12	Q-WYHC2	2.7277	38	Q-ZNZGL3	3.6573
13	Q-WYHC3	2.9879	39	Q-ZNZGL4	4.2371
14	Q-WYHC4	3.3028	40	Q-ZNZGL5	3.7005
15	Q-WYHC5	4.1780	41	T-MXDGC1	3.5291
16	Q-MXMC1	2.5885	42	T-MXDGC2	3.1135
17	Q-MXMC2	3.7564	43	T-MXDGC3	3.1840
18	Q-MXMC3	3.9643	44	T-MXDGC4	2.9156
19	Q-MXMC4	4.1285	45	T-LXSYYS1	3.5893
20	Q-MXMC5	4.1687	46	T-LXSYYS2	3.1458
21	Q-MXQS1	3.1263	47	T-LXSYYS3	3.2397
22	Q-MXQS2	4.4770	48	T-LXSYYS4	2.9559
23	Q-MXQS3	2.8998	49	T-LZHHYS1	2.9029
24	Q-MXQS4	2.9625	50	T-LZHHYS2	2.6249
25	Q-MXQS5	2.5425	51	T-LZHHYS3	2.7092
26	Q-MXMZC1	3.4150	52	T-LZHHYS4	3.7354

比较不同产地、不同商品规格等级当归药材中多糖含量，发现样品中多糖含量在1.3603%～4.4770%，表明当归中糖类成分含量较高。

2. 小结

采用 SPSS 18.0 软件对所测数据进行分析，发现不同产地当归药材多糖含量有统计学差异（$P < 0.05$），不同商品规格等级当归药材多糖含量差异无统计学意义（$P > 0.05$）。有研究表明当归多糖含量在9～10月份达到最高，之后随着栽培时间的延长含量逐渐下降，多糖含量多少与药材生长环境、降水量、气候、昼夜温差及生长年限等均有关，故应选择适宜的生长环境、最佳的采收季节，以确保其含量。

（四）甘肃地产当归不同商品规格等级 HPLC 指纹图谱研究

甘肃地产当归指纹图谱的建立

（1）样品的测定：精密称取不同商品规格等级当归样品粉末（过四号筛）各 0.5g，制备供试品溶液，并按色谱条件 [ZORBAX SB-C_{18} 色谱柱（4.6mm×250mm，5μm），流动相：乙腈 -0.1% 甲酸水溶液，梯度洗脱，检测波长：280nm，流速：1.0ml/min，柱温：30℃，进样量：10μl] 进行检测，记录当归样品色图谱。

（2）共有峰的确定：通过对 52 个样品色谱图进行分析比较，共标示 14 个共有峰，确认了 3 个峰，其中 3 号峰为绿原酸，4 号峰为阿魏酸，11 号峰为 Z- 藁本内酯，结果见图 4-62。

（3）参照峰的选择：选择峰面积相对较大、色谱峰强度较高的 Z- 藁本内酯（11 号峰）为参照峰。

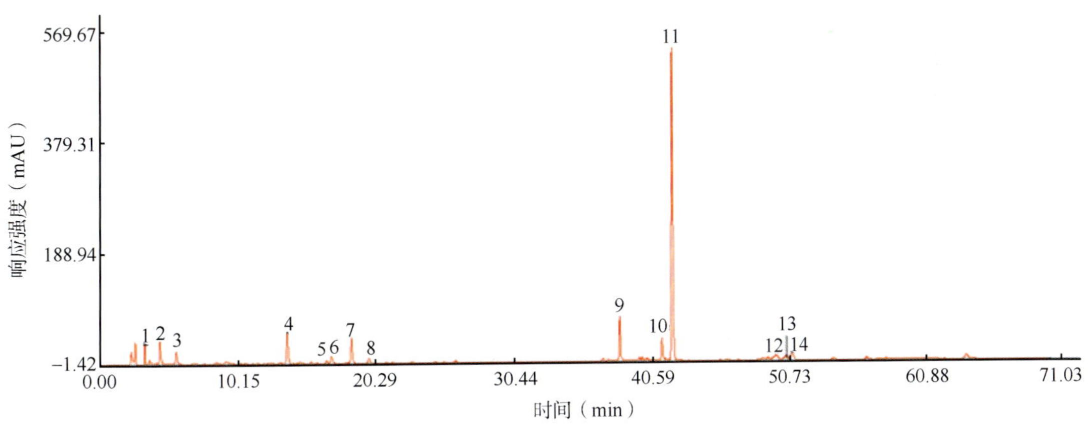

图 4-62 甘肃地产当归不同商品规格等级对照指纹图谱

（4）样品相似度计算：采用国家药典委员会中药色谱指纹图谱相似度评价系统（2004A 版）软件，计算样品的相似度。以 52 批当归样品生成的共有模式为对照，计算样品与对照图谱的相似度，结果见表 4-44。

表 4-44 甘肃地产当归相似度计算结果

序号	样品编号	相似度	序号	样品编号	相似度
1	Q-TCAW1	0.992	27	Q-MXMZC2	0.991
2	Q-TCAW2	0.933	28	Q-MXMZC3	0.993
3	Q-TCAW3	0.982	29	Q-MXMZC4	0.991
4	Q-TCAW4	0.965	30	Q-MXMZC5	0.992
5	Q-TCAW5	0.970	31	Q-ZXJZ1	0.959
6	Q-WYTJH1	0.993	32	Q-ZXJZ2	0.993
7	Q-WYTJH2	0.989	33	Q-ZXJZ3	0.998
8	Q-WYTJH3	0.994	34	Q-ZXJZ4	0.999
9	Q-WYTJH4	0.990	35	Q-ZXJZ5	0.997
10	Q-WYTJH5	0.995	36	Q-ZNZGL1	0.993
11	Q-WYHC1	0.995	37	Q-ZNZGL2	0.990
12	Q-WYHC2	0.990	38	Q-ZNZGL3	0.991
13	Q-WYHC3	0.998	39	Q-ZNZGL4	0.988
14	Q-WYHC4	0.986	40	Q-ZNZGL5	0.989
15	Q-WYHC5	0.989	41	T-MXDGC1	0.990
16	Q-MXMC1	0.997	42	T-MXDGC2	0.986
17	Q-MXMC2	0.996	43	T-MXDGC3	0.991
18	Q-MXMC3	0.989	44	T-MXDGC4	0.980
19	Q-MXMC4	0.990	45	T-LXSYYS1	0.992
20	Q-MXMC5	0.998	46	T-LXSYYS2	0.974
21	Q-MXQS1	0.993	47	T-LXSYYS3	0.970
22	Q-MXQS2	0.996	48	T-LXSYYS4	0.970
23	Q-MXQS3	0.998	49	T-LZHHYS1	0.996
24	Q-MXQS4	0.996	50	T-LZHHYS2	0.996
25	Q-MXQS5	0.997	51	T-LZHHYS3	0.996
26	Q-MXMZC1	0.994	52	T-LZHHYS4	0.993

由表 4-44 可知，52 批甘肃地产当归样品的指纹图谱与对照指纹图谱的相似度均大于 0.900，表明甘肃不同产地、同一规格、同一等级的当归样品具有较高的一致性，同一产地、同一规格、不同等级的当归样品 HPLC 指纹图谱具有较高的相似性，且不同规格、同一等级的当归样品 HPLC 指纹图谱相似度亦较高。

（5）样品系统聚类分析：运用 SPSS 18.0 软件，以各批样品的共有峰峰面积为变量，组间平均联接法为聚类方法，平方欧式距离为测量方法，对甘肃地产当归样品的 HPLC 指纹图谱进行系统聚类分析，结果见图 4-63。

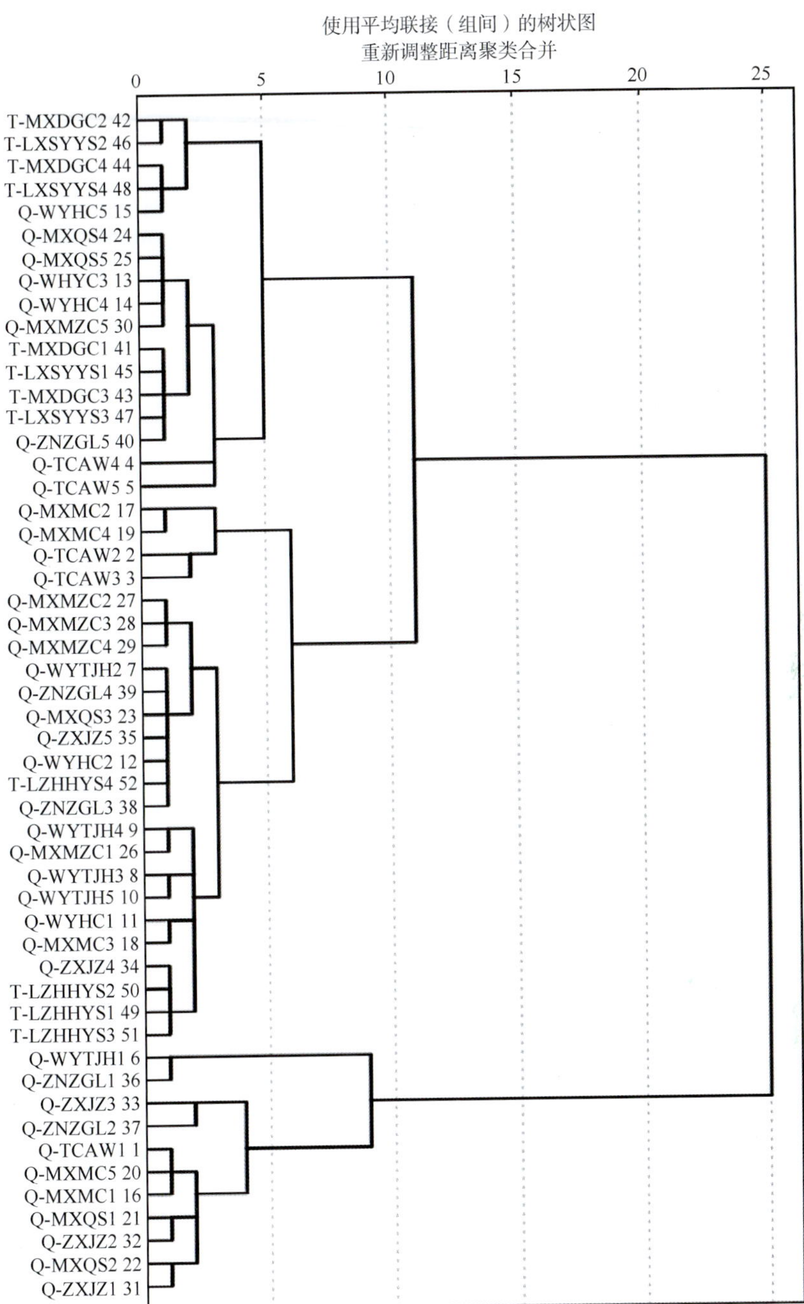

图 4-63　当归样品 HPLC 图谱聚类分析树状图

从聚类结果可知，所有样品聚为三大类，第一类为 T-MXDGC、T-LXSYYS、Q-WYHC3、Q-WYHC4、Q-WYHC5、Q-MXQS4、Q-MXQS5、Q-MXMZC5、Q-ZNZGL5、Q-TCAW4 及 Q-TCAW5，第二类为 T-LZHHYS 及全归二等、三等、四等品，第三类为 Q-WYTJH1、Q-ZNZGL1、Q-ZNZGL2、Q-ZXJZ1、Q-ZXJZ2、Q-ZXJZ3、Q-TCAW1、Q-MXMC1、Q-MXMC5、Q-MXQS1 及 Q-MXQS2。聚类结果也表明，全归商品等级之间 HPLC 指纹图谱基本为一等聚为一类，二等、三等、四等聚为一类，五等聚为一类，但区别不明显；归

头商品等级之间 HPLC 指纹图谱亦无明显差异。

四、系统量化指标与商品规格等级的相关分析

本研究运用相关性分析、主成分分析、聚类分析、Fisher 判别分析等对不同商品规格等级当归药材的感官量化指标、常规理化指标及化学指标进行系统分析，明确商品规格等级与各检测指标的相关性，为甘肃地产当归商品规格等级标准的完善奠定了基础。

（一）理化检测指标与商品等级的相关性分析

应用 SPSS 18.0 软件对水分、总灰分、酸不溶性灰分、浸出物、绿原酸、阿魏酸、Z-藁本内酯及多糖含量与商品等级的相关性进行分析，通过 Kendall 的 tau-b（K）双侧检验并标注相关系数的显著性，分析当归商品等级与各检测指标的相关性。由表 4-45 可知，水分、总灰分、酸不溶性灰分及多糖与当归商品等级没有相关性；绿原酸与当归商品等级呈显著负相关，即商品等级越高绿原酸含量越低；而浸出物、阿魏酸、Z-藁本内酯与当归商品等级呈极显著正相关，即商品等级越高浸出物、阿魏酸、Z-藁本内酯的含量越高。

表 4-45　各检测指标与商品等级的相关性分析

指标	等级	水分（%）	总灰分（%）	酸不溶性灰分（%）	浸出物（%）	绿原酸（%）	阿魏酸（%）	Z-藁本内酯（%）	多糖（%）
等级	1.000								
水分（%）	0.112	1.000							
总灰分（%）	−0.090	−0.088	1.000						
酸不溶性灰分（%）	0.081	−0.222*	0.535**	1.000					
浸出物（%）	0.342**	0.005	−0.350**	−0.136	1.000				
绿原酸（%）	−0.227*	−0.047	0.053	−0.035	−0.289**	1.000			
阿魏酸（%）	0.285**	−0.002	0.114	0.277**	0.140	−0.205*	1.000		
Z-藁本内酯（%）	0.466**	0.071	−0.048	0.129	0.361**	−0.349**	0.596**	1.000	
多糖（%）	0.061	0.065	0.138	0.065	−0.194*	−0.042	0.153	0.090	1.000

注：** 在 0.01 水平（双侧）极显著相关；* 在 0.05 水平（双侧）显著相关。

（二）理化检测指标的主成分分析

1. 主成分的确定

选取上述 8 个指标进行主成分分析，各个成分的特征值和贡献率见表 4-46。由表 4-46 可知，前 3 个主成分的累积贡献率为 71.043%（＞70%），表明前 3 个主成分可解释原始变量 71.043% 的信息，故选择前 3 个主成分进行分析。

表 4-46　各个成分的特征值和贡献率

成分	特征值	贡献率（%）	累积贡献率（%）
1	2.516	31.445	31.445
2	2.037	25.460	56.905
3	1.131	14.138	71.043
4	0.944	11.800	82.843
5	0.753	9.414	92.257
6	0.344	4.304	96.561
7	0.162	2.020	98.581
8	0.114	1.419	100.000

2. 计算主成分的特征向量

3 个主成分的载荷矩阵见表 4-47。据表 4-47 可知，浸出物、Z- 藁本内酯在第一主成分上的载荷较大，且为正相关；总灰分、酸不溶性灰分、阿魏酸在第二主成分上的载荷较大，且为正相关；水分、绿原酸、多糖在第三主成分上的载荷较大，且为正相关。由主成分载荷向量及特征值计算各个主成分特征向量，结果见表 4-48，进而得到各个主成分的函数表达式如下：

$$F_1=0.221X_1-0.331X_2-0.188X_3+0.533X_4-0.430X_5+0.299X_6+0.496X_7+0.050X_8 \quad (1)$$

$$F_2=-0.145X_1+0.508X_2+0.555X_3-0.089X_4-0.113X_5+0.457X_6+0.306X_7+0.299X_8 \quad (2)$$

$$F_3=0.657X_1+0.053X_2-0.304X_3-0.326X_4+0.171X_5+0.135X_6-0.011X_7+0.565X_8 \quad (3)$$

表 4-47　主成分载荷矩阵

指标	1	2	3
水分	0.350	−0.207	0.699
总灰分	−0.525	0.725	0.056
酸不溶性灰分	−0.298	0.792	−0.323
浸出物	0.846	−0.127	−0.347
绿原酸	−0.682	−0.161	0.182
阿魏酸	0.474	0.652	0.144
Z- 藁本内酯	0.786	0.437	−0.012
多糖	0.079	0.427	0.601

表 4-48　主成分特征向量

指标	1	2	3
水分	0.221	−0.145	0.657
总灰分	−0.331	0.508	0.053
酸不溶性灰分	−0.188	0.555	−0.304
浸出物	0.533	−0.089	−0.326

续表

指标	1	2	3
绿原酸	−0.430	−0.113	0.171
阿魏酸	0.299	0.457	0.135
Z-藁本内酯	0.496	0.306	−0.011
多糖	0.050	0.299	0.565

3. 计算各主成分得分、综合得分并排序

各主成分得分是对应因子得分与对应特征值算术平方根的乘积，以各主成分贡献率与累积贡献率比值作为各主成分权重系数从而得到综合得分的计算模型，综合得分 $F=0.443F_1+0.358F_2+0.199F_3$，结果见表 4-49。据表 4-49 可知，商品等级高的大部分排列在前面，而商品等级低的大部分排列在后面，且排名前 10 的样品，其中岷县占 40%，表明岷县当归质较优。

表 4-49 主成分得分、综合得分及排序

样品编号	F_1	F_2	F_3	F	综合排序
Q-TCAW1	1.465	1.689	−1.314	0.992	6
Q-TCAW2	−1.032	0.871	0.758	0.006	24
Q-TCAW3	−2.940	2.090	0.746	−0.406	32
Q-TCAW4	−4.056	0.527	0.265	−1.555	51
Q-TCAW5	−4.117	−1.435	0.416	−2.255	52
Q-WYTJH1	1.939	−0.323	−2.140	0.318	20
Q-WYTJH2	−0.694	0.959	−1.531	−0.269	29
Q-WYTJH3	0.340	−1.290	−2.475	−0.804	47
Q-WYTJH4	−0.170	−0.345	−0.258	−0.250	28
Q-WYTJH5	1.172	−1.923	−1.876	−0.543	36
Q-WYHC1	1.553	0.063	0.661	0.842	10
Q-WYHC2	−0.160	−0.780	0.173	−0.315	30
Q-WYHC3	−2.018	0.383	−0.204	−0.798	46
Q-WYHC4	−1.484	−0.115	0.177	−0.663	42
Q-WYHC5	−3.172	−0.314	1.520	−1.215	48
Q-MXMC1	1.778	1.525	−1.628	1.009	5
Q-MXMC2	−0.213	3.035	−0.272	0.938	9
Q-MXMC3	−1.505	2.668	−0.621	0.165	21
Q-MXMC4	−0.133	1.189	0.844	0.535	17
Q-MXMC5	0.806	2.799	0.498	1.458	4
Q-MXQS1	2.163	−1.546	0.621	0.528	18
Q-MXQS2	2.522	0.570	0.737	1.468	3
Q-MXQS3	0.526	−0.806	−0.584	−0.171	26

续表

样品编号	F_1	F_2	F_3	F	综合排序
Q-MXQS4	0.077	−1.103	−0.075	−0.376	31
Q-MXQS5	−0.261	−0.839	−1.017	−0.619	39
Q-MXMZC1	0.114	1.681	−0.678	0.517	19
Q-MXMZC2	−0.989	1.533	−1.671	−0.222	27
Q-MXMZC3	0.518	−0.233	−0.937	−0.040	25
Q-MXMZC4	−0.731	−0.737	−0.309	−0.649	41
Q-MXMZC5	−1.655	1.544	−1.677	−0.514	35
Q-ZXJZ1	2.802	0.536	1.431	1.718	2
Q-ZXJZ2	1.396	0.836	0.236	0.965	8
Q-ZXJZ3	1.040	0.483	0.189	0.671	13
Q-ZXJZ4	0.168	0.728	1.294	0.593	15
Q-ZXJZ5	−0.402	−0.132	−0.924	−0.409	33
Q-ZNZGL1	3.296	1.698	1.754	2.417	1
Q-ZNZGL2	1.047	0.536	0.244	0.704	12
Q-ZNZGL3	−0.373	1.506	0.972	0.567	16
Q-ZNZGL4	0.106	−0.287	0.636	0.071	22
Q-ZNZGL5	−1.090	−0.084	0.176	−0.478	35
T-MXDGC1	−0.246	−1.847	1.628	−0.446	34
T-MXDGC2	−0.342	−1.856	0.456	−0.725	44
T-MXDGC3	0.225	−1.953	−0.331	−0.666	43
T-MXDGC4	−0.656	−2.407	−0.587	−1.269	50
T-LXSYYS1	−0.465	−2.008	1.914	−0.544	38
T-LXSYYS2	−0.554	−1.921	0.726	−0.789	45
T-LXSYYS3	0.294	−1.912	−0.412	−0.636	40
T-LXSYYS4	−0.546	−2.421	−0.589	−1.226	49
T-LZHHYS1	0.784	−0.810	−0.202	0.017	23
T-LZHHYS2	2.485	−0.519	0.294	0.974	7
T-LZHHYS3	1.872	−0.934	1.413	0.776	11
T-LZHHYS4	−0.484	1.430	1.534	0.603	14

4. 理化检测指标的聚类分析

选择浸出物、绿原酸、阿魏酸、Z- 藁本内酯 4 个与当归商品规格等级显著相关的指标运用 SPSS 18.0 软件进行系统聚类分析，选用组间联接法为聚类方法，并以平方欧式距离为测量方法，得树状图。

（1）全归样品聚类分析：由图 4-64 可以看出，全归样品聚为三大类，主要是产地分类，等级分类不明显，部分产地不同商品等级聚为一类，如岷县清水、麻子川各有 3 个等级聚为一类，渭源田家河、会川各有 3 个等级聚为一类，卓尼有 3 个等级聚为一类，表明产地生态环境对不同商品规格等级当归品质有较大影响。

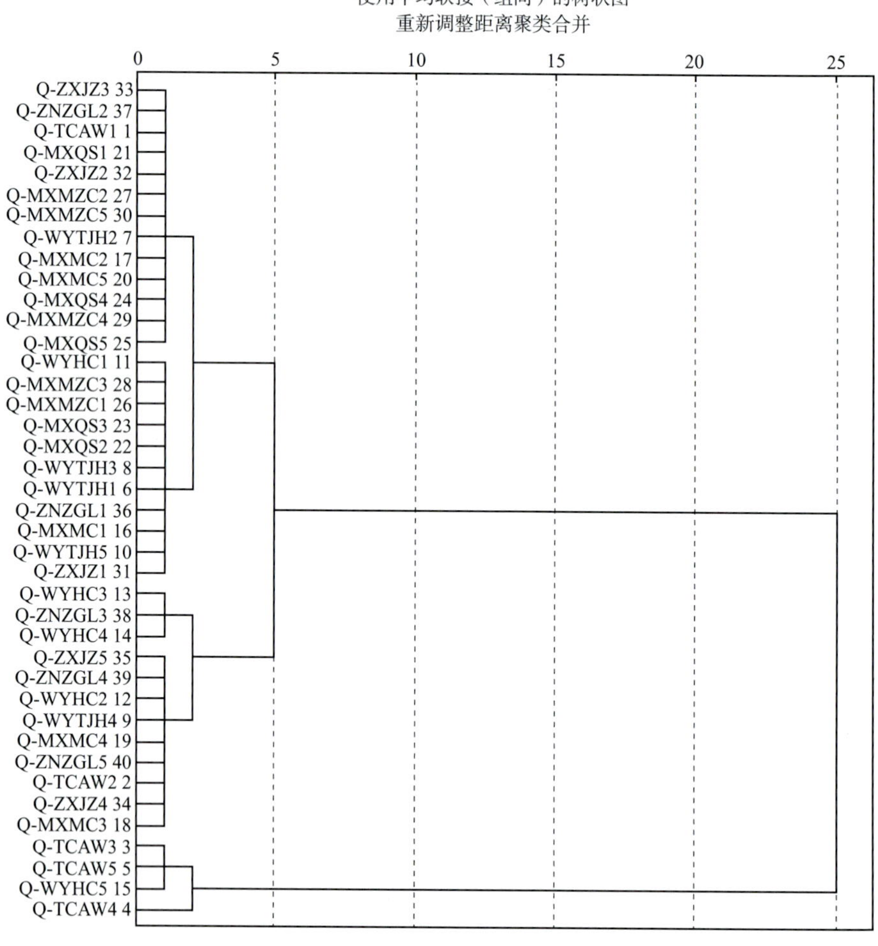

图 4-64 全归样品聚类分析树状图

（2）归头样品聚类分析：由图 4-65 可以看出，归头样品分为四类，第一类包括 T-MXDGC1、T-MXDGC2、T-MXDGC3、T-MXDGC4、T-LXSYYS1、T-LXSYYS3、T-LXSYYS4、T-LZHHYS1、T-LZHHYS3，第二类包括 T-LXSYYS2，第三类包括 T-LZHHYS2，第四类包括 T-LZHHYS4，主要是产地分类，等级分类不明显。

5. 理化检测指标的判别分析

以浸出物、绿原酸、阿魏酸、Z- 藁本内酯的含量为自变量，聚类类别为分组变量，对聚类结果进行 Fisher 判别分析，验证聚类结果的正确性。

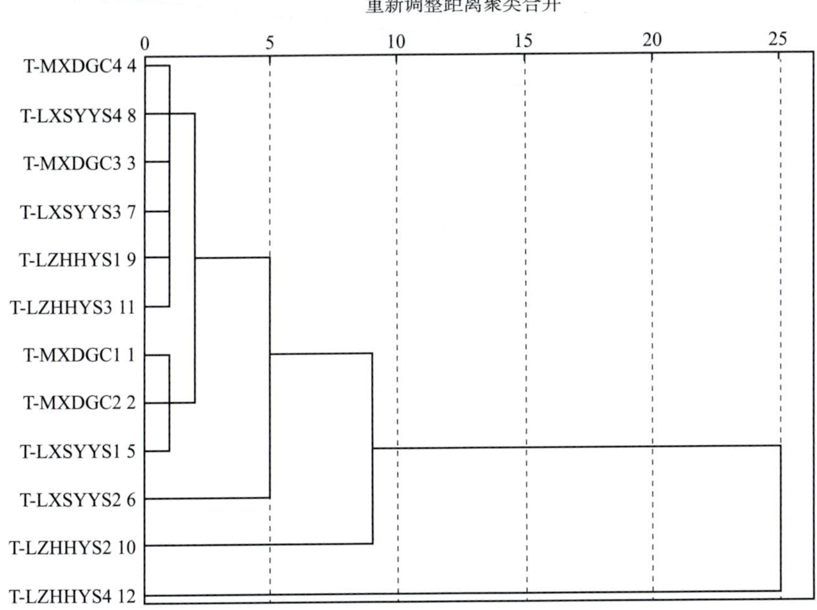

图 4-65　归头样品聚类分析树状图

（1）全归样品 Fisher 判别分析：表 4-50 表明，函数 1 可累积解释 99.4% 的信息量，即可仅用函数 1 对全归药材进行商品等级划分。表 4-51 表明，函数 1 到 4 的 Lambda 值为 0.034，P 为 0.000（$P < 0.05$），表明函数具有显著性。据表 4-52 函数 1 系数可得到全归药材质量等级判别指数（HQI），建立的判别函数可用于未知样品质量等级的预测判别。从判别分析分类结果可知，聚类结果具有较高的正确性。

$$HQI=1.061\times C_{浸出物}-0.314\times C_{绿原酸}+0.434\times C_{阿魏酸}-0.476\times C_{藁本内酯} \quad (4)$$

表 4-50　全归样品特征值

函数	特征值	方差值（%）	累积（%）	正则相关性
1	24.419	99.4	99.4	0.980
2	0.134	0.5	99.9	0.344
3	0.015	0.1	100.0	0.122
4	0.002	0.0	100.0	0.049

表 4-51　全归样品 Wilks 的 Lambda

函数检验	Wilks 的 Lambda	卡方	df	P
1 到 4	0.034	116.563	16	0.000
2 到 4	0.867	4.938	9	0.840
3 到 4	0.983	0.597	4	0.963
4	0.998	0.082	1	0.775

表 4-52 全归样品标准化的典型判别式函数系数

函数	浸出物	绿原酸	阿魏酸	Z- 藁本内酯
1	1.061	–0.314	0.434	–0.476
2	0.100	0.884	–0.144	0.697
3	–0.255	–0.494	0.009	0.846
4	0.014	–0.219	1.364	–0.890

（2）归头样品 Fisher 判别分析：表 4-53 表明，函数 1 可累积解释 94.8% 的信息量，即可仅用函数 1 对归头药材进行商品等级划分。表 4-54 表明，函数 1 到 3 的 Lambda 值为 0.016，P 为 0.004（$P<0.05$），表明函数具有显著性。据表 4-55 函数 1 系数可得到归头药材质量等级判别指数（HQI），建立的判别函数可用于未知样品质量等级的预测判别。从判别分析分类结果可知，聚类结果具有较高的正确性。

$$\text{HQI}=1.429\times C_{浸出物}+1.405\times C_{绿原酸}+1.020\times C_{阿魏酸}-0.942\times C_{藁本内酯} \quad (5)$$

表 4-53 归头样品特征值

函数	特征值	方差值（%）	累积（%）	正则相关性
1	24.861	94.8	94.8	0.980
2	1.325	5.1	99.8	0.755
3	0.046	0.2	100.0	0.210

表 4-54 归头样品 Wilks 的 Lambda

函数检验	Wilks 的 Lambda	卡方	df	P
1 到 3	0.016	28.993	12	0.004
2 到 3	0.411	6.224	6	0.399
3	0.956	0.317	2	0.854

表 4-55 归头样品标准化的典型判别式函数系数

函数	浸出物	绿原酸	阿魏酸	Z- 藁本内酯
1	1.429	1.405	1.020	–0.942
2	0.176	0.975	3.337	–2.200
3	0.235	2.263	4.522	–4.200

6. 理化检测指标与感官量化指标的相关研究

分析感官量化指标芦头直径、主根直径、单支重与各检测指标浸出物、绿原酸、阿魏酸、Z- 藁本内酯含量的相关性，进一步运用 SPSS 18.0 软件对感官量化指标和检测指标进行偏相关分析，结果见表 4-56。

表 4-56　感官量化指标与检测指标的偏相关分析

变量	控制变量	相关性	显著性（P）
芦头直径 & 浸出物	主根直径 & 单支重	–0.189	0.188
芦头直径 & 绿原酸	主根直径 & 单支重	0.336	0.017
芦头直径 & 阿魏酸	主根直径 & 单支重	–0.310	0.028
芦头直径 &Z- 藁本内酯	主根直径 & 单支重	–0.349	0.013
主根直径 & 浸出物	芦头直径 & 单支重	0.122	0.398
主根直径 & 绿原酸	芦头直径 & 单支重	–0.209	0.146
主根直径 & 阿魏酸	芦头直径 & 单支重	0.104	0.471
主根直径 & Z- 藁本内酯	芦头直径 & 单支重	0.085	0.558
单支重 & 浸出物	芦头直径 & 主根直径	0.232	0.106
单支重 & 绿原酸	芦头直径 & 主根直径	–0.156	0.279
单支重 & 阿魏酸	芦头直径 & 主根直径	0.304	0.032
单支重 & Z- 藁本内酯	芦头直径 & 主根直径	0.505	0.000

由表 4-56 可以看出，芦头直径与绿原酸含量有较强正相关性；主根直径与浸出物、绿原酸、阿魏酸、Z- 藁本内酯的含量均没有相关性；单支重与阿魏酸含量有较强正相关性，与 Z- 藁本内酯含量正相关性最强，筛选的感官量化指标与各成分含量相关性强弱顺序为单支重＞芦头直径＞主根直径。由此可知，已有的当归商品规格等级标准依据重量进行划分具有一定的合理性。

7. 当归不同商品规格等级内在质量评价

对甘肃地产当归不同商品规格等级药材的内在质量进行检测及均值分析，结果见表 4-57。由表 4-57 可知，全归浸出物、阿魏酸、Z- 藁本内酯的平均含量为一等最高，五等最低；绿原酸平均含量为一等最低，五等最高；多糖平均含量为四等＞二等＞一等＞三等＞五等。归头浸出物、阿魏酸、Z- 藁本内酯的平均含量为一等最高，四等最低；绿原酸平均含量为四等最高；多糖平均含量为一等＞四等＞三等＞二等。

表 4-57　甘肃地产当归不同商品规格等级化学成分含量

规格	等级	浸出物（%）	绿原酸（%）	阿魏酸（%）	Z- 藁本内酯（%）	多糖（%）
全归	一等	62.17	0.0328	0.1164	1.4774	3.2445
	二等	59.55	0.0544	0.1100	1.2099	3.4055
	三等	57.34	0.0544	0.1024	1.0321	3.1828
	四等	57.81	0.0627	0.0968	0.9695	3.4158
	五等	56.68	0.0658	0.0941	0.8914	2.9685
归头	一等	61.23	0.0511	0.1053	1.2537	3.3404
	二等	60.01	0.0473	0.0978	1.1229	2.9614
	三等	59.31	0.0459	0.1007	1.0579	3.0443
	四等	57.62	0.0530	0.0914	0.8675	3.2023

五、甘肃地产当归商品规格等级划分标准（草案）

商品规格等级是中药材内在质量的外在体现，为保证当归药材的优质优价，本研究筛选了评价当归商品规格等级的传统感官指标、常规理化指标及化学成分指标，建立了符合甘肃地产当归药材的质量评价体系，并在此基础上起草了甘肃地产当归商品规格等级划分标准（草案），且比较了新旧标准的区别。

（一）量化指标的优化选择

1. 传统感官指标

通过对当归传统经验鉴别的整理，确定了表面颜色、断面颜色、芦头直径、主根直径、单支重、气味等指标是当归药材"辨状论质"的主征指标，但由于表面颜色、断面颜色、气味的判断具有主观性，因此选择芦头直径、主根直径、单支重3个指标作为当归规格等级评价体系中的性状品质指标，同时应规定无杂质、虫蛀、霉变、泛油、麻口病斑等。

2. 常规理化指标

选择杂质、水分、总灰分、酸不溶性灰分、SO_2残留量、重金属及有害元素、有机氯类农药残留量及浸出物含量作为甘肃地产当归质量评价体系中的理化品质指标。若作为出口商品，还应增加其他主要使用农药的检测限度。

3. 化学指标

当归主要含挥发油、有机酸、多糖、氨基酸、香豆素、微量元素等多种化学成分。其中挥发油具有抑制子宫收缩、松弛支气管平滑肌、舒张胃肠平滑肌、抗炎等作用，有机酸具有抗血小板聚集、扩张冠脉、提高机体免疫力等作用，多糖具有活血、止血、调节机体免疫功能、镇痛、抗肿瘤等作用。因此，本研究选择Z-藁本内酯、绿原酸、阿魏酸、多糖等化学指标评价甘肃地产当归不同商品规格等级间的差异性，通过多元统计学分析最终确定以绿原酸、阿魏酸、Z-藁本内酯的含量作为当归规格等级评价体系中化学品质指标。

（二）当归商品规格等级划分标准（草案）

1. 范围

本标准规定了甘肃地产当归的商品规格等级。

本标准适用于甘肃范围内当归药材生产、流通及使用过程中的商品规格等级评价。

2. 规范性引用文件

下列文件对于本文件的应用是必不可少的。凡是注明日期的引用文件，仅所注日期的版本适用于本文件。凡是未注明日期的引用文件，其最新版本（包括所有的修改单）适用于本文件。

2015 年版《中国药典》一部、四部

GB/T 191《包装储运图示标志》

SB/T 11094《中药材仓储管理规范》

SB/T 11095《中药材仓库技术规范》

《中药材生产质量管理规范（试行）》（国家药品监督管理局令第 32 号）

《中药材商品规格等级通则》

3. 术语和定义

下列术语和定义适用于本文件。

（1）当归 *Angelica Sinensis* Radix：为伞形科植物当归 *Angelica sinensis*（Oliv.）Diels 的干燥根。

（2）当归规格 *Angelica Sinensis* Radix specification：当归在市场流通过程中用于区分不同交易品类的依据，一个交易品类称为一个规格。

（3）当归等级 *Angelica Sinensis* Radix grade：各个当归药材规格下，用于区分当归药材品质的交易品种的依据，一个交易品种称为一个等级。

（4）合格性及安全性检测：外观性状、显微鉴别、薄层鉴别、杂质、水分、灰分、SO_2 残留量、重金属及有害元素、农药残留量、浸出物及含量测定等应符合相关要求（表 4-58）。

表 4-58　甘肃地产当归合格性及安全性检测要求

检测项目	含量
杂质	不得超过 3.0%
水分	不得超过 10.0%
总灰分	不得超过 7.0%
酸不溶性灰分	不得超过 2.0%
SO_2 残留量	不得超过 150mg/kg
重金属及有害元素	Cu 不得超过 20.0mg/kg，As 不得超过 2.0mg/kg，Cd 不得超过 0.3mg/kg，Pb 不得超过 5.0mg/kg，Hg 不得超过 0.2mg/kg，Cr 不得超过 2.0mg/kg
有机氯类农药残留量	BHC、DDT、PCNB 均不得超过 0.1mg/kg
浸出物	不得少于 45.0%
绿原酸与阿魏酸	绿原酸不得少于 0.020%，阿魏酸不得少于 0.050%
Z- 藁本内酯	不得少于 0.500%

（5）道地药材：是指栽培历史悠久、生态环境特定、品种良好、质优及疗效突出的药材。当归道地产地为甘肃的陇西、岷县、漳县、渭源、宕昌等地，习称为“岷归”。

4. 规格等级划分

甘肃地产当归商品规格等级划分情况见表 4-59。

表 4-59 甘肃地产当归商品规格等级划分表

规格	等级	性状描述	
		共同点	不同点
全归	一等	干货。上部主根粗短，呈圆柱形，下部有数条支根。表面棕黄色或棕褐色，有纵皱纹及须根痕，皮孔散在或不明显，芦头具根茎痕。质柔韧，难折断。断面黄白色或淡黄色，韧皮部有油样光泽，形成层环无色或棕色，木质部颜色较淡。香气浓郁，味甘、辛、微苦。无须根、杂质、虫蛀、霉变、泛油、麻口病斑	芦头直径≥ 2.90cm，主根直径≥ 2.74cm，单支重≥ 50.0g，每千克 20 支以内
	二等		芦头直径 2.40 ～ 2.89cm，主根直径 2.10 ～ 2.73cm，单支重 25.0 ～ 49.9g，每千克 40 支以内
	三等		芦头直径 1.90 ～ 2.39cm，主根直径 1.75 ～ 2.09cm，单支重 14.3 ～ 24.9g，每千克 70 支以内
	四等		芦头直径 1.57 ～ 1.89cm，主根直径 1.37 ～ 1.74cm，单支重 9.1 ～ 14.2g，每千克 110 支以内
	五等		主根或掺杂部分腿渣，全归占 30%，腿渣占 70% 芦头直径≤ 1.56cm，主根直径≤ 1.36cm，单支重≤ 9.0g，每千克 110 支以外
归头	一等	干货。纯主根，长圆形或拳状。表面棕黄色或棕褐色，微露白色，有纵皱纹，皮孔散在或不明显，芦头钝圆。质地较硬，难折断。断面黄白色或淡黄色，韧皮部有油样光泽，形成层环棕色，木质部颜色较淡。香气浓郁，味甘、辛、微苦。无杂质、虫蛀、霉变、泛油、麻口病斑	芦头直径≥ 5.00cm，主根直径≥ 3.30cm，单支重≥ 50.0g，每千克 20 支以内
	二等		芦头直径 3.56 ～ 4.99cm，主根直径 3.00 ～ 3.29cm，单支重 25.0 ～ 49.9g，每千克 40 支以内
	三等		芦头直径 2.53 ～ 3.55cm，主根直径 1.82 ～ 2.99cm，单支重 12.5 ～ 24.9g，每千克 80 支以内
	四等		芦头直径≤ 2.52cm，主根直径≤ 1.81cm，单支重≤ 12.4g，每千克 80 支以外

5. 要求

应符合《中药材商品规格等级通则》中第 7 章项下相关规定。

6. 标识和标签、包装、运输、贮藏

（1）标识和标签：包装应有标识、标签及批包装记录，内容包括品名、产地、批号、代码、规格、等级、生产日期、有效期等具体信息。

（2）包装：麻袋、纤维袋或纸箱包装（25kg 以上），要求包装完整无破损、无污染。

（3）运输：运输时要做好密封、防水、防鼠等工作，避免外源污染和变质。

（4）贮藏：本品在高温高湿情况下易泛油、霉变，且本品含有大量糖类易虫蛀，因此应贮藏于干燥、通风、阴凉、无污染的库房中，并配备防虫、防鼠、防潮、防霉等措施。在贮藏过程中，应定期进行检查。贮存环境温度为 15℃以下，相对湿度为 70% 以下，药材含水量为 10% 以下。

（三）新旧标准比较

甘肃地产当归药材规格等级标准在原有标准的基础上做出了一定程度的修订和完善，主要内容有以下三点：

（1）根据根及根茎类中药材商品规格等级的划分依据，增加了芦头直径和主根直径两个外观性状量化指标。

（2）增加当归药材杂质、SO_2 残留量、重金属及有害元素、有机氯类农药残留量等检查项内容，以保证不同商品规格等级当归药材的安全性。

（3）增加含量测定项内容。

第六节　当归炮制质量研究

当归是临床常用中药饮片，素有“十方九归”之称。早在公元前春秋时期《范子计然》中就有记载：“当归，出陇西，无枯者善。”明代《本草纲目》云：“今映蜀、秦州（甘肃天水）、汉州（四川茂县）诸处，人多栽莳为货，以秦归头圆、尾多、色紫、气香、肥润者名马尾归，最胜他处。”自古以来，一直推崇甘肃岷县及其周边地区出产的当归，甘肃为当归的道地产区。

当归始载于我国第一部本草学著作《神农本草经》，被列为中品。明代张介宾在《本草正》中言：“当归，其味甘而重，故专能补血，其气轻而辛，故又能行血，补中有动，行中有补，诚血中之气药，亦血中之圣药也。”“佐之以补则补。”“佐之以攻则通。”传统医学认为当归为血家之圣药，具有补血、活血、调经止痛、润肠通便之功效。现代医学研究表明，当归具有抗心肌缺血、抗血栓、促进机体免疫功能、保护神经干细胞、抗菌抗辐射等作用。当归在临床上常用生品及其炮制品，早在南齐《刘涓子鬼遗方》中就记载有“炒当归”，经历唐、宋、金元、明、清等各个时期的发展，文献记载的炮制方法有 30 种之多，散在于历代医、方、本草著作中，有不少方法沿用至今。中药经过炮制可增效减毒、扩大药用范围，能更好地满足临床治疗需要。如酒制当归可增强其活血散瘀的功效，土炒当归避免了当归滑肠的不良反应。现代研究表明，当归炮制前后化学成分变化较明显，且炮制方法与其质量控制关联密切。

一、当归历代炮制概况

当归因入药部位不同，处方用名亦异。若不分头、尾、身而切片，混同入药者称全当归；只用根头部入药者称当归头，简称归头；仅用主根部分入药者称当归身，简称归身；唯用支根及支根梢部入药者称当归尾或当归须，简称归尾或归须。按全当归、当归头、当归身、当归尾来分别入药，具有不同的药用特点，最早记载于南北朝的《雷公炮炙论》，其云：“若要破血，即使头一节硬实处；若要止痛、止血，即用尾；若一时用，不如不使，服食无效，单使妙也。”李东垣云：“头止血而上行，身养血而中守，尾破血而下流，全活血而统治。”《珍珠囊补遗药性赋》中记载：“头破血，身行血，尾止血。”《汤液本草》中记载：“头止血而上行，梢破血而下行，身养血而中守，全活血而不走。”《本草正义》中记载：“归身主守，补固有功，归尾主通，逐瘀自验，而归头秉上行之性，便血溺血，崩中淋带等之阴随阳陷者，升之固宜。”目前《中国药典》各版本均规定以全归入药，至于归头、归身、归尾的作用，历代文献记载多有相悖之处，认识并不统一，仍需进一步研究。

当归的净制首见于南北朝时期雷敩的《雷公炮炙论》，要求“先去尖并头光硬处一分已来”。此外，还有“去芦头”、“去芦洗净砂土”、“去芦须”、“去苗”、“去芦尾”等。洗也有特殊要求，宋代《洪氏集验方》要求用“温水洗”。当归的切制首载于唐代《千金翼方》，要求“切”，但没有具体规格。宋代《太平圣惠方》要求“剉”，《苏沈良方》则要求“薄切片子”，《洪氏集验方》也要求“薄切”，这种薄切的要求一直沿用至今，目前《中国药典》和多数省市地区的炮制规范都要求“切薄片”。

当归炒制见于南齐时代的《刘涓子鬼遗方》，南北朝时期出现酒浸制法。唐代还出现了酒洗，净制则要求“切”和“去芦头”。宋代的炮制包括熬法、炙法、酒拌、酒制、酒浸、炒、米炒、醋炒等，其净制与切制除去芦头外还要求去须、去苗。金元时期，基本沿用宋以前的炮制方法，但在酒制工艺上又发展出酒蒸法。此一时期医家对炮制与药性的关系提出了许多新见解，在理论方面亦开始总结前人经验，对当归酒制原理进行了总结。元代王好古提出“酒浸，助法之意也”的论点，并指出：“病在头面及手稍皮肤者，须用酒炒，借酒力以上腾也。”这些见解对当归酒制法发展起到了积极的推动作用。明代除沿承酒制及炒制法外，辅料种类进一步增多，创有盐水炒法、姜汁炒法、米泔水炒等制法，同时还发展有用药料共制当归的方法，如用吴茱萸炒和生地黄汁炒，新采用的炮制方法有煨、煅、制炭等。其中只有制炭一法被沿用至今，其工艺有火化法、煅法，但均需“存性”。此外制炭另有炒法，如“炒令黑”。现今江南一带沿用当归炒炭可能源于此。由于这一时期辅料炮制当归的新工艺不断增多，医家开始对其炮制作用原理进行系统论述并运用中医理论加以讨论，其中的某些观点至今仍有指导意义。例如，当归制炭是因“血者心之色也，血见黑即止者，由肾水能制心尖故也”。当归酒制则是因为“醇酒制精”。值得注意的是，有人认为当归酒蒸能治“血病”，与元代的“惟酒蒸又治头痛”观点相驳，它们是否有内在联系，有待于进一步研究探讨。迄清代，除沿用以前的炮制法外，新采用了童便拌炒、黑豆汁蒸、芍药汁炒等制法，酒制工艺则发展有酒煮、酒洗。另外，也出现了一些新的炮制工艺，如土炒、制膏、半酒半醋炒。这一时期医家对当归炮制作了系统综合归纳，对辅料作用亦有详细论述总结。如当归“上行酒炒，导血归源之理”。当归制膏是“去其辛散之气，专取润补之力，虚弱畏辛气，用之大炒”。

从南北朝至今随着炮制方法的发展逐步形成了当归的药性理论和炮制理论。《本草纲目》中记载：“当归治头痛，酒煮服，取其清浮而上也。治心痛，酒调末服，取其浊而半沉半浮也。治小便出血，用酒煎服，取其沉入下极也，自有高低之分如此”，说明了用酒之意。在各个历史时期，不同的医家对不同炮制方法的作用也有阐述，如明代《本草蒙筌》曰：“体肥痰盛，姜汁渍。”清代《本草述钩元》曰：“若如吐衄崩下药中，须醋炒过，少少用之，多则反能动血。”清代《药品辨义》曰：“如脾虚者，米拌炒用，使无肠滑之虞。”在《医学入门》中又有“若有痰用姜汁炒”，姜制当归的目的不单为“体肥痰盛”者，还为“姜汁炒，恐泥膈也”。清代《得配本草》曰：“甘，辛，温。入手少阴、足厥阴、太阴经血分，血中气药。头止血，尾破血，身和血，酒洗。吐血，醋炒。脾虚，粳米或土炒。治痰，姜汁炒。止血、活血，童便炒。恐散气，芍药汁炒。”《本草经解要》曰：“治久痢吴茱萸炒。”清末《本草害利》曰：“本病用酒炒，如吐血，须醋炒，或用酒炒黑。有痰，用姜汁炒。凡晒干乘热纸封瓮收之不蛀。按当归炒极黑，能治血痢，炒焦则味苦，苦则涩血也。”《本草便读》曰：“阴虚者仍宜禁之，肠滑者不宜用，虽能调经，妇人亦不可多服，易成淋滞等病，以其性滑耳。”

由此可见，古人对当归的炮制方法和临床用法已经有了较为系统的认识。经历朝历代的发展，当归有近30种炮制工艺和方法。当归炮制在工艺、辅料、质量要求等诸多方面，历代都有所继承和发展。炮制起初为了改变药性、增效减毒，后来发展到应用不同辅料纠其偏性，临床用药更加广泛，其炮制理论经历代医家的归纳总结得以逐渐完善，在临床实践中得到了广泛应用和长期发展。目前，临床常用的有生当归、酒当归、土当归、油当归、当归炭等。

（一）当归古代炮制方法

1. 净制

《雷公炮炙论》曰：“先去尖并头光硬处一分已来”、“去芦头”、“去芦洗净砂土”、“去芦须”、“去苗”、“去芦尾”等。《洪氏集验方》曰：“温水洗。”《药类法象》曰：“先水洗去土……去芦用。”《仙授理伤续断秘方》曰：“去芦头。”

2. 切制

唐代《千金翼方》曰：“切。”宋代《太平圣惠方》曰：“剉。”宋代《苏沈良方》曰：“薄切片子。”《洪氏集验方》曰：“薄切。”

3. 焙

《洪氏集验方》曰：“温水洗，薄切，焙干。”《滇南本草》曰：“当归不拘多少，新瓦焙干为末，引用烧酒服。”《圣济总录》记载当归丸：“当归（切、焙）。”《本草纲目》曰：“用当归，焙干，研细。每服一钱，米汤调下。”

4. 炒

《太平圣惠方》曰：“锉，微炒。”《洪氏集验方》曰：“去梢、土，微炒令香。”《普济方》曰：“炒微黄。”

5. 酒洗

《珍珠囊补遗药性赋》云：“治上，酒浸；治外，酒洗。”《产育宝庆集》曰：“酒洗。”《本草纲目》曰：“空当归身二钱（酒洗）。”《本草择要纲目》曰：“凡用以酒洗净，晒干入药。”

6. 酒浸

《雷公炮炙论》曰：“凡使，先去尘并头尘硬处一分已以来，酒浸一宿。”《主治秘要》云：“治上治外，酒浸洗糖黄色，嚼之大辛，可能溃坚。”《本草纲目》曰：“当归三两，切细，酒浸三天后饮之。”《仙授理伤续断秘方》曰：“酒浸。”

7. 酒炒

《太平惠民和剂局方》记载四物汤：“当归（去芦，酒浸，炒）。”《兰室秘藏》记载当归补血汤：“当归身二钱（酒制）。”《产育宝庆集》曰：“酒炒。”

8. 酒煮

《本草述》曰：“酒煮。”

9. 酒蒸

《汤液本草》曰：“惟酒蒸当归，又治头痛。”《医学入门》曰：“酒蒸。”《本草汇》曰：“酒蒸。”

10. 醋炙

《医学钩元》曰：“若入止衄崩下药中须醋炒之，少少用之多则反能动。”《卫生易简方》曰：“当归（米醋微炒）。”《博济方》曰：“醋炒。”《卫生总微》曰：“醋浸后炒焦。”

11. 半酒半醋炒

《妇科玉尺》曰：“当归，半酒半醋炒。”

12. 醋煮

《本草汇言》曰：“醋煮。”

13. 姜炙

《本草蒙筌》曰：“姜汁浸。”《医学入门》曰：“姜汁炒。”

14. 米泔浸

《童婴百问》曰：“米泔浸一宿炒。”

15. 黑豆汁浸

《良朋汇集》曰：“用黑豆煮浓汁，将当归浸透，蒸晒干，再煮黑豆汁，再浸再蒸再晒，以当归心内黑透为度，晒干。”

16. 生地黄汁浸归

《普济方》曰：“当归，用生地黄汁浸，焙干。”

17. 童便制

《得配本草》曰：“止血活血童便炒。”《本草述》曰：“童便制。”

18. 芍药炒

《得配本草》曰：“恐散气，芍药汁炒之。”

19. 土炒

《医宗金鉴》曰："土炒老黄色。"

20. 米炒

《药品辨义》曰："若脾虚者米炒用使无肠滑之虞。"《圣济总录》曰："米拌炒。"

21. 盐炒

《普济方》曰："食盐当归铧炒。"

22. 吴茱萸炒

《本草经解要》曰："酒煮治血虚头痛，酒浸治臂痛，用吴萸同炒去萸为末治久痢。"

23. 煨

《普济方》曰："煨当归……"

24. 炒炭、煅炭

《奇效良方》曰："火化存性。"《济阴纲目》曰："火烧存性。"《医学入门》曰："煅存性。"《药笼小品》曰："凡治痢疾，及便血吐血衄等症，皆宜炒黑，则温滑之性减，黑兼止血，可取也。"《一草亭目科全书》曰："炒黑。"

近年来，关于中药炮制原理及标准各地一般均"遵古炮制"。但由于各地区相传沿用的经验不同，前人对当归的某些炮制目的亦有不同见解，对此目前尚难得到统一意见。如梁代陶弘景谓："众医靓不识药，帷听市人，市人又不辨究，皆委采送之家。采送之家传习造作，真伪好恶莫测。所以有……当归酒洒取润，……诸有此等，皆非事实，俗用既久，转以成法，非复可改，末如之何。"这说明古人认为当归酒润是"市人不解药性，惟尚形饰"的结果，并无必要如此炮制。又如清代汪昂对当归姜制亦提出异议，云："当归非治痰药，姜制亦臆说耳。"这里固然存在古人不同的学术见解，但给我们现在认识历代医家所总结的炮制经验提出了一个问题，即炮制方法随药而异，不应去简单地解释和推论引申，甚至有些炮制并不一定就符合古人的原意图。鉴于此，很有必要对当归不同制品与临床的补血、活血、止血等关系进行合理的比较研究，并在此基础上结合传统理论对其炮制工艺加以改进，找出一个统一的炮制新工艺及质量标准以保证中医临床用药的准确性。

（二）当归现代炮制方法

现行的炮制方法主要有"切片、清炒、酒炒"等。《中国药典》各版仅收载了"酒炒"，入药不分头、身、尾三部分，而是用"全归"入药。有部分省市和地区由于习惯用药的不同，将头、身、尾三部分分别入药，并且除了"清炒"、"土炒"炮制方法外，还有油炒、蜜炒、酒拌、酒洗、炒炭等方法。具体炮制情况见表4-60。

表 4-60 当归《中国药典》及各省市炮制规范归纳

炮制品	炮制工艺	出处
当归	除杂，洗净，润透，切薄片，晒干或低温干燥	《中国药典》1963、1977、1985、1990、2000、2005、2010、2015 年版 《天津市中药饮片炮制规范》2005、2012、2018 年版 《辽宁省中药炮制规范》1986 年版 《北京市中药饮片炮制规范》1986、2008 年版 《山东省中药炮制规范》1975、1990 年版 《四川省中药饮片炮制规范》1977 年版 《甘肃省中药饮片炮制规范》1998、2009 年版 《贵州省中药饮片炮制规范》2005 年版 《湖北中草药炮制规范》1979 年版 《河南省中药饮片炮制规范》2005 年版 《上海市中药饮片炮制规范》1962、1980、2008 年版 《浙江省中药炮制规范》1986 年版 《江西省中药炮制规范》1991 年版 《安徽省中药饮片炮制规范》2005 年版 《湖南中药饮片炮制规范》2010 年版 《重庆市中药饮片炮制规范》2006 年版 《辽宁省中药饮片炮制规范》1975 年版 《陕西省中药饮片标准第二册》 《广东中药炮制规范》
	除去泥沙及杂质，淋洗，晾干，切厚片，干燥	《四川省中药饮片炮制规范》1984 年版
	除去杂质，洗净，润透（或熏硫黄润透），切中片，晒干或低温干燥；或除去杂质，洗净，熏硫磺润透，置蒸笼蒸软（不能蒸太久，否则变色），在头部剖开 2cm，以 2 ～ 3 只接成一片，槌扁，晒至九成干，放瓦缸内闷润，刨片，晒干，筛去灰屑	《广西中药饮片炮制规范》2007 年版
	拣去杂质，清水洗净捞出，润透后切顶刀片 0.3 ～ 0.4mm 厚，干燥	《河南省中药材炮制规范》1974 年版
	除去杂质，洗净泥土，捞出，润透，取出晾至七成干时，闷润，切 1 ～ 1.5mm 厚片，晾干	《天津市中药饮片切制规范》1975 年版 《吉林省中药饮片炮制规范》1986 年版
	拣净杂质，用水洗净，润透，微晾，再放至内外湿度适宜，切成 2mm 左右厚片。晾干、即得	《辽宁省中药饮片炮制规范》 1962 年版
	拣去杂质，抢水洗净，捞出，沥干，稍润，切厚 2 ～ 3mm 的圆片，晒干，筛去灰屑，拣除虫伤及干枯片，即得	《湖南省中药材炮制规范》1983、1999 年版
	取全当归拣净杂质，淘洗净泥土，放入竹箩内加盖、渥吸约 12h，吸透心为度，取出切或铡成厚 1.7 ～ 2.7mm 的圆片，晒干或烘干，筛净灰屑即可	《云南省中药饮片炮制规范》1974、1986 年版
	取原药，除去杂质，抢水洗净，润软，切取支根，切薄片或段，低温干燥	《浙江省中药饮片炮制规范》2015 年版
当归头	取净当归，洗净，稍润，将当归头部横切成薄片，晒干或低温干燥	《甘肃省中药饮片炮制规范》2009 年版 《福建中药饮片炮制规范》1998 年版 《江西省中药炮制规范》1991、2008 年版 《河南省中药饮片炮制规范》2005 年版 《北京市中药饮片炮制规范》1974、1986、2008 年版

续表

炮制品	炮制工艺	出处
当归头	取润透后的当归，切顶刀片 0.5 ～ 0.6mm 厚，取头 4 ～ 6 片，晒干	《河南省中药材炮制规范》1974 年版
	取当归头，洗净，稍润，切厚片，晒干或低温干燥	《天津市中药饮片炮制规范》2018 年版
	净当归药材大个冬春季吸润约 24h；夏秋季吸润 12 ～ 16h；小个冬春季吸润 12 ～ 16h；夏秋季吸润 8 ～ 10h 至透心，用刀切或铡成厚约 2.7mm 的顺片，晒干即可	《云南省中药饮片炮制规范》1974、1986 年版
当归身	取切去头、尾的净当归，纵切成薄片，晒干或低温干燥，筛去碎屑	《北京市中药饮片炮制规范》1986、2008 年版 《河南省中药饮片炮制规范》2005 年版 《江苏省中药饮片炮制规范》1980 年版 《江西省中药饮片炮制规范》1991、2008 年版
	将润透的当归，除去腿（支根），切片，晒干	《甘肃省中药饮片炮制规范》1980、2009 年版 《江苏省中药饮片炮制规范》2002 年版 《福建中药饮片炮制规范》1998 年版 《陕西省中药饮片标准第二册》
	取切去头、尾之当归，切顺刀片 0.3 ～ 0.4mm 厚，晒干	《河南省中药材炮制规范》1974 年版
	将原药除去柴性大、干枯无油、断面绿褐色或黑色的条只、茎叶残基等杂质及支根，快洗洁净，软润后切薄片，晒或低温干燥，筛去灰屑	《上海市中药饮片炮制规范》1962、1980、2008 年版
当归尾	将切后晒干的全当归，过大紧眼筛，取其筛下之小片，过箩去土，入库即得	《北京市中药饮片切制规范》1974 版
	取净当归尾部，切薄片，晒干或低温干燥，筛去碎屑	《北京市中药饮片炮制规范》1986、2008 年版
	支根洗净，切短段，低温干燥	《福建中药饮片炮制规范》1998 年版
	取净当归腿（支根），切横片或斜片，晒干或低温干燥	《甘肃省中药饮片炮制规范》1980、2009 年版 《河南省中药饮片炮制规范》2005 年版
	取当归尾，切顶刀片 0.5 ～ 0.6mm 厚，晒干	《河南省中药材炮制规范》1974 年版
	取药材当归，除去杂质，取侧根洗净，润透，切薄片，晒干或低温干燥	《江苏省中药饮片炮制规范》2002 年版 《陕西省中药饮片标准第二册》
	将原药除去残存的主根、须根、柴性大、干枯无油、断面绿褐色或黑色的支根及其他杂质，快洗洁净，软润后切薄片，晒或低温干燥，用 50 目筛，筛去灰屑	《上海市中药饮片炮制规范》1962、1980、2008 年版 《天津市中药饮片炮制规范》2018 年版
	将全当归铡片晒干后的片子，用粗筛子筛下小片，再用细孔筛筛去灰屑即成归尾片。另外全当归用剩余的细尾，淘洗泥土，拣净杂质，渥吸 4 ～ 8h，吸透用刀切成 4mm（1.2 分）厚的横断片，晒干即成归尾片	《云南省中药咀片炮炙规范》1974 年版
	取生当归，筛取直径 4mm 以下的支根	《浙江省中药炮制规范》1986 年版
	取原药，除去杂质，抢水洗净，润软，切取支根，切薄片或段，低温干燥	《浙江省中药饮片炮制规范》2005、2015 年版 《江西省中药饮片炮制规范》1991、2008 年版

续表

炮制品	炮制工艺	出处
炒当归	取当归片，照清炒法（炮制通则）炒至黄色	《河南省中药饮片炮制规范》1974、2005年版 《江苏省中药饮片炮制规范》1980年版 《上海市中药饮片炮制规范》1962、1980、2008年版 《甘肃省中药饮片炮制规范》1980年版
炒当归身	取当归身清炒至淡黄色，微具焦斑，筛去灰屑	《上海市中药饮片炮制规范》1962、1980、2008年版
土炒当归	将白土用文火炒热，再将当归倒入，炒至当归片上挂满白土时，出锅，筛去白土，摊开，晾凉	《甘肃省中药饮片炮制规范》1980年版
	取灶心土（伏龙肝）细粉，置锅内，用文火炒热，加入净当归片，继续以文火炒至表面呈土色（挂土色），出锅，放凉。筛去土粉。每100kg净当归片，用灶心土细粉20kg	《甘肃省中药饮片炮制规范》2009年版 《河南省中药材炮制规范》1974年版 《山东省中药炮制规范》1990年版 《北京市中药饮片切制规范》1974、1986年版
	将土粉炒热，投入净当归，微炒至粘满细土时（称为“挂土”），取出，晒去土粉，摊凉	《广东中药饮片炮制规范》
	取净当归片，照炒法（炮制通则）用灶心土炒至外呈焦黄色，内呈微黄色。每100kg当归片，用灶心土50kg	《河南省中药饮片炮制规范》2005年版
	取净当归片，照土炒法炒至表面挂土色。每100kg当归片，用灶心土30kg	《湖北省中药饮片炮制规范》2018年版 《福建中药饮片炮制规范》1998年版
	取当归片置热锅内，撒入伏龙肝粉，炒至显土黄色，蹄去土粉，放凉。每100kg当归，用伏龙肝10～20kg	《天津市中药饮片炮制规范》1975、2012年版
	取全当归片拣净杂质。用红土适量，将红土粉放入锅内炒热，再放入当归片继续拌炒，至气发香、色红黄、无油为度。铲出筛净红土即可	《云南省中药饮片炮制规范》1974、1986年版
酒当归	取当归片，用黄酒，照酒炙法炒干	《中国药典》1963、1977、1985、1990、1995、2000、2005、2010、2015年版 《安徽省中药饮片炮制规范》2005年版 《北京市中药饮片炮制规范》1974、1986、2008年版 《福建中药饮片炮制规范》1998年版 《甘肃省中药饮片炮制规范》1980、2009年版 《山东省中药炮制规范》1990年版 《江西省中药饮片炮制规范》1962、1975、1991、2008年版 《天津市中药饮片切制规范》1975、2005、2012年版 《辽宁省中药炮制规范》1986年版 《浙江省中药炮制规范》1986年版 《上海市中药饮片炮制规范》2008年版 《贵州省中药饮片炮制规范》2005年版 《河南省中药饮片炮制规范》2005年版 《湖南中药饮片炮制规范》2010年版 《吉林省中药饮片炮制规范》1986年版 《江苏省中药饮片炮制规范》1980、2002年版

续表

炮制品	炮制工艺	出处
酒当归	取净当归，用酒拌匀，稍闷，待酒被吸尽后，用文火炒至深黄色或蒸干。每 100kg 当归，用酒 10 ～ 20kg	《广西中药饮片炮制规范》2007 年版 《湖北中草药炮制规范》1979 年版 《浙江省中药饮片炮制规范》2005 年版 《广东中药饮片炮制规范》 《陕西省中药饮片标准第二册》
	取净当归，用白酒，照酒炙法，炒至微黄色即得。每 100kg 当归片，用白酒 5 ～ 10kg	《湖南省中药饮片炮制规范》1983、1999 年版 《四川省中药饮片炮制规范》1984 年版 《重庆市中药饮片炮制规范》2006 年版
酒洗当归	取当归净片，喷洒黄酒 15% 拌匀，晒或低温干燥	《上海市中药饮片炮制规范》1962、1980、2008 年版
酒洗当归身	取当归身喷洒黄酒，拌匀，使之吸尽，晒或低温干燥。每 100kg 当归身，用黄酒 15kg	《上海市中药饮片炮制规范》1962、1980、2008 年版
酒炒当归身	取当归身喷洒黄酒，拌匀，使之吸尽，炒至微具焦斑，筛去灰屑。每 100kg 当归身，用黄酒 15kg	《上海市中药饮片炮制规范》1962、1980、2008 年版
酒洗当归尾	取当归尾喷洒黄酒，拌匀，使之吸尽，晒或低温干燥	《上海市中药饮片炮制规范》1962、1980、2008 年版
酒炒当归尾	取当归尾喷洒黄酒，拌匀，使之吸尽，炒至微具焦斑，筛去碎屑	《上海市中药饮片炮制规范》1962、1980、2008 年版
蜜当归	取当归片，照蜜炙法(炮制通则)炒至深黄色，不粘手。每 100kg 当归片，用炼蜜 18kg	《河南省中药饮片炮制规范》2005 年版
油当归	从闷好的当归中，挑红色渗出油脂者，切片，入库即得	《北京市中药饮片切制规范》1974、1986 年版
	取净当归片，用植物油(香油、豆油等)拌匀，稍闷润，置锅内，用文火加热，微炒，出锅，摊开，放凉。每 100kg 净当归片，用香油或植物油 3 ～ 12kg	《甘肃省中药饮片炮制规范》1974、2005、2009 年版 《河南省中药饮片炮制规范》1974、2005 年版
焦当归	取全当归片，置热锅内，不断翻动，用武火炒至焦黄色，喷洒清水少许，灭净火星，取出晾凉，入库即得	《北京市中药饮片炮制规范》1974、1986 年版
当归炭	取当归片，照炒炭法（炮制通则）炒至黑褐色	《河南省中药饮片炮制规范》2005 年版 《湖北省中药饮片炮制规范》2018 年版 《湖南中药饮片炮制规范》2010 年版 《上海市中药饮片炮制规范》2008 年版
	将当归片用武火炒至焦褐色时，喷水适量，出锅，摊开，晾凉	《甘肃省中药饮片炮制规范》1980 年版 《福建中药饮片炮制规范》1998 年版 《广西中药饮片炮制规范》2007 年版 《天津市中药饮片炮制规范》2005、2012 年版
	取净当归片，置锅内，用中火加热，炒至表面呈微黑色、内部棕褐色（存性），喷淋清水少许，灭尽火星，出锅，摊开，放凉	《甘肃省中药饮片炮制规范》2009 年版 《江苏省中药饮片炮制规范》2002 年版 《江西省中药饮片炮制规范》1991、2008 年版 《山东省中药炮制规范》1990 年版 《浙江省中药饮片炮制规范》2005、2015 年版 《广东中药饮片炮制规范》

续表

炮制品	炮制工艺	出处
当归炭	取净当归片用文火炒至焦黑色，内呈老黄色，喷水，取出，凉透	《江苏省中药饮片炮制规范》1980 年版 《上海市中药饮片炮制规范》1962、1980 年版 《浙江省中药炮制规范》1986 年版
	取净当归片，大小片分开，分别置锅内加热，用铁耙翻动均匀炒至焦黑色，及时喷淋清水，取出置容器内，用铁铲翻动散热，候烟冒尽，整碎掺匀即得	《天津市中药饮片切制规范》1975 年版
当归身炭	取当归身清炒至外焦黑色，内棕黄色，筛去灰屑	《上海市中药饮片炮制规范》1962、1980、2008 年版

由表 4-60 可以看出，目前当归片在净制上的加工方法多有相似，片型上大多切薄片，较少为切片和切厚片，个别省有切圆片及段。当归的干燥方法有晒干、低温干燥，有些地方没有详细规定，只是烘干和干燥。

酒当归的炮制方法多用酒炙法，用文火炒制而成。多用黄酒制，一些地方用白酒炮制，还有一些地方没有明确规定酒的品种。在上海有酒洗的炮制方法，表明这一古法沿用至今。各省的地方炮制规范中，酒当归的黄酒用量多为每 100kg 药材用黄酒 10kg，部分用量在 10 ～ 20kg，个别几个省份采用白酒，用量为 5kg 或 10kg。

土炒当归在甘肃、云南、河南、北京、广州等地方标准里均有收载。主要用白土和灶心土，云南地方用红土。辅料用量相差巨大，每 100kg 净当归片用土量 10kg、20kg、30kg、50kg 不等。

油当归仅在甘肃、北京、河南的地方标准里有收载。另外，河南地方规范收载有蜜当归，北京地方规范收载有焦当归。

当归炭在甘肃、河南、上海等多地的地方炮制规范中均有收载，说明临床应用比较多。各个地方规范制定的标准有所不同，当归在炒炭过程中有用文火、中火和武火。其火候的大小直接影响炒炭过程中的温度高低，对其化学成分是否有影响，在今后的研究中需要进一步深入探讨。

当归按照部位分别入药的有上海、甘肃、河南、江西、福建等地区，国家药典标准没有分开列，以全当归入药。在药智网数据库查询“中药方剂数据库”当归项下有 6746 条内容，其中当归头有 15 条，当归身有 261 条，当归尾有 128 条，当归须有 10 条，明确用全当归的有 74 条。按明确分部入药的方剂一共是 488 条，占 7.23%。现代实验研究表明，有人认为当归的有效成分在各部位均有，应以全当归统而用之较为合适。部分地区不仅将饮片分开入药而且均有相应的酒制品。

（三）当归炮制目的及质量标准

1. 炮制目的

元代王好古在《汤液本草》中说：“病在头面及手梢皮肤者，须用酒炒制借酒力以上腾之。咽之下脐之上须酒洗之。酒浸，助发之意也。”明确了用酒之意。此后历代医家对不同的炮制方法也有阐述，如“治上酒浸、治外酒洗，血病酒蒸，痰用姜汁炒。”“体肥痰盛姜汁渍。”“煅存性（治血崩屡效方）。”“按当归炒极黑治血澼血痢，炒焦则味苦，苦则涩血也。”“若入止衄崩下药中须醋炒之，少少用之多则反能动。”“发散用宜酒制，治吐血宜醋炒。”“若脾虚者米炒用使无肠滑之虞，凡痰涎者恐其粘腻，呕吐者恐其泥膈，以姜同炒。”“酒煮治血虚头痛，酒浸治臂痛，用吴茱萸同炒去萸为末治久痢。”“吐血醋炒，脾虚粳米或土炒，治痰姜汁炒，止血活血童便炒，恐散气，芍药汁炒之。”从这些认识中我们不难看出古人对当归不同炮制方法的用意。

现代认为炮制目的在于改变药性，扩大药用范围。一般认为，生当归甘温，取其润性，补血又润肠；酒当归辛温，取其散性，以增强活血散瘀之功；炒当归苦温，取其涩性，补血而不滑肠，且土炒当归又有健脾之功；当归炭则缓其辛烈之性而专于止血。这些经验至今仍为指导当归炮制及其临证组方的理论依据。

2. 饮片性状

当归为类圆形、椭圆形或不规则薄片，外表皮浅棕色至棕褐色，切面浅黄棕色或黄白色，平坦，有裂隙，中间有棕色的形成层环，并有多数棕色的油点，香气浓郁，味甘、辛、微苦。

当归头片厚 1 ～ 2mm，直径 1.5 ～ 4cm，有宽阔的髓部。

当归身片厚 1 ～ 2mm，宽 0.8 ～ 2cm，形成层呈棕色的直线条。

当归尾片厚 1 ～ 2mm，直径 0.3 ～ 0.8cm，边缘凹凸不平。

酒当归形如当归片，切面深黄色或浅棕黄色，略有焦斑。香气浓郁，并略有酒香气。

土炒当归形如当归片，表面挂土黄色，具土香气。

当归炭表面黑褐色，断面灰棕色，质枯脆，气味减弱，并带涩味。

3. 质量要求

《中国药典》2015 年版中规定：当归含水分不得过 15.0%。照灰分测定法测定，总灰分不得过 7.0%，酸不溶性灰分不得过 2.0%。照醇溶性浸出物测定法项下的热浸法测定，用 70% 乙醇作溶剂，不得少于 45.0%。挥发油不得少于 0.4%（ml/g）。含阿魏酸不得少于 0.050%。酒当归水分不得过 10.0%，醇溶性浸出物不得少于 50.0%。

（四）当归饮片临床应用

1. 不同历史时期应用

《名医别录》中记载：“当归，味辛，大温，无毒。主温中，止痛，除客血内塞，中风，汗不出，湿痹，中恶，客虚冷，补五脏，生肌肉。”

唐代李绩在《新修本草》中记载：“当归，味甘、辛，温、大温，无毒。主咳逆上气，温疟寒热洗在皮肤中，妇人漏下绝子，诸恶疮疡，金疮，煮饮之。温中止痛，除客血内塞，中风，汗不出，湿痹，中恶，客气虚冷，补归。”

宋代雷敩在《雷公炮炙论》中记载：“凡使，先去尘并头尖硬处一分已来，酒浸一宿。若要破血，即使头一节硬实处；若要止痛、止血，即用尾；若一时用，不如不使，服食无效，单使妙也。”

元代王好古在《汤液本草》中记载："当归，入手少阴，以其心主血也；入足太阴，以其脾裹血也；入足厥阴，以其肝藏血也。头能破血，身能养血，尾能行血，用者不分，不如不使。若全用，在参、芪皆能补血；在牵牛、大黄，皆能破血，佐使定分，用者当知。从桂、附、茱萸则热；从大黄、芒硝则寒。惟酒蒸当归，又治头痛，以其诸头痛皆属木，故以血药主之。"

元代李东垣在《珍珠囊补遗药性赋》中记载："当归味甘辛，性温无毒。可升可降，阳也。其用有四：头止血而上行；身养血而中守；梢破血而下流；全活血而不走。"

明代陈嘉谟在《本草蒙筌》中记载："生苗向上者为根，气脉行上；入土垂下者为梢，气脉下行。中截为身，气脉中守。上焦病者用根；中焦病者用身；下焦病者用梢。盖根升梢降，中守不移故也。"

明代杜文燮在《药鉴》中记载："当归气温，味辛甘，气味俱轻，可升可降，阳也。多用，大益于血家，诸血证皆用之。但流通而无定，由其味带辛甘而气畅也，随所引导而各至焉。入手少阴，以其心主血也；入足太阴，以其脾裹血也；入足厥阴，以其肝藏血也。与白术、白芍、生地同用，则能滋阴补肾；与川芎同用，则能上行头角，治血虚头疼；再入白芍、木香少许，则生肝血以养心血；同诸血药入以薏苡仁、牛膝，则下行足膝而治血不荣筋；同诸血药入以人参、川乌、乌药、薏苡仁之类，则能荣一身之表，以治一身筋寒湿毒。佐黄芪、人参，皆能补血；佐牵牛、大黄，皆能破血。从桂、附则热；从硝、黄则寒。入和血药则血和；入敛血药则血敛；入凉血药则血凉；入行血药则血行；入败血药则血败；入生血药则血生。各有所归也，故名当归。痘家大便闭结，有热毒煎熬真阴，以致大肠经血少故耳，玄明粉中重加当归，则血生而大肠自润矣。或曰：痘疮临收之际用之，恐血行作痛。此又不通之论也。盖肠胃既燥，则血药尽能里润肠胃，将何者外行痘疮哉。经云，有故无殒，亦无殒也，其斯之谓乎。便泻者勿用。"

清代陈士铎在《本草新编》中记载："当归，味甘辛，气温，可升可降，阳中之阴，无毒。虽有上下之分，而补血则一。东垣谓尾破血者，误。入心、脾、肝三脏。但其性甚动，入之补气药中则补气，入之补血药中则补血，入之升提药中则提气，入之降逐药中则逐血也。而且用之寒则寒，用之热则热，无定功也。

功虽无定，然要不可谓非君药。如痢疾也，非君之以当归，则肠中之积秽不能去；如跌伤也，非君之以当归，则骨中之瘀血不能消；大便燥结，非君之以当归，则硬粪不能下；产后亏损，非君之以当归，则血晕不能除。肝中血燥，当归少用，难以解纷；心中血枯，当归少用，难以润泽；脾中血干，当归少用，难以滋养。是当归必宜多用，而后可以成功也。倘畏其过滑而不敢多用，则功用薄而迟矣。而或者谓当归可臣而不可君也，补血汤中让黄为君，反能出奇以夺命；败毒散中让金银花为君，转能角异以散邪，似乎为臣之功胜于为君。然而当归实君药，而又可以为臣为佐使者也。用之彼而彼效，用之此而此效，充之五脏六腑，皆可相资，亦在人之用之耳。用之当，而攻补并可奏功；用之不当，而气血两无有效。用之当，而上下均能疗治；用之不当，而阴阳各鲜成功。又何论于可君而不可臣，可臣而不可佐使哉。

或问当归补血，而补气汤中何以必用，岂当归非血分之药乎？曰：当归原非独补血也，实亦气分之药，因其味辛而气少散，恐其耗气，故言补血，而不言补气耳。其实补气者十之四，而补血者十之六，子试思产后非气血之大亏乎。佛手散用当归为君，川芎为佐，人以为二味乃补血之圣药也，治产后血少者，似乎相宜，治产后气虚者。似乎不足。乃何以一用佛手散而气血两旺，非当归补血而又补气，乌能至此，是当归亦为气分之药，不可信哉。

或问当归性动而滑，用之于燥结之病宜也，用之下利之症，恐非所宜，何以痢症必用之耶？

夫痢疾与水泻不同。水泻者，脾泻也。痢疾者，肾泻也。脾泻最忌滑，肾泻最忌涩。而肾泻之所以忌涩者何故？盖肾水得邪火之侵，肾欲利而火阻之，肾欲留而火迫之，故有后重之苦。夫肾水无多，宜补而不宜泻也。若下多亡阴，肾水竭而愈加艰涩矣。故必用当归以下润其大肠。大肠润而肾水不必来滋大肠，则肾气可安。肾气安而大肠又有所养，火自不敢阻迫于肾矣，自然火散而痢亦安，此当归所以宜于下痢而必用之也。

或问当归既是君主之药，各药宜佐当归以用之矣，何以时为偏裨之将反易成功，得毋非君主之药乎？士铎曰：当归性动，性动则无不可共试以奏功也。所以入之攻则攻，入之补则补。

然而当归虽为偏裨之将，其气象自有不可为臣之意，倘驾御不得其方，未必不变胜而为负，反治而为乱也。

或问当归不宜少用，亦可少用以成功乎？曰：用药止问当与不当，不必问多与不多也。

大约当归宜多用者，在重病以救危，宜少用者，在轻病以杜变。不敢多用，固非疗病之奇，不肯少用，亦非养病之善也。

或问当归滑药也，有时用之而不滑者何故？凡药所以救病也。肠胃素滑者，忌用当归，此论其常也。倘变生意外，内火沸腾，外火凌逼，不用润滑之当归，又何以滋其枯槁哉。当是时，吾犹恐当归之润滑，尚不足以救其焦涸也，乌可谓平日畏滑而不敢用哉。

或问当归专补血而又能补气，则是气血双补之药矣。曰：当归是生气生血之圣药，非但补也。血非气不生，气非血不长。当归生气而又生血者，正其气血之两生，所以生血之中而又生气，生气之中而又生血也。苟单生气，则胎产之门，何以用芎、归之散，生血于气之中。苟单生血，则止血之症，何以用归之汤，生气于血之内。惟其生气而即生血，血得气而自旺，惟其生血而即生气，气得血而更盛也。

或问当归气味辛温，虽能活血补血，然终是行走之性，每致滑肠。缪仲醇谓与胃不相宜，一切脾胃恶食与食不消，并禁用之，即在产后、胎前亦不得入，是亦有见之言也。嗟嗟！此似是而非，不可不亟辨也。当归辛温，辛能开胃，温能暖胃，何所见而谓胃不相宜耶。夫胃之恶食，乃伤食而不能受也。辛以散之，则食易化。食不消者，乃脾气寒也。脾寒则食停积而不能化矣，温以暖之，则食易消。至于产前产后，苟患前症，尤宜多用，则胃气开而脾气健，始可进饮进食，产前无堕产之忧，产后无退母之怯。试问不用当归以救产后之重危，又用何物以救之。岂必用人参而后可乎。夫人参止可治富贵之家，而不可疗贫寒之妇，天下安得皆用人参以尽救之哉。此当归之不可不用，而不可误听仲醇之言，因循坐视，束手而不相救也，如畏其滑肠，则佐之白术、山药之味，何不可者。

或疑当归滑肠，产妇血燥，自是相宜。然产妇亦有素常肠滑者，产后亦可用当归乎？曰：产后不用当归补血，实无第二味可以相代。即平素滑肠，时当产后，肠亦不滑，正不必顾忌也。或过虑其滑，即前条所谓佐之白术、山药，则万无一失矣。

或疑当归乃补血之圣药，凡见血症自宜用之，然而用之有效有不效者，岂当归非补血之品乎？当归补血，何必再疑，用之有效有不效，非当归之故，乃用而不得其法之故也。夫血症有兼气虚者，有不兼气虚而血虚者，有气血双虚而兼火者，原不可一概用当归而单治之也。血症而兼气虚，吾治血而兼补其气，则气行而血自归经；血症而气血双虚，吾平补气血，而血亦归经。血症气血双虚而兼火作祟，吾补其气血而带清其火，则气血旺而火自消，又何至血症之有效有不效哉。

或问缪仲醇谓疗肿痈疽之未溃者，忌用当归，亦何所见而云然耶？夫仲醇之谓不可用者，恐当归性动，引毒直走胃中，不由外发，致伤胃气故耳。殊不知引毒外散，不若引毒内消之为速。用当归于败毒化毒药中，正取其性动，则引药内消，直趋大便而出，奏功实神。故已溃者断宜大用，使之活血以生肌，即未溃者尤宜急用，使之去毒而逐秽也。”

由上论可见，在当归经历千年的使用中，各医家不仅详细记载临床实践经验而且不断地总结讨论前人的应用方法和理论。清朝的《本草新编》对当归各时期各个功用进行了详细的论证，直到现今对中医临床应用起着指导性的作用。

2. 现代临床应用

（1）生当归

1）血虚体亏：当归甘温质重，入心、肝二经，功专补血养血，乃补血之圣药。用治心肝血虚引起的面色㿠白，唇爪无华，头昏目眩，心悸怔忡等症，常与黄芪、白术、龙眼肉等同用，具有益气补血、健脾养心的作用，用于心脾两虚，思虑过度，劳伤心脾，气血不足，心悸怔忡，健忘不眠，盗汗虚热，食少体倦，面色萎黄，如归脾汤（《济生方》）；若与熟地黄、酒白芍、蜜黄芪等同用，用于气血两虚，盗汗，如当归地黄散（《杂病源流犀烛》）；若与人参、桂心、大枣、芍药等同用，用于产后虚损，不思饮食，如当归芍药汤（《备急千金要方》）。

2）妇人血崩：当归头常与地榆、远志肉、酸枣仁（炒）等同用，用于妇人血崩、血去过多，心神恍惚，战栗虚晕者，如复元养荣汤（《寿世保元》）。

3）痈疽疮疹：当归具有补血活血、托毒消肿之功，亦常用于治疗痈疽疮疡。因其性温又偏于养血扶正，故以血虚气弱之痈疽不溃或溃后不敛用之为宜。内服多与黄芪同用，以增强药力。治疮毒日久而疮重体虚者，常与黄芪、川芎、皂角刺同用。常与白芷、白蒺藜、熟地黄等同用，具有解毒消痈的作用，用于痈疽疮疹，血气不足，邪毒不化，疮口肿痛，脓水淋漓，如当归蒺藜煎（《景岳全书》）；若与连翘、桔梗、天花粉等同用，用于锁喉疮，初生如瘰疬，不能饮食，闭塞难通，逐渐肿破化脓，并治双乳蛾，如当归连翘散（《疮疡经验全书》）；若与白芍（酒炒）、金银花、浙贝母等同用，用于疽疮疔肿脓将成者，如托里排脓汤（《医宗金鉴》）。

4）血虚便秘：津血同源，本品甘温，能补血益津以润肠通便，故血虚津亏之肠燥便秘经常选用。治老年肾虚血亏之肠燥便秘，常与肉苁蓉、枳壳、牛膝等同用，有补火助阳、润肠通便之功，如《景岳全书》济川煎；若治痔漏便秘，脱肛疼痛出血，又常与郁李仁、皂角仁、枳实等药配伍，以润下通便止血，如《兰室秘藏》当归郁李仁汤；若治消渴，大便闭涩，干燥结硬，常配熟地黄、知母、石膏等药，有清热生津止渴、润肠通便之效，如《兰室秘藏》当归润燥汤。

5）儿枕痛：常与延胡索、五灵脂、蒲黄等同用，具有活血止痛的作用，用于产后儿枕痛，腹中有块，上下时动，痛不可忍，如当归玄胡索汤（《万氏女科》）。

（2）酒当归

1）月经不调：本品味甘性温，气轻而辛，既能甘温补血养血，又能辛散活血，调经止痛，为补血活血，调经止痛之良药。凡血虚、血滞气血不和，冲任失调之月经不调、痛经、闭经等证，皆可应用，常与白芍、熟地黄（酒蒸）、川芎同用，具有补血调经的作用，用于冲任虚损，血虚血滞，月经不调，脐腹疠痛，崩中漏下，血瘕块硬，时发疼痛，妊娠胎动不安，血下不止，及产后恶露不下，结生瘕聚，少腹坚痛，时作寒热，如四物汤（《太平惠民和剂局方》）；若与白芍（炒）、泽兰、生地黄、香附（四制）等同用，用于妇人经水不调，赤白带下，日久不孕，如当归泽兰丸（《摄生众妙方》）。

2）血瘀经闭：常与川芎、桃仁、红花等同用，具有活血调经的作用，用于血瘀经闭，痛经，产后腹痛，如桃花四物汤（《医宗金鉴》）。

3）跌打损伤：本品味辛气轻，能行能散，活血化瘀，瘀血消散，则肿去痛止，故常用于跌打损伤、瘀血肿痛及筋伤骨折等症，并常与其他活血化瘀、续筋接骨之品同用。治跌打损伤，红肿疼痛，常与苏木、没药、土鳖虫等同用，以活血祛瘀止痛，如《伤科大成》活血止痛汤；治筋骨折伤，可与乳香、没药、自然铜、骨碎补同用，有活血化瘀、续筋接骨之功，如《杂病源流犀烛》接骨丹；若治跌打损伤，瘀血留于胁下，痛不可忍者，又当与柴胡、炮山甲、大黄等同用，有疏肝通络止痛、活血祛瘀复元之功，如《医学发明》复元活血汤。

4）风湿痹痛：本品甘辛性温，甘能补血，辛能活血，温以散寒，血盈畅流，筋脉得养，寒得除，则痹阻疼痛可除，故当归又常用治痹痛麻木之证，无论血虚血寒、风寒痹阻，或痹痛日久，气血亏虚，均可随证配伍应用。若治血虚痹痛麻木，常与羌活、炙黄芪、防风等同用，具有活血通痹的作用，用于风湿痹痛，身体烦疼，项臂痛重，举动艰难，及手足冷痹，腰腿沉重，筋脉无力，如蠲痹汤（《杨氏家藏方》）；若与炒穿山甲、川乌（黑豆酒煮）、草乌（姜汁煮）等同用，用于邪风深袭骨缝，与湿稽留，成肩风毒，痛连肩臑，更兼拘急，如蠲痛无忧散（《医宗金鉴》）。

5）眼目昏暗：本品辛甘性温，行血养血，亦常用治目睛气血郁滞，赤肿痒痛诸疾，常与熟地黄（酒蒸）、覆盆子（酒浸）、枸杞子等同用，具有养心益肾、补血明目的作用，用于心肾不足，眼目昏暗，如四物五子丸（《医方类聚》）；若与生地黄、天门冬、菟丝子（酒制）等同用，用于肝肾不足，眼目昏暗，常见黑花，多有冷泪，如明目壮水丸（《古今医鉴》）；若与香附子（酒制）、白芍（酒洗，炒）、夏枯草等同用，用于妇人产后血虚，肝火上升，眼目涩痛，午后至夜昏花不明，如四物补肝散（《审视瑶函》）。

6）脾胃气虚：常与黄芪、人参、升麻等同用，具有补中益气，升阳举陷的作用，用于脾胃气虚，少气懒言，四肢无力，困倦少食，饮食乏味，不耐劳累，动则气短，如补中益气汤（《脾胃论》）；若与白芍（酒炒）、枸杞子（酒蒸）、鹿角（熬膏）等同用，用于五脏虚损，如补天大造丸（《医学心悟》）。

（3）土炒当归

1）血虚便溏：常与芍药、生姜、炙甘草等同用，具有补血和中的作用，用于血虚而兼湿盛中满，脾胃虚弱，大便溏泄。

2）面黄肌瘦：常与白术（土炒）、党参、扁豆（炒）等同用，具有健脾补血的作用，用于小儿久病，面黄肌瘦，头发稀少，如补脾汤（《揣摩有得集》）。

（4）当归炭

1）崩中漏下：常与棕榈炭、龙骨、香附同用，具有和血止血的作用，用于冲任不固，崩中漏下，亦治月经过多，如当归散（《儒门事亲》），方中当归宜炒炭用为好。

2）吐血：常与丹参、生地黄炭、川牛膝炭等同用，具有和血止血的作用，用于贪色过度，或劳神用力太过吐血，如丹参归脾汤（《揣摩有得集》）。

二、当归炮制前后化学成分变化

当归主要含挥发油、有机酸类、多糖类等有效成分，此外，还含维生素、氨基酸及20余种无机元素。当归挥发油有几十种之多，包括中性油、酚性油、酸性油。这些挥发油具有缓解血管平滑肌痉挛、抑制血小板聚集等作用；而阿魏酸是当归清除自由基、降低血脂和改善动脉粥样硬化的主要药效成分。当归多糖（AP）具有调节机体免疫力、影响造血系统、抗氧化、抗肿瘤、抗病毒等作用。总鞣质也是当归中重要的有效成分，具有调节血糖、抗氧化、止血等功效。

炮制对当归的质量影响主要表现在外观性状、化学成分、药理作用的变化等方面。当归炮制品中，生当归、酒当归所含活性成分较高、药理作用明显，临床应用最广，在国家标准及各地方炮制规范中均有收载。在经过炮制后，对主要化学成分挥发油类、多糖类、有机酸类及微量元素的影响，不仅体现在其化学成分含量的变化上，还表现在其化学组成的改变，例如，新产生了一些醛类和酚类物质。从化学结构角度分析，酚醛类成分稳定性差，在加热过程中容易被破坏，挥发油类成分在炮制加热过程中容易挥发而散失，致使含量下降。当归炒炭后，淀粉粒被糊化，油细胞被破坏，灰分含量明显增加，水提物中鞣质成分显著增加，这与中医临床认为当归炭有止血作用的认识基本一致。这些研究为生当归、酒当归、当归炭临床应用提供了理论依据，也是其从南北朝时期至今临床应用1500多年的原因所在。

（一）对挥发油的影响

当归炮制后其挥发油含量及组成发生了较大变化，不同炮制方法对挥发油成分的影响是显著的。纪鹏等采用水蒸气蒸馏法分别提取当归及其不同炮制品饮片中的挥发油，并通过气相色谱-质谱联用（GC-MS）技术对其化学组分进行分析，结果发现，E-藁本内酯、Z-藁本内酯和E-丁烯基酞内酯等化合物在酒当归中的含量明显高于生当归及其他炮制品，但是这三种化合物在油当归、土当归中的含量又明显低于生当归；而土当归中检测不到E-藁本内酯，当归炭中Z-丁烯基酞内酯含量显著高于生当归及其他炮制品，但当归炭中新增两种未知化合物；土当归中甲酸、1-乙氧基丙烷和乙酸三种化合物含量最高；油当归中

1，4-环已二烯-1，2-羧酸酐含量最高；生当归中雪松烯含量最高，而油当归与土当归中不含雪松烯；当归炭中几乎不含1S-蒎烯、辛醛、6-丁基-1、4环庚二烯及2-甲氧基-苯酚。龙全茂等研究发现当归经油炒后挥发油含量有所增加，尤其是2，5二甲氧基-苯异丙醛含量提高显著，且有新的成分出现。经分析，挥发油的减少与炮制时的高温条件有关。

（二）对多糖的影响

不同炮制方法对当归多糖的含量影响较大，靳凤云采用硫酸-苯酚法检测当归及其炮制品还原性糖、水溶性糖和多糖的含量，推算出当归及其炮制品中多糖的含量由高到低为酒炒当归＞生当归＞土炒当归＞当归炭。刘汉珍等采用硫酸-苯酚法测定当归及其炮制品中多糖的含量，结果酒当归中多糖的含量有所增加，其余炮制品的多糖含量均有不同程度的减少，而当归炭中多糖的含量最低，可能是因为高温致使部分多糖类成分炭化。酒炒当归的多糖含量增加，原因可能是酒炒炮制增加了当归多糖类成分的溶解性。龙全江等考察了当归油炒前后水溶性浸出物及多糖含量的变化，发现当归饮片经油炒后水溶性浸出物含量略有下降，但多糖含量明显升高。

（三）对有机酸的影响

当归炮制后，阿魏酸含量产生显著差异，并呈现一定规律性变化。龙全江等采用HPLC法测定了当归及油炒当归中阿魏酸的含量变化，结果显示，当归油炒后阿魏酸含量有所提高。王雁梅等采用水蒸气蒸馏法提取挥发油，利用HPLC法测定了当归炮制品中阿魏酸的含量，结果表明，当归经炮制后，阿魏酸含量均有不同程度的降低，顺序为生当归＞酒炙当归＞土炒当归＞当归炭。滕菲等发现，当归酒炙后挥发油和阿魏酸的含量均有下降，但酒炙后这两种物质的提取率却提高了。

（四）对醛、酚类化合物的影响

5-羟甲基糠醛（5-HMF）和5-羟基麦芽酚（DDMP）是当归炮制过程中产生的新成分。其中，5-HMF最早由周桂芬等从当归炮制品中分离得到。钱晓东等采用苯酚-硫酸比色法研究当归炮制前后的多糖含量的变化规律，结果发现，当归加热炮制后多糖含量下降，且5-HMF和DDMP的生成与加热时间呈现一定规律性变化，但并不是多糖含量下降越多，产生的5-HMF和DDMP越多。

（五）对鞣质及微量元素的影响

研究表明，当归的收敛成分鞣质含量在酒制后显著降低，铜、镍、铁、锰、锌等微量元素的含量明显升高，铅的含量降低至原生药量的1/5；当归经土炒后鞣质含量明显增加，微量元素铁、镍、锌、铜、锰的含量显著升高；当归炭鞣质含量升高为原生药量的2倍，钙和镍的含量有所增加，铅降低至原含量的1/4，其他元素的含量也显著降低。药理研究表明，鞣质具有收敛作用；钙元素在凝血过程中起着重要的作用；镍除具有益血生血功能之外，还能起到稳定凝血过程中易变因子的作用，这些研究为当归炒炭后产生止血作用的炮制理论提供了依据。

三、不同用药部位化学成分的变化

雷敩最早提出头、身、尾三者的作用不同，其后通过临床实践不断予以修正和完善，到元、明时期已进一步明确，认为当归头止血，当归身养血，当归尾破血。在纳入研究的96 593首含当归的方剂中，收录“当归头”的方剂共30首，关于“当归身”的方剂有1011首，应用了“当归尾”的方剂有738首，而“全归/全当归”的方剂有7717首。药理学研究发现，当归不同部位的粉末颜色不同，其含有的有效化学成分含量亦不相同。现代对当归的不同药用部位进行了化学成分分析，结果为：挥发油含量，头为0.93%，尾为0.92%；糖的含量头尾皆为5.4%；灰分，头为5.4%，尾为5.0%，基本一致。但另有报道，以阿魏酸、挥发油中藁本内酯为指标，比较当归头、当归身和当归尾中的含量，结果为当归尾＞当归身＞当归头。用X射线分析测定其金属元素发现，当归头、当归尾及当归身微量元素含量各不相同，当归尾中铁含量较高，当归身中铜含量较高，当归头中锌含量较高，而当归身中钡含量较高。研究发现，对羟自由基的清除能力依次为生当归＞当归身≈当归头＞当归尾，对氧自由基的清除能力依次为当归身≈生当归＞当归头＞当归尾。药理实验证明，当归头、当归身、当归尾三种煎剂均有明显兴奋子宫平滑肌的作用，收缩振幅明显增大，紧张度增加，但三者间无显著差异，似乎尾部作用较强。值得注意的是，目前当归不同部位的切制得率不相同，与切制比率、切制手法相关，可能会影响当归各个药用部分中有效化学成分的含量。

第五章　当归相关产品的开发

当归是甘肃省道地药材之一，占全国总产量的90%左右。甘肃省拥有多个当归种植示范基地，为全国当归种植起到良好的示范作用，但因地理、经济因素制约导致甘肃当归的高附加值新产品开发明显滞后，严重影响着当归的广泛应用及当地的经济发展。因此，深入研究当归的化学成分、药理活性、剂型改良等是推动甘肃当归走出国门的重要桥梁。

2015年版《中国药典》中明确指出当归味微甘而稍有苦辛，性温，具有补血活血、调经止痛、润肠通便的功效，具有重要的药用价值。有鉴于此，有关当归的药理活性研究广泛开展。研究发现，当归在不同动物或细胞模型中具有消炎、平喘、缓解平滑肌痉挛、抗血栓形成、降低血黏度、扩张血管等药理活性；而关于当归的化学成分分析研究表明，当归的化学成分极为复杂，主要含挥发性成分，包括丁烯基苯酞、α-蒎烯等；酚性油（占10%），包括苯酚、香草醛等；酸性油（占2%），包括邻苯二甲酸酐、茴香酸等；蔗糖、果糖及具有抗补体活性的酸性多糖；17种氨基酸、23种无机元素，其中以钙、铜、锌含量最高；另外还含有花椒毒素、维生素B_{12}、阿魏酸等其他成分。当归的药理作用研究主要集中于其对血液及心血管系统的作用，研究发现当归水浸液、阿魏酸钠和当归多糖均能显著促进血红蛋白及红细胞的生成，有促进造血、抗贫血的作用；而且当归及其叶的流浸膏对肝损伤具有保护作用，对慢性肝损害有一定减轻纤维化和促进肝细胞功能恢复的作用，同时当归浸膏对慢性气管炎单纯型、喘息型均具有较好的疗效，用药后可明显缓解症状和体征，显著改善肺通气功能。当归对脑组织缺血再灌注损伤所致脂质过氧化物增高有明显的抑制作用。研究证实，当归阿魏酸成分在抑制氧化应激反应和清除氧自由基方面具有明显作用，并能与生物膜磷脂结合保护膜脂质抵抗自由基对组织的损害。当归多糖具有提高机体免疫、细胞免疫和非特异性免疫功能的活性，具有很好的抗肿瘤和抗辐射作用，此外还具有降血糖、降血脂、降胆固醇等功能。

当归属于药食同源，可应用于保健食品、功能饮料、保健用品等的开发。近年来已有多家企业开发出口服液、饮料、片剂、冲剂甚至化妆品等多种类型的当归产品。甘肃省当归资源极为丰富，但由于缺少深加工技术，导致大量当归只能以原药材或初级加工品走向市场，技术含量低，经济效益差。因此，积极利用好甘肃省当归资源，提升其技术含量，开发相关健康产品，对促进甘肃省当归资源优势转化为经济优势具有重要意义。

第一节　当归黄芪抗辐射保健品的开发研究

近年来，随着辐射技术应用领域的扩大，对肿瘤患者的放疗技术日益成熟，然而辐射过程对肿瘤放疗患者可引起严重组织器官损伤，因此抗辐射损伤的应用研究已日益为社会各界所关注。然而，目前市场上尚无高效、经济的抗辐射药物，因此，开发高效、低毒、方便的抗辐射药物极为必要。

一、当归黄芪抗辐射保健品产品研发思路

1. 产品预期达到的保健功能和科学水平

电离辐射是指一切能引起物质电离的辐射总称，包括高速带电粒子（α 射线、β 射线、质子）和不带电粒子（中子及 X 射线、γ 射线）。α 射线是一种带电粒子流，因其具有荷电作用，可导致辐射后组织器官极易发生电离反应从而诱导组织损伤，但因为其具有质量较大、穿透能力差等特点所以其防护较为简单。β 射线也是一种高速带电粒子流，其电离作用较 α 射线弱，但穿透能力较 α 射线明显增强；因 β 射线的射程短，极易被铝箔、有机玻璃等材料吸收，所以 β 射线的防护也比较简单。X 射线和 γ 射线的性质大致相同，是不带电、波长短的电磁波，被统称为光子；二者的穿透力极强，电离作用可在极微剂量时发生，需要特别注意防护。

各种射线均可直接杀伤细胞造成急性辐射损伤，也可通过组织、细胞内自由基堆积造成慢性辐射损伤。早期电离过程可使部分生物分子化学键断裂，使生物体的部分酶失活、DNA 损伤、生物膜透性改变甚至死亡等，而远期效应则指若干年乃至数十年后的致癌及遗传后代的基因畸变等。慢性辐射早期组织细胞发生电离反应，诱导氧化应激反应发生的同时导致细胞内氧自由基堆积，随着一系列生物化学反应逐步激活，进一步引起、加重机体组织器官损伤甚至畸变。辐射损伤的生物效应主要是通过辐射对细胞 DNA 分子损伤实现的，使 DNA 碱基断裂、DNA 分子单链或双链断裂、DNA 分子间交联、DNA 氢链错配。此外，辐射还可导致细胞周期的变化和 DNA 合成抑制；小剂量辐射可引起细胞膜通透性改变，大剂量辐射可使膜结构发生崩溃或瓦解，导致染色体断裂或畸变。

目前认为电离辐射对组织细胞的损伤很大程度上依赖辐射产生的大量自由基介导。自由基是体内氧化还原反应的代谢产物，主要包括超氧阴离子自由基（O^{2-}）、羟自由基（·OH）和有机自由基（R、RO、ROO）等。在正常情况下，它的产生和清除趋于平衡，但在辐射诱导下会引起自由基的大量堆积，使细胞膜脂质产生过氧化作用，导致细胞内蛋白质、酶、DNA 等生物大分子的结构和功能改变，造成细胞酶活性变化，代谢紊乱，DNA 损伤和细胞死亡。自由基使 DNA 损伤，可导致基因突变、染色体不稳定性，是引起衰老、癌症等疾病的重要原因之一。自由基中氧化性最强的·OH 导致的 DNA 氧化损伤最为重要；低传能线密度射线导致的 DNA 损伤 90% 是由·OH 引起的，其分子中的碱基、核糖和磷酸二酯键都可能受自由基的攻击造成损伤并可以引起突变，从而产生辐射损伤的远期效应。研究证实多种中药及其提取物都有良好的抗自由基作用，可发挥抗癌、抗辐射、抗衰老的作用。

目前已有多种化学类抗辐射药物，根据其生物、化学特征大致归纳为含硫防辐射药、香豆素衍生物、有机磷化合物、聚离子高分子防辐射药、细胞因子（GM-CSF、G-CSF 等）

和天然防辐射药六大类。抗辐射的机制：①清除自由基；②降低组织氧张力，减弱“氧效应”；③提供氢原子，迅速修复靶分子；④提高免疫力；⑤诱导 DNA 集聚和压缩等。尽管目前已经发现许多含巯基化合物且均具有放射防护作用，其中代表药物氯磷汀（aminfostine）已通过美国 FDA 批准允许上市使用，但均因毒副作用大、半衰期短、价格昂贵，在临床和实际应用有较大限制。因此，研究开发抗辐射损伤的药物，特别是天然药物抗辐射损伤的研究，在现代医药保健事业中受到人们的极大关注。辐射损伤严重影响现代人的身心健康和生活质量，而且目前又尚未见疗效可靠、应用安全的治疗药物。因此，辐射损伤这一健康问题，对于提高人们的生命质量，达到真正的健康，满足市场需求都具有重大的意义，开发抗辐射保健食品具有很广阔的市场前景。

中医学认为辐射造成机体气血受损，其基本病机是气血两虚及血瘀。中药当归、黄芪（红芪）具有益气健脾、补血活血的作用，并且据文献报道当归、黄芪具有抗辐射作用。本课题组基于当归补血汤组方原理，将当归、黄芪按 1 ∶ 5 配伍并对其提取工艺进行改进，运用超滤技术进行有效组分提取。超滤技术是 20 世纪 70 年代末 80 年代初发展起来的一种新兴的应用技术，它主要利用一种多孔的半透膜，凭借一定的压力，对液体进行分离，迫使小分子物质通过，大分子物质被截留，从而达到分离、提纯、浓缩的目的。超滤膜的孔径规格一般以分子量截留值为指标，而不是以孔径尺寸为指标，故不同于一般传统的微孔滤材。超滤技术在医药工业中多用于制备药用纯水，注射剂除热原，以及生物制剂的浓缩、分离等。超滤技术应用于中药制剂具有以下优点：①超滤时无相变，有利于保存中药的生理活性及理化稳定性，且超滤技术的应用会尽量多地保留方剂中多种有效成分；②由于不耗用有机溶剂，与传统方法相比，超滤可减少工序，缩短生产周期，降低生产成本，且整个工艺可连续进行，利于大规模生产；③提高中药制剂的质量。高相对分子质量非药效成分的存在，可降低中药有效组分的浓度，同时使中药口感差、易吸潮变质。由于超滤能最大限度地除去高相对分子质量非药效成分或低药效成分，故可以降低服用剂量、改善制剂的口感和成品性质，从而提高制剂质量。本课题组的研究成果：当归黄芪胶囊主要针对辐射损伤人群，其生产工艺结合现代医学、营养学元素，具有补气活血、增强免疫力等作用。

2. 抗辐射产品的应用前景分析

随着生活、医源性辐射应用的增多，辐射损伤的发生概率大大增加。生活中如电脑、手机、微波炉等的使用，医源性辐射如 CT、ECT、X 刀、γ 刀、PECT、电子、质子和重离子加速器等各种医用放射性和放射性核素检查、治疗手段的广泛开展，导致全球范围内接受辐射的人群数量逐渐增加。以医源性辐射为例，在美国每年仅接受 CT 扫描的人数高达 6700 万，其中包括 600 万儿童；我国每年接受各种放射性检查和治疗的人数也逐年增加。研究发现，一次 CT 扫描人体平均吸收的辐射剂量大约相当于 10 次 X 线摄片的剂量，而其导致的远期辐射损伤问题尚未被充分评估。研究表明，长期接触辐射可能会导致精神和身体功能紊乱，并且损害将持续加剧，最终产生头痛、头晕、焦虑、神经衰弱、心律失常、高血压及相关的血液循环失调、酸中毒血症等临床表现，甚至可加速皮肤老化、内分泌失调、生殖功能下降等临床反应。欧洲环境署（EEA）在一份长达 600 页的研究报告中提醒人们，注意辐射所致的健康隐患，尤其是长期积累出现的细胞功能紊乱。由此可见，辐射损伤的发生率较高，开发一种抗辐射保健产品，用于提高辐射损伤人群的生活质量，符合当前的市场需求。

3. 中药抗辐射产品的优势分析

随着日本地震和核电站事故的发生，抗辐射药物再次受到市场关注。研究表明，当归、黄芪等中药具有较好的抗辐射作用，而且具有药源广、毒性低等特点。随着现代医学对抗辐射药物的关注程度逐步提高，我国对放射损伤防护药物的研究日益深入，同时取得了很大的进展。

中医学的特色在于辨证施治，基于辨证论治的中药抗辐射产品具有如下优势：①不良反应小、安全性高；②中医理论崇尚自然、遵循天人合一的理念，可实现疾病的精准治疗；③国际对传统草药的认可正在逐步提高，传统中药的市场需求量呈现上升趋势。

目前抗辐射损伤的西药主要有以下几类：①硫醇类及衍生物：硫醇类化合物结构中含有自由的或潜在的—SH 基，其中备受关注的且最有效的药物是氨磷汀；②激素类：天然甾体激素（如雌二醇、雌三醇）或人工合成的非甾体激素（如己烷雌酚、己烯雌酚），在动物实验中显示出一定程度的辐射防护作用；③蛋白酶抑制剂：乌司他丁（ulinastatin）是从人尿中分离纯化的光谱蛋白酶抑制剂（urinary trypsin inhibitor，UTI），是分子量为 67 000Da 的酸性糖蛋白，具有抑制多种蛋白、糖和脂类水解的活性，抑制炎症介质的过度释放及改善微循环和组织灌注等药理作用，从而在机体受到外界损伤诱发全身炎症反应（SIR）时起到保护作用；④细胞因子：抗凋亡的细胞因子诸如集落刺激因子、血小板生成素、白细胞介素、干细胞因子等；⑤间充质干细胞（MSC）：在目前临床实践中，将其应用于急性放射病的救治，对患者全身状况的改善具有一定的效果。

抗辐射损伤西药虽然种类较多，但因存在毒性大、价格昂贵等尚不能完全满足市场需求。因此，需要开发既安全有效、便于实施，又经济实用的中药抗辐射制剂。近年来，国内外开展了众多的抗辐射研究，并取得了丰硕的成果。研究发现，黄芪总黄酮（TFA）可以通过消除氧自由基而起到抗辐射损伤的作用，能够有效地防止辐射所致的组织细胞损伤，使照射后组织的 MDA 含量下降、SOD 的表达明显提高。研究还发现，用 60Coγ 射线照射，对照组脾细胞损伤未恢复正常，而当归干预组细胞 MDA、SOD 的表达 28 天基本恢复正常，结果表明当归对部分脏器的放射损伤具有明显的修复和促进再生作用。实验结果表明，黄芪多糖对经 3.0Gy 剂量 60Coγ 射线照射小鼠的外周血白细胞和淋巴细胞均有保护作用。体内实验表明，黄芪多糖对经辐射损伤后，由于 Bcl-2 与 Bax 异常表达而产生的肝细胞凋亡有抑制作用，并通过提高 Bcl-2/Bax 减少细胞凋亡的发生，促进肝细胞的修复和增殖。体外实验结果表明，黄芪多糖能有效地抑制骨髓嗜多染红细胞微核的形成，加速造血机能的恢复，降低外周血淋巴细胞的凋亡水平，使外周血白细胞和淋巴细胞数量回升；同时通过促进外周血淋巴细胞转化、降低肝细胞的膜脂质过氧化水平等机制增强机体的辐射耐受性。以上结果均提示黄芪具有较强的抗辐射功能。综上所述，当归、黄芪等中药在抗辐射损伤方面具有明显作用，可用于抗辐射产品的开发研究。

中药抗辐射产品制剂的开发也具有诸多难题，如中药的化学成分复杂，导致有效抗辐射组分难以筛选出来。然而超滤技术可选择性地去除杂质、保留有效成分，为中药抗辐射制剂的开发提供了重要技术支撑。本课题组基于超滤技术分离纯化当归、黄芪提取物，最大限度地除去高相对分子质量非药效成分，并改善制剂的口感和成品性质，极大程度地提高了当归黄芪胶囊的市场竞争力。

二、当归黄芪抗辐射保健功能的筛选

1. 配方的筛选

本产品是在中医理论指导下，针对辐射造成机体气血受损辨证属气血两虚人群的保健品，产品严格按照《保健食品管理办法》关于原料选择的相关规定，遴选甘肃道地药材当归、黄芪进行组方，以确保产品的安全性。

当归味甘、辛，性温，归肝、心、脾经，有补血活血、润肠通便等功效。《汤液本草》云："当归，入手少阴，以其心主血也；入足太阴……头能破血，身能养血，尾能行血，用者不分，不如不使。"《本草正》载："当归，其味甘而重，故专能补血，其气轻而辛，故又能行血，补中有动，行中有补，诚血中之气药，亦血中之圣药也。"黄芪味甘，性微温，归肺、脾经，具有补气固表、托毒排脓、利尿生肌功效。《本草汇言》曰："黄芪，补肺健脾，实卫敛汗，驱风运毒之药也。"《本草正》云："其味轻，故专于气分而达表，能补元阳，充腠理，治劳伤，长肌肉。"《本草便读》言："黄芪之补，善达表益卫，温分肉，肥腠理，使阳气和利，充满流行，自然生津生血，故为外科家圣药，以营卫气血太和，自无瘀滞耳。"《本草正义》载："补益中土，温养脾胃，凡中气不振，脾土虚弱，清气下陷者最宜。……固护卫阳，充实表分，是其专长，所以表虚诸病，最为神剂。"

现代研究证明，当归含有多糖、挥发油、氨基酸、无机元素等，其中当归多糖能提高造血功能，显著提高髓系多向造血祖细胞（CFU-GEMM）增殖分化，并能通过促进造血微环境中的基质细胞表达和分泌造血生成因子（GM-CSF）、IL-3等，促进机体早期造血细胞发生；也可以通过促进胎儿胸腺细胞、脾细胞表达GM-CSF、IL-3蛋白及mRNA，促进机体早期造血细胞发生。当归多糖还具有提高动物抗辐射损伤的作用，提高辐射损伤昆明种雄性小鼠红细胞免疫黏附作用，促进IL-2的产生，从而减少辐射的毒副作用及加强机体免疫监视能力，减少肿瘤的血路、淋巴结转移，提高肿瘤患者放疗效果。在抗60Coγ射线损伤研究中发现，当归多糖对小鼠胸腺T淋巴细胞增殖有抑制作用，且对放射损伤的小鼠红细胞免疫功能和造血功能具有保护作用。当归多糖口服对体液免疫有较强的促进作用，大剂量时对细胞免疫也有促进作用；对溶血性血虚模型小鼠，当归多糖能显著升高外周血红蛋白，并能促进60Coγ射线照射后小鼠内源性脾结节生成及骨髓细胞DNA合成。当归对受照小鼠骨髓微环境及其供氧作用的研究结果表明，当归能促进急性放射损伤小鼠骨髓静脉窦的修复，明显增加骨髓微血管数，扩张其微血管面积，同时使骨髓氧分压（PQ_2）提高，促进骨髓供氧。通过当归对放射性肺损伤过程中TNF-α水平的动态影响研究发现，当归能明显降低辐射损伤过程中TNF-α表达水平，能通过调控该细胞因子起到辐射防护作用。通过测定60Coγ受照小鼠外周血象、红细胞C3b受体花环率、免疫复合物花环率、胸腺T淋巴细胞增殖和IL-2的表达等发现，当归多糖能显著提高受照小鼠外周血白细胞水平，促进造血功能；能提高辐射损伤小鼠红细胞免疫黏附作用，促进 IL-2 的产生；能拮抗 60Coγ 诱导的胸腺 T 淋巴细胞增殖，促进细胞免疫功能，从而减少辐射的毒副作用及加强机体免疫监视的能力，减少肿瘤的血路、淋巴结转移，提高肿瘤患者的放疗效果，为当归多糖作为放射防治药及免疫力低下的肿瘤放化疗患者的免疫增强剂应用与临床研究提供了实验依据。通过当归对辐射损伤后小鼠卵巢组织的影响研究发现，用当归注射液对 60Coγ 射线辐射损伤后的小鼠卵巢组织给予治疗，连续给药 30 天，图像分析显示，实验对照组卵巢内卵泡细胞和卵母细胞内的 DNA 和 RNA 含量与实验用药组差异显著，表明当归对辐射损伤后的小鼠卵巢组织具有保护作用。黄芪中有多糖、黄酮类、氨基酸和微量元素等，其中黄芪多糖能增强免疫功能，明显提高小鼠腹腔巨噬细胞指数，对脾脏重量有提高作用，从而增强机体抗感染免疫力。黄酮类物质能不同程度地加速小白鼠外周血红细胞、白细胞和血小板数量的恢复，并有抗氧化、抑制细胞凋亡的作用。黄芪水煎液定期给小鼠灌胃，并采用 X 射线照射后检测小鼠淋巴细胞增殖和 IL-2 的产生，结果显示用药组小白鼠脾淋巴细胞增殖和 IL-2 产生显著增强；100% 黄芪水浸出液定期给小鼠灌胃，然后测定照射后骨髓细胞增殖反应、淋巴细胞转化率、巨噬细胞吞噬功能，结果显示用药组以上免疫学指标均有显著增强，与照射组相比有非常显著性差异（$P < 0.01$），证明黄芪有明显抗 γ 射线辐射作用。研究黄芪对免疫系统的保护作用，设置正常对照组、照射模型组、黄芪保护组，测定淋巴细胞转化率，结果显示黄芪保护组与照射模型组相比有非常显著性差异（$P < 0.01$），证明口服黄芪有明显抗 X 射线作用。60Coγ 射线照射大鼠造成脾脏放射损伤模型，随机分成试验对照组和用药组，用药组每只每天腹腔注射黄芪煎剂 5ml，给药后第 20 天和第 28 天处死大鼠，在电镜下观察脾脏细胞超微结构，对照组大鼠脾淋巴细胞损伤未恢复正常，给药组基本恢复正常，提示黄芪对脾脏的损伤有修复和促再生作用。在黄芪抗 X 射线对氧化应激的干预作用研究中，设置正常对照组、照射模型组、黄芪保护组，并测定血清及回肠组织中 SOD、MDA 的水平，结果显示黄芪保护组与照射模型组相比有非常显著性差异（$P < 0.01$），证明口服黄芪有明显抗 X 射线作用，结果见图 5-1。

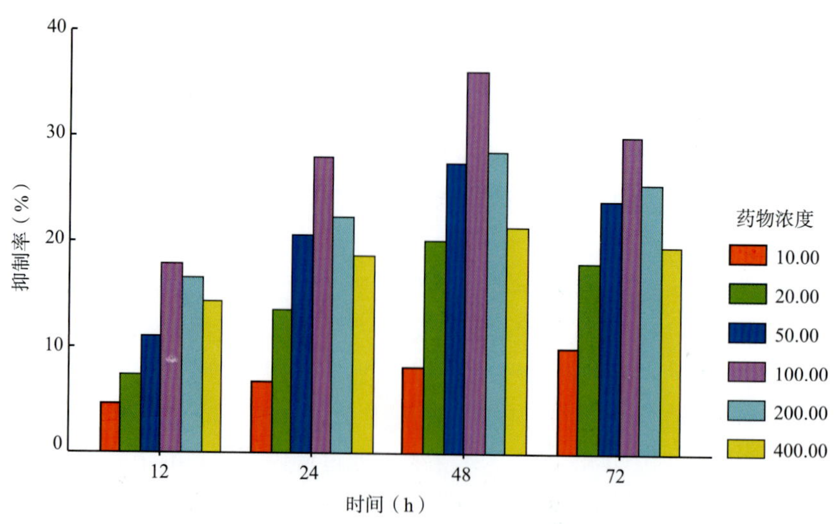

图 5-1 黄芪干预后不同时间点体内 MDA 的抑制率

采用流式细胞仪观察当归黄芪胶囊对肝癌细胞H22经重离子束放射治疗后细胞周期、细胞凋亡等的影响，结果发现辐射后24h时细胞G2/M期阻滞最为明显，而加药辐射组的G2/M期细胞比例高于对照组、单纯加药组、单纯辐射组，提示当归黄芪胶囊能够抑制细胞凋亡，结果见图5-2。

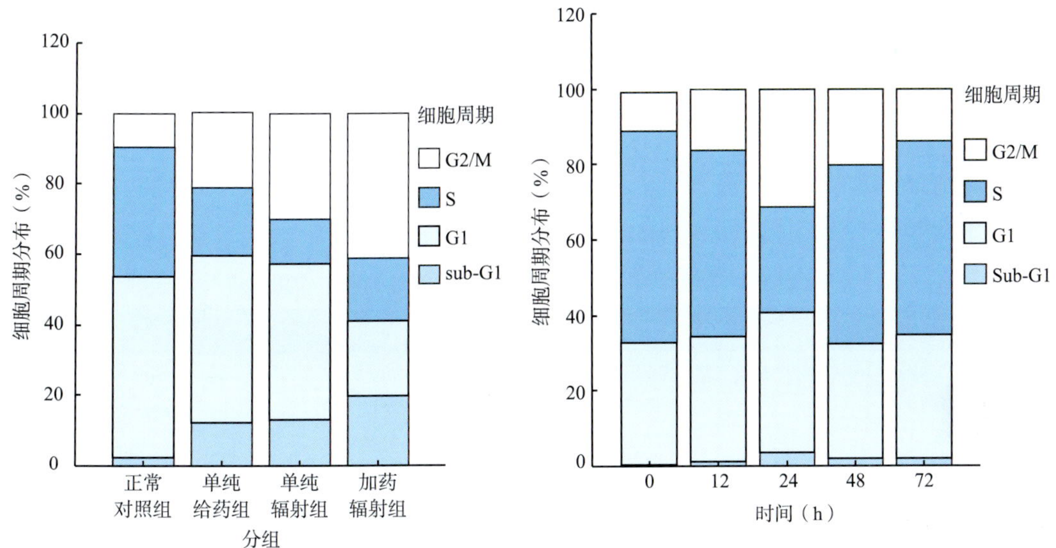

图5-2 当归黄芪胶囊对肝癌细胞H22经重离子束放射治疗后细胞周期的影响

研究发现，辐射后第3天、第7天、第14天，照射模型组的白细胞计数与照射前比较差异均有统计学意义（$P < 0.001$），表明辐射损伤模型成立。照射后第3天，第7天高剂量当归黄芪胶囊组白细胞计数明显高于模型组，统计学意义显著（$P < 0.01$），提示受试物高剂量对辐射引发的外周血白细胞减少有防护作用，并能促进其数量恢复，结果见表5-1。

表5-1 当归黄芪胶囊对辐射损伤模型白细胞数量的调节作用

组别	剂量（g/kg）	动物数（只）	0天	3天	7天	14天
模型组	—	10	6.18±2.08	0.64±0.16	0.70±0.17	0.74±0.13
高剂量	3.0	10	5.88±1.34	1.53±0.40※※	1.73±0.56※※	1.64±0.44
中剂量	6.0	12	5.53±1.36	0.60±0.16	0.66±0.20	1.91±0.92
低剂量	12.0	13	3.93±1.24	0.60±0.25	1.08±0.36	1.54±0.45

注：与模型组比较※※$P < 0.01$。

基于流式细胞技术检测当归黄芪胶囊对辐射后骨髓细胞DNA含量的影响，结果发现辐照后小鼠骨髓细胞DNA含量较空白组下降（$P < 0.01$），而当归黄芪胶囊高剂量能够显著地提高其含量，结果提示当归黄芪胶囊能够明显干预辐射致骨髓细胞损伤（表5-2）。

表 5-2 当归黄芪胶囊对辐射损伤细胞 DNA 含量的调节作用

组别	剂量（g/kg）	动物数（只）	DNA 含量
空白组	—	10	32.7±4.9
模型组	—	8	14.6±3.6※※
高剂量	3.0	9	19.6±5.4
中剂量	6.0	10	13.9±3.7
低剂量	12.0	10	17.5±5.5

注：与模型组比较 ※※$P < 0.01$。

研究结果还发现，照射后第 3 天，小鼠骨髓微核细胞数明显增加，其中低、中、高剂量均呈现良好的干预作用，而且具有显著量效关系，结果见表 5-3。

表 5-3 当归黄芪胶囊对骨髓微核细胞数的调节作用

组别	剂量（g/kg）	微核细胞计数（n）	平均微核率（‰）
空白组	—	2.40±0.91	2.40±0.91
模型组	—	16.47±4.3	16.47±4.3
高剂量	3.0	9.73±2.69※※※	9.73±2.69※※※
中剂量	6.0	12.27±3.47※※	12.27±3.47※※
低剂量	12.0	12.40±4.32※※	12.40±4.32※※

注：与模型组比较 ※※※$P < 0.001$，※※$P < 0.01$。

借助荷瘤小鼠模型，观察当归红芪超滤物对荷瘤小鼠经重离子束放射治疗后免疫功能的影响；初步对药物在放疗中的减毒增敏的分子生物学机制进行探讨。观察当归红芪超滤物对荷瘤小鼠经重离子束放射治疗后一般生存状态的影响，包括体重、毛色、食欲、精神状态等；应用小动物 X 线成像技术、红外线成像技术、游标卡尺测量法、肿瘤直径重量、抑瘤指数等观察了当归红芪超滤物对荷瘤小鼠经重离子束放射治疗的增敏效应，结果见图 5-3。

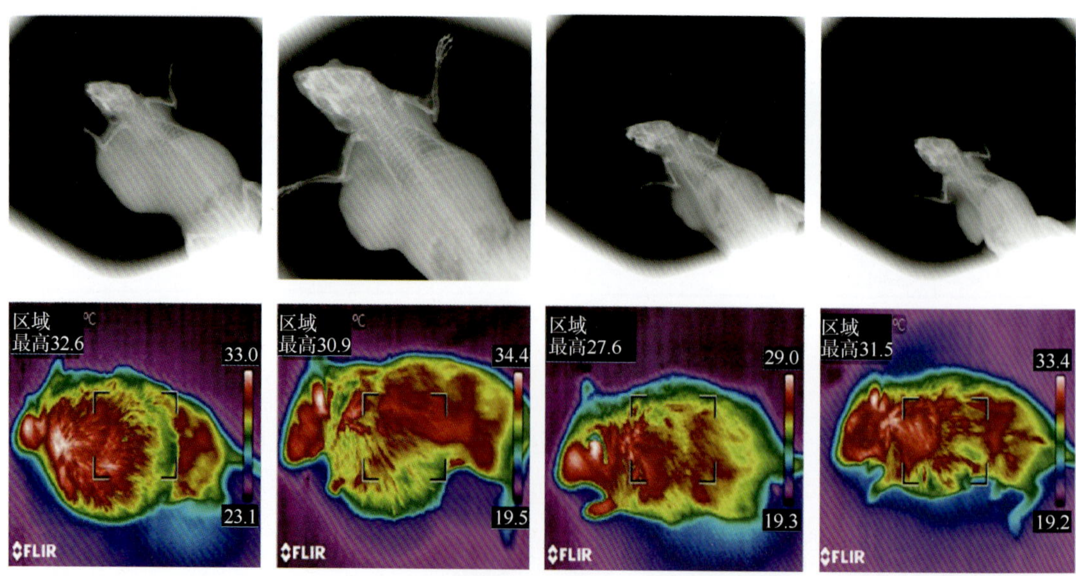

图 5-3 当归红芪超滤物对荷瘤小鼠经重离子束放射治疗后的增敏效应

综上所述，现代药理研究及临床研究表明，本配方组分综合具有补气、活血、保护造血系统与免疫系统、清除自由基、抗氧化和保护 DNA 的作用，从而起到抗辐射的作用，故可综合发挥抗辐射的保健功能。

2. 当归黄芪胶囊原材料含量及其安全性评价

根据《保健食品管理办法》和《卫生部关于进一步规范保健食品原料管理的通知》（卫法监法〔2002〕51 号）的相关规定：当归、黄芪属于药食两用类中药，具有较好的安全性。本产品中当归、黄芪的有效剂量及安全食用剂量参照《中国药典》（2010 年版一部）。当归每日常用药量为 6 ～ 12g，黄芪每日常用药量为 9 ～ 30g。当归黄芪胶囊中当归、黄芪每日用量分别 1.55g、7.75g，产品含量均低于《中国药典》所记载的每日常用量，因此当归黄芪胶囊具有较好的安全性。

在此基础上采用动物实验评价当归黄芪胶囊的安全性，40 只小鼠随机分为两组，即空白对照组和给药组，雌雄各半，禁食 12h 后，灌胃给 100%（最大浓度）当归黄芪胶囊 0.4ml/10g，每日 3 次，间隔 6h，共 13 天，实验过程中对动物的体重变化、饮水、体毛、四肢活动、排泄物、死亡情况进行监测，结果见表 5-4、表 5-5。

表 5-4　当归黄芪胶囊急性毒性试验小鼠体重变化（g）

组别	日次（天）					
	0	1	3	7	11	13
给药组	20.2±1.1	20.6±1.2	21.9±1.2	25.1±1.6	28.7±1.6	30.4±1.8
空白对照组	20.0±0.9	20.5±0.7	21.7±0.8	24.8±1.5	28.0±2.3	30.0±3.0

表 5-5　当归黄芪胶囊日最大给药量试验小鼠反应情况

组别	动物数	四肢活动	体毛	饮水	粪便	死亡
给药组	20	—	—	—	—	0
空白对照组	20	—	—	—	—	0

结果发现，观察期间小鼠体重无减轻，毛发光泽，活动自如，饮水及大、小便正常，提示当归黄芪胶囊具有良好的安全性。

3. 产品的主要功效成分的确定过程和依据

依据传统中药保健功能，结合现代药理学研究成果及制剂新技术的应用研究，立足于传统中药新功能、配方组成产生的协同作用，研究结果证明本产品的功效成分为粗多糖。

4. 产品形态与剂型选择，工艺路线设计的科学性、合理性、可行性及依据

（1）产品形态与剂型选择：本产品具有抗辐射作用，选择口服胶囊制剂，其理论依据和优点体现如下：①胶囊剂外观整洁、容易吞服；②与剂片、丸剂等口服制剂相比，制备时不需加黏合剂，在胃肠液中分散快、吸收好、生物利用度高；此外对光热敏感的药物、遇湿热不稳定的药物，装入不透光的胶囊中，可防护药物不受湿气和空气中的氧、光线的

影响，从而提高了药物的稳定性，这一优点是其他剂型无法比拟的。

（2）工艺路线设计及依据

1）提取工艺路线设计：当归主要含当归多糖、阿魏酸、挥发油类、氨基酸、无机元素等药效组分。研究发现其抗辐射作用的活性成分主要是当归多糖。黄芪中含有黄芪多糖、黄芪甲苷、芒柄花素、毛蕊异黄酮、氨基酸、微量元素等，其中黄芪多糖能增强免疫功能，并具有一定的抗辐射作用。根据黄芪及当归所含功效成分多糖易溶于水的理化性质，提取工艺路线设计为当归、黄芪采用水煎煮提取。

2）分离纯化：采用高速离心分离法除去提取液中的胶体及混悬物，能很好地解决固液分离问题，且能很好地保留多糖类成分。用超滤膜将离心液过滤，能将大孔径的大分子物质如鞣质、蛋白质、颗粒状杂质等成分截留，使溶剂和小分子物质通过而达到精制目的。超滤分离具有分离效率高、分离过程中无相变化、能耗低、可在常温下操作等特点，尤其适合热敏性物质的分离。

3）浓缩和干燥：采用减压浓缩和喷雾干燥工艺，时间短，效率高，能够最大限度地保存有效成分，便于提高生产效率。

4）成型：为改善药物的吸湿性和流动性，采用提取物与适量辅料混匀后，加适量乙醇制粒、干燥、整粒、装胶囊，成品为胶囊剂型。

（3）工艺技术参数的确定

1）水提取工艺最佳条件的选择：为了筛选最佳提取工艺条件，以加水量（*A*），煎煮时间（*B*），煎煮次数（*C*）为考察煎煮提取效果的主要因素，以多糖含量及固体含量为考查指标，选择 L9（34）正交试验来分析各因素水平对指标的影响，获得最佳的水提工艺条件。因素水平见表 5-6。

表 5-6　水提取工艺控制参数

水平	因素		
	加水量（*A*，倍数）	提取时间（*B*，h）	煎煮次数（*C*，次）
1	6	1	1
2	8	1.5	2
3	10	2	3

按处方比例取当归和黄芪，采用正交试验方法，按因素水平进行水提取，以 100ml 提取浓缩液中的多糖含量为指标，对水提工艺参数（加水量、提取时间、提取次数）进行优选，结果见表 5-7。多糖含量测定方法参照《保健食品检验与评价技术规范（2003 版）》中“粗多糖的测定方法 · 分光光度法”测定，结果见表 5-8。

表 5-7　正交试验方案及结果

实验号	因素				评价指标
	A	*B*	*C*	*D*（空白）	多糖含量（%）
1	1	1	1	1	2.68

续表

实验号	因素				评价指标
	A	*B*	*C*	*D*（空白）	多糖含量（%）
2	1	2	2	2	3.22
3	1	3	3	3	4.38
4	2	1	2	3	3.02
5	2	2	3	1	4.46
6	2	3	1	2	2.85
7	3	1	3	2	3.76
8	3	2	1	3	3.21
9	3	3	2	1	3.47
*K*1	3.427	3.153	2.913	3.537	
*K*2	3.443	3.630	3.237	3.277	
*K*3	3.480	3.567	4.200	3.537	
R	0.053	0.477	1.287	0.260	

表 5-8　以多糖的含量为指标的方差分析

方差来源	SS	*f*	*F*	显著性
A	0.004	2	0.03	$P > 0.05$
B	0.402	2	2.987	$P < 0.05$
C	2.688	2	19.911	$P < 0.05$
D	0.14	2		

正交试验结果及直观分析，以多糖含量为考察指标时，影响因素的主次关系为 C ＞ B ＞ A。根据方差分析综合考虑，选择当归、黄芪的最佳提取工艺为加 8 倍量水，提取 1.5h，提取 3 次。验证试验：为了进一步验证已确定的最优提取工艺的合理性，进行了 3 次验证试验，试验结果见表 5-9。

表 5-9　验证试验结果（*n*=3）

实验号	1	2	3
多糖含量（%）	4.59	4.68	4.42
RSD（%）		2.89	

试验结果表明，该提取工艺重复性良好，稳定可行。

2）分离纯化研究：多糖的分离纯化采用离心与超滤相结合的工艺效果较佳。高速离心法能够很好地保留多糖类成分。本次样品的初步分离采用离心法除去悬浮杂质。再次纯化采用膜分离技术。

根据膜分离设备厂家提供的最佳膜分离条件及药物性质确定膜滤条件为：操作温度 20 ～ 40℃，压力 2.0 ～ 3.5bar（1bar=100 000Pa）。取当归、黄芪的水提取液、离心液及不同孔径膜的超滤液，分别测定固体含量及多糖含量，结果见表 5-10。

表 5-10　当归、黄芪提取液及不同孔径膜超滤物中固体及多糖的含量

不同孔径滤液	固体量（%）	多糖含量（%）
水提液	30.3	6.61
离心液	27.8	6.58
5 万分子量超滤物	7.4	3.53
10 万分子量超滤物	13.2	5.59
20 万分子量超滤物	17.0	6.28

由表 5-10 可见，当归、黄芪水提液中 10 万分子量超滤物与 20 万分子量超滤物、水提液及离心液中多糖的含量相差不大，综合固体量结果，10 万分子量超滤液中杂质少，多糖提取得率高，考虑采用膜孔径为 10 万分子量的膜超滤。

分别取当归、黄芪水提物、离心液、5 万分子量超滤液、10 万分子量超滤液和 20 万分子量超滤液进行高效液相色谱检测。方法：流动相：水溶液（A）- 甲醇（B）。梯度洗脱：0min，5%B；60min，100%B；70min，100%B。流速：1ml/min。检测波长：275nm。柱温：25℃。进样量：10μl。色谱图见图 5-4。

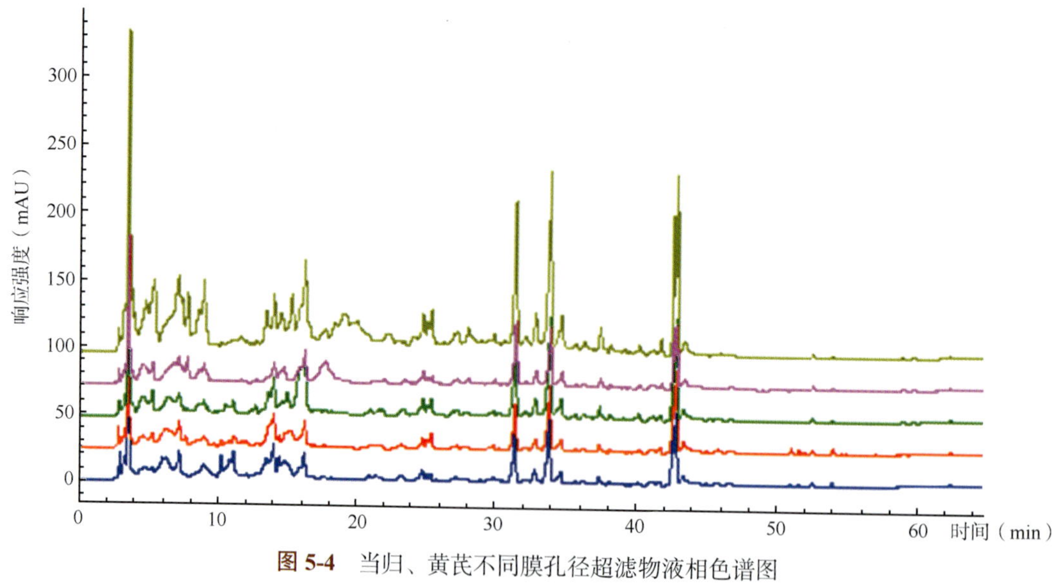

图 5-4　当归、黄芪不同膜孔径超滤物液相色谱图

由图 5-4 可知，当归、黄芪水提物、超滤物色谱图比较一致，说明使用超滤提取技术并没有改变药液中的主要化学成分。

3）浓缩干燥工艺研究：由于当归、黄芪提取药汁为多糖成分，黏度比较大，采用一般常规浓缩方法时间长，易沾锅造成浪费，因此我们选择减压浓缩工艺，可以更好地保证产品质量可控。浓缩液的相对密度直接影响喷雾干燥工艺，所以对浓缩相对密度进行了考察，结果见表 5-11。

表 5-11　浓缩液的相对密度考察

实验号	1	2	3
浓缩液的相对密度（60℃）	1.00 ~ 1.10	1. 10 ~ 1.20	1.20 ~ 1.30
结果	太稀、不能喷雾	适宜喷雾	适宜喷雾

由以上考察结果可见，浓缩至相对密度为 1.10 ~ 1.20（60℃）与 1.20 ~ 1.30（60℃）时，均可进行喷雾干燥，为节约时间与能源故选择浓缩至相对密度为 1.10 ~ 1.20（60℃）。

采用常压干燥、减压干燥、喷雾干燥法，对干燥工艺进行优选。以多糖的损失率为评价指标，分别进行常压干燥（温度＜ 80℃）、减压干燥（真空度＜ 0.06Mpa，温度＜ 60℃）、喷雾干燥试验。多糖损失率的测定结果见表 5-12。

表 5-12　干燥工艺优选结果

干燥方法	干燥物性状	多糖损失率（%）
常压干燥	棕褐色	12.15
减压干燥	棕黄色	9.32
喷雾干燥	棕黄色	8.06

由表 5-12 可知，喷雾干燥多糖损失率最低，故干燥工艺采用喷雾干燥的方法。干燥工艺条件为真空度＜ 0.06Mpa，功率 12.75kW，干燥温度为 50℃，辐射 8min，干燥时间 45min。

4）成型工艺研究：中药提取浸膏粉具有吸湿性较强和流动性差的特性，所以制剂成型时必须选择适当的辅料来改善这一特性，从增加物料的流动性，降低吸湿性，增加药物的稳定性为出发目的，选择一定量的辅料改善其吸湿性和流动性。

按比例称取一定量的喷干粉和各种辅料，按 2 ∶ 1 的比例充分混匀，过 60 目筛，得混合粉，结果见表 5-13。

表 5-13　不同辅料与浸膏粉的配比

处方组成	配方				
	1	2	3	4	5
喷干粉	20	20	20	20	20
微晶纤维素	10	0	0	0	0
乳糖	0	10	0	0	0
二氧化硅	0	0	10	0	0
可溶性淀粉	0	0	0	10	0
麦芽糊精	0	0	0	0	10

将上述样品分别置于 P_2O_5 干燥器内干燥 24h 至恒重。另将底部盛有 NaCl 过饱和溶液的玻璃干燥器放入 25℃的植物培养箱内恒温恒湿 24h，此时干燥器内的相对湿度为 75%。在已恒重的称量瓶底部放入厚约 2mm 干燥至恒重的药粉，准确称重后置于已恒定的底部

盛有 NaCl 过饱和溶液的玻璃干燥器内（称量瓶盖打开）于 25℃密闭，放置植物培养箱中，分别在 3h、6h、12h、24h、48h 各时间取出，称重，计算吸湿百分率，结果见表 5-14。

表 5-14　干膏粉与不同单一辅料的混合粉吸湿速度的测定结果

配比	3h	6h	12h	24h	48h
配方 1	3.2%	4.9%	6.7%	9.9%	10.0%
配方 2	4.2%	5.9%	7.5%	10.1%	11.4%
配方 3	2.6%	4.2%	6.6%	9.1%	9.2%
配方 4	2.4%	4.5%	6.8%	10.0%	10.8%
配方 5	2.9%	4.6%	6.8%	9.3%	20.1%

综合分析表 5-14 吸湿速度的百分率，配方 1 及配方 3 吸湿性较低，可确定微晶纤维素和二氧化硅为最佳辅料。

在此基础上，将微晶纤维素、二氧化硅两种辅料及 5 份喷干粉分别按表 5-15 的比例混合均匀，过 60 目筛，制成 5 份混合粉，测定吸湿速度，从而确定辅料的比例。实验结果见表 5-16。

表 5-15　不同辅料与浸膏粉的配比

处方组成	配方（比例）				
	1	2	3	4	5
喷干粉	6.0	6.0	6.0	6.0	6.0
二氧化硅	2.5	2.0	1.5	1.0	0.5
微晶纤维素	0.5	1.0	1.5	2.0	2.5

表 5-16　干膏粉与不同混合辅料的混合粉吸湿速度的测定结果

配比	3h	6h	12h	24h	48h
配方 1	2.2%	4.0%	6.1%	9.4%	12.7%
配方 2	2.1%	3.9%	6.1%	9.3%	12.3%
配方 3	2.1%	4.1%	6.5%	9.8%	12.7%
配方 4	2.1%	4.0%	6.2%	9.4%	12.6%
配方 5	2.2%	4.0%	6.2%	9.3%	12.5%

综合分析表 5-16 吸湿速度的百分率，可知配方 2 的比例是最佳配比，即干膏粉：二氧化硅：微晶纤维素的比例为 6.0 ： 2.0 ： 1.0。

（4）制粒：为避免粉末物料填充胶囊时，由于流动性差的原因造成装量差异不合格的可能，再者粉末易形成粉尘而影响生产环境，同时对操作工人的健康构成威胁，故对粉末物料进行制粒。

1）润湿剂的选择：按比例称取喷雾粉、微晶纤维素和微粉硅胶，过 60 目筛，使其混合均匀，以不同浓度的乙醇为润湿剂，制软材，通过 14 目的筛网制颗粒，60℃以下干燥。

试验结果见表 5-17。

表 5-17　颗粒测定结果

润湿剂	软材黏度	目数	过筛及成型性
75% 乙醇	太黏	14	不易过筛，成型一般
85% 乙醇	适宜	4	不易过筛，成型好
95% 乙醇	适宜	14	易过筛，成型好

结果显示，制粒用润湿剂以 95% 乙醇为宜。

2）颗粒流动性的测定。

A. 颗粒休止角的测定：采用固定漏斗法，漏斗的下口端距水平放置的坐标纸 2.5cm，将颗粒沿漏斗壁均匀倒入漏斗中，直到形成的圆锥体的尖端到达漏斗的最下端，从坐标纸上读出圆锥底部的直径（$D=2R$）和高度（H），按公式 $\text{tg}\alpha=H/R$ 计算休止角 α，重复测定 3 次。

B. 颗粒堆密度的测定：精密称取颗粒 2.5g，置于 10ml 量筒中，振摇，重复 3 次，记录刻度值，计算其堆密度，结果见表 5-18。

表 5-18　休止角、堆密度试验结果

次数	休止角（°）	堆密度（g/ml）
1	34.71	0.389
2	33.50	0.395
3	34.00	0.395
均数	34.07	0.393

综合平均数据可知，颗粒的流动性良好。

3）颗粒临界相对湿度（CRH）的测定。

A. 试验方法：在已恒重的称量瓶底部放入厚约 2mm 干燥至恒重的待测颗粒共 7 份，准确称重后分别置于盛有 7 种不同盐的过饱和溶液的干燥器内（称量瓶盖打开）密闭，于 25℃恒温植物培养箱中保持 7 天后称重，计算吸湿百分率，以相对湿度（%）为横坐标，吸湿百分率（%）为纵坐标作图。试验结果见表 5-19、图 5-5。

表 5-19　临界相对湿度测定结果

湿度剂	相对湿度（%）	吸湿百分率（%）
$MgCl\cdot 6H_2O$	33.0	1.61
$K_2CO_3\cdot 2H_2O$	42.8	2.62
$NaBr\cdot 2H_2O$	59.7	5.39
$NaCl$	75.3	12.07
KCl	84.3	24.44
KNO_2	92.5	37.02
$CuSO_4\cdot 5H_2O$	97.8	58.59

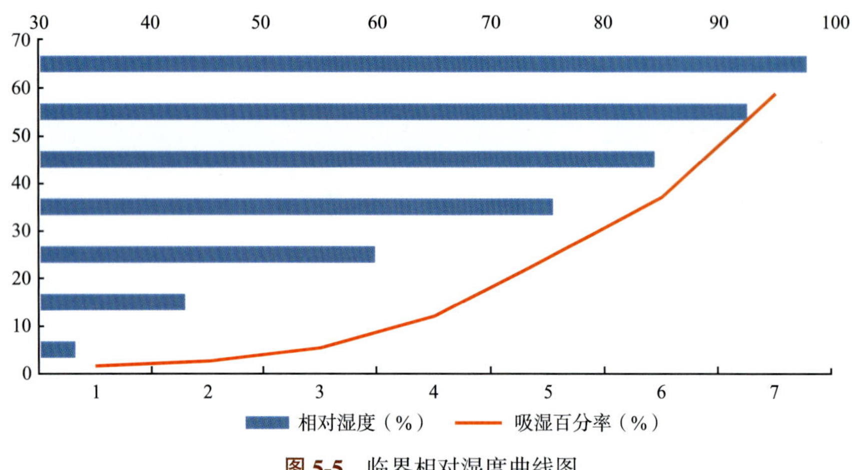

图 5-5　临界相对湿度曲线图

B. 结果分析：由图 5-5 中的吸湿曲线两端切线的交点可知，颗粒的临界相对湿度为 79.1%。据此，生产时的制粒车间、胶囊填充车间的相对湿度应小于 79%。

C. 装胶囊：根据服用剂量，每粒应装 0.36g，装入 0 号胶囊较为适宜。

（5）工艺确定：取处方量当归、黄芪饮片加入 8 倍量水提取 3 次，每次 1.5h，合并提取液，提取液经 3500r/min 离心 15min，弃沉淀，得离心液，离心液用 10 万分子量的膜超滤，超滤液减压浓缩至相对密度为 1.10 ～ 1.20（60℃）的浓缩液，喷雾干燥。将喷干粉粉碎后，加入处方量二氧化硅和微晶纤维素，充分混匀，制粒，分装成 1000 粒胶囊，即得。

5. 中试生产资料

按照以上小试确定的工艺路线，进行三批中试生产实验，批号为 20101201、20110102、20110203。经三批中试生产验证，本产品工艺稳定可控，经检验，成品合格。中试生产资料见表 5-20。

表 5-20　当归黄芪胶囊三批中试数据

项目	20101201		20110102		20110203	
	数量（kg）	得率（%）	数量（kg）	得率（%）	数量（kg）	得率（%）
当归药材	3.49		3.49		3.49	
黄芪药材	17.46		17.46		17.46	
水煎浸膏	21.4	102.1	23.7	113.1	24.1	115.0
喷雾粉	4.28	20.43	4.30	20.53	4.26	20.33
微晶纤维素	1.30		1.30		1.30	
二氧化硅	0.65		0.65		0.65	
混合细粉	6.09	97.75	6.13	98.08	6.11	98.39
颗粒	6.08	97.59	6.11	97.76	6.07	97.75
胶囊（粒）	16917	93.98	6972	94.29	16861	93.67

三、当归黄芪胶囊配方依据

1. 产品配方（原料和辅料）

黄芪 350g，当归 1750g，二氧化硅 95g，微晶纤维素 47g。

2. 规格和用法用量

0.36 克 / 粒，每次 4 粒，每日 2 次。

3. 保健功能

抗辐射，适用于对接触辐射人员的防治。

4. 配方依据

（1）产品配方中各原料、辅料的来源及使用依据：本产品配方中各原料的来源均有国家标准。以《中国药典》（2010 年版）一部、二部的记载为依据。

原料：当归，为伞形科植物当归 *Angelica sinensis*（Oliv.）Diels 的干燥根，收载于《中国药典》（2010 年版一部）第 124 页。黄芪，为豆科植物蒙古黄芪 *Astragalus membranaceus*(Fisch.)Bge.var.mongholicus(Bge.)Hsiao 或膜荚黄芪 *Astragalus membranaceus*(Fisch.) Bunge. 的干燥根，收载于《中国药典》（2010 年版一部）第 283 页。

辅料：微晶纤维素，为白色或类白色粉末，无臭、无味，收载于《中国药典》（2010 年版二部）第 1239 页。二氧化硅，为白色疏松的粉末，无臭、无味，收载于《中国药典》（2010 年版二部）第 1179 页。

（2）配方含量：当归 1.55g，黄芪 7.75g，微晶纤维素 0.58g，二氧化硅 0.29g。

（3）作用机制：药理研究及临床研究表明，本配方组分综合具有补气、活血、保护造血系统与免疫系统、清除自由基、抗氧化和保护 DNA 的作用，可综合发挥抗辐射的保健功能。

（4）功效成分及用量确定的科学依据：本品的主要原料为天然植物或人体所必须的成分，其用量是根据中医传统养生保健经验而定的，根据现代研究成果确定其中的功效成分，其含量的多少既可反映产品的有效性，又可作为标志性成分以控制产品的质量，因而本产品标志性成分粗多糖的含量根据三批产品实测值确定。

（5）说明适宜人群、不适宜人群的选择及依据：本产品疗效安全可靠，根据保健食品如《保健食品检验与评价技术规范》等相关性的申报法规，严格遵照相关法规、规范执行，并参考相应文献报告，经功能试验证明本产品具有抗辐射的功能，适宜长期接触辐射的人群。

5. 当归黄芪胶囊功效成分、含量及功效成分的检验方法

（1）当归黄芪胶囊的功效成分、含量见表 5-21。

表 5-21 当归黄芪胶囊的功效成分、含量

功效成分	含量
粗多糖（以葡萄糖计，g/100g）	≥ 0.5

（2）功效成分的检验方法：参考《保健食品功效成分检测方法》（王光亚编）中“粗多糖的测定方法·分光光度法”测定。

附录 粗多糖的测定

1. 试剂

本方法所用试剂除特殊注明外，均为分析纯；所用水为去离子水或同等纯度蒸馏水。

（1）乙醇溶液（80%）：20ml 水中加入无水乙醇 80ml，混匀。

（2）硫酸溶液（10%）：取 100ml 浓硫酸加入到 800ml 左右水中，混匀，冷却后稀释至 1000ml。

（3）苯酚溶液（50g/1000ml）：称取精制苯酚 5g，加水溶解并稀释至 100ml，混匀。溶液置冰箱中可保存 1 个月。

（4）葡萄糖标准储备液：准确称取已干燥至恒重的葡萄糖标准品 0.5g，加水溶解，并定容至 50ml，混匀，置冰箱中保存。此溶液 1ml 含 10.0mg 葡萄糖。

（5）葡萄糖标准使用液：吸取葡萄糖标准储备液 1ml，置于 100ml 容量瓶中，加水至刻度，混匀，置冰箱中保存。此溶液 1ml 含葡萄糖 0.1mg。

2. 主要仪器

（1）分光光度计。

（2）离心机（3000r/min）。

（3）旋转混匀器。

3. 测定步骤

（1）样品处理。

1）样品提取：称取混合均匀的固体样品 1g，置于 100ml 容量瓶中，加水 80ml 左右，于沸水浴上加热 2h，冷却至室温后补加水至刻度，混匀后，过滤，弃去初滤液，收集余下滤液供沉淀粗多糖。

2）沉淀粗多糖：准确吸取滤液 5ml，置于 50ml 离心管中，加入无水乙醇 20ml，混匀 5min 后，以 3000r/min 离心 5min，弃去上清液，沉淀用 80% 乙醇溶液（每次 15ml）洗涤、离心、弃上清液，反复操作 3 次。沉淀用水溶解并定容至 10ml，混匀，供测定用。

（2）标准曲线的绘制：准确吸取葡萄糖标准使用液 0ml、0.1ml、0.2ml、0.4ml、0.6ml、0.8ml、1ml（相当于葡萄糖 0mg、0.01mg、0.02mg、0.04mg、0.06mg、0.08mg、0.1mg）分别置于 25ml 比色管中，准确补水至 2ml，加入 50g/L 苯酚溶液 1ml，在旋转混匀器上混匀，小心加入浓硫酸 10ml，于旋转混匀器上小心混匀，置沸水浴中煮沸 2min，冷却至室温，以纯化水代替葡萄糖溶液同法制得空白，作为参比。在 485nm 波长处，测定吸光度值。以葡萄糖浓度为横坐标，吸光度值为纵坐标，绘制标准曲线。

（3）样品测定：准确吸取样品测定液 2ml 置于 25ml 比色管中，加入 50g/L 苯酚溶液 1ml，在旋转混匀器上混匀，小心加入浓硫酸 10ml，于旋转混匀器上小心混匀，置沸水浴中煮沸 2min，冷却至室温，在 485nm 波长处，以空白作为参比，测定吸光度值。从标准曲线上查出葡萄糖浓度，计算样品中粗多糖含量。

4. 结果计算

$$X=\frac{X_1}{M/100\times5/10\times2/13\times1000}\times100$$

式中，X 为样品中粗多糖含量（以葡萄糖计），g/100g；X_1 为由标准曲线计算所得样品测定液中葡萄糖的浓度，mg/ml；M 为取样量，g。

第二节　丽安康片的开发研究

围绝经期（俗称更年期）开始于妇女绝经之时，占妇女整个生命期限的 1/3 ～ 2/5。然而围绝经期综合征在绝经过渡期（即 45 ～ 50 岁）便开始出现，并持续到绝经后 2 ～ 3 年，也有案例持续到绝经后 5 ～ 10 年或更长。而绝经前切除双侧卵巢的妇女在术后 2 周便会出现围绝经期综合征症状，持续 3 ～ 5 年或更长时间。

卵巢机能的退化可引发全身 400 多个部位组织与器官的恶性并发症，严重威胁女性的寿命长短和后半生的生活质量。因此，围绝经期综合征患者花费大量钱财和精力四处求医，却因没有得到正确的诊断，未找到确切的病因而影响治疗效果。特别是一些患重度围绝经期综合征的妇女，在出现精神心理症状时，她们痛苦万分，甚至失去生活、工作的能力而长期卧床，即使家属陪同到处求医，也常因贻误诊断，收效甚微，给社会带来巨大经济负担。因此，为维护围绝经期妇女的健康，研发“安全、有效、价廉”的防治围绝经期综合征药物，变得极为重要和迫切。

丽安康片由金元时代古方当归补血汤加味而成，综观全方，药简效宏，配伍合理，君臣有序。方中既有黄芪配淫羊藿，一入脾，一入肾，以调脾胃，资后天以补先天；又有黄芪配当归，一补气，一补血，气血并补，补气生血，共达阴阳并补，气血两调，标本兼治之效，使阴阳平调，气血充和，筋骨健壮，而诸证自愈。该方组方简约而独特，作用机制明确，疗效确切，无毒副作用和耐受性。

本研究利用现代中药提取及制剂技术将该处方开发成一种疗效卓越，毒副作用小，经济实惠的防治围绝经期综合征的中药新药。经对主要研究结果进行总结和评价，丽安康片处方基于传统中医理论及主要研究者的细胞机制研究结果而组方，具有补脾益肾、补气生血、扶助阳气的功效。药学研究表明，丽安康片制备工艺合理、可行，成品质量稳定、可控；药理毒理研究表明其具有显著的疗效，毒副作用极低，使用安全。本品治疗肾气渐衰，冲任二脉虚惫导致的阴阳失调，气血两虚而引起的头昏耳鸣、心悸失眠、烦躁易怒或抑郁焦虑、潮热汗出等症状，适合更年期妇女防治围绝经期综合征。

一、品种概况

（一）围绝经期综合征治疗用药的研究现状

围绝经期综合征是妇科临床常见病、多发病，属于中医学“绝经前后诸证”的范畴。中医学认为，妇女在绝经前后，肾气渐衰，冲任二脉失养，天癸渐竭，月经将断，生殖能力消失，此本是妇女正常的生理变化，但有些妇女由于个体差异及生活环境的影响，不能适应这个阶段的生理过渡，使阴阳平衡失调，脏腑气血不相协调，因而出现了月经紊乱、烘热汗出、烦躁忧郁、失眠、泌尿生殖道炎症、血脂增高、骨质疏松等。众医家从虚、火、痰、湿热、血瘀等角度分析此症的病因病机，可以归纳为肾阴阳不足、心肝火旺、脾胃阴火、痰瘀互结、肾虚血瘀，多脏受累。

过去治疗围绝经期综合征常采用激素疗法，给患者补充雌、孕激素，调节其自主神经功能，但激素疗法不良反应较大，同时用药禁忌对患者要求较高，因而中医疗法逐渐受到越来越多患者的青睐。中医学在辨证论治基础上发展了多种阴阳调治思路，如加减桃红四物汤，以桃仁、红花为君药，行活血化瘀之法治疗肝郁血瘀所致的高血压、高血脂等症；加减二仙汤，以仙茅、淫羊藿为君药，补肾扶阳以防治骨质疏松、多种内分泌失调等症；加减当归补血汤，以当归、黄芪为君药，用于气虚血少所致的血虚眩晕、经行紊乱等症。虽然众医家治法各有不同，但归根结底都是以平补肾中阴阳，鼓舞气血生长为本，选用益气、生血、壮阳方药进行治疗。

从目前中医学治疗围绝经期综合征的研究资料来看，中医学不仅在疗效上与雌激素媲美，在安全性上有过之而无不及。更重要的是，中药学对围绝经期综合征的性腺轴起调节作用，尤其可通过卵巢内调节使“垂死”的卵泡复苏，延缓卵巢老化，其功效是单纯代替疗法的雌激素作用所不能比拟的。此外，中药可提高围绝经期综合征患者的免疫功能，并能防止与治疗骨质疏松，在治疗围绝经期综合征方面有着灿烂的前景。因此有关治疗围绝经期综合征及相关疾病的中成药，文献中涉及的不下几十种，有的已成商品上市，如北京同仁堂生产的更年宁丸、天津乐仁堂生产的更年安片、广州白云山制药厂生产的更年康、上海市中药三厂生产的珍合灵片、湖南医科大学的地贞颗粒。

然而，纵观这些品种，多是由临床大复方开发而来，如北京同仁堂生产的更年宁丸由柴胡、女贞子（酒炙）、白芍、人参、当归等 22 味药材组成；天津乐仁堂生产的更年安片由地黄、泽泻、麦冬、熟地黄、玄参、茯苓等 15 味药材组成。如此庞杂的复方，药材种类繁多且用量较大，普遍存在药效成分不明确、作用机制不清晰等问题，必然给所开发的成药带来工艺复杂、剂量较大、服用不方便等缺陷，更难以制定合理、可靠的质量控制标准，因而治疗围绝经期综合征中成药的开发研究仍需深入开展。

丽安康片的处方由经典方当归补血汤衍生而来，并首创性地运用于治疗妇女围绝经期综合征。但在已有报道的成方、成药中，尚未见应用当归补血汤及其衍方治疗围绝经期综合征的相关资料，更未见该方组合物的研究资料。前期研究表明，以当归补血汤（黄芪与当归配比为 5 ∶ 1）为基础配合淫羊藿开发的丽安康片可以有效促进 MG-63 骨细胞的增殖、分化，增加受雌激素影响的基因在 MCF-7 细胞的表达水平，且不刺激乳癌细胞的增殖，不会增加罹患乳腺癌的风险，具有巨大的开发价值。

（二）处方中各味药材的研究现状

1. 当归

当归是伞形科植物当归 *Angelica sinensis*（Oliv.）Diel 的干燥根。味甘、辛，性温。归肝、心、脾经。具有补血活血，调经止痛，润肠通便作用。用于血虚萎黄，月经不调，眩晕心悸，经闭痛经，虚寒腹痛，肠燥便秘，风湿痹痛，跌扑损伤，痈疽疮疡；酒当归活血通经，用于经闭痛经，风湿痹痛，跌扑损伤。当归收载于《中国药典》2015 年版第一部，其药材标准成熟，成分研究深入，质量分析方法可行。文献报道其药理作用明确，安全性高。

2. 淫羊藿

淫羊藿为小檗科植物淫羊藿 *Epimedium brevicornum* Maxim.、箭叶淫羊藿 *Epimedium sagittatum*（Sieb.et Zucc.）Maxim.、柔毛淫羊藿 *Epimedium pubescens* Maxim. 或朝鲜淫羊藿 *Epimedium koreanum* Nakai 的干燥地上部分。味辛、甘，性温。归肝、肾经。具有补肾阳，强筋骨，祛风湿作用。用于阳痿遗精，筋骨痿软，风湿痹痛，麻木拘挛；更年期高血压。淫羊藿收载于《中国药典》2015 年版第一部，其药材标准成熟，成分研究深入，质量分析方法可行。文献报道其药理作用明确，安全性高。

3. 黄芪

黄芪为豆科植物蒙古黄芪 *Astragalus membranaceus*(Fisch.)Bge. *var. mongholicus*(Bge.) Hsiao 或膜荚黄芪 *Astragalus membranaceus*(Fisch.)Bge. 的干燥根。味甘，性温。归肺、脾经。具有补气固表，利尿托毒，排脓，敛疮生肌作用。用于气虚乏力，食少便溏，中气下陷，久泻脱肛，便血崩漏，表虚自汗，气虚水肿，痈疽难溃，久溃不敛，血虚萎黄，内热消渴；慢性肾炎蛋白尿，糖尿病。黄芪收载于《中国药典》2015 年版第一部，其药材标准成熟，成分研究深入，质量分析方法可行。文献报道其药理作用明确，安全性高。

综上所述，该复方的组方基于中医药理论，并于古籍报道，在临床运用上疗效显著，其处方中的各味药材均记载于《中国药典》2015 年版。根据文献报道，三味中药的安全性高，适合开发为一种安全性高、质量可控的新药。

二、药学研究

（一）处方

黄芪 500g，淫羊藿 500g，当归 100g，共制 1000 片，每片 0.46g。

（二）生产工艺的研究资料

1. 剂型的选择

本制剂用于治疗气血两虚，症见头昏耳鸣、心悸失眠、烦躁易怒或抑郁焦虑、潮热汗出等，需要较长时间服药，剂型选择片剂或胶囊剂为好。此外，薄膜包衣片剂可掩盖药物的不良气味，满足在 1h 内崩解，利于药物的吸收。故本方选择薄膜包衣片剂。

2. 工艺路线的设计

本品处方由古方当归补血汤衍生而来，前期研究表明：

（1）在活性物质含量方面，利用高效液相色谱法和比色法测定当归：黄芪（由 1 ： 1

到1∶10）不同比例的组方成分，结果显示，李东垣的经典方当归∶黄芪=1∶5中阿魏酸、黄芪甲苷、芒柄花素、毛蕊异黄酮及总多糖的含量最高，燥性成分藁本内酯的含量明显低于其他比例。

（2）在细胞生物活性方面，体内、体外实验生物评价均表明，当归∶黄芪（由1∶1到1∶10）不同比例的组方中，当归∶黄芪=1∶5时的煎出物所具有的免疫调节作用、促骨作用、雌激素样作用明显高于其他比例。

（3）相关分析显示，化学成分试验和生物活性试验在统计学上有显著的关联。

据此，丽安康片生产工艺路线如下：当归、黄芪按照1∶5比例水提共煎为最优工艺；淫羊藿用乙醇能够有效提取其有效成分；将两种提取物采用减压浓缩及干燥，与适量辅料混匀，湿法制粒，压片，薄膜包衣成片。

3. 提取工艺的优化

（1）黄芪当归提取工艺条件的优化：黄芪在本处方中为君药，药效作用显著，故在提取工艺的考察中，黄芪当归共煎工艺选择总固形物量和总固形物中黄芪甲苷含量作为评价指标。本研究采用柱前衍生化法对提取物中黄芪甲苷进行含量测定。考虑到影响成分转移的因素主要包括提取时间（*A*）、提取次数（*B*）、加水量（*C*）、干燥温度（*D*）4个因素，所以选定上述的4个因素，每个因素取3个水平，选用$L_9(3^4)$正交表进行试验，结果显示，*A*（提取时间）对黄芪甲苷得量的影响有极显著统计学意义（$P < 0.01$），为主要因素；*B*（提取次数）对黄芪甲苷得量的影响有显著统计学意义（$P < 0.05$），为次要因素；*C*（加水量）对黄芪甲苷得量的影响无统计学意义。最佳工艺条件确定为当归、黄芪加8倍量水煎煮3次，每次1.5h，滤过，滤液浓缩至相对密度为1.35～1.40（60℃），70℃下减压干燥。

（2）淫羊藿醇提工艺条件的优化：淫羊藿在本处方中为臣药，为重要的组成。淫羊藿醇提工艺选择总固形物量和总固形物中淫羊藿苷含量作为评价指标。本研究采用《中国药典》2015年版一部淫羊藿药材中淫羊藿苷含量测定方法进行测定。考虑到影响成分转移的因素主要包括乙醇浓度（*A*）、加乙醇量（*B*）、提取时间（*C*）、提取次数（*D*）4个因素，所以选定上述的4个因素，每个因素取3个水平，选用$L_9(3^4)$正交表进行试验。结果表明，以淫羊藿苷为指标，其极差大小显示：各因素作用依次是*B*（加乙醇量）＞*A*（乙醇浓度）＞*D*（提取次数）＞*C*（提取时间）。因此在方差分析中以*C*（提取时间）为误差项进行各因素比较。结果显示，*A*（乙醇浓度）和*B*（加乙醇量）对淫羊藿苷得量的影响有显著统计学意义（$P < 0.05$），均为主要因素；*D*（提取次数）对淫羊藿苷得量的影响无统计学意义。最佳工艺条件确定为取淫羊藿，用14倍量70%乙醇提取2次，每次1h，滤过，滤液合并，减压回收乙醇，减压浓缩至相对密度为1.20（50℃），60℃下真空干燥，真空度为0.08Mpa。

4. 成型工艺研究

由于本方提取物中含有较大量的糖类成分，故干膏粉本身具较大黏性，无法制粒，同时将可能大大延长制剂的崩解时限，所以本品成型工艺中不必加入黏合剂，可采用一定浓度的乙醇制粒。故成型工艺初步确定为干膏粉与上述辅料混合均匀，制成颗粒，压片，包衣，即得。为使本品能在适宜的时间内完全被人体吸收，同时考虑到压片对颗粒间的凝聚力的特殊要求，本研究选择微晶纤维素作为填充剂，并选择羧甲基淀粉钠和（或）交联聚维酮作为崩解剂。其中，选择颗粒百分率和休止角作为颗粒制备工艺的考察指标；以崩解时间为崩解剂剂量优化的考察指标。

（1）软材制备工艺考察。

工艺1：取共煎物干膏粉、醇提物干膏粉与10%总干膏粉重的微晶纤维素、1%总干膏粉重的羧甲基淀粉钠等辅料混匀，用95%乙醇制备软材，黏度不够，无法制粒。

工艺2：取共煎物干膏粉、醇提物干膏粉与20%总干膏粉重的微晶纤维素、1%总干膏粉重的羧甲基淀粉钠等辅料混匀，用90%乙醇制备软材，黏度适中，可制粒。

工艺3：取共煎物干膏粉、醇提物干膏粉与40%总干膏粉重的微晶纤维素、1%总干膏粉重的羧甲基淀粉钠等辅料混匀，用15%交联聚维酮乙醇溶液制备软材，黏度适中，可制粒。

考虑到压片对颗粒间的凝聚力的特殊要求，暂定软材制备工艺为取共煎物干膏粉、醇提物干膏粉与1%干膏粉重量的羧甲基淀粉钠混合得全方粉末，该粉末再与微晶纤维素混合，用15%交联聚维酮乙醇溶液制备软材，并以此用于制粒工艺的优化。

（2）制粒工艺的优化：以吸湿百分率及休止角为考察指标。

1）吸湿百分率测定：将底部盛有NaCl过饱和溶液的玻璃干燥器放入25℃的恒温培养箱内恒温24h，此时干燥器内的相对湿度为75%。在已恒重的称量瓶底部放入厚约2mm的药粉及颗粒，准确称重后置于NaCl过饱和溶液的玻璃干燥器内（称量瓶盖打开），于25℃恒温培养箱保存96h，称量，按下式计算吸湿百分率。

$$\text{吸湿百分率}(\%)=\frac{\text{吸湿后重量}-\text{吸湿前重量}}{\text{吸湿前重量}}\times 100\%$$

重复3次，结果见表5-22。

表5-22 吸湿百分率比较（*n*=3）

实验号	1	2	3	平均
工艺2	24.98	23.95	22.29	23.74
工艺3	11.08	10.25	9.48	10.27

2）休止角测定：采用固定漏斗法，将三只漏斗串联并固定于水平放置的坐标纸上1cm高度处，小心地将制成的药粉及颗粒分别沿漏斗壁倒入最上面的漏斗中直到最下面的漏斗形成的药粉圆锥体尖端接触到漏斗口为止，由坐标纸测出圆锥底部的直径（反复测定5次），计算出休止角（$\text{tg}\alpha=H/R$），结果见表5-23。

表5-23 颗粒及干膏粉的休止角（*n*=5）

实验号	1	2	3	4	5	平均
工艺2（α°）	33.5	36.5	35.6	36.3	36.5	35.7
工艺3（α°）	22.5	26.4	25.1	22.7	24.6	24.3

表 5-22、表 5-23 结果显示：工艺 3 吸湿百分率远低于工艺 2，同时前者流动性亦远优于后者。考虑到实际生产过程中的波动性，故颗粒制备工艺暂定为取共煎物干膏粉、醇提物干膏粉与 38% ～ 42% 总干膏粉重的微晶纤维素、适量的羧甲基淀粉钠等辅料混匀，用适量 15% 交联聚维酮乙醇溶液制备软材，整粒，低温干燥（55℃）。

（3）崩解剂剂量的优化：黄芪当归共煎干膏粉、淫羊藿醇提干膏粉与占 38% ～ 42% 总干膏粉重的微晶纤维素、适量的羧甲基淀粉钠及 15% 交联聚维酮乙醇溶液等辅料混匀，制备颗粒。颗粒与适量微晶纤维素混合，压片。依据《中国药典》（2015 年版一部附录ⅠD）片剂通则的要求，测定崩解时限，规定应在 60min 内全部崩解并通过筛网。三个方案检测结果见表 5-24，方案 2、3 均符合规定，方案 3 崩解时间最佳。

表 5-24　崩解时限检查结果

方案	羧甲基淀粉钠（%）	交联聚维酮（%）	崩解时限（min）
1	1.0	1.0	＞60
2	2.0	2.4	42
3	3.0	4.2	26

考虑实际生产过程的波动性，故颗粒制备工艺暂定为取共煎物干膏粉、醇提物干膏粉与 38% ～ 42% 总干膏粉重的微晶纤维素、3% ～ 4% 总干膏粉重的羧甲基淀粉钠等辅料混匀，用 15% 交联聚维酮乙醇溶液（交联聚维酮占总干膏粉重的 4% ～ 5%）制备软材，整粒，低温干燥（55℃）。

（4）临界相对湿度：将颗粒干燥至恒重后，在已恒重的称量瓶底部放入厚约 2mm 的颗粒，准确称量后置于所列的分别盛有 7 种不同浓度硫酸或不同盐的过饱和溶液的干燥器内（称量瓶盖打开），于 25℃恒温培养箱中保持 24h 后称量，计算吸湿百分率。以吸湿百分率数据为纵坐标，相对湿度数据为横坐标作图，结果见表 5-25 和图 5-6。

表 5-25　24h 后颗粒在不同相对湿度下的吸湿百分率

相对湿度（%）	29.55	40.52	48.52	57.7	75.28	84.26	92.48
吸湿百分率（%）	1.9	2.7	4.5	6.8	13.5	18.8	25.1

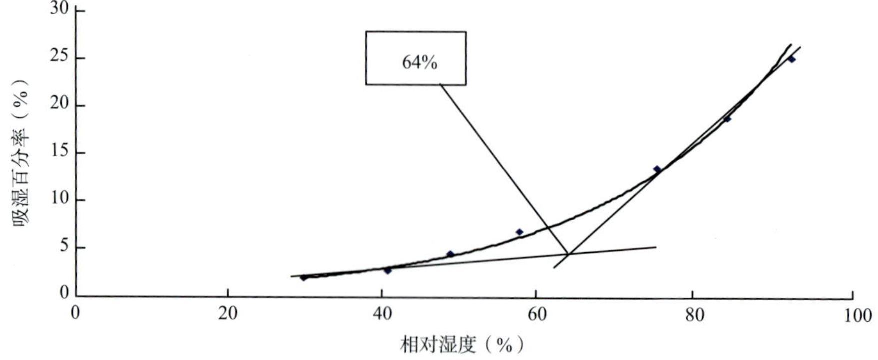

图 5-6　干膏粉颗粒的临界相对湿度求算

结果显示，颗粒在相对湿度为 40.52% 以下时，吸湿百分率很低；在 40.52% ～ 57.7% 时，吸湿百分率有一定程度增加，但其绝对值仍较低；在 57.7% 时也仅有 6.8%；但当相对湿度进一步增加时，吸湿百分率明显增加。临界相对湿度是药物吸湿与否的临界值，根据它确定生产时的环境湿度。由实验结果可知，制成颗粒的临界相对湿度为 64%，故在生产本制剂时，车间环境的相对湿度应控制在 64% 以下，同时对包装材料和储存条件亦提出了相应的要求。

（5）润滑剂优化实验：压片配方如下，并按旋转式压片机进行试压，结果见表 5-26。

表 5-26 成型工艺润滑剂优化实验结果

压片配方	配方组成	外观	崩解时限（min）	重量差异	硬度	压片运转
配方 1	颗粒 420g 滑石粉 10g	合格	24	合格	偏硬	较顺畅
配方 2	颗粒 420g 硬脂酸镁 10g	合格	24	合格	偏硬	较顺畅
配方 3	颗粒 420g 微晶纤维素 10g	合格	22	合格	合格	顺畅

结果显示，选用配方 3，即用约 2.4% 颗粒重量的微晶纤维素与颗粒混合，可有效改善颗粒流动性，同时崩解时限也达到要求。考虑到实际生产过程中的波动性，故压片成型工艺确定如下：取共煎物干膏粉、醇提物干膏粉与 38% ～ 42% 总干膏粉重的微晶纤维素、3% ～ 4% 总干膏粉重的羧甲基淀粉钠等辅料混匀，用 15% 交联聚维酮乙醇溶液（交联聚维酮占总干膏粉重的 4% ～ 5%）制备软材，整粒，低温干燥（55℃）。所得颗粒与占 2% ～ 3% 颗粒重量的微晶纤维素混合均匀，压片。

（6）薄膜包衣工艺：为掩盖药物的不良气味，本方选择薄膜包衣片剂。薄膜衣配方见表 5-27，并按包衣工艺进行包衣。

表 5-27 薄膜衣配方

包衣配方	用量
聚丙烯酸树脂 4 号	12g
滑石粉	5g
钛白粉	5g
聚乙二醇 6000	2.4g
硬脂酸镁	2.4g
95% 乙醇	300ml
共制 1000 片	

打开匀浆，启动吸尘及排风装置，设定进风温度为 60 ～ 80℃，排风温度为 45 ～ 50℃。关闭匀浆，将素片放入包衣锅中，同时用 50℃热风预热 10min 左右，每隔 1min 启动一下包衣锅，使素片受热均匀并吸掉吸附于素片上的细粉，开启压缩泵，开启包衣锅，

将配制好的包衣溶液喷雾于转动的芯片上，调好溶液喷雾速度与热风干燥温度，使其均匀涂布，保持片心干燥，连续喷雾，一般 1.5h 即可达到要求，然后加虫蜡适量，抛光，冷风滚动约 10min。结果显示，按上述配方包衣，可满足片剂在 1h 内崩解的要求，有利于药物的吸收。

故本片剂的成型工艺如下：取共煎物干膏粉、醇提物干膏粉与 38% ～ 42% 总干膏粉重的微晶纤维素、3% ～ 4% 总干膏粉重的羧甲基淀粉钠等辅料混匀，用 15% 交联聚维酮乙醇溶液（交联聚维酮占总干膏粉重的 4% ～ 5%）制备软材，整粒，低温干燥（55℃）。所得颗粒与占 2% ～ 3% 颗粒重量的微晶纤维素混合均匀，压片，包衣，即得。

在丽安康片生产工艺研究的过程中，以黄芪甲苷与淫羊藿苷为指标对其提取工艺进行筛选，最终确定的最佳制备工艺为取处方量的当归、黄芪粉碎成粗粉，加 8 倍量水煎煮 3 次，每次 1.5h，滤过，合并滤液，滤液浓缩至相对密度为 1.35 ～ 1.40（60℃），真空干燥，粉碎成细粉，备用。另取处方量淫羊藿切成条丝，加 14 倍量 70% 乙醇提取 2 次，每次 1h，滤过，合并滤液，回收乙醇并减压浓缩至相对密度为 1.18 ～ 1.22（60℃），真空干燥，粉碎成细粉，备用。将上述两种干膏粉及适量的羧甲基淀粉纳、微晶纤维素、15% 交联聚维酮乙醇溶液混匀，制粒，压片，包衣，制成 1000 片，即得。

中试研究按 100 倍处方量投料生产。三批中试结果显示，提取工艺中黄芪当归共煎干膏粉的平均重量为 17.8kg，平均得率为 29.7%，其中黄芪甲苷的平均转移率为 95.8%；淫羊藿醇提干膏粉的平均重量为 10.7kg，平均得率为 21.3%，其中淫羊藿苷的平均转移率为 76.1%。成型工艺中，平均颗粒成粒率为 99.4%，平均得丽安康片 42.5kg，约为 98 760 片，成品率为 98.8%，其中黄芪甲苷平均转移率为 81.6%，淫羊藿苷平均转移率为 72.5%。

（三）质量控制研究及质量标准

按照《中国药典》2015 年版相关规定，对丽安康片进行质量控制研究，并制定相应药品标准草案，结果如下：

1. 性状

丽安康片由黄芪、当归、淫羊藿三味组成，压制成片。规格为 0.46 克 / 片，除去薄膜衣后显棕黄色，气特异，味苦。

2. 鉴别

参考《中国药典》2015 年版及相关文献报道，建立了丽安康片中黄芪、淫羊藿的鉴别方法：取本品 8 片，除去包衣，研细，取约 3g，加甲醇 20ml，超声处理 30min，滤过，滤液蒸干，残渣加水 20ml 使溶解，滤过，滤液用乙醚萃取 3 次，每次 15ml，弃去乙醚萃取液，水层置水浴上挥至无醚味，用水饱和的正丁醇提取 3 次，每次 15ml，合并正丁醇提取液，用 1% 氢氧化钠溶液 15ml 洗涤，弃去碱水液，再以正丁醇饱和的水洗涤 2 次，每次 15ml，弃去水液，正丁醇液减压回收至干，残渣加甲醇 1ml 使溶解，作为供试品溶液。另取黄芪甲苷对照品适量，加甲醇制成每毫升含 1mg 的溶液，作为黄芪甲苷对照品溶液。再取淫羊藿苷对照品适量，加甲醇制成每毫升含 1mg 的溶液，作为淫羊藿苷对照品溶液。

照薄层色谱法（《中国药典》2015 年版一部附录Ⅵ B）试验，吸取上述三种溶液各 4μl，分别点于同一硅胶 G 薄层板上，以三氯甲烷 - 甲醇 - 水（13 ∶ 7 ∶ 2）10℃以下放置的下层溶液为展开剂，展开，取出，晾干，喷以 10% 硫酸乙醇溶液，在 105℃加热至斑点显色清晰，分别置日光及紫外光灯（365nm）下检视。该鉴别方法操作简便，斑点分离清晰，重现性好，阴性对照无干扰，证明该方法具有专属性及可行性。

从丽安康片生产工艺可知，当归药材中的挥发性成分在丽安康片提取过程中（加 8 倍量水煎煮 3 次，每次 1.5h）几乎损失殆尽，因而丽安康片中没有当归药材的特征性挥发性成分。实验结果表明，在当前实验条件下，通过薄层色谱法、液相色谱法、气相色谱法无法建立丽安康片中当归药材鉴别方法，故当归药材鉴别暂不纳入丽安康片质量标准。

3. 含量测定

（1）淫羊藿苷含量测定：参考《中国药典》2015 年版及相关文献报道，本研究建立了高效液相色谱法测定丽安康片中淫羊藿苷含量的方法，结果如下：

照高效液相色谱法（《中国药典》2015 年版一部附录Ⅵ D 高效液相色谱法）测定。

1）色谱条件与系统适用性试验：以十八烷基硅烷键合硅胶为填充剂；以乙腈为流动相 A，以 0.1% 醋酸溶液为流动相 B，按表 5-28 进行梯度洗脱；检测波长 316nm；理论塔板数按淫羊藿苷峰计算应不低于 2000。

表 5-28　梯度洗脱流动相组成

时间（min）	0	60	65	70
流动相 A	10	60	10	10
流动相 B	90	40	90	90

2）对照品溶液的制备：精密称取淫羊藿苷对照品适量，加甲醇制成每毫升含 1.4mg 的溶液，即得。

3）供试品溶液的制备：取本品 4 片，除去包衣，研细，取约 1.5g，精密称定，置具塞锥形瓶中，加入 40ml 稀乙醇，加热回流提取 120min，滤过，用少量稀乙醇多次洗涤滤渣至滤液无色，合并滤液，蒸至无醇味，加入水 20ml，滤过，用乙酸乙酯萃取 5 次，每次 30ml，合并乙酸乙酯萃取液，蒸干，用乙醇溶解并转移至 5ml 量瓶中，加乙醇至刻度，摇匀，即得。

4）测定法：精密吸取对照品溶液与供试品溶液各 10μl，注入高效液相色谱仪，测定，计算，即得。

在该方法条件下，淫羊藿苷与其他成分可达基线分离，方中其他成分对测定无干扰；进样量在 5.68 ～ 19.88μg 范围呈线性关系，回归方程为 Y=925.9X+184.75，相关系数 r=0.9999；回收率在 99.93% ～ 101.47% 内；精密度试验 RSD ＜ 2%；稳定性试验表明 24.5h 内稳定；重复性试验 RSD ＜ 3%；表明该含量测定方法操作简便，回收率高，重现性好。按本法测得 10 批丽安康片样品中每片淫羊藿苷（$C_{33}H_{40}O_{15}$）的平均含量为 2.062mg。含量限度按《中国药典》淫羊藿药材中淫羊藿苷含量 0.50% 及丽安康片制剂工艺中淫羊藿苷

70%的转移率计算，以其量的80%值作下限，确定本品每片含淫羊藿以淫羊藿苷（$C_{33}H_{40}O_{15}$）计，不得少于1.3mg。

该方法可同时测定丽安康片中阿魏酸含量。在此方法条件下，阿魏酸与其他成分可达基线分离，方中其他成分对测定无干扰；进样量在0.0528～0.1848μg范围呈线性关系，回归方程为Y=3723.5X–9.6825，相关系数r=0.9999；回收率在99.85%～101.04%内；精密度试验RSD＜2%；稳定性试验表明24.5h内稳定；重复性试验RSD＜2%；表明该含量测定方法操作简便，回收率高，重现性好。按《中国药典》2015年版一部第89页当归药材含量测定项规定当归药材中阿魏酸含量不少于0.050%，按本法测得10批丽安康片样品中每片含当归药材按阿魏酸算为0.016mg，转移率不足20%，故阿魏酸含量测定项暂不列入丽安康片质量标准。

（2）黄芪甲苷含量测定：参考《中国药典》2015年版及相关文献报道，建立了柱前衍生化-高效液相色谱法测定丽安康片中黄芪甲苷含量的方法如下：

照高效液相色谱法（《中国药典》2015年版一部附录Ⅵ D高效液相色谱法）测定。

1）色谱条件与系统适用性试验：以十八烷基硅烷键合硅胶为填充剂；以乙腈-0.1%三乙胺溶液（98∶2）为流动相；检测波长为230nm；理论塔板数按黄芪甲苷峰计算，应不低于1000。

2）对照品溶液的制备：精密称取黄芪甲苷对照品适量，加甲醇制成每毫升含0.45mg的溶液，得黄芪甲苷对照品储备液。精密吸取上述黄芪甲苷对照品储备液1ml，挥干溶剂，残渣加1ml吡啶溶解，加入2ml氯仿，在冰浴下加入苯甲酰氯0.4ml，摇匀后于冰箱中4℃放置24h，使反应完全。挥干溶剂，残渣用甲醇稀释并定容至10ml量瓶中，即得对照品溶液。

3）供试品溶液的制备：取本品2片，除去包衣，研细，取样品约0.5g，精密称定，加甲醇100ml索氏提取4h，蒸干，残渣加水饱和正丁醇20ml溶解，用1%NaOH振摇萃取3次，每次6ml，弃去碱液，正丁醇液用正丁醇饱和水洗2次，每次6ml，弃去水层，正丁醇蒸干，残渣加1ml吡啶溶解，加入2ml氯仿，在冰浴下加入苯甲酰氯0.4ml，摇匀后于冰箱中4℃放置24h，使反应完全。挥干溶剂，残渣用甲醇稀释并定容至10ml量瓶中，微孔滤膜过滤，即得供试品溶液。

4）测定法：分别吸取对照品溶液与供试品溶液各10μl，注入高效液相色谱仪，测定，计算，即得。

在该方法条件下，黄芪甲苷与其他成分可达基线分离，方中其他成分对测定无干扰；进样量在0.074～0.925μg范围呈线性关系，回归方程为Y=5502.9X–25.277，相关系数r=0.9999；回收率在100.55%～101.36%内；精密度试验RSD＜2%；稳定性试验表明12h内稳定；重复性试验RSD＜2%；表明该含量测定方法操作简便，回收率高，重现性好。按本法测得10批丽安康片样品中每片黄芪甲苷（$C_{41}H_{68}O_{14}$）的平均含量为0.37mg。含量限度按《中国药典》黄芪药材中黄芪甲苷含量0.040%及丽安康片制剂工艺中黄芪甲苷75%的转移率计算，以其量的80%值作下限，确定本品每片含黄芪以黄芪甲苷（$C_{41}H_{68}O_{14}$）计，不得少于0.12mg。

4. 丽安康片生产工艺起草标准

黄芪、淫羊藿、当归，以上三味，当归、黄芪粉碎成粗粉，加8倍量水煎煮3次，每次1.5h，滤过，合并滤液，滤液浓缩至相对密度为1.35～1.40（60℃），真空干燥，粉碎成细粉，备用。另取淫羊藿切成条丝，加14倍量70%乙醇提取2次，每次1h，滤过，合并滤液，回收乙醇并减压浓缩至相对密度为1.18～1.22（60℃），真空干燥，粉碎成细粉，备用。将上述两种干膏粉及适量的羧甲基淀粉钠、微晶纤维素、15%交联聚维酮乙醇溶液混匀，制粒，压片，包衣，制成1000片，即得。

5. 制定的丽安康片药品标准草案

（1）处方：黄芪500g，淫羊藿500g，当归100g。

（2）制法：以上三味，当归、黄芪粉碎成粗粉，加8倍量水煎煮3次，每次1.5h，滤过，合并滤液，滤液浓缩至相对密度为1.35～1.40（60℃），真空干燥，粉碎成细粉，备用。另取淫羊藿切成条丝，加14倍量70%乙醇提取2次，每次1h，滤过，合并滤液，回收乙醇并减压浓缩至相对密度为1.18～1.22（60℃），真空干燥，粉碎成细粉，备用。将上述两种干膏粉及适量的羧甲基淀粉钠、微晶纤维素、15%交联聚维酮乙醇溶液混匀，制粒，压片，包衣，制成1000片，即得。

（3）性状：本品为薄膜衣片，除去包衣显棕褐色；气特异，味苦。

（4）鉴别：黄芪、淫羊藿鉴别。

取本品8片，除去包衣，研细，取约3g，加甲醇20ml，超声处理30min，滤过，滤液蒸干，残渣加水20ml使溶解，滤过，滤液用乙醚萃取3次，每次15ml，弃去乙醚萃取液，水层置水浴上挥至无醚味，用水饱和的正丁醇萃取3次，每次15ml，合并正丁醇萃取液，用1%NaOH溶液15ml洗涤，弃去碱水液，再以正丁醇饱和的水洗涤2次，每次15ml，弃去水液，正丁醇液减压回收至干，残渣加甲醇1ml使溶解，作为供试品溶液。另取黄芪甲苷对照品适量，加甲醇制成每毫升含1mg的溶液，作为黄芪甲苷对照品溶液。再取淫羊藿苷对照品适量，加甲醇制成每毫升含1mg的溶液，作为淫羊藿苷对照品溶液。照薄层色谱法（《中国药典》2005年版一部附录Ⅵ B）试验，吸取上述三种溶液各4μl，分别点于同一硅胶G薄层板上，以三氯甲烷-甲醇-水（13∶7∶2）10℃以下放置的下层溶液为展开剂，展开，取出，晾干，喷以10%硫酸乙醇溶液，在105℃加热至斑点显色清晰，分别置日光及紫外光灯（365nm）下检视。供试品色谱中，在与对照品色谱相应的位置上，分别显相同颜色的斑点或荧光斑点。

（5）检查：应符合片剂项下有关的各项规定（《中国药典》2005年版一部附录Ⅰ D）。

（6）含量测定。

1）淫羊藿苷含量测定：照高效液相色谱法（《中国药典》2005年版一部附录Ⅵ D高效液相色谱法）测定。

A. 色谱条件与系统适用性试验：以十八烷基硅烷键合硅胶为填充剂；以乙腈为流动相A，以0.1%醋酸溶液为流动相B，按表5-29进行梯度洗脱；检测波长为316nm；理论塔板数按淫羊藿苷峰计算应不低于2000。

表 5-29 梯度洗脱流动相组成

时间（min）	0	60	65	70
流动相 A	10	60	10	10
流动相 B	90	40	90	90

B. 对照品溶液的制备：精密称取淫羊藿苷对照品适量，加甲醇制成每毫升含 1.4mg 的溶液，即得。

C. 供试品溶液的制备：取本品 4 片，除去包衣，研细，取约 1.5g，精密称定，置具塞锥形瓶中，加入 40ml 稀乙醇，加热回流提取 120min，滤过，用少量稀乙醇多次洗涤滤渣至滤液无色，合并滤液，蒸至无醇味，加入水 20ml，滤过，用乙酸乙酯萃取 5 次，每次 30ml，合并乙酸乙酯萃取液，蒸干，用乙醇溶解并转移至 5ml 量瓶中，加乙醇至刻度，摇匀，即得。

D. 测定法：精密吸取对照品溶液与供试品溶液各 10μl，注入高效液相色谱仪，测定，计算，即得。

本品每片含淫羊藿按淫羊藿苷（$C_{33}H_{40}O_{15}$）计，不得少于 1.3mg。

2）黄芪甲苷含量测定：照高效液相色谱法（《中国药典》2005 年版一部附录Ⅵ D 高效液相色谱法）测定。

A. 色谱条件与系统适用性试验：以十八烷基硅烷键合硅胶为填充剂；以乙腈 -0.1% 三乙胺溶液（98 ：2）为流动相；检测波长为 230nm；理论塔板数按黄芪甲苷峰计算应不低于 1000。

B. 对照品溶液的制备：精密称取黄芪甲苷对照品适量，加甲醇制成每毫升含 0.45mg 的溶液，得黄芪甲苷对照品储备液。精密吸取上述黄芪甲苷对照品储备液 1ml，挥干溶剂，残渣加 1ml 吡啶溶解，加入 2ml 氯仿，在冰浴下加入苯甲酰氯 0.4ml，摇匀后于冰箱中 4℃放置 24h，使反应完全。挥干溶剂，残渣用甲醇稀释并定容至 10ml 量瓶中，即得对照品溶液。

C. 供试品溶液的制备：取本品 2 片，除去包衣，研细，取样品约 0.5g，精密称定，加甲醇 100ml 索氏提取 4h，蒸干，残渣加水饱和正丁醇 20ml 溶解，用 1%NaOH 振摇萃取 3 次，每次 6ml，弃去碱液，正丁醇液用正丁醇饱和水洗 2 次，每次 6ml，弃去水层，正丁醇蒸干，残渣加 1ml 吡啶溶解，加入 2ml 氯仿，在冰浴下加入苯甲酰氯 0.4ml，摇匀后于冰箱中 4℃放置 24h，使反应完全。挥干溶剂，残渣用甲醇稀释并定容至 10ml 量瓶中，微孔滤膜过滤，即得供试品溶液。

D. 测定法：分别吸取对照品溶液与供试品溶液各 10μl，注入高效液相色谱仪，测定，计算，即得。

本品每片含黄芪以黄芪甲苷（$C_{41}H_{68}O_{14}$）计，不得少于 0.12mg。

（7）功能与主治：补脾益肾，补气生血，扶助阳气。用于治疗肾气渐衰，冲任二脉虚惫，导致阴阳失调，气血两虚而引起的头昏耳鸣、心悸失眠、烦躁易怒或抑郁焦虑、潮热汗出等；防治围绝经期综合征。

（8）用法与用量：口服，一日 2 次，一次 3 片。

（9）规格：每片重 0.46g。

（10）贮藏：密封，防潮。

（四）药物稳定性研究的试验资料及文献资料

按丽安康片质量标准（草案）对丽安康片在口服固体药用高密度聚乙烯瓶包装条件下进行考察。三批样品在40℃，相对湿度75%的条件下考察6个月，在室温下留样观察30个月。样品性状、崩解时限、重量差异检查、卫生学检查、鉴别检查和含量测定等各项指标均无明显变化，说明样品正常条件下存放，质量基本稳定。

（五）直接接触药品的包装材料和容器的选择依据及质量标准

丽安康片在口服固体药用高密度聚乙烯瓶无被腐蚀变形、无变色、无失去光泽，说明样品丽安康片对口服固体药用高密度聚乙烯瓶包装材料无影响，可选择口服固体药用高密度聚乙烯瓶包装。

三、药理毒理研究

丽安康片的处方由经典方当归补血汤衍生而来，首创性地运用于治疗妇女更年期综合征和骨质疏松症。药理药效实验证实其能够治疗更年期骨质疏松症。急性毒性实验和长期毒性实验证实该制剂安全性高，不良反应少。其由当归、黄芪、淫羊藿三味中药精制而成，具有补气生血的作用。可用于治疗肾气渐衰，冲任二脉虚惫，导致阴阳失调，气血两虚而引起的头昏耳鸣、心悸失眠、烦躁易怒或抑郁焦虑、潮热汗出等。临床主要用于防治围绝经期综合征及由此引起的骨质疏松。

香港科技大学生物系对本方中当归、黄芪共煎研究表明，其具有以下显著作用：可显著诱导T淋巴细胞增殖、促进IL-2分泌及增强巨噬细胞的吞噬功能，增强细胞外信号调节激酶（extracellular signal-regulated kinase，Erk）磷酸化；无论是一般条件还是缺氧条件，均可增加红细胞生成素（erythropoietin，EPO）转录RNA的量，且呈剂量依赖关系，提示可促进EPO的合成和表达；可引起转录至人乳腺癌细胞MCF-7细胞株中雌激素反应组件（estrogen response element，ERE）荧光素酶信号的上升，但不会引起细胞增殖率的升高，提示其有类雌激素活性，能发挥雌激素作用却不会带来患乳腺癌等的风险；能够显著有效促进MG-63人成骨细胞的增殖、分化，对骨骼细胞有特殊活性，且呈量效关系。

（一）药效学试验

围绝经期是妇女一生中必经的生理阶段，它是妇女从生育能力与性活动正常阶段渐渐过渡至老年期的一个过程。这一过程发生的基本生理变化有卵巢分泌雌激素的功能减退，直至完全消失；下丘脑-垂体-卵巢轴活动开始波动，后渐趋稳定。这些生理变化直接表现为性活动力及生育能力下降，月经紊乱直至停经；性器官萎缩和逐渐衰老。人们普遍将此过程称为“更年期”，但因界定不明晰，1994年世界卫生组织倡导，废除“更年期”而采用“围绝经期”的概念。围绝经期综合征（PMS）是指处于围绝经期的妇女，由于卵巢功能的退行性改变，脑垂体功能亢进，雌激素水平低下所导致的以自主神经系统功能紊乱为主，伴有心理症状的一组症候群。近期症状主要以月经紊乱、自主神经和血管舒缩功能紊乱为主，伴有精神心理障碍及泌尿生殖系统萎缩；远期症状主要是骨质疏松、老年性痴呆和血脂代谢异常。

造成围绝经期变化的主要原因是卵巢功能下降，从而雌激素水平降低。故目前主要的造模方法是造成卵巢功能丧失。因此，本试验主要采用切除双侧卵巢模型和自然衰老模型大鼠，研究丽安康片提取物对围绝经期综合征大鼠的作用。

围绝经期综合征是妇科常见病、多发病，是在围绝经期出现以性激素减少为主的神经内分泌、心理和代谢变化所致的各器官的症状和体征的症候群，常见症状有潮热、潮红、精神状态的变化、心血管系统与生殖泌尿系统病变及骨质疏松等。因此，治疗围绝经期综合征的药物的药效评价主要包括神经、内分泌、代谢、免疫功能四方面。

1. 丽安康片提取物对切除双侧卵巢致围绝经期综合征模型大鼠的作用

去卵巢模型使用雌性大、小鼠去卵巢，例如，徐叔云介绍选取健康的大鼠或小白鼠，麻醉后切除双侧卵巢。术后 5 天起，对动物进行阴道涂片检查，1 次 / 天连续 5 天，以不出现动情期反应为造模成功。模型动物雌二醇（E_2）及子宫指数降低，卵泡刺激素（FSH）、黄体生成素（LH）值升高，去甲肾上腺素（NE）含量下降，大脑皮质和海马背侧的乙酰转移酶活性下降，5- 羟色胺（5-HT）和 5- 羟吲哚乙酸（5-HIAA）的含量与 5-HT/NE 显著升高，脾脏淋巴细胞数目减少，出现了更年期表现，替代应用外源性雌激素可以缓解这些症状。去卵巢模型和人类围绝经期还有不同：卵巢不仅合成雌激素，还有分泌合成其他激素和参与免疫的作用，人类围绝经期卵巢的功能并未完全丧失，而去卵巢则把这些功能完全去除。

试验方法：取正常 SD 大鼠 80 只，经适应性喂养后造模，即除空白组外，各组均施行经腹部双侧卵巢切除手术，空白组施行假手术。造模 1 周后按体重随机分为空白组、模型组、阳性组、丽安康片高剂量组、丽安康片中剂量组、丽安康片低剂量组。切卵巢模型术后恢复 1.5 个月后开始灌胃给药，每日 1 次，空白组和模型组给予等体积蒸馏水，其余各组给予相应供试品，连续给药 4 个月。

末次给药后动物禁食 12h，麻醉后采用 DEXA 法测定大鼠骨密度；腹主动脉采血，测定血清雌二醇（E_2）、卵泡刺激素（FSH）、促黄体素（LH）、丙二醛（MDA）、超氧化物歧化酶（SOD）活力及血浆 β- 内啡肽（β-EP）；腹主动脉取血后迅速断头处死大鼠，于冰台上迅速剖取下丘脑，称重，测定下丘脑中去甲肾上腺素（NE）、5- 羟吲哚乙酸（5-HIAA）、多巴胺（DA）、5- 羟色胺（5-HT）含量；取 1ml 全血，EDTA 抗凝，T-淋巴细胞亚群计数；取 2 ～ 4 腰椎，10% 甲醛固定，常规石蜡包埋切片，HE 染色，用图像分析软件测定骨小梁面积及骨小梁面积率；测定肾上腺、子宫、阴道脏器系数；观察肾上腺、卵巢、子宫、阴道病理切片。给药情况、与临床拟用量的倍数关系及试验结果见表 5-30。

2. 丽安康片提取物对自然衰老大鼠围绝经期综合征模型的作用

人们发现自然衰老的大鼠激素、器官、表现等更贴近人的围绝经期水平，这也符合中医顺应自然的理论。研究发现，雌性大鼠 11 ～ 17 月龄为发情休息期，此期大鼠不仅出现生殖内分泌功能降低、神经递质紊乱，其他机体状态也明显降低。其阴道脱落细胞涂片呈现无规则动情周期变化，血清雌二醇（E_2）水平降低，黄体生成素（LH）、卵泡刺激素（FSH）水平升高，下丘脑、垂体、卵巢、脾脏的雌激素受体（ER）及 ER mRNA 的表达量呈进行性下降；卵巢呈现原始卵泡及初、次级卵泡减少，退化卵泡增多；肾上腺皮质总厚度和束状带变薄，球、网状带增厚，结构出现紊乱并有出血；脑内多巴胺（DA）、去甲肾上腺素（NE）、肾上腺素（E）等单胺类递质逐渐减少，5- 羟色胺（5-HT）和 5- 羟色氨酸（5-HIAA）等吲哚类递质的含量随增龄而增加。胸腺萎缩，血清 IL-2 含量及活性均下降，心肌呈衰老趋势。上述表现均提示雌性大鼠自 11 月龄开始就进入更年期，与人类更年期生物学特性相仿，可作为动物模型。衰老模型与切卵巢模型相比较，前者为最理想的围绝经期大鼠模型，其衰老征象及体内激素水平等均与人类接近；后者主要为模拟雌激素水平低下，以及由此引起的下丘脑 - 垂体 - 卵巢轴（HPO）功能紊乱等相关变化。在研究药物对围绝经期综合征的改善作用的试验过程中，药物可于造模的不同阶段给药来反映出药物作用的特点。对自然衰老模型，在 11 月龄时大鼠已出现排卵不规则和反复的假孕，提示其卵巢功能已开始下降，其生殖内分泌功能衰退的表现与围绝经期妇女极其相似，唯其价高难得，难以饲养。对切除双侧卵巢模型，其因失去卵巢造成体内雌激素水平急剧下降，可模拟围绝经期妇女体内低雌激素水平的状况，且造模成功率高，但亦因卵巢切除而与围绝经期妇女不同——围绝经期妇女卵巢功能虽衰退，但仍可保持一定低水平的雌激素分泌。

试验方法：取雌性自然衰老大鼠（11 月龄）75 只，正常饲养 15 天（即至 11.5 月龄）时，随机分为衰老模型组、西药阳性组、中药阳性组、丽安康片高剂量组、丽安康片中剂量组、丽安康片低剂量组。灌胃给药，1ml/100g 体重，每日 1 次，模型组给予等体积蒸馏水，其余各组给予相应供试品，连续给药 4 个月。

末次给药后动物禁食 12h，检测指标同“丽安康片提取物对切除双侧卵巢致围绝经期综合征模型大鼠的作用”项下。给药情况、与临床拟用量的倍数关系及试验结果见表 5-30。

3. 丽安康片提取物的镇静催眠作用研究

（1）对小鼠自主活动次数的影响：取 KM 雌性小鼠 60 只，适应性喂养后，按体重随机分为 5 组，分别为空白对照组、阳性对照组、丽安康片高剂量组、丽安康片中剂量组、丽安康片低剂量组，每组 12 只。空白对照组给予等量蒸馏水，其余各组给予相应的药物（给药情况、与临床拟用量的倍数关系见表 5-30），连续 7 天。试验前禁食 12h。于末次给药 1h 后（阳性对照组 0.5h 后），置小鼠自主活动测试仪中适应 5min 后测定 5min 内小鼠活动次数及站立次数。

（2）延长戊巴比妥钠致小鼠睡眠时间的作用：取 KM 雌性小鼠 60 只，适应性喂养后，按体重随机分为 5 组，分别为空白对照组、阳性对照组、丽安康片高剂量组、丽安康片中剂量组、丽安康片低剂量组，每组 12 只。空白对照组给予等量蒸馏水，其余各组给予相应的药物（给药情况、与临床拟用量的倍数关系见表 5-30），连续 7 天。试验前禁食 12h。于末次给药 1h 后（阳性对照组 0.5h 后），腹腔注射戊巴比妥钠 40mg/kg，各组以注射后小鼠翻正反射消失为入睡指标，以其翻正反射恢复为苏醒指标，记录各组小鼠的睡眠潜伏期和睡眠持续时间。

4. 丽安康片提取物对免疫功能的作用

（1）对小鼠血清溶血素生成的影响：取 KM 雌性小鼠 72 只，适应性喂养后，按体重随机分为 6 组，分别为空白对照组、模型组、阳性对照组、丽安康片高剂量组、丽安康片中剂量组、丽安康片低剂量组，每组 12 只。各组小鼠均腹腔注射 5% 鸡红细胞 0.2ml/10g 致敏，致敏后，除空白对照组外，其余各组均每天灌胃醋酸泼尼松（10mg/kg），连续 4 天，以造成免疫功能低下模型。空白对照组和模型组给予蒸馏水，其余各组给予相应的药物（给药情况、与临床拟用量的倍数关系见表 5-30），连续 10 天。试验前禁食 12h。于末次给药 1h 后（阳性对照组 0.5h），各鼠眼眶静脉取血，离心，取血清用生理盐水稀释 100 倍，取稀释血清 1ml，与 5% 生理盐水鸡红细胞混悬液 0.5ml、10% 补体 0.5ml 混合，37℃恒温保温 30min 后置 0℃冰箱中中止反应。0℃离心 15min，3000r/min。取上清液用分光光度计比色（波长为 540nm），测录光密度（OD）。另设不加血清的空白对照，取其上清液作为比色时调“0”基准。以光密度（OD）读数作为判定血清溶血素的指标。

（2）对小鼠迟发型超敏反应（DTH）的作用：取 KM 雌性小鼠 72 只，适应性喂养后，按体重随机分为 6 组，分别为空白对照组、模型组、阳性对照组、丽安康片高剂量组、丽安康片中剂量组、丽安康片低剂量组，每组 12 只。除空白对照组外，其余各组均每天灌胃醋酸泼尼松（10mg/kg），连续 4 天，以造成免疫功能低下模型。空白对照组和模型组给予蒸馏水，其余各组给予相应的药物（给药情况、与临床拟用量的倍数关系见表 5-30），连续 10 天。首次给药的第 2 天，在已用硫化钡脱毛的小鼠腹部皮肤上涂 1% 二硝基氟苯（DNFB）丙酮麻油溶液 50μl/ 只，致敏。末次给药后 1h（阳性对照组 0.5h），在小鼠右耳涂 1%DNFB 溶液 10μl / 只进行攻击。攻击后 24h，颈椎脱臼处死小鼠，用直径 8mm 打孔器于左右耳相同部位打下耳片，称重。以左右耳之重量差为肿胀度。此外，取胸腺、脾脏，称重，计算胸腺指数和脾脏指数。

（3）对小鼠碳粒廓清能力的影响：取 KM 雌性小鼠 72 只，适应性喂养后，按体重随机分为 6 组，分别为空白对照组、模型组、阳性对照组、丽安康片高剂量组、丽安康片中剂量组、丽安康片低剂量组，每组 12 只。除空白对照组外，其余各组均每天灌胃醋酸泼尼松（10mg/kg），连续 4 天，以造成免疫功能低下模型。空白对照组和模型组给予蒸馏水，其余各组给予相应的药物（给药情况、与临床拟用量的倍数关系见表 5-30），连续 10 天。试验前禁食 12h。末次给药后 1h（阳性对照组 0.5h），在尾静脉注入稀释中华墨汁 0.1ml/10g，在注入墨汁后 2min 及 12min，从小鼠眼眶静脉丛取血 20μl，立刻吹入 0.1%Na_2CO_3 溶液 2ml 中并充分摇匀，以 0.1%Na_2CO_3 溶液校零，于 576nm 处测定 OD 值，计算廓清指数 K。

5. 丽安康片提取物对记忆功能的作用

分别取 KM 雌性小鼠 72 只，适应性喂养后，按体重随机分为 6 组，分别为空白对照组、模型组、阳性对照组、丽安康片高剂量组、丽安康片中剂量组、丽安康片低剂量组，每组 12 只。空白对照组和模型组给予蒸馏水，其余各组给予相应的药物（给药情况、与临床拟用量的倍数关系见表 5-30），连续 10 天。试验前禁食 12h。末次给药 1h 后（阳性对照组 0.5h）进行迷宫试验，记录每只小鼠从起点走至终点的时间。以每组平均时间作为评价指标。

给药第 6 天开始训练，训练前小鼠禁食 12h。训练时在终点放置食物，将小鼠放进起点，打开闸门，小鼠自行前进觅食直至终点。如此重复两次。

记忆获得障碍模型：每次训练前 30min，各给药组均腹腔注射戊巴比妥钠 20mg/kg，造成记忆形成障碍模型，空白对照组注射等体积生理盐水。

记忆巩固障碍模型：末次训练后，各给药组均皮下注射亚硝酸钠 120mg/kg，造成记忆巩固障碍模型，空白对照组注射等体积生理盐水。

记忆再现障碍模型：测试前 30min，各给药组均按 10ml/kg 用 40% 乙醇灌胃，造成记忆再现障碍模型，空白对照组注射等体积生理盐水。

6. 丽安康片提取物对发汗模型小鼠的作用

取 KM 雌性小鼠 60 只，适应性喂养后，按体重随机分为 5 组，分别为空白对照组、模型组、丽安康片高剂量组、丽安康片中剂量组、丽安康片低剂量组，每组 12 只。按体重腹腔注射 10mg/ml 毛果芸香碱溶液 0.1ml/10g，空白对照组注射等体积生理盐水。空白对照组和模型组给予蒸馏水，其余各组给予相应的药物（给药情况、与临床拟用量的倍数关系见表 5-30），连续 5 天。试验前禁食 12h。末次给药 1h 后，将小鼠分别置入小鼠固定器内，仰位固定，暴露双下肢。用棉签蘸无水乙醇轻轻将足跖部污物擦洗干净，待干后涂上和田 - 高垣氏试剂 A 液，充分干燥后，再薄薄涂上和田 - 高垣氏试剂 B 液，腹腔注射毛果芸香碱溶液，5min 后观察小鼠足跖部出汗情况，根据以下标准划定等级：出汗面积 ＜ 1/2，2 分；1/2 ～ 3/4，4 分；＞ 3/4，6 分。

表 5-30　丽安康片提取物药效学试验总结

项目	模型 / 方法	给药情况				试验结果
		途径	给药体积（ml/kg）	频次（次/天）	剂量及与临床拟用量的倍数关系	
1	对切除双侧卵巢致大鼠围绝经期综合征模型大鼠的作用	灌胃	10	1	丽安康片提取物高、中、低剂量分别为 564、282、141mg/(kg·d)[相当于 2.2、1.1、0.5g 生药 /（kg · d）]，上述剂量为成人临床拟用药日剂量的 20、10、5 倍（按体重计算）。倍美力片：104.2μg/（kg · d），为成人临床日剂量的 10 倍（按体重计算）	①减缓大鼠骨质疏松 ②缓解骨小梁结构退化 ③调节大鼠 β- 内啡肽的分泌及性激素水平 ④提高大鼠血清 SOD 水平同时降低 MDA 水平 ⑤缓解大鼠下丘脑单胺递质 NE 及 5-HT 水平的上升 ⑥可改善因切除卵巢引起的大鼠子宫内膜萎缩、阴道黏膜萎缩等退变

续表

项目	模型 / 方法	给药情况				试验结果
		途径	给药体积（ml/kg）	频次（次/天）	剂量及与临床拟用量的倍数关系	
2	对自然衰老大鼠围绝经期综合征模型大鼠的作用	灌胃	10	1	丽安康片提取物高、中、低剂量分别为 564、282、141mg /（kg·d）[相当于 2.2、1.1、0.5g 生药 /（kg·d）]，上述剂量为成人临床拟用药日剂量的 20、10、5 倍（按体重计算）。倍美力片：104.2μg/（kg·d），为成人临床日剂量的 10 倍（按体重计算）	①减缓衰老大鼠骨质疏松 ②缓解衰老大鼠骨小梁结构退化 ③调节衰老大鼠 β- 内啡肽的分泌及性激素水平 ④提高衰老大鼠血清 SOD 水平同时降低 MDA 水平 ⑤缓解衰老大鼠下丘脑单胺递质 NE、DA、5-HT 水平的下降 ⑥可减缓衰老大鼠 T 淋巴细胞亚群 $CD4^+/CD8^+$ 下降 ⑦可改善因衰老引起的大鼠子宫、阴道、卵巢萎缩等退变
3	对小鼠的镇静催眠作用	灌胃	20	1	丽安康片提取物高、中、低剂量分别为 1128、564、282mg /（kg·d）[相当于 4.4、2.2、1.1g 生药 /（kg·d）]，上述剂量为成人临床拟用药日剂量的 40、20、10 倍（按体重计算）	①减少正常小鼠的活动次数及站立次数 ②显著缩短小鼠的睡眠潜伏期，延长小鼠睡眠时间
4	对免疫功能的作用	灌胃	20	1		①显著提高小鼠体内溶血素水平，可有效提高免疫抑制模型小鼠的特异性免疫功能 ②显著提高对二硝基氟苯（DNFB）所致迟发型超敏反应免疫抑制小鼠的耳郭肿胀度，可提高免疫抑制小鼠的特异性细胞免疫功能 ③有效提高免疫抑制小鼠的碳粒廓清能力
5	对记忆功能的作用	灌胃	20	1		对记忆障碍模型、记忆巩固障碍模型、记忆再现障碍模型小鼠的记忆功能均有一定的改善作用
6	对发汗模型小鼠的作用	灌胃	20	1		显著缓解因腹腔注射毛果芸香碱致发汗小鼠的发汗程度，可能有止汗作用

（二）急性毒性试验

1. 灌胃给药大鼠急性毒性（最大给药量）试验

在急性毒性预试验中，按 5ml/kg、10ml/kg 及 20ml/kg 剂量一次灌胃给予丽安康片，给药 24h 后观察，所有受试大鼠皮肤、毛色正常，鼻、眼、口腔正常且无异常分泌物，无呕吐现象，活动、饮食饮水及二便正常，动物未出现不良情况和死亡。处死及解剖动物，肉眼观察主要脏器未发现异常。因此，将一次灌胃给予丽安康片 0.46g /ml（相当于 1.1g 生药 /ml），20ml/kg 剂量，作为大鼠灌胃给药急性毒性试验正式试验的给药量。

在急性毒性正式试验中，选用 SD 大鼠 18 只，体重 180 ～ 220g，雌雄各半，通过灌胃给予丽安康片，药后连续 14 天观察所有受试大鼠皮肤、毛色，鼻、眼、口腔及是否有异常分泌物，呕吐现象，体重增长、活动、饮食饮水及二便情况，动物有无出现不良情况和死亡，最后处死及解剖动物肉眼观察主要脏器有无异常。试验给药情况、与临床拟用剂量的倍数关系及结果见表 5-31。

2. 灌胃给药小鼠急性毒性（最大给药量）试验

在急性毒性预试验中，按 10ml/kg、20ml/kg 及 40ml/kg 剂量一次灌胃给予丽安康片，给药 24h 后观察，所有受试小鼠皮肤、毛色正常，鼻、眼、口腔正常且无异常分泌物，无呕吐现象，活动、饮食饮水及二便正常，动物未出现不良情况和死亡。处死及解剖动物，肉眼观察主要脏器未发现异常。因此，将一次灌胃给予丽安康片 0.46g /ml（相当于 1.1g 生药 /ml），40ml/kg 剂量，作为小鼠灌胃给药急性毒性试验正式试验的给药量。

在急性毒性正式试验中，选用 KM 小鼠 20 只，体重 18 ～ 22g，雌雄各半，通过灌胃给予丽安康片，药后连续 14 天，观察所有受试小鼠皮肤、毛色，鼻、眼、口腔及是否有异常分泌物，呕吐现象，体重增长、活动、饮食饮水及二便情况，动物有无出现不良情况和死亡，最后处死及解剖动物肉眼观察主要脏器有无异常。试验给药情况、与临床拟用剂量的倍数关系及结果见表 5-31。

（三）长期毒性试验

选用老年 SD 雌鼠（即 11 月龄大鼠）120 只，雌雄各半，随机分为四组：空白对照组及丽安康片高、中、低剂量组。采用灌胃给药，空白对照组给予蒸馏水，其余各组给予相应药物，每日 1 次，连续 180 天，分别于给药 90 天药后 24h 各组活杀 10 只动物，给药 180 天后 24h 各组活杀 10 只动物，其余动物继续观察 1 个月后活杀。试验期间观察动物的外观、一般行为、体重、饮食饮水量变化，对各组进行血液分析、血液生化分析及脏器检查，空白对照组及丽安康片高剂量组进行病理组织学指标检查。试验给药情况、与临床拟用剂量的倍数关系及结果见表 5-31。

表 5-31 丽安康片毒理学试验总结

试验项目	方法	试验动物	给药情况				试验结果
			给药途径	给药体积（ml/kg）	频次（次 / 天）	剂量及与临床拟用量的倍数关系	
1	急性毒性试验	KM 小鼠	灌胃	40	1	丽安康片 18.4g/（kg·d）[相当于 44.0g 生药 /（kg·d）]，为临床拟用药日剂量的 400 倍	药后连续观察 14 天，受试小鼠皮肤、毛色正常，鼻、眼、口腔正常及无异常分泌物，无呕吐现象，体重增长、活动、饮食饮水及二便正常，动物无出现不良情况和死亡，解剖动物肉眼观察主要脏器无异常
		SD 大鼠		20	1	丽安康片 9.2g/（kg·d）[相当于 22.0g 生药 /（kg·d）]，为临床拟用药日剂量的 200 倍	药后连续观察 14 天，受试大鼠皮肤、毛色正常，鼻、眼、口腔正常及无异常分泌物，无呕吐现象，体重增长、活动、饮食饮水及二便正常，动物无出现不良情况和死亡，解剖动物肉眼观察主要脏器无异常

续表

试验项目	方法	试验动物	给药情况				试验结果
			给药途径	给药体积（ml/kg）	频次（次/天）	剂量及与临床拟用量的倍数关系	
2	长期毒性试验	老年SD雌鼠	灌胃	20	1	丽安康片高、中、低剂量分别为3.68、1.84、0.46g/（kg·d）[相当于8.80、4.40、1.10g生药/（kg·d）]，为临床拟用药日剂量的80、40、10倍	①试验期间，各组动物皮肤、毛发光泽良好，鼻、眼、口腔正常且无异常分泌物，呼吸正常，给药无呕吐现象，摄食、饮水、尿粪排泄及体重增长正常，与空白对照组比较均无明显差异 ②高、中、低剂量组血常规及血生化各项指标均在正常范围之内，部分指标组间有显著差异 ③高、中、低剂量组主要脏器色泽、质地正常，肉眼未见明显变化，脏器系数与空白对照组比较无明显差异 ④镜检，部分样本可见肺间质炎、心脏局灶炎、肝脏髓外造血、肝小肉芽肿、小灶状坏死、灶状凝固性坏死、肾小管钙盐沉积、肾远曲小管空泡变、肾集合小管扩张、蛋白管型、肾间质炎细胞浸润，但空白对照组及高剂量组无明显差异，考虑为自发性病变 ⑤卵巢部分样本见卵巢间质腺增多，但空白对照组及高剂量组无明显差异，考虑老龄化自发性改变。药后3个月空白对照组见4例乳腺雄性化，高剂量组无乳腺雄性化，给药6个月空白对照组见8例乳腺雄性化，高剂量组无乳腺雄性化，停药1个月空白对照组及丽安康片高剂量组各见2例乳腺雄性化。药后3个月，高剂量组1例样本见子宫内膜轻度增生，考虑该受试物具有雌激素或类似雌激素作用

（四）分析与评价

1. 有效性分析与评价

围绝经期综合征是妇科常见病、多发病，是在围绝经期出现以性激素减少为主的神经内分泌、心理和代谢变化所致的各器官的症状和体征的症候群，常见症状有潮热、潮红、精神状态的变化、心血管系统与生殖泌尿系统的病变及骨质疏松等。处于围绝经期的妇女约 2/3 可出现一系列性激素减少所致的症状，发生率较高的是神经精神症状，如记忆力衰退、易怒、失眠、潮红出汗等，严重影响患者的生活质量。现代研究认为，围绝经期综合征的症状是否发生及其轻重程度，除与内分泌功能状态有密切关系外，还与个体体质、健康状态、社会环境及精神神经因素（神经递质）等密切相关。自围绝经期开始即出现卵泡刺激素（FSH）升高、雌二醇（E_2）水平下降及由此引起的下丘脑 - 垂体 - 卵巢轴（HPO）功能紊乱等相关变化。近年来对神经递质在绝经期妇女精神心理变化发病机制中作用的研究认为，中枢神经下丘脑含大量儿茶酚胺、内源性鸦片肽、5- 羟色胺（5-HT）等神经递质，绝经后妇女血中 β- 内啡肽和 5-HT 均下降，绝经后精神心理障碍的发生可能与上述神经递质的活动和活性有关。由于雌激素缺乏导致骨量减少及骨组织微结构变化，骨密度（BMD）降低，使骨脆性增高易于骨折而发生绝经后骨质疏松症（POP）。

根据丽安康片提取物药理作用的研究表明，其能减缓围绝经期综合征模型大鼠骨质疏松，缓解骨小梁结构退化，调节大鼠 β- 内啡肽的分泌及性激素水平，提高大鼠血清 SOD 水平同时降低 MDA 水平，缓解大鼠下丘脑单胺递质 NE 及 5-HT 水平的上升，改善因切除卵巢引起的大鼠子宫内膜萎缩、阴道黏膜萎缩等退变。丽安康片提取物以上药理作用为其临床用于防治围绝经期综合征及由此引起的骨质疏松，治疗肾气渐衰，冲任二脉虚惫，导致阴阳失调，气血两虚而引起的头昏耳鸣、心悸失眠、烦躁易怒或抑郁焦虑、潮热汗出等提供了实验依据。

2. 安全性分析与评价

在急性毒性试验中，大鼠按丽安康片 0.46g /ml（最大浓度，相当于 1.10g 生药 /ml），20ml/kg 剂量灌胃给药，药后连续观察 14 天，所有受试大鼠毛色光洁，饮食、活动和二便正常，鼻、眼、口腔无异常分泌物，未出现不良情况和死亡动物。本品大鼠的一次给药量是成人临床拟用量的 200 倍；小鼠按丽安康片 0.46g /ml（最大浓度，1.10g 生药 /ml），0.4ml/10g 剂量灌胃给药，连续观察 14 天，所有受试小鼠毛色光洁，饮食、活动和二便正常，鼻、眼、口腔无异常分泌物，未出现不良情况和死亡动物。本品小鼠的一次给药量是成人临床拟用量的 400 倍。以上实验提示本品灌胃给药安全性较高，并为药效学试验、长期毒性试验和临床安全用药提供了参考。

在大鼠长期毒性试验中，选用老年 SD 雌鼠（即 11 月龄大鼠），设空白对照组，丽安康片高、中、低剂量组，分别为 3.68、1.84、0.46g/（kg · d）[相当于 8.80、4.40、1.10g 生药 /（kg · d），为临床拟用药日剂量的 80、40、10 倍]，每天灌胃一次，连续 180 天，分别于给药 90 天及 180 天进行检测，各组动物一般状态良好，外观体征、行为活动、腺体分泌、呼吸、二便、饮食饮水、体重增长及给药反应等均无异常变化；三个剂量组及空白对照组血液学检查、血液生化学检查均在正常范围，部分指标组间有显著差异；病理学检查，空白对照组与丽安康片高剂量组主要脏器组织未见与药物相关的病理学变化。部分样本见卵巢间质腺增多、乳腺雄性化、子宫内膜轻度增生，考虑该受试物具有雌激素或类似雌激素作用。上述指标停药 1 个月后也未见明显改变，提示丽安康片临床拟用的剂量安全性较高，为临床安全用药提供了参考。

3. 药理毒理综合分析与评价

丽安康片毒理试验采用大鼠急性毒性（最大给药量）试验、小鼠急性毒性（最大给药量）试验和老年SD雌鼠长期毒性试验来评价该药物应用的安全性，药效试验也采用大、小鼠进行药理作用的研究，药理毒理试验动物均采用灌胃形式给药。

大鼠急性毒性试验中，给药体积为20ml/kg，1次/日，并在药后观察14天，受试小鼠未出现异常情况和死亡。小鼠的日给药量为成人临床拟用药日剂量的200倍。小鼠急性毒性试验中，给药体积为40ml/kg，1次/日，并在药后观察14天，受试小鼠未出现异常情况和死亡。小鼠的日给药量为成人临床拟用药日剂量的400倍。老年SD雌鼠长期毒性试验中，给药体积为20ml/kg，1次/日，高、中、低三个剂量分别为成人临床拟用药日剂量的80、40、10倍。连续给药6个月及停药观察1个月，各组动物均无异常变化，血常规、血生化学检查均在正常范围，病理学检查体现该受试物具有雌激素或类似雌激素作用，停药1个月的恢复期，上述指标未发生改变。

在药效学试验中，大鼠给药体积为10ml/kg，1次/日，高、中、低三个剂量分别为成人临床拟用药日剂量的20、10、5倍；小鼠给药体积为20ml/kg，1次/日，高、中、低三个剂量分别为成人临床拟用药日剂量的40、20、10倍。因此，药效学剂量均在毒理学安全剂量以内且安全范围较大。

4. 药理毒理与其他专业间的相关性分析

（1）与中药学的相关性分析：丽安康片由当归、黄芪、淫羊藿三味中药精制而成。方中黄芪性温，味甘，归肺、脾经，具有补气固表、利尿解毒、排脓之功；当归味甘、辛，性温，入肝、心、脾经，具补血活血、调经止痛、润肠通便的作用；淫羊藿味辛、甘，性温，入肝、肾经，具有补肾阳、强筋骨、祛风湿之功效。以上三味药物之功，组合成方，针对病因病机，标本兼治，用于治疗更年期综合征和骨质疏松症，对于更年期出现的烦躁、潮热、健忘、疲劳等症状有明显的改善作用。

当归、黄芪粉碎成粗粉，加8倍量水煎煮3次，每次1.5h，滤过，合并滤液，滤液浓缩至相对密度为1.35～1.40（60℃），真空干燥，粉碎成细粉，备用。另取淫羊藿切成条丝，加14倍量70%乙醇提取2次，每次1h，滤过，合并滤液，回收乙醇并减压浓缩至相对密度为1.18～1.22（60℃），真空干燥，粉碎成细粉，备用。将上述两种干膏粉及适量的羧甲基淀粉纳、微晶纤维素、15%交联聚维酮乙醇溶液混匀，制粒，压片，包衣，即得。

（2）与临床研究的相关性分析：丽安康片临床拟用于防治围绝经期综合征及由此引起的骨质疏松，治疗肾气渐衰，冲任二脉虚惫，导致阴阳失调，气血两虚而引起的头昏耳鸣、心悸失眠、烦躁易怒或抑郁焦虑、潮热汗出等症状。成人服用量为一次3粒（0.46g/粒），一日2次，即临床服用量为2.76g/d（相当于6.6g生药/d），以成人体重60kg计，平均用药剂量为0.046g/（kg·d）[相当于0.11g生药/（kg·d）]。

药效学试验中，大鼠试验高、中、低三个剂量分别为成人临床拟用药日剂量的20、10、5倍（按体重计算）；小鼠试验高、中、低三个剂量分别为成人临床拟用药日剂量的40、20、10倍（按体重计算）。丽安康提取物能减缓围绝经期综合征模型大鼠骨质疏松，缓解骨小梁结构退化，调节大鼠β-内啡肽的分泌及性激素水平，提高大鼠血清SOD水平同时降低 MDA 水平，缓解大鼠下丘脑单胺递质 NE 及 5-HT 水平的上升，改善因切除卵巢引起的大鼠子宫内膜萎缩、阴道黏膜萎缩等退变。丽安康片具有镇静、止汗的作用，能改善小鼠的记忆功能及增强免疫功能。研究结果显示，丽安康片具有防治围绝经期综合征及由此引起的骨质疏松的作用。

毒理学试验中，大鼠急性毒性试验每天给药量是成人临床拟用药日剂量的 200 倍（按体重计算），小鼠急性毒性试验每天给药量是成人临床拟用药日剂量的 400 倍（按体重计算），老年 SD 雌鼠长期毒性试验高、中、低三个剂量分别为成人临床拟用药日剂量的 80、40、10 倍（按体重计算），显示丽安康片应用的剂量安全性较高，为临床安全用药提供了依据。

第三节　当归阿魏酸天然透皮吸收促进剂的开发研究

当归既是内服中药，也是常用的外用中药。阿魏酸是当归的主要有效成分之一，具有抗血小板聚集、抑制血小板 5- 羟色胺释放、抑制血小板血栓素生成、缓解血管痉挛等作用，作为一种抗血栓、降血脂、防治冠心病的药物更希望延长其作用时间，寻找对阿魏酸具有透皮促进活性的天然透皮吸收促进剂具有重要价值。本研究从中药外用处方中应用频率最高的、药性不同的“药引类”中药材吴茱萸、芥子、大黄、黄连（两个辛温药、两个苦寒药）中，筛选出符合中医用药特点的对阿魏酸具有透皮促进活性的挥发性及非挥发性天然透皮促进剂及其最佳剂量、配伍，对改善当归中医外治和外用制剂的渗透状况，提高当归相关外用制剂的开发及临床疗效具有重要意义（发明专利号：201210502344.3；201210502658.3）。

一、天然透皮促进剂的制备

从天然中药中提取分离纯化活性物质，制备有透皮活性的非挥发性及挥发性天然提取物。

（一）吴茱萸挥发油的制备

称取吴茱萸药材 1.5kg，平均分成三份，每份 500g，每份加 6 倍量蒸馏水于 10 000ml 圆底烧瓶中，置电热套加热回流提取 5h，得挥发油含量为 0.38%。

（二）芥子油的制备

称取白芥子药材三份，每份 100g，粉碎，置于 2000ml 圆底烧瓶，用石油醚（60 ～ 90℃）浸泡过夜，再用 500ml 石油醚（60 ～ 90℃）提取两次，石油醚提取液低温挥去溶剂，即得芥子油 21ml，含量 7.0%。

（三）吴茱萸总生物碱的制备

分别称取吴茱萸药材三份，每份 500g，每份加入 6 倍量 70% 乙醇，加热回流提取 2 次，每次 3h，滤过，合并滤液，回收乙醇，浓缩，干燥，得干膏 452g。取干膏 40g，研细，置于 1000ml 圆底烧瓶中，加丙酮 250ml 置水浴锅 60℃加热回流 1h，滤过，滤液回收丙酮，浓缩近干，得约 5.0g 稠膏，加入适量的中性氧化铝搅拌，研成细粉状，上中性氧化铝（100～200目）柱。柱一：用5BV乙酸乙酯-二氯甲烷（70 ∶ 30）洗脱；流速为1.0ml/min，点样收集滤液，将滤液回收得纯化后的吴茱萸生物碱。柱二：以乙酸乙酯为洗脱剂。采用HPLC法测定含量，纯化后的吴茱萸总生物碱以吴茱萸碱和吴茱萸次碱之和计，四批样品的含量分别为86.60%、71.30%、41.50%、64.32%。

（四）芥子碱硫氰酸盐的制备

称取白芥子药材三份，每份100g，粉碎，置于2000ml圆底烧瓶中，用石油醚脱脂2次（500ml×2），每次2h，残渣挥干石油醚，分别使用80%乙醇回流提取两次（500ml×2），每次2h，过滤，合并滤液，浓缩呈糖浆状，加蒸馏水60ml稀释后，加入20%KSCN溶液15ml（蒸馏水和20%硫氰酸钾溶液比例为4 ∶ 1），置4℃冰箱，隔夜放置，析出结晶，抽滤，收集结晶，滤液再加蒸馏水，置4℃冰箱，隔夜放置，析出浅黄色针状结晶，如此反复，共重结晶3次，得到黄色结晶共0.45g，得率为0.51%。采用HPLC法测定含量。结果纯化后的芥子碱以芥子碱硫氰酸盐计，三批样品的含量分别为96.1%、83.5%、75.6%。

（五）盐酸小檗碱的制备

取1500g黄连粗粉，分成三份，每份加22倍量70%乙醇回流提取3次，每次1h，提取液回收乙醇，将稠膏水浴浓缩，得干膏419.2g，出膏率为27.9%。取黄连醇提取物100.4g，置1000ml烧杯内，加10倍量0.5%H_2SO_4溶解，静置，过滤，酸水液加石灰乳调pH至10～12，过滤，滤液加浓盐酸调pH至1～2，加入NaCl盐析，放置，抽滤，将沉淀溶于1000ml热水中，调pH至8.5～9，趁热过滤，滤液加盐酸调pH至2～3，放置，抽滤，将沉淀水洗至中性，得盐酸小檗碱粗品，将其再次溶于热水，加盐酸调pH至2～3，放置，抽滤，将沉淀水洗至中性，进一步纯化，得纯化后的盐酸小檗碱15.8g，采用紫外-可见分光光度法测定含量，纯化后的盐酸小檗碱以盐酸小檗碱计，三批样品含量分别为93.45%、92.23%、92.85%。

（六）大黄总蒽醌的制备

1. 大黄总蒽醌提取

分别称取大黄饮片三份，每份500g，粉碎，置于10 000ml圆底烧瓶中，每份加8倍量75%乙醇回流提取3次，每次2h。将提取液回收乙醇，得到的稠膏水浴干燥，得到干浸膏575g。取上述干膏50g置于2000ml圆底烧瓶中，加入8%的HCl 500ml，超声10min，再加入氯仿1000ml回流提取2h，将提取液回收溶剂，干燥，得到粗大黄总蒽醌2.6g。按照此方法再处理100g大黄干膏，共得大黄总蒽醌粗品8.6g。

2. 大孔树脂纯化大黄总蒽醌

D301大孔树脂的处理：称取D301大孔树脂150g，在水中浸泡一昼夜，然后进行反洗和正洗，洗至出水清亮，再以树脂体积2～3倍的3%～4%HCl和NaOH交替处理，在酸碱之间应以水淋洗，交替处理以“酸—水—碱—水”为一个循环，至少处理三个循环，预处理后经再生处理即可投入使用。

装柱：将树脂采用湿法装柱，使其致密均匀无空隙，打开活塞至蒸馏水液面刚刚淹没树脂为止，测得柱体积为 60ml。

上样：将大黄总蒽醌粗品用 20 倍量 75% 乙醇溶解，过滤，用氨水调节 pH 至 9，摇匀后上柱。上柱后打开柱子活塞，让药液液面下降至刚好淹没树脂，关闭活塞，静置 4 ~ 6h 进行动态交换吸附。

洗脱：待蒽醌被完全吸附后，打开活塞，先用 5 倍量的蒸馏水洗至出水澄清，再用 120ml 0.1mol/L 的 HCl 进行洗脱，弃去酸洗液，最后用 75% 乙醇洗脱，流速为 0.75ml/min，洗至洗脱液颜色淡黄为止。

洗脱液的处理：将洗脱液回收乙醇，干燥，得到黄色粉末，即为纯度较高的大黄总蒽醌，重 0.8g，采用 UV 法测定含量。纯化后，两批样品含大黄总蒽醌以大黄素计，为 77.2%、94.6%。

二、透皮促进效果评价方法的建立

（一）离体小鼠皮肤制备及供给液、接受液的制备

（1）离体小鼠皮肤制备：取体重 18 ~ 22g 的雄性昆明种小鼠（甘肃中医药大学实验动物中心），实验前 24h 用脱毛膏脱去腹部绒毛，禁食不禁水。实验时，颈椎脱臼将小鼠处死，小心剥皮，将取下的腹部皮肤平铺于干净的玻璃板上，角质层朝下。小心剔除皮下的脂肪组织及粘连物，用生理盐水反复冲洗干净后，用生理盐水浸泡，置冰箱保存，24h 内备用。每次实验前目视检查皮肤的完整性，不能有任何破损。

（2）供给液和接受液的制备：供给液由阿魏酸饱和溶液（10mg/ml）和一定浓度透皮促进剂组成，共 1ml。另外分别有一份不加任何透皮促进剂的阿魏酸饱和溶液作为对照。阿魏酸供给液为分别含 1%、3%、5% 吴茱萸挥发油（wzyy），1%、3%、5% 芥子油（jzy），1%、3%、5% 吴茱萸生物碱（wzyj），1%、3%、5% 芥子碱（jzj），1%、3%、5% 盐酸小檗碱（xbj），1%、3%、5% 大黄总蒽醌（dhzek）的供试液。接受液为生理盐水。

（二）体外透皮实验及透皮促进效果评价方法

（1）体外透皮实验：采用 YB-P6 型智能透皮试验仪，有效扩散面积为 2.355cm^2（3cm×0.785cm）或 3.532cm^2（2cm×1.766cm），接收室体积为 10ml。从冰箱中取出离体鼠皮，以生理盐水洗净，用滤纸吸干表面水分，然后将处理好的鼠皮自然固定于扩散池的供给池与接受池之间，角质层面向供给池，皮肤里层与接受液刚好接触。供给室中分别加入含（或不含）透皮促进剂的阿魏酸、芍药苷和苦参碱过饱和溶液各 1ml。接受池中加入生理盐水，水浴恒温至（32±0.1）℃，加搅拌子恒速搅拌（100r/min），供药室加入药液后封闭，分别于实验开始后 2h、4h、6h、8h、10h、12h 定时从样品接受池中取出全部接受液，同时各补加同体积 32℃预热的试液。接受液预先过滤并且超声除气泡。每个样品平行进行透皮实验 3 份，将 3 份接受液合并，水浴蒸干，残渣用甲醇定容至 2ml，采用 HPLC 测定含量，计算累积渗透量、透皮速率常数及增渗倍数。

（2）数据处理：由高效液相色谱法测得数据，依照下列各式进行处理，求得累积渗透量、透皮速率常数及增渗倍数（enhancement ratio，ER）。色谱条件为色谱柱：Hibar[R] 250-46，Purospher[R] STAR，RP-18e（5μm）sorbent Lot；流动相：乙腈 –0.085% 磷酸溶液（17 ∶ 83）；流速：1ml/min；检测波长：316nm；柱温：35℃，进样量：20μl。

以单位面积累积渗透量（Q）为纵坐标，时间（t）为横坐标作图，得药物累积渗透曲线，对所得曲线进行回归，求出斜率，即为药物的渗透速率 J[μg/（cm · h）]。直线与 X 轴的交点为滞后时间 T_{lag}（时滞：h）。增渗倍数（ER）为加入渗透促进剂后与未加入渗透促进剂时药物在 12h 内的透皮速率常数之比。

计算公式如下：

累积渗透量 $$Q_n=(C_n\times V+\sum_{i=1}^{n-1}C_i\times V)/A$$

透皮速率常数 $$J=dQ/dt$$

增渗倍数 $$ER=Ke/K$$

其中：Q_n 为 t 时间药物的单位面积累积透过量（μg/cm^2）；C_n 为第 n 个取样点测得的药物质量浓度；C_i 为第 i 个取样点测得的药物质量浓度；V 为定容体积 2ml；A 为渗透面积 2.355cm^2 或 3.532cm^2；J 为透皮系数 [μg/（cm · h）]；Ke 为加入透皮促进剂后药物的渗透速率常数；K 为不加透皮促进剂时药物的渗透速率常数。

（3）系统适应性试验：取上述对照品溶液、供试品溶液及阴性对照溶液，在上述色谱条件下，12h 的空白接受液色谱图在阿魏酸出峰处无干扰（图 5-7）。理论塔板数按阿魏酸计算不低于 8000。

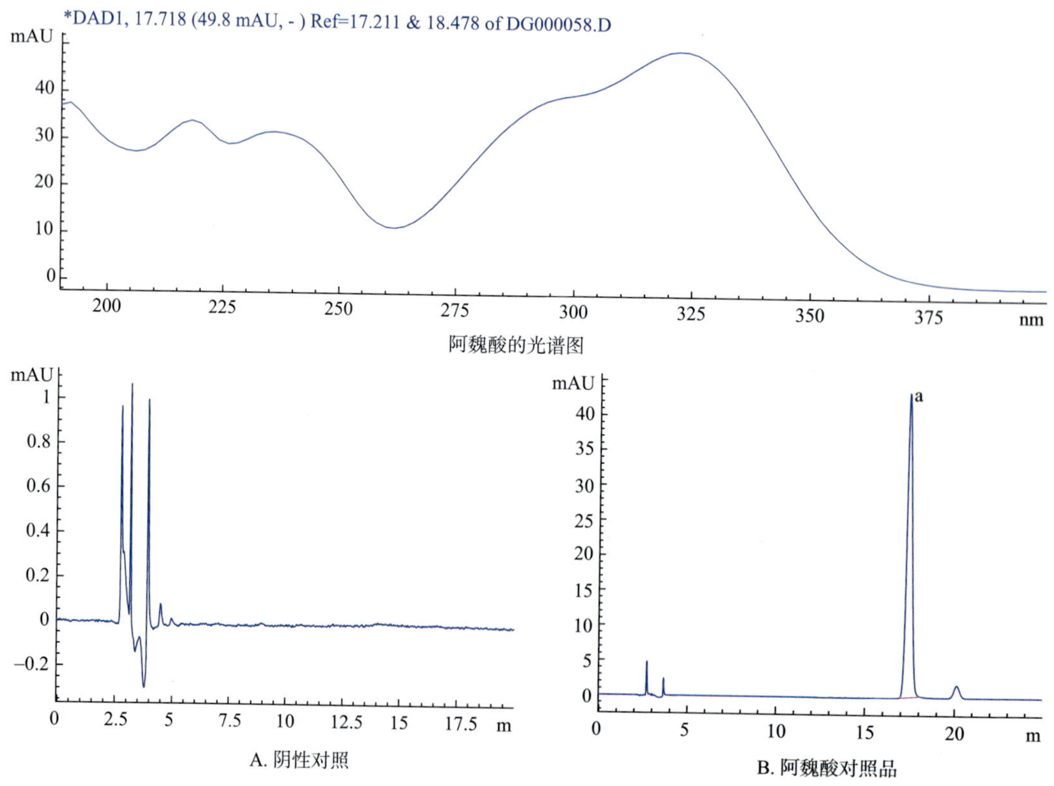

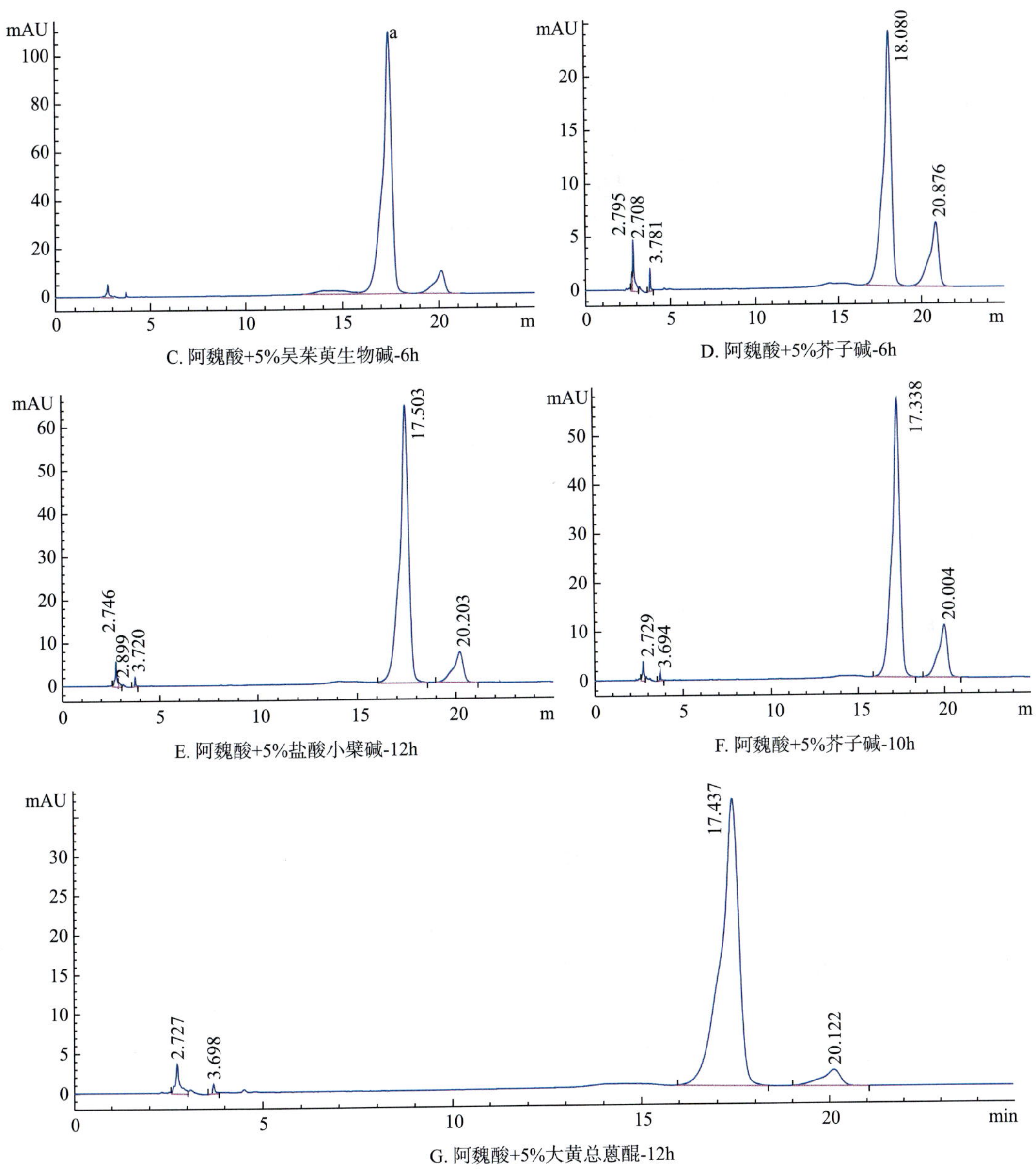

C. 阿魏酸+5%吴茱萸生物碱-6h

D. 阿魏酸+5%芥子碱-6h

E. 阿魏酸+5%盐酸小檗碱-12h

F. 阿魏酸+5%芥子碱-10h

G. 阿魏酸+5%大黄总蒽醌-12h

图 5-7　阿魏酸阴性、对照品及透皮样品的 HPLC 图谱

a 表示阿魏酸

（4）线性关系考察：取上述阿魏酸对照品贮备液，采用逐步稀释法制成浓度分别为 0.92μg/ml、1.84μg/ml、9.20μg/ml、18.4μg/ml、27.6μg/ml、36.8μg/ml 的标准溶液，分别吸取 10μl，注入液相色谱仪，得峰面积。以峰面积（y）对浓度（x）进行线性回归，阿魏酸在 0.92 ～ 36.8μg/ml 内呈良好线性关系，回归方程为 y=89.876x+4.1733，r= 1.0。

（5）精密度试验：取同一对照品溶液按上述色谱条件重复进样 5 次，测得峰面积 RSD=0.94%。

（6）稳定性试验：取供试品溶液，在 1h、6h、12h、24h 分别进样 20μl，测定峰面积并计算阿魏酸的 RSD=1.74%，可见，供试品溶液在 24h 内稳定。

（7）重复性实验：取同一批样品各 5 份，按供试品溶液的制备方法制备溶液，按上述色谱条件测得阿魏酸含量的 RSD=2.21%。

（8）最低检测限：精密吸取上述对照品溶液适量，加 70% 甲醇逐步稀释至色谱图中阿魏酸峰高为噪音的 3 倍（信噪比 S/N ≥ 3）。阿魏酸的最低检测限为 0.01μg/ml。

（9）回收率实验：取对照品溶液适量，将 12h 的阴性溶液稀释成含阿魏酸 0.92μg/ml、9.20μg/ml、37.6μg/ml 的高、中、低三个质量浓度的对照品溶液各 3 份，进样 20μl 测定，回收率分别为 92.8%、94.9%、95.2%，RSD 分别为 5.68%、7.90%、3.90%。

综合评价分析，在规定的色谱条件下，12h 的接受液色谱图在阿魏酸出峰处无干扰（图 5-7）。

三、单味天然透皮促进剂的筛选

以上述制备的提取物作为促渗剂，分别以阿魏酸为被促渗物，以已建立的天然透皮促进剂评价体系为评价指标，筛选单一透皮促进剂的透皮促渗效果。利用高效液相法计算指标成分在 12h 内的累积渗透量、透皮速率、增渗倍数等动力学参数，制作渗透曲线。

（一）吴茱萸挥发油对阿魏酸的透皮促进作用

分别在阿魏酸的饱和溶液中加入 1%、3%、5% 的吴茱萸油，依法进行体外经皮渗透实验，计算指标成分在 12h 内的累积渗透量、透皮速率常数、增渗倍数等动力学参数，制作渗透曲线，结果见表 5-32、表 5-33、图 5-8。

表 5-32　以吴茱萸挥发油为促进剂阿魏酸的累积渗透量 [μg/（cm^2·h）]

促进剂	2h	4h	6h	8h	10h	12h
阿魏酸（不加促进剂）	1.53	4.60	7.81	13.31	17.44	21.63
阿魏酸 +5% 吴茱萸挥发油	3.55	8.38	11.57	14.65	19.79	22.64
阿魏酸 +3% 吴茱萸挥发油	3.59	7.74	13.17	19.33	26.37	28.72
阿魏酸 +1% 吴茱萸挥发油	19.98	39.28	60.34	77.50	99.67	115.16

表 5-33　以吴茱萸挥发油为透皮促进剂阿魏酸的渗透动力学参数

促进剂	方程	*J*/[μg/（cm^2·h）]	*r*	ER	T_{lag}
阿魏酸（不加促进剂）	y=2.0644x–3.3999	2.0644	0.9962		1.65
阿魏酸 +5% 吴茱萸挥发油	y=1.8957x+0.1598	1.8957	0.9969	0.92	–0.08
阿魏酸 +3% 吴茱萸挥发油	y=2.6815x–2.2836	2.6815	0.9941	1.30	0.85
阿魏酸 +1% 吴茱萸挥发油	y=9.6321x+1.2293	9.6321	0.9992	4.67	–0.13

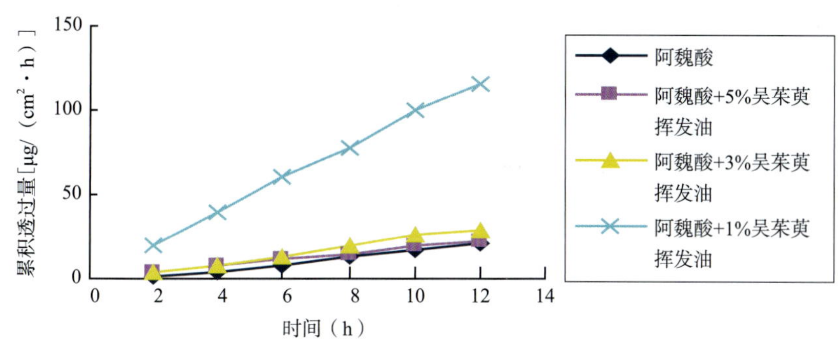

图 5-8　以吴茱萸油为促进剂阿魏酸的渗透动力学曲线图

结果显示，吴茱萸挥发油对阿魏酸的促渗效果：1% > 3% > 5%，量效关系明显。1%吴茱萸挥发油效果最好，说明吴茱萸挥发油对阿魏酸的促渗效果不是随挥发油量的增大而增大，而是随着吴茱萸挥发油量的增大，促渗效果越来越差。油的浓度越高，促渗效果越差，可能是油皮肤表面形成了一层基质层，药物进入基质层，因此透过皮肤的量减少，说明吴茱萸提取物中挥发油对阿魏酸有显著的促渗作用，具有明显的促渗活性。

（二）芥子油对阿魏酸的透皮促进作用

分别在阿魏酸的饱和溶液中加入 1%、3%、5% 的芥子油，依法进行体外经皮渗透实验，计算阿魏酸 12h 内的累积渗透量、透皮速率常数、增渗倍数等动力学参数，制作渗透曲线，结果见表 5-34、表 5-35、图 5-9。

表 5-34　以芥子油为透皮促进剂阿魏酸的累积透过量 [μg/（cm²·h）]

促渗剂	2h	4h	6h	8h	10h	12h
阿魏酸（不加促进剂）	1.53	4.60	7.81	13.31	17.44	21.63
阿魏酸 +5% 芥子油	10.33	18.91	28.34	52.45	77.82	97.04
阿魏酸 +3% 芥子油	2.74	7.01	10.75	14.92	20.45	30.93
阿魏酸 +1% 芥子油	1.96	4.83	8.06	12.06	18.06	24.12

表 5-35　以芥子油为透皮促进剂阿魏酸的渗透动力学参数

促进剂	方程	J/[μg/（cm²·h）]	r	ER	T_{lag}
阿魏酸（不加促进剂）	y=2.0644x–3.3999	2.0644	0.9962		
阿魏酸 +5% 芥子油	y=9.0625x–15.957	9.0625	0.9818	4.39	1.76
阿魏酸 +3% 芥子油	y=2.425x–3.73	2.4250	0.9777	1.17	1.54
阿魏酸 +1% 芥子油	y=2.0198x–3.5977	2.0198	0.9871	0.98	1.78

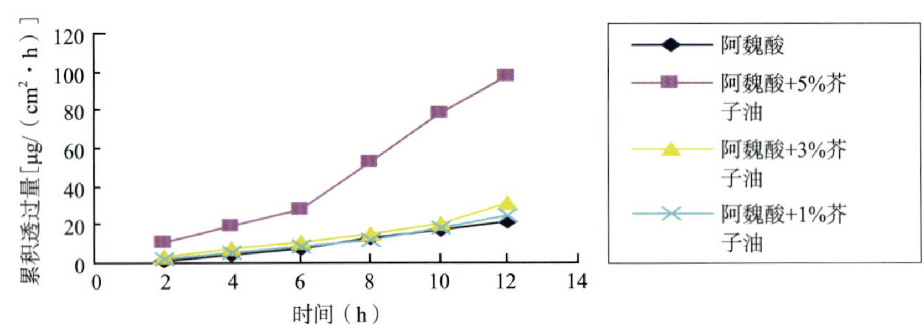

图 5-9 以芥子油为透皮促进剂阿魏酸的渗透动力学曲线图

结果显示，5%芥子油对阿魏酸具有显著的促透作用，且随浓度的增大，促渗作用增强，并具有明显的量效关系。

（三）吴茱萸生物碱对阿魏酸的透皮促进作用

分别在阿魏酸的饱和溶液中加入 1%、3%、5% 的吴茱萸生物碱，依法进行体外经皮渗透实验，计算阿魏酸 12h 内的累积渗透量、透皮速率常数、增渗倍数等动力学参数，制作渗透曲线，结果见表 5-36、表 5-37、图 5-10。结果说明，5% 吴茱萸生物碱对阿魏酸有显著的促渗作用。

表 5-36 以吴茱萸生物碱为透皮促进剂阿魏酸的累积透过量 [μg/（cm^2·h）]

促进剂	2h	4h	6h	8h	10h	12h
阿魏酸（不加促进剂）	1.53	4.60	7.81	13.31	17.44	21.63
阿魏酸 +5% 吴茱萸生物碱	58.12	109.66	152.43	193.9	260.65	328.77
阿魏酸 +3% 吴茱萸生物碱	0.81	1.66	2.50	3.48	4.42	5.52
阿魏酸 +1% 吴茱萸生物碱	0.67	1.62	2.55	3.83	5.49	6.81

表 5-37 以吴茱萸生物碱为促进剂阿魏酸的渗透动力学参数

促进剂	方程	J/[μg/(cm²·h)]	r	ER	T_{lag}
阿魏酸（不加促进剂）	y=2.0644x–3.3999	2.0644	0.9962		1.65
阿魏酸 +5% 吴茱萸生物碱	y=26.396x–0.8512	26.396	0.9946	12.79	0.03
阿魏酸 +3% 吴茱萸生物碱	y=0.4691x–0.2163	0.4691	0.9989	0.23	0.46
阿魏酸 +1% 吴茱萸生物碱	y=0.6226x–0.8635	0.6226	0.9941	0.30	1.39

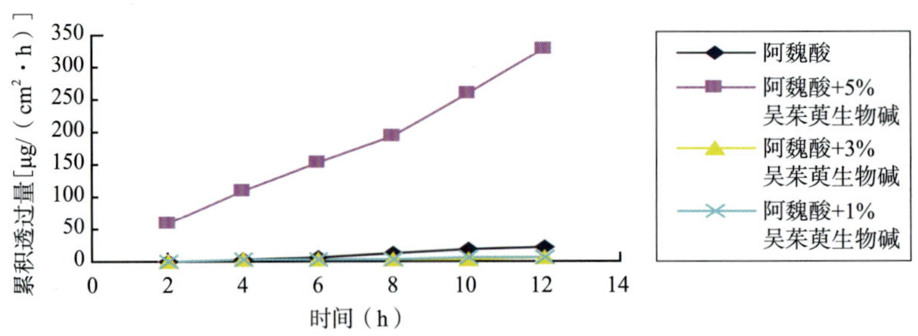

图 5-10 以吴茱萸生物碱为促进剂阿魏酸的渗透动力学曲线图

（四）芥子碱硫氰酸盐对阿魏酸的透皮促进作用

分别在阿魏酸的饱和溶液中加入1%、3%、5%的芥子碱，依法进行体外经皮渗透实验，计算阿魏酸12h内的累积渗透量、透皮速率常数、增渗倍数等动力学参数，制作渗透曲线，结果见表5-38、表5-39、图5-11。结果显示，5%芥子碱对阿魏酸具有显著的促透作用，且随浓度的增大，促渗作用增强，并具有明显的量效关系。

表5-38　以芥子碱为透皮促进剂阿魏酸的累积透过量 [μg/（cm²·h）]

促渗剂	2h	4h	6h	8h	10h	12h
阿魏酸（不加促进剂）	1.53	4.60	7.81	13.31	17.44	21.63
阿魏酸+5%芥子碱	14.69	30.82	44.54	61.03	82.96	107.32
阿魏酸+3%芥子碱	1.20	3.15	5.18	7.04	9.37	15.09
阿魏酸+1%芥子碱	1.18	2.56	3.90	5.26	7.01	8.59

表5-39　以芥子碱为透皮促进剂阿魏酸的渗透动力学参数

促进剂	方程	J/[μg/（cm²·h）]	r	ER	T_{lag}
阿魏酸（不加促进剂）	y=2.0644x–3.3999	2.0644	0.9962		
阿魏酸+5%芥子碱	y=9.0861x–6.71	9.0861	0.9937	4.40	0.74
阿魏酸+3%芥子碱	y=1.2851x–2.1572	1.2851	0.9709	0.62	1.68
阿魏酸+1%芥子碱	y=0.7391x–0.423	0.7391	0.9986	0.36	0.57

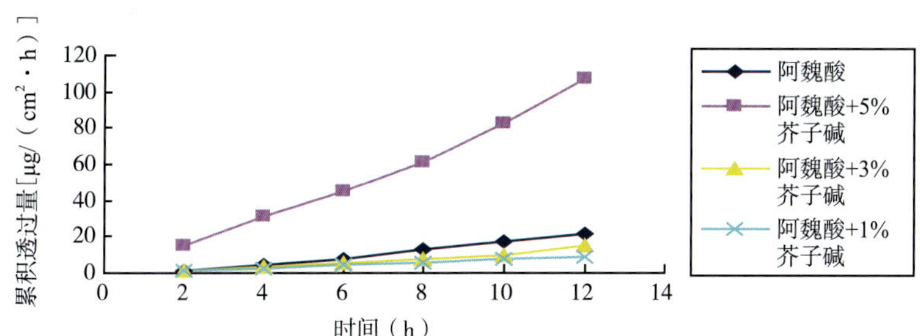

图5-11　以芥子碱为透皮促进剂阿魏酸的渗透动力学曲线图

（五）盐酸小檗碱对阿魏酸的透皮促进作用

分别在阿魏酸的饱和溶液中加入1%、3%、5%的盐酸小檗碱，依法进行体外经皮渗透实验，计算阿魏酸12h内累积渗透量、透皮速率常数、增渗倍数等动力学参数，制作渗透曲线，结果见表5-40、表5-41、图5-12。结果显示，盐酸小檗碱对阿魏酸有明显的促透作用，以5%的效果最好。

表5-40　以盐酸小檗碱为透皮促进剂阿魏酸的累积透过量 [μg/（cm²·h）]

促进剂	2h	4h	6h	8h	10h	12h
阿魏酸（不加促进剂）	1.53	4.60	7.81	13.31	17.44	21.03

续表

促进剂	2h	4h	6h	8h	10h	12h
阿魏酸 +5% 盐酸小檗碱	16.64	22.53	26.87	54.66	72.86	97.18
阿魏酸 +3% 盐酸小檗碱	1.93	4.42	6.93	9.90	15.20	24.87
阿魏酸 +1% 盐酸小檗碱	6.23	12.28	20.41	30.58	42.92	54.52

表 5-41　以盐酸小檗碱为透皮促进剂阿魏酸的渗透动力学参数

促进剂	方程	J/[μg/(cm^2·h)]	r	ER	T_{lag}
阿魏酸（不加促进剂）	y=2.0644x–3.3999	2.0644	0.9962		1.65
阿魏酸 +5% 盐酸小檗碱	y=8.6639x–13.022	8.6639	0.9777	4.20	1.50
阿魏酸 +3% 盐酸小檗碱	y=2.1423x–4.4543	2.1423	0.9555	1.04	2.08
阿魏酸 +1% 盐酸小檗碱	y=4.9076x–6.53	2.0198	0.9926	2.38	1.33

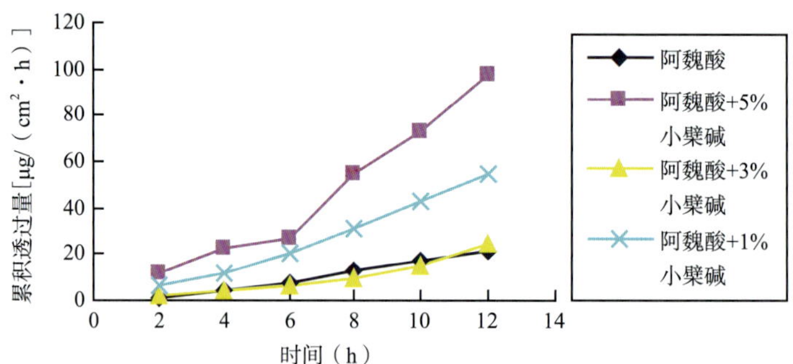

图 5-12　以盐酸小檗碱为透皮促进剂阿魏酸的渗透动力学曲线图

（六）大黄总蒽醌对阿魏酸的透皮促进作用

在阿魏酸的饱和溶液中加入 5% 的大黄总蒽醌，依法进行体外经皮渗透实验，计算阿魏酸 12h 累积渗透量、透皮速率常数、增渗倍数等动力学参数，制作渗透曲线，结果见表 5-42、表 5-43、图 5-13。结果显示，5% 大黄总蒽醌对阿魏酸具有明显的促渗作用。

表 5-42　以大黄总蒽醌为透皮促进剂阿魏酸的累积透过量 [μg/（cm^2·h）]

促进剂	2h	4h	6h	8h	10h	12h
阿魏酸（不加促进剂）	1.53	4.60	7.81	13.31	17.44	21.63
阿魏酸 +5% 大黄总蒽醌	3.93	11.7	19.9	34.6	46.39	60.52

表 5-43　以大黄总蒽醌为透皮促进剂阿魏酸的渗透动力学参数

促进剂	方程	J/[μg/(cm^2·h)]	r	ER	T_{lag}
阿魏酸（不加促进剂）	y=2.0644x–3.3999	2.0644	0.9962		1.65
阿魏酸 +5% 大黄总蒽醌	y=5.7386x–10.662	5.7386	0.9934	2.78	1.86

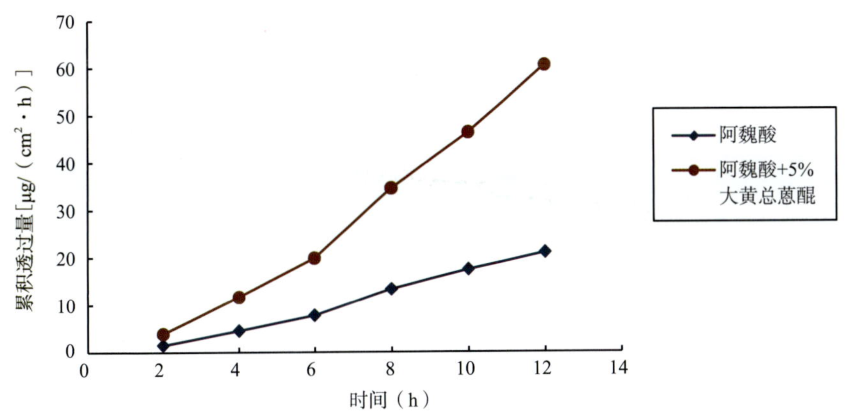

图 5-13　以大黄总蒽醌为透皮促进剂阿魏酸的渗透动力学曲线图

阿魏酸是极性较强的小分子酸性物质，通过本研究比较了 6 种天然提取物（吴茱萸挥发油、吴茱萸生物碱、芥子油、芥子碱、盐酸小檗碱、大黄总蒽醌）对阿魏酸的透皮促进效果，结果表明，6 种天然提取物对阿魏酸具有明显的促透作用。

研究显示，不仅“挥发性”天然物质（吴茱萸挥发油和芥子油）对阿魏酸有较明显的透皮促渗作用，而且“非挥发性”天然物质（吴茱萸生物碱及大黄总蒽醌）对其也同样具有显著的透皮促渗作用。也就是说，不仅脂溶性药物对阿魏酸有促透作用，非脂溶性成分对其也具有皮肤促渗作用，扩大了天然透皮促进剂的使用范围。在这些透皮促进剂中，吴茱萸生物碱的透皮促进效果最好，以 5% 为最佳透皮促进浓度。

四、复方天然透皮促进剂的筛选

将单味透皮促进剂中促渗效果较好的透皮促进剂以不同比例组合，以阿魏酸为被促渗物，采用均匀设计法，进行优化研究，筛选最优复方天然透皮促进剂。

（一）天然透皮促进剂配伍设计

采用均匀设计法，以渗透速率常数为考察指标，选取吴茱萸生物碱、盐酸小檗碱和芥子碱三个因素，考察其对阿魏酸的透皮促渗作用的影响，优选最佳组合，因素 - 水平见表 5-44。

表 5-44　因素 - 水平表

水平	因素		
	A. 吴茱萸生物碱（%）	B. 盐酸小檗碱（%）	C. 芥子碱（%）
1	0	0	0
2	1	1	1
3	2	2	2
4	3	3	3
5	4	4	4
6	5	5	5

选用 $U_7(7^6)$ 表去掉最后一行的 $U_6(6^6)$ 表安排实验，将 A、B、C 安排在 1、2、3 列（表 5-45）。

表 5-45 $U_6(6^6)$ 试验方案及结果

试验号	因素			渗透速率常数 J / [μg/（cm²·h）]
	A（吴茱萸生物碱）	B（盐酸小檗碱）	C（芥子碱）	
1	1（0%）	2（1%）	3（2%）	5.8313
2	2（1%）	4（3%）	6（5%）	1.5765
3	3（2%）	6（5%）	2（1%）	0.7449
4	4（3%）	1（0%）	5（4%）	1.1750
5	5（4%）	3（2%）	1（0%）	0.8468
6	6（5%）	5（4%）	4（3%）	1.4381

（二）透皮效果评价

分别在阿魏酸的饱和溶液中加入上述多元透皮促进剂，进行体外经皮渗透实验，计算累积渗透量、透皮速率常数、增渗倍数等动力学参数，结果显示，1% 盐酸小檗碱＋ 2% 芥子碱对阿魏酸具有较好的透皮促渗作用（表 5-46、表 5-47、图 5-14）。

表 5-46 以三种生物碱为透皮促进剂阿魏酸的累积透过量 [μg/（cm²·h）]

促进剂	2h	4h	6h	8h	10h	12h
阿魏酸（不加促进剂）	1.53	4.60	7.81	13.31	17.44	21.63
组合 1（阿魏酸 +1% 盐酸小檗碱 +2% 芥子碱）	8.65	20.51	31.61	42.90	55.01	67.33
组合 2（阿魏酸 +1% 吴茱萸生物碱 +3% 盐酸小檗碱 +5% 芥子碱）	1.77	2.88	2.88	6.18	11.22	18.18
组合 3（阿魏酸 +2% 吴茱萸生物碱 +5% 盐酸小檗碱 +1% 芥子碱）	0.40	1.00	2.04	3.55	5.77	7.67
组合 4（阿魏酸 +3% 吴茱萸生物碱 +4% 芥子碱）	0.72	1.66	2.89	5.42	8.96	12.29
组合 5（阿魏酸 +4% 吴茱萸生物碱 +2% 盐酸小檗碱）	0.56	1.27	2.53	4.22	6.46	8.97
组合 6（阿魏酸 +5% 吴茱萸生物碱 +4% 盐酸小檗碱 +3% 芥子碱）	1.15	2.95	5.11	7.52	11.04	15.95

表 5-47 以三种生物碱为透皮促进剂阿魏酸的渗透动力学参数

	方程	J	r	ER	T_{lag}
阿魏酸（不加促进剂）	$y=2.0644x-3.4016$	2.0644	0.9962		1.65
组合 1（阿魏酸 +1% 盐酸小檗碱 +2% 芥子碱）	$y=5.8313x-3.1497$	5.8313	0.9998	2.82	0.54
组合 2（阿魏酸 +1% 吴茱萸生物碱 +3% 盐酸小檗碱 +5% 芥子碱）	$y=1.5765x-3.8506$	1.5765	0.9223	0.76	2.44

续表

	方程	J	r	ER	T_{lag}
组合 3（阿魏酸 +2% 吴茱萸生物碱 +5% 盐酸小檗碱 +1% 芥子碱）	y=0.7449x–1.8121	0.7449	0.9800	0.36	2.43
组合 4（阿魏酸 +3% 吴茱萸生物碱 +4% 芥子碱）	y=1.175x–2.9011	1.1750	0.9723	0.57	2.47
组合 5（阿魏酸 +4% 吴茱萸生物碱 +2% 盐酸小檗碱）	y=0.8468x–1.925	0.8468	0.9807	0.41	2.73
组合 6（阿魏酸 +5% 吴茱萸生物碱 +4% 盐酸小檗碱 +3% 芥子碱）	y=1.4381x–2.7786	1.4381	0.9812	0.70	1.93

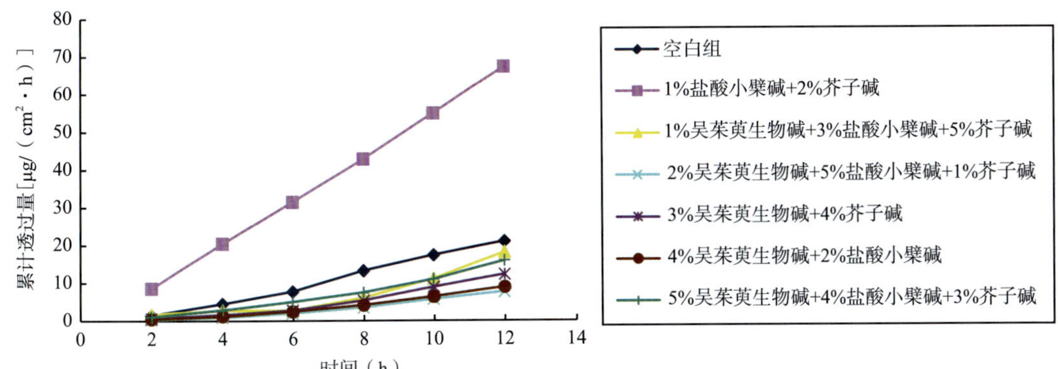

图 5-14 以三种生物碱为复方透皮促进剂阿魏酸的渗透动力学曲线图

综上所述，中药外治是中医疗法的一个重要组成部分，具有给药方便、无肠道降解和首过效应、吸收和代谢过程中个体差异小、血药浓度平稳、毒副作用小等优点，容易推广，使用安全，患者乐于接受。外用中药系列产品的研发已成为近年来国际、国内研发的热点。中药外用治疗时，由于皮肤的屏障作用，只有当药物的分子量＜500Da、熔点＜200℃、每天剂量＜20mg、亲脂性强时才能顺利通过皮肤屏障，加上药物经皮给药的吸收面积不能太大，所以必须保证一定的透皮吸收速率，才能保证药物的治疗浓度。提高临床疗效、拓宽经皮给药制剂的药物选择范围、克服皮肤及黏膜的屏障作用以提高透皮速率成了开发透皮给药制剂的关键问题之一。

应用透皮吸收促进剂（penetration enhancers，PE）是增加药物透皮吸收的首选方法。透皮吸收促透剂是能帮助药物穿过皮肤角质层、表皮和黏膜扩散的物质，是现代 TDDs 研究中最活跃的成分之一。根据其来源分为化学合成和天然透皮吸收促进剂两类。目前研究较多的化学合成透皮吸收促进剂有氮酮（Asone）、二甲基亚砜（DMSO）、丙二醇（PG）、油酸（OA）和亚油酸等。这些合成的化学透皮吸收促进剂专属性不强，且对人体黏膜刺激作用较大。而天然透皮吸收促进剂由于起效快、效果好、不良反应小等优点，正日益引起人们的重视。

目前，天然透皮吸收促进剂的研究主要集中在中药的挥发性成分方面，且主要针对化学外用制剂透皮促进效应的研究，适宜中药外用制剂的天然透皮吸收促进剂研究较少。主要研究的药物薄荷挥发油、丁香挥发油、小茴香挥发油、川芎挥发油、当归挥发油、蛇床子挥发油、冰片、樟脑、桉叶挥发油、草果挥发油等均有促渗透皮效应。

天然透皮吸收促进剂研究中存在着只研究挥发性物质、评价指标单一、几种天然透皮吸收促进剂配合使用时组方无系统优化过程、透皮吸收促进剂药性与处方药性不协调等缺陷。应该开展更为全面、完善的系统性研究，不仅要研究“芳香性挥发性”天然物质的透皮促进作用，还要研究“非挥发性”及“挥发性＋非挥发性”天然物质的透皮促进作用，筛选更加符合中医用药特点，适宜多种外用中药制剂研发的天然透皮促进剂，改善中医外治和外用制剂的药物渗透状况，以提高中药外用制剂的临床疗效。

本研究比较了 6 种天然提取物（吴茱萸挥发油、吴茱萸生物碱、芥子油、芥子碱、盐酸小檗碱、大黄总蒽醌）对阿魏酸的促渗效果，结果表明，6 种天然提取物对阿魏酸均具有较好的促透作用。在外用处方的应用中，可以根据具体情况，在不同的组方中，选用不同的透皮促进剂。其中三种生物碱透皮促进剂对阿魏酸的透皮促进效果更为显著，结果表明 5% 吴茱萸生物碱（含量 86.60%）、5% 芥子碱硫氰酸盐（含量 95.70%）、5% 盐酸小檗碱（含量 92.84%）均具有显著的透皮促进作用，线性关系良好，增渗倍数（ER）均在 4.20 以上，尤其是吴茱萸生物碱 ER 高达 12.79，而且具有较短的时滞。研究提示，5% 质量浓度对阿魏酸具有很强的透皮促渗作用，紧接着进行了 3% 和 1% 浓度的促渗效果研究，结果显示，还是以 5% 的效果最佳。

同时将吴茱萸生物碱、盐酸小檗碱和芥子碱三个单味透皮促进剂中促渗效果较好的透皮促进剂以不同比例组合，以阿魏酸为被促渗物，采用均匀设计法，进行优化研究，筛选最优复方天然透皮促进剂。通过在阿魏酸的饱和溶液中加入多元组合透皮促进剂，进行体外经皮渗透实验，计算累积渗透量、透皮速率常数、增渗倍数等动力学参数，结果显示，1% 盐酸小檗碱 +2% 芥子碱对阿魏酸具有较好的透皮促渗作用。本成果所筛选出的挥发性及非挥发性天然透皮促进剂及其最佳剂量、配伍将对当归阿魏酸中医外治配方选择、外用制剂的开发及临床疗效具有重要意义。当归既是内服中药，也是常用的外用中药，故本研究成果在当归相关外用制剂研发中具有广泛应用价值与良好市场前景。

第六章 当归国际化研究

中医药是中华民族在与疾病长期斗争的过程中积累的宝贵财富，是中华民族优秀文化的重要组成部分，其有效的实践和丰富的知识中蕴含着深厚的科学内涵，为中华民族的繁衍昌盛和人类健康做出了不可磨灭的贡献。我国有着得天独厚的天然药用植物资源优势，但是由于历史、文化背景和思维方式的差异，目前中药类产品仍是以中药材、饮片、植物提取物等低附加值的原料类产品为主，向日本、韩国、美国、欧盟等国家和地区出口，与我国几千年的中医传统和中医药资源大国的地位极不相称；而受出口营销和传统销售渠道的影响，我国一些品牌中成药一直在低价位徘徊，影响和制约了我国优秀中医药品牌在国际市场的发展。究其原因，主要是由于中药的身份地位在海外主流国家的认知度较低，国外没有独立的中医药体系，按照现有的西医药体系注册中成药十分困难。近年来，随着经济全球化深入发展，文化多样化持续推进，人类文明互学互建和医疗理念的不断转变，中医药开始逐渐被国际社会了解和认可，中医“治未病”的观念受到更多的关注，特别是中医药在解决西医解决不了或者解决不好的健康问题和疾病防治方面的特点与优势进一步显现，这也符合当今世界“预防疾病、促进健康”的趋势和整体治疗的观点，更与世界卫生组织提出的“21 世纪实现人人享有卫生保健”的全球卫生战略不谋而合，诸多有利因素为中医药带来了更为广阔的发展前景。但是中医药国际传播与发展的机遇与挑战并存，中医药走向世界，进入国际市场是发展的必然趋势。然而，中药能否以药品身份获得欧美国家市场准入，并进入国际市场是我们长期以来关注的焦点，也是中医药国际化的关键问题之一。《中药现代化发展纲要》、《中医药创新发展规划纲要》、《中医药发展战略规划纲要（2016—2030 年）》、《中医药“一带一路”发展规划（2016—2020 年）》等一系列产业发展政策都将争取中药品种进入国际医药主流市场，提高中药产品的国际市场份额，争取中医药的合法地位，使中医药能够进入西方国家医疗保险体系作为中医药国际化发展的主要任务和目标。

从目前全球对天然药物的需求来看，总体呈现增长趋势，欧盟已成为世界上最大的植物药市场，年销售额上百亿欧元，占全球植物药市场份额的 44.5%。有 60% 以上的欧洲人使用过传统药物，欧洲市场将成为中药国际化进程的“主阵地”。

2004 年之前，欧盟并没有针对植物药的相关规定，因法律法规或政策的影响，中成药不能以药品的形式在市场流通，仅以“膳食补充剂”等一些非药品的形式出现，因其不合理的应用，造成一些不良事件的发生，这种市场行为与管理不利于中医药在欧盟市场的健康发展，且使中医药无法进入其主流医药市场，阻碍了欧盟内植物药的健康发展。中成药产品想要以药品的身份进入以欧美为代表的西方主流市场，注册是其中至关重要的一环。2004 年 3 月 31 日，欧洲议会和欧盟理事会针对传统草药注册颁布了《传统植物药简化注册指令》（DIRECTIVE 2004/24/EC），以进一步规范欧洲的草药药品管理，旨在结束之前欧盟成员国对植物药产品注册管理不统一的状况，在保障药品安全的情况下简化注册程序，促进欧盟植物药品的统一协调发展。该指令于 2004 年 4 月 30 日正式生效，根据本指令规定，欧盟各成员国应在此法生效后的 18 个月内（至 2005 年 10 月 30 日），根据本国情况将其纳入本国药品法规加以实施；并规定在欧盟市场销售的所有植物药必须按照该指令注册，得到上市许可后才能继续销售。同时，对于在该指令生效以前已经上市销售的草药产品，规定了 7 年过渡期，允许以食品等各种身份在欧盟国家销售的草药产品销售至 2011 年 3 月 31 日。Dtrective 2004/24/EC 生效后，一系列有关草药产品管理的法规与指令将同时适用于传统草药产品的注册、生产、进口和批发。

该法令为中药以治疗药品身份进入欧盟药品市场提供了法律依据，也为中药进入欧洲主流植物药市场和欧洲药品分销渠道，甚至欧盟各国医保体系提供了可能。但由于东西方文化背景、中西医理论体系，以及药政、法规、标准等方面的差异，用传统概念表达的中医药理论的辨证思维难以被西方社会普遍理解和接受。Dtrective 2004/24/EC 的颁布，为中药在欧盟作为药品进行注册提供了一个良好的机遇，但同时也使中药面临必须符合欧盟草药药品法规、质量研究和质量标准要求的巨大挑战。

近年来，为了抓住中药国际化的机遇，国内一些知名企业不断进行探索，进一步提升国际化战略定位，积极开拓国际医药主流市场。

第一节　欧盟药品监管机构及法律体系

掌握欧盟药品管理及其机构设置和主要职能，对于了解欧洲药品监管模式和有序开展传统中药在欧盟的药品注册工作有重要意义，对于未来注册药品的组织生产、质量控制与市场销售都具有重要的指导价值。

由于欧盟法规具有“纵向”连贯性，新法规的颁布往往不能完全取代旧的法规，而是对原法规的某些条款进行了补充或者修订。因此如果仅关注最新版的法律条款，而忽视了对欧盟药品监管机构和整个法律体系的了解，就很难对欧盟植物药申报技术有一个完整的认知。在有了宏观认识的基础上，还需要不断的“追根溯源”查阅并熟悉旧的法规内容，对新旧法规之间的相互关系及国内外法规的差别进行梳理与全面了解，才能做到知己知彼，百战不殆。

一、欧盟及欧盟药品监管机构

（一）欧盟

欧盟（全称欧洲联盟，EU）是由欧洲共同体（EC）发展而来的，是一个集政治实体和经济实体于一身，在世界上具有重要影响的区域一体化组织。1991 年 12 月，欧洲共同体马斯特里赫特首脑会议通过《欧洲联盟条约》，通称《马斯特里赫特条约》。1993 年 11 月 1 日，《马斯特里赫特条约》正式生效，欧盟正式诞生。总部设在比利时首都布鲁塞尔（Brussel），创始成员国有 6 个，分别为德国、法国、意大利、荷兰、比利时和卢森堡。联盟现拥有 27 个成员国，正式官方语言有 24 种。27 个成员国分别是奥地利、比利时、保加利亚、塞浦路斯、捷克、克罗地亚、丹麦、爱沙尼亚、芬兰、法国、德国、希腊、匈牙利、爱尔兰、意大利、拉脱维亚、罗马尼亚、立陶宛、卢森堡、马耳他、荷兰、波兰、葡萄牙、斯洛伐克、斯洛文尼亚、西班牙、瑞典。

（二）欧盟的主要组织机构

（1）欧洲理事会（European Council）：是欧盟的最高权力机构，由成员国国家元首或政府首脑及欧盟委员会主席组成。

（2）欧盟理事会（Council of the European Union）：部长理事会，是欧盟最高决策机构，有由各成员国外长组成的总务理事会和由农业、财经、科研、工业等部长组成的专门委员会。

（3）欧盟议会（European Parliament）：是欧洲联盟的执行监督和咨询机构，在某些领域有立法职能，并有部分预算决定权，并可以 2/3 多数弹劾委员会，迫其集体辞职。

（4）欧盟委员会（European Commission）：是常设执行机构，负责实施欧共体条约和欧洲联盟理事会做出的决定，向理事会和欧洲议会提出报告和建议，处理欧盟日常事务，代表欧共体进行对外联系和贸易等方面的谈判。在欧盟实施共同外交和安全政策范围内，欧盟委员会只有建议权和参与权。

（5）欧盟法院（Court of Justice of the European Union），全称“欧洲联盟法院”，设置于卢森堡，是欧洲联盟的法院系统之总称，与各个欧盟成员国的内国法院合作，确保欧盟法律在欧盟各国间能够有统一的解释和适用。

欧盟各组织机构间的关系如图 6-1 所示。

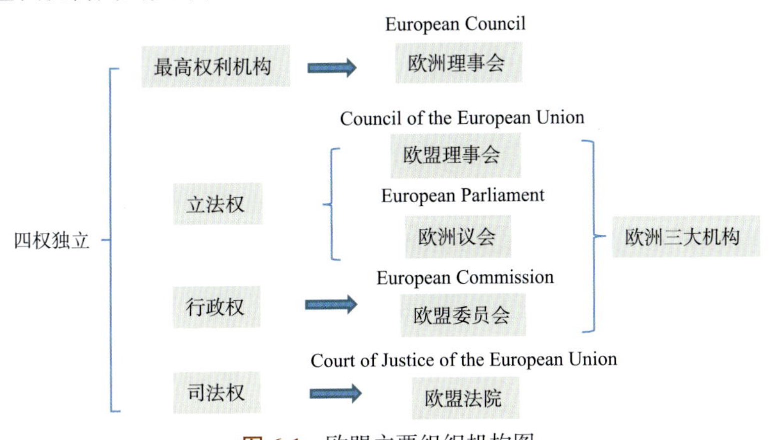

图 6-1 欧盟主要组织机构图

（三）欧洲药物监管机构

目前欧盟负责药物事务的政府机构是欧盟委员会工业总局下属的药品部。

1. 欧洲药品管理局

1993 年，在欧盟、制药工业和成员国的支持下，欧盟委员会（EEC）根据 No.2309/93 号法规建立了欧洲药品审评管理局（European Agency for the Evaluation of Medicinal

Products)(EMEA),并于 1995 年 1 月 1 日正式开始运行,总部设于伦敦,目的是协调各成员国间国家级的药物检验机构,以节省新药在引进欧洲的过程中,成员国间重复审查的费用,并消弥在新药引进过程中个别国家的保护政策。欧洲药品审评管理局的诞生是欧盟政府花了 7 年时间,取代了原设立于 1977 年的专利药物委员会(Committee for Proprietary Medicinal Products)和畜用药物委员会(Committee for Veterinary Medicinal Products)。

2004 年,欧洲药品审评管理局(EMEA)更名为欧洲药品管理局(European Medicines Agency,EMA),总管人畜用药的授权、顾问和药物安全监视。因 EMEA 沿用已久,所以 EMA 的不少文件仍使用 EMEA 来代表。2009 年 EMA 内部再次改组,以应对日益复杂的业务。目前,EMA 有超过 4500 名专家,600 多名员工。经费来自成员国的国家主管机关(National Competent Authority,NCA)。由于 EMA 必须在欧盟境内,受英国脱欧的影响,EMA 总部于 2019 年 3 月迁至荷兰的阿姆斯特丹。

(1)EMA 的组织机构①,见图 6-2。

1)董事会:制定 EMA 的全年工作任务,批准事务,审计预算等。保证 EMA 的工作有序高效的开展,并与欧盟各国及其以外的组织机构间开展合作。英国脱欧之前共有成员 36 名,欧洲议会代表 2 名;欧盟委员会代表 2 名;27 个成员国代表各一名;患者团体代表 2 名;医生团体代表 1 名;兽医团体代表 1 名。

2)执行董事(executive director):EMA 的法人代表,负责本机构所有的运行事务、人员配置,并起草每年的工作计划。

3)内设部门(600 人):EMA 的工作人员协助执行董事履行职责,主要是欧盟药品审批及安全监测等方面的行政性及程序性工作。EMA 的部门分为两大类,一类是给执行董事提供咨询意见的部门,另一类是处理药品审批及安全监测等领域日常工作的部门。

A. 给执行董事提供咨询意见的部门(advisory functions):包括资深医药官员部(Senior Medical Officer)、科学委员会战略管理中心(Scientific Committees Regulatory Science Strategy)、国际事务中心(International Affairs)、审计部(Audit)、法务部(Legal Department)、资产中心(Portfolio Board)等。

B. 处理药品审批及安全监测等领域日常工作的部门

a. 人用药品研发与支持中心(Human Medicines Research & Development Support Division):负责提供与药品研发相关的所有产品和问题的科学建议,并提出旨在促进罕见病用药和儿科新药开发的措施。

b. 人用药品评估中心(Human Medicines Evaluation Division):负责与人用药品相关科学、规章和程序管理等有关的活动。尽可能高质量、及时地对收到的提交材料展开评估。

c. 检查、人用药品药物警戒与委员会(Inspections,Human Medicines Pharmacovigilance & Committees Division):负责药物警戒,包括信号检测和市场上产品的管理和监测,并领导 EMA 药物警戒系统的工作。本部门在检查及药物警戒领域与相关国际组织合作密切,此外它还对 EMA 科学委员会的运行提供支持。

①该组织机构截至 2019 年年底。

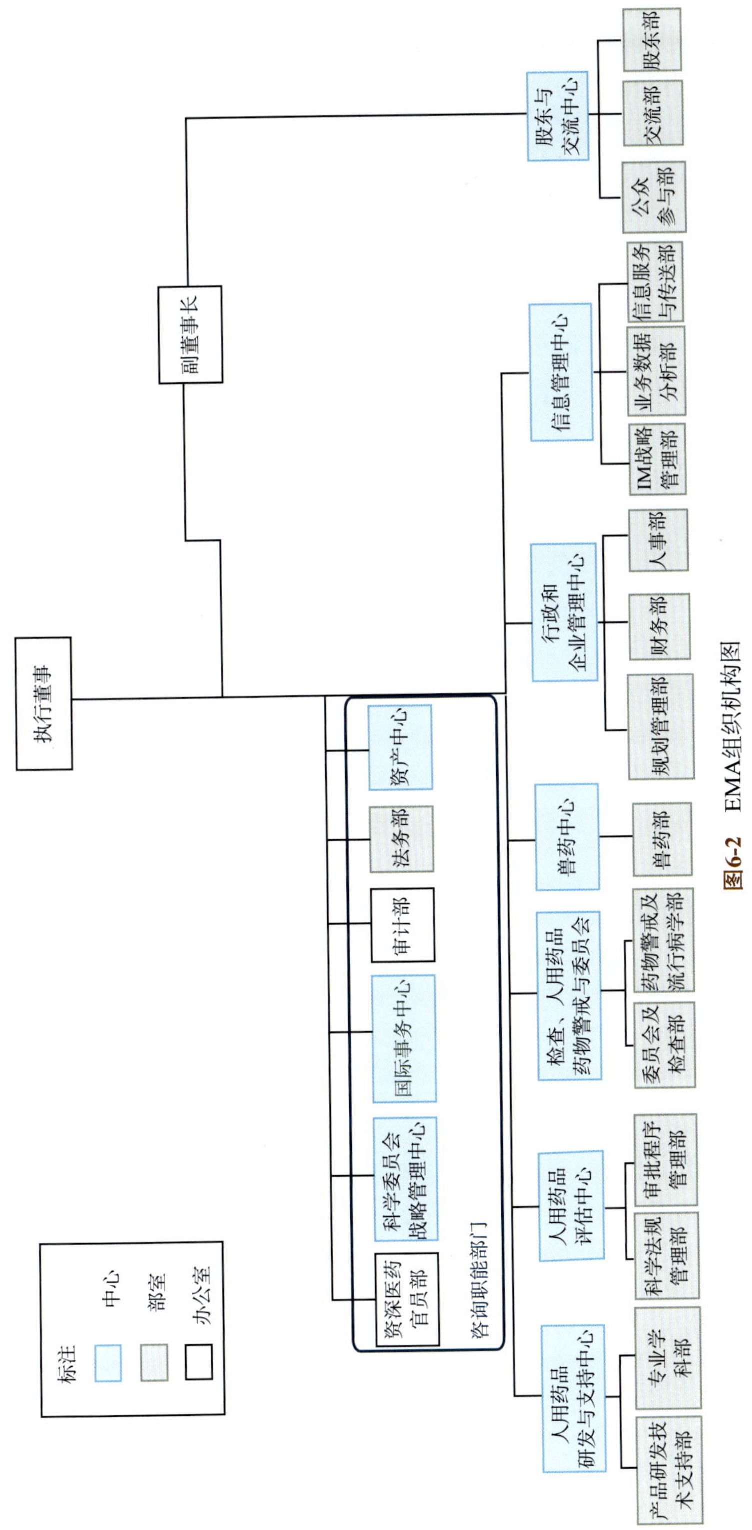

图6-2　EMA组织机构图

d. 兽药中心（Veterinary Medicines Division）：负责 EMA 职责范围内的所有与兽药有关的活动，包括在产品研发过程中提供咨询；授权工作及授权后活动，比如授权和药物警戒的变化，以及与兽药使用有关的公共卫生的所有方面，特别是建立最大限度动物来源食品中存在兽药残留的残留水平（MRL）标准。

e. 行政和企业管理中心（Administration and Corporate Management Division）：负责制定战略规划、预算编制和人力资源管理；管理检测活动、招聘、工作人员和借调人员、收入、支出和账户、质量和风险、内部沟通等。

f. 信息管理中心（Information Management Division）：负责帮助 EMA 及其他工作人员、其委员会成员、工作组、咨询小组及其他利益有关方能够高效利用信息技术，以实现其组织和政策目标；并提供远程信息处理系统，供欧洲监管网络、制药行业、医疗保健专业人士和公众使用。

g. 股东与交流中心（Stakeholders & Communication Division）。

4）主要委员会（4500 人）：目前有 7 个科学委员会（scientific committees），从早期的药品研发到药品上市，至安全监测，对药品的整个生命周期开展评估。除此之外，EMA 还有一些工作小组（working parties and related groups），科学委员会可就相关领域的科学问题向这些小组展开咨询。

各个委员会对通过集中申请方式提交的上市授权申请材料进行评估是药品获得上市许可的基础。各委员会和相关工作小组还通过以下三种方式助力欧盟药品的规制和发展：①对药企开展新药的研发工作提供科学建议；②给药企提供科学指南及法规指南以帮助药企准备药品上市所需提交的材料；③促进欧盟和国际上对药品的法律规制要求的统一和协调发展。

现就各委员会职责简述如下：

A. 管理委员会（工作组、独立的咨询委员会）：由欧盟及欧洲经济区内各成员国的国家权威机构的专家组成。管理委员会拥有一份公开的欧洲专家名单，其中包括所有能够参与 EMA 工作的专家。委员会只有在评估了专家的利益申明后才允许其参与评估。

B. 药物警戒风险评估委员会（The Pharmacovigilance Risk Assessment Committee，PRAC）：负责对人用药品开展评估与监测；对所有人用药品的风险管理开展评估，包括药品不良反应的检测、评估、影响最小化及信息沟通，同时要考虑到该药品的疗效；授权药品上市后对药品的安全研究的设计和评估；药物警戒审计。

C. 人用药品委员会（Committee for Medicinal Products for Human Use，CHMP）：负责协助 EMA 准备所有有关人用药品的审核认证工作，在欧盟市场人用药品上市许可的审核过程中扮演了重要的角色。在欧盟地区的管理，CHMP 的工作是依据《欧盟人用药品指令》(Directive 2001/83/EC)执行一套全欧盟统一的药品审评方法和审批核准后的监管工作。CHMP 发行欧洲公共评估报告（European public assessment report，EPAR），针对每个通过 2001/83/EC 指令获得上市许可的药物作详细的科学报告。CHMP 的其他工作包括协助药厂进行新药研发、提供科学规范指导、与其他国际相关单位合作等。

D. 兽用药品委员会（Committee for Medicinal Products for Veterinary Use，CVMP）：负责协助 EMA 准备所有与动物用药有关的意见和建议，在欧盟市场兽用药品上市许可的审核过程中扮演了重要的角色。该委员会以科学的方法来开展兽用药品评估并建立食品中动物用药的最高残余量。

E. 罕见病药品委员会（Committee for Orphan Medicinal Products，COMP）：“罕见病用药”（orphan）是指在欧盟区域内发病率低于万分之五的危及生命或慢性退行性病症的预防、诊断或治疗药物。COMP 负责审评罕见病药品的申请，亦负责对欧盟委员会在建立罕见病药品的政策与实施办法方面提出科学的建议。

由于经济原因，如果没有一定的激励，这些药物不能得到研究与开发。认定申请中肿瘤用药仍然最多，此外约有半数认定申请涉及儿童用药。

EMA 修订了罕见病用药减免收费政策，继续在研究方案支持、上市申请、上市之前及中小企业的药品批准上市后第一年给予经济激励与支持。EMA 继续与美国 FDA 合作，协定实施了罕见病用药通用申请格式。当申办人拟同时在欧洲及美国申请罕见病用药认定时，可以按照这两个管理当局接受的通用格式，从而简化申请过程。

F. 儿科委员会（Paediatric Committee，PDCO）：2007 年 1 月 26 日，欧盟儿童用药管理指令正式生效实施，EMA 自此肩负起儿童用药管理的全新使命与职责。2007 年，EMA 依据法规要求新组建了儿童药委员会，遴选委员会委员；为了有关管理决策的及时确定，制定了相应工作程序及指导原则、审查意见及审批报告模板等。

PDCO 的主要任务是评估儿科药品检查计划和实行，主要工作包括评估儿科用药的安全性、有效性，协助 EMA 建立关于儿科药物研究的专家网络，给 EMA 和欧盟委员会提供儿科用药方面问题的咨询，编列并更新儿科用药需求目录。但 PDCO 并不负责儿科用药的审评，该职责属于人用药品委员会（CHMP）。

EMA 还在欧盟临床实验数据库中扩增了儿童用药临床研究信息，发布了儿童用药伦理学考虑指导原则、儿童用药警戒学指导原则等。

G. 前沿疗法委员会（CAT）：主要任务是在人用药品委员会（CHMP）做出审核决定前，为各种新兴医疗产品（advanced-therapy medicinal products，ATMPs）的申请做出相关的科学评价。

H. 草药产品委员会（Committee for Herbal Medicinal Products，HMPC）：2004 年 9 月 23 日，欧盟根据 2004/24/EC 指令，正式成立了 HMPC，专门负责草药产品的审批和监管。其结构框架是草药药品委员会全体会议（HMPC plenary meetings），每年 6 次；草药药品委员会下设一个工作组（working party）和两个草案组（drafting groups），分别是欧盟草药专论及草药名录工作组（Monograph and List Working Party，MLWP）、组织事务草案组（Organisational Matters Drafting Group，ORGAM）和质量草案组（Quality Drafting Group，ODG）。两个草案组的主要任务是审查和更新相应的指导原则，并确定指导原则缺少的部分。此外，还有 HMPC 设在 EMA 的秘书处。

HMPC 的职责：为支持欧盟各成员国的工作，HMPC 将精力主要集中在两项任务上：①建立欧盟植物药专论（Community Herbal Monograph，CHM），涵盖良好应用和传统应用的植物物质、植物制剂的治疗性用途及安全的使用条件，以帮助草药注册及上市许可相关申请；②起草传统植物药产品的欧盟植物目录（EU list），便于传统草药的销售和使用。

此外，HMPC 和其工作小组及其他相关小组还开展了以下工作：①起草科学指南和法规指南，帮助企业准备植物药产品的注册申请；②对各成员国就传统植物药产品的药用历史及安全使用的证据向 EMA 提交咨询，起草对问题的看法；③与欧洲药品质量管理局（European directorate for quality of medicines and health care，EDQM）就《欧洲药典》标准及 EMA 植物药质量指南开展合作；④与 EMA 其他科学委员会就植物药法规与安全使用方面开展合作；⑤向研发植物药的企业提供科学和法规支持；⑥与相关兴趣方接触；⑦向成员国药品主管当局植物药产品评估人员提供建议和培训；⑧与相关国际组织就植物药法规的和谐统一发展开展合作。

HMPC 负责编制和评估植物物质、植物制剂及其混合物的科学数据，以促进欧盟植物药产品市场的统一协调发展。HMPC 为 EMA 准备关于植物物质和植物制剂的观点，以及针对植物药品的推荐用法和安全的使用状况。该工作为欧盟植物药市场的和谐发展提供了帮助，使成员国药品主管当局在审评植物药产品的时候有一整套参考信息可借鉴。

（2）EMA 的职责：EMA 作为欧洲联盟的一个科学分支机构运行，不是监管机构。其主要职责是通过评估和监督人类和兽用药品使用的安全性和有效性，协调、监督、检查 GMP、GLP、GCP，并在欧盟内促进科学技术的发展和交流，以保障和促进公众和动物健康。更重要的是，它负责协调对集中授权产品和国家推荐进行评估和监督，制定技术指导并向赞助者提供科学建议，检测药品在生命周期内的安全性，确保使用药品的收益大于风险，具体措施包括制定指导方针和制定标准、协调制药公司履行义务、促进欧盟以外地区的国际药物警戒活动、向公众通报药品的安全性等；向卫生保健专业人员和患者提供关于药物及其批准用途的信息等。其管理范围是用于人类和兽医用途的医药产品，包括生物制剂和先进疗法，以及草药产品。具体职责有以下几个方面：

1）鼓励并促进药品研发创新

A. 早期技术指导与建议：为了促进及加快药品创新性研究，EMA 在药品研发阶段向研发者提供技术及研究方案的咨询与指导意见，内容涉及与药物开发研究相关的质量、安全性及有效性等各方面及专业领域问题。EMA 一向认为技术指导是加快新药尽快应用于患者、服务于医疗的有效方法，是促进药品创新性研究的有效措施。

此外，EMA 全面审视技术咨询与技术支持工作，向企业发出问卷调查，以便改进和更好地促进药品创新性研究。在风险管理策略方针下，EMA 提出在药品生命周期的早期考虑风险管理，技术咨询及研究方案咨询中增设了风险管理计划内容。

B. 对中小企业的支持：EMA 给予中小企业多项支持政策，包括减免一些缴费事项及缴费金额，在企业管理上提供支持，在药品说明书及相关药品信息的制作上提供多国语言翻译，此外提供相关的培训及研讨会等。由于 EMA 对医药企业中的中小型企业给予特殊优待政策，扶持这些企业的药品研发，更多医药公司前来申请中小企业资格认定，以便获得相应支持。

C. 创新策略与新技术支持：EMA 创新技术推动工作组是由技术、管理及法律多学科专家组成的组织。与药品及创新技术研发企业举行会面会。EMA 人用药品委员会发布“创新药物研发路径”报告，阐述新技术及新药研究瓶颈、EMA 未来管理设想。EMA 正积极参与、准备药物创新行动计划，这是制药企业与欧盟的联合行动，旨在应对药品研究中的瓶颈问题。

D. 特殊审批促进药品上市：快速评价、有条件批准、特殊状态上市批准是 EMA 设立的特殊审批程序，与公众健康利益关联度更高的药品适用于这些特殊审批程序，使上市进程更快、审批过程缩短。

2）人用和兽用药品的技术审评与管理

A. 人用和兽用药品的管理。

B. 药品上市后的变更申请：药品上市后的管理工作主要针对各种变更、生产线扩增、技术转让等。上市后变更有微小变更（Ⅰ A 或Ⅰ B 型变更），或较大变更（Ⅱ类变更）。这些变更与质量、非临床及临床各方面相关，包括扩大适应证。

3）药品安全：EMA 的药品安全管理及药物警戒工作贯穿于药品上市前及上市后的各个阶段，EMA 对所有药品疑似不良事件和不良反应报告进行收集、研究与分析。药品不良反应报告的形式有不良事件个例报告、不良反应观察定期报告、风险管理计划规定考察内容的报告等。EMA 对药品不良反应的管理工作还包括对药品上市批准时企业承诺研究事项的监督、有关药品安全信息修订的补充申请的审查、年度再评价等。

EMA 重视深化药品检测系统的建设，积极推进药品上市申请过程中风险管理计划的同步评估，广泛识别重点监测品种的药物警戒信号，并建立相应目录。

EMA 重视加强不良反应报告系统管理，制定不良反应报告管理措施，提高不良反应报告质量，制定法定不良反应报告时限。

4）集中审批程序下新药上市申请的评价工作：审评工作涉及各类药品的上市申请，产品有罕见病用药、非罕见病用药、相似生物药、仿制药等。审评工作从药品申请递交前的讨论及指导建议会议开始，到人用药品委员会评价，以及欧盟委员会批准上市，直至起草药品评价报告公开概述（EPAR）并最后向公众发布。

新产品申请的治疗领域仍以肿瘤治疗药居首，神经系统及抗感染药物次之。

5）技术问题的仲裁、协调与断定：EMA 有责任对于欧盟成员国之间在互认程序中的不同意见给予仲裁，对于因药品安全问题撤市或停止使用给予判定意见，对于成员国已批准上市药品的不同批准状态给予协调，对于人用药品的技术问题给予判断意见。

6）信息透明与信息传播的管理工作：EMA 承担着向公众提供高质量医药信息的责任和义务。在原有信息公开及管理基础上，EMA 拓展信息服务范围并加强信息管理工作。2007 年 EMA 系统发布了药品上市申请撤回或拒绝批准时的评价报告；在有药品安全性问题时，EMA 以新闻方式发布信息，并同时以欧洲各种语言发布其“问题与解答”，详细告知公众有关情况。

以简单易懂为目的的药品评价报告公开概述（EPAR），是面向公众的评价报告。一旦药品批准上市，EMA 专门起草并制作其药品的 EPAR，发布上市药品特性；及时对重大变更申请品种的 EPAR 进行更新；并以欧洲各国语言提供药品信息。药品上市批准前、后两个阶段，各成员国承担译文审核任务。成员国反馈文件显示，制药企业提交的翻译文件均具有较好的质量。

7）植物药的管理——草药药品委员会：2007 年植物药委员会共发布 13 个植物药标准草案，广泛征询意见；制定并完成百里香（麝香草）、大黄根、报春花、报春花根、西番莲、薄荷油、蜜蜂花叶、甜茴香、苦茴香、香油、金盏花、茴芹油、八角茴香等 16 个欧盟植物药标准。因顾虑有些药材目前尚不能获得遗传毒性资料及数据，放缓了用药目录纳入品种进程，因而仅增加 2 个品种进入欧洲植物药用药目录。此外，还修订了植物药委员会多项工作程序文件及章程、规范等。

（3）EMA 职责：不包括以下几方面。

1）评估欧盟所有药品的初步市场授权申请。欧盟现有的大多数药品在成员国已经获得批准。

2）评估临床试验授权申请。临床试验的授权发生在成员国一级，但是 EMA 在确保与成员国合作去实施 GCP 标准和管理欧盟的临床试验数据库方面发挥关键作用。

3）评估医疗器械、食品添加剂和化妆品。这些产品在成员国一级进行评估。在某些情况下，可以参考医疗器械中所含的辅助药物。

4）进行研究或开发药物：制药公司或其他药物开发人员进行药物的研究和开发，然后将他们的产品的调查结果和试验结果提交给 EMA 进行评价。

5）就药品的价格或有效性做出决定或获取信息。关于价格和报销属于每个成员国的国家卫生系统。

6）控制药品广告：欧盟非处方药广告的控制主要由行业机构自行监管，在成员国的国家监管机构的支持下进行。

7）控制或拥有药品专利信息：在大多数欧洲国家生效的专利可以通过国家专利局获得，也可以通过欧洲专利局的集中程序获得。

8）制定治疗指南：各国政府或欧盟成员国的卫生当局制定关于特定卫生保健领域的诊断、管理和治疗的指导方针（有时称为临床指南）。

9）提供医疗咨询：医疗专业人员可以向患者提供医疗环境、治疗方法或药物不良反应的建议。

10）制定有关药品的法律：欧洲委员会制定了欧盟关于药品的立法，并由欧洲联盟理事会审查通过。欧洲委员会还制定了欧盟在人类或兽医药和公共卫生领域的政策。

11）发行销售许可：欧盟授权的中央授权产品委员会和欧盟成员国国家授权的国家主管部门才能做出批准、暂停或撤销任何药品的销售许可的法律决定。

2. 欧洲药品质量管理局

欧洲药品质量管理局（European Directorate for the Quality of Medicines & Health Care，EDQM）即欧洲药品质量和健康保障局，其前身为欧洲药典会（European Pharmacopoeia），总部位于法国斯特拉斯堡（Strasbourg France）。1964 年由比利时、法国、德国、荷兰、意大利、卢森堡、瑞士和英国 8 个国家签署建立《欧洲药典》的协定；1994 年同欧盟（European Union，EU）签订建立了欧洲药典协定，包括人用、兽用药物完整的统一的法规，使得欧盟成员国成为欧洲药典会的成员；1996 年更名为欧洲药品质量管理局（European Directorate for the Quality of Medicines），2006 年欧洲理事会（Council of Europe）赋予其新的职能：输血及器官移植（blood transfusion & organ transplantation）质量控制，再次更名为 European Directorate for the Quality of Medicines & Health Care，其缩写未变，仍为 EDQM。截至 2007 年年底欧洲药典会共有 36 个成员国，此外还包括世界卫生组织 WHO

在内的 19 个观察员国。我国于 1994 年加入了欧洲药典会观察员国。

（1）EDQM 的组织机构：EDQM 由局长领导，局长由欧洲理事会（Council of Europe）任命，EDQM 现共由 9 个部门组成，大约有来自 27 个国家的 400 多名工作人员。现任机构的 9 个部门，分别为欧洲药典会，IT 和发行出版部，生物检定、官方药品控制实验室网络和健康保障部，实验室，药用物质认证部，标准物质和样品部，公共关系和档案部，管理和财务部，质量安全环境部。这些部门主要承担着下列任务：在欧洲药典会的协定国建立和推行官方的标准及控制药品的质量（《欧洲药典》）；建立输血及器官移植的标准并对其进行质量控制；建立官方药品控制实验室网络协作和对欧洲上市的药品进行监控（图 6-3）。

其各自部门的职能分别为：

1）欧洲药典会（The European Phamacopoeia Department，EPD）是 EDQM 主要职能部门之一，负责同专家组一起编纂《欧洲药典》各章节和各论。到 2007 年年底共有 17 个常设专家组及 37 个临时专业工作组作为补充，专家组成员来自官方实验室网络、大学及研究所和生产厂。专家组负责各论的起草工作，其草案在欧洲药典大会表决后正式收载入《欧洲药典》。《欧洲药典》每 3 年再版，现行版为 10.0，每年会有 3 个增补版。根据欧洲药典协议（Directive 65/65/EC/Community code 200l/Review 2004），欧洲各成员国的上市药品必须执行《欧洲药典》的各论。与我国药典不同的是，《欧洲药典》的各论还包括兽用药品的质量控制（medicines for veterinary use）。欧洲药典会下设语言服务部，用英语和法语这两种官方语言出版发行。翻译小组承担翻译工作，同时还为欧洲药典大会及专家组讨论进行同声翻译。

2）IT 和发行出版部（IT and Publications Department，ITPD）：负责 EDQM 出版物的完成和数据库的工作，包括《欧洲药典》(*The European Pharmacopoeia*)、《欧洲药典论坛》、《欧洲药典论坛生物版和科技论文》（*Phameuropa*，*Phameuropa Bio & Scientific Notes*）、标准术语（*Standard Terms*）、国际会议学报（*Proceedings of International Conferences*）、技术指导原则（*Technical Guides*）、批签发指导原则（*Batch Release Guidelines*）、质量保证指导原则（*Quality Assurance Actities Guide lines*）、输血及器官移植指导原则（*Blood Transfusion & Organ Transplantation Guides*）等在内的多种出版物。其中《欧洲药典论坛》作为《欧洲药典》的重要补充，对于即将收载入《欧洲药典》的各论，首选要刊载入《欧洲药典论坛》进行为期半年征求意见。同时《欧洲药典论坛》还出版特刊，介绍药品质量控制的技术原则，如残留溶剂控制的技术原则。

3）生物检定、官方药品控制实验室网络和健康保障部 [Biological Standardisation，Network of Official Medicines Control Laboratories（OMCL）and Health Care Depamnent（DBO）]：负责生物检定程序、人用及兽用生物制品的批签发工作，承担欧洲官方药品控制实验室网络（OMCLs）的秘书处工作。该网络成立于 1994 年，成员为来自欧洲药典签约国的 90 个实验室。这个部门同时负责欧洲上市药品的抽验、打假及能力验证（PTS）工作的组织协调，2006 年赋予其输血和器官移植指导委员会秘书处的新职能，负责起草和修订该两项新职能的技术指导原则。

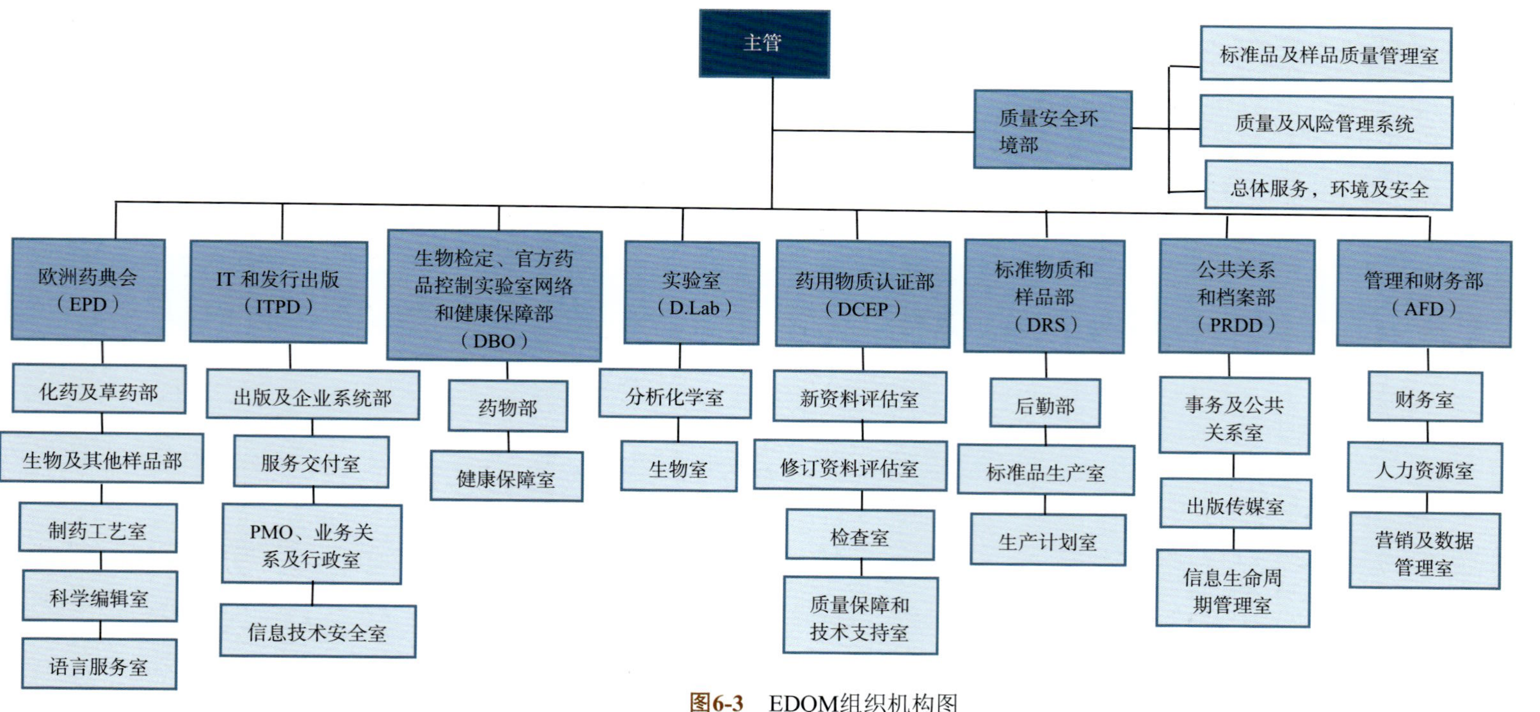

图6-3　EDQM组织机构图

4）实验室（The Laboratory Department，D. Lab）：EDQM 的实验室参与起草和修订《欧洲药典》的各论，建立、监控所有的《欧洲药典》的标准物质（EDQM Reference Standards）；现《欧洲药典》共有 2000 多个各论，其中 1900 种标准物质均由其实验室负责制备及标定。实验室还参与欧洲官方实验室网络（OMCLs）的工作，建立能力验证体系（PTS）及国际抗生素标准品（WHO international　and standards for antibiotics，ISA）的制备和标定。

5）药用物质认证部（Certification of Substances Division，DCEP）：根据欧盟指令 Directives 2001/83/EC、2001/82/EC 和 2003/63/EC 修订案，《欧洲药典》收载的活性物质、辅料及草药可以申请适用性证明及 TSE（疯牛病）风险产品证明。这个部门负责执行认证的程序，受理、评审和发放《欧洲药典》适用性证书 CEP（证明《欧洲药典》适用于控制某药用物质质量）及 TSE CEP。

6）标准物质和样品部（Reference Standards and Samples Division，DRS）：主要负责管理 EDQM 的样品，包括 EDQM 标准物质的生产、分装、分发等，其生产分装车间按照 GMP 管理。负责在建立《欧洲药典》各论时给不同专家组发放样品，同时还负责各类实验室试剂的采购工作。

7）公共关系和档案部（Public Relations and Documentation Division，PRDD）：负责 EDQM 的沟通，在 EDQM 对卫生当局、一般公共、媒体等多方面的活动中负责提供信息、回答问题。维护网站，参加商品交易会和发表会，组织技术研讨会和准备所有介绍材料。它还负责文件和档案的管理及 EDQM 的图书馆。

8）管理和财务部（Administration and Finance Division，AFD）：负责同欧洲理事会总管理和后勤部联络，负责资金和管理工作，包括人力资源管理。它还负责 EDQM 多种服务的费用（出版物、标准物质、CEP、能力验证等）。

9）质量安全环境部（Quality，Safety and Environment Division，QSED）：负责起草操作规程和工作程序，建立和实行计量认证和内审制度，通过文件整理研究履行质量再评价，并且确保 EDQM 工作符合国际强制性标准，是 EDQM 的质量保证部门。

（2）EDQM 的职责：相对于 EMA，EDQM 更侧重于药品质量标准及药品的安全使用，两者的合作非常紧密。EDQM 的职责包括制定并提供适用于“制定《欧洲药典》”的所有签署国及其他国家药品的制造和质量控制的官方标准；确保将这些官方标准应用于药品生产所用的物质；协调官方药品管制实验室（OMCL）网络，在成员国之间开展合作和分享专业知识，并有效利用有限的资源；提出有关伦理、安全和质量的标准，包括用于输血中血液成分的收集、制备、储存、分配和适当使用，用于移植器官、组织和细胞；与各国、欧洲和国际组织合作，打击假冒医疗产品和类似犯罪活动；为欧洲安全使用药物提供政策和模式方法，包括药物治疗指南；为化妆品和食品接触材料建立标准和协调控制。

3. EMA 与 EDQM 互补关系

EMA 与 EDQM 在药品管理工作上存在互补关系，在各类药品的质量管理方面合作密切（图 6-4）。

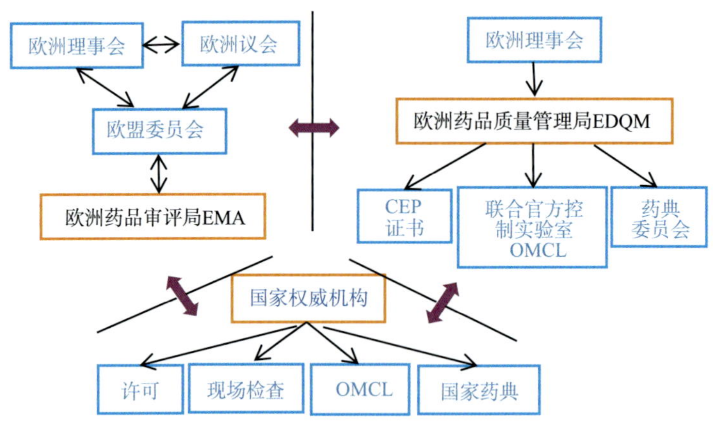

图 6-4 EMA 与 EDQM 的互补关系

二、欧盟药品管理法律体系

欧盟国家法制较为健全，欧盟草药注册管理一般都必须遵循欧盟制定的相关法律法规。

条约（treaty）是欧盟内的最高法律，具有类似宪法的性质，是欧洲一体化的法律基石。欧盟内医药法律是根据欧共体条约中有关公共农业政策、成员国间法规相似性和公民健康保障制度等条款加以制定的。

欧盟在条约的框架下制定一系列的二级法。二级立法包括约束性法律和软性法律。

法规（regulation）、指令（directive）和决定（decision）都是约束性法律。

法规和指令由欧盟委员会和欧洲理事会制定，其中法规相对具体，属于强制性规范，各个成员国必须严格遵守；而指令则属于指导性法律规范，各个成员国在不违背指令宗旨的基础上，可以制定具体的实施办法，不同成员国对指令的实施时间也可以有所不同。例如，2004/24/EC 草药指令在欧盟各国具体实施时会有所不同，但不能违背指令相关条款的基本原则。

软性法律包括决议（resolution）、通讯（communication）、指南（guidelines）、注意事项（notice to applicants）。软性法律一般没有法律约束力，如指南和注意事项，其应用需要配合相关法规和指令的执行。很多情况下，欧盟药品管理法规的实施细则会以指南和注意事项的形式公布，用来给申请者或制药企业提供参考和指导。

欧盟对药品的监管可以追溯到 1965 年，当时的欧共体制定并通过了第一部与药品相关的 65/65/EEC 指令，而该指令也是第一部承认传统药物合法的法律规范；1975 年欧共体又通过了 75/318/EEC 指令和 75/319/EEC 指令，这两个指令及 65/65/EEC 共同构成了欧盟药品的基本法律，同时也是传统草药监管的基本法律依据；2001 年欧盟在对先前颁布的药品监管指令进行归纳整理后重新发布了《欧盟人用药品注册指令》（2001/83/EC），该指令也成为欧盟药品监管的核心规范; 2004 年欧盟发布了《欧盟传统草药指令》(2004/24/EC）对《欧盟人用药品注册指令》的第 16 条关于草药的规定进行解释与说明，其也统一了欧盟各成员国对草药产品的不同监管模式，草药在欧盟的具体立法进程及其法律地位如表 6-1 所示。

表 6-1 欧盟草药相关立法

时间	名称	说明
1965.1.26	65/65/EEC 指令	第一部关于药品法规和管理的规定，确定了草药的合法地位
1975.5.20	75/318/EEC 指令	欧共体内人用药品临床法案，包含检测分析、药理毒理、临床标准、检测药物的流程、信息编写方式及权威机构审批方式
1975.5.20	75/319/EEC 指令	人用药品行政管理的法规
1993.7.22	2309/93/EEC 号法规	最主要的欧共体人用和兽用药品上市许可管理法规，建立 EMEA
2001.11.6	2001/83/EC 指令	最主要的人用药品管理指令，适用于草药，但没有单独列出
2003.6.25	2003/63/EC 指令	修订 2001/83/EC 指令，采用新的药品申请格式 CTD
2004.3.31	2004/27/EC 指令	修订 2001/83/EC 指令，进一步规范了整个欧盟范围的药品法规，主要针对上市许可管理，并规定互认可程序适用于草药注册
2004.3.31	EC/726/200 指令	颁布药品上市许可的申报、审批和监管程序，建立 EMA
2004.4.30	2004/24/EC 指令	修订 2001/83/EC 指令，对传统草药产品注册进行系统的规范，突出了简化注册申请，是针对传统草药药品简化注册的指令

不同于我国的法律体系，欧盟的法律法规之间的连贯性很强，欧盟的很多新法规通常不取代旧法规，而是在旧法规的基础上对某些条款进行修订。关于草药主要的法律法规文件是四部指令及一些其他的指南和注册文件，这四部指令分别是 2001/83/EC 指令、2003/63/EC 指令、2004/27/EC 指令和 2004/24/EC 指令。这四部指令也不是独立存在的，其中，以 2001/83/EC 指令为主干，该指令是对不同类别药品管理的综合性指令，由正文和附录两大部分组成。2003/63/EC 指令针对 2001/83/EC 指令中有关药品申请文件技术要求的部分内容做了修订；2004/27/EC 指令和 2004/24/EC 指令针对 2001/83/EC 指令中的正文进行了修订，2004/27/EC 指令对 2001/83/EC 指令中的关于欧盟人用药品的上市许可、研发和药物警戒等方面的内容做了较为系统的修订，其本身也是一部综合性的指令；2004/24/EC 指令则是针对 2001/83/EC 指令中有关草药药品管理的部分进行了修订。需要指出的是，2004/24/EC 提出并简化了符合条件的传统草药产品的申报程序及传统草药登记上市途径，这也构成其一项立法亮点。同时需要强调的是，欧盟对草药规制的立法多以指令（directive）的形式出台，其法律层级较高，仅次于欧盟法规（regulation）。

下面，分别对欧盟颁布的这四部有关传统草药管理的法令背景、内容影响进行说明。

（1）2001/83/EC 指令：在 2001/83/EC 指令颁布之前，欧盟公布了许多与药品有关的指令，例如，1965 年 1 月 26 日公布的 65/65/EEC 指令；1975 年 5 月 20 日公布的 75/318/EEC 指令和 75/319/EEC 指令；1989 年 5 月 3 日公布的 89/342/EEC 指令和 89/343/EEC 指令；1989 年 6 月 14 日公布的 89/381/EEC 指令；1992 年 3 月 31 日公布的 92/25/EEC 指令、92/26/EEC 指令、92/27/EEC 指令和 92/28/EEC 指令；1992 年 9 月 22 日公布的 92/73/EEC 指令。这些指令从不同的角度规范了药品管理。随着药品管理不断变化的需要，这些指令虽被多次修订，但系统性和综合性越来越差，使用起来也愈加的不方便。针对这种情况，也为了使上述这些指令更加清晰和合理，一部单独的综合性指令——2001/83/EC 指令应运而生。2001 年 11 月 6 日，欧盟议会及理事会正式签署 2001/83/EC 指令，该部指令共 130 条，内容丰富、全面，是关于人用药品的一部单独性、综合性指令，对人用药品在欧洲药品管理局（EMA）及各成员国的注册、生产、销售、说明书、广告及包装标签等均提出了系统的要求。同时，该指令对传统草药产品也做出了相关规定。

在欧盟内部各成员国之间，有关人用药品管理的法规存在着差异性，甚至这些条款的差异妨碍了欧盟的药品贸易，直接影响了欧盟内部药品市场的正常运转。为了不妨碍欧盟内部制药工业和药品贸易的发展，同时保证公众的健康，消除影响欧盟内部市场运转的障碍，欧盟采取了积极有效的措施，首先就是统一各成员国有关人用药品的相关法规，以协调各成员国在药品管理法规方面的实体和程序要求，并明确各成员国主管部门的职责。这是 2001/83/EC 指令产生的另一个重要原因。通过这一指令使得在药品注册方面涉及实验、临床观察、资料整理和申报等内容的法规趋于统一，以促进药品在欧盟市场的自由流通。

（2）2003/63/EC 指令：为了获得人用药品在欧洲市场的上市许可，申请人需提交一整套的申报文件，涉及实验资料和临床观察资料等。这些资料的要求在前述的 2001/83/EC 指令中有详细的描述。但随着科学技术的进步，导致在法规上产生了一些变化，增加了一些新的要求，特别是在申报资料当中会出现某些资料（后来被称为通用技术文件，CTD）可以同时适用于几种不同药品申报的情况，为此，需要对 2001/83/EC 指令附录 1 当中的详细科学技术要求进行适当的修改，以满足当前科技的发展和法规的变化。

为了节约药品审评的时间和资源，规范各个地区的注册申请，便于注册机构的评审，方便同申请人之间的交流，更有助于各注册机构之间注册资料的交换。在 2000 年的人用药品注册技术要求国际协调会议（ICH）框架下，欧盟、美国和日本三方达成一致意见，同意对 CTD 建立一套统一的格式和术语，这样可以在人用药品上市许可申请时，对申报资料的提交和组织实现一致性。自此，草药欧盟注册申报文件的标准要求，采用 CTD 格式。

除此之外，还有一些其他事项也被列入 2003/63/EC 指令的修改内容当中，如涉及生物药品的起始原料管理、疫苗制品的抗原相关技术文件等。

值得一提的是，2003/63/EC 指令涉及草药药品的申报资料要求。由于草药药品与普通药品存在实质性的区别，草药药品到目前为止主要涉及非常特殊的一些草药物质和制剂，因此，在制定有关上市许可申报文件的要求和标准时，有必要对草药药品制定一些特别的规范。

（3）2004/27/EC 指令：2001/83/EC 指令自 2001 年 11 月 6 日颁布实施以来，为人用药品在欧盟范围内安全和自由流通及清除药品的贸易壁垒等做出了重要贡献。然而，随着社会进步及新形势的不断出现，社会对人用药品的有效性、安全性和质量可控性提出了更高的要求标准。新的疗法不断出现，介于药品和其他类型产品之间的边缘产品日益增多，使得原来的药品定义已经不能适应当前的技术现状。因此，该法令中的许多内容越来越不适应需要。为了符合这些变化，需要对 2001/83/EC 指令加以修订，于是 2004/27/EC 指令于 2004 年 3 月 31 日正式通过。在 2004/27/EC 指令中，对 2001/83/EC 指令中原先的注册审批程序——互认可程序进行了修订。

（4）2004/24/EC 指令：近年来大量草药产品以食品添加剂、保健品等形式进入欧盟市场，走进欧盟社会公众日常生活；同时，一些疗效确切、有良好安全性的传统草药按照欧盟人用药品相关规定难以药品身份进入欧盟。针对以上这两种情况，2004 年 4 月 30 日，欧盟议会和理事会颁布实施了 2004/24/EC 指令，即《欧盟传统草药指令》，该法令系欧盟首次针对传统草药制订的指令，对统一、规范传统草药在欧盟的管理，促进传统草药在欧盟的发展具有重要意义，更为我国中成药等传统草药进入欧盟市场提供了可能。

在 2009 年欧洲自我医疗工业协会（The Association of the European Self-Medication Industry，AESGP）年会上相关专家提出了扩大《欧盟传统草药指令》（2004/24/EC）的适用范围，不仅要加强传统草药的管理，而且还应将长期应用的草药纳入管理范畴之内的建议；近些年，欧洲药品管理局（EMA）下属的草药产品委员会（HMPC）与欧洲食品安全局（European Food Safety Authority，EFSA）就草药管理进行了多次对话与沟通，种种迹象表明欧盟将传统草药包括草药纳入药品领域规范管理已经成为一种不可逆转的趋势。

以上四部指令是欧盟针对传统草药制订的法律，不仅定义了草药物质、草药制剂和草药药品的概念，内容还涉及对注册、申报技术资料、生产、销售及产品标签、说明书、广告等多个方面的规范。而且在中药国际化的过程中，中成药还应参照相关指南，并按照欧盟药品 GXP 体系（GLP、GCP、GMP、GSP、GUP）的要求进行研发、临床试验和生产，并以此为基础对合格的传统草药药品进行注册。下面将与中药欧盟注册相关的指南及质量法律渊源分别列出，并通过表 6-2 对上述指南、药典、规范的主要内容做一一阐述。

（1）指南：2006 年 10 月 1 日，与欧盟草药药品质量相关的两个重要指南经过欧盟 HMPC、CHMP 等多方讨论，正式生效。分别为：①《草药药品和（或）传统草药药品质量指南》（Guideline on Quality of Herbal Medicinal Products/Traditional Herbal Medicinal Products，以下简称《质量指南》）；②《质量标准指南：药材、草药加工品及草药药品和（或）传统草药药品的检验方法和可接受标准》（Guideline on Specifications：Test Procedures and Acceptance Criteria for Herbal Substances，Herbal Preparations and Herbal Medicinal Products/Traditional Herbal Medicinal Products，以下简称《质量标准指南》）。

（2）《欧洲药典》：由欧洲药典委员会编写，是欧洲药品质量控制的法定标准，所有药品及药用物质生产厂在欧洲销售或使用其产品时，都必须遵守《欧洲药典》标准。

（3）药用植物种植管理规范 / 药用植物种植采集管理规范 GAP / GACP（Good Agricultural Practice / Good Agricultural and Collection Practice）：是控制药材种植全过程的质量体系。

（4）药品生产质量管理规范（Good Manufacturing Practice，GMP）：核心是突出生产中各个环节的质量控制与操作规范。

表 6-2 欧盟注册质量标准法律渊源及其主要内容

名称	主要内容
《质量指南》	对草药药品质量控制总体的、框架性的要求，包括 6 个方面：①草药药品中活性成分的定性和定量表示方法；②对草药药品生产工艺的说明；③起始原料的质量控制；④草药药品生产过程中的质量控制检验，也称为工序间检验（in-process test）；⑤成品制剂的质量控制；⑥稳定性试验
《质量标准指南》	包括两个方面：对药材、草药加工品和草药药品质量标准中通用检查项目（universal test/criteria）的规定；根据草药药品剂型的不同，对制剂的特殊检查项目（specific test/criteria）的规定
《欧洲药典》	包括活性成分，辅料，所有化学、动物、人或植物来源的药用物质或制剂，抗生素及剂型和容器，同样适用于生物制品、血液和血浆制品、疫苗甚至放射药物制剂

续表

名称	主要内容
GAP/GACP	包括产地生态环境、种植栽培、采收与初加工规范及影响药材包装各环节的质量控制
GMP	包括质量管理、人员、厂房与设备、文件、生产、质量控制、合同生产与合同分析、投诉与产品回收和自检等九项基本要求

第二节　欧盟药品审批程序及申请类别

一、欧盟药品注册程序

欧盟委员会将欧盟的药品上市许可类型分为欧共体批准和成员国批准；按批准的程序分又分为集中程序（centralized procedure，CP）、非集中审批程序（decentralized procedure，DCP）、成员国程序（national procedure，NP）和互认程序（mutual recognized procedure，MRP）。

（一）集中程序

集中审批程序是药品在欧洲诸国都能获得批准上市的重要注册审批程序之一。通过欧盟集中审批程序获得的药品上市许可在任何一个成员国中均有效，即该药品可在任意一个成员国的市场自由流通、销售。因此，集中审批程序是药品迅速在全欧洲上市销售的最有效率、最迅捷的途径。但另一方面，如果药品经由集中审批程序而未获得批准，那么该产品就很难有机会通过其他审批程序而获得在某一成员国上市许可，而且连现有的已经获得的成员国上市许可，或通过互认程序获得的一系列上市许可都有可能受到负面影响。因此也是风险最大的一种途径。

经集中审批程序而获得的上市许可有效期为 5 年，延长有效期的申请必须在有效期期满前 3 个月递交到欧洲药品评审管理局（EMEA），但有效期总共不超过 10 年。

药品集中审批程序的法律依据有 2309/93/EEC 法规、93/4l/EC 指令、2001/83/EC 指令、2004/24/EC 指令和 2004/27/EC 指令。其中 2001/83/EC 指令和 2004/24/EC 指令涉及植物药产品。2309/93/EEC 法规明确规定了哪些药品必须经过集中审批程序。EMEA 将适用于集中审批程序的药品分为两大类：生物制品，新药含有新活性物质的药品，根据申请者的意愿和要求，可按集中审批程序申请。这类新药可以按集中审批程序申请，也可以采用成员国申请程序。根据药品组成物质性质的不同，EMEA 还将经集中审批程序的新药进行如下分类：①化学活性物质药品；②放射性药物；③生物制品；④植物制品。

在药品的适应证方面欧盟也进行了严格的界定。欧盟 EEC/726/2004 指令明确规定，2005 年 11 月 20 日以后，以下药品必须按照集中审批程序申请：适应证为艾滋病、癌症、神经退行性疾病和糖尿病的药品。2008 年 5 月 20 日以后，以下疾病也必须按照集中审批程序申请：病毒性疾病、自身免疫病及免疫相关疾病。这类品种的申请称强制性集中申请。

集中审批的具体程序分为两个阶段：①申报资料的审批阶段，大约一年时间（210 天）；

②审评结论形成阶段，90 天左右。

（二）非集中审批程序

非集中审批程序又称分散程序，是指产品之前并没有在任何欧盟国家上市过，某次同时向几个欧盟成员国同时递交药品注册申请文件，由这些成员国协商决定是否批准申请。

（三）成员国程序

成员国审批程序属于非集中审批程序的一种，是指欧盟成员国各自的药审部门负责对药品进行审批的过程，其适用范围是除了必须通过集中审批程序药品之外的药品。欧盟各成员国都有自己的医药法规，成员国的药品审批法规和技术要求不尽相同。因此，药品的成员国审批程序实际上需要按各国医药法规及最新的技术要求递交相应的申报资料。具体而言，在哪个成员国申请药品上市许可，就要依照哪个成员国的药品管理法规和技术要求提供相应的申报资料。如果说集中审批程序强调的是欧盟药品审批标准的协调性、统一性，而成员国审批程序则突出的是各成员国药品审批标准的独立性和差异性。由此可见，欧洲药品审批实际上是上述统一性和独立性的结合。

申请材料递交给欧盟的一个国家的药品管理机构，由该国家的药品管理机构进行审核和评估，并提出问题，最后做出决定。同意批复后只在该国进行药品销售，如果要扩展到其他欧盟成员国，就需要启动互认程序。

（四）互认程序

互认程序是指药品生产商申请第一次在某成员国（参考成员国，Reference Member State，RMS）的上市许可后，通过专门的互认程序将材料送至其他成员国（相关成员国，Concerned Member State，CMS），以获得其他成员国的批准。它以成员国审批程序为基础。互认程序的审批过程发生在成员国各自的药品审批部门，即相关成员国。

成员国程序不包括必须通过集中程序申报的药品，是指药品生产商向指定成员国申请，仅获得药品在该成员国范围内的上市许可。

按照欧盟法规规定参考成员国在 90 天内必须做出评估报告，发送给申请人和相关成员国，相关成员国也需在 90 天内做出审评意见。欧盟有关文件规定，互认程序的基本原则为欧盟的某一成员国经审批而批准上市的药品，其他成员国也应批准该药品在本国上市销售，除非有充分理由来否决之。所谓的充分理由就是怀疑该产品的安全性、有效性或质量可控性存在严重问题，这些问题有可能对患者的健康造成危害。一旦各成员国的意见不一致时，EMEA 的人用药品委员会（CHMP）有权对传统药品进行重新的科学评价，然后 CHMP 将对该药品做出对所有成员国都有约束力的专门决定，各成员国必须服从 CHMP 的决议。下述两种情况可运用互认程序：①当一个药品已在一个成员国获得市场销售许可之后，就可以采用药品的互认程序申请在其他成员国上市。②医药产品从未在欧盟诸国获得上市许可，首次申请上市时，申请者除了向某一成员国申请之外，还要向其他一个或多个成员国提出互认申请。互认程序的基本要求是：向各成员国所提交的申报资料和文件必须完全一致。

互认程序原则上是 90 天内完成，所需时间最多为 300 天左右。90 天是指上述互认程序的第一种情况；300 天是指上述互认程序的第二种情况。这一程序主要适用于常用药品。此程序使药品能迅速从一个成员国市场进入其他成员国。互认程序具有较大的适用范围，传统草药的简化申请也可采用互认程序。这种申请程序是中药进入欧盟市场的主要途径。其优点是不像集中审批程序那样：如果被否定，则该药的欧共体上市之门就被关闭了。

小结：集中程序是直接将申请提交到 EMA。一种新药产品仅需要一次申请，一次审评，一次批准即可在欧盟内所有成员国销售和使用。成员国程序是各欧盟成员的药审部门负责对药品进行审批，其主要针对的是非集中审批程序药品。互认程序以成员国审批程序为基础，药品制造商申请某成员国的上市许可后，通过专门的互认程序将材料送至其他成员国，以获得其他成员国的审批。

如果只希望产品在欧盟一个成员国上市，可直接采用成员国程序；如果希望在多个成员国上市，则可采用分散程序；同时，如果产品已在某一成员国上市，希望进一步进入其他欧盟成员国市场，同样可采用互认程序。值得一提的是，互认及分散程序的前提条件是所注册的药品必须符合欧盟草药质量标准，或者来自欧盟制定的药材、药材原料及混合物的目录，只有这类产品，其他成员国才予以注册互认可。对于注册其他类型的传统草药产品，其他成员国只是参考原注册成员国的意见。

因此，目前我国的传统草药产品想进入欧盟市场较容易也较稳妥的方式为先进行成员国程序，当在某一成员国获得产品注册文号后再分别开展其他国家的成员国程序或通过互认程序，申请其他成员国的认可。

二、申请类别

所谓的申请类别是指根据某个药品安全性、有效性和质量可控性等综合特征，对其申报资料的质量和数量要求的高低多寡不同进行分类。概括起来，欧盟药品注册申请的类别可以分为两大类别：①提供和药品安全性、有效性和质量可控性有关的全部研究或文献资料，即完整申请；②仅提供全套资料中的一部分申报资料即可，即简化申请，传统草药药品简化注册申请属于一种特殊的简化申请。

现就完整和简化申请的几种申请类别做简要介绍。

（一）完整申请

完整申请包括全套资料申请、良好应用申请、固定组方的药品申请三种形式。

1. 全套资料申请

全套资料申请分为两个亚类：独立或混合申请（stand-alone or mixed application，Sa/MA）。独立申请需要申请者按照前文所述的 CTD 格式独立提供模块 1 到模块 5 的地区行政性资料、通用技术文件摘要、质量、非临床试验报告、临床试验报告的所有资料。如果是混合申请，那么申请者提交的申请资料中，模块 4 的非临床试验报告或模块 5 的临床试验报告的限定（limited）部分内容可以由申请者提供的相关科学文献做替代。

2. 良好应用申请

在良好应用申请（well-established use marketing authorisation，WEU）中，申请者所提交的模块 4 的非临床试验报告或模块 5 的临床试验报告的内容可由全面、详细的科学文献所替代。“良好应用”药品需要满足如下条件：

（1）该药品所包含的活性成分在欧盟范围内至少有 10 年的药用历史。

（2）在 10 年或以上应用期间，该药品必须是被广泛使用，所以在提交的申请材料中还需提交其“广泛使用”的证明资料。

（3）该药品需要长期、广泛地被应用于某一适应证的治疗，在提交上市申请时，仅可限于这一适应证。如果换作其他适应证，那么该药品则不完全属于“良好应用”。申请人提交的材料必须包含该药品安全性、有效性的全面评估，此外还要包括针对提供的所有科学文献所撰写的综述报告，这其中要充分考虑上市前、上市后研究，流行病学研究，尤其是比较流行病学研究。提交的文献资料要客观公正，不管是“有利的”还是“不利的”文献资料，都要如实提交。

3. 固定组方的药品申请

在欧盟，复方配伍的药品完全是一个新药，并不是因为其中含有药味均是已知且上市的药品而减免申报内容，相反，在必要时，除了要实验证明每一种药味所起的药效学作用之外，还要做该复方中各药味之间相互作用的药理学实验。因此，申请复方制剂药品上市许可的技术要求和难度明显大于单一化合物组方的药品。需要指出的是，这是针对化学药上市许可而制定的。

对于植物药复方制剂，欧盟的药品管理政策法规不同于化学药复方制剂，欧洲各国的植物药制剂多由单味植物药所组成，由植物药组成的复方制剂比较少，组成的药味多为 2 ～ 3 种植物药，因此欧盟植物药复方制剂的基本要求是：其组成药味不要超过 5 味，如果 3 味或者更少更容易接受。也就是说，不超过 5 味药的植物药复方制剂被欧盟药品管理部门当作一个整体来进行审批，而不必做拆方和各药味之间相互作用的药理学试验研究。

欧盟一些成员国还规定，如果组方植物药复方制剂的各单味药已批准上市，或被官方药典或专利收载，那么其组方可以按这些成员国自定的简化申请程序申报而不必提供药理、毒理和临床研究资料。这种情况只能按成员国程序进行申请。

（二）简化申请

简化申请相对来说提供的申请资料简单一些，类似于我国的仿制药品的申报，包括知情同意申请和仿制药品申请两种形式。这两种类型的申请都涉及要参阅另外一个原研药品申报资料所包含的研究内容，且多是针对化学药和生物制品，此处不再赘述。

（三）传统应用申请（traditional use registration，TUR）

基于长期应用和实践而得出药品的有效性存在一定的合理性，因此对于具有悠久使用历史的药品，可以免做临床试验。根据药品传统使用情况证明在特定情况下使用没有毒副作用，其临床前研究也是不必要的。然而，即便是悠久的传统使用历史也不能排除对产品安全性的担心，因此主管当局有权要求提供评价其安全性所必需的全部资料。药品质量与传统使用历史无关，因此必要的理化、生物学和微生物学的试验是不能缺少的。产品质量应符合《欧洲药典专论》或成员国的药典要求。

对于符合传统植物药产品定义的药品，申请人可以用该药品的安全性文献综述和传统应用证据替代模块 4 和模块 5 中非临床和临床研究报告，进行简化注册申请。

（1）传统草药药品可以减免临床研究。

（2）传统草药药品可以减免临床前的药效研究。

（3）如果文献资料充分证明药品的安全性，可以减免临床前的毒理学试验。

（4）药品审评部门，根据药品的具体情况有权要求申请者提供安全性研究资料。

（5）药学资料不受任何影响，其数量和质量没有任何减免。

完全满足如下条件才能被定义为传统植物药产品（traditional herbal medicinal product，THMP）：①具有仅适合于传统植物药产品的适应证，就药品的构成和目的而言，被设计为不需从业医师的诊断、处方或者监督等干预就能自行使用。②具有与特定作用强度和剂量相符的特定服用方法。③是口服、外用和（或）吸入制剂。④该药品或者同类相关药品（corresponding product）在申请日之前至少已有 30 年药用历史，其中在欧盟境内至少 15 年。⑤该药品具有充分的传统应用的证据资料，尤其是该药品需要被证明在特定条件下使用不会造成伤害。此外，基于其长期的药用历史，其药理作用或者药效一定程度上应当是可信的（plausible）。

下面是传统草药减免临床前及临床试验进行简化注册时需要提供的申报资料及产品特性概要的相关内容。

1. 简化申请应附有的申报资料

（1）申请者名称或法人姓名、固定地址和生产企业地址。

（2）药品名称。

（3）用药品的通用名称表示所有药品成分的定量和定性的详细资料，该资料包括世界卫生组织推荐的国际非专利名称（药品通用名称），但不包括经验化学式。

（4）生产方法的描述。

（5）适应证、禁忌证及不良反应。

（6）剂量、剂型、给药方法和途径、有效期。

（7）如果可能，还包括药品存储、患者服用和废料处置时所采取的任何注意事项和安全措施的理由，以及药品可能对环境产生任何潜在危害的标志。

（8）生产商采用的检验方法的描述包括成分和最终产品的定量和定性分析，特殊检测如卫生学检测、热原物质检测、重金属检测及稳定性检测、生物学和毒理实验，生产过程中采用的检测手段。

（9）试验研究结果：主要有物理 - 化学、生物学或微生物学检测结果。

（10）产品特性概要（SPC），一个或多个药品外包装和内包装样品或样稿及有说明书的药品包装的半成品。

（11）生产商在所在国批准生产该药品的证明文件。

2. 产品特性概要（SPC）的内容

（1）药品名称。

（2）活性物质和辅料成分的定性和定量组成，合理服用所需的知识。应使用通用名或化学名描述。

（3）剂型。

（4）临床详细资料。

1）治疗适应证。

2）禁忌证。

3）不良反应（发生的频率及严重程度）。

4）使用的特别预防措施，对免疫性药品，对处置该产品和负责患者用药的人员所采取的任何特别预防措施及患者所采取的特别预防措施。

5）孕期和哺乳期用药。

6）与其他药物的相互作用和其他方面的相互作用。

7）成人和（如必要时）儿童的剂量及给药方式。

8）过量（症状、急救措施、解毒药）。

9）特别警告。

10）对驾驶和机械操控能力的影响。

（5）药学详细资料。

1）主要不相容性（配伍禁忌）。

2）有效期，必要时重新配置后或者首次打开内包装后的产品保质期。

3）储存特别注意事项。

4）内包装的性质和容量。

5）必要时未用药品或源于该药品的废料处置的特别预防措施。

（6）药品被批准上市销售的所有人的姓名或法人名称和永久地址。

（7）对放射性药品来说，放射内标计量的详细情况。

（8）对放射性药品来说，其临时制剂及其质量控制的附加详细说明，以及如洗出液之类的中间制剂或直接使用的制剂的最长储存期限与规定的期限相一致。

根据上述传统草药药品简化注册申请，具有悠久使用历史的药品，可减免临床实验和部分临床前研究。因此，必须要有充分的科学文献或专家证明产品有 30 年以上的国内使用历史，以及 15 年以上的欧盟使用历史，才可以免做临床研究。

此外，如果某传统植物药品被列入《欧盟植物药专论》（EU Monograph）或者《欧盟植物药目录》（EU List），那么申请人提交的申请材料可进一步简化。申请人无须提供该药品在其他成员国被批准上市的证明资料、申请日之前至少已有 30 年（欧盟境内至少 15 年）药用历史及安全性文献综述和专家报告。这些内容是那些没有进入专论或目录的传统草药在简化申请时必须要提供的。可以说，中成药只要进入专论或者目录，通过 GMP 认证等解决药品质量可控性问题，则注册成功的可能性将极大提高。由此可见，草药是否进入专论或目录至关重要。

专论的建立与传统草药的注册是相互促进的，进入专论的产品在简化注册或是良好应用注册时有着减免申请材料的优势，安全性和有效性也更容易被欧盟认可；而注册产品的数量增加，也会促使其含有成分的专论的建立。目前欧盟草药药品委员会的任务之一就是起草草药专论，而且由于他们人员缺乏，也愿意和他国合作共同起草。截至 2014 年，已经有 42 个有关中草药的专论发布于《欧洲药典》8.4 中。我国应当积极努力争取参与这项工作，这对中药进入他们的专论和目录是非常有意义的。这也是将中药尽快推进到欧洲市场的捷径。

因此目前来看，中成药最适合以传统应用申请的方式开展注册工作。在积累了一定基础后，可尝试以良好应用申请方式开展注册工作。

第三节　通用技术文件

传统草药欧盟注册过程中，注册文档的准备、递交申请及后期技术审评和回复是中药在欧洲上市链条中极为重要的一环。因此，为提高药品审评效率，加快新药上市速度，在这一环节进行效率提升，从药物生命周期管理的角度看具有极其重要的意义。如何准备申请资料，需要提供哪些资料、实验数据和文献，是申请者最为关心的内容。

一、通用技术文件简介

1989 年，欧盟、美国和日本的药品管理当局为了统一协调人用药品注册技术的差异，使同一份药品注册文件可以同步在多国进行申报，三方在巴黎召开了国家药品管理当局国际会议，开始制订具体实施计划。1990 年 4 月，欧盟、美国、日本在布鲁塞尔召开了三方注册部门和工业部门共同参加的国际协调会议（ICH），讨论了 ICH 的意义和任务，并成立了 ICH 指导委员会。

质量（Q）、安全（S）和有效（E）三个方面，是 ICH 指导委员会用来制定各类技术要求作为药品能否批准上市的基础。为使新药申报的形式和内容趋于一致，制定了通用技术文件（CTD），并分为 CTD、CTD-Q、CTD-S、CTD-E 和 eCTD（电子文档）。CTD 统一的文件模板为多国同步申报奠定了基础，并在不断的使用当中逐渐完善。

目前 CTD 已经成为药品注册国际公认的文件编写格式，申请人在欧盟、美国、日本、加拿大和瑞士等国家和地区，可选择或强制要求用 CTD 注册格式申报药品，许多其他国家和地区的官方注册机构也采纳了 CTD 申报格式，并根据当地要求做了修改，例如，东南亚联盟国家（ASEAN）文莱、柬埔寨、印尼、老挝、马来西亚、缅甸、菲律宾、新加坡、泰国和越南，发布了 ASEAN CTD 格式注册文件要求，简称 ACTD。这说明越来越多的国家认同 ICH 的理念，并接受 CTD 格式的申报资料。

申报文件 CTD 格式文件的确定，可以节约药品审批的时间和资源，规范各个地区的注册申请，并有助于注册机构的审评和加强同申请人之间的交流，更有助于各注册机构之间注册资料的交换。

为了迎合时代发展需要、国际统一协调的目标及药监部门和制药公司双方的共同需求，药品注册文档由纸质版（paper-CTD）向电子文档（eCTD）转变，并以电子途径呈交（e-Submission）。因此，eCTD 在 10 余年的时间里得以快速发展，并逐渐成为国际药品注册文件递交的统一标准。它规定了药厂向评审机构提交的电子文档的标准目录结构和文档格式，对文件的目录和命名规范做了限定，并采用 XML（extensible markup language）对原数据和文档结构进行描述，同时对电子提交物的创建、查阅、生命周期管理及归档等方面做了规范。

2003 年起，美国全部的新药（NDA）和原料药申请（DMF）已经使用 eCTD 文档进行递交，欧盟在近 10 年来也陆续颁布了相关 eCTD 指南，其中规定自 2014 年 3 月 1 日起，欧洲 EMA 所有集中程序申请的 eCTD 都必须通过电子通道提交。对于成员国程序和分散申请目前还没有强制要求，但是欧盟各国药监部门仍然鼓励申请者通过电子通道递交 eCTD 药品注册申请，并成为未来监管发展的趋势和方向。

二、通用技术文件的内容

通用技术文件是国际公认的文件编写格式，用来制作向药品注册机构递交的结构完善的注册申请文件，共由五个模块组成，模块 1 是地区特异性的，模块 2、3、4 和 5 在各个地区是统一的，详见图 6-5。

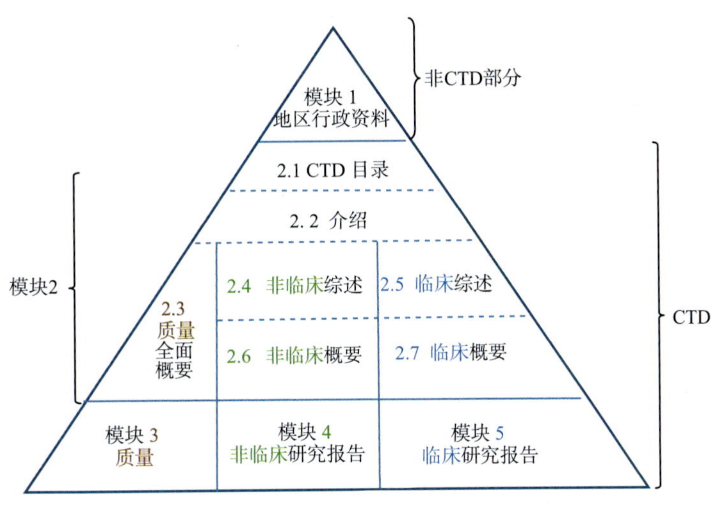

图 6-5　CTD 文件格式

模块 1：地区性行政信息和法规信息

本模块包括那些对各地区特殊的文件，如申请表或在各地区被建议使用的标签，其内容和格式可以由每个地区的相关注册机构来指定。主要包括申请注册材料目录、企业及产品基本信息、药品目标人群（适应证）、专家信息（专家的教育背景、培训、职业经历等简介）、临床信息、非临床信息、药材种植园区环境风险评估、药品生产质量管理规范（Good Manufacturing Practice，GMP）、药用植物种植和采集的生产质量管理规范（Good Agricultural and Collection Practices，GACP）、药物警戒信息等。

该模块有标准的模板，按要求逐项填写，内容要求准确翔实。

1.1 综合目录

1.2 申请表

1.3 产品信息：标签、包装、可读性测试

1.4 专家信息（质量、非临床、临床）

1.5 不同申请的特殊要求

1.6 环境风险评估（转基因、非转基因、核污染等）

1.7 药品生产质量管理规范

1.8 药物警戒信息

模块2：CTD文件概述

本模块是对药物质量，非临床和临床实验方面内容的高度总结概括，必须由合格的和有经验的专家来担任文件编写工作。本模块包括七部分内容：

2.1 CTD目录

2.2 CTD介绍

为申请药品的一般介绍，主要对药品的药理作用和临床适应证加以简要说明。

2.3 质量全面概要（QOS）

本部分是根据模块3的范围及要点写的概要，QOS应包括各部分的足够信息，为质量评估人提供模块3的综览。一份好的QOS报告将有利于审评专家做出好的判断。

2.4 非临床综述

非临床研究综述应提供药品的药学、药代动力学和毒性的综合的、关键的评估资料。如果研究有相关的指南方针要求，应遵循。如果偏离，应进行讨论并专家论证。

2.5 临床综述

临床研究综述的目的是在CTD里面提供临床资料的关键分析，应提供主要用来给监管机构检查上市许可申请的临床研究部分，此部分应充分分析药品在其指定用途的好处与风险。主要内容涉及：①广泛的科学文献检索及总结报告；②相关试验研究及总结报告；③历史资料收集及总结报告（30年的药用历史，欧共体至少15年的使用历史信息资料的收集、整理和总结）。

此部分文件内容需要全面综述注册药品的安全性、有效性及注意事项和药品使用相关的所有信息。其中非临床研究总结报告是由专家根据文献综述和相关研究总结撰写的一份报告。文献综述一般需要引用外文文献，且需要进行全球性的科学文献信息检索与分析总结，再结合注册药品长期的临床应用历史记录信息分析，从而对注册药品的安全性、有效性进行一个整体、全面的评估和概述。

简化注册申请，临床报告不是必须提供的材料，但如果有相关的研究资料和报道资料能提供，将有助于审核人员的判断。

2.6　非临床概要

2.7　临床概要

模块 3：质量部分

文件需提供药物在化学、制剂和生物学方面的内容。

主要内容为药品生产与质量控制相关方面的最翔实的技术信息，包括原料和药品（制剂）两部分的质量控制内容及药物开发状况、生产、辅料控制、参照标准、包装密封系统、稳定性等内容。此部分注册文件主要内容如下：

（1）药材一般性信息（名称、分类学、主要化学成分及结构、一般性质等）；药材GAP种植信息（种植厂的信息、药材种植全过程，包括种植、采收、加工、储藏、运输等，过程的有效性及评估；种植环境的评估等）；特征成分（主要化学成分结构、性能与活性）；药材质量控制标准（化学标志物的确定、批量样品研究数据和相关信息）与稳定性考察（稳定性综述、稳定性的承诺、批量稳定性考查数据，包括指纹图谱和化学标志物的稳定性）。证明产品生产用草药原料均符合 GACP 的要求。

3.2.S　原料药

3.2.S.1　一般信息

3.2.S.2　制造生产

3.2.S.3　特征

3.2.S.4　控制原料药

3.2.S.5　参考标准或材料

3.2.S.6　封装

3.2.S.7　稳定性

（2）药品信息：包括药品的研发过程综述、药品组成、制型、规格、产品发展、兼容性、赋形剂（符合《欧洲药典》标准要求）、包装等产品基本信息；药品生产过程及关键工艺参数控制、标准（参照《欧洲药典》相关要求）、验证文件（设备、仪器、批量产品生产全过程）、参考文献等信息资料。证明注册药品生产达到和符合欧盟 cGMP 要求。

3.2.P　药物产品

3.2.P.1　描述和药物组成

3.2.P.2　药品研发

3.2.P.3　生产制造

3.2.P.4　辅料控制

3.2.P.5　药品控制

3.2.P.6　参考标准或材料

3.2.P.7　封装

3.2.P.8　稳定性

对于简化注册申请药品而言，此部分文件是整个技术文件尤为重要和关键的一部分。2004/24/EC 指令中明确指出：由于药品质量与传统使用历史无关，申请者必须提交必要的理化、生物学和微生物学等药学试验资料，以证实产品质量符合《欧洲药典专论》或者成员国药典的要求。

模块 4：非临床研究报告

文件需提供原料药和制剂在毒理学和药理学试验方面的内容。

作为 2.4 非临床综述 /2.6 非临床概要的附件，主要反映药品非临床研究的信息资料，包括药理学、药动学、药代学研究报告。

4.1　目录

4.2　研究报告

4.2.1　药理学

4.2.1.1　主要药效学

4.2.1.2　次要药效学

4.2.1.3　安全药理学

4.2.1.4　药效学药物相互作用研究

4.2.2　药代动力学

4.2.2.1　分析方法和验证报告

4.2.2.2　吸收

4.2.2.3　分布

4.2.2.4　代谢

4.2.2.5　排泄

4.2.2.6　药动学药物相互作用研究

4.2.2.7　其他药动学研究

4.2.3　毒理学

4.2.3.1　单剂量毒性试验

4.2.3.2　重复剂量毒性试验

4.2.3.3　遗传毒性试验

4.2.3.4　致癌毒性试验

4.2.3.5　生殖和发育毒性试验

4.2.3.6　局部耐受性试验

4.2.3.7　其他毒性研究

模块 5：临床研究报告

文件需提供制剂在临床试验方面的内容。

作为 2.5 临床综述的附件体现，主要是所进行过药品各项临床试验原理、内容和结果等翔实报告。

5.1　目录

5.2　所有临床研究的清单列表

5.3　临床研究报告

5.3.1　生物药剂学研究报告

5.3.2 使用人体生物材料的药动学相关研究报告

5.3.3 人体药动学（PK）研究报告

5.3.4 人体药效学（PD）研究报告

5.3.5 疗效与安全研究报告

5.3.6 上市后使用经验报告

5.3.7 病例报告和患者名单一览表

若申请者利用翔实的科学文献能说明药品的单体成分或混合成分具有显著的医疗作用，这种作用具有明显的有效性和可接受的安全水平，以及用药历史证明，那么药品的申请就无须提供药理学和毒理学实验结果或临床实验结果。如果部分信息或研究缺失的话，必须给出理由说明为什么可确保药物的安全及疗效（同类产品信息可以引用）。

原则上，出版文献中的数据可在专家报告及有关文件中用于证明安全性和有效性。已公开发表的科学文献，科学评价要保持前后一致性。

第四节 佛慈浓缩当归丸的国际注册

一、佛慈制药的国际化

佛慈制药作为中药国际化的先驱者、中药浓缩丸生产技术的首研者，为国药走向世界做出过巨大贡献。20 世纪 30 年代初，佛慈产品就以“选材道地，加工精良，疗效确切，服用方便”受到海外客户的信赖。佛慈产品出口到美国、澳大利亚、日本等28个国家和地区。产品国外认证数、海外商标注册数、出口覆盖面、出口品种数长期位于同行业前列。多年来，佛慈制药名列中国中成药出口企业十强。

近年来，为进一步开拓欧盟医药产品新市场，佛慈制药精选了疗效确切、安全性高且充分体现中药临床用药特性的浓缩当归丸这一传统中药单味药制剂产品，作为佛慈制药首个申请欧盟传统草药注册的品种。经对法规、中药认知接受度、注册申请国在欧盟成员国的影响力等综合因素评估后，选择了瑞典，作为佛慈“岷山”牌“浓缩当归丸”欧盟传统草药注册首次申请国家。自此，就开始了漫长而艰辛的中药国际化道路，下面是佛慈制药进行国际化注册的进程。

2008 年正式启动中成药欧盟传统草药注册申请工作。

2009 年 3 月 5 日，浓缩当归丸项目预评估申请材料通过瑞典国家药品署（MPA）审查。

2010 年 4 月 12 日，瑞典国家药品署同意并正式接受佛慈“浓缩当归丸”以药品形式申请欧盟传统草药注册。

2011 年 6 月 1 日，佛慈制药向瑞典国家药品署提交了浓缩当归丸欧盟传统草药简化注册技术资料。

2011 年 10 月，对注册资料进行第一轮问题反馈。在后续的半年内佛慈制药对注册资料进行了补充和修订后，将问题回复及注册文件再次正式提交瑞典国家药品署。

2012 年 10 月，收到第二轮问题反馈。同时佛慈制药还聘请了瑞典 GMP 专家对公司现有浓缩丸生产线进行了 EU-GMP 预审计和专家评估指导，并开展了浓缩当归丸生产工艺的优化、技术改造、质量管理体系的升级及系统方法学验证工作。

2012 年 10 月底，佛慈制药接受了瑞典国家药品署的欧盟 GMP 认证。

2012 年 11 月至 2013 年 4 月，根据瑞典国家药品署第二轮反馈意见及欧盟 GMP 标准进行完善和整改。

2013 年 5 月，整改方案及结果提交瑞典国家药品署。

后由于兰州市政府有关建设国家第五个高新区总计划，佛慈制药被列为出城入园搬迁改造企业之一，开始了新区新厂址的规划与建设。统筹考虑到硬件改造成本较高，公司决定新厂区生产线将以欧美 GMP 标准进行建造，并将在新厂区进行浓缩当归丸欧盟认证工作。

佛慈制药于 2018 年 6 月完成新区搬迁工作，浓缩当归丸的欧盟注册工作也重新提上议程。

二、佛慈制药进行欧盟注册的前期准备

（一）筛选注册品种及其适应证

1. 注册品种的选择

根据欧盟传统草药的注册原则，仅口服、外用和（或）吸入制剂适于进行简化注册，因此在服用方式方面首先考虑口服用药，绝对要避免选择注射剂进行注册。含有菌类、动物药或矿物药成分的中成药产品也不适用于欧盟传统草药简化注册程序，需要排除。此外，还有一些产品虽然全部是草药成分，但是由于其中组成的中药含有毒性成分，在简化注册时很难达到欧盟的安全性相关要求，故含有毒性中药成分的中成药也不予考虑。如木通、马兜铃等药材。

中医临床治疗讲究的是整体观与系统性的调理，所以其作用机制具有多靶点性。中药使用讲究复方配伍，根据“君臣佐使”的原则，有目的地将 2 味以上的药物配合同用，达到增效减毒作用。因此，中成药大多是由 5 味及以上药材组成复方制剂，有效成分多且复杂，难以一一检测，且仅靠目前的分析手段获得的化学指标成分的数据，并不能充分体现中医临床用药的精髓。由于中药复方的独特性和复杂性，其质量控制相对于化学药、生物药都要更加复杂，单一或几个大类成分的表征也不能够充分反映出中药的本质。

根据欧盟要求，植物药的注册申报资料需要提供每种中药的成分、活性物质的性质和作用机制，要进行活性物质的含量测定、稳定性试验等。若无法在成品中对复方中每味草药（或提取物）进行全面检定，则要在从投料到产出的整个过程中控制质量，对生产过程设计、验证的具体步骤及最终成品整体性质和用法用量进行检测。对于成分复杂、复方配伍的中药来说，要达到欧盟指令对植物药全面质量分析和质量评估的要求相当困难。通过分析 2016 年 5 月 2 日欧盟药品管理局发布的《欧盟各成员国实施〈传统植物药产品注册指令〉状况报告》（后简称《注册状况报告》）中已注册的产品种类时发现，5 味药及以

上的产品在传统应用（TUR）和良好应用（WEU）注册中占比分别为 6% 和 8%，均不到一成。在欧盟，根据修订的 2001/83/EC 指令的第 10 条第 1 款（b）："如果新药包含的已知成分，目前还没有组合使用，必须提供有关组合使用的毒理学和临床试验结果，但不必提供有关单一成分的文献资料。"换言之，复方配伍的中成药会被认为是另一个新药，并不会因为所含的药味均已上市而免于申报材料；相反，如果有一味复方草药制剂符合 2004/24/EC 指令中的 30 年使用历史的要求，该注册产品成分少于原有制剂，也符合 30 年使用历史的要求。欧盟注册的草药产品以单方居多，在注册草药时有一个共识是：如果复方味数少于 5 味药，可以被认为是一个整体来进行审批，可以免做拆方等药理实验。故选择时，尽可能选择组分数少的制剂，甚至多考虑单方制剂。

综合欧盟草药简化注册各项要求，佛慈制药选择单方制剂浓缩当归丸进行欧盟注册。

浓缩当归丸其原药材当归作为我国常用中药材，在我国第一部本草学著作《神农本草经》中就被列为无毒的中品药，后世各种医著也均有记载。当归在中国有"十方九归"和"药王"之美誉，特别是用于治疗妇科疾病更是功效卓著，被誉为妇科良药。公元 6 世纪时当归就是极为珍贵的贡品，有很高的药用、食用价值，远销东南亚、欧美等 20 多个国家或地区，被欧洲人誉为"中国妇科人参"。至今当归在临床仍有广泛的用途。

当归味甘、辛，性温，入肝、心、脾经，具有补血活血、调经止痛、祛瘀生新、润肠通便之功能，主治月经不调、痛经、血虚或血瘀、闭经腹痛、崩漏带下、目眩头痛、血虚肠燥、大便干结、痈疽疮疡及跌打损伤之症。当归的功效（药理作用与临床用途）是中国古人在长期的医疗实践和生活中总结出来的，并经历代中医临床应用证明，在临床治疗许多疾病时有不可替代的作用。

中国当归产量的 90% 来自甘肃，岷县当归，又称"岷归"或"秦归"、"西归"，品种优良，是世界当归中的上品，因其质量最佳、含量丰富、产量最大、销量最广而驰名中外。《欧洲药典》、《WHO 药典》中均收载有中国当归种属药材标准。

当归及其制剂，早在 1899 年由德国科学家引进欧洲并广泛应用于妇科疾病临床治疗中，因功效卓著备受欢迎，欧洲医学界称当归为"中国的妇科人参"。有科学文献记载，Diels[狄尔斯（①姓氏；② Otto Paul Hermann，1876—1954，德国化学家，曾获 1950 年诺贝尔化学奖）] 等科学家曾对中国当归进行了较深入的科学研究，并在 1899 年，由默克公司首次以流浸膏制剂形式 "Eumenol 当归浸膏"在西方医学临床和医生诊所里广泛应用（e.g. menstrual disorders，amenorrhea，dysmenorrhea，anemia，premenstrual syndrome，menopause），获得了较好的效果。此后，中国当归如同其他众多产品一样在全世界范围内销售和使用（It was first introduced into the West in 1899 by Merck in the form of a liquid extract named "Eumenol 当归浸膏", and is presently marketed in the USA as a dietary supplement，with numerous products being marketed worldwide.）。

20 世纪初，随着西方科学思想进入中国，植物化学提取、分离新技术的大量运用，对传统中药的发展产生了巨大的影响。佛慈制药创始人玉慧观先生"惜吾国科学落后，国药遭天演之淘汰"，立志改善国药之品质，举起了"科学提炼，改良国药"的旗帜。面对中国传统草药传统药制形式，若保持古始的状态，则服用量大且不方便，加之剂量不准，药效难以维持，提出了运用科学的试验方法，提取草药之精华，发挥草药固有之功能为目

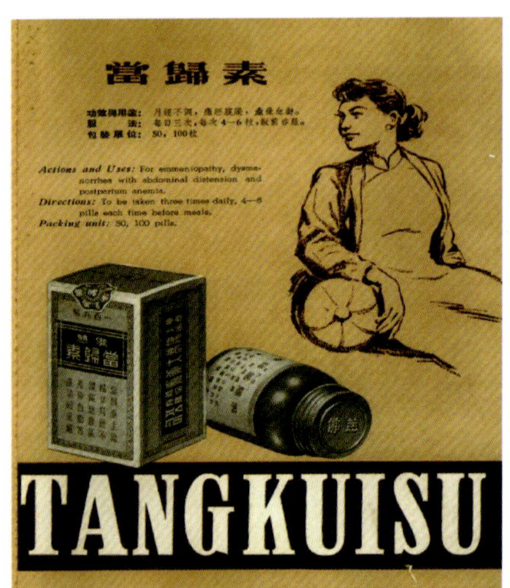

图 6-6　早期当归素的宣传海报

标，借鉴西方植物药及化学分析的思路和一些方法，根据各类草药理化性质分析，同时基于传统中药配方理论和长期的临床实践，以及广大医患的临床用药需求，佛慈制药先驱者对中国传统中药汤剂等进行科学改良。首选在中国已拥有千年临床使用经验、疗效确切、安全性高的当归，聘请德国、日本专家进行药理科学实验研究，开发出了浓缩当归丸（初期产品名称：当归素）这一中药新剂型（当归素宣传海报见图 6-6），并实现了中药制剂产品的规模化生产，开创了中药制剂工业化生产先河。产品自 1931 年开发以来，就出口至日本、新加坡等国家，1992 年正式销往英国、美国、加拿大、澳大利亚、新西兰等国家和地区。

当归在中国已有几千年的应用历史，有着丰富的临床应用经验，其用法用量是长期临床应用实践的总结，已充分考虑到其使用的安全性。浓缩当归丸为当归单味药制剂产品，其处方组成、临床功效遵循着中国的传统中医药理论，并保持着一致性。浓缩当归丸以“药品”的身份先后在澳大利亚、日本、加拿大、马来西亚、新加坡等国家注册并销售多年，并在美国等二十多个国家以“保健品”的身份进行销售和使用。多年来，销售记录良好，从未接到过消费者的投诉（浓缩当归丸出口包装见图 6-7）。同时，浓缩当归丸相关的基础药理学试验研究数据及产品 80 多年的临床应用均证明了其临床疗效的有效性和安全性。

图 6-7　浓缩当归丸出口包装海报

在全面理解欧盟法规和相关技术指南要求条例的基础上，筛选疗效显著、安全性高、经典单方制剂浓缩当归丸进行注册，因其药物成分简单、易辨识和控制，临床功效明确，科学研究和历史证据广泛而易收集，有利于注册资料的完成和专家审核判定。所以说，浓缩当归丸具备了欧盟传统草药简化注册申请的必需条件和要求。

2. 适应证的选择

分析《注册状况报告》的治疗领域时发现，在所有获批的药品中，感冒、精神压力和情绪异常、泌尿及妇科疾病、胃肠道失调、失眠等为主要适应证。这些药品也多数适合患者自我治疗。根据 2004/24/EC 指令的第 16（a）条第 1 款（a），简化注册程序适用于那些不需在医师指导下，根据适应证即可应用于诊断、处方或治疗的产品。而这些领域也比较符合已注册的传统草药产品的特点。而一些含补益类成分的中药，虽然在已注册产品的治疗领域中不占据优势，但是出口欧盟的中药材及饮片里补益类的药材占比也不少。佛慈制药通过调查欧盟市场的产品需求和欧盟民众的疾病谱，选择了调经止痛、补血活血进行注册。

（二）审批程序及申请类别的确定

1. 审批程序的选择

由于集中程序难度大、成本高、时间跨度大、风险大，而且草药药品委员会尚缺乏传统草药集中程序审评实践经验，相反，在传统草药药品简化注册申请的 2004/24/EC 指令颁布之前，欧盟不少成员国对草药制订了各自的简化注册申请程序和技术要求，并且该指令中也提到传统草药药品不能由 EMA 通过集中审批程序，只能由成员国的主管机构 NCAs 负责的成员国审批程序、互认程序或者分散程序进行审批。因此，浓缩当归丸作为传统草药药品首次在欧盟进行简化申请注册时无可厚非地采用成员国审批程序（NP）。

自 2008 年起，佛慈浓缩当归丸首先以瑞典作为申请国，现正筹备以荷兰作为注册国进行再次申报，后续将选择瑞典、德国等多个国家进行互认。但必须说明的是，对于互认程序和分散程序，2004 /24 /EC 指令第 16d（1）条明确指出这两种程序只适用于已建立相应草药专论（CHM）或草药目录（CLE）的传统草药药品，未建立者只能采用成员国程序上市。因此，如果浓缩当归丸想要通过互认或者分散程序上市，就必须先推进当归进入《欧盟传统草药专论》或者草药目录。幸运的是，目前欧盟草药药品委员会的任务之一就是起草草药专论，且由于他们人员缺乏，也愿意和他国合作共同起草。另外欧盟草药委员会对中国处方中经常出现的当归非常感兴趣，也希望有中国的研究机构或者企业能够深入研究当归，并积极与草药委员会沟通，使当归能够早日纳入《欧盟传统草药专论》，这也将是推进中药进入欧洲市场的捷径。

2. 申请类别的选择

对于佛慈浓缩当归丸进行全套资料申请时，无论是独立或者混合申请在这几种申请方式中难度最大，需要提供模块 1 到模块 5 的地区性行政信息和法规信息、通用技术文件概述、质量、非临床研究报告、临床研究报告 5 个模块的所有资料，这和对普通化学新药申请的要求几乎无异。中成药如果采用此类申请方式开展注册，难度将非常大，成功的概率非常小。

良好应用申请的非临床研究报告或者临床研究报告的内容可由全面、详细的科学文献所替代。虽然模块 4 和模块 5 的资料可由科学文献替代，但是当归发表在国际认可刊物上的科学文章数量较少。此外，良好应用申请要求该药品需要有至少 10 年的欧洲药用历史，且需要被广泛应用。这一点不仅对于浓缩当归丸，对绝大多数中成药而言也都很难满足。首先我国历史上出口到欧盟的中成药绝大部分都是以食品、食品补充剂等身份进入市场，并没有获得药品身份。其次，虽然中成药在欧洲一些国家比较受欢迎，但是很少有中成药能达到广泛应用的水平。因此，良好应用申请的难度也很大。但是应该注意到，如果我国中成药能逐渐以药品身份进入欧盟市场，积累一定的年限与科学文献资料，良好应用申请的难度将逐步降低。并且通过良好应用注册获得药品上市许可的药品具有处方药资格，这对进入欧盟国家医保体系有重要作用。

传统应用申请可以用该药品的安全性文献综述和传统应用证据替代非临床和临床研究报告。相比良好应用申请对模块 4 和模块 5 的要求，该申请方式对药品安全性、有效性的要求已经降低了许多。然而中成药依然不能一帆风顺地通过此种注册，主要是不能满足欧盟境内 15 年以上的药用历史证据，理由如上所述，绝大部分中成药并没有获得药品身份。

而一旦当归被《欧盟植物药专论》（*EU Monograph*）或者《欧盟植物药目录》（*EU List*）收录，不但解决了 15 年药用年限的问题，申请中也无须提供安全性文献综述和专家报告。可以说，中药只要进入专论或者目录，通过 GMP 认证等解决药品质量可控性问题，注册成功的可能性将极大提高。

（三）筛选注册国家

1. 注册国选择

佛慈制药选择瑞典作为申请国，其原因主要是由于瑞典的经济实力、科学技术在欧洲都较为发达，且民众对传统医药尤其是中医药的认知度比较高，政府相关主管部门对加强传统医药监管的工作力度及欧盟影响力比较大。

经过多年的国际化摸索，并回顾分析了自 2004/24/EC 指令颁布至今欧盟草药注册的总趋势，发现欧盟植物药注册数量逐年递增。欧盟药局的《注册状况报告》（*European Medicines Agency*）发布其成员国传统植物药品注册汇总信息，共有 1577 个传统植物药品获得在各成员国上市许可，其中，单方制剂 983 个，占总数的 62.3%；复方制剂 594 个，占总数的 37.7%。各成员国批准和受理的情况也因受本国经济、市场规模和当局管理政策等因素的影响，实施进度各不相同。德国受理的申请数量最多，截至 2015 年 12 月 31 日共 495 个，其次分别为英国（已脱欧）、波兰，受理数分别为 447 个和 310 个。从批准数量上看，最多的国家是英国，共 344 个，其次分别为德国和波兰，批准数量分别为 263 个和 197 个。在报告期内，处于正在审理数量最多的国家为法国，共计 137 个，其次分别为波兰、德国和英国，数量分别为 77 个、64 个和 59 个。

由于注册难度较高、周期较长且费用不菲，我国药企拿到注册批文的品种寥寥。我国中成药在欧盟注册成功的仅有三例，分别是成都地奥集团的地奥心血康胶囊、天津天士力的丹参胶囊和广州香雪制药的板蓝根颗粒。注册成功的时间分别为 2012 年、2016 年和 2017 年。地奥心血康胶囊和丹参胶囊均以传统草药产品在荷兰注册成功，板蓝根颗粒在英国注册成功。

从注册国别选择上看，英国和德国无论是申请数、获准数还是正在审理的数量都高于其他各成员国。而从中国企业的成功经验看，荷兰及英国对于中药的接纳度在欧盟中最高。但受到英国退出欧盟的影响，未来注册环境将很难预测。因此佛慈制药审时度势，积极转变方向，选择瑞典作为主申请国，荷兰或德国作为相关成员国，采取成员国程序，以传统应用申请类别中的草药简化注册申请进行欧洲注册。

自 2016 年 9 月 1 日以来，欧洲药品管理局（EMA）正式开始就“《欧盟传统草药专论》中文献齐全产品和传统草药的临床安全性和有效性评价指南修订草案”公开征求意见，以提高指南的清晰度和透明度，这对中药进入欧盟是一个有利因素，也是一个挑战。

2. 当归丸瑞典注册

瑞典王国位于北欧斯堪的纳维亚半岛的东南部，简称瑞典（瑞典文：Konungariket Sverige）。瑞典国有面积约 45 万平方千米，拥有 900 多万人口，是北欧最大的国家，也是世界著名的诺贝尔奖的故乡，拥有非常丰富和最先进的科技资源，尤其在生命科学、化学、医学等领域非常出色，是植物分类学之父林奈的故乡，也是欧洲疾病预防控制中心的所在地、国际药品监测计划的执行单位。瑞典法律法规对生产商和业务代理人的业务和责任，以及消费者的权益等都有详细的规定，相关执行机构是瑞典国家药品署（Medical Products Agency，MPA）。所有药品、医疗器械用品和营养保健品的上市销售都由该机构批准，并接受其随机检查。MPA 是隶属于卫生和社会事务部的独立政府机构，超过 600 名人员，75% 以上的人员都拥有研究生学历，其中包括医生、兽医、药剂师、化学专家等，庞大的专业人员队伍和严格的法律法规保证了 MPA 在世界药品管理方面处在领先地位，在欧洲是一个非常受关注的机构，具有一定的影响力和专业权威，可以说 MPA 是世界上最讲求服务速度与质量的国家政府机构。同时，瑞典拥有全球最好的科研、教育，稳定的社会经济，一流的商业环境和完善的创新体系，经济发达，人均国内生产总值 5.6 万美元，是高福利国家，保证了未来产品的市场利润和经济效益。

鉴于瑞典及 MPA 在欧盟成员国中的影响力，以及代理机构瑞典维康士有限公司（Wilkris δ CO AB）长期致力于中瑞医药技术合作、传统的中医药产品国际注册经验及与 MPA 建立的良好沟通平台，注册工作取得了事半功倍的效果。此外，作为知识产权的保护要求，若在瑞典注册成功，浓缩当归丸将会享受 10 年知识产权的市场保护期。

所以，佛慈浓缩当归丸欧盟传统草药简化注册首次申请国选择了瑞典（Sweden），再次启动欧盟注册后则考虑选择荷兰或德国。

三、注册过程中的重要阶段

（一）预评估材料准备及提交

注册药品预评估材料是对准备申请注册药品的一个简要说明，主要内容为该药品的自然属性及临床用药历史情况等，提交 MPA，MPA 组织有关专家对注册品种进行一个初步的风险评估，评估后将会出具一份是否同意该产品在瑞典进行药品注册申请的通知书。申请企业也可以就产品相关问题与 MPA 进行直接的交流与沟通，针对注册产品 MPA 会给出良好的意见和建议。此程序不是必须的，但对于首次在欧盟进行药品注册申请的中国制药企业，鉴于中西方语言表述和对中医药认识理解上的差异、技术标准要求的理解及注册风险等因素，注册产品的预评估就显得尤为必要。正式申请前的交流和有效沟通可以提高审评专家对注册品种的全面了解和认识，同时审评专家也会就药品注册时需要准备的相关资料和问题提出良好的建议与意见，这对注册品种技术资料的准备是非常有帮助的。浓缩当归丸于 2009 年 3 月 5 日通过了 MPA 的预评估审核。

（二）正式材料的准备

安全、有效、可控、稳定是产品注册的基本元素。浓缩当归丸注册申请资料从当归药材基地（GAcP）到产品生产（GMP）及产品（GLP）相关试验研究，以及欧盟药品安全信息的检索、药品临床有效性的科学评价、药品标准的研究和体系的建立、药品临床适应证的准确表述和专家讨论确认、药品使用说明书的完善、专家论证评估报告等多个部分进行申请注册技术文件的整理和编辑。

传统中药临床适应证的准确、规范、标准化表述是中药国际化过程中一个重要问题，浓缩当归丸即保持了原药当归在中国上千年的传统临床功效，同时按国际药品标准要求，进行了规范化，表述简单明了、清晰易懂。

药品质量是中国国际化注册及市场推广的关键。参照《欧洲药典》、《WHO 药典》、《英国药典》等标准检测方法，建立了从当归药材、半成品、制剂（浓缩当归丸）全面的质量控制标准体系。对当归药材、成品在《中国药典》、部颁中成药药品标准、企业内控标准检测项目的基础上，进行了多国药典标准检测方法科学性、先进性、适用性的对比分析研究，同时结合当归种植过程产地的环境评估，增加了适用性农药残留物、重金属检测，制定了质控化学标志物阿魏酸含量限控范围，以及微生物检测、霉菌毒素限量检测（药材）、有机溶剂残留量检测（半成品、成品）等标准项目。按照欧盟要求建立并完善辅料的标准，并对辅料的种类及加入量对产品质量的影响进行了深入的探索和验证。

（三）cGMP 的认证

不论何种上市批准程序（集中程序、成员国程序、互认程序），GMP 都是其基础。对于非欧盟成员国内递交传统草药注册的申请企业，MPA 将进行 cGMP 的现场审查。核查通过，将颁发 cGMP 认证证书，有效期为 5 年。

四、瑞典注册审批时限

注册申请材料正式提交 MPA 后，MPA 将在 210 个工作日内完成申请材料的技术审核，90 天形成决议，并给出评估问题意见报告，其中不包括 MPA 提出意见后申请方对注册材料的完善准备回复补充材料的时间。对于每一个注册申请品种，MPA 给申请企业 3 次提交补充材料和答复询问的机会，可以通过邮件、面对面交流或电话交流等多种方式，但最终以纸质书面材料为准，如果申请材料仍达不到 MPA 专家审核评估意见要求，该申请将被拒绝。

五、中外传统植物药理念对比

虽然欧盟关于草药范围与我国中药存在许多共同区域，但通过表 6-3 比较可知：欧盟草药与我国中药在定义、注册范围、来源、使用时限要求及医学理论支持等基本注册理念方面仍存在较大区别。我国中药企业在出口欧盟时应转换思路，严格按照欧盟对草药的定义、管理要求申报注册。

表 6-3 中国及欧盟草药注册理念对比

	中国	欧盟
中药材与草药物质定义	中药材：指可作药用，但未经加工炮制的植物、动物和矿物的天然产物	草药物质：所有未经加工的植物全株、片段或切制的植物、植物部位、藻类、真菌和苔藓类。一般为干燥状态，也为鲜品。未经加工的分泌物也可作为草药物质
植物提取物与草药制剂定义	中药提取物：按规范化的生产工艺制得的符合一定质量标准的提取物	草药制剂：由草药物质制备而得到，制备方法如萃取、蒸馏、压榨、分馏、纯化、浓缩和发酵。包括粉碎或粉状的草药物质、酊剂、提取物、挥发油、压榨汁和经加工的分泌物等
中成药与草药药品定义	中成药是以中药材为原料，在中医药理论指导下，在中药方剂的基础上，按处方标准制成的一定剂型的现代中药	草药药品：以一种或多种草药物质、一种或多种草药制剂、一种或多种草药物质与一种或多种草药制剂的复方作为专有的活性组分的任何一种药用产品
药典分类范围	药材和饮片、植物油脂和提取物、成方制剂和单味制剂	草药、草药制剂、草药茶饮、顺势疗法制剂
来源	植物、动物、矿物	植物、对草药活性成分起辅助作用的维生素和（或）矿物质
使用时限要求	无要求	按传统草药药品申请注册需满足：申请日之前已至少有 30 年的药用历史，欧盟内至少 15 年的药用历史
医学理论支持	需要有传统中医理论支持	无

六、中药国际化的思考与启示

纵观欧洲植物药大国德国、法国和英国，其植物药主要作为治疗药品通过医生处方从药房销售（法国占 73%、英国占 43%、德国占 38%），这与中药仅作为食品进口，然后通过中医针灸诊所销售形成了明显的对比。如果无视这一契机，意味着我国会丧失一个传统草药年销售额 200 多亿美元的巨大市场，同时也失去使中药进一步走向国际市场的机会。挑战和机会同时摆在面前，关键是我们如何认识和接受才能做得更好。

佛慈浓缩当归丸作为首个在瑞典进行欧盟传统草药简化注册申请的中成药，是我国传统中药在欧盟药品注册的一个实际案例，经过努力，目前取得了一些可喜的阶段性成果，即浓缩当归丸作为欧盟传统草药使用的安全性和有效性已被 MPA 接受和认可，但鉴于国内中药生产与质量控制标准与欧盟标准的差异性，尚需要对产品的生产工艺及质量控制技术标准进行全面提高，为了满足和达到欧盟药品生产和质量管理要求，公司正在进行 cGMP 认证的相关准备工作，虽然注册工作还没有完成，但本文中的相关信息在一定程度上为其他拟进行欧盟传统草药注册的企业提供了可借鉴的信息和经验分享。

（一）产品的质量和安全性问题

药品的安全性是各国药品管理部门审批药品上市许可时首先考虑的问题。质量和安全是中医药在欧洲生存和发展的关键，对照欧盟药品标准要求，目前，我国中药标准检测项目及量化指标少，尤其是有关有害物质残留量检测指标、控制方法仍欠缺。《欧洲药典》适用证制度保证了药品合乎《欧洲药典》专题的规定。

1. 中药国际标准的研究与建立

（1）中药原料的质量控制：所有原料药都应符合《欧洲药典》相应的专题（如果存在）；如果没有国家药典的话，则采用外国药典（《欧洲药典》>《欧盟成员国药典》>《美国草药典》>《中国药典》标准，要求递交药典标准复印件和实验验证材料），而且必须包括采集地点、采收时间、生长期、农药的使用情况、干燥方法、储存条件。已知有效成分的药材应该有有效成分含量测定方法和有效成分含量范围（不是《中国药典》的最低含量）。没有被药典收载的要求按《欧洲药典》格式编写质量标准。

中药材还必须进行微生物、农药、熏蒸（杀虫）剂、有毒金属检查，并详细描述检验方法和限量指标，见表 6-4、表 6-5。

（2）生产过程中的质量控制：需提供详细过程和质量控制标记化学成分限量。

（3）成品质量控制：成品质量控制指标包括标记成分或有效成分的含量测定和含量范围、单味药组分在成品中的检出和比例及其他常规检查。

从 GAcP 到 cGMP 体系的建立和跟踪监控，可以保证从药材到成品质量的可控和稳定。

表 6-4 草药、中成药重金属限量

重金属	限量（mg/kg）
Pb	≤ 5.0
Cd	≤ 1.0
Hg	≤ 0.1

表 6-5 中草药霉菌毒素限量

霉菌毒素		限量（μg/kg）
黄曲霉毒素	B1	≤ 2.0
	∑B1 B2 G1 G2	≤ 4.0
赭曲霉毒素 A		≤ 10.0

2. 国际注册中可参考的质量标准

目前国际上对于中药质量标准主要由药典、专论和相关文件组成。药典主要是由官方发布的标准，具有法定效力，但西方药典收载的中药品种较少，如《美国药典》、《欧洲药典》等；具有使用传统医学历史的国家和地区则收载较多的中药品种，如《韩国药典》、《日本药典》等。专论一般是由业界自发组织编撰，用于提升中药及其产品的品质，以及促进它们的合理使用，有的专论还作为国家植物药法典，如《德国植物药专论》。另外，还有通过政府和专业组织发布的一系列标准、规范、指南、程序等文件，通常也具有法定效力，也是建立完善对外贸易的重要法定依据。通过深入研究国外中药法规标准，提前建立合规性风险评估，对于中药中的动物、矿物成分，尤其属于国外禁止的动植物成分进行了解和掌握，对开发符合目的和法规要求的产品有非常重要的意义。还需要与相关国家机构和组织建立广泛深入的交流、沟通与合作。下面将佛慈浓缩当归丸注册期间参考过的各国质量标准分别进行简要介绍。

（1）《欧洲药典》（European Pharmacopoeia）：由欧洲药品质量管理局（EDQM）出版和发行，是欧洲药品质量控制的法定标准，也是欧洲药品质量检测的唯一指导标准。第9版《欧洲药典》（EP9.0）于2016年7月出版发行，2017年1月生效。内容涉及植物性药材、生物制品等产品，其中含植物产品专论200余种，除了规定生物学和化学成分的测定方法和标准外，还包括微生物、杀虫剂和烟熏剂残留、有毒金属及可能的污染物、伪品、放射污染的测定和标准。所有药品、药用物质生产企业在欧洲销售或使用其产品时，都必须遵循《欧洲药典》标准。

（2）《欧盟草药专论》（European Union herbal monograph）和《欧盟草药名录》（European Union list of herbal substances，preparations and combinations）：由HMPC MLWP起草发布，《欧盟草药专论》没有法律约束力，《欧盟草药名录》有法律约束力。大部分欧盟成员国接受《欧盟草药专论》是协调统一欧盟各成员国传统植物药和固有应用植物药注册特别是互认申请注册的重要依据。专论的主要内容包括被认可的传统植物药或固有应用植物药的植物原料组成、剂型、适应证、剂量和禁忌。

（3）《英国药典》（British Pharmacopoeia）：是由英国药品委员会（British Pharmacopoeia Commission）正式出版的法定药品标准。《英国药典》最新2017版于2016年8月出版发行，2017年1月生效，是英国制药标准的重要来源，其中收录了《欧洲药典》中的全部专论与要求。对植物药的记载内容主要包括功效和用途、定义、鉴别、检查、含量测定及储藏等。

（4）《英国草药典》（British Herbal Pharmacopoeia）：英国1974年出版了第一版《英国草药典》，并进行过三次修订，总共收录了169种植物药。《英国草药典》对世界范围内提高用于制造植物药的草药原料的质量控制，确保草药的安全性与可靠性起了不可替代的作用，至今也不失为质量控制的参考标准，特别是对《英国药典》和《欧洲药典》未收载的植物药。

（5）《德国植物药专论》（German Herbal Medicine Monograph）：德国卫生部于1978年设立E委员会（Commission E），由E委员会编制各个植物药专论，作为德国植物药法典，凡在德国出售的植物药，必须符合该专论的规定。专论包括360种植物药，是协调统一欧盟各成员国传统植物药和固有应用植物药注册特别是互认申请注册的重要依据。它对植物药的化学组成、所含生物活性成分、批准的适用证、禁忌、不良作用、与化学药物的交互作用、剂量范围、服用期限、药理学等均有明确规定。

（6）《美国药典/国家处方集》（USP/NF）：由美国药典委员会编辑出版，至今已被全球140多个国家与地区承认和使用。每年出版一次，最新USP40 /NF35版于2016年12月出版，2017年5月1日生效，包含4卷及2个增补版。它包含关于药物、剂型、原料药、辅料、医疗器械和食物补充剂的标准，规定了植物药中微生物、农药残留和重金属检验要求，是唯一由美国FDA强制执行的植物药材和相关产品法定标准。

（7）《美国草药典》（American Herbal Pharmacopoeia）：1995 年美国草药典委员会成立，属于民间非营利组织。其宗旨是促进植物药和植物药产品的合理使用。美国草药典计划出版至少 300 个常用植物药的专论，迄今为止，已经出版了 19 个植物药的专论，其内容非常广泛，是美国植物药的重要参考依据之一。

（8）《日本药局方》（Japanese Pharmacopoeia）：由日本药局方编辑委员会编纂，日本厚生省颁布执行，具有法律效力。分两部出版，第一部收载原料药及其基础制剂，第二部主要收载生药、家庭药制剂和制剂原料。目前最新版为 2016 年出版的第十七改正版（即 JP17），包含生药品种 276 条，其中药材 161 条、粉末饮片 55 条、提取物与成方制剂 60 条。《日本药局方》对生药的记载内容包括基原植物学名、药用部位、科名、指标成分含量限度、性状和显微特征、鉴别、纯度检查、干燥失重、总灰分、酸不溶性灰分、浸出物含量、含量测定等。

3. 药品上市后安全性再评价信息的完善

安全性应主要考虑产品或其成分使用的经验，应证明无害。对于众所周知的具有充分实践经验的成分或产品，可靠的参考文献数据可以用来说明自然药物的有效性，但先决条件是产品的组成成分，使用方法和剂量等不能偏离传统使用的描述，而且引用证据要翔实。鉴于欧盟传统草药注册申请材料中参考文献均需是外文，以及国际文献资料的影响力和可信度，政府应鼓励企业及科研院所针对传统中成药开展药品上市后安全性再评价研究，并发表高水平的科研论文；另外还要特别注重注册药品中所含有的一切具有毒性成分或相关不良作用的成分信息检索收集，哪怕这一成分在草药中所占比例很少量、作用很微弱，也要充分暴露和阐述清楚，其目的就是为了使患者能够获得较全面的药品安全信息，保证用药的高安全性，提高注册材料的说服力。此外，要尽可能提供联合用药的影响及相关药物因素，并在药品说明书中给予充分说明，目的是指导患者在自行用药时能做出科学的判断，最大限度地降低药物不良影响因素。

4. 药品适应证的明确与规范化

欧盟传统药品法规定传统药品只能是适合自我给药即非处方药的适应证，包装说明必须明白易懂。按欧盟传统药品法注册常用中成药的适应证。

5. 放射性元素

绝大部分欧盟成员国不允许经过钴 60 或其他放射性同位素辐照灭菌的食品上市销售。有些中药材和中药制品是经过辐照灭菌消毒的，因此不可以在欧盟市场销售。为了保证中药进入欧盟市场，中国中药生产企业必须采用非放射性灭菌法消毒中药。

6. 动物源性成分

鉴于欧盟对来源于动物体内的相关物质药用的安全性要求和注册风险，首次注册品种最好不要含有此类成分的辅料，除非有很充分的科学研究证据能说明其药用安全性。

（二）cGMP 的认证

cGMP 认证作为成员国以外国家申请欧盟传统草药注册的前置条件是必须要进行的。所以，如果有计划进行欧盟传统草药注册的中国企业，就要提前进行考虑和做出差距评估。因为 cGMP 认证是一项系统工程，此方面的投入是很大的，不仅仅是生产设备的投入，需要整个企业为之全情投入，对照差距，制定整体项目改进完善方案，工艺流程及设备需要逐项验证，cGMP 认证需要一个有能力的团队一起合作；且团队需要具有无比强大的凝聚力。

（三）注册申请国药监部门的沟通与交流

在浓缩当归丸欧盟传统草药注册申请的过程中，始终保持着与瑞典国家药品署良好的联系和有效的沟通，在专业领域获得了该局专家的指导和良好的建议，良好的交流沟通促进了双方的相互理解和认识的提高，对注册申请工作有极大的促进和帮助作用。

（四）中药国际药品注册技术团队的建设

欧盟传统草药注册文件的整理和编辑要求高，所以，需要一支不仅熟知欧盟药品注册法规、相关指南及标准要求，还具有较高的中医药专业知识面和较高外语水平的人才队伍，才能保证注册工作的顺利完成和取得事半功倍的效果。

（五）未来产品营销方式的创新

相比较以往中药以食品或膳食补充剂出口欧美等国家的管理政策，中药以药品注册成功，将纳入药品管理范畴，植物药在欧盟各国的地位与化学合成药物完全相同，也被列入处方药与 OTC 药物的范围，管制相当严格。所以未来产品市场的开拓将面临很多问题，市场营销将是一个与国内完全不同的全新并需要不断创新完善的系统性工程。

（六）国家层面的支持

随着中医药在国际上的广泛传播和应用，世界各国对中医药产品和服务的需求日益增长，越来越多的国家，特别是科技发达国家，积极利用科技资源开展有关中医药的研究，中医药已经成为世界医疗保健领域的热点之一。中医药在国际上的广泛应用，对增进各国民众的健康和解决各国医疗保健问题起到了积极的促进作用。传统医药巨大的医疗价值和市场潜力日益突显，市场需求不断扩大，中医药标准化的国际呼声和需求日益高涨。但是，国内大部分企业因缺少利益驱动，注册的积极性不是很高，所以，中药国际化发展，需要企业和政府、协会等各方面的支持和配合，创造良好的政策环境和项目扶助，提高企业参与的积极性。

目前，国家已将中医药海外发展列为国家战略，这将更好地促进中医药的全面和可持续发展，使传统中医药得到更广泛、科学的应用和发展，中药国际化注册将会推进中药生产标准化、规范化，促进中药新产品研发，有利于全行业可持续发展。

2020 年新冠肺炎疫情的抗疫阻击战，中西医结合式的中国方案，彰显了中医药的特色和优势，成为我国疫情防控的一大亮点，也获得了国内外医学界和人民群众的高度认可，充分体现了“传承精华、守正创新”方向的正确性和将中医药发展上升为国家战略的重要价值。当前，中医药事业发展迎来前所未有的大好机遇，此时中草药能以药品形式成功地进入欧盟市场，不仅将大大促进中草药出口欧盟市场，而且将为中草药进入美国市场打开方便之门，并对日后在北美乃至全球的市场销售产生积极和深远的影响，逐步实现中药国际化的战略目标。现代西医除了与科学理论接轨，还发展了“循证医学”及统计学应用，中医学始终是理论知识的阐述，缺少直观量化的评价指标和数据说明。所以，仍有三大问题需要解决：一是要提供更多科学的临床疗效证据；二是要利用现代化的生产方式保证药品的高品质、高质量；三是要通过种植和管理的规范化实现中药材无公害。我们需要以疗效为根本，以现代科技为支撑，以标准为引领，通过引进全球先进研发及产业技术，助力中医药现代化，推动中医药走向国际。因此，佛慈浓缩当归丸国际药品标准的研究与欧盟药品注册不仅建立了与国际接轨的中医药标准，用科学数据来说话，也将是实现我国中医药国际化发展道路上的重大突破。它不仅限于完成一个产品的注册申请工作，更多承载的是一种使命，即承载着推进中药现代化和国际化进程、提高中药产品国际竞争力和国际市场份额的历史责任。一花独放不是春，百花齐放春满园，所以，只有更多的中成药以药品身份出现在国际舞台，造福世界人民，构建人类卫生健康共同体，才是中药走向国际的终极目标。

人民安全是国家安全的基石，人民健康是社会进步的基础，中医药有实力也有能力为全球健康提供中国智慧、中国力量。相信在中药国际化战略的推动下，中医药必将在世界舞台大放异彩。

参考文献

艾春媚，王晖 . 2001. 蛇床子挥发油与其它促透剂合用促透效果研究 . 时珍国医国药，12（2）：106-107.

艾鹏飞 . 2003. 部分柿属植物种质资源离体保存及其遗传稳定性研究 . 武汉：华中农业大学 .

艾珍，廖钫，朱林，等 . 2006. 阿魏酸在玻碳电极上的电化学行为及其分析测定 . 应用化学，23（5）：566-569.

安方玉，刘永琦，骆亚莉，等 . 2015. 当归不同有效部位对高原低氧模型小鼠免疫功能的影响 . 中国中医药信息杂志，22（2）：51-54.

安胜欣，王强，李成南 . 2008. 紫外分光光度法测定黄连中盐酸小檗碱的含量 . 科技信息，（26）：14.

鲍隆友，刘智能 . 2003. 西藏野生当归资源及人工栽培技术研究 . 中国林副特产，（4）：1-2.

卞春丽，熊华玉，张修华，等 . 2011. 电化学生物传感器用于 Fenton 反应产生羟自由基对蛋白质损伤的监测研究 . 化学传感器，31（4）：24-25.

卞静，陈泰祥，陈秀蓉，等 . 2014. 当归新病害：炭疽病病原鉴定及发病规律研究 . 草业学报，23（6）：266-273.

蔡博，董林毅，王静，等 . 2015. 超高效液相色谱质谱联用技术同时测定小金丸中 7 种成分的含量 . 中国药学杂志，50（8）：718-721.

蔡洪鲲，刘小芬，蒋范任，等 . 2014. 反相高效液相色谱法同时测定归脾丸（浓缩丸）中甘草苷、阿魏酸、甘草酸铵、去氢木香内酯的含量 . 中南药学，12（12）：1242-1245.

蔡俊安 . 2011. 当归养血丸中阿魏酸的 HPLC 测定 . 中国中医药信息杂志，18（4）：47-48.

蔡伟明，王晖，李昕，等 . 2004. 蛇床子挥发油和氮酮促透作用的比较 . 中南药学，2（2）：83-84.

蔡贞贞，魏莉，徐莲英 . 1999. 当归所含挥发油对阿魏酸透皮吸收的影响 . 中成药，21（7）：3-5.

曹泽毅 . 1999. 中华妇产科学 . 下册 . 北京：人民卫生出版社：2271.

曹占凤，王立，惠娜娜，等 . 2013. 5 种杀菌剂对当归褐斑病的防治效果 . 甘肃农业科技，（12）：38-40.

曹缵孙，陈晓燕 . 2003. 妇产科综合征 . 北京：人民卫生出版社：146-158.

常新全，丁丽霞 . 2002. 中药活性成分分析手册 . 北京：学苑出版社：684.

陈阿丽，杨永霞，梁生旺，等 . 2013. 高效液相色谱法测定妇康宁片中阿魏酸的含量 . 中国当代医药，20（28）：71-72.

陈斌，余岳林，张少敏，等 . 2007. 用 HPLC 法测定止痛化癥胶囊中丹参素、原儿茶醛、阿魏酸和丹酚酸 B 的含量 . 药学服务与研究，7（1）：71-73.

陈彩莲，姚梅坤 . 2001. 桉叶油和氮酮促透作用比较 . 武警医学，12（3）：171-172.

陈常青，钟山，鲁冰山，等 . 2008. 呋喃香豆素光化学毒性及其脱敏柑橘类精油的研制 . 香料香精化妆品，（6）：8-10.

陈国辉，佟玲，杭太俊，等 . 2013. 超高效液相色谱法测定养血清脑颗粒中 4 个酚酸类成分的含量 . 药物分析杂志，33（1）：124-127.

陈集水 . 2009. 复方当归注射液中阿魏酸含量测定方法的改进 . 海峡药学，21（3）：65-66.

陈家春，贾敏如 . 2005. 中、美、英、日和欧洲药典中植物药重金属和农药残留量的限量规定及分析 . 华西药学杂志，20（6）：525-527.

陈江弢，杨崇仁 . 2004. 当归属植物的研究进展 . 天然产物研究与开发，16（4）：359-365.

陈静，孟江，王淑美，等 . 2013. 中药苦参饮片的规格等级研究 . 时珍国医国药，24（7）：1733-1734.

陈丽，王晖，张瑞涛，等 . 2005. 在裸小鼠皮肤上松节油对双氯芬酸钠的渗透动力学研究 . 中南药学，3（5）：262-264.

陈庆贤，陈考坛，李定富，等 . 2018. 基于指纹图谱分析和多成分同时定量的正天丸质量评价研究 . 中国药师，21（5）：805-809.

陈士林 . 2011. 中国药材产地生态适宜性区划 . 北京：科学出版社：161-163.

陈晓鹏，鄂秀辉，夏忠庭，等 . 2013. HPLC 法同时定量测定养血清脑颗粒中 7 个主要成分 . 中成药，35（9）：1921-1924.

陈秀蓉 . 2015. 甘肃省药用植物病害及其防治 . 北京：科学出版社 .

陈衍斌，马久太，刘峰，等. 2010. 当归饮片包装材料的研究. 世界中医药，5（3）：223-224.
陈耀祖，张惠迪. 1984. 当归化学成份分析研究：根部非挥发性成份分析. 高等学校化学学报，5（4）：515-520.
陈勇，程智勇，韩凤梅，等. 1999. 高效毛细管电泳法测定生药当归中阿魏酸的含量. 分析化学，27（12）：1424-1427.
陈振鹤，吴国泰，牛亭惠，等. 2018. 当归挥发油研究进展. 中兽医医药杂志，37（2）：25-29.
成喜雨 .2005. 肉苁蓉细胞培养及过程代谢调控. 北京：北京科技大学.
程化奇，熊舜华，殷新尤，等. 1993. 大鼠更年期实验模型研究. 上海实验动物科学，（4）：192-196.
程健，狄留庆，李俊松，等. 2014. UPLC-MS/MS 法同时测定通塞脉微丸中 10 种有效成分. 中草药，45（5）：659-664.
池芝盛. 1992. 内分泌基础与临床. 北京：北京科学技术出版社：423.
初丕江. 2017. 不同产地初加工方法对当归中阿魏酸含量的影响. 亚太传统医药，13（12）：40-41.
楚笑辉，王伽伯，孔维军，等. 2011. 基于 Delphi 法的黄连药材商品规格感官评价的重现性研究. 世界科学技术—中医药现代化，13（2）：321-327.
崔爌，吴铁，陈志东，等. 1996. 薄荷脑促进氯霉素经皮渗透作用研究. 中国医院药学杂志，31（8）：457.
崔宁，钱继红，钱亚琴，等. 2000. 紫外分光光度法测定活血止痛胶囊中阿魏酸含量. 时珍国医国药，11（1）：32.
戴兴德，王芳. 2012. 不同产地当归中氨基酸含量的测定. 卫生职业教育，30（7）：118-119.
戴宇. 2001. 白芷的研究进展. 中国药业，10（9）：61-62.
邓红娟 .2009. 当归不同炮制品抗自由基与脂质过氧化活性研究. 兰州：甘肃农业大学.
邓济承，纪瑛，蔺海明，等. 2013. 矿质肥对当归生长动态、产量及品质的影响. 广东农业科学，40（13）：72-75.
邓文龙. 2001. 创建中药质量的药理学评价体系. 中药药理与临床，17（1）：1-2.
邓永健，郭志伟，王萌. 2006. 当归的化学成份及其药理作用研究进展. 新疆中医药，24（5）：109-113.
丁锦希，杨军歌. 2010. 欧盟中药准入制度障碍研究. 国际商务——对外经济贸易大学学报，2：90-97.
丁军霞. 2016. 不同产地当归挥发油谱效关系及多糖 MIR 定量模型预测研究. 兰州：甘肃中医药大学.
丁立忠，傅鹰. 2003. 性激素补充疗法指南类文献的系统性综述. 药物流行病学杂志，12（5）：264-271.
董凤娟. 2010. 中药复方补中益气丸和十全大补丸的鉴别及质量评价研究. 济南：山东大学.
董岩，魏兴国，崔庆新，等. 2004. 当归挥发油化学成分分析. 山东中医杂志，23（1）：43-45.
董永华，尹创. 2018. 一测多评法同时测定逍遥丸中 6 种指标性成分的研究. 中国药师，21（5）：930-933.
董自波，洪敏，樊宏伟，等. 2004. 当归 HPLC 指纹图谱研究. 中国实验方剂学杂志，10（3）：1-3.
杜俊蓉，白波，余彦，等. 2015. 当归挥发油研究新进展. 中国中药杂志，30（18）：1400-1406.
杜丽东，吴国泰，景琪，等. 2014. 当归腹痛宁滴丸治疗肠易激综合征的药效学研究. 中成药，36（12）：2445-2450.
杜弢，郭增祥，王惠珍，等. 2012. 当归种苗等级与植株生物量积累及药材质量的关系. 中国中药杂志，37（19）：2870-2874.
段金廒，肖小河，宿树兰，等. 2009. 中药材商品规格形成模式的探讨——以当归为例. 中国现代中药，11（6）：14-17.
段素敏，孔铭，李秀杨，等. 2016. 当归药材热风 - 微波联合干燥方法研究. 中草药，47（19）：3415-3419.
樊瑞，焦淑玲，梁惠民. 1998. 蒙药当归的化学成分及其对心血管系统的药理作用. 中国民族医药杂志，4（SI）：3-5.
冯守疆，龚成文，赵欣楠，等. 2013. 当归专用肥对当归产量及品质的影响. 甘肃农业科技，（12）：34-36.
冯素香，李明丽，王淑美. 2008. 妇科调经片中阿魏酸的含量测定. 河南中医学院学报，23（5）：39-40.
冯毅凡，孟青，李伟胜. 1996. 高效液相色谱法测定参茸白凤丸中阿魏酸的含量. 广东药学院学报，12（1）：22-23.
付丽佳，王玉华. 2013. 当归补血丸中阿魏酸溶出度测定. 中国实验方剂学杂志，19（5）：144-146.
付绍平，王龙星，张峰，等. 2003. 毛细管区带电泳法测定四物汤及其配伍组方中川芎嗪和阿魏酸的含量. 色谱，21（4）：371-374.
付绍智，蒋用福. 2008. 药材商品品别、规格与等级标准的探讨. 中国现代中药，10（8）：12-13.
傅予，刘庆焕，王文彤. 2013. HPLC 法测定养血生发胶囊中 5 种活性成分. 现代药物与临床，28（2）：188-190.
甘肃省经济作物推广. 2014. 岷归 2 号简介. 农业科技与信息，7：10.
甘肃省经济作物推广. 2014. 岷归 1 号简介. 农业科技与信息，7：9.
甘肃省质量技术监督局. 2010. 甘肃省地方标准：中药材种子黄芪 DB62/T2002-2010. 甘肃省地方标准发布公告总第 79 号.
甘肃省质量技术监督局. 2010. 甘肃省地方标准：中药材种子党参 DB62/T2001-2010[S]. 甘肃省地方标准发布公告选第 79 号.
高丽，杨波，李洪林. 2007. 叶艺春兰组培苗遗传稳定性的 ISSR 研究. 亚热带植物科学，36（2）：13-14.
高青鸽. 2015. 施肥及采收期对蒙古黄芪生长和次生代谢的影响. 咸阳：西北农林科技大学.
耿放，邹韬博，王业秋，等. 2013. 逍遥散 UPLC-MS 指纹图谱研究. 药物分析杂志，33（7）：1250-1253.

耿增超，孟令军，刘建军 . 2014. 普通鹿蹄草品质与根际和非根际土壤的关系 . 生态学报，34（4）：973-982.
弓迎宾 . 2017. 不同炮制方法对当归部分有效成分的影响分析 . 山西中医，33（11）：57-58.
宫喜臣 . 2001. 北方主要药用植物种植技术 . 北京：金盾出版社：61-67.
龚成文，冯守疆，赵新楠，等 . 2012. 当归专用肥配方筛选及肥效试验 . 西北农业学报，21（5）：190-195.
龚涛，孙冰，欧阳雪梅，等 . 1998. 黄连提取工艺的研究，中草药，29（7）：3-5.
顾志荣，师富贵，王永琦，等 . 2014. 12 个产地当归中无机元素的特征性及地域性分布 . 贵州农业科学，42（8）：61-64，68.
顾志荣，杨应文，王亚丽，等 . 2014. 基于主成分分析和模糊聚类分析的不同生长年限当归 ^{13}C 核磁共振特征图谱 . 中国医院药学杂志，34（24）：2083-2087.
关小彬 . 2004. HPLC 法测定补肾养血胶囊中阿魏酸的含量 . 广东药学，14（4）：19-20.
郭春燕，薛丽，赵二劳 . 2010. 罗丹明 B-Feton 体系荧光法测定中草药抗氧化活性 . 分析科学学报，26（1）：122-124.
郭峰 . 2008. 从红细胞天然免疫学研究角度浅谈现代免疫学理论研究的思路与方法 . 自然杂志，30（3）：177-179.
郭琪，杨莹，雷虹 . 2018. 一测多评法测定大活络丸中 6 种指标性成分的研究 . 解放军药学学报，34（4）：355-358.
郭涛，隋因，孙沂，等 . 2006. 心舒口服液毛细管电泳指纹图谱的研究 . 中草药，37（6）：839-843.
国家药典委员会 . 2005. 中华人民共和国药典 . 北京：化学工业出版社：89.
国家药典委员会 . 2010. 中华人民共和国药典：2010 年版 . 一部 . 北京：中国医药科技出版社：124-125，附录 63.
国家药典委员会 . 2010. 中华人民共和国药典：2010 年版 . 一部 . 北京：中国医药科技出版社：22
国家药典委员会 . 2010. 中华人民共和国药典：2010 年版 . 一部 . 北京：中国医药科技出版社：118.
国家药典委员会 . 2015. 中华人民共和国药典 . 北京：中国医药科技出版社 .
国家药典委员会 . 2015. 中华人民共和国药典：2015 年版 . 北京：中国医药科技出版社 .
国家药典委员会 . 2010. 中华人民共和国药典：2010 年版 . 一部 . 北京：中国医药科技出版社：124.
国家药典委员会 . 2010. 中华人民共和国药典：2010 年版 . 一部 . 北京：中国医药科技出版社：97.
国家药品监督管理局药品审评中心 . 2005. 中药、天然药物局部刺激性和溶血性研究技术指导原则 GPT4-1.
国家药品监督管理局药品审评中心 . 2005. 中药、天然药物免疫毒性（过敏性、光过敏反应）研究的技术指导原则 GPT5-1.
韩金生 . 1994. 中国药用植物病害 . 长春：吉林科学技术出版社 .
何嘉仑，唐洪梅，涂星，等 . 2013. 吴茱萸提取物的透皮吸收促进剂的筛选 . 中成药，35（6）：1184-1187.
何兰 . 2004. 当归、大黄、黄芪 . 北京：科学技术文献出版社 .
河北省质量技术监督局 . 河北省地方标准：中药材种子质量标准黄芩 DB13/T 1083. 2-2009.
洪秋菊，吴国泰，王瑞琼，等 . 2011. 当归挥发油对小鼠胃排空和肠推进的影响 . 甘肃中医，24（3）：45-46.
侯巍，高金波，张云杰，等 . 2009. 透皮吸收促进剂对大黄中蒽醌类有效成分透皮吸收的影响 . 时珍国医国药，20（12）：3019-3021.
侯家玉，方泰惠 . 2007. 中药药理学 . 北京：中国中医药出版社：227.
胡虒尧，周瑜，陶春蕾，等 . 2014. 当归芍药散 HPLC-DAD 指纹图谱峰来源分析 . 中国药科大学学报，45（2）：205-209.
胡益勇，徐晓玉 . 2006. 阿魏酸的化学和药理研究进展 . 中成药 . 28（2）：253-255.
胡长鹰 . 2006. 当归挥发油的提取与成分分析 . 食品与机械，22（2）：24-26.
扈彩云，商文倩，高永丰，等 . 2008. HPLC 法测定三两半药酒中齐墩果酸与阿魏酸的含量 . 中国现代药物应用，2（20）：54-55.
华勇继 . 1990. 当归与东当归的鉴别 . 中国中药杂志，15（12）：10.
黄冬玲，张全鼎，张桂珍，等 . 1989. 养血当归精质量控制的研究 . 中成药，11（7）：15-17.
黄宫绣 . 1997. 本草求真 . 王淑民校注 . 北京：中国中医药出版社 .
黄贵明 . 2008. HPLC 法测定归芪补血口服液中阿魏酸的含量 . 广西医科大学学报，25（5）：768-770.
黄红泓，覃日宏，柳贤福 . 2019. 中药当归的化学成分分析与药理作用探究 . 世界最新医学信息文摘，19（58）：127，153.
黄澜，陈惠玲，李玲玲 . 2013. HPLC 同时测定正天丸中芍药苷、阿魏酸、升麻素苷、5-O- 甲基维斯阿米醇苷的含量 . 中国中药杂志，38（13）：2114-2117.
黄璐琦，郭兰萍 . 2009. 中药资源生态学 . 上海：上海科学技术出版社：177-227.
黄荣 . 2017. 当归不同药用部位活性成分含量的分析研究 . 内蒙古中医药，36（18）：117-118.
黄永红 . 2016. 基于“当归补血汤”的美白化妆品的开发及其美白作用机制研究 . 广州：广东药科大学 .
惠娜娜，马永强，王立，等 . 2015. 淡紫拟青霉、厚垣轮枝菌生防菌对当归“麻口病”的防治效果 . 植物保护，41（4）：

199-202.

纪鹏，华永丽，薛文新，等 . 2012. 当归及其不同炮制品的挥发油提取及成分分析 . 天然产物研究与开发，24（9）：1230-1234，1238.

纪瑛，漆琚涛，蔺海明，等 . 2013. 密度及覆盖方式对直播当归农艺性状和产量的影响 . 甘肃农业科技，（12）：16-19.

纪瑛，漆琚涛，蔺海明，等 . 2014. 覆盖方式和密度对直播当归生长动态的影响 . 中药材，37（1）：9-14.

江苏新医学院编 . 1977. 中药大辞典 . 上海：上海人民出版社：876.

姜清华，邓晶晶，吴琼，等 . 2010. 芍药苷的药代动力学研究进展 . 实用药物与临床，13（6）：451-453，478.

姜振俊，张红梅，2018. 中国中药材出口面对的国际市场标准 . 中国现代中药，20（2）：217-223.

靳凤云，田源红，杨文洵 . 2000. 炮制对当归中糖含量的影响 . 中国中药杂志，（8）：26-27.

靳双珍，刘国顺，闫新甫，等 . 2010. 发展精准农业的必要性与应用前景 . 浙江农业科学，（2）：414-416.

康传志，周涛，郭兰萍，等 . 2014. 根及根茎类中药材商品规格及等级标准的划分现状分析 . 贵州农业科学，42（8）：217-220.

兰顺，叶冬梅 . 2004. HPLC 测定复方川芎胶囊中阿魏酸的含量 . 中成药，26（10）：106-108.

乐仁昌 . 2008. 湿毒清胶囊中阿魏酸的含量测定 . 海峡药学，20（5）：30-32.

黎江华，吴纯洁，孙灵根，等 . 2011. 基于机器视觉技术实现中药性状“形色”客观化表达的展望 . 中成药，33（10）：1781-1784.

李东芬，尹蓉莉，吕懿平，等 . 2011. 芍药苷油水分配系数的测定及 pH 对其的影响 . 中药与临床，2（4）：21-23.

李发美，熊志立，鹿秀梅，等 . 2009. 中药质量控制和评价模式的发展及系统生物学对其的作用 . 世界科学技术 - 中医药现代化，11（1）：120-126.

李福祥，夏前明，李鸿雁，等 . 2008. 低氧习服对模拟高原低氧大鼠肺组织的影响 . 中国呼吸与危重监护杂志，7（3）：199-204，242.

李耿，孟繁蕴，杨洪军，等 . 2013. UPLC 法同时测定脑心通胶囊中 5 个成分的含量 . 药物分析杂志，33（3）：414-418.

李广骥 . 1979. 当归的生物学特性及防止早期抽薹的研究 . 中药材科技，（2）：1-10.

李海燕 . 2018. 逍遥丸 HPLC 特征指纹图谱研究及多指标成分定量分析 . 药物分析杂志，38（1）：89-96.

李华为，赵素云，刘晓波，等 . 2010. 硒多糖的抗氧化活性及与过氧化氢酶协同作用的研究 . 分析化学，38（9）：1256-1260.

李静，魏玉海，秦雪梅，等 . 2017. 基于 NMR 代谢组学技术的当归不同部位化学成分比较 . 中草药，48（7）：1409-1415.

李军兰，方肇勤 . 2004. 气虚证动物模型造模方法综述 . 上海中医药大学学报，18（3）：56-60.

李莉 . 2009. 高效液相色谱法测定止痛紫金丸中阿魏酸的含量 . 赣南医学院学报，29（1）：7-8.

李凌军，闰滨，李梅，2006. 毛细管区带电泳法测定四妙勇安汤中绿原酸、阿魏酸、甘草酸的含量 . 药物分析杂志，26（9）：1241-1244.

李敏，刘渝，李丽霞 . 2006. 大黄配方颗粒总蒽醌含量测定的方法学研究 . 成都中医药大学学报，29（1）：47-50.

李鹏程，刘效瑞 . 2011. 当归新品种岷归 4 号选育及优化种植技术研究 . 中药材，34（7）：1017-1019.

李萍，薛粲 . 2001. 试论中药材全息图谱质量评测人工智能系统的构建 . 世界科学技术，3（4）：42-44，81-82.

李硕，李成义，李敏，等 . 2018. 离子辐射选育当归新品种安全性评价 . 中草药，49（11）：2662-2670.

李硕，李敏 . 2013. 炮制对当归质量影响的研究概述 . 时珍国医国药，24（12）：2986-2989.

李四海，潘新波，任真，等 . 2013. 不同生长期当归红外光谱的偏最小二乘分析 . 中国实验方剂学杂志，19（12）：132-135.

李文博，韩建平，倪倩，等 . 2011. 养血清脑颗粒中挥发性成分的 GC 指纹图谱研究 . 中草药，42（7）：1321-1325.

李曦，张丽宏，王晓晓，等 . 2013. 当归化学成分及药理作用研究进展 . 中药材，36（6）：1023-1028.

李喜凤，杜云锋，张红梅，等 . 2010. 蒲公英总 DNA 的提取及其 RAPD-PCR 反应条件的优化 . 时珍国医国药，21（6）：1501-1503.

李晓蕙，陈蕾 .2006. 植物细胞培养技术的发展与应用 . 安徽农学通报，12（5）：74-75.

李亚芹，夏峰 . 2006. 我国发展精准农业的必要性 . 农机化研究，28（6）：4-6.

李雁玲 . 2005. HPLC 法测定洁阴净栓中苦参碱和连翘苷的含量 . 中成药，27（12）：1404-1407.

李颖仪，蔡先东 . 2004. 香豆素的药理研究进展 . 中药材，27（3）：218-222.

李应东 . 2012. 甘肃道地药材当归研究 . 兰州：甘肃科学技术出版社：125.

李应东 . 2012. 甘肃道地药材当归研究 . 兰州：甘肃科学技术出版社：147

李芸，魏舒畅，刘永琦，等，2014. 不同生物碱透皮吸收促进剂对芍药苷透皮吸收的影响 . 北京中医药大学学报，37（6）：410-413.

李芸，闫治攀，魏舒畅，等. 2014. 盐酸小檗碱、吴茱萸挥发油、大黄总蒽醌促进苦参碱透皮吸收的量效关系研究. 中成药，36(3)：510-514.
李震宇，何盼，秦雪梅. 2015. 代谢组学技术在中药材商品规格研究中的应用思考. 中草药，46（7）：943-948.
李中东，王宏图，施孝金，等. 2001. 桉油对丙酸氯倍他索乳膏经皮渗透和吸收的作用. 中国医院药学杂志，21（2）：67-68.
李中娥. 2012. HPLC 法同时测定妇科分清丸中阿魏酸和芍药苷. 中成药，34（3）：487-489.
梁悦，魏世刚，茹鑫，等. 2010. 用气相色谱法研究逍遥丸（水丸）的指纹图谱及其分层聚类分析. 吉林大学学报（理学版），48（4）：683-688.
林辉，邱晓静. 2010. HPLC 法测定活血止痛胶囊中阿魏酸的含量. 海峡药学，22（8）：124-125.
林燕妮，陈密玉，吴国欣，等. 2007. 芥子碱含量测定方法探讨. 药物分析杂志，27（2）：260-263.
蔺海明，陈健，武延安. 2006. 西北地区中药材种植与加工技术研究. 兰州：甘肃科学技术出版社：161-163.
蔺海明，刘学周，刘效瑞，等. 2007. 栽培方式对当归干物质积累和生长动态影响的研究. 中草药，38（2）：257-261.
蔺海明，邱黛玉. 2010. 当归标准化生产技术. 北京：金盾出版社：25-27.
蔺海明，邱黛玉. 2010. 当归标准化生产技术. 北京：金盾出版社：31-32.
蔺海明，邱黛玉. 2010. 当归标准化生产技术. 北京：金盾出版社：78-79.
蔺海明，鱼亚琼，邱黛玉，等. 2011. 种苗大小和外源激素对当归抽薹及产量构成的影响. 广东农业科学，38（8）：27-29.
蔺海明. 2003. 甘肃省中药材生产现状与产业化开发对策. 甘肃农业科技，（1）：50-52.
蔺兴遥，张毅，李娟，等. 2013. 黄芪黄酮与红芪黄酮对肺间质纤维化模型大鼠肺功能影响的对比研究. 中成药，35（8）：1770-1773.
刘斌，饶碧玉，钱翠，等. 2013. 不同灌水处理对当归生长、产量及品质的影响. 现代农业科技，（2）：77-80，82.
刘冰，吕佳. 2012. HPLC 测定苦参碱平衡溶解度和表观油水分配系数. 中国实验方剂学杂志，18（20）：43-45.
刘郴淑，许碧莲，何康. 1996. 樟脑对水杨酸和氟脲嘧啶的促皮渗透作用. 广东医学院学报，14（4）：320.
刘东方，赵丽娜，李银峰，等. 2016. 中药指纹图谱技术的研究进展及应用. 中草药，47（22）：4085-4094.
刘海洋，王盈盈，于茜，等. 2013. 逍遥散的 GC-MS 特征图谱研究. 药物分析杂志，33（9）：1507-1511，1517.
刘汉珍，夏咸水. 2006. 当归及其炮制品多糖含量的测定. 时珍国医国药，17（3）：393-394.
刘敬，颉红梅，刘效瑞，等. 2008. 当归新品系“DGA2000-02”与对照品种的遗传差异分析. 原子核物理评论，25（2）：201-203.
刘静，刘燕，于健东，等. 2016. 跌打活血散 HPLC-DAD-ELSD 双通道指纹图谱分析. 中国药事，30（9）：924-931.
刘峻，丁家宜，周倩耘，等.2004. 真菌诱导子对人参毛状根皂苷生物合成和生长的影响. 中国中药杂志，29（4）：302-305.
刘莉莉，初芹，徐青，等. 2012. 动物冷应激的研究进展. 安徽农业科学，40（16）：8937-8940.
刘茂昌，张玉，王凯平，等. 2011. 当归多糖铁复合物在大鼠体内 2 种不同吸收途径的研究. 中国医院药学杂志，31（7）：531-535.
刘荣霞，周婷婷，董婷霞，等. 2003. 建立评价当归质量的 HPLC 指纹图谱分析方法. 中国药学杂志，38（10）：757-760.
刘蕊，李德红，李玲. 2004. 2, 4- 二氯苯氧乙酸的研究进展. 生命科学研究，8（S2）：71-75.
刘雯，晏立英，文朝慧，等. 2014. 甘肃省 18 种药用植物病毒病调查及 2 种病毒病的鉴定. 植物保护，40（5）：133-137，163.
刘向前，李丽丽，冯胜，等. 2005. 8 种当归属植物中总香豆素含量分析. 华西药学杂志，20（2）：159-160.
刘效瑞. 2014. 中药材当归新品种：岷归 2 号. 农家顾问，（5）：41.
刘学周，蔺海明，漆琚涛. 2004. 养分对当归干物质积累及其产量的影响. 中国农学通报，20（4）：188-190.
刘雪东，李伟东，蔡宝昌. 2010. 当归化学成分及对心脑血管系统作用研究进展. 南京中医药大学学报，26（2）：155-157.
刘雅，张海港，张翼冠，等. 2009. 当归补血汤对气虚血瘀大鼠免疫功能及相关基因的调控. 中药药理与临床，25（5）：10-13.
刘亚蓉，宋霞，刘海青. 2013. 双波长 RP-HPLC 法同时测定妇科十味片中芍药苷、阿魏酸. 中成药，35（6）：1222-1224.
刘业飞，郑正，王成业. 2012. 男宝胶囊中阿魏酸的含量测定. 现代中药研究与实践，26（1）：68-70.
刘永琦，闫治攀，李芸，等. 2013. 3 种生物碱透皮促进剂对阿魏酸体外经皮渗透的影响. 中成药，35（11）：2403-2406.
刘永生，李晓坤，王金菊. 2011. 新生化颗粒质量标准研究. 中国实验方剂学杂志，17（5）：95-97.
刘云华，易进海，邵华武，等. 2012. 替代对照品法同时测定川芎中丁苯酞和藁本内酯的含量. 药物分析杂志，32（5）：758-762.
龙全江，郭朝晖，刘峰林，等. 2003. HPLC 法测定当归及油炒当归中阿魏酸的含量. 中国中医药信息杂志，10（10）：36-37.
龙全江，刘峰林，袁健，等. 2003. 油当归炮制的初步研究. 甘肃中医学院学报，20（1）：15-16.
龙旭阳，方衡，王发善，等. 2014. 补阳还五汤挥发性成分指纹图谱的研究. 世界科学技术 - 中医药现代化，16（3）：560-564.

娄金丽，张允岭，郑宏，等 . 2006. 气虚血瘀证动物模型研究的思路与方法 . 北京中医药大学学报，29（2）：87-90.
楼际通，楼文高，余秀荣 . 2013. 商业银行个人信用风险评价的投影寻踪建模及其实证研究 . 经济数学，30（4）：26-32.
卢卫平，黄冬玲 . 2003. 薄层扫描法测定养血当归精中阿魏酸含量 . 江西中医学院学报，15（3）：52.
卢有媛 . 2016. 基于 SSR 分子标记的当归群体遗传学研究 . 兰州：甘肃中医药大学 .
鲁建武，曾俊芬，宋金春 . 2008. HPLC 法同时测定复方川芎胶囊中阿魏酸和川芎嗪含量 . 中国药师，11（7）：814-816.
陆家云 . 1995. 药用植物病害 . 北京：中国农业出版社 .
路千里，郑茶凤 . 2014. HPLC-MS /MS 法同时测定天麻头风灵胶囊中天麻素、阿魏酸、哈巴俄苷及肉桂酸的含量 . 沈阳药科大学学报，31（12）：984-988.
罗国安，王义明，曹进 . 2000. 多维多息特征谱及其应用 . 中成药，22（6）：395-397.
罗娟，李永峰 . 2007. 高效液相色谱法测定除脂生发片中阿魏酸含量 . 中国药业，16（13）：13.
罗世英，陈华萍 . 2004. 透皮吸收常用的几种实验动物 . 中国药业，13（4）：74-75.
罗晓清，顾瑶华，吴芝园 . 2007. 八种中药挥发油对布洛芬促透作用的比较 . 中药材，30（5）：571-573.
骆亚莉，李应东，刘永琦，等 . 2014. 当归有效成分对冷应激小鼠抗氧化功能影响 . 中国公共卫生，30（5）：607-609.
骆亚莉，刘永琦，李应东，等 . 2014. 当归有效部位对冷应激小鼠脾淋巴细胞增殖及细胞周期的影响作用 . 中成药，36（10）：2190-2193.
雒晓芳，杨宁，陈学林，等 . 2004. 当归水培苗的组织培养 . 西北师范大学学报，40（4）：77-79.
吕春茂，范海延，姜河，等 .2007. 植物细胞培养技术合成次生代谢物质研究进展 . 云南农业大学学报，22（1）：1-6.
吕祝邦，李敏权，惠娜娜，等 . 2013. 甘肃省定西市当归“水烂病”病原鉴定及致病性测定 . 植物保护，39（2）：45-49.
吕祝邦，雪莲，李继平，等 . 2013. 当归水烂病病原菌毒力测定及田间防治试验 . 甘肃农业科技，（11）：43-45.
吕祝邦 . 2013. 甘肃省当归水烂病病原鉴定及田间防控技术研究 . 兰州：甘肃农业大学 .
马博，罗霞，余梦瑶，等 . 2009. 不同海拔育苓对川芎出芽及生长参数的影响 . 时珍国医国药，20（10）：2560-2562.
马华侨，邸多隆，邵士俊，等 . 2004. 当归 HPLC 指纹图谱研究（I）. 中草药，35（8）：930-932.
马云淑，白一岑 . 2006. 草果挥发油对颅痛定的体外经皮渗透的影响 . 云南中医中药杂志，27（1）：40.
马占川，张恩和，张金文 . 1997. 氮磷配施对当归产量及品质的影响 . 耕作与栽培，（4）：32-33.
孟祥红，苏永汶，孙忠迪，等 . 2011. 炒莱菔子中含芥子碱部位醇提工艺优选及市售样品含测分析 . 中国实验方剂学杂志，17(21)：5-8.
苗爱东，梁乾德，王升启 . 2005. SPE-HPLC 测定四物合剂中藁本内酯的含量 . 中成药，27（6）：737-738.
苗明三，张丽萍，方晓艳，等 . 2002. 当归补血汤多糖对环磷酰胺和乙酰苯肼联用致小鼠血虚模型的影响 . 中国中医基础医学杂志，8（12）：46-47.
南淑蕾，吴圣曦，吴国欣，等 . 2009. 白芥子中芥子碱的制备及纯度测定 . 中华中医药杂志，24（10）：1343-1345.
难波恒雄 . 1993. 生药浴剂的研究（1）：生药提取物的透皮吸收及透皮吸收促进作用 . 国外医学 · 中医中药分册，15（1）：41.
聂黎行，戴忠，鲁静，等 . 2014. 近红外光谱技术在活血止痛胶囊质量控制中的应用 . 药物分析杂志，34（1）：115-120.
牛亚楠，龙宁，朱明芳，等 . 2012. 碳糊电极阴极溶出伏安法测定当归中阿魏酸 . 理化检验 - 化学分册，48（5）：512-515.
欧国灯，杨立伟，蒋忠军，等 . 2008. 补血当归调经合剂质量标准研究 . 中成药，30（8）：1249-1250.
庞志功，汪宝琪，王翔 . 1998. 口服苦参碱的药代动力学研究 . 西安医科大学学报（中文版），19（2）：3-5.
戚颖欣，孟军 . 2009. HPLC 法测定调经止痛片中阿魏酸的含量 . 天津药学，21（3）：9-11.
漆琚涛，蔺海明，刘学周 . 2004. 氮磷肥对当归抽薹率的影响试验初报 . 中药材，27（2）：83-84.
漆琚涛，许彩荷，马占川，等 . 2013. 栽培模式对当归产量构成因素的影响 . 中药材，36（12）：1907-1910.
齐香君，王薇，陈如意 .2008. 秦艽愈伤组织诱导及增殖研究 . 陕西科技大学学报，26（1）：42-45.
齐香君，王薇，陈如意 .2008. 秦艽组织培养研究 . 安徽农业科学，36（5）：1812-1813.
钱翠，饶碧玉，罗绍芹，等 . 2012. 不同水肥处理对当归种植需水量的影响 . 安徽农业科学，40（9）：5613-5617.
钱励，马臻，张望刚，等 . 2011. 透皮促进剂对左旋延胡索乙素体外经皮渗透的影响 . 中国中药杂志，36（13）：1729-1732.
钱晓东，周桂芬，吕圭源 . 2014. 不同产地当归炮制前后多糖与新产生成分 5- 羟甲基糠醛和 5- 羟基麦芽酚含量变化规律性研究 . 中华中医药学刊，32（6）：1320-1323.
钱怡云 . 2014. 采收加工贮藏方法对当归药材质量的影响及其定量分析模式研究 . 兰州：甘肃中医学院 .
秦晶，陈大为，乔明曦，等 . 2006. 阿魏酸 Liposome/water 分配系数的研究与应用 . 第二届中国中药现代化新剂型新技术国际学术会议，中国：天津 .
秦雪梅，孔增科，张丽增，等 . 2012 中药材“辨状论质”解读及商品规格标准研究思路 . 中草药，43（11）：2093-2098.

邱黛玉，李应东，蔺海明，等 . 2010. 当归种子质量标准研究 . 科技导报，28（20）：82.

邱黛玉，蔺海明，陈垣，等 . 2010. 经纬度和海拔对当归成药期植株长势和早期抽薹的影响 . 草地学报，18（6）：838-843.

邱黛玉，蔺海明，王福安，等 . 2005. “瑞奇”高效有机肥对当归产量及构成因素的研究 . 中国农学通报，21（3）：200-202.

邱黛玉，蔺海明，鱼亚琼，等 . 2012. 种子类型和密度对直播当归生长发育的影响 . 甘肃农业大学学报，47（1）：78-82.

邱黛玉，蔺海明，张延红，等 . 2005. 高效有机肥对当归增产效应的研究 . 甘肃农业大学学报，40（1）：48-52.

邱丽萍，吕青涛，张发科，等 . 2008. 当归多糖的提取分离与血清指纹图谱研究 . 中药材，31（1）：65-67.

瞿波，高敏，庄骞 . 1994. 反相 HPLC 法测定舒心口服液中阿魏酸含量 . 分析试验室，13（5）：50-51.

瞿发林，谈丽娜，赵勇，等 . 2007. HPLC 法测定舒筋活络酒中阿魏酸的含量 . 药学与临床研究，15（4）：321-323.

全国农作物种子标准化技术委员会 . 1996. 中华人民共和国国家标准：农作物种子检验规程净度分析 GB/T 3543. 3. 北京：中国标准出版社：1-16.

全国农作物种子标准化技术委员会 . 1996. 中华人民共和国国家标准：农作物种子检验规程其他项目检验 GB/T 3543. 7. 北京：中国标准出版社：85-99.

全国农作物种子标准化技术委员会 . 1996. 中华人民共和国国家标准：农作物种子检验规程扦样 GB/T 3543. 2. 北京：中国标准出版社：27-37.

全国农作物种子标准化技术委员会 . 1996. 中华人民共和国国家标准：农作物种子检验规程水分测定 GB/T 3543. 6. 北京：中国标准出版社：1-3.

全国农作物种子标准化技术委员会 . 1996. 中华人民共和国国家标准：农作物种子检验规程真实性和品种纯度鉴定 GB/T 3543. 5. 北京：中国标准出版社：1-8.

全国农作物种子标准化技术委员会 . 1987. 中华人民共和国国家标准：人参种苗 GB6942-1986. 北京：中国标准出版社：242-245.

全国农作物种子标准化技术委员会 . 1987. 中华人民共和国国家标准：人参种子 GB 6941-1986. 北京：中国标准出版社：117-119.

全国农作物种子标准化技术委员会 . 1996. 中华人民共和国国家标准：主要农作物种子包装 GB/T 7414. 北京：中国标准出版社：82-84.

全国农作物种子标准化技术委员会 . 1996. 中华人民共和国国家标准：主要造林树种苗木质量分级 GB 6000. 北京：中国标准出版社：188-206.

任德权 . 2001. 中药指纹图谱质控技术的意义与作用 . 中药材，24（4）：235-239.

任明芳 . 2003. 当归主要病虫害防治技术 . 农业科技与信息，（7）：40.

任树林 . 2006. 养血清脑颗粒中 4 种酚酸的高效液相色谱分析 . 药物分析杂志，26（8）：1145-1147.

阮健，王凤山，车鑫，等 . 2006. 当归挥发油的 GC 指纹图谱研究 . 中草药，37（9）：1338-1341.

单红艳，焦太雨 . 2011. HPLC 法测定十全大补丸中阿魏酸的含量 . 中国中医药现代远程教育，9（16）：138-139.

单俊杰，王易，王顺春，等 . 2002. 当归多糖对小鼠脾淋巴细胞增殖及诱生 IFN-γ 的影响 . 药学学报，37（7）：497-500.

尚忠慧，卫海燕，顾蔚，等 . 2015. 基于 GIS 与模糊物元模型的当归潜在生境适宜性区划分析 . 中药材，38（7）：1370-1374.

申安 . 2015. 高效液相色谱法测定不同产地当归中阿魏酸的含量 . 中医学报，30（3）：421-422.

申国庆，龚春燕 . 2009. 长期服用补骨脂中药制剂引起视力模糊 1 例 . 药学与临床研究，17（3）：260.

沈琦，蔡贞贞，徐莲英 . 1999. 中药丁香促进 5- 氟脲嘧啶透皮吸收的作用研究 . 中草药，30（8）：3-5.

沈琦，李文姬，徐莲英 . 2000. 高良姜等中药对 5- 氟脲嘧啶的促渗作用 . 中药材，23（11）：697-699.

沈琦，徐莲英 . 2001. 小茴香对 5- 氟脲嘧啶的促渗作用研究 . 中成药，23（7）：469.

盛丽 . 2005. 甘肃省当归资源的 RAPD 分析 . 兰州：甘肃农业大学 .

四川省质量技术监督局 . 四川省地方标准：丹参种子种苗质量标准 DB51/T 1044-2010. 2010.

宋金春，胡传芹，刘红，等 . 2007. 炮制对当归药材有效成分的影响 . 中国药学杂志，42（14）：1052-1054.

宋平顺，赵建邦，张俊勤，等 . 2008. 当归不同栽培方法及不同规格的质量考察 . 甘肃中医，21（9）：49-50.

苏钢强，李伯刚 . 2005. 欧盟草药药品注册指南 . 北京：人民卫生出版社 .

苏国庆，王莉，刘玉军 .2005. 植物细胞培养中的高产细胞系筛选 . 海南师范学院学报（自然科学版），18（4）：364-368.

苏华丽，谭梅英，张诚光 . 2013. 不同产地当归中阿魏酸的含量分析 . 湖南中医杂志，29（7）：126-128.

孙成考 . 2012. 8 种中药挥发油对布洛芬促透作用的比较分析 . 医学综述，18：3120-3122.

孙芳芳 . 2010. 浅议灰色关联度分析方法及其应用 . 科技信息，（17）：880-882.

孙国祥，丁国瑜 . 2011. 逍遥丸的毛细管电泳指纹图谱的建立 . 色谱，29（10）：1020-1026.

孙国祥，闫娜娜，丁国瑜 . 2010. 柴胡舒肝丸的毛细管电泳指纹图谱及其黄芩苷含量的测定 . 色谱，28（11）：1077-1083.

孙红梅，张本刚 . 2010. 甘肃地区当归生长动态调查 . 中国农学通报，26（17）：386-389.
孙红梅 . 2010. 当归药材资源调查与品质特性的研究 . 北京：中国中医科学院药用植物研究所 .
孙红艳，金若敏 . 2005. 女性更年期综合征动物模型制备的研究进展 . 时珍国医国药，16（7）：657-658.
孙绩岩，苑广信，李洪宇，等 . 2014. 鹿茸毛细管电泳 DNA 指纹图谱研究 . 中国药学杂志，49（15）：1300-1305.
孙丽荣，曹雄，侯凤青，等 . 2008. 芍药苷研究进展 . 中国中药杂志，33（15）：2028-2032.
孙敏，郑林，刘丽娜 . 2015. UPLC-MS/MS 法测定妇科调经片中芍药苷、阿魏酸和延胡索乙素的含量 . 科技视界，7：240-241.
孙淑英 . 2010. 中药当归及其伪品鉴别 . 中国中医药现代远程教育，8（2）：77.
孙元琳，杨萍芳，吴海霞，等 . 2009. 水法提取当归多糖工艺条件优化 . 中国食品学报，9（5）：130-134.
索建兰，王瑜 . 2012. 正交实验法优选当归多糖的提取工艺 . 应用化工，41（3）：544-545.
谭静，王亚茹，林红强，等 . 2018. 当归的炮制研究进展 . 特产研究，40（2）：74-78.
谭晓梅，刘欢欢，罗佳波 . 2003. 五虎口服液中阿魏酸含量测定方法的研究 . 中药材，26（6）：432-433.
汤小军，黄建春，梁韬，等 . 2013. 六月青皂苷对免疫抑制小鼠免疫功能的影响 . 中国免疫学杂志，29（5）：486-489，494.
汤学军，管竞环 . 1993. 补气、补血中药的功效与其无机元素间关系的定量研究 . 微量元素与健康研究，10（1）：25-27，34.
唐国华，何淑雅，贺修胜，等 . 2005. 流式细胞仪每秒进样细胞数对细胞 G0/G1 峰的荧光强度值及变异系数值的影响 . 中华病理学杂志，34（12）：816-817.
唐玲，张丽霞，王云强，等 . 2012. 金钗石斛种苗分级质量标准研究 . 中药材，35（1）：12-14.
唐仕欢，杨洪军，黄璐琦 . 2010. 论自然环境因子变化对中药药性形成的影响 . 中国中药杂志，35（1）：126-127.
唐文文，李国琴，晋小军 . 2012. 当归不同药用部位有效成分研究 . 中国中医药信息杂志，19（12）：58-60.
陶益，陈西，李伟东，等 . 2017. 当归炮制品 9 种化学成分的比较研究 . 中药新药与临床药理，28（1）：88-92.
滕菲，张学兰，徐鑫，等 . 2008. 炮制对当归中挥发油和阿魏酸含量及其提取率的影响 // 中华中医药学会 . 中华中医药学会中药炮制分会 2008 年学术研讨会论文集，中国：江西 .
田云梅，聂鸿靖，刘嘉瀛，等 . 2011. 低氧暴露对大鼠外周血 T 淋巴细胞活化的影响 . 中国应用生理学杂志，27（2）：145-148.
童芬美，刘杭，王金洲 . 2018. 正天丸 HPLC 特征指纹图谱研究及多指标成分一测多评法分析 . 药物分析杂志，38（1）：79-88.
屠鹏飞 . 2001. 中药注射剂指纹图谱检测标准的实施与中药材 GAP 基地建设 . 中药研究与信息，3（10）：17-18.
屠雄彪 . 2011. 当归不同药用部位微量元素含量分析 . 中国民族民间医药，20（3）：43.
汪凤仪，吴慧平 .2000. 当归不同炮制品与抗坏血酸及甘露醇合用清除氧自由基作用 . 南京中医药大学学报（自然科学版），16（6）：353-354.
汪志中，余斌，苏秀云 . 2005. 低氧诱导因子在低氧应答及运动时的表达 . 中国临床康复，9（18）：203-205.
王傲雪，葛广波，齐晓怡，等 . 2010. 中药复方茯苓汤有效成分的初步研究 . 中国实验方剂学杂志，16（11）：120-124.
王宝君，杨樱 . 2014. 不同产地当归的鉴别及现代药理的研究 . 中国医药科学，4（22）：80-81.
王芳，李东 . 2003. 当归的化学及药理研究进展 . 中国药房，1（10）：630-631.
王富丽，袁振营，陈洪英 . 2001. 高效液相色谱法测定痛经宝颗粒中阿魏酸的含量 . 中国实验方剂学杂志，7（2）：15-16.
王富胜，宋振华，王春明，等 . 2015. 当归新品种岷归 5 号选育及标准化栽培技术研究 . 中国现代中药，17（10）：1044-1047.
王伽伯，张学儒，楚笑辉，等 . 2010. 基于 Delphi 法的大黄药材商品规格感官评价科学性的研究 . 中国中药杂志，35（20）：2657-2661.
王刚 . 2015. 当归党参保鲜贮藏技术研究 . 兰州：甘肃农业大学 .
王浩，杜迎翔，马世平 . 2006. 当归芍药散中阿魏酸和芍药苷的毛细管电泳分析 . 化工时刊，20（6）：40-41.
王晖，许卫铭，冯小龙 . 2002. 薄荷醇对两种不同性质化合物体外经兔皮吸收的影响 . 中国药房，13（3）：141-142.
王惠，于丽秋，韩冰，等 . 2007. 黄芪配伍当归对气虚血瘀模型大鼠血管内皮和肝窦内皮细胞 CD54 表达的影响 . 中药药理与临床，23（5）：39-41.
王惠珍，晋玲，张恩和 . 2012. 海拔梯度对当归光合产物积累与分配格局的影响 . 中药材，35（8）：1191-1194.
王惠珍，晋玲，张恩和 . 2013. 海拔对当归中阿魏酸量的影响及关键因子分析 . 中草药，44（2）：219-223.
王惠珍，张恩和，高素芳，等 . 2013. 海拔对岷县当归产量调控及关键影响因子分析 . 中草药，43（14）：1990-1994.
王继光，吕高红 . 2001. 复方黄芪益气汤对实验性脾气虚小鼠的作用 . 药学进展，25（6）：363-364.
王建国，江黎丽，杨薇薇，等 . 2007. 羟自由基对支撑磷脂双层膜的破坏及水溶性抗氧化剂保护作用的电化学研究 . 化学学报，65（13）：1234-1238.
王键，赵辉，李净，等 . 2001. 多因素复合制作气虚血瘀证脑缺血动物模型的实验研究 . 中国实验动物学报，9（4）：216-220.

王婕，赵建邦，宋平顺 . 2011. 30 批当归中阿魏酸、藁本内酯含量测定 . 中国实验方剂学杂志，17（16）：70-73.
王进，崔宇姣，王艳玲 . 2009. HPLC 法测定当归龙荟片中阿魏酸的含量 . 实用药物与临床，12（1）：30-31.
王来友，JÖelleMillet，黄芳芳，等 . 2006. 花椒毒素在人体皮肤及角质层中的渗透动力学探讨 . 药学学报，41（9）：878 - 881.
王来友，若埃尔・米叶，杨得坡 . 2008. 补骨脂素 PLGA 纳米粒的制备及对人体皮肤的渗透特性 [J]. 中国药学杂志，43（17）：1317-1321.
王立，惠娜娜，马永强，等 . 2015. 不同颗粒剂撒施防治当归麻口病的效果 . 中国植保导刊，6：70-71.
王瑞琼，吴国泰，任远，等 . 2010. 当归挥发油对兔离体胃肠平滑肌张力的影响 . 甘肃中医学院学报，27（1）：12-14.
王薇 .2008. 生物技术生产秦艽药用成分的研究 . 西安：陕西科技大学 .
王巍，沙明，何凡 . 2004. 市售当归药材的高效液相色谱指纹图谱研究 . 时珍国医国药，15（11）：741-742.
王文杰 . 1977. “立秋直播”当归的栽培技术和原理（控制当归早期抽薹的途径之一）. 西北大学学报（自然科学版），2：37-41.
王文杰 . 1984. 当归栽培 . 西安：陕西科学出版社 .
王文洁，田金洲，时晶 . 2010. 冷应激对神经 - 内分泌 - 免疫网络作用的研究进展 . 中国中医基础医学杂志，16（10）：968-970.
王小如 . 2006. 中药及中药材质量控制关键技术 . 北京：北京化学工业出版社 .
王晓岗，王瑶，樊雅娟，等 . 2011. 聚天冬氨酸修饰玻碳电极伏安法检测阿魏酸 . 同济大学学报（自然科学版），39（7）：1084-1087.
王晓平 . 2017. 当归不同炮制方法对多糖含量的影响分析 . 内蒙古中医药，36（8）：134-135.
王欣，刘新 . 2007. 高效液相色谱法测定小金丸软胶囊中阿魏酸的含量 . 中国医院药学杂志，27（3）：350-352.
王新成，王丽娜，曹志友，等 . 2012. 优选复方穿蛭透皮贴中透皮吸收促进剂 . 中成药，34（5）：848-852.
王绪颖，贾晓斌，陈彦，等 . 2010. HPLC 法测定痛经宝颗粒中阿魏酸、肉桂酸、桂皮醛、木香烃内酯和去氢木香内酯 . 中草药，41（10）：1643-1645.
王学成，伍振峰，万娜，等 . 2018. 臭氧与硫熏处理后当归品质变化情况的比较 . 中国实验方剂学杂志，24（3）：36-40.
王亚淑，宋为民，孙鹤年 . 1981. 当归愈伤组织培养和植株分化研究初报 . 中药材科技，（2）：2-3.
王艳，陈秀蓉，王惠珍，等 . 2008. 六种杀菌剂对当归褐斑病菌室内毒力的测定 . 甘肃中医学院学报，*25*（5）：37-40.
王艳，陈秀蓉，王引权，等 . 2009. 甘肃省当归褐斑病菌 *Septoria* sp. 生物学特性及其营养利用研究 . 中药材，32（4）：478-482.
王艳，王引权，晋玲，等 . 2012. 甘肃省当归病害种类调查及其病原鉴定 . 湖北农业科学，51（7）：1352-1354.
王雁梅，任京力，朱吾元，等 . 2014. 不同炮制方式对当归中有效成分含量的影响 . 中国实验方剂学杂志，20（7）：42-45.
王燕平，李晓玉，宋纯清，等 . 2002. 当归补血汤中不同组分对正常及血虚小鼠免疫功能的影响 . 中草药，33（2）：135-138.
王益伟，罗周全，杨彪，等 . 2014. 基于投影寻踪模型的矿山地下水灾害分级评价 . 中国安全生产科学技术，10（3）：41-47.
王引权, Frank Schuchardt, 安培坤, 等 . 2012. 中药渣堆肥与化肥配合施用对当归产量与品质的影响 . 甘肃中医学院学报, 29(5): 51-56.
王引权，后顺心，王艳，等 . 2011. 推动岷县当归产业创新发展的优势条件与策略选择 . 中国现代中药，13（5）：6-9.
王引权，王艳，陈红刚，等 . 2012. 海拔梯度对药用植物品质形成影响的研究进展 . 中国现代中药，14（5）：41-44.
王雨人，陆卫，钱海洋 . 1994. 薄荷油对达克罗宁的透皮促进作用 . 天津药学，6（3）：15.
王兆祥 . 1995. 岷县志 . 兰州：甘肃人民出版社 .
王者芬，周本宏，罗顺德，等 . 1993. 双波长薄层扫描法测定当归补血口服液中阿魏酸的含量 . 基层中药杂志，7（4）：28-30.
王振忠，邵士俊 . 2014. 浓缩当归丸及当归片的 HPLC 指纹图谱质量初步评价 . 分析测试学报，33（7）：745-751.
王镇方，赵阳，庞旭，等 . 2013 利用 UPLC-Q-TOF-MS^E 快速分析四物汤中的化学成分 . 中国中药杂志，38（21）：3702-3708.
王志乔，袁伯俊 . 1997. 新药临床前安全性评价与实践 . 北京：军事医学科学出版社：152.
王智民，高慧敏，付雪涛，等 . 2006. “一测多评”法中药质量评价模式方法学研究 . 中国中药杂志，31（23）：1925-1928.
王忠 . 2009. 植物生理学 . 北京：中国农业出版社：81-82.
韦美丽，黄天卫，孙玉琴，等 . 2015. 当归适宜采收期研究 . 特产研究，37（1）：29-31，35.
韦玮，龚苏晓，张铁军 . 2009. 当归多糖的提取纯化工艺研究 . 中草药，40：137-139.
魏红，李中文，蒋国明，等 . 2001. 透皮促进剂对苦参碱乳膏剂中苦参碱经皮渗透的影响 . 中国中药杂志，26（11）：757-759.
魏莉，蔡贞贞，徐莲英 . 1998. 阿魏酸透皮吸收的实验研究 . 中成药，20（6）：3-5.
魏舒畅，闫治攀，李芸，等 . 2013. 吴茱萸挥发油、芥子油、大黄总蒽醌对阿魏酸体外经皮渗透的影响 . 中药材，36（9）：1493-1496.
魏彦明，郭延生，曲亚玲，等 .2010. 当归及其炮制品水提物体外抗脂质过氧化作用 . 天然产物研究与开发，22（5）：878-

882，906.
魏玉辉，武新安，陈岚，等 . 2005. 大黄蒽醌类成分含量测定方法实验研究 . 兰州大学学报（医学版），31（1）：13-15.
温学逊，牛研，王书芳 . 2014. 当归不同药用部位活性成分含量的 HPLC 分析方法及特征图谱研究 . 药物分析杂志，34（2）：317-324.
温悦，傅正毅，赖艳，等 . 2012. 当归多糖的药理作用研究进展 . 中国医药导报，9（30）：27-29.
吴爱英，杨晓云，王爱梅 . 2002. HPLC 法测定健脑丸中阿魏酸的含量 . 中国新药杂志，11（6）：472-473.
吴国泰，杜丽东，高云娟，等 . 2014. 当归挥发油对小鼠的降压作用及血管活性的观察 . 中国医院药学杂志，34（13）：1045-1049.
吴国泰，刘峰林，高云娟，等 . 2012. 当归挥发油对离体气管、十二指肠和血管平滑肌的作用 . 中药药理与临床，28（6）：74-76.
吴强，胡宝坤 . 2010. 当归多糖提取工艺的优化研究 . 山东农业科学，12：81-84.
吴圣曦，赖兰香，吴国欣，等 . 2010. 白芥子挥发油提取工艺优化及其化学成分鉴定 . 中华中医药杂志，25（5）：680-682.
吴铁，崔燎，陈志东，等 . 1996. 薄荷脑促进甲硝唑经皮渗透作用研究 . 中国药学杂志，31（8）：457.
吴铁，张志平 . 1992. 薄荷脑促进扑热息痛透皮吸收研究 . 中国医院药学杂志，12（3）：104.
吴燕燕，尚明英，蔡少青 . 2008. 当归的化学成分指纹图谱 . 药学学报，43（7）：728-732.
吴占景，饶碧玉，罗绍芹，等 . 2011. 不同土壤肥力对当归品质和产量的影响 . 南方农业学报，42（11）：1361-1364.
吴忠 . 2003. 质量计量学——中药色谱指纹图谱的解析与特征表达 . 中药材，26（8）：598-600.
武琳，骆德汉，邵雅雯，等 . 2012. 基于电子舌技术的辛味中药材鉴别研究 . 传感器与微系统，31（10）：48-50.
夏泉，张平，李绍平，等 . 2004. 当归的药理作用研究进展 . 时珍国医国药，15（3）：164-166.
夏泉，张平，李绍平 . 2004. 当归的药理作用研究进展 . 时珍国医国药，15（3）：164-166.
肖红斌，梁鑫森，卢佩章，等 . 1999. 中药复方分析新方法及其应用 . 科学通报，44（6）：588-596.
肖吉元，杨扶德，罗文蓉，等 . 2012. 当归与欧当归的鉴定学比较研究 . 西部中医药，25（8）：32-35.
肖敏，彭建军，张瑞良，等 . 2013. 促炎因子 IL-1β 和抑炎因子 TGF-β1 与急性高原反应的关联性研究 . 西南国防医药，23（3）：233-235.
肖宇奇 . 2012. 不同生长期当归化学成分的高效液相色谱指纹图谱研究 . 兰州：甘肃中医学院 .
颉红梅，刘效瑞，李文建，等 . 2008. 甘肃当归新品系 DGA2000-02 的选育研究 . 原子核物理评论，25（2）：196-200.
谢秉湘，陈静 . 2006. 高效液相色谱法测定妇科十味片中阿魏酸的含量 . 中国实验方剂学杂志，12（9）：23-24.
谢玲，杨凌红，李晓惠 . 2000. 当归药理作用研究进展 . 中医药研究，（6）：56-58.
谢培山 . 2006. 基于传统的中药现代化与质量评价 - 继承与创新 . 世界科学技术 - 中医药现代化，8（3）：8-13.
谢元超，金少鸿 . 2007. 替代对照品法用于丹参和复方丹参片含量测定的研究 . 药物分析杂志，27（4）：497-502.
熊鸿燕 . 2002. 补骨脂素的光敏反应 . 中国消毒学杂志，19（4）：231-235.
徐继振，刘效瑞，荆彦民，等 .1999. 当归早薹与主要因子的灰色关联度分析 . 中药材，22（11）：3-5.
徐继振，刘效瑞，祁凤鹏，等 . 1997. 当归高效栽培密度研究 . 甘肃农业科技，（8）：12-13.
徐继振，刘效瑞，祁凤鹏，等 . 1998 当归高效栽培数学模型 . 中药材，21（2）：56-60.
徐叔云，卞如濂 . 1991. 药理实验方法学 . 北京：人民卫生出版社：1293-1294.
徐叔云 . 2002. 药理实验方法学 . 第三版 . 北京：人民卫生出版社 .
徐瑜，柳君泽，夏琛 . 2008. 棕榈酸对模拟高原低氧大鼠离体脑线粒体解耦联蛋白活性及质子漏的影响 . 生理学报，60（1）：59-64.
徐月红，叶卉，官素桃，等 . 2011. 白芥子涂方凝胶膏剂的体外释放及透皮特性研究 . 中成药，33（12）：2068-2072.
徐志英 . 2016. 不同炮制工艺对当归挥发油组分的影响 . 临床合理用药杂志，9（35）：94-95.
许海玉，刘莹，张铁军，等 . 2010. 氧化铝柱纯化吴茱萸提取液中总生物碱和柠檬苦素 . 中草药，41（5）：741-744.
许汉林，陈军，邵继征，等 . 2006. D301 大孔树脂分离纯化大黄总蒽醌的研究 . 中国中药杂志，31（14）：1163-1165.
许晶 . 2003. 促进剂及壳聚糖基控释膜对阿魏酸透皮释放性能影响的体外研究 . 天津：天津大学 .
许卫铭，王晖，冯忧 . 2001. 不同浓度薄荷醇对甲硝唑透皮吸收的影响 . 中药药理与临床，17（3）：10.
许英爱，金英 . 2001. 薄层扫描法测定逍遥丸中阿魏酸的含量 . 药学实践杂志，19（3）：166-167.
薛润光，郭承刚，徐天才，等 . 2002. 不同农艺措施对一年生云当归产量的影响 . 中国农学通报，28（19）：275-278.
延春霞，周健，金城，等 . 2013. 基于多指标成分多波长测定的防暑喷雾剂质量评价方法研究 . 中成药，35（4）：713-717.
闫小平，官仕杰，郑蕊，等 . 2011. 2 种不同基质的伤湿止痛膏的经皮渗透实验研究 . 中国中药杂志，36（21）：2960-2962.
闫治攀，李芸，魏舒畅，等 . 2014. 吴茱萸挥发油、芥子油及大黄总蒽醌对芍药苷体外经皮渗透的影响 . 中国中医药信息杂志，

21（1）：79-82.
严辉，段金廒，钱大玮，等 . 2011. 不同产地当归药材及其土壤无机元素的关联分析与探讨 . 中药材，34（4）：512-516.
严辉，段金廒，尚尔鑫，等 . 2014. 当归不同部位入药功效取向差异的化学物质基础与药性关联性研究 . 中草药，45（21）：3208-3212.
严辉，段金廒，宋秉生，等 . 2009. 我国当归药材生产现状与分析 . 中国现代中药，11（4）：12-17.
严辉，段金廒，孙成忠，等 . 2009. 基于 TCMGIS 的当归生态适宜性研究 . 世界科学技术 - 中医药现代化，11（3）：416-422.
严辉，张小波，朱寿东，等 . 2016. 当归药材生产区划研究 . 中国中药杂志，41（17）：3139-3147.
颜春华 . 2005. HPLC 法测定柏子养心丸中阿魏酸的含量 . 辽宁中医学院学报，7（1）：67.
杨光，王诺，詹志来，等 . 2016. 中药材市场商品规格等级划分依据现状调查 . 中国中药杂志，41（5）：761-763.
杨晓云，张云丽，扈中林 . 2007. 益母丸的含量测定及国内 15 家产品的含量比较 . 中国药业，16（10）：38-39.
杨颜芳，张贵君，王晶娟 .2015. 欧盟 - 美国 FDA 及中国对植物药的质量标准与质量评价研究 . 第四届中国中药商品学术大会暨中医药学科教学改革教材建设研讨会 .
杨艳，易进海，刘云华，等 . 2015. 一测多评法测定中成药中洋川芎内酯 A 和藁本内酯 . 中成药，37（5）：1000-1004.
杨英来，崔方，胡芳，等 . 2013. 当归补血、活血作用的谱效关系研究 . 中国中药杂志，38（22）：3923-3927.
杨英来，崔方，吴国泰，等 . 2014. 当归药材不同提取部分的指纹图谱分析 . 中国实验方剂学杂志，20（13）：55-60.
杨英来，胡芳，刘小花，等 . 2013. 当归补气作用的谱效关系研究 . 中草药，44（23）：3341-3345.
杨英来，杨涛，杨玉华，等 . 2013. 超高效液相色谱法测定浓缩当归丸和当归药材中光毒性化合物香豆素 . 分析化学，41（11）：1744-1748.
杨玉华，罗国安，黄维 . 2017. 浓缩当归丸指纹图谱研究 . 西部中医药，30（11）：47-51.
杨志新，李佛琳，罗济，等 . 2001. 当归丰产栽培 . 云南农业，（6）：8-9.
姚丹，才玉光，高春华，等 . 2007. 高效液相色谱法测定白带丸中阿魏酸的含量 . 时珍国医国药，18（2）：414-415.
姚玉璧，马鹏里，张秀云 . 2011. 道地与近道地当归栽培气候生态与土壤环境区划 . 中国农学通报，27（27）：156-160.
叶鸣 . 2006. 高效毛细管电泳法测定三两半药酒中阿魏酸的含量 . 安徽医药，10（3）：187-188.
阴宏，李兰芳，金亚宏，等 . 1998. 当归补血汤的实验研究进展 . 中国实验方剂学杂志，4（6）：58.
英洪友，何新慧 . 2009. 海派何氏医家运用当归的经验 . 上海中医药大学学报，23（4）：21.
于森，李飞，于治国，等 . 2008. 当归药材中水溶性成分指纹图谱的分析 . 中国冶金工业医学杂志，25（1）：20-22.
曾爱国，程秀云，王云彩，等 . 2004. 促渗剂对盐酸小檗碱体外经皮渗透的影响 . 西安交通大学学报（医学版），25（4）：359-361，365.
翟淮敏 . 2004. 毛细管电泳法测定当归及其制剂中阿魏酸的含量 . 解放军药学学报，20（2）：103-105.
詹华强，董婷霞 . 防治围绝经期综合症和骨质疏松症的组合物及其制备方法：101129448A. 2008-02-27.
张村，李丽，肖永庆，等 . 2010. 芥子不同品种的色谱对应鉴别 . 中国实验方剂学杂志，16（14）：38-40.
张大为，惠娜娜，马永强，等 . 2014. 药剂浸苗对当归麻口病的防效 . 甘肃农业科技，7：21-23.
张东方，张琴，郭杰，等 . 2017. 基于 MaxEnt 模型的当归全球生态适宜区和生态特征研究 . 生态学报，37（15）：5111-5120.
张恩户，侯建平，赵子剑，等 . 2006. 中药及其制剂质量的生物检定法 . 陕西中医学院学报，29（6）：55-56.
张广学，李静华 . 1989. 当归 . 北京：农业出版社：32-34.
张宏意，罗连，余意，等 . 2009. 当归种质资源调查研究 . 中药材，32（3）：335-337.
张韻慧，肖莉，许建辰，等 . 2005. 天然透皮吸收促进剂的研究进展 . 中国药房，16（4）：303.
张霁，蔡传涛，蔡志全，等 . 2008. 不同海拔云南黄连生物量和主要有效成分的变化 . 应用生态学报，19（7）：1455-1461.
张建业，陈星，孙云峰 . 2014. RP-HPLC 法同时测定新生化颗粒中羟基红花黄色素 A、阿魏酸和甘草酸铵 . 中成药，36（2）：310-313.
张俊莲 . 1995. 当归愈伤组织的再分化及植株再生 . 甘肃农业大学学报，（4）：293-297.
张俊燕 . 2008. HPLC 法测定腰痛片中阿魏酸的含量 . 黑龙江医药，21（3）：3-4.
张丽华，陈邦恩，潘明佳 . 2009. 苦参碱药理作用研究进展 . 中草药，40（6）：1000-1003.
张玲，周慧 . 2018. 一测多评法在血府逐瘀丸质量评价中的应用 . 中草药，49（7）：1588-1593.
张敏，胡坪，罗国安，等 . 2007. 当归水溶性成分 HPLC 指纹图谱研究 . 中成药，29（5）：628-630.
张尚智，贺莉萍，韩黎明，等 . 2012. 野生当归及当归植物资源的研究 . 中国现代中药，14（4）：33-36.
张铁军 . 2011. 中药质量认识与质量评价 . 中草药，42（1）：1-9.

张新慧，张恩和 . 2008. 当归叶片光合参数日变化及其与环境因子的关系 . 西北植物学报，28（11）：2314-2319.
张星海，周晓红 . 2012. 高效液相色谱法检测三两半药酒中阿魏酸 . 食品科学，33（20）：176-179.
张学儒，王伽伯，肖小河，等 . 2010. 从大黄药材商品规格市场现状论中药材感官评价定量化研究的必要性 . 中草药，41（8）：1225-1230.
张学儒 . 2010. 大黄药材商品规格评价与合理用药的研究 . 长沙：湖南中医药大学 .
张亚亚，顾志荣，丁军霞，等 . 2015. 当归不同药用部位近红外漫反射光谱指纹图谱研究 . 中药材，38（7）：1413-1416.
张延红，高素芳，朱田田，等 . 2011. 当归种子发芽检验标准化研究 . 中国种业，（3）：36-38.
张宇 . 2010. 不同产地当归中金属微量元素的比较研究 . 天津药学，22（5）：16-19.
张援，许东晖，许实波，等 . 2003. 不同透皮吸收促进剂对格列美脲体外经皮渗透动力学特征的影响 . 中国药科大学学报，34(6)：509-513.
张云丽，张恒 . 2017，探讨不同产地当归中主要有效成分的含量测定 . 中医临床研究，9（25）：16-17.
张中朋，张黎 . 2015. 欧盟成员国传统植物药品注册情况进展 . 中国现代中药，17（1）：69-71，81.
赵东平，杨文钰，陈兴福 . 2008. 阿魏酸的研究进展 . 时珍国医国药，19（8）：1839-1841.
赵红英，尹忠臣，吕桑，等 . 2011. HPLC 法测定养血当归胶囊中阿魏酸 . 中草药，42（5）：911-912.
赵健雄，封士兰，胡芳弟，等 . 2005. 高效液相色谱法研究当归指纹图谱 . 分析测试技术与仪器，11（4）：303-306.
赵排风，刘卫超 . 2009. HPLC 法测定木瓜丸中阿魏酸的含量 . 中国药事，23（10）：1003-1004.
赵庆芳，马世容，马瑞君，等 . 2005. 当归熟地育苗实验研究 . 中草药，36（5）：759-761.
赵锐明，陈垣，郭凤霞，等 . 2014. 甘肃岷县野生当归资源分布特点及其与栽培当归生长特性的比较研究 . 草业学报，23（2）：29-37.
赵杨景，陈四保，高光耀，等 . 2002. 道地与非道地当归栽培土壤的理化性质 . 中国中药杂志，27（1）：19-22.
赵中振，梁之桃，郭平 . 2009. 海外植物药的质量标准：对中药标准化的一些启示 . 中国中药杂志，34（16）：2119-2125.
甄攀，张荣山，白雪梅，等 . 2005. 吴茱萸中吴茱萸碱和吴茱萸次碱的提取条件研究 . 中国药学杂志，40（2）：99-101.
郑晓芬，陈磊，秦雪梅，等 . 2015. 基于 1H-NMR 指纹图谱研究逍遥散乙醇提取物的乙酸乙酯萃取物抗抑郁谱效关系 . 世界科学技术 - 中医药现代化，17（3）：563-568.
植达诗，周颖，牟晓崟 . 2008. HPLC 法测定养血当归糖浆中阿魏酸和芍药苷的含量 . 中国药事，22（6）：493-495.
中国植物志编辑委员会 . 1988. 中国植物志 - 第三十九卷 . 北京：科学出版社 .
中国植物志编辑委员会 . 1992. 中国植物志 - 第八卷 . 北京：科学出版社：41.
中华人民共和国卫生部 . 1994. 中药新药研究指南 . 北京：中华人民共和国卫生部药政管理局：209-212.
周蕾，陈彦，张振海，等 . 2011. 不同促渗剂对芍药苷透皮吸收的影响 . 中华中医药杂志，26（9）：2100-2103.
周彩荣，石晓华，王海峰，等 . 2007. 反式阿魏酸在溶剂中的溶解度 . 化工学报，58（11）：2705-2709.
周成萍，彭松，廖蔚珍，等 . 1998. 复方雷公藤涂膜剂透皮吸收的研究 . 中草药，29（6）：391.
周桂芬，吕圭源，陈素红 . 2010. 当归炮制后新产生成分的分离和结构鉴定 . 中华中医药学刊，28（6）：1320-1321.
周建军，曹亮，耿直，等 . 2011. 归脾丸中阿魏酸含量测定的方法优化 . 时珍国医国药，22（4）：1010-1012.
周雪平，刘勇，薛朝阳，等 . 1999. 黄瓜花叶病毒两株系的生物学、血清学及外壳蛋白基因序列比较 . 自然科学进展，9(S1)：3-5.
周雪平，钱秀红，刘勇，等 . 1996. 侵染番茄的番茄花叶病毒的研究 . 中国病毒学，11（3）：268-276.
周雪平，薛朝阳，刘勇，等 . 1997. 番茄花叶病毒番茄分离物与烟草花叶病毒蚕豆分离物生物学、血清学比较及 PCR 特异性检测 . 植物病理学报，27（1）：53-58.
周玉新 . 2002. 中药指纹图谱研究技术 . 北京：化学工业出版社 .
朱健平，王宗锐，吴宋夏，等 . 1999. 龙脑促进药物经皮渗透作用研究 . 中国药学杂志，34（2）：104.
朱健平，杨燕，王宗锐 . 1999. 薄荷醇促进酮康唑透皮吸收的研究 . 中国药学杂志，34（2）：104.
朱兰兰 . 2011. 丙烯酰胺对大鼠神经行为的影响及褪黑素干预作用的研究 . 武汉：华中科技大学 .
朱蕾，王俊英，陈垣，等 . 2010. 不同包材与储藏方法对当归品质和保质期的影响 . 中国中药杂志，35（8）：957-959.
朱美霖，陈中坚，姜阳，等 . 2014. 外源土壤 Cd 胁迫对三七富集及其药效成分的影响 . 中成药，36（2）：342-347.
朱邵晴，郭盛，钱大玮，等 . 2017. 基于多元功效成分的当归药材产地现代干燥加工方法研究 . 中国中药杂志，2017，42（2）：264-273.
朱田田，晋玲，黄得栋，等 . 2017. 野生与栽培当归遗传多样性比较 . 中草药，49（1）：211-218.
朱田田，晋玲，张裴斯，等 . 2015. 基于 ISSR 的甘肃不同产区栽培当归遗传多样性研究 . 中草药，46（23）：3549-3557.
朱田田，张裴斯，晋玲，等 . 2014. 当归简单重复序列区间 - 聚合酶链反应体系的建立及优化与品种（系）间遗传关系研究 . 中国药房，（35）：3265-3269.

朱友平 .2017. 欧盟植物药注册法规和质量技术要求和中药国际化新药开发 . 中国中药杂志，42（11）：2187-2192.

朱育晓 .2003. 药用植物商陆组织培养及其次生代谢产物的研究 . 太原：山西大学 .

左利娟，石进朝 . 2012. 当归组织培养技术研究 . 安徽农业科学，4（1）：171-173.

Ai ST，Fan XD，Fan LF. 2013. Extraction and chemical characterization of Angelica sinensis polysaccharides and its antioxidant activity. Carbohydr Polym，94：731-736.

Ameziane El Hassani R，Buffet C，Leboulleux S，et al. 2019. Oxidative stress in thyroid carcinomas：biological and clinical significance. Endocrine-Related Cancer，26（3）：R131-R143.

An J，Bi YY，Yang CX，et al. 2013. Electrochemical study and application on rutin at chitosan/graphene films modified glassy carbon electrode. Journal of Pharmaceutical Analysis，3（2）：102-108.

An J，Li JP，Chen WX，et al. 2013. Electrochemical study and application on shikonin at poly（diallyldimethylammonium chloride）functionalized graphene sheets modified glass carbon electrode. Chem Res Chin Univ，29（4）：798-805.

Banerjee S，Selim M. Saha A，et al. 2019. Radiation induced DNA damage and its protection by a gadolinium（III）complex：Spectroscopic，molecular docking and gel electrophoretic studies. International Journal of Biological Macromolecules，127：520-528.

Basu S，Bhattacharyya P. 2012. Recent developments on graphene and graphene oxide based solid state gas sensors. Sensors and Actuators B：Chemical，173：1-21.

Ben-Zvi O，Eyal G，Loya Y. 2019. Response of fluorescence morphs of the mesophotic coral Euphyllia paradivisa to ultra-violet radiation. Scientific Reports，9（1）：681-697.

Cao W，Li XQ，Liu L，et al. 2006. Structural analysis of water-soluble glucans from the root of Angelica sinensis（Oliv.）Diels. Carbohydr Res，341：1870-1877.

Cao W，Li XQ，Liu L，et al. 2006. Structure of an anti-tumor polysaccharide from Angelica sinensis（Oliv.）Diels. Carbohydr Polym，66：149-159.

Casley-Smith J R. 1999. Benzo-pyrones in the treatment of lymphoedema. Int Angiol，1（1）：31 -41.

Chandra A，Park SS，Pignolo RJ. 2019. Potential role of senescence in radiation-induced damage of the aged skeleton. Bone，120：423-431.

Chen F，Yao C. 2002. Advances in studies on chemical constituents of Angelica sinensis. Chongqing Journal of Research on Chinese Drugs and Herbs，（1）：49-53.

Chen J，Jin L，Li YD，et al. 2013. Holistic analysis of seven constituents from five medicinal herbs composing Wuhu powders in a single Run by ultra performance liquid chromatography：application to quality control study. Analytical Methods，5：7058-7065.

Chen J，Sun JN，Song XY，et al. 2012. Holistic analysis of seven constituents from three medicinal herbs composing Wuji pills in a single Run by ultra performance liquid chromatography：application to quality control study. Analytical Methods，4：2989-2995.

Chen J，Wang GY，Shi YP. 2009. Method development and validation for simultaneous HPLC analysis of six active components of the Chinese medicine Qin-Bao-Hong antitussive tablet. Acta Chromatographica，21（2）：341-354.

Chen J，Yang Y，Shi YP. 2011. Simultaneous quantification of twelve active components in Yiqing granule by ultra performance liquid chromatography：application to quality control study. Biomedical Chromatography，2011，25：1045-1053.

Chen M，Qi YH，Xi N. 2015. Pathogenic nematode identification on *Angelica* disease and its rDNA-ITS sequence. XVIII International Plant Protection Congress，Berlin，Germany：259.

Chen QC，Lee J，Jin WY，et al. 2007. Cytotoxic constituents from Angelicae Sinensis radix. Arch Pharm Res，30（5）：565-569.

Chen Y，Duan JN，Qian DW，et al. 2010. Assessment and comparison of immunoregulatory activity of four hydrosoluble fractions of Angelica sinensis in vitro on the peritoneal macrophages in ICR mice. Int Immunopharmacol，10：422-430.

Chen YZ，Chen NY，Ma XY，et al. 1984. Analysis of the ingredients of Angelica sinenesis. Identification of the volatile components from the roots of Angelica sinensis by capillary GC-MS. Chem J Chinese U，5（1）：125-128.

Chen YZ，Li HQ，Chen NY，et al. 1985. Analysis of the volatile components from the leaves of Angelica sinensis by capillary GC-MS. Journal of Lanzhou University（Medical Sciences），21（3）：130-132.

Chen YZ，Zhang HD，Chen NY，et al. 1983. Analysis of the chemical ingredients of Angelica sinensis. Structural elucidation of angelicide. Chin Sci Bull，19：1206-1207.

Cheng X，Yao H，Xiang Y，et al. 2019. Effect of Angelica polysaccharide on brain senescence of Nestin-GFP mice induced by D-galactose.

Neurochemistry International，122：149-156.

Choi RCY，Gao Q T，Cheung AWH，et al. 2011. A Chinese herbal decoction，Danggui buxue tang，stimulates proliferation，differentiation and gene expression of cultured osteosarcoma cells：genomic approach to reveal specific gene activation. Evidence-Based Complementary and Alternative Medicine，2011：307548.

Choi S，Kim HI，Park SH，et al. 2012. Endothelium-dependent vasodilation by ferulic acid in aorta from chronic renal hypertensive rats. Kidney Research and Clinical Practice，31（4）：227-233.

Chung SY，Champagne ET. 2011. Ferulic acid enhances IgE binding to peanut allergens in Western blots. Food Chemistry，124（1）：1639-1642.

Cui M，Xu B，Hu CG，et al. 2013. Direct electrochemistry and electrocatalysis of glucose oxidase on three-dimensional interpenetrating，porous graphene modified electrode. Electrochimica Acta，98：48-53.

Deng SX，Chen SN，Lu J，et al. 2006. GABAergic phthalide dimers from Angelica sinensis（Oliv.）Diels. Phytochem Analysis，17（6）：398-405.

Deng SX，Chen SN，Yao P，et al. 2006. Serotonergic activity-guided phytochemical investigation of the roots of Angelica sinensis. J Nat prod，69（4）：536-541.

Deng SX，Wang YH，Inui T，et al. 2008. Anti-TB polyynes from the roots of Angelica sinensis. Phytother Res，22：878-882.

Donald G. Barceloux. 2008. Medical Toxicology of Natural Substances：DONG QUAI. Missouri：John Wiley & Sons，Inc：461-464.

Dong JE，Ma XH，Wei Q，et al. 2011. Effects of growing location on the contents of secondary metabolites in the leaves of four selected superior clones of Eucommia ulmoides. Industrial Crops and Products，34，（3）：1607-1614.

Donnellan E，Phelan D，McCarthy C P，et al. 2016. Radiation-induced heart disease：a practical guide to diagnosis and management. Cleveland Clinic Journal of Medicine，83（12）：914-922.

Drallm，Ozgur DU，Mustafat. 2005. Trace Metal Levels in Mushroom samples from Ordu，Turkey. Food Chemistry，9（1）：436-438.

EDQM. Organisation chart of EDQM. https://www.edqm.eu/en/structure

EMA. Organisation chart of the European Medicine Agency. https：//www. ema. europa. eu/en/about-us/who-we-are，2018-12-05.

EMA. Who we do. https：//www. ema. europa. eu/en/about-us/what-we-do，2019-03-05.

Fan ZG，Han Y，Ye YP，et al. 2017. L-carnitine preserves cardiac function by activating p38 MAPK/Nrf2 signalling in hearts exposed to irradiation. European Journal of Pharmacology，804：7-12.

Filik H，Çetintaş G，Avan AA，et al. 2013. Square-wave stripping voltammetric determination of caffeic acid on electrochemically reduced graphene oxide-Nafion composite film. Talanta，116：245-250.

Gao Q T，Cheung JK，Choi RC，et al. 2008. A Chinese herbal decoction prepared from Radix Astragali and Radix Angelicae sinensis induces the expression of erythropoietin in cultured Hep3B cells. Planta Med，74（2008）：392-395.

Gao QT，Cheung JK，Li J，et al. 2006. A Chinese herbal decoction，Danggui Buxue Tang，prepared from Radix Astragali and Radix Angelicae Sinensis stimulates the immune responses. Planta Med，73（2006）：1227-1231.

Gao QT，Cheung JKH，Li J，et al. 2007. A Chinese herbal decoction，Danggui Buxue Tang，activates extracellular signal-regulated kinase in cultured T-lymphocytes. FEBS Lett，581（2007）：5087-5093.

Gao QT，Choi RCY，Cheung AWH，et al. 2007. Danggui Buxue Tang-A Chinese herbal decoction activates the phosphorylations of extracellular signal-regulated kinase and estrogen receptor alpha in cultured MCF-7 cells. FEBS Lett，581（2007）：233-240.

Gao ZZ，Zhang C，Tian WJ，et al. 2017. The antioxidative and hepatoprotective effects comparison of Chinese angelica polysaccharide（CAP）and selenizing CAP（sCAP）in CCl_4 induced hepatic injury mice. International Journal of Biological Macromolecules，97：46-54.

Geng ZQ，Han YM，Gu XB，et al. 2012. Energy efficiency estimation based on data fusion strategy：case study of ethylene product industry. Ind Eng Chem Res，51（25）：8526-8534.

Gillespie J H. 1998. Population Genetics：A Concise Guide. Maryland：The Johns Hopkins University Press.

Hagimori M，Matsumoto T，Obi Y.1982. Studies on the production of Digitalis cardenolides by plant tissue cultures.Plant Cell PHysiol，23：1205-1211.

He DC，Xiao JJ，Zhang Y，et al. 2017. Effect of the Jianpi Bushen prescription on the expression profiles of genes associated with bone marrow hematopoiesis in radiation-damaged mice. International Journal of Clinical and Experimental Medicine，10（2）：

2460-2468.

Ho CC，Kumaran A，Hwang LS. 2009. Bio-assay guided isolation and identification of anti-Alzheimer active compounds from the root of Angelica sinensis. Food Chem，114：246-252.

Hu CY，Ding XL. 2004. Isolation and identification of lactone compounds from the essential oil of Angelica sinensis. Chinese Traditional and Herbal Drugs，35（4）：383-384.

Hu J，Wang QJ，Hu YH，et al. 2012. A study of high-altitude hypoxia-induced cell stress in murine mode. Cell Biochem Biophys，64：85-88.

Hu X，Dou WC，Fu LL，et al. 2013. A disposable immunosensor for Enterobacter sakazakii based on an electrochemically reduced graphene oxide-modified electrode. Analytical Biochemistry，434（2）：218-220.

Huang WH，Song CQ. 2003. Studies on the chemical constituents of Angelica sinensis. Acta Pharmaceutica Sinica，38（9）：680-683.

Jiang W，Wang CH，Wang ZT. 2010. Water-soluble chemical constituents of Angelica sinensis（Oliv.）Diels. Chin Pharm J，45（2）：101-103.

Jin YH，Jia MQ，Zhang M，et al. 2013. Preparation of stable aqueous dispersion of graphene nanosheets and their electrochemical capacitive properties. Applied Surface Science，264：787-793.

Jr Diaz RE，Trainor PA. 2015. Hand/foot splitting and the ‘re-evolution’ of mesopodial skeletal elements during the evolution and radiation of chameleons. Bmc Evolutionary Biology，15：184.

Kanski J，Aksenova M，Stoyanova A，et al. 2002. Ferulic acid antioxidant protection against hydroxyl and peroxyl radical oxidation in synaptosomal and neuronal cell culture systems in vitro：structure-activity studiesJournal of Nutritional Biochemistry，13（5）：273-281.

Kawabata K，Yamamoto T，Hara A，et al. 2000. Modifying effects of ferulic acid on azoxymethane-induced colon carcinogenesis in F344 rats. Cancer Letters，157（1）：15-21.

Khan S，Shehzad O，Chun J，et al. 2013. Mechanism underlying anti-hyperalgesic and anti-allodynic properties of anomalin in both acute and chronic inflammatory pain models in mice through inhibition of NF-kappa B，MAPKs and CREB signaling cascades. European Journal of Pharmacology，718（1-3）：448-458.

Kim EJ，Kwon J，Park SH，et al. 2011. Metabolite profiling of angelica gigas from different geographical origins using 1H NMR and UPLC-MS analyses. Agric Food Chem，（59）：8806-8815.

Kim JK，Kim EH，Park I，et al. 2014. Isoflavones profiling of soybean [Glycine max（L.）Merrill] germplasms and their correlations with metabolic pathways. Food Chemistry，153（15）：258-264.

Kim R，Kim P，Lee CY，et al. 2018. Multiple combination of angelica gigas extract and mesenchymal stem cells enhances therapeutic effect. Biological & Pharmaceutical Bulletin，41（12）：1748-1756.

Kim W，Kang J，Lee S，et al. 2017. Effects of traditional oriental medicines as anti-cytotoxic agents in radiotherapy. Oncology Letters，13（6）：4593-4601.

Kim Y-J，Lee J，Kim H，et al. 2018. Anti-inflammatory effects of angelica sinensis（oliv.）Diels water extract on RAW 264. 7 induced with lipopolysaccharide. Nutrients，10（5）：647.

Kimeswenger S，Mann U，Hoeller C，et al. 2019. Vemurafenib impairs the repair of ultraviolet radiation-induced DNA damage. Melanoma Research，29（2）：134-144.

Kiscsatári L，Sárkozy M，Kovári B，et al. 1900. High-dose radiation induced heart damage in a rat model. In Vivo（Athens，Greece），30（5）：623-631.

Kudielka BM，Wüst S. 2010. Human models in acute and chronic stress：Assessing determinants of individual hypothalamus pituitary adrenal axis activity and reactivity. Stress，13（1）：1-14.

Kuilla T，Bhadra S，Yao D，et al. 2010. Recent advances in graphene based polymer composites. Progress in Polymer Science，35（11）：1350-1375.

Lao SC，Li SP，Kan KKW，et al. 2004. Identification and quantification of 13 components in Angelica sinensis（Dang gui）by gas chromatography-mass spectrometry coupled with pressurized liquid extraction. Anal Chim Acta，526（2）：131-137.

Lee JG，Hsieh WT，Chen SU，et al. 2012. Hematopoietic and myeloprotective activities of an acidic Angelica sinensis polysaccharide on human CD34（+）stem cells. Journal of Ethnopharmacology，139（3）：739-745.

Lee JG，Hsieh WT，Chen SU，et al. 2012. Hematopoietic and myeloprotective activities of an acidic Angelica sinensis polysaccharide on human CD34+ stem cells. J Ethnopharmacol，139：739-745.

Lee JW，Park Y，Kim YK，et al. 2017. Anti-melanogenic and Anti-wrinkle Effects of Fermented Angelica tenuissima Extract. Faseb Journal，31（1）：1-2.

Li LJ，Yu LB，Chen QF，et al. 2007. Determination of ferulic acid based on L-Cysteine self-assembled modified gold electrode coupling irreversible biamperometry. Chin J Anal Chem，35（7）：933-937.

Li M，Bo XJ，Mu ZC，et al. 2014. Electrodeposition of nickel oxide and platinum nanoparticles on electrochemically reduced graphene oxide film as a nonenzymatic glucose sensor. Sensors and Actuators B：Chemical，192：261-268.

Li WD，Wu Y，Liu XD，et al. 2011. Isolation，identification and screen of lactone compounds from Angelica sinensis. Chinese Traditional Patent Medicine，33（12）：2114-2118.

Li XL，Li XR，Wang LJ，et al. 2007. Simultaneous determination of danshensu，ferulic acid，cryptotanshinone and tanshinone IIA in rabbit plasma by HPLC and their pharmacokinetic application in Danxiongfang. Journal of Pharmaceutical and Biomedical Analysis，44（5）：1106-1112.

Li XN，Chen YY，Cheng DP，et al. 2012. Two phthalide dimers from the radix of Angelica sinensis. Nat Prod Res，26（19）：1782-1786.

Li Y，Hou X，Yang C，et al. 2019. Photoprotection of cerium oxide nanoparticles against UVA radiation-induced senescence of human skin fibroblasts due to their antioxidant properties. Scientific Reports，9（1）：152-161.

Li Y-R，Cao W，Guo J，et al. 2011. Comparative investigations on the protective effects of rhodioside，ciwujianoside-B and astragaloside IV on radiation injuries of the hematopoietic system in mice. Phytotherapy Research，25（5）：644-653.

Lima E，Flores JA，Cruz AS，et al. 2013. Controlled release of ferulic acid from a hybrid hydrotalcite and its application as an antioxidant for human fibroblasts. Microporous and Mesoporous Materials，181（3）：1-7.

Lin LZ，He XG，Lian LZ，et al. 1998. Liquid chromatographic-electrospray mass spectrometric study of the phthalides of Angelica sinensis and chemical changes of Z-ligustilide. J Chromatogr A，810：71-79.

Lin M，Zhu GD，Sun QM，et al. 1979. Chemical studies of Angelica sinensis. Acta Pharmaceutica Sinica，14（9）：529-534.

Li-Ping R，Liang BW，Ji-Zhi T，et al. 1992. Transdermal absorption of nitrendipine from adhesive patches. J Control Release，20（3）：31.

Liu GS，Lu FS. 1979. Chemical analysis of the essential oil from Angelica sinensis and TLC comparasion of its constituents with those from Levisticum officinale. Chin Pharm J，14（8）：375-377.

Liu JY，Zhang Y，You RX，et al. 2012. Polysaccharide isolated from Angelica sinensis inhibits hepcidin expression in rats with iron deficiency anemia. J Med Food，15（10）：923-929.

Liu KP，Wei JP，Wang CM. 2011. Sensitive detection of rutin based on β-cyclodextrin@chemically reduced graphene/Nafion composite film. Electrochimica Acta，56（14）：5189-5194.

Liu LN，Mei QB，Cheng JF. 2005. Analysis of the chemical components of the essential oil from Angelica sinensis（Oliv.）Diels. Chinese Traditional Patent Medicine，27（2）：204-206.

Liu R，Li W，Tao B，et al. 2019. Tyrosine phosphorylation activates 6-phosphogluconate dehydrogenase and promotes tumor growth and radiation resistance. Nature Communications，10（1）：297-308.

Liu ZY，Zhang Y，Zhang RW，et al. 2017. Promotion of classic neutral bile acids synthesis pathway is responsible for cholesterol-lowing effect of Si-Miao-yong-an decoction：Application of LC-MS/MS method to determine 6 major bile acids in rat liver and plasma. Journal of Pharmaceutical and Biomedical Analysis，135：167-175.

Lu GH，Chan K，Liang YZ，et al. 2005. Development of high-performance liquid chromatographic fingerprints for distinguishing Chinese Angelica from related Umbelliferae herbs. Journal of Chromatography A，1073：383-392.

Lü JL，Duan JN，Tang YP，et al. 2009. Phthalide mono- and dimers from the radix of Angelica sinensis. Biochem Syst Ecol，37：405-411.

Lu XH，Liang H，Zhao YY. 2003. Isolation and identification of the ligustilide compounds from the root of Angelica sinensis. China Journal of Chinese Materia Medica，28（5）：423-425.

Lu XH，Zhang JJ，Liang H，et al. 2004. Chemical constituents of Angelica sinensis. Journal of Chinese Pharmaceutical Sciences，13（1）：1-3.

Lu XH，Zhang JJ，Zhang XX，et al. 2008. Study on biligustilides from Angelica sinensis. China Journal of Chinese Materia Medica，33（19）：2196-2201.

Lu YY, Cheng T, Zhu TT, et al. 2015. Isolation and characterization of 18 polymorphic microsatellite markers for the "Female Ginseng" *Angelica sinensis* (Apiaceae) and cross-species amplification. Biochemical Systematics & Ecology, 61: 488-492.

Ma CX, Fu ZY, Guo H, et al. 2019. The effects of Radix Angelica Sinensis and Radix Hedysari ultrafiltration extract on X-irradiation-induced myocardial fibrosis in rats. Biomedicine & Pharmacotherapy, 112: 10896.

Martarelli D, Coechioni M, Scuri S. 2011. Cold exposure increase exercise-induced oxidative stress. J Sports Med Phys Fitness, 51(2): 299-304.

McAdam K, Enos T, Goss C, et al. 2018. Analysis of coumarin and angelica lactones in smokeless tobacco products. Chemistry Central Journal, 12 (1) : 1-16.

Mendoza-Sánchez B, Rasche B, Nicolosi V, et al. 2013. Scaleable ultra-thin and high power density graphene electrochemical capacitor electrodes manufactured by aqueous exfoliation and spray deposition. Carbon, 52: 337-346.

Ming X, Feng YM, Yang CW, et al. 2016. Radiation-induced heart disease in lung cancer radiotherapy: a dosimetric update. Medicine, 95 (41) : e5051.

Murakami A, Nakamura Y, Koshimizu K, et al. 2002. FA15, a hydrophobic derivative of ferulic acid, suppresses inflammatory responses and skin tumor promotion: comparison with ferulic acid. Cancer Letters, 180 (2) : 121-129.

Nguyen THV, Nguyen THA, Tran VS, et al. 2005. Chemical study of Angelica sinensis. Tap Chi Hoa Hoc, 43 (4) : 494-498.

Nguyen THV, Nguyen THA, Tran VS, et al. 2005. Studies on chemical composition of Angelica sinensis. Part VI - Angelicolide and three other compounds. Tap Chi Hoa Hoc, 43 (6) : 749-752.

Niu XW, Zhang JJ, Ni JR, et al. 2018. Network pharmacology-based identification of major component of Angelica sinensis and its action mechanism for the treatment of acute myocardial infarction. Bioscience Reports, 38 (6) : 1-16.

Ohkura N, Atsumi G, Ohnishi K, et al. 2018. Possible antithrombotic effects of Angelica keiskei (Ashitaba) . Pharmazie, 73 (6) : 315-317.

Ou SY, Kwok KC. 2004. Ferulic acid: pharmaceutical functions, preparation and applications in foods. J Sci Food Agric, 84: 1261-1269.

Papadimitriou V, Maridakis GA, Sotiroudis TG, et al. 2005. Antioxidant activity of polar extracts from olive oil and olive mill wastewaters: an EPR and photometric study. European Journal of Lipid Science and Technology, 107 (7-8) : 513-520.

Peng S. 2003. Experimental study of anti-tumor effects of polysaccharides fromAngelica sinensis. World J Gastroenterol, 9 (9) : 1963-1967.

Pistrick K. 2001. Umbelliferae. In: Hanelt P, Institute of Plant Genetics and Crop Plant Research (eds) Mansfeld's encyclopediaod agricultural and horticultural crops. Springer, Berlin etc: 1259-1328.

Prasad NR, Ramachandran S, Pugalendi KV, et al. 2007. Ferulic acid inhibits UV-B-induced oxidative stress in human lymphocytes. Nutrition Research, 27 (9) : 559-564.

Qi LW, Cao J, Li P, et al. 2009. Rapid and sensitive quantitation of major constituents in Danggui Buxue Tang by ultra-fast HPLC-TOF/MS. J Pharm Biomed Anal, 49 (2) : 502-507.

Qin BY, Lin XK. 2012. Construction of response surface based on projection pursuit regression and genetic algorithm. Phy Proc, (33): 1732-1740.

Raj MA, John SA. 2013. Simultaneous determination of uric acid, xanthine, hypoxanthine and caffeine in human blood serum and urine samples using electrochemically reduced graphene oxide modified electrode. Analytica Chimica Acta, 771: 14-20.

Ren LN, Wang XF, Li S, et al. 2018. Effect of gamma irradiation on structure, physicochemical and immunomodulatory properties of Astragalus polysaccharides. International Journal of Biological Macromolecules, 120: 641-649.

Sahln E, Gümüslü S. 2007. Stress-dependent induction of protein oxidation, lipid peroxidation and anti-oxidants in peripheral tissues of rats: comparison of three stress models. Clin Exp Pharmacol Physiol, 34 (5-6) : 425-431.

Saija A, Tomaino A, Trombetta D, et al. 2000. In vitro and in vivo evaluation of caffeic and ferulic acids as topical photoprotective agents. International Journal of Pharmaceutics, 199 (1) : 39-47.

Salducci M, Folzer H, Issartel J, et al. 2019. How can a rare protected plant cope with the metal and metalloid soil pollution resulting from past industrial activities? Phytometabolites, antioxidant activities and root symbiosis involved in the metal tolerance of Astragalus tragacantha. Chemosphere, 217: 887-896.

Seitz HU, Hinderer W.1988. Anthocyanins.In: Constabel F, Vasil I, editors.Cell culture and somatic cell genetics of plants,

V01.5.San Diego：Academic Press：49-76.

Sgarbossa A，Monti S，Lenci F，et al. 2013. The effects of ferulic acid on β-amyloid fibrillar structures investigated through experimental and computational techniques. Biochimica et Biophysica Acta，1830：2924-2937.

Shanthakumar J，Karthikeyan A，Bandugula VR，et al. 2012. Ferulic acid，a dietary phenolic acid，modulates radiation effects in Swiss albino mice. European Journal of Pharmacology，691（1-3）：268-274.

Shao XH，Hou MM，Chen LH，et al. 2012. Evaluation of subsurface drainage design based on projection pursuit. Energy Procedia，16：747-752.

Sharma OP，Bhat TK，Singh B. 1998. Thin-layer chromatography of Gallic acid，methyl gallate，pyrogallol，phloroglucinol，catechol，resorcinol，hydroquinone，catechin，epicatechin，cinnamic acid，p-coumaric acid，ferulic acid and tannic acid. Journal of Chromatography A，822（1）：167-171.

Shen Qi，Sun Xia，Qiu Ming-Feng，et al. 2005. Effect of Anisaldehyde，Anethole and Cinnamaldehyde on the in vitro Percutaneous Absorption of 5-Fluorouracil. 中国天然药物，3（2）：101.

Sheridan JF，Dobbs C，Brown D，et al. 1994. Psychoneuroimmunology：stress effects on pathogenesis and immunity during infection. Clin Microbiol Rev，7：200-2121.

Simaiova V，Almasiova V，Holovska K，et al. 2019. The effect of 2. 45 GHz non-ionizing radiation on the structure and ultrastructure of the testis in juvenile rats. Histology and Histopathology，34（4）：391-403.

Singh CK，Mintie CA，Ndiaye MA，et al. 2019. Chemoprotective effects of dietary grape powder on UVB radiation-mediated skin carcinogenesis in SKH-1 hairless mice. Journal of Investigative Dermatology，139（3）：552-561.

Singh V，Joung D，Zhai L，et al. 2011. Graphene based materials：Past，present and future. Progress in Materials Science，56（8）：1178-1271.

Slezak J，Kura B，Babal P，et al. 2017. Potential markers and metabolic processes involved in the mechanism of radiation-induced heart injury. Canadian Journal of Physiology and Pharmacology，95（10）：1190-1203.

Song QY，Fu YB，Liu J，et al. 2011. Chemical constituents from Angelica sinensis. Chinese Traditional and Herbal Drugs，42（10）：1900-1904.

Song XY，Jin L，Shi YP，et al. 2014. Multivariate statistical analysis based on a chromatographic fingerprint for the evaluation of important environmental factors that affect the quality of Angelica sinensis. Analytical Methods，6（20）：8268-8276.

Srinivasan M，Sudheer AR，Pillai KR，et al. 2006. Influence of ferulic acid on γ-radiation induced DNA damage，lipid peroxidation and antioxidant status in primary culture of isolated rat hepatocytes. Toxicology，228（2-3）：249-258.

Su DM，Yu SS，Qin HL. 2005. New dimeric phthalide derivative from Angelica sinensis. Acta Pharmaceutica Sinica，40（2）：141-144.

Su SL，Cui WX，Zhou W，et al. 2013. Chemical fingerprinting and quantitative constituent analysis of Siwu decoction categorized formulae by UPLC-QTOF/MS/MS and HPLC-DAD. Chin Med，8（1）：5.

Su ZY，Khor TO，Shu LM，et al. 2013. Epigenetic reactivation of Nrf2 in murine prostate cancer TRAMP C1 cells by natural phytochemicals Z-ligustilide and radix angelica sinensis via promoter CpG demethylation. Chem Res Toxicol，26（3）：477-485.

Sultana R，Ravagna A，Mohmmad-Abdul H，et al. 2005. Ferulic acid ethy ester protects neurons against amyloid β-peptide（1-42）-induced oxidative stress and neurotoxicity：relationship to antioxidant activity. Journal of Neurochemistry，2005，92：749-758.

Sun W，Wang YH，Lu YX，et al. 2013. High sensitive simultaneously electrochemical detection of hydroquinone and catechol with a poly（crystal violet）functionalized graphene modified carbon ionic liquid electrode. Sensors and Actuators B-chemical，188：564-570.

Sun YH，Fang L，Zhu M，et al. 2009. A drug-in-adhesive transdermal patch for S-amlodipine free base：in vitro and in vivo characterization. Int J Pharm，382（1）：165.

Tegeder I，Bräutigam L，Podda M，et al.2002.Time course of 8-methoxypsoralen concentrations in skin and plasma after topical（bath and cream）and oral administration of 8-methoxypsoralen.Clin Pharmacol Ther，71（3）：153-161.

Templeton A R. 2006. Scope and Basic Premises of Population Genetics //Population Genetics and Microevolutionary Theory. John Wiley & Sons，Inc：1-18.

Tistaert C，Dejaegher B，Heyden YV. 2011. Chromatographic separation techniques and data handling methods for herbal fingerprints：a review. Anal Chim. Acta，690（2）：148-161.

Tsai CC，Wu HH，Chang CP，et al. 2019. Calycosin-7-O-beta-D-glucoside reduces myocardial injury in heat stroke rats. Journal of the Formosan Medical Association，118（3）：730-738.

U. S. Department of Health and Human Services Food and Drug Administration Center for Drug Evaluation and Research. 2000. Draft Guidance for Industry on Botanical Drug Products.

Unnikrishnan B，Mani V，Chen S. 2012. Highly sensitive amperometric sensor for carbamazepine determination based on electrochemically reduced graphene oxide-single-walled carbon nanotube composite film. Sensors and Actuators B-chemical，173：274-280.

Urbaniak A，Szelag M，Molski M. 2013. Theoretical investigation of stereochemistry and solvent influence on antioxidant activity of ferulic acid. Computational and Theoretical Chemistry，1012（4）：33-40.

Utsunomiya N，Oyama N，Chino T，et al. 2019. Dietary supplement product composed of natural ingredients as a suspected cause of erythema multiforme：a case report and identification for the confident false positivity of lymphocyte transformation test. Journal of Dermatology，46（3）：234-239.

van der Kooy F，Maltese F，Choi YH，et al. 2009. Quality control of herbal material and phytopharmaceuticals with MS and NMR based metabolic fingerprinting. Planta Med，75（7）：763-775.

Wang CQ，Jia XH，Zhu S，et al. 2015. A systematic study on the influencing parameters and improvement of quantitative analysis of multi-component with single marker method using notoginseng as research subject. Talanta，134：587-595.

Wang HY，Chen RX，Xu HZ. 1998. Studies on chemical constituents of radix Angelicae sinensis. China Journal of Chinese Materia Medica，23（3）：167-169.

Wang J，Yuan Z，Zhao HP，et al. 2011. Ferulic acid promotes endothelial cells proliferation through up-regulating cyclin D1 and VEGF. Journal of Ethnopharmacology，137（2）：992-997.

Wang KP，Wu JY，Xu JY，et al. 2018. Correction of anemia in chronic kidney disease with angelica sinensis polysaccharide via restoring EPO production and improving iron availability. Frontiers in Pharmacology，9：1-17.

Wang S，Ma H，Sun Y，et al. 2007. Fingerprint quality control of Angelica sinensis（Oliv.）Diels By high-performance liquid chromatography coupled with discriminant analysis. Talanta，72：434-436.

Wang XL，Jiao CL，Yu ZY. 2014. Electrochemical biosensor for assessment of the total antioxidant capacity of orange juice beverage based on the immobilizing DNA on a poly L-glutamic acid doped silver hybridized membrane. Sensors and Actuators B-chemical，192：628-633.

Wang Y，Jing L，Zhu T T，et al. 2017. First report of gray mold caused by *Botrytis cinerea* on two medicinal plants，*Angelica sinensis* and *Glycyrrhiza uralensis*，in China. Plant Disease，101（1）：245.

Wang Y，Jing L，Zhu T T，et al. 2018. First report of *Angelica sinensis* leaf spot caused by *Septoria anthrisci* in gansu province，China. Plant disease，102（2）：442.

Wang YC，Jing HW，Han LJ，et al. 2014. Risk analysis on swell-shrink capacity of expansive soils with efficacy coefficient method and entropy coefficient method. Applied Clay Science，99：275-281.

Wang YL，Liang YZ，Chen BM，et al. 2005. LC-DAD-APCI-MS-based screening and analysis of the absorption and metabolite components in plasma from a rabbit administered an oral solution of Danggui. Anal Bioanal Chem，383（2）：247-254.

Wang ZQ，Wang H，Zhang ZH，et al. 2014. Sensitive electrochemical determination of trace cadmium on a stannum film/poly（p-aminobenzene sulfonic acid）/electrochemically reduced graphene composite modified electrode. Electrochimica Acta，120：140-146.

Wen ZY，Zhong JJ.1997. Effects of initial phosphate concentration on physiological aspects of suspension cultures of rice cells：a kinetic study.Journal of Fermentation and Bioengineering，83（4）：381-385.

Wu S，Huang FF，Lan XQ，et al. 2013. Electrochemically reduced graphene oxide and Nafion nanocomposite for ultralow potential detection of organophosphate pesticide. Sensors and Actuators B-chemical，177：724-729.

Xiao F，Chen JG. 2012. Fractal projection pursuit classification model applied to geochemical survey data. Computers Geosciences，45：75-81.

Xiao H，Xiong L，Song X，et al. 2017. Angelica sinensis polysaccharides ameliorate stress-induced premature senescence of hematopoietic cell via protecting bone marrow stromal cells from oxidative injuries caused by 5-fluorouracil. International Journal of Molecular Sciences，18（11）：e2265.

Xie PS, Leung AY. 2009. Understanding the traditional aspect of Chinese medicine in order to achieve meaningful quality control of Chinese materia medica. J Chromatogr A, 1216（11）: 1933-1940.

Xu L, Sang R, Yu Y, et al. 2019. The polysaccharide from Inonotus obliquus protects mice from Toxoplasma gondii-induced liver injury. International Journal of Biological Macromolecules, 125: 1-8.

Xu R, Sun SQ, Zhu WC, et al. 2014. Multi-step infrared macro-fingerprint features of ethanol extracts from different Cistanche species in China combined with HPLC fingerprint. Journal of Molecular Structure, 1069: 236-244.

Xue WX, Hua YL, Guo YS, et al. 2012. Changes of composition in different parts of Angelicae sinensis based on geoherbs. Journal of Gansu Agricultural University, 47（1）: 149-154.

Yang L, Liu D, Huang JS, et al. 2014. Simultaneous determination of dopamine, ascorbic acid and uric acid at electrochemically reduced graphene oxide modified electrode. Sensors and Actuators B-chemical, 193: 166-172.

Yang NY, Jiang S, Shang EX, et al. 2012. A new phenylpentanamine alkaloid produced by an endophyte Bacillus subtilis isolated from Angelica sinensis. J Chem Res, 11: 647.

Yang NY, Zhou GS, Tang YP, et al. 2011. Two new alpha-pinene derivatives from Angelica sinensis and their anticoagulative activities. Fitoterapia, 82（4）: 692-695.

Yang TH, Jia M, Zhou SY, et al. 2012. Antivirus and immune enhancement activities of sulfated polysaccharide from Angelica sinensis. Int J Biol Macromol, 50: 768-772.

Yang XB, Zhao Y, Zhou YJ, et al. 2007. Component and antioxidant properties of polysaccharide fractions isolated from Angelica sinensis（OLIV.）DIELS. Biol Pharm Bull, 30（10）: 1884-1890.

Yang Z, Gao S, Yin TJ, et al. 2010. Biopharmaceutical and pharmacokinetic characterization of matrine as determined by a sensitive and robust UPLC-MS/MS method. Journal of Pharmaceutical and Biomedical Analysis, 51（5）: 1120-1127.

Ye YN, So HL, Liu ESL, et al. 2003. Effect of polysaccharides from Angelica sinensis on gastric ulcer healing. Life Sci, 72: 925-932.

Yi L Z, Liang Y Z, Wu H, et al. 2009. The analysis of radix angelicae sinensis（Danggui）. Journal of Chromatography A, 1216（11）: 1991-2001.

Yi LZ, Liang YZ, Wu H, et al. 2009. The analysis of radix Angelicae sinensis（Danggui）. J Chromatgr A, 1216: 1991-2001.

Yi LZ, Yuan DL, Liang YZ, et al. 2007. Quality control and discrimination of Pericarpium Citri Reticulatae and Pericarpium Citri Reticulatae Viride based on high-performance liquid chromatographic fingerprints and multivariate statistical analysis. Analytica Chimica Acta, 588（2）: 207-215.

You JM, Kim D, Kim SK, et al. 2013. Novel determination of hydrogen peroxide by electrochemically reduced graphene oxide grafted with aminothiophenol-Pd nanoparticles. Sensors and Actuators B-chemical, 178: 450-457.

Yuan Q J, Zhang B, Jiang D, et al. 2015. Identification of species and *materia medica*, within, *Angelica*, L.（Umbelliferae）based on phylogeny inferred from DNA barcodes. Molecular Ecology Resources, 15（2）: 358-371.

Zhang CH, Li QQ, Zhang MX, et al. 2013. Effects of rare earth elements on growth and metabolism of medicinal plants. Acta Pharmaceutica Sinica B, 3（1）: 24.

Zhang CN, Cheng L, Zhang YX, et al. 2013. Application of plant metabolomics in quality assessment for large-scale production of traditional chinese medicine. Planta Med, 79（11）: 897-908.

Zhang F, Yang Q, Sun LN, et al. 2014. Fingerprint analysis of Zhimu-Huangbai herb pair and simultaneous determination of its alkaloids, xanthone glycosides and steroidal saponins by HPLC-DAD-ELSD. Chinese Journal of Natural Medicines, 12（7）: 525-534.

Zhang H Y, Bi W G, Yu Y, etc. 2012. *Angelica sinensis*（Oliv.）Diels in China: Distribution, cultivation, utilization and variation. Genetic Resources & Crop Evolution, 59（4）: 607-613.

Zhang L, Luo Y, Lu Z, et al. 2018. Astragalus polysaccharide inhibits ionizing radiation-induced bystander effects by regulating MAPK/NF-kappa B signaling pathway in bone mesenchymal stem cells（BMSCs）. Medical Science Monitor, 24: 4649-4658.

Zhang Y, Liu H, Zhu ZH, et al. 2013. A green hydrothermal approach for the preparation of graphene/α-MnO2 3D network as anode for lithium ion battery. Electrochimica Acta, 108: 465-471.

Zhang YH, Lu YY, He CY, et al. 2019. A method for cell suspension culture and plant regeneration of Angelica sinensis（Oliv.）Diels. Plant Cell Tissue and Organ Culture, 136（2）: 313-322.

Zhang XF, Sun LM, Cui GH. 2001. The people at high altitude helthy knowledge disease prevention and cure-XIV Qinghai people's publishing House：121-122.

Zhao J，Chen GF，Zhu L，et al. 2011. Graphene quantum dots-based platform for the fabrication of electrochemical biosensors. Electrochemistry Communications，13（1）：31-33.

Zhao L，Wang Y，Shen HL，et al. 2012. Structural characterization and radioprotection of bone marrow hematopoiesis of two novel polysac-charides from the root of Angelica sinensis（Oliv.）Diels. Fitoterapia，83（8）：1712-1720.

Zhao QT，Li BF，Kong H. 2014. Roles of Chinese medicine bioactive ingredients in the regulation of cellular function of endothelial progenitor cells. Chinese Journal of Natural Medicines，12（7）：481-487.

Zhao TJ，Chen J，Shi YP. 2017. Holistic analysis of LiuweiDihuang pills using ultrasonic cell grinder extraction and unltra-performance liquid chromatography. Chinese Journal of Chromatography，35（1）：32-46.

Zhao XJ，Wang HF，Zhao DQ，et al. 2013. Isolation and identification of the chemical constituents from roots of Angelica sinensis（Oliv.）Diels. Journal of Shenyang Pharmaceutical University，30（3）：182-185，221.

Zhao Y，Sun J，Yu LL，et al. 2013. Chromatographic and mass spectrometric fingerprinting analyses of Angelica sinensis（Oliv.）Diels-derived dietary supplements. Analytical and Bioanalytical Chemistry，405（13）：4477-4485.

Zhao ZH，Moghadasian MH. 2008. Chemistry，natural sources，dietary intake and pharmacokinetic properties of ferulic acid：a review. Food Chemistry，109（4）：691-702.

Zhao ZM，Liu HL，Sun X，et al. 2017. Levistilide A inhibits angiogenesis in liver fibrosis via vascular endothelial growth factor signaling pathway. Experimental Biology and Medicine，242（9）：974-985.

Zheng YF，Dai Y，Liu WP，et al. 2019. Astragaloside IV enhances taxol chemosensitivity of breast cancer via caveolin-1-targeting oxidant damage. Journal of Cellular Physiology，234（4）：4277-4290.

Zhou GS，Yang NY，Tang YP，et al. 2012. Chemical constituents from the aerial parts of Angelica sinensis and their bioactivities. Chin J Nat Med，10（4）：295-298.

Zhou SY，Zhang BL，Liu XY，et al. 2009. A new natural angelica polysaccharide based colon-specific drug delivery system. J Pharm Sci，98（12）：4756-4768.

Zhuang XF，YangYM，Sun XI，et al. 2017. Late onset radiation-induced constrictive pericarditis and cardiomyopathy after radiotherapy：a case report. Medicine，96（5）：e5932.

Zuo X，Chen Q，Li H，et al. 2018. Effects of chahuangjing on decorporation and radiation protection against tritiated water. Dose-Response，16（4）：1-6.